矿井特殊开采方法

SPECIAL MINING METHOD

郭惟嘉等 著

国家自然科学基金面上项目(51274132、51474134)
国家自然科学基金联合基金项目(U1361105)
教育部高等学校博士学科点专项科研基金(20133718110001)
山东省自然科学基金重点项目(ZR2013EEZ001)
教育部新世纪优秀人才支持计划(NCET-13-0880)

科学出版社
北京

内 容 简 介

本书系统介绍作者多年来在矿井特殊开采理论与实践方面的成果；深入分析煤矿岩体结构与力学特征；通过自主研发的多种矿山岩体工程灾变监测技术，对矿山开采覆岩体形变演化进行有效的现场实测；介绍矿山覆岩形变演化解析与试验方法，为采动覆岩形变演化规律和水体上（下）压煤开采研究奠定基础；分析不同开采条件下矿区地表移动变形特征，介绍适用于不同开采条件的充填法开采地表移动控制技术；分析评价采空区上方修建大型建筑物的地基稳定性，并提出相应的地层注浆加固治理措施；以室内流固耦合试验为基础，对水体上（下）压煤开采突水灾变行为进行试验研究，并针对深部开采面临的高承压水上开采的技术难题，对矿井水害防治进行分析。

本书可作为采矿、地下工程、冶金、交通、土木工程等科技工作者、现场工程人员和高等院校师生的参考用书。

图书在版编目(CIP)数据

矿井特殊开采方法＝Special Mining Method/郭惟嘉等著. —北京：科学出版社，2016. 3

ISBN 978-7-03-047517-6

Ⅰ. ①矿… Ⅱ. ①郭… Ⅲ. ①煤矿开采 Ⅳ. ①TD82

中国版本图书馆 CIP 数据核字(2016)第 044307 号

责任编辑：刘翠娜 / 责任校对：郭瑞芝
责任印制：张 倩 / 封面设计：无极书装

科学出版社 出版
北京东黄城根北街 16 号
邮政编码：100717
http://www.sciencep.com
中国科学院印刷厂 印刷
科学出版社发行 各地新华书店经销
*
2016 年 3 月第 一 版 开本：720×1000 1/16
2016 年 3 月第一次印刷 印张：28 3/4
字数：568 000

定价：128.00 元

（如有印装质量问题，我社负责调换）

本书主要作者

郭惟嘉　陈绍杰

王海龙　李杨杨

前　言

煤炭是我国的主体能源，在一次能源结构中占到70%左右。在未来相当长的时期内，煤炭的主体能源地位依然不可动摇。而且随着煤炭用途的扩展，煤炭的战略地位必将更为凸显。但由于多年来高强度、欠规划的开采，埋藏浅、赋存稳定、开采条件优越的煤炭资源已经接近枯竭，中国煤矿已经进入特殊开采时代。

无论是新建矿井还是老矿井，地面常附着水体、铁路和建筑物等，在一般情况下，需要留设煤柱对其进行保护，大量煤炭资源只好搁置不采，常使矿井陷入无煤可采的困境。另外，随着煤炭开采深度持续不断地加大，由此引发的一系列深部开采问题（冲击地压、煤与瓦斯突出、底板突水等）已经摆在我们面前。因此，研究不留或少留煤柱采出水体、建筑物、公路、铁路下的压煤，并对它们予以适当保护，以及安全地采出深部煤炭资源，即研究实现上述特殊条件下的安全采煤技术，是煤矿生产建设中一项迫切需要的、具有长远和现实意义的重要综合性课题。不断发展和运用这项技术，对合理开发与利用现有煤炭资源、减少煤炭损失、挖掘生产能力、延长矿井服务年限及保证安全生产，具有重要意义。

本书是矿井特殊开采研究成果的总结和概括，针对不同的地质采矿条件，研究适用于特殊条件下煤炭资源安全、高效采出的方法。本书共8章：第1章为煤矿岩体结构与力学特征，重点介绍了煤矿岩体的基本力学特性及覆岩体的结构特征；第2章为矿山岩体工程灾变监测技术，重点介绍了自主研发的多种矿山岩体工程监测系统和方法；第3章为矿山覆岩形变演化解析与试验方法，重点介绍了覆岩体形变解析特征和数值计算方法及覆岩体形变和矿井突水灾变行为试验系统；第4章为采动覆岩形变演化规律，重点介绍了覆岩应力场演化特征及覆岩体变形破坏的分带性和分区性，提出了基于应力场转移的覆岩形变模型；第5章为矿区地表移动变形特征，重点介绍了地表移动变形计算参数和方法，分析了不同地质条件下地表移动特征；第6章为充填法开采地表移动控制技术，重点介绍了不同类型的充填开采技术及工艺；第7章为采空区上方修建大型建筑物地基稳定性，重点介绍了采空区上方修建大型建筑物的地基稳定性，提出了相应的地层注浆加固治理措施和效果检测方法；第8章为水体上（下）压煤开采试验研究，以室内流固耦合试验为基础，对水体上（下）压煤开采突水灾变行为进行了试验研究，并针对深部开采面临的高承压水上开采的技术难题，对矿井水害防治进行了分析。本书第3、第6及第7章由郭惟嘉主笔，第1、第2及第4章由陈绍杰主笔，第8章由王海龙主笔，第5章由李杨杨主笔。

本书同时参考和借鉴了诸多专家和学者的研究成果，在此深表感谢。由于作者水平有限，同时也由于矿井特殊开采的复杂性，许多成果只是初步的，也许还有不足之处，敬请广大读者批评指正。

著　者

2015 年 10 月于青岛

目　　录

第1章 煤矿岩体结构与力学特征

地下煤炭采出以后，煤层底板可能会发生破坏，采场上部岩体的垮落、断裂、离层、移动及变形最终使地表产生沉陷，与这种岩层运动密切相关的事故不断发生，如煤矿顶板事故、顶底板突水、冲击地压、煤与瓦斯突出和地表建(构)筑物损害等。煤矿开采在引起采场周围应力重新分布、覆岩运动和破坏及地表变形的同时，煤矿岩体自身的结构和力学特征也会发生变化[1]。了解煤矿岩体的原始结构和力学特征，以及开采诱发的岩体结构和力学特征的变化是保证矿山安全高效开采的基础[2,3]。

1.1 岩石的力学性质

岩石是构成地壳表层岩石圈的主体，同时也是赋存于自然界中一种十分复杂的介质，它是天然地质作用的产物，是自然界中各种矿物的集合体，在自然界中多彩多姿、纷繁复杂，不同岩石在其形成的过程中具有不同的成因特点，同时各类岩石在形成之后的漫长地质年代中又遭受了不同的地质作用，包括地应力变化、各种构造地质作用、各种风化作用及各种人类活动的作用等。上述作用的综合使各种岩石甚至是同种岩石的受荷历史、成分和结构特征都各有差异，从而使岩石或岩体呈现明显的非线性、不连续性、不均质性和各向异性等复杂特性[4,5]。

岩石最初可以看成由一种高温的硅酸盐熔体经过凝固而成，其后经过破坏、搬运和沉积等作用生成新的岩石，这些由硅酸盐熔体凝固而成及经过破碎重组而产生的岩石，在新的物理化学环境下，又发生新的变化，之后又转化成一种新的岩石。根据岩石的成因，一般将岩石分为三大类，即岩浆岩、沉积岩和变质岩[6,7]。

对于岩石的性质来说，岩石的矿物组成、结构和构造等特征形成了岩石的非均匀性、各向异性和裂隙性，这是岩石区别于其他力学材料最突出的结构特征。

岩石从狭义上来说包括岩块和岩体，岩块一般是指从岩体中取出的、尺寸不大的岩石。岩块由一种或几种矿物组成，具有相对的均匀性，由于尺寸较小而在其中不可能有大的地质构造的影响。岩体是指工程实际中较大范围的岩石，它可由一种或几种岩石组成，并可能为岩脉或裂隙充填物所侵入，受到地质构造作用的明显影响，并为结构面(层面、节理、裂隙等)所切割。试验室内岩块和工程现场岩体均属于岩石，两者之间既相互联系又有不同，二者的力学性质有相互关系但不能直接代用。采矿工程实践中，应充分考虑尺寸效应和形状效应，在室内岩石力学试验的基础上，进行适当的换算来确定岩体强度。

室内岩石力学试验采用的是尺寸很小的岩块，采矿工程实际中考虑的对象是岩体。一般的，由于现场岩体试验复杂、费用高，人们很少进行，只是在室内对小块的岩石试块进行力学参数测试，并将其结果运用到工程中。因而，对岩石试块和现场岩体的力学性质(主要是强度)间关系的研究具有重要的实际意义。

岩石样品大小的不同，常表现出力学性质的差异，即所谓尺寸效应或比例尺效应[8~10]。天然岩体中采取不同尺寸岩样示意图如图 1.1 所示。图 1.1 中最小岩样 1 不含任何天然缺陷，被称为原岩或岩石材料，它的强度最高；较大岩样 2 包含一个单一缺陷(节理)，被称为单一节理岩样，它的强度低于岩样 1；再大一些的岩样 3 包含一组缺陷，被称为节理化岩样，它的强度更低；最大岩样 4 包含缺陷的密度和形态可以代表整个岩体，被称为节理化岩体，它的强度最低。再增大岩样尺寸，其力学强度将保持不变。在岩体工程设计中，若无连续性好且大的地质构造，理应采用岩体强度指标，而不能使用岩石强度指标。

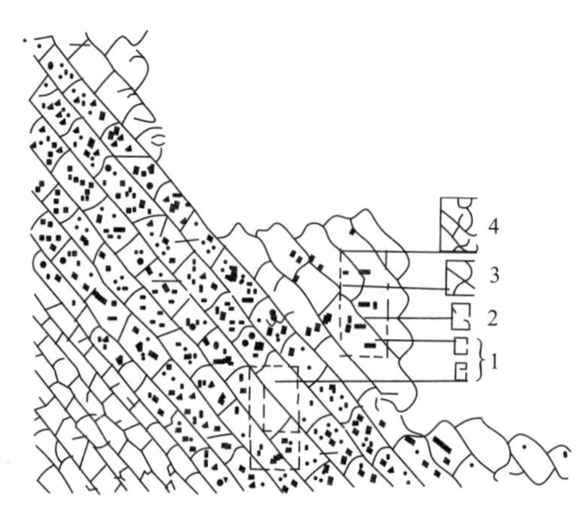

图 1.1　岩体中不同尺寸的岩样

1. 不含任何天然缺陷岩样；2. 单一节理岩样；3. 节理化岩样；4. 节理化岩体

岩石的一个显著特点就是离散性明显，这一特征为岩石力学试验带来极大的困难，为尽可能消除煤岩离散性对试验研究的影响，在进行室内试验时可以采取如下措施：①岩石试块在同一矿区的同一层位和同一区域采取，以消除沉积年代和沉积环境对岩石试件离散性的影响；②制取试件后进行试验前，采用声波速度进行筛选，选用声波速度相近的试件进行试验；③试验过程中，应对尽可能多的试件进行试验[11]。

1.2　岩石物理力学参数测试

岩石力学是研究岩石或岩体在外力作用下的应力状态、应变状态和破坏条件等力学特性的学科，是解决岩石工程技术问题的基础。岩石力学研究的基础是岩石力学试验，因为岩石力学试验一直是人们认识岩石在不同应力状态下力学特征及岩石基本物理力学性质的主要手段。岩石力学试验可分为试验室试验和现场测试两类。试验室试验得到的岩石特性由于受试验室条件影响，必须使用统一的试验方法和标准。目前，在这方面美国材料力学试验协会的方法最具有权威性，国际岩石力学协会也制定了一系列的“建议方法”。我国岩石力学试验标准也是在国际标准的基础上制定出来的。

20世纪50年代末和60年代初，电子计算机的问世和刚性试验机的诞生，大大促进了岩石力学的研究和发展。特别是岩石伺服试验系统的问世，给岩石力学试验方法、试验手段和试验技术带来了根本性的变革，通过岩石试件的单轴压缩试验，可以获得岩石的全应力应变曲线，使人们认识到岩石试件在破坏前有弹性段和塑性段，同时岩石具有尺寸效应和形状效应；通过三轴压缩试验，使人们清楚地认识到岩石的围压效应，从而了解围压对岩石变形和破坏的影响，并建立了莫尔-库仑强度理论等；通过真三轴压力试验，人们认识了中间主应力效应，并且建立了许多更符合实际的强度理论。岩石力学试验技术和试验手段的变革大大促进了岩石力学的发展。

岩石单轴压缩试验在国际岩石力学学会实验室和现场试验标准化委员会[12]的《岩石力学试验建议方法》和我国原煤炭部等部门制定的岩石力学试验规程中都有明确说明。该试验是在圆柱体或立方体试件上按照特定速率施加一轴向压缩的力直到特定应力水平或试件破坏。试验可以通过控制应力或应变的方式进行加载，同时记录试件受力以监测试件破坏，试件破坏或停止试验后改为轴向位移控制并停止加载。在相应的建议方法或规程中，明确规定岩石轴向压缩强度试验和轴向压缩变形试验的流程，但没有提到单轴破坏试验和应力应变全程试验。

《工程岩体试验方法标准》规定，在进行岩石单轴压缩试验时，试件可由岩心或岩块制成。试件在采取、运输和制备过程中，应避免产生裂缝[13]。

试件尺寸应符合下列要求：①圆柱体直径宜为18～54mm；②含大颗粒的岩石，试件的直径应大于岩石最大颗粒尺寸10倍；③试件高度与直径比宜为2.0～2.5。

试件精度应符合下列要求：①试件两端面不平整度误差不得大于0.05mm；②沿试件高度，直径的误差不得大于0.3mm；③端面应垂直于试件轴线，最大偏差不得大于0.25°。

特别要求同一含水状态下每组试验试件的数量不应少于3个，同时以每秒0.5～1.0MPa的速度对试件进行加荷，记录荷载与应变值及加载过程中出现的现象。

在单轴压缩应力下，岩石产生纵向压缩和横向扩张，当应力达到某一量级时，岩块体积开始膨胀并出现初裂，然后裂隙继续发展，最终导致岩块破裂。由此看来，岩块在单轴压缩应力下的变形和强度是一个完整的概念。岩石单轴压缩条件下的全程应力-应变曲线如图 1.2 所示，一般分为Ⅰ类曲线和Ⅱ类曲线[14]。岩石受压变形经历了四个阶段，OA 段曲线向上凹，为原生裂隙压密闭合阶段；AB 段近似直线，为线弹性变形阶段；BC 段曲线向下凹，应变速度增长很快，表现为明显的扩容性，为新裂隙产生、扩展贯通阶段，C 为强度极限；CD 段应力降低，变形增大，裂隙加密贯通，为应变软化阶段。可见岩石的这种变形特征与其内部裂隙的加密、扩展和演化过程密切相关。在使用岩石伺服试验系统进行试验的过程中，通过计算机同步采集，可以同时得到试件的强度和位移（应变）。通过在刚性压力机上进行单轴压缩试验，可以获得煤岩的单轴抗压强度（σ_c）、弹性模量（E）和泊松比（μ）等基本岩石力学参数和全应力-应变曲线、岩石的变形特性及岩石破坏后的特性。

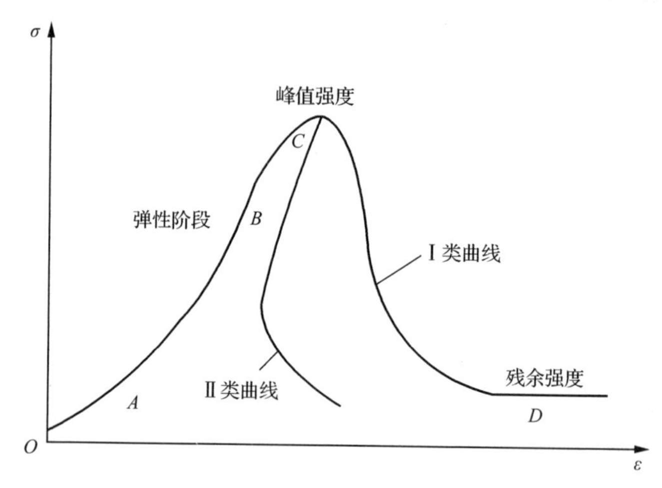

图 1.2　一般岩石的压缩全应力-应变曲线

三轴试验通常指常规三轴试验，即 $\sigma_2=\sigma_3$，在给定围压 σ_3 时，测定破坏时轴向压应力 σ_1。地壳中的岩体处于三向应力状态下，因而研究三向应力状态下岩体强度和变形特性，对于岩土工程中采矿工程、隧洞工程和水利水电工程具有重要意义。

《工程岩体试验方法标准》规定，三轴压缩强度试验采用的侧压力应相等，并适用于能制成圆柱形试件的各类岩石。试件应符合以下要求：①圆柱形试件直径应为承压板直径的 0.98～1.00；②同一含水状态下，每组试验试件的数量不宜少于 5 个；③试件的尺寸要求、精度要求与单轴压缩试验相同。

关于试验步骤的说明：①侧压力可按等差级数或等比级数进行选择；②根据试验机要求安装试件，试件应采取防油措施；③以每秒 0.05MPa 的加荷速度同时施加侧压力和轴向压力至预定的侧压力值，并使侧压力值在试验过程中始终保持为常数；④以每秒 0.5～1.0MPa 的加荷速度施加轴向荷载，直至试件完全破坏，记录破坏载荷；⑤对破坏后的试件进行描述，如果试件有完整的破坏面，应测量破坏面与最大主应力间的夹角。

岩石的常规三轴压缩试验得到了长足发展，研究已经十分深入[15～18]。常规三轴试验一直是认识岩石在复杂应力状态下力学性质的主要手段，也是建立强度理论的主要试验依据，莫尔-库仑强度理论的强度包络线就是由常规三轴试验绘出的。与单轴压缩试验相比，常规三轴试验增加了 σ_2 和 σ_3 的作用。在 σ_2 和 σ_3 的作用下，岩石的强度显著提高。在岩石常规三轴压缩试验方面，国内外学者均做了大量富有成果的研究，最典型的有 von Karman 做的大理岩三轴试验[19,20]。

根据已有岩石三轴压缩试验结果，岩石围压效应可总结如下：①岩石随围压的增加，延性变形逐渐增大，对于特定的岩石，当围压达到一定值后，岩石由弹性材料转变为弹塑性材料；②岩性越坚硬，由脆性-延性转变所需的围压值越高；③随围压增加，岩石强度增大；④岩石试件的破坏形态，由围压为零时的劈裂破坏，随围压的增加而逐渐转变为剪切面形式的剪切破坏，由剪切带形式的剪切破坏，演变为延性破坏；⑤微观观测以及声发射和弹性波速等测试表明，在脆性-延性转变前后，岩石都有微破裂产生。

澳大利亚的 Medurst 和 Brownl 对大煤样采用岩石伺服试验机进行了三轴试验[21]。主要试验结果如下：①煤样峰值强度随围压增大而增大；②随围压增加，煤样膨胀变形减小；③通过对试验数据的回归分析，煤样强度准则符合霍克-布朗准则。

孟召平等[22]基于沉积岩石类型，研究了不同侧压条件下不同岩性岩石的变形与强度特征。试验结果表明，煤岩弹性模量随侧压的增大而增大，说明煤岩原来具有较多的孔隙裂隙，在侧压的作用下，孔隙裂隙压密闭合，而使煤岩刚度增大，但并非直线关系。煤样泊松比受侧压影响较小，沉积岩石的泊松比并不因侧压的不同而有明显变化。试验结果还表明，侧压对煤岩强度影响很明显。王宏图等[23]对单一煤岩及层状复合煤岩在三轴不等压应力状态下的变形特性和强度特性进行了试验研究。试验结果表明：单一煤岩及层状复合煤岩变形规律相似，一般经历初始压密、线弹性变形、应变硬化和应变软化四个阶段；不同应力加卸载途径中，煤岩在卸载前变形规律是一致的，但在开始卸载后，其变形曲线将发生偏离；中间主应力对煤岩的峰值强度有影响，但其影响程度将随最小主应力的增加而逐渐减弱。

关于常规三轴压缩下的强度准则，库仑于 1773 年提出了剪切破坏准则，虽然岩石的强度理论后来有了很大发展，但库仑剪切破裂准则至今仍是岩石力学中一个最简单、最重要的准则，而且是剪切类强度理论的基础[24]。库仑认为，使一平面破坏的剪应力受材料的内聚力和法向应力产生的摩擦力的阻抗影响，所以剪切破坏准则基本方程可以表示为

$$|\tau| = C + f\sigma = C + \sigma\tan\varphi \tag{1.1}$$

式中，σ 和 τ 分别为平面上的法向应力和剪切应力；C 为内聚力；f 为内摩擦因数；φ 为内摩擦角。

在低围压的三轴压应力条件下，岩石的破坏方式是剪切破坏，这是库仑准则经常应用的情况，如图 1.3 所示。库仑准则的基本表达式中变量为破裂面上的正应力和剪应力，先导出主应力表达的库仑准则。图 1.3 中，应力圆与库仑准则线相切，岩石达到强度极限状态，则主应力 σ_1、σ_3 满足：

$$\sin\varphi = \frac{\frac{\sigma_1 - \sigma_3}{2}}{\frac{\sigma_1 + \sigma_3}{2} + C\cot\varphi} \tag{1.2}$$

所以

$$\sigma_1 - \sigma_3 = \frac{2C\cos\varphi}{1-\sin\varphi} + \sigma_3 \frac{2\sin\varphi}{1-\sin\varphi} \tag{1.3}$$

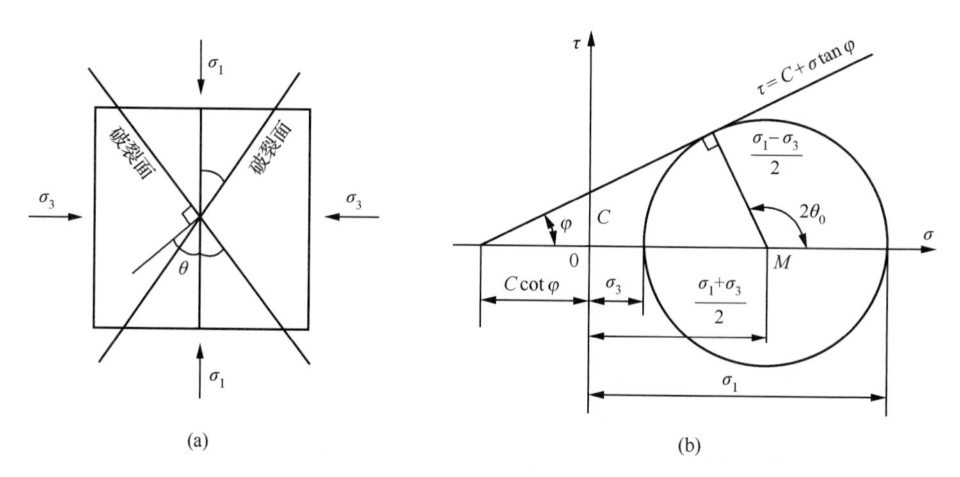

图 1.3　岩石应力状态及共轭破裂面与三轴压缩极限应力圆

莫尔于 1900 年建议，当剪切破坏在一平面发生时，应把该平面上的法向应力 σ 和剪切应力 τ 与材料的函数特征关系式建立联系：$|\tau| = f(\sigma)$，该式不是显式数学关系式。通过实测岩石强度，在 τ-σ 平面坐标系做出相应的莫尔圆。不同条件下的一组岩石强度值，可做出一组莫尔圆。这组莫尔圆的外公切线就是莫尔包络线，如图 1.4 所示，该包络线即为莫尔强度理论所表达的 τ-σ 坐标系中的岩石强度曲线，破裂面的方向由莫尔包络线的法线决定。选择包络线的方程式，对于收缩型的有两次抛物线型；对于开放型的，有直线型、双直线型、摆线加直线型、抛物线型及双曲线型。

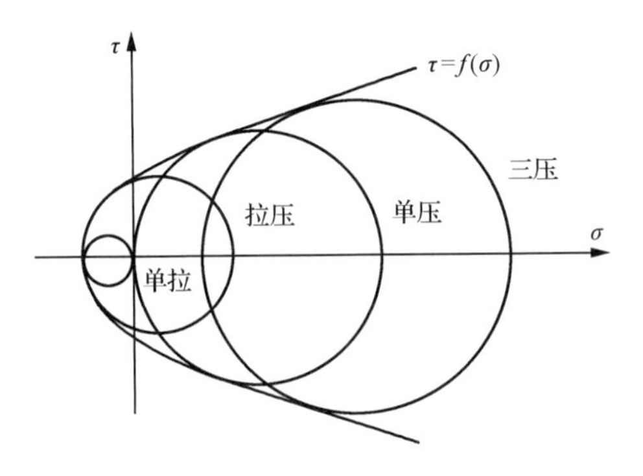

图 1.4　莫尔强度包络线

在许多工程实际中，岩石在处于三向受力状态的同时，还受水压力的作用。例如，华北型煤田下组煤位于富水性良好的奥灰含水层以上，经常发生突水，造成巨大的经济损失，研究水压作用下岩石力学性质变化具有重要的实际意义。岩石孔隙水压试验是研究水压作用下岩石力学性质的主要手段，进行试验的试件要求浸水达到饱和。与三轴压缩试验相比，孔隙水压试验要求在对岩石试件施加三向压力的同时，在轴向上施加水压力。岩石孔隙水压试验原理如图 1.5 所示，P_1 为轴向压力，P_2 为围压，P_3 为孔隙水压。试验时，首先把试件、渗透板（透水板）和压头包装密封好并安装到三轴室内，其次施加围压到预定值，再次加载水压到预定值，最后施加轴向载荷直到试件破坏。一般需要 $P_2>P_3$，以保证施加水压的水和施加围压的油不混合[25]。

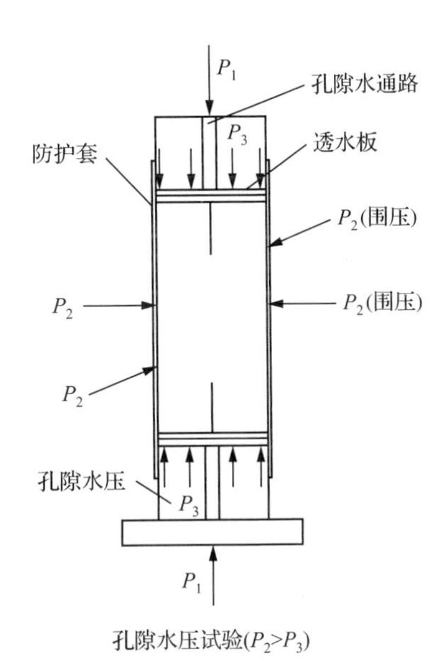

图 1.5　岩石孔隙水压试验原理图

1.3　煤岩体移动变形蠕变演化

采场覆岩破坏形式主要有“三带型”“弯曲型”“切冒型”“抽冒型”。影响覆岩变形破坏的主要因素包括地质影响因素（岩性及岩层组成、岩体结构特征、地层倾角及构造、地应力和地下水等）、采矿影响因素（开采方法、采出率、开采深度及采空区处理方法等）和时间影响因素（覆岩流变性）。随着矿井开采深度的增大，在高地应力条件下岩土材料流变特性的研究日益受到人们的重视。

地表移动变形的流变特性是地表动态移动变形的过程特征，它是覆岩物理力学性质在移动变形过程中的反映[26,27]。采场覆岩的岩性、层间接触形式及层位的不同，导致它们发生流变的机理不同，但覆岩蠕变的根本原因是开采引起的应力状态变化和结构中应力的重新分布，岩层的节理、层理及结构面在重新进行应力调整的过程中发生破断、失稳，在微观的表现就是沿层面的剪切塑性滑移和拉断破坏。由下向上各岩层垂直位移速度不尽相同，即蠕变速率不尽相同，其特点是越向上越缓慢。应力平衡的破坏引起覆岩结构随时间不断变化，这种流变伴随矿床开采产生，主要发生于垮落带以上岩层。

采场覆岩的流变过程可分为两个阶段：第一阶段，覆岩运动的初始阶段，流变在宏观上主要表现为煤层开采—覆岩应力状态改变—岩体裂纹扩展断裂—块体滑落失稳—出现离层—上部岩层失衡。在这种反复过程中，胀碎岩层重新支承上覆顶板，顶板活动渐趋平稳。在初始阶段，各层变形速度不尽相同，特点是越向上越缓慢，这种总趋势非常明显，且持续相当长的时间才会变化，直至顶板稳定或波及地表。第二阶段，上覆岩层运动的后期，已断裂的岩层重新受到垮落岩层的支承，各岩层又进入互相压合的过程。覆岩的流变在宏观上表现为高接触应力—岩块破碎和颗粒重新排列—应力释放、调整和转移，在这种反复过程中，破碎岩体体积的增量逐渐减小最终趋于相对静止，冒落区岩石达到较高的密实度。在这一阶段，岩体变形量较小且比较平缓，所需的时间较长。在此阶段内各岩层移动速度特点是临近煤层的岩层的运动速度缓于其上部岩层。

地下矿体采出后破坏了其原有的应力平衡状态，在获取新的平衡前，覆岩及地表要经过一个复杂的物理力学变化过程，即一个缓慢的时间、空间变化过程[28,29]。地表下沉的初始阶段，下沉量、下沉速度和下沉加速度都从零开始逐渐增长，这个阶段是地表受采动影响，下部岩体弯曲、断裂和垮落的过程；地表下沉的发展阶段，下沉量增加较快，下沉速度逐渐达到最大，下沉的加速度由正值逐渐趋于零，这个阶段是地表大面积沉陷的过程；地表下沉的衰减阶段，下沉量继续增加，但增加缓慢，此阶段下沉速度逐渐减小到零，下沉的加速度由负值逐渐变为零，这个阶段地表点随下部岩体从垮落到“裂隙”、“离层”闭合及破碎岩体的自然压实。

覆岩受采动影响的变形过程，与改进的西原模型蠕变情况类似，其蠕变方程：

$$\varepsilon(t)=\frac{\sigma_0}{E_1}+\frac{\sigma_0}{E_2}\left(1-\mathrm{e}^{-\frac{E_2}{\eta_1}t}\right)=\left(\frac{1}{E_1}+\frac{1}{E_2}\right)\sigma_0-\frac{\sigma_0}{E_2}\mathrm{e}^{-\frac{E_1}{\eta_1}t} \tag{1.4}$$

式中，ε 为应变；σ_0 为常量；t 为时间。

令 $a=\left(\frac{1}{E_1}+\frac{1}{E_2}\right)\sigma_0$，$b=\frac{\sigma_0}{E_2}$，$c=\frac{E_1}{\eta_1}$，则式(1.4)可简化为

$$\varepsilon(t)=a-b\mathrm{e}^{-ct} \tag{1.5}$$

式中，a 和 b 为待定系数；c 为时间的影响系数。

地表沉陷盆地主断面上的最大下沉量，可用 $W_{max}=mq\cos\alpha$ 计算，W_{max} 表示最大下沉量；$W(t)$ 表示沉陷盆地主断面上任意时刻的下沉值；m 为煤层采厚；q 为下沉系数；α 为煤层倾角。

由 $\varepsilon(t)=\dfrac{W(t)}{W_{max}}$ 得

$$W(t)=\varepsilon(t)W_{max}=(a-b\mathrm{e}^{-ct})mq\cos\alpha=amq\cos\alpha\left(1-\frac{b}{a}\mathrm{e}^{-ct}\right)\tag{1.6}$$

考虑边界条件

$$t=0,W(t)=0$$
$$t=\infty,W(t)=W_{max}=mq\cos\alpha$$

可得 $a=b=1$，带入式(1.6)，得

$$W(t)=amq\cos\alpha\left(1-\frac{b}{a}\mathrm{e}^{-ct}\right)=W_{max}(1-\mathrm{e}^{-ct})\tag{1.7}$$

式(1.7)与以下沉盆地具有高斯曲线形状为基础，推导出的Knothe时间函数公式相一致。Knothe时间函数可用于预计动态下沉、倾斜、曲率、水平移动和水平变形，但不能反映地表下沉速度和加速度的变化规律，这是由于当 $0\leqslant t<\infty$ 时，$(1-\mathrm{e}^{-ct})\in[0,1)$，当 t 取大于等于零的任何实数时，由式(1.7)所表示的时间函数 $W(t)$ 是一个定义域在[0,1)上的线性函数。对式(1.7)求二阶导数得出下沉的加速度为负值，即当 $t=0$ 时下沉的加速度为负的最大，显然与事实不符。

针对式(1.7)的不完善，刘玉成[30]提出在不改变公式形式的基础上加上一个幂指数，使得 $W(t)$ 与 W_{max} 呈幂函数关系，即

$$W(t)=W_{max}(1-\mathrm{e}^{-ct})^{k}\tag{1.8}$$

式中，k 为幂指数。

对式(1.8)求时间的一阶导数，得出下沉速度为

$$v(t)=kW_{max}\mathrm{e}^{-ct}(1-\mathrm{e}^{-ct})^{k-1}\tag{1.9}$$

对式(1.8)求时间的二阶导数，得出下沉加速度为

$$a(t)=W_{max}[-kc^{2}\mathrm{e}^{-ct}(1-\mathrm{e}^{-ct})^{k-1}+k(k-1)c^{2}\mathrm{e}^{-ct}(1-\mathrm{e}^{-ct})^{k-2}]\tag{1.10}$$

时间的影响系数 c 决定地表某点从开始下沉到稳定的时间长短，而幂指数 k 决定地表点在时间轴上的运动路径。随着幂指数 k 的增加，地表下沉达到最大速度的时间会推迟，改进后的式(1.7)对描述采深较大且有明显弯曲下沉带的地表下沉过程具有合理性。

沉陷盆地走向或倾向主断面上沉陷稳定后的剖面函数为

$$W(x)=W_{\max}F(x) \tag{1.11}$$

$$F(x)=\left(1-\frac{x^2}{r^2}\right)^n \tag{1.12}$$

式中，r 为沉陷影响半径；n 为沉陷曲线形态参数。

地表动态沉陷过程模型：

$$W(x,t)=W_{\max}\left(1-\frac{x^2}{r^2}\right)^n(1-\mathrm{e}^{-ct})^k \tag{1.13}$$

地表动态移动变形值是确定保护地表建筑设施方法的重要依据，地表动态移动过程与覆岩岩性、开采深度和岩土体结构等多种因素有关，不同的开采地质条件应表现出不同的流变力学规律，用流变力学原理推导地表动态移动下沉值与时间的函数关系式，结合现场实测资料对相关系数进行估算，可以有效地对开采地表变形进行预计，有助于确定地表受采动的影响程度。

1.4 覆岩体层状复合结构特征

煤系地层是一套有生成联系的含有煤层或煤线的沉积岩系。在沉积过程中，由于地理环境条件的多变性，成岩以后岩石类型及岩相特征迥异，且排列形成被明显平行界面所局限并相互重叠的层状构造。从力学角度分析，岩性大体一致时岩层的强度主要取决于岩石的矿物成分、胶结物的性质、节理构造及岩石的风化程度等因素。

煤矿覆岩是由各种不同岩性的岩层所组成的层状岩体，呈现出主要由砂岩、页岩和泥岩等频繁交替出现的沉积规律，软硬相间的岩层组合十分发育，而在两个具有岩性差别的岩层间存在纹理明显、延展性强的软弱薄层层面，在同一岩层沿层面方向上介质均匀，岩性变化不大，可视为横观各向同性，而垂直层面方向岩性发生变化，表现出正交各向异性的特征。

按照岩体工程地质力学的观点，可以根据岩性、岩相等因素的变化把覆岩体划分成若干具有相似工程地质特性的岩组[31,32]。一般在分析采动覆岩沉陷问题的岩性组合特征时，常常根据岩层岩石的强度把相邻岩层的组合简化分为上软弱-下坚硬型、上坚硬-下软弱型、上软弱-下软弱型和上坚硬-下坚硬型四种。这些岩组的厚度、岩性及排列组合等自然特征与整个覆岩体受力后的形状有着密切的联系。

岩体是被不同类型结构面切割的地质结构体，煤系地层由于原始沉积过程的旋回，岩体的基本特征是具有以原生高度贯通、不连续层面为间断的层状结构，是纹理明显、延展性强的软弱薄层层面，是岩体内结构面发育与发展的主要表现形式。所以,煤系地层可以看做由不同岩性的层状岩层复合而成的岩体,正是这种岩体的层状结构特征决定了煤矿覆岩受采动附加应力作用后,岩层的垮落、离层、折裂、弯曲及滑动等破坏变形现象以及这些现象的"分带性""分区性"特点。

岩层之间的界面被称为层面,两个层面之间可能还有更细微的成层现象(即层理),层面代表沉积作用短暂的或长期的间断。它是沉积和成岩过程中所形成的物质分界面,属于岩体中原生结构面,包括显示沉积间断的不整合面和假整合面,亦包括由于岩性变化所形成的原生软弱夹层等。层面一般结合良好,这些层面可以是同类岩石的分离面,亦可以是软硬相间岩石的分隔面,这些层面一般延展性很强,其产状随岩层变位而变化,其特性随岩石性质、岩层厚度、水文地质条件及风化条件等不同而有所不同。

岩体的层理性是由它的不均质性、各向异性和沿强度最弱接触面的张裂能力等因素决定的。在岩层的层面方向上介质基本均匀,性质变化不大,呈现正交各向异性特征,在层面的法向方向由于成岩状态不同,岩体发生变化。层面基本力学特征,主要决定于物质组成、结构特征、层面上、下岩层形态特征及水的作用,如图1.6所示。

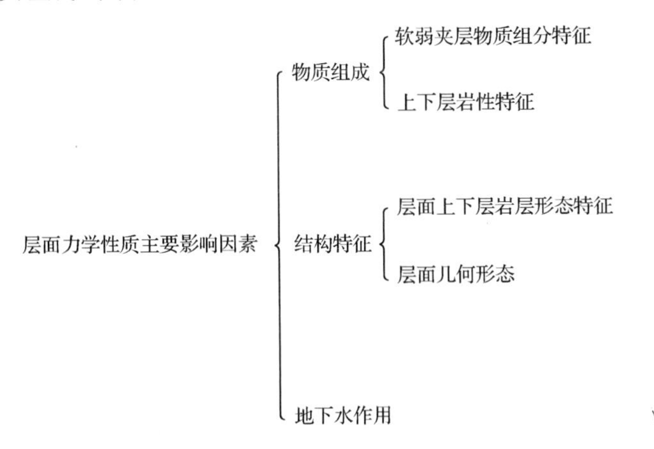

图1.6　层面力学性质主要影响因素

煤矿覆岩体中不连续界面一般按其充填状况可分为无充填物、薄夹层和厚层等。它们所呈现的力学效应有所不同,夹层物质对层面力学性质的影响见表1.1。

表1.1　岩体夹层物质成分及力学性质

夹层物质成分	摩擦系数值	黏着力/MPa	层面平均抗拉强度/$(kN\cdot m^{-2})$
泥化夹层和夹泥层	0.15～0.25	0.005～0.02	108(粉砂岩中)
破碎夹泥层	0.3～0.4	0.02～0.04	23(页岩中)
破碎夹层	0.5～0.6	0～0.1	—
铁锰质角砾破碎夹层	0.65～0.85	0.03～0.15	210(粉砂岩中)

层面有两种主要的力学性质对覆岩的沉陷运动影响较大：①垂直于层面方向上抗拉强度很低，或者为零；②层面的抗剪强度比一般完整岩石低。

根据层面的受力不同，其变形机制也不同，可分为法向变形和剪切变形两种。

1. 法向变形

(1) 层面法向力 σ_n 为压应力时，其软弱结构面产生法向的压缩，压缩量指数曲线特征为

$$u = u_0 (1 - e^{-\frac{\sigma_n}{K_n}}) \tag{1.14}$$

式中，u_0 为软弱结构面最大压缩量；K_n 为软弱结构面法向压缩刚度。

(2) 层面法向力 σ_n 为拉应力时，$|\sigma_n| \geqslant R_t$（层间黏结强度），层面产生分离，形成离层裂缝。由于沿层面的结合力很低甚至没有结合力，一般取 $R_t=0$。

2. 剪切变形

在一定的法向压力作用下，在力学性质不同的岩层界面上产生应力集中，层面由于剪应力作用产生沿层面方向的滑移，形成层间剪切带，有

$$\tau_n > c_j + \sigma_n \tan\varphi_j \tag{1.15}$$

式中，τ_n 为平行层面的剪应力；σ_n 为垂直层面的正应力；c_j 为第 j 层面的内聚力；φ_j 为内摩擦角。

在层间滑动剪切力作用下，当剪应力超过层间接触面上的内聚力和摩擦力时，两岩层间沿层面产生离层裂缝。离层裂缝的产生与扩展，使得不同岩性岩层组合而成的岩体在受开采影响的弯曲沉陷运动过程中，沿层面剥离成相对较薄的岩层，其抗弯能力将大为降低。

层面变形分为四种类型，即连续型、分离型、滑移型和撕开型，如图 1.7 所示。

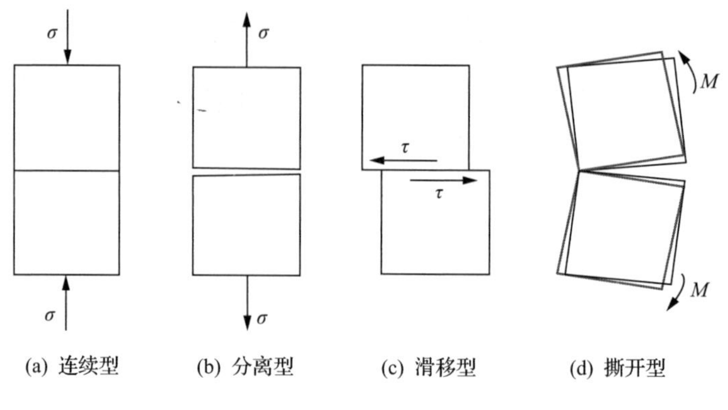

图 1.7　层面变形类型

(1) 连续型。可将覆岩看成一整体，为一整体弯曲运动。

(2) 分离型。层面在拉应力作用下沿层面分离，产生离层裂缝，其上、下岩层沉陷运动产生不均匀变形。

(3) 滑移型。即岩体在层面剪应力作用下，沿层面滑动，层面上、下产生相对移动。

(4) 撕开型。岩体受弯矩作用向开采空间转动形成"砌体梁结构"。

煤系地层可以看做由不同岩性的层状岩层复合而成的岩体，其构成方式决定它在厚度方向上具有宏观非均质性。层状岩体的力学性质不等于岩体中岩石的力学性质，也不等于岩体中结构面的力学性质，而是岩石的力学性质、结构面的力学性质和宏观非均质性所产生的"耦合效应"及环境因素的综合反映。

不同岩性组合的层状岩体的强度特性与其中每一层的变形与强度特性、几何参数(厚度和层的方向)以及层与层间的相互作用有关。进行强度分析的目的，一是确定极限载荷，即根据给定的岩体结构，确定其所能承受的最大载荷；二是进行强度校核，即在给定的载荷作用下，验算岩体的强度状态。无论何种目的，煤矿沉积层状岩体的强度分析都应以岩层强度特征为基础。采动覆岩移动变形过程中，层间应力引起岩体沿层面开裂分离，从而导致整体刚度降低，这是煤矿覆岩的重要破坏形式之一，显然经典的强度分析理论无法预测这种破坏。实践表明，煤矿覆岩岩层与岩层间的交界面特征对覆岩形变作用很大，覆岩移动与形变应也是"层面效应"表征的函数。

在载荷作用下采矿岩体经历着复杂的变形物理过程，其应力-应变曲线的本构模型是多种多样的。到目前为止，我们已经研究了众多理想化的地层介质本构模型，如线弹性模型、非线弹性模型、弹-塑性模型和黏弹性模型等，并且这些模型也都得到了一定的发展和完善。但是，这种理想介质所具有的特征，在实际地层内并不常见。在概化出的理想介质里，存在着微观和宏观的均质性、应力和应变的确定关系、位移和形变是微小的，如此等等。然而，经验告诉我们任何一种把地层介质与理想固体之间的特性差别竭力考虑进去的理论著述，都可以立即变得相当复杂而难以捉摸。所以，简单理想化的地质介质本构模型虽然有着诸多不适宜性，但是其仍不失为研究地层介质一般力学特性的基本方法。

煤矿岩体属于非均质体，这种非均质性是阶跃式的，即同一层内可看做均质，而层与层间的性质很不相同。岩层层面方向可以近似地看成具有相同的弹性特征，其应力-应变分析可以采用横观各向同性弹性体模型来描述，这时独立的弹性常数为五个，应力-应变关系用一般矩阵形式可以表示为

$$\begin{Bmatrix}\sigma_{11}\\\sigma_{22}\\\sigma_{33}\\\sigma_{12}\\\sigma_{23}\\\sigma_{31}\end{Bmatrix}=\begin{bmatrix}c_{11} & c_{12} & c_{13} & 0 & 0 & 0\\ & c_{22} & c_{23} & 0 & 0 & 0\\ & & c_{33} & 0 & 0 & 0\\ \text{对} & \text{称} & \frac{1}{2} & (c_{11}-c_{12}) & 0 & 0\\ & & & c_{54} & c_{55} & 0\\ & & & & & c_{66}\end{bmatrix}\begin{Bmatrix}\varepsilon_{11}\\\varepsilon_{22}\\\varepsilon_{33}\\\varepsilon_{12}\\\varepsilon_{23}\\\varepsilon_{31}\end{Bmatrix} \tag{1.16}$$

1.5　深部开采岩体工程地质力学特征

深部煤岩体长时期处于高地应力、高岩溶水压环境中，导致深部原岩往往处于“潜塑性”状态，其力学性质表现出与浅部不同的特性[33~37]。在开采深部煤炭资源过程中，常发生井筒破裂、冲击地压、岩爆或瓦斯突出及突水等具有共性的重大工程灾害。开展深部煤炭资源赋存环境研究，以煤矿深部开发所出现的高地应力、高岩溶水压为研究对象，从深部工程应力场和地下水赋存特性入手，分析深部煤层底板隔水层岩体力学新特性，可为探索深部煤层开采底板突水灾变事故中出现多发性和突发性的根本原因提供基础理论和科学依据。

地应力是赋存于岩体内部的一种内应力，是岩体存在的一种力学状态，是在地质历史中由多种地壳应力的联合作用产生的，其主要由自重应力、构造应力及残余应力等组成，是岩体中各个位置及各个方向所存在应力的空间分布状态[38~40]。地应力是确定工程岩体力学属性、进行岩体稳定性分析及实现岩土工程开挖设计和决策科学化的前提。在煤矿 1 000～1 500m 的深度开采范围内，仅重力引起的垂直原岩应力(＞20MPa)通常已超过工程岩体的抗压强度，而由于工程开挖所引起的应力集中水平(＞40MPa)则远远大于工程岩体的抗压强度，据南非在 3 500～5 000m 的地应力测定，其地应力水平为 95～135MPa。因此，查明深部煤层底板岩体地应力大小和方向是保证今后煤矿安全生产的基础。

Stacey 和 Wesscloo 对南非由地表到 3 000m 的地应力测量结果总结时发现：南非的最大和最小水平地应力之比高达 4[41]，如图 1.8 所示。朱焕春和陶振宇[42]对世界范围内地应力沿埋深的分布规律进行统计研究时发现，浅部水平应力普遍大于由岩体自重引起的垂直应力，总体上垂直应力、最大和最小水平主应力沿埋深呈线性增大关系。所以总体看来，地壳中垂直应力随深度增加呈线性增大的分布规律，而水平应力与埋深的变化规律比较复杂，根据世界范围内 116 个现场资料的统计，埋深在 1 000m 范围内时，水平应力为垂直应力的 1.5～5.0 倍，埋深超过 1 000m 时，水平应力为垂直应力的 0.5～2.0 倍，我国地应力测量也具有类似的结果，如表 1.2 所示[43]。

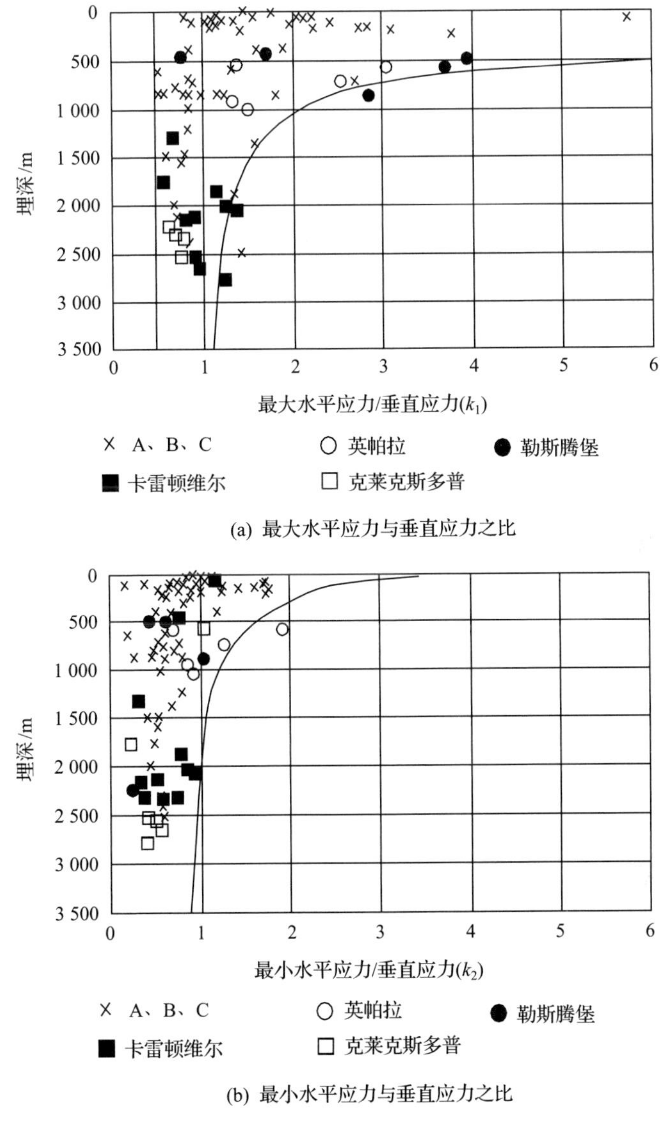

(a) 最大水平应力与垂直应力之比

(b) 最小水平应力与垂直应力之比

图 1.8　南非 3 000m 以上地应力分布规律

世界上绝大多数地区均有两个主应力位于水平或接近水平方向，两个主应力与水平面的夹角一般不大于 30°，而且最大水平主应力与最小水平主应力之值一般相差较大，显示出很强的方向性，世界部分地区两个水平应力的比值见表 1.3。垂直应力在多数情况下为最小主应力，在少数情况下为中间主应力，只在个别情况下为最大主应力。

表 1.2 世界各国平均水平主应力与垂直应力的关系

国家	σ_{hav}/σ_v			$\sigma_{h,max}/\sigma_v$
	<0.8	0.8～1.2	>1.2	
中国	32	40	28	2.09
澳大利亚	0	22	78	2.95
加拿大	0	0	100	2.56
美国	18	32	40	3.29
挪威	17	0	22	3.56
瑞典	0	0	0	4.99
南非	41	24	35	2.50
俄罗斯	51	29	20	4.30
其他地区	37.5	37.5	25	1.96

注：σ_{hav}为最大水平主应力；σ_v为最小水平主应力；$\sigma_{h,max}$为最大水平主应力极值。

表 1.3 世界部分地区两个水平应力的比值表

实测地点	统计数目	$\sigma_{h,min}/\sigma_{kmax}$/%				
		0.75～1.0	0.50～0.75	0.25～0.50	0～0.25	合计
斯堪的纳维亚等地	51	14	67	13	6	100
北美	222	22	46	23	9	100
中国	25	12	56	24	8	100
中国华北地区	18	6	61	22	11	100

注：$\sigma_{h,min}$为最小水平主应力极值。

谢富仁等[44,45]从不同角度对整个中国及邻近地区的地壳应力状态做过比较系统的研究，提出我国现今地壳应力状态随深度而变化，且与断层活动方式有密切关系，多数地区水平应力大于垂直应力。

虽然利用现场原位测量可以有效地确定岩体地应力状态，但却很难克服投资大、周期长、可重复性较差和测试数据不连续等不足。因此，针对具体工程的地质条件，在实测资料的基础上进行初始地应力场的分析计算，可以获得更为准确的、适用范围更大的地应力场数据。

由于岩体内任意点的应力状态可以由该点的六个应力状态分量唯一确定，因此如果结合能反映量测区域内规律的现场实测地应力资料，通过建立该区域地应力场的数学计算模型，利用回归分析的方法可推算出研究区域的三维应力场。

开采深度的增加使得突水问题变得越发严重。浅部矿井突水主要是第四纪含水层和地表水通过岩层裂隙网络进入采区和巷道空间，但突水时水压小、涌水量低，突水问题可通过现有的技术和手段进行有效地监测和预报。随着开采深度的增加，承压水水位变高,压力增大,同时地层本身存在的构造随深度的增加而更为复杂,采掘活动产生的新断裂更造成原有断层或裂隙的活化,从而引起透流裂隙增多而造成严重的突水灾害。另外,含水量也是影响岩石力学行为的重要因素,随着含水量的增加,岩石的强度和泊松比都有所降低,而高水压反过来又增大了岩石的含水量。

进入深部开采后,随着地应力及地温的升高,同时将会伴随岩溶水压的升高,当采深大于1 000m时,其岩溶水压将高达10MPa,有时甚至更高。岩溶水压的升高,使矿井突水灾害更为严重。我国煤矿地质条件复杂,特别是水文地质条件复杂,奥灰水压持续升高,承压水问题十分严重,突水机率也随之增加。

岩溶含水层的强富水性和高水头压力是影响底板突水的基本因素。含煤地层底部的灰岩岩溶水,尤其是奥陶系石灰岩为含水丰富的高承压含水层,其富水性是决定底板突水的水量大小和突水点是否能持久涌水的基本条件。若含水层发育在同一水文地质单元内,则各处的含水层水位变化不大,而含水量的多少差异较大;若含水层发育在同一构造单元内,其富水性取决于岩溶率的大小和含水层的发育程度及构造情况。从直接水力联系角度看,同一含水层往往是不连续的,它们之间的水力联系是局部的、有条件的。一般来说,可溶性岩层富水性较其他岩层好,在断裂附近的补给区岩溶地层的含水性好。深部岩溶地下水具有流量大、压力大、补给来源广、径流条件复杂、水岩作用时间长和温度高等特点。

受深部"三高一扰动"影响,深部煤层底板岩体的组织结构、基本行为特征和工程响应均发生了根本性的变化,表现出其特有的力学特征现象,主要包括以下六个方面。

1. 底板岩体复杂的三维应力场

深部煤层开采时底板岩体会出现区域破裂现象,即底板岩体产生压缩带和膨胀带交替出现的情形,且其宽度按等比数列递增。现场实测研究也证明了深部巷道围岩变形力学的拉压域复合特征。另外,由于深部工作面回采所形成的采动应力场与巷道掘进所形成的开挖应力场相互耦合叠加,形成了复杂的三维应力场。

2. 底板岩体的大变形和强流变特性

进入深部后,岩体变形具有两种完全不同的趋势,一种是岩体表现为持续的强流变特性,即不仅变形量大,而且具有明显的"时间效应"。另一种是岩体并没有发生明显变形,但十分破碎,处于破裂状态,按传统的岩体破坏、失稳的概念,这种岩体已不再具有承载特性,但它实际上仍然具有承载和再次稳定的能力。

3. 深部煤层开挖岩溶突水的瞬时性

首先,随着采深加大,承压水位增高,水头压力变大。其次,由于采掘扰动造成断层或裂隙活化而使渗流通道相对集中，矿井涌水通道范围变窄，使奥陶系岩溶水对巷道围岩和顶底板产生严重的突水威胁。最后，突水往往发生在采掘活动结束后的一段时间内，具有明显的瞬时突发性和不可预测性。

4. 动力响应的突变性

浅部岩体破坏通常表现为一个渐进过程，具有明显的破坏前兆（变形加剧）。而深部岩体的动力响应过程往往是突发的、无前兆的突变过程，具有强烈的冲击破坏特性，宏观表现为巷道顶板或围岩的大范围突然失稳、坍塌。

5. 深部岩体的脆性-延性转化

岩石在不同围压条件下表现出不同的峰后特性，由此最终破坏时应变值也不相同。在浅部（低围压）开采中，岩石破坏以脆性为主，通常没有或仅有少量的永久变形或塑性变形；而进入深部开采以后，在高围压作用下，岩石表现出明显的塑性特性，其破坏以塑性破坏为主，但在开挖卸荷破坏时又表现出更明显的脆性特征。因此，随着开采深度的增加，岩石已由浅部的脆性力学响应行为转化为深部潜在的延性力学响应行为。

6. 开挖卸荷效应更明显

深部岩体处于更高的三向受力状态，在深部开采过程中，开采和掘进打破了原有的应力平衡状态，高地应力特征就会表现出来，底板岩体卸载后应力松弛及采动对岩体力学性质影响力的弱化，都将直接影响底板岩体变形及稳定性，因此在深部开采时煤层底板的卸荷效应与浅部开采相比将会更加明显。

参考文献

[1] 郭惟嘉，陈绍杰，常西坤，等. 深部开采覆岩体形变演化规律研究. 北京：煤炭工业出版社，2012.

[2] 蔡美峰. 岩石力学与工程. 北京：科学出版社，2002.

[3] 于学馥，张玉卓，葛树高. 采矿岩石学新论. 北京：知识出版社，1992.

[4] 高玮. 岩石力学. 北京：北京大学出版社，2010.

[5] 王渭明，杨更社，张向东，等. 岩石力学. 徐州：中国矿业大学出版社，2010.

[6] 高延法，张庆松. 矿山岩体力学. 徐州：中国矿业大学出版社，2000.

[7] 李俊平，连民杰. 矿山岩石力学. 北京：冶金工业出版社，2011.

[8] 尤明庆. 岩石试样的强度及变形破坏过程. 北京：地质出版社，2000.

[9] 刘宝琛，张家生，杜奇中，等. 岩石抗压强度的尺寸效应. 岩石力学与工程学报，1998，17(6)：611-614.

[10] 贾喜荣. 岩石力学与岩层控制. 徐州：中国矿业大学出版社，2010.

[11] 中华人民共和国地质矿产部. 岩石物理力学性质试验规程. 北京：地质出版社，1988.

[12] 国际岩石力学学会实验室和现场试验标准化委员会. 岩石力学试验建议方法. 北京：煤炭工业出版社，1982.

[13] 中华人民共和国住房和城乡建设部. 工程岩体试验方法标准. 北京：中国计划出版社，2013.
[14] 沈明荣，陈建峰. 岩体力学. 上海：同济大学出版社，2006.
[15] 王宏图，鲜学福，贺建民. 层状复合煤岩的三轴力学特性研究. 矿山压力与顶板管理，1999，(1)：81-88.
[16] Murrell S A F. The effect of triaxial stress systems on the strength of rock at atmospheric temperatures. Geophysical Journal International，1967，14(1～4)：81-87.
[17] 杨永杰，王德超，李博，等. 煤岩三轴压缩损伤破坏声发射特征. 应用基础与工程学报，2015，23(1)：127-135.
[18] 陈景涛. 岩石变形特征和声发射特征的三轴试验研究. 武汉理工大学学报，2008，30(2)：94-96.
[19] 李先炜. 岩块力学性质. 北京：煤炭工业出版社，1982.
[20] 李先炜. 岩石力学性质. 北京：煤炭工业出版社，1983：33-102.
[21] 陈绍杰. 煤岩强度与变形特征试验研究及其在条带煤柱设计中的应用. 青岛：山东科技大学硕士学位论文，2005：3-4.
[22] 孟召平，彭苏萍，凌标灿. 不同侧压下沉积岩石变形与强度特征. 煤炭学报，2000，25(1)：15-17.
[23] 王宏图，鲜学福，贺建民. 层状复合煤岩的三轴力学特性研究. 矿山压力与顶板管理，1999，(1)：81-83.
[24] 赵坚，李海波. 莫尔-库仑和霍克-布朗强度准则用于评估脆性岩石动态强度的适用性. 岩石力学与工程学报，2003，22(2)：171-176.
[25] 杨永杰，宋扬，陈绍杰. 煤岩全应力应变过程渗透性特征试验研究. 岩土力学，2007，28(2)：381-385.
[26] 刘玉成，庄艳华. 地下采矿引起的地表下沉的动态过程模型. 岩土力学，2009，30(11)：3406-3416.
[27] 余学义，党天虎，潘宏宇，等. 采动地表动态沉陷的流变特性. 西安科技学院学报，2003，23(2)：131-134.
[28] 崔希民. 开采沉陷的流变模型及其应用. 北京：中国矿业大学硕士学位论文，1993.
[29] 崔希民，杨硕. 开采沉陷的流变模型探讨. 中国矿业，1996，5(2)：52-55.
[30] 刘玉成. 开采沉陷动态过程及基于关键层理论的沉陷模型. 重庆：重庆大学博士学位论文，2010.
[31] 郭惟嘉，常西坤，阎卫玺. 深部矿井采场上覆岩层内结构形变特征分析. 煤炭科学技术，2009，37(12)：1-4.
[32] 谭学术. 复合岩体力学理论及其应用. 北京：煤炭工业出版社，1994.
[33] 何满潮，谢和平，彭苏萍，等. 深部开采岩体力学及工程灾害控制研究. 煤矿支护，2007，(3)：1-13.
[34] 何满潮，谢和平，彭苏萍，等. 深部开采岩体力学研究. 岩石力学与工程学报，2005，24(16)：2805-2811.
[35] 李化敏，付凯. 煤矿深部开采面临的主要技术问题及对策. 采矿与安全工程学报，2006，23(4)：469-471.
[36] 何满潮. 深部的概念体系及工程评价指标. 岩石力学与工程学报，2005，24(16)：2854-2858.
[37] 虎维岳，何满潮. 深部煤炭资源及开发地质条件研究现状与发展趋势. 北京：煤炭工业出版社，2008.
[38] 程滨. 初始地应力场拟合方法研究. 武汉：中国科学院武汉岩土力学研究所硕士学位论文，2005.
[39] 张宁. 岩体初始地应力场发育规律研究. 杭州：浙江大学硕士学位论文，2002.
[40] 张延新，蔡美峰，王克忠. 三维初始地应力场计算方法与工程应用. 北京科技大学学报，2005，27(5)：520-523.
[41] 周宏伟，谢和平，左建平. 深部高地应力下岩石力学行为研究进展. 力学进展，2005，35(1)：91-99.
[42] 朱焕春，陶振宇. 不同岩石中地应力分布. 地震学报，1999，16(1)：49-63.
[43] 周维恒. 高等岩石力学. 北京：水利水电出版社，1990.
[44] 谢富仁，陈策群，张景发. 中国现代构造应力场基本特征与分区、中国大陆地壳应力环境研究. 北京：地质出版社，2003.
[45] 谢富仁，陈群策，崔效锋，等. 中国大陆地壳应力环境基础数据库. 地球物理学进展，2007，22(1)：131-136.

第 2 章 矿山岩体工程灾变监测技术

2.1 采动岩体大量程位移监测

2.1.1 采动岩体大量程位移监测系统工作原理

大量程位移监测系统主要用于监测条带煤柱大变形及深部巷道顶板和围岩松动圈范围，量程最大可达 3 000mm，同时也可以用于其他相似结构的涵洞、人防工程顶板垮落危险监测[1~6]。系统采用分布式总线技术和智能一体化传感器技术，每台下位通信分站可连接 64 个智能传感器，多台通信分站可组成多个监测网络。通信分站与上位主站连接将监测数据传送到井上监测服务器。系统采用隔爆兼本安型电源供电，每台电源可同时为 30 个大位移监测传感器供电，传感器采用钻孔安装，每个传感器设置多个基点，传感器具有现场显示、声光报警功能。系统监测分析软件 CMPSES 采用 C/S+B/S 结构，支持局域网在线模式和信息共享，支持广域网和互联网的浏览器访问模式。

2.1.2 采动岩体大量程位移监测系统结构组成

采动岩体大量程位移监测系统每个最小功能子系统由数据通信分站、本安型供电电源、离层监测传感器及本安型接线盒组成。每台通信分站下位可连接 64 个监测传感器，当监测传感器的数量少于 30 个时可与通信分站使用一台电源供电，每增加 30 个传感器需增加一台本安供电电源。一个测区的位移监测系统可以通过通信分站上位总线扩展为多个通信分站，组成多分站监测系统，该监测系统组成及结构如图 2.1 所示。

大量程位移传感器采用齿轮齿条结构，缩进式指示和信号转换，结构如图 2.2 所示。

传感器有两个测量基点（A 基点、B 基点），A 基点为深部基点，B 基点为浅部基点，通过 A、B 两个基点位移的变化确定岩体变形量，该系统主要委托西安安瑞特电子有限公司完成加工制作，现场安装及使用情况如图 2.3 所示[7]。

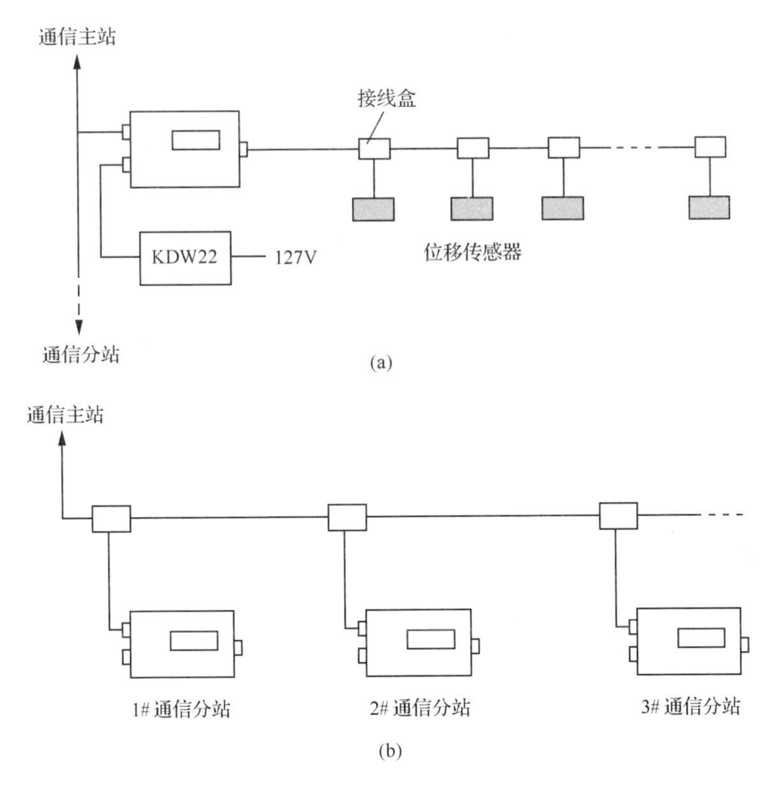

图 2.1　采动岩体大量程位移监测系统组成

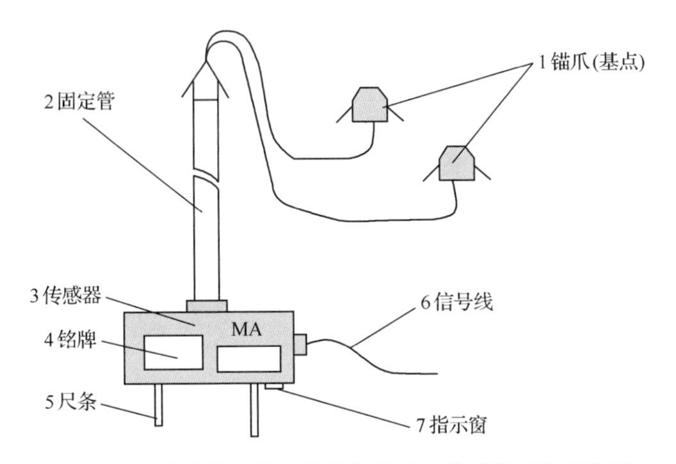

图 2.2　采动岩体大量程位移监测系统传感器结构示意图

图 2.3　现场安装图

2.2　岩体竖向变形量精密测量

2.2.1　岩体竖向变形量精密测量装置工作原理

岩体竖向变形量精密测量装置利用水压差测量方法，通过在煤层中打钻孔布置测点，运用微压力传感器和电子测量电路，结合单片计算机数据采集系统，可精确地测量覆岩竖向的实际变形量。该测量方法操作简单、成本低，具有很好的实用性，该装置设计原理如图 2.4 所示。

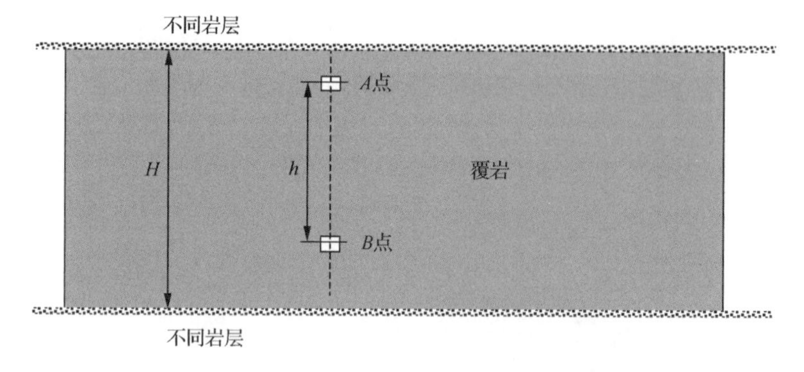

图 2.4　岩体竖向变形量精密测量装置测量原理

该装置利用液体介质(如水)的差压进行测量，比重为 1 的水柱在 1mm 高度上产生 10Pa 压强，采用连通器原理可以测量两个基准点(A、B)的高度差，设计一个用于高度测量的连通器，测量方法如图 2.5 所示。水箱的高度需高于 A 点的高度，由帕斯卡定律知，连通器内 A 点、B 点的压力不受连通器管路的长短和形状限制，只要测出 A 点、B 点的压力即可得到 A 点、B 点的差压，且 A 点、B 点的差压不受水箱的液面高度影响。

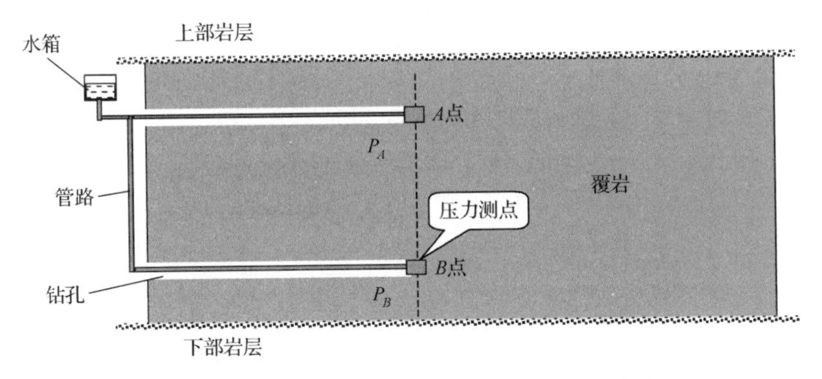

图 2.5　岩体竖向变形量精密测量装置测量方法

2.2.2　岩体竖向变形量精密测量装置结构组成

传感器采用金属材质，外壳有足够的抗压强度（≥200MPa），保证在煤体中受压不产生影响测量结果的变形，传感器安装在防护外壳内，后部为变送器电路，变送器腔用硅橡胶密封。水连通管采用细紫铜管，外径 Φ4mm，信号电缆采用带钢丝的防护电缆，以防煤体变形时水管或电缆受挤压损坏。传感器现场安装方法较为简单，传感器出厂前已注入水，现场安装时，在煤体上打出 Φ42mm 的水平钻孔将传感器水平推入即可，传感器的安装没有方向性。传感器引出的水管端头连接自封式气管接头，巷道内采用 6mm 气管与水箱连接，水箱为一个 500ml 的水容器，水连通器结构如图 2.6 所示。该连通管路比较简单，连接起来也比较方便，连接部分均采用快速接头，只需插接后在水箱中加入适量的水即可。

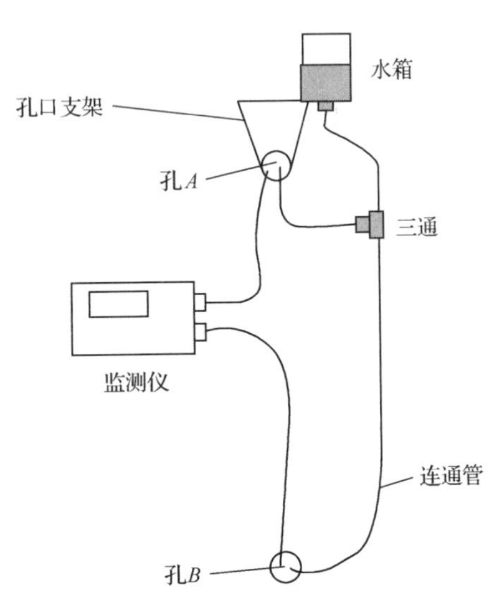

图 2.6　竖向变形量精密测量装置水连通器结构图

该装置还可用于三维相似材料模拟试验中对岩层变形量进行监测，在三维相似材料中植入一体化传感器（外径 Φ20mm）布置水平测点，使其深度大体一致，外部连接的水箱高度要高于基准压力测点[8,9]。运用微压力传感器和电子测量电路，结合单片计算机数据采集器及上位机软件,可精确地测出岩层的实际压缩量,装置外观如图 2.7 所示,数据采集系统如图 2.8 所示。

图 2.7　竖向变形量精密测量系统实物图

图 2.8　数据采集系统

2.3　采动覆岩导水裂隙分布探测系统

采动覆岩导水裂隙分布探测系统主要用于观测采动顶、底板导水裂缝带分布,系统结构如图 2.9 所示,实物如图 2.10 所示。

采动覆岩导水裂隙分布探测系统原理如下:在井下向上(或向下)打一任意仰(俯)角的钻孔,然后进行微分式分段注(放)水(气),同时系统前导向端的特殊设置能够将被封闭在系统前导向端至孔底的压力水(气)泄漏出来,避免系统前导向端

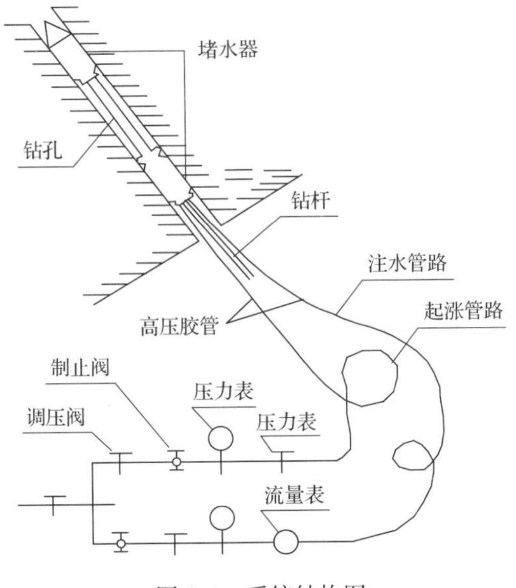

图2.9　系统结构图

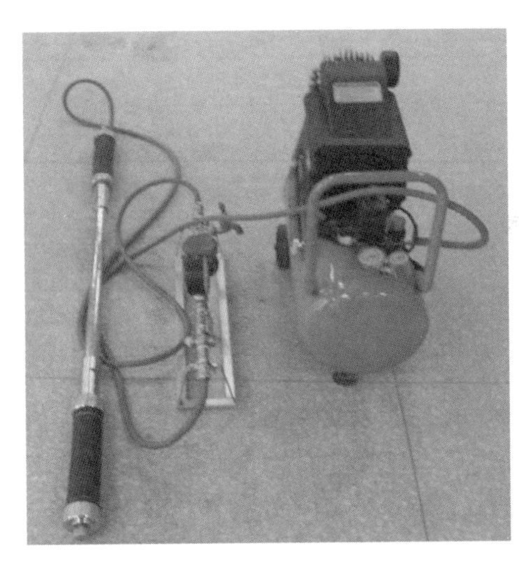

图2.10　系统实物图

至孔底的压力水(气)持续从岩层中涌出,造成水(气)压过高窜入系统前导向端与后端之间的封闭测试段内,从而严重影响观测与采样精度,根据注(放)水(气)量判定围岩采动破坏范围和采样区间。近年来对系统又进行了多项改进,主要包括:①导向端的改进,解决了较软弱或破碎岩层钻孔推进观测问题;②前端泄水功能的增加,解决了推进观测时岩层涌水干扰观测精度问题;③限压层的改进,解决了推进观测时堵水胶囊易破碎问题;④多回路及新密封方式的设计,解决了气体作为压力流体的使用和岩层中气体的涌出问题[10,11]。

该探测系统的应用使得钻孔工程量大大减少，并且避免了地面钻孔施工过程中征地和青苗赔偿等问题，且钻孔施工要求不高，无需电力、安全可靠、观测资料直观易懂。该系统先后在山东新汶、兖州、枣庄、肥城、莱芜、淄博、章丘等地区，河北峰峰、井陉、邯郸和开滦及安徽淮南、淮北等矿区进行了推广和应用，取得了巨大的经济和社会效益[12~18]。部分煤矿采用采动覆岩导水裂隙分布探测系统探测的覆岩导水裂隙高度见表 2.1。

表 2.1　覆岩导水裂隙分布探测仪探测的裂高情况

煤矿名称	工作面	煤层	采高/m	覆岩岩性	岩性结构	开采方式	导水裂隙带高度/m
东滩	14308	3	5.4	中硬	下硬上软	综放	62.9
鲍店	1303	3	6.7	中硬	下硬上软	综放	64.5
兴隆庄	1301	3	6.6	中硬	下硬上软	综放	72.9
杨村	3701	17	1.6	中硬	下硬上软	炮采	30.8
				中硬	下软上硬	炮采	25.2
赵坡	16201	16	1.3	中硬	下硬上软	炮采	29.5
高庄	5032	$3_{上}$	5.0	中硬	下硬上软	综放	55.9
彭庄	1301	1	2.3	中硬	下硬上软	综采	33.8
新宏	2101	2	2.2	中硬	下硬上软	炮采	39.4
孙村	4418	4	1.4	中硬	硬硬结构	高档普采	19.6
梁家	1206	2	4.6	软弱	软软结构	一次采全高	34.5
北皂	H2101	2	4.5	软弱	软软结构	综放	30.0

2.4　覆岩体内部移动变形连续监测

现场采动覆岩变形观测常采用钻孔岩移观测、钻孔超声成像观测、钻孔水文地质观测、钻孔成像观测和地表工程物理勘探等方式进行。

1. 钻孔岩移观测

钻孔岩移观测是目前直接实测岩层形变的主要手段之一，是在采动影响范围内，从地面或井下巷道中，向岩层内部打钻孔，并在钻孔内不同水平上设置观测点进行观测[19~21]。钻孔测点分金属和木制两种。金属测点是用混凝土灌注使之与孔壁岩层固结在一起。木制测点是用压缩木料制成，利用其遇水膨胀的性能与孔壁连接在一起。较先进的钻孔观测仪器有全剖面钻孔伸长仪和测斜仪。现场钻孔岩移观测示意图如图 2.11 所示，钻孔岩移实测曲线如图 2.12 所示。

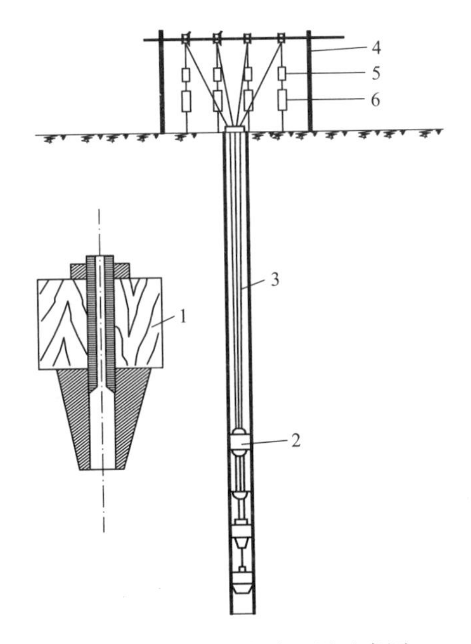

图 2.11　钻孔岩移观测示意图

1. 测点结构；2. 测点；3. 钢丝；4. 观测架；5. 重锤；6. 传感器

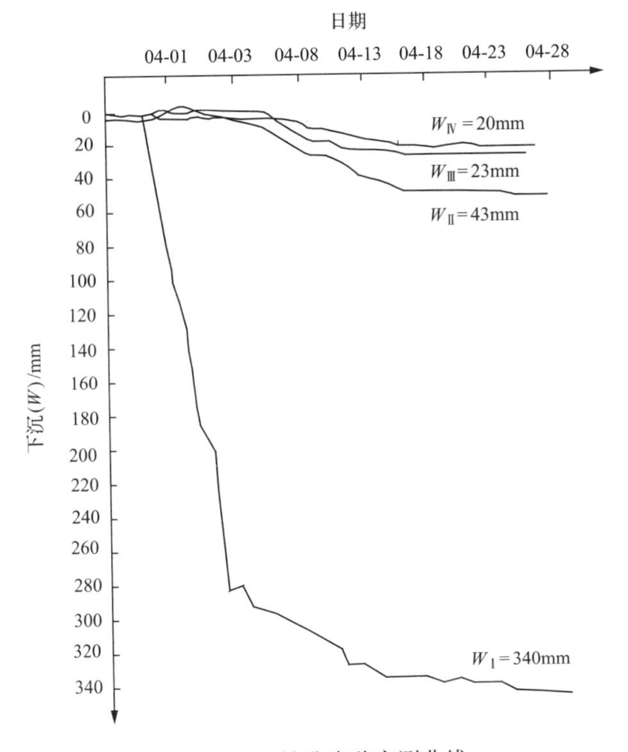

图 2.12　钻孔岩移实测曲线

2. 钻孔超声成像观测

钻孔超声成像观测技术的基本原理是当换能器在钻孔内快速旋转并同时沿孔轴移动时，超声波束便对孔壁连续扫描，并将扫描回波信号经过转换在显像管荧光屏上显示出来，由自动照像机拍摄下来就可得到孔壁结构的展开图像[22~25]。用钻孔超声波成像技术实录的孔壁照片如图 2.13 所示，其中采后照片中在砾岩层与红色砂泥岩层（简称红层）间产生的明显层状阴影为离层裂缝（按实际比例，离层裂缝高度为 1.2m 左右）。

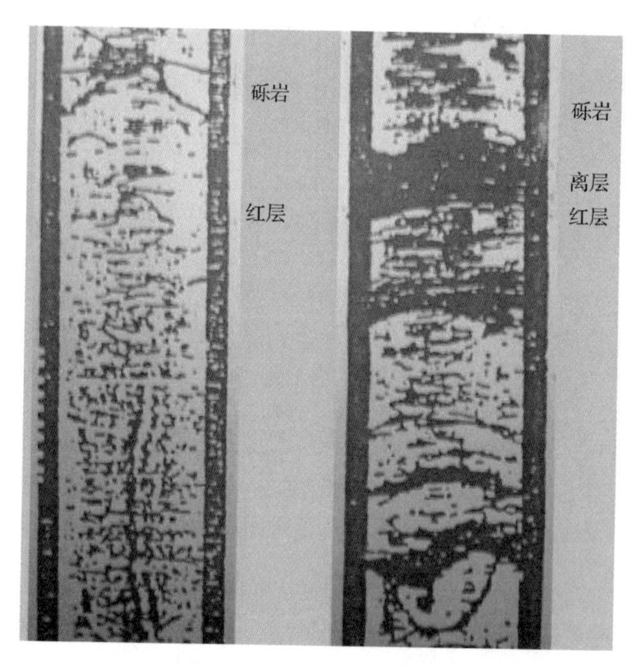

图 2.13　采前、采后钻孔超声成像展开照片

3. 钻孔水文地质观测

钻孔水文地质观测是以往进行覆岩体破坏变形观测最常用且可靠性较高的方法[26]。运用钻孔水文地质观测法来观察采动覆岩离层，应先在采前钻进观测孔，以取得采前同位置的冲洗液消耗和钻孔水位资料，与采后观测资料相关段位进行对比分析，可确定离层层位及大小。钻孔采前、采后水文地质观测典型曲线如图 2.14 所示。

4. 钻孔成像观测

矿用数码钻孔成像检测仪是针对煤矿井下地质条件和使用环境专门设计的，可

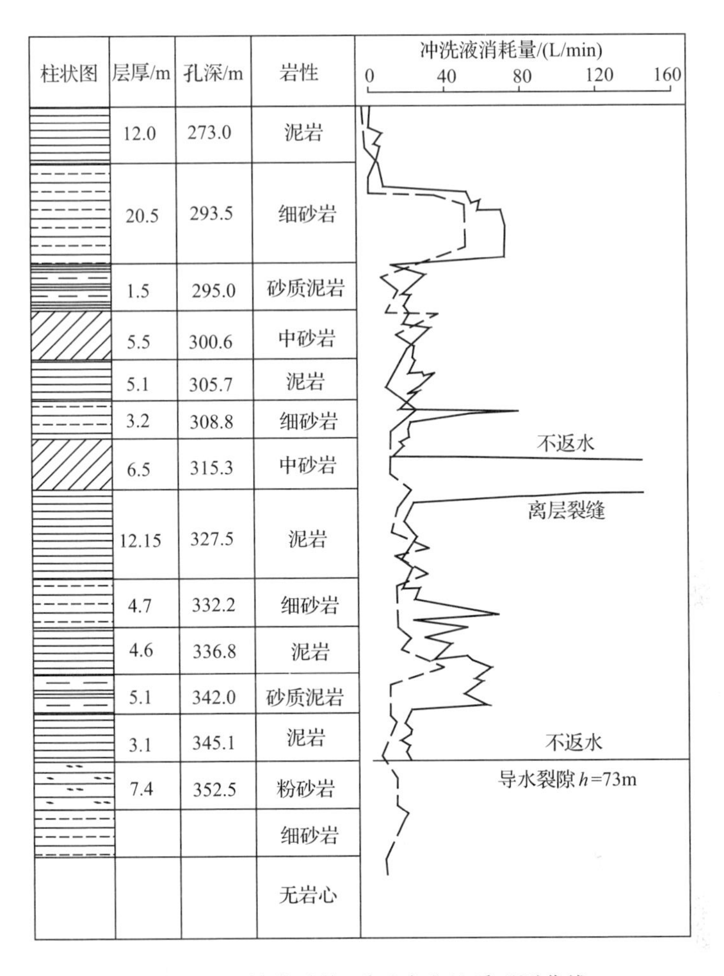

图 2.14　钻孔采前、采后水文地质观测曲线

观测钻孔中地质体的各种特征及细微变化，系统如图 2.15 所示，测试结果典型图像如图 2.16 所示。该仪器可观测：①地层岩性、岩石结构；②活动性断层、裂隙产状及发育情况；③导水裂隙带构造，岩层水流向；④顶煤厚度。该系统还可用于煤矿顶板地质构造、煤层赋存、工作面前方断层构造及上覆岩层导水裂隙带等方面的探测。

该系统具有以下特点：①使用特制高分辨率真彩色 CCD（charge coupled device）摄像头，成像效果好；②前景式观测，图像中均叠加有深度数据，可以直观得到测点的位置；③适用于各种方向的钻孔，如垂直、倾斜、水平等各种方位的钻孔；④大屏幕真彩色 TFT LCD（thin film transistor liquid crystal display）显示，图像显示分辨率高；⑤真彩色模式，图像分辨率为 752ppi×582ppi（CCD 有效像素）；⑥适用孔径范围大，可勘测从 Φ25mm 到 Φ200mm（配备不同系列探头）的各种类型钻孔；⑦深度测量精度高，显示分辨率为 1cm；⑧防爆形式为矿用本质安全型，防爆标志“Exib1”。

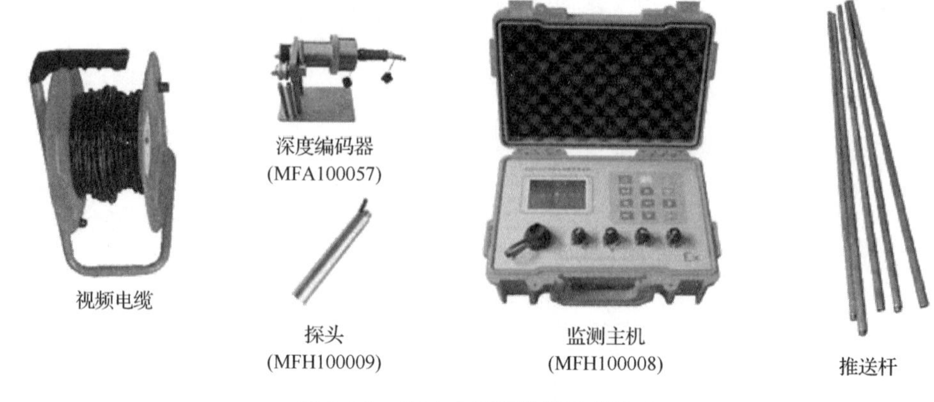

图 2.15 钻孔成像观测仪系统组成

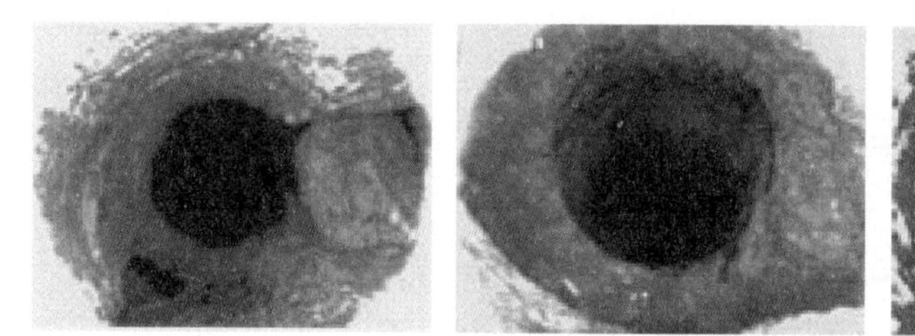
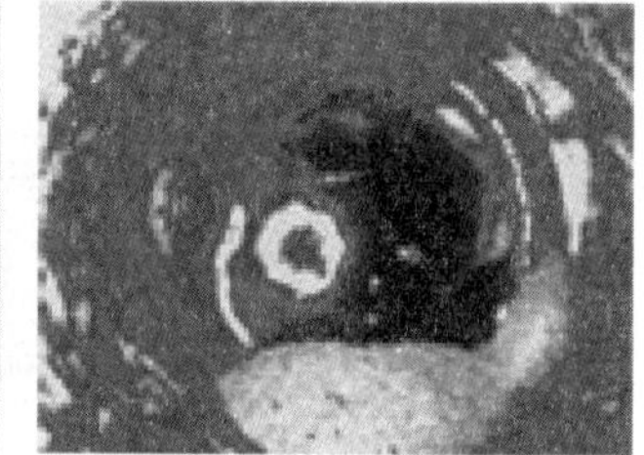

图 2.16 钻孔成像观测仪实测图像

5. 地表工程物理勘探

测试手段和解译技术的发展，使在地面通过工程物理勘探测量采动影响前后岩体的物性特征变化来研究隐蔽在地下的岩体结构形变成为可能，主要有高分辨数字地震勘探、天然电磁辐射测深和 EH-4 大地电磁剖面成像探测等[27~31]。

1) 高分辨数字地震勘探

地面地震勘探方法的原理就是人工激发的地震波在地面下传播过程中遇到反射界面后，再传向地面，通过地面埋设的检波器接收反射到地面的地震波信号，经过模拟信号向数字信号转换后，再运用数据处理方法对地震波进行必要的处理，形成地震剖面，在地震剖面上解读地质构造等信息，或者进一步运用反演方法对地震波数据信息进行反演，获得与地下地质更密切的弹性参数和物性参数等数据。华丰煤矿对开采覆岩结构形变动态演化特征进行了高分辨数字地震勘探，共设两条观测线，经处理得到的南北向地震剖面如图 2.17 所示，东西向地震剖面如图 2.18 所示。

通过地震剖面可以看出：①地层南高北低，倾角约为 22°；②在剖面的红层及砾岩交界面所在的深度上，水平位置为 130m 附近(开采影响边界)可以看到南北

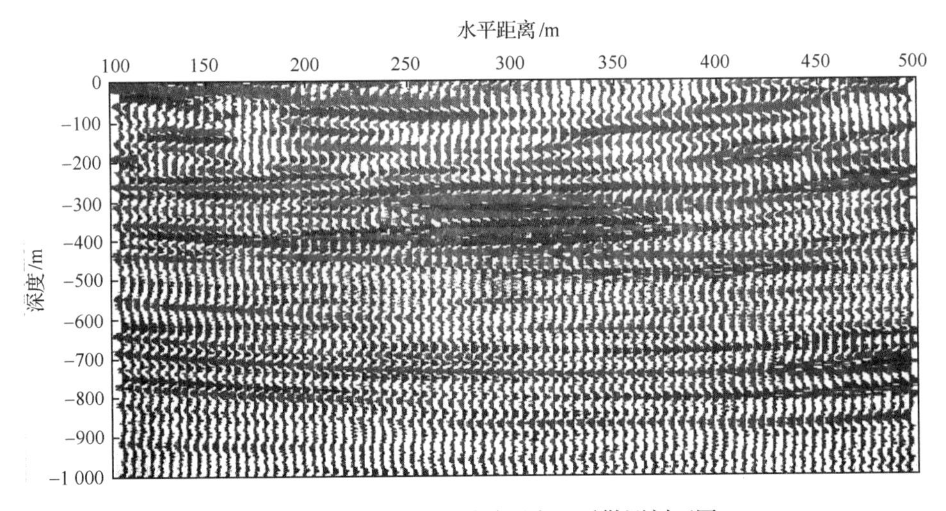

图 2.17　南北向覆岩采动形变地震勘测剖面图

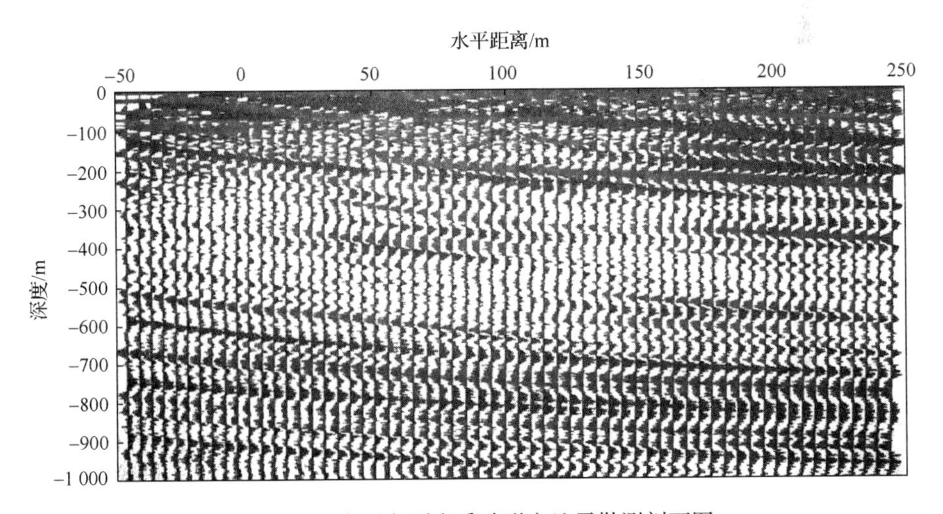

图 2.18　东西向覆岩采动形变地震勘测剖面图

两边的地层有明显的差异，反映了覆岩体采动形变影响的范围特征；③垂直深度为480m 左右可明显看出岩层结构变化(红层及砾岩交界面)——离层裂缝产生的情景，观测图中离层裂缝发育范围长度约为 240m。

2）天然电磁辐射测深

天然电磁辐射测深技术是近年来取得较大进展的一项地球物理勘探新技术，该技术主要有以下特点：①对岩层的岩性有较高的分辨能力，由于其对岩层电阻率的差异有较高的分辨率，岩层岩性的分辨能力相应得到提高。②对岩层界面深度和地下地质情况的横向变化有较高的分辨能力，探测结果基本上反映了测点下面的纵向变化，有利于圈定地下小尺寸地质体的空间范围。③在测量中采用窄频带接收技术，提高了抑制干扰能力，对市区的工频干扰可有效抑制和识别，使探测工作可在市区内进行。④以不接触方式，在近地表空间接收天然电场，免除了使用电极时，接触电阻的影响。⑤仪器轻便易携，工作中对生态环境无不良影响。⑥利用天然电磁场源探测，不会对探测对象带来任何损害。

例如，某矿开采范围内，覆岩砾岩结构层为高阻区，红层结构层电阻率较低。砾岩层与红层分界面附近产生离层后，其电性发生畸变呈高阻反映，探测结果如图 2.19 所示。

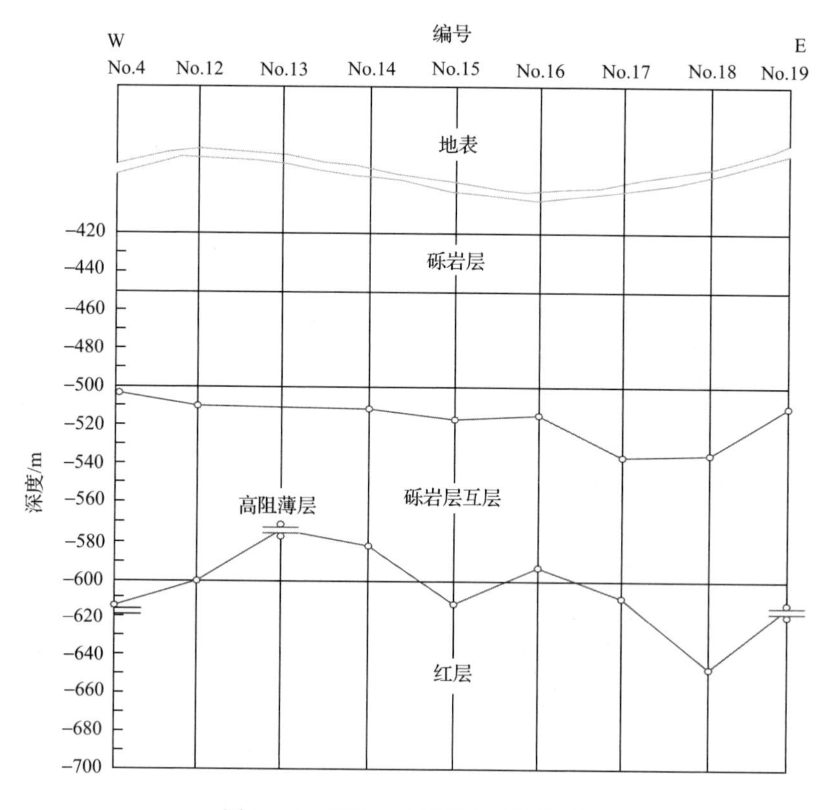

图 2.19　天然电磁辐射测深探测结果

3）EH-4 大地电磁剖面成像探测

大地电磁剖面成像探测法是利用天然交变电磁场为源来研究地球电性结构的一种地球物理勘探方法，其发射与接收装置如图 2.20 所示。当交变电磁场在地下介质中传播时，在电磁感应的作用下，地面电磁场的观测值将含有地下介质的电阻率信息，通过观测天然变化的电磁场水平分量，将电磁场信号转换成视电阻率曲线和相位曲线，然后反演求得各地层的电阻率和厚度值。工作原理如图 2.21 所示，野外工作布置如图2.22所示。

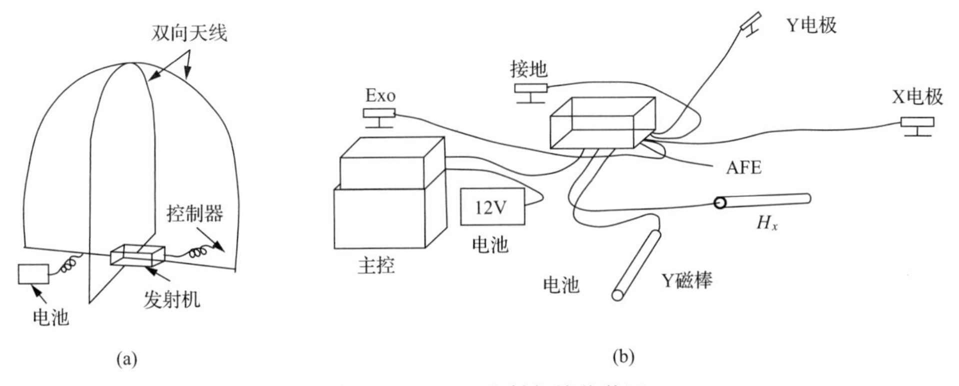

图2.20　EH-4发射与接收装置

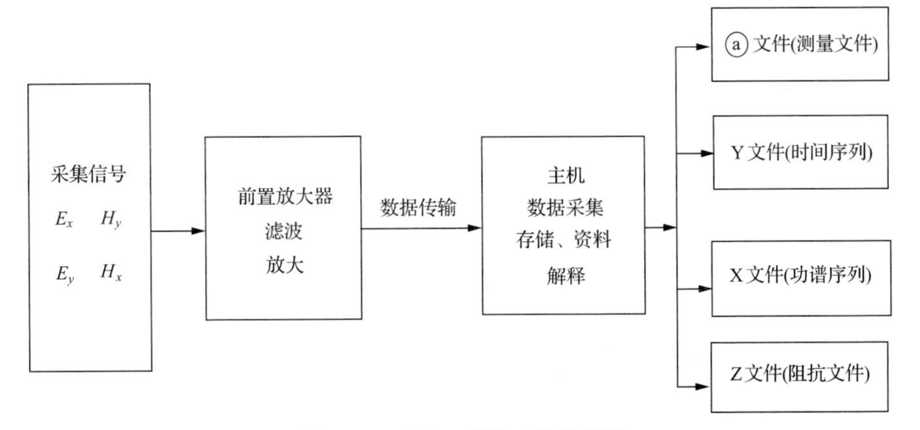

图2.21　EH-4系统工作原理图

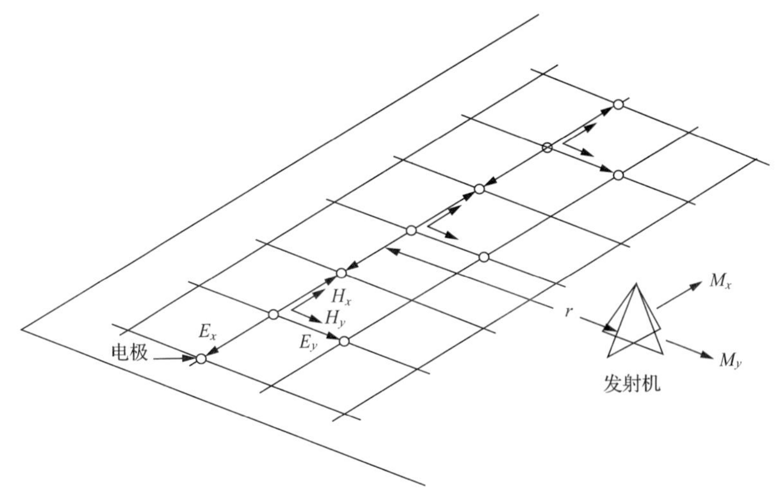

图2.22　EH-4系统野外工作布置

系统通过同时对一系列当地电场和磁场波动的测量来获得地表的电阻抗，通过傅里叶变换后以能谱形式存储起来。这些通过能谱值计算出来的表面阻抗是一个复杂的频率函数，在这个频率函数中，高频数据受到浅部或附近地质体的影响，而低频数据受到深部或远处地质体的影响。一个大地电磁测量给出了测量点以下垂直电阻率的估计值，同时也表明了在测量点的地电复杂性。在那些点到点电阻率分布变化不快的地方，电阻率的探测是一个对测量点下地电分层的合理估计。

将 EH-4 大地电磁剖面成像探测结果进行处理，根据地层、采空区的电性特征，设计多级表示电阻率的色谱，形成各自电阻率色谱断面图。依据不同地质异常的电阻率特征，对每一个剖面进行地质解释，可以圈定覆岩采动破坏范围。采空区及其上覆岩层、底板岩层破坏变形，裂隙发育但不充水，电阻率升高。电阻率的变化区有一定的范围，与围岩破坏范围有一定的联系，但不等同于围岩破坏范围，其范围要大于围岩破坏范围。另外，由于岩体的不均一性和岩体的受力不同，岩体受采动影响后的破坏范围、破坏程度也不一样，岩体不完整、破坏程度高的地段，电阻率变化就更大，电阻率变化区范围也更大。

某矿单一煤层开采后从地表通过 EH-4 大地电磁剖面成像探测得到的结果如图 2.23 所示，从图 2.23 中可以清楚地看到煤层采出后的覆岩破坏范围，并能够确定采动破坏的高度。

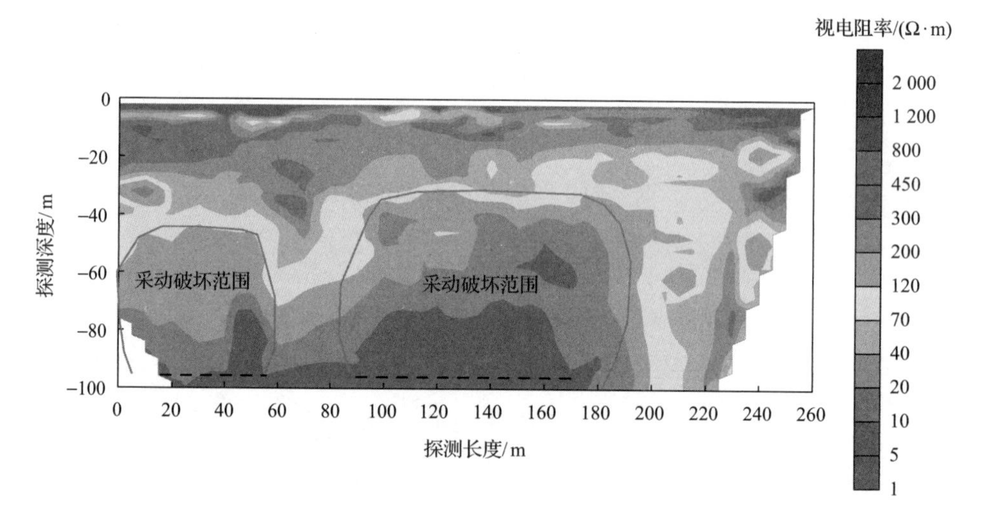

图 2.23　单一煤层 EH-4 大地电磁剖面成像覆岩采动破坏探测结果

由于 EH-4 大地电磁剖面成像探测是从地表直接探测到采空区，所以这一方法对多层煤重复采动引起的覆岩破坏范围也可以很好地进行探测。某矿多层煤重复采动后通过 EH-4 大地电磁剖面成像探测得到的结果如图 2.24 所示。

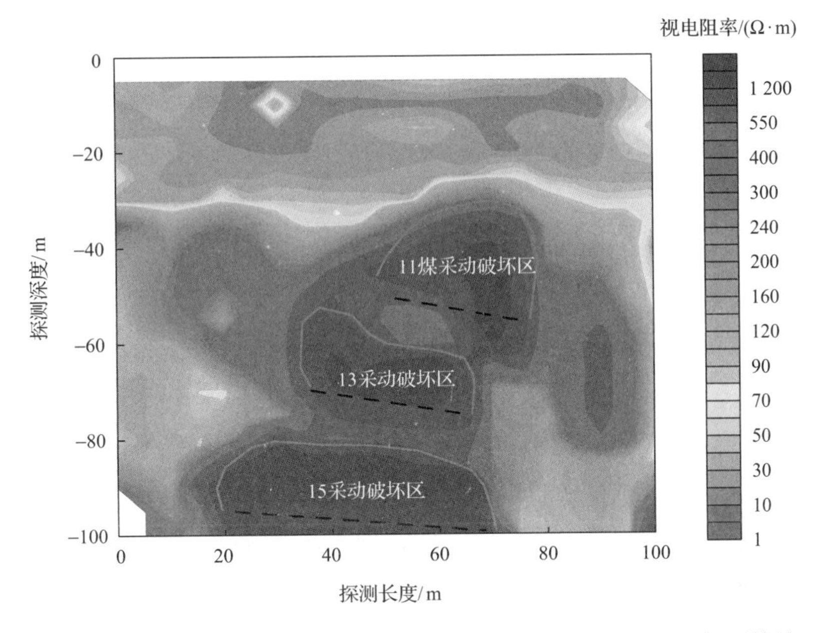

图 2.24　多层煤重复采动 EH-4 大地电磁剖面成像覆岩采动破坏探测结果

11 煤层深度的顶板岩层电阻率变化明显，且有一定范围的电阻率明显变化区域，具有采动范围电阻率变化特征。此段在电性上表现为高电阻率特征，说明覆岩破坏区含水性弱。13 煤层和 15 煤层的电阻率变化较明显，且有一定范围的电阻率明显变化区域，具有采动范围电阻率变化特征。此段在电性上则表现为高电阻率特征，说明覆岩破坏区含水性弱。15 煤层顶底板电阻率变化都较明显，且有一定范围的电阻率明显变化区域，具有采动范围电阻率变化特征。此段在电性上则表现为高电阻率特征，说明采空区含水性弱。

参 考 文 献

[1] 郭惟嘉，王海龙，刘增平. 深井宽条带开采煤柱稳定性及地表移动特征研究. 采矿与安全工程学报，2015，32(3)：369-375.

[2] 陈绍杰. 深部条带煤柱长期稳定性基础试验研究. 青岛：山东科技大学博士学位论文，2009.

[3] Chen S J，Guo W J，Zhou H，et al. Field investigation of long-term bearing capacity of strip coal pillars. International Journal of Rock Mechanics & Mining Sciences，2014，(70)：109-114.

[4] 陈绍杰，周辉，郭惟嘉，等. 条带煤柱长期受力变形特征研究. 采矿与安全工程学报，2012，29(3)：376-380.

[5] 王春秋，高立群，陈绍杰，等. 条带煤柱长期承载能力实测研究. 采矿与安全工程学报，2013，30(6)：799-804.

[6] 陈军涛，曹廷峰，尹英文. 唐口煤矿条带开采及煤柱稳定性规律研究. 矿业研究与开发，2012，32(4)：15-17.

[7] 常西坤. 深部开采覆岩结构形变及地表移动特征基础研究. 青岛：山东科技大学博士学位论文，2010.

[8] 陈军涛. 唐口煤矿深部开采条带煤柱稳定性模拟试验研究. 青岛：山东科技大学硕士学位论文，2011.
[9] 陈军涛，郭惟嘉，常西坤. 深部条带开采覆岩形变三维模拟. 煤矿安全，2011，(10)：125-127.
[10] 郭惟嘉，张新国，刘音，等. 一种用于覆岩导水裂隙带监测系统的探测钻进装置. CN201110457581.8，2013.
[11] 郭惟嘉，张新国，刘音，等. 一种覆岩导水裂隙带监测系统及其探测钻进方法. CN201110457012.3，2013.
[12] 杨贵. 综放开采导水裂隙带高度及预测方法研究. 青岛：山东科技大学硕士学位论文，2004.
[13] 初艳鹏. 神东矿区超高导水裂隙带研究. 青岛：山东科技大学硕士学位论文，2011.
[14] 苏宝成. 华丰煤矿顶板突水机理及防治技术研究. 青岛：山东科技大学硕士学位论文，2005.
[15] 张新国. 采场覆岩破坏规律预测及咨询系统研究. 青岛：山东科技大学硕士学位论文，2006.
[16] 景继东. 巨厚砾岩顶板突水机理及防治技术研究. 青岛：山东科技大学博士学位论文，2007.
[17] 施龙青，辛恒奇，翟培合，等. 大采深条件下导水裂隙带高度计算研究. 中国矿业大学学报，2012，41(1)：37-41.
[18] 王忠昶，张文泉，赵德深. 离层注浆条件下覆岩变形破坏特征的连续探测. 岩土工程学报，2008，30(7)：1094-1098.
[19] 高延法，钟亚平，李建民，等. 深井钻孔岩移观测装置及其岩移测点的安装方法. CN200710100358.1，2009.
[20] 高延法，李白英. 受奥灰承压水威胁煤层采场底板变形破坏规律研究. 煤炭学报，1992，17(2)：32-39.
[21] 赵经彻，高延法，张怀新. 兖州矿区开采沉陷控制的研究. 煤炭学报，1997，22(3)：248-252.
[22] 康永华，王济忠，孔凡铭，等. 覆岩破坏的钻孔观测方法. 煤炭科学技术，2002，30(12)：26-28.
[23] 朱术云，曹丁涛，岳尊彩，等. 特厚煤层综放采动底板变形破坏规律的综合实测. 岩土工程学报，2012，34(10)：1931-1938.
[24] 查恩来，丁凯. 成像测井新技术在水利工程中的应用. 地球物理学进展，2006，21(1)：290-295.
[25] 马峰，陈刚，胡成，等. 利用钻孔成像研究基岩地区的渗透张量变化规律. 岩土工程学报，2011，33(3)：496-500.
[26] 苏锐，宗自华，季瑞利，等. 综合钻孔测量技术在导水构造水文地质特征评价中的应用. 岩石力学与工程学报，2007，26(S2)：3866-3873.
[27] 岳棋柱. 天然电磁辐射测深技术的应用. 地球物理学进展，2004，19(4)：873-879.
[28] 于克君，骆循，张兴民. 煤层顶板“两带”高度的微地震监测技术. 煤田地质与勘探，2002，30(1)：47-51.
[29] 程久龙，于师建，王清明，等. 岩体测试与探测. 北京：地震出版社，2000.
[30] 钟声，王川婴，吴立新，等. 钻孔雷达与数字摄像在地质勘探中的综合应用. 地球物理学进展，2011，26(1)：335-341.
[31] 钟声. 钻孔雷达与数字摄像动态勘查技术若干关键问题研究. 武汉：中国科学院武汉岩土力学研究所博士学位论文，2008.

第 3 章　矿山覆岩形变演化解析与试验方法

3.1　矿山覆岩采动结构形变演化解析

3.1.1　基本假设及定解条件

对矿山覆岩采动结构形变演化的解析，可以比较清晰地表达受采动影响后岩层结构形变的演化特征[1~4]。假设煤(岩)层为水平，煤层以上有 n 层岩层；认为煤层采出后顶底板将完全闭合，闭合量为 t；开采宽度为 $2a$，结构岩层厚度为 h，计算模型及采用坐标系如图 3.1 所示。

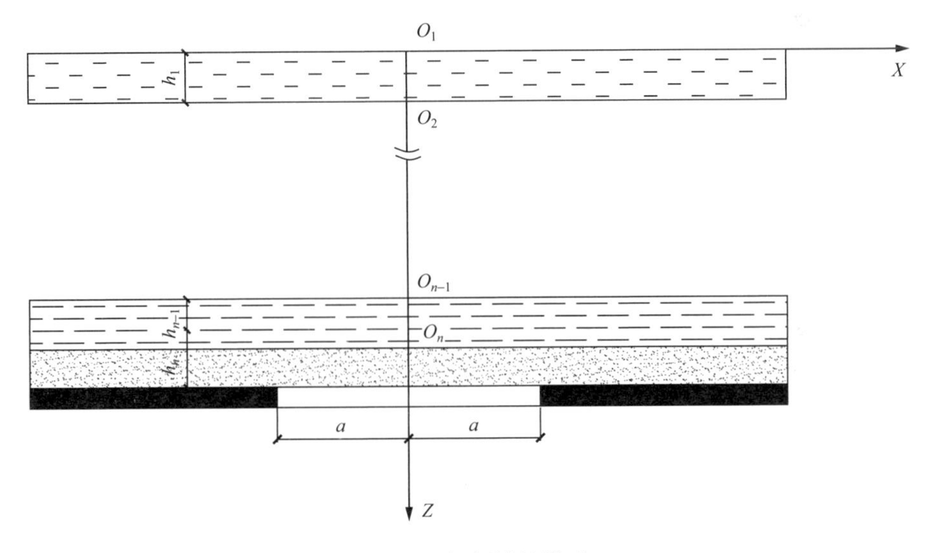

图 3.1　解析计算模型

各岩层都选取一个局部坐标 $O_iXZ_i(i=1,2,\cdots,n)$，所有岩层有相同的坐标 X，对于第 i 层岩层，X、Z 的方向位移分别用 u_i、ν_i 表示，应力分量分别用 σ_x^i、σ_z^i、σ_{xz}^i 表示，弹性模量和泊松比分别用 E_i、μ_i 表示，则满足以下条件。

边界条件：

$$\sigma_z'=0,\tau_{xz}'=0(z_1=0) \tag{3.1}$$

$$\begin{aligned} \nu_n &= t(|x| \leqslant a, z_n = h_n) \\ \nu_n &= 0(|x| \leqslant a, z_n = h_n) \end{aligned} \tag{3.2}$$

岩层结构层间接触条件(按滑动接触)为

$$\begin{gathered} \nu_i(x,h_i) = \nu_{i+1}(x,0) \\ \tau_{xz}^i(x,h_i) = \tau_{xz}^{i+1}(x,0) = 0 \\ \sigma_z^i(x,h_i) = \sigma_z^{i+1}(x,0)(i = 1,2,\cdots,n-1) \end{gathered} \tag{3.3}$$

结构层间分离条件(假设离层发生在第 $n-1$ 层与 n 层之间)为

$$\begin{gathered} \sigma_z^{n-1}(x,h_{n-1}) - \sigma_z^0 = \sigma_z^n(x,0) - \sigma_z^0 = R \\ \nu_{n-1}(x,h_{n-1}) = \nu_n(x,0)(|x| \geqslant b) \end{gathered} \tag{3.4}$$

式中，ν_i 为垂直位移；σ_{xz} 为正应力；τ_{xz} 为剪应力；R 为岩层之间的抗拉强度，岩层接触面处的抗拉强度通常很小，所以 R 通常取零；σ_z^0 为岩层离层处的垂直应力，通常取 $\sigma_z^0 = \sum_{i=1}^{n-1} h_i\rho_i$；$b$ 为离层宽度的 1/2；ρ_i 为第 i 层岩石重力密度。

3.1.2　问题的求解

对第 i 层岩层($i = 1,2,\cdots,n$)，可通过求解双调和函数 φ_i 来确定其应力及位移(为了简便，省略所有量的上标或下标"i")：

$$\left(\frac{\partial^2}{\partial x^2} + \frac{\partial^2}{\partial z^2}\right)^2 \varphi = 0 \tag{3.5}$$

应力分量与双调和函数 φ 的关系为

$$\begin{aligned} \sigma_x &= \frac{\partial^2 \varphi}{\partial z^2} \\ \sigma_z &= \frac{\partial^2 \varphi}{\partial x^2} \\ \tau_{xz} &= -\frac{\partial^2 \varphi}{\partial x \partial z} \end{aligned} \tag{3.6}$$

相应的应力、位移关系为

$$\begin{aligned} \frac{\partial \mu}{\partial x} &= \frac{1+\mu}{E}[(1-\mu)\sigma_x - \mu\sigma_z] \\ \frac{\partial \upsilon}{\partial z} &= \frac{1+\mu}{E}[(1-\mu)\sigma_z - \mu\sigma_x] \\ \frac{\partial \upsilon}{\partial x} + \frac{\partial \mu}{\partial z} &= \frac{2(1+\mu)}{E}\tau_{xz} \end{aligned} \tag{3.7}$$

式中，ν 为水平位移；E 为弹性模量；μ 为泊松比。

由于问题关于 Z 轴对称，故可对式(3.5)进行傅氏余弦积分变换，经变换有

$$\bar{\varphi}=\int_0^{\infty}\varphi\cos\xi x\,\mathrm{d}x=A\mathrm{ch}\xi z+B\xi z\mathrm{ch}\xi z+C\mathrm{sh}\xi z+D\xi z\mathrm{sh}\xi z \tag{3.8}$$

式中，A、B、C、D 均为待定积分系数，可由问题的边界条件及层间接触条件确定。

对式(3.6)和式(3.7)进行傅氏余弦或正弦积分变换，并利用式(3.8)有

$$\begin{aligned}\sigma_x=\sigma_x(\xi,z)&=\xi^2[A\mathrm{ch}\xi z+B(2\mathrm{sh}\xi z+\xi z\mathrm{ch}\xi z)+C\mathrm{sh}\xi z+D(2\mathrm{ch}\xi z+\xi z\mathrm{sh}\xi z)]\\ \sigma_z=\sigma_z(\xi,z)&=-\xi^2(A\mathrm{ch}\xi z+B\xi z\mathrm{ch}\xi z+C\mathrm{sh}\xi z+D\xi\mathrm{sh}\xi z+D\xi z\mathrm{sh}\xi z)\\ \tau_{xz}-\tau_{xz}(\xi,z)&=\xi^2[A\mathrm{sh}\xi z+B(\mathrm{ch}\xi z+\xi z\mathrm{sh}\xi z)+C\mathrm{sh}\xi z+D(\mathrm{sh}\xi z+\xi z\mathrm{ch}\xi z)]\end{aligned} \tag{3.9}$$

$$\begin{aligned}u=u(\xi,z)&=\frac{1+\mu}{E}\xi\Big\{A\mathrm{ch}\xi z+B[2(1-\mu)\mathrm{sh}\xi z+\xi z\mathrm{ch}\xi z]+C\mathrm{sh}\xi z\\&\quad+D[2(1-\mu)\mathrm{ch}\xi z+\xi z\mathrm{sh}\xi z]\Big\}\\ \nu=\nu(\xi,z)&=\frac{1+\mu}{E}\xi\Big\{-A\mathrm{sh}\xi z+B[(1-2\mu)\mathrm{ch}\xi z-\xi z\mathrm{sh}\xi z]-C\mathrm{ch}\xi z\\&\quad+D[(1-2\mu)\mathrm{sh}\xi z-\xi z\mathrm{ch}\xi z]\Big\}\end{aligned} \tag{3.10}$$

对边界条件式(3.1)和式(3.2)及层间接触条件式(3.3)同样进行傅氏余弦或正弦积分变换有

$$\begin{aligned}\sigma_z'(\xi,0)&=0\\ \tau_{xz}'(\xi,0)&=0\\ \nu_n(\xi,h_n)&=\frac{t}{\xi}\sin\xi a\end{aligned} \tag{3.11}$$

$$\begin{aligned}\nu_i(\xi,h_i)&=\nu_i+1(\xi,0),i\neq n-1\\ \tau_{xz}^i(\xi,h_i)&=\tau_{xz}^{i+1}(\xi,0)=0\\ \sigma_z^i(\xi,h_i)&=\sigma_z^{i+1}(\xi,0),i=1,2,\cdots,n-1\end{aligned} \tag{3.12}$$

将式(3.9)和式(3.10)中有关式子分别代入式(3.11)和式(3.12)可得积分系数 A,B,C,D 递推公式，各岩层的积分系数 $A_i,B_i,C_i,D_i(i=1,2,\cdots,n)$ 都可以用 B_1 表示，而 B_1 是 ξ 的函数，用 $B(\xi)$ 表示，下面利用第 $n-1$ 层，第 n 层岩层的分离和接触条件来建立 $B(\xi)$ 的表达式，由式(3.9)和式(3.10)有

$$\sigma_z^n(\xi,0) = -\xi^2 A_n$$

$$\nu_{n-1}(\xi,h_{n-1}) = \frac{1+\mu_{n-1}}{E_{n-1}}\xi\{-A_{n-1}\mathrm{sh}\xi n - 1 + B_{n-1}[(1-2\mu_{n-1})\mathrm{ch}\xi_{n-1} - \xi_{n-1}]$$
$$- C_{n-1}\mathrm{ch}\xi_{n-1}\mathrm{ch}\xi_{n-1} + D_{n-1}[(1-2\mu_{n-1})\mathrm{sh}\xi_{n-1} - \xi_{n-1}\mathrm{ch}\xi_{n-1}]\}$$

$$\nu_n(\xi,0) = \frac{1+\mu_n}{E_n}\xi[B_n(1-2\mu_n) - C_n]$$

(3.13)

对其求傅氏逆变换，利用第 $n-1$ 层，第 n 层岩层的分离（离层）条件和接触条件式(3.4)有

$$\frac{2}{\pi}\int_0^{\infty}\sigma_z^n(\xi,0)\cos\xi x\,\mathrm{d}\xi = R + \sigma_z^0, x \leqslant b$$
$$\frac{2}{\pi}\int_0^{\infty}\nu_{n-1}(\xi,h_{n-1})\cos\xi x\,\mathrm{d}\xi = \frac{2}{\pi}\int_0^{\infty}\nu n(\xi,0)\cos\xi x\,\mathrm{d}\xi, x \geqslant b \tag{3.14}$$

这样问题即化为求解式(3.13)，该积分式可采用数值方法求得待定积分系数 $B(\xi)$；此外，当 $x=b$ 时，式(3.11) 上下式同时成立，多出 1 个限制条件，可用于确定岩层结构间的形变不协调（离层）范围 $2b$。当然，b 和 $B(\xi)$ 需要同时通过迭代方法计算得到，$B(\xi)$ 和 b 确定后，利用递推公式，容易得到各岩层的待定积分变换系数 A、B、C、D，代入式(3.9) 和式(3.10) 即可得到各岩层的应力分量和位移分量的傅氏变换，然后通过求傅氏变换容易得到岩层内的应力分布及覆岩层形变演化和地表移动变形情况。此外，$B(\xi)$ 和 b 确定后，通过求傅氏变换容易计算第 $n-1$ 层，第 n 层岩间的不协调形变分离高度 $\Delta\nu$（离层形变高度），即

$$\Delta\nu = \frac{2}{\pi}\int_0^{\infty}[\nu_n(\xi,0) - \nu_n - 1(\xi,hn-1)]\cos x\mathrm{d}\xi, 0 \leqslant x \leqslant b \tag{3.15}$$

3.2　矿山覆岩变形三维半解析数值计算方法

有限层与有限棱柱的耦合计算方法是基于半解析方法的一种数值方法[5]。半解析数值方法是指在数值分析中引入部分解析解或解析函数，计算得到的仍是一系列离散化数值结果的方法。半解析解数值方法解算地下工程的应力场和变形问题经济、有效，这是由于它在基本控制方程的解函数中引入解析函数或解析解，而不像纯数值方法均采用统一的离散与插值模式[6]。

有限层与有限棱柱的耦合计算方法，是根据地层呈层状分布的特点，划分为厚度不一的层单元和大小不一的三棱柱单元，如图 3.2 所示[7]。层单元采取二维解析、一维离散的方法进行半解析处理。即在 x、y 平面上解析，在 z 方向上离散，同时建立相应的位移函数。三棱柱单元则采取一维解析、二维离散的方法进行半解析

处理。即在 x 平面上解析，在 y、z 方向上离散，同时建立相应的位移函数。研究对象的剖面如图 3.3 所示，上部表土为水平层 A，可视为横观各向同性材料，为水平条单元；其下是呈三角状的倾斜块 B，为三棱柱单元；最下面是包括开挖在内的呈倾斜状的各岩层 C，为倾斜条单元。

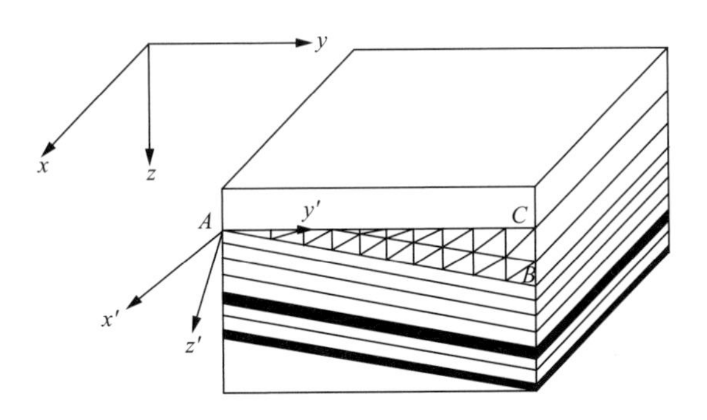

图 3.2　有限层与有限棱柱耦合计算模型

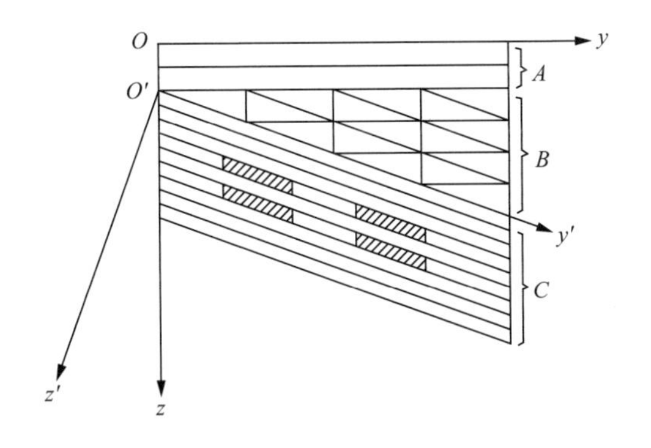

图 3.3　模型剖面

计算中左、右、前、后和底部边界均采用固支边界，并将开挖部分视为一种弹性模量极小和泊松比近乎为零的介质，如图 3.4 所示。第四系松散层视为横观各项

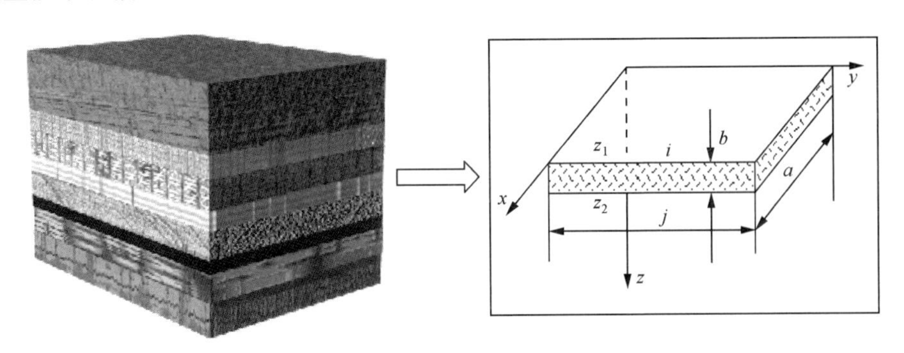

图 3.4　层单元

同性材料,第四系以下的岩(层)体视为线弹性材料。可以得到层单元的位移模式、单元刚度矩阵、单元荷载列阵和应力计算模式。

三棱柱单元的局部坐标与整体坐标相同,如图 3.5 所示。

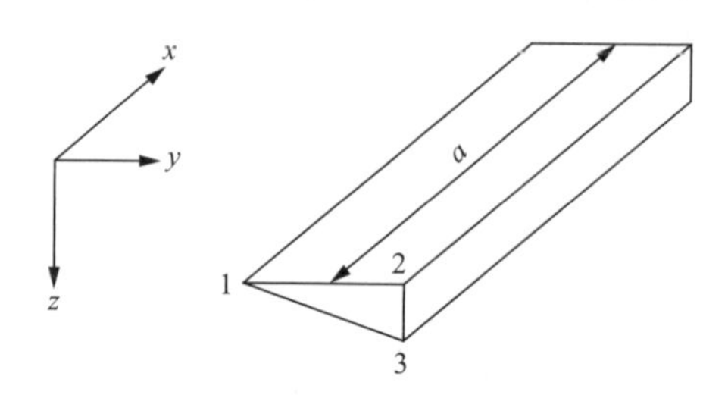

图 3.5　三棱柱单元

内部自由度与层无关,应事先凝聚(如图 3.6 中 11,12,…,16 点的自由度)。这时柱单元的方程可以分块写成:

$$\begin{bmatrix} \boldsymbol{K}_{11} & \boldsymbol{K}_{12} \\ \boldsymbol{K}_{21} & \boldsymbol{K}_{22} \end{bmatrix} \begin{Bmatrix} \boldsymbol{\delta}_1 \\ \boldsymbol{\delta}_2 \end{Bmatrix}_m = \begin{Bmatrix} \boldsymbol{f}_1 \\ \boldsymbol{f}_2 \end{Bmatrix}_m \tag{3.16}$$

式中,$\boldsymbol{K}$ 为刚度;m 为第 m 个柱单元;$\boldsymbol{\delta}_1$ 和 $\boldsymbol{f}_1$ 分别为边界点的位移和荷载(如图 3.6 中的 1～10 点);$\boldsymbol{\delta}_2$ 和 $\boldsymbol{f}_2$ 为内部点之值。

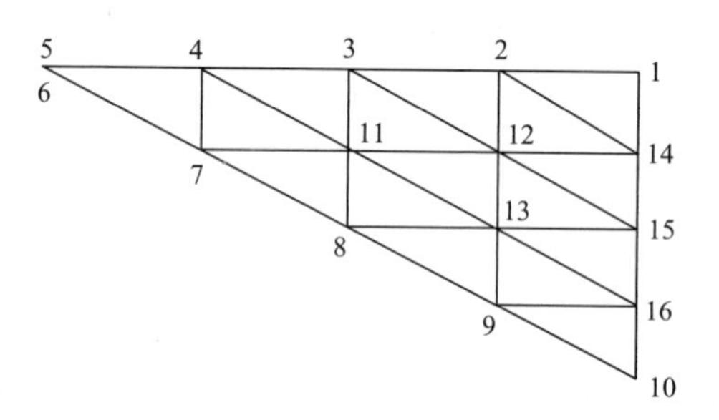

图 3.6　柱单元内节点编码方式

从式(3.16)中消去 $\{\boldsymbol{\delta}_2\}_m$ 可得

$$([\boldsymbol{K}_{11}]_m - [\boldsymbol{K}_{12}]_m[\boldsymbol{K}_{22}^{-1}]_m[\boldsymbol{K}_{21}]_m)\{\boldsymbol{\delta}_1\}_m = \{\boldsymbol{f}_1\}_m - [\boldsymbol{K}_{12}]_m[\boldsymbol{K}_{22}^{-1}]_m\{\boldsymbol{f}_2\}_m \tag{3.17}$$

或简记为

$$[\boldsymbol{K}_{11}^*]_m\{\boldsymbol{\delta}_1\}_m = \{\boldsymbol{f}_1^*\} \tag{3.18}$$

将层单元表示为式中的坐标,代入柱节线的值,即为柱的位移,显然有

$$u_{1m}=\left[\sin\frac{\pi y_1}{b}\quad \sin\frac{2\pi y_1}{b}\quad \cdots\quad \sin\frac{n\pi y_1}{b}\right]\begin{Bmatrix}u_1\\u_2\\\vdots\\u_n\end{Bmatrix}_m \tag{3.19}$$

因此,柱上表面的位移与层位移间的关系为

$$\{\boldsymbol{\delta}_1^{上}\}=[\boldsymbol{R}^{(1)}\quad 0]\begin{Bmatrix}\boldsymbol{\delta}_i\\\bar{\boldsymbol{\delta}}_j\end{Bmatrix}_m \tag{3.20}$$

$\{\boldsymbol{\delta}_i\}_m$ 为整体坐标下的值,有

$$[\boldsymbol{\delta}_i]_m=[\boldsymbol{u}_{i1}\quad \boldsymbol{u}_{i2}\quad \cdots\quad \boldsymbol{u}_{in}\quad \boldsymbol{v}_{i1}\quad \boldsymbol{v}_{i2}\quad \cdots\quad \boldsymbol{v}_{in}\quad \boldsymbol{w}_{i1}\quad \boldsymbol{w}_{i2}\quad \cdots\quad \boldsymbol{w}_{in}] \tag{3.21}$$

式中,$\boldsymbol{u},\boldsymbol{v},\boldsymbol{w}$ 分别为 x、y、z 方向上的整体位移。

$\{\boldsymbol{\delta}_j\}_m$ 与其有相同形式,为方便,把它转换到局部坐标下的 $\{\bar{\boldsymbol{\delta}}_j\}_m$,即

$$\begin{Bmatrix}\boldsymbol{u}_i\\\boldsymbol{v}_i\\\boldsymbol{w}_j\end{Bmatrix}=\begin{bmatrix}1&0&0\\0&\cos\alpha&-\sin\alpha\\0&\sin\alpha&\cos\alpha\end{bmatrix}\begin{Bmatrix}\bar{\boldsymbol{u}}_j\\\bar{\boldsymbol{v}}_j\\\bar{\boldsymbol{w}}_j\end{Bmatrix} \tag{3.22}$$

这时有

$$\{\boldsymbol{\delta}_1^{F}\}_m=[0\quad \boldsymbol{R}^{(2)}]\begin{Bmatrix}\boldsymbol{\delta}_i\\\bar{\boldsymbol{\delta}}_j\end{Bmatrix}_m \tag{3.23}$$

两者结合在一起有变换关系

$$\{\boldsymbol{\delta}_1\}_m=[\boldsymbol{R}]\{\boldsymbol{\delta}_{层}\}_m \tag{3.24}$$

式中,变换矩$[\boldsymbol{R}]$为

$$[\boldsymbol{R}]=\begin{bmatrix}\boldsymbol{R}^{(1)}&0\\0&\boldsymbol{R}^{(2)}\end{bmatrix} \tag{3.25}$$

将转换矩阵$[\boldsymbol{R}]$作用到刚度矩阵和载荷矩阵之上,即可完成变换

$$[\boldsymbol{K}^{**}]=[\boldsymbol{R}]^{\mathrm{T}}[\boldsymbol{K}^{*}][\boldsymbol{R}]=\begin{bmatrix}\boldsymbol{R}^{(1)\mathrm{T}}\boldsymbol{K}_{11}^{*}\boldsymbol{R}^{(1)}&\boldsymbol{R}^{(1)\mathrm{T}}\boldsymbol{K}_{12}^{*}\boldsymbol{R}^{(1)}\\\boldsymbol{R}^{(1)\mathrm{T}}\boldsymbol{K}_{21}^{*}\boldsymbol{R}^{(1)}&\boldsymbol{R}^{(1)\mathrm{T}}\boldsymbol{K}_{22}^{*}\boldsymbol{R}^{(1)}\end{bmatrix} \tag{3.26}$$

$$\{\boldsymbol{F}^{**}\}=[\boldsymbol{R}]^{\mathrm{T}}\{\boldsymbol{F}^{*}\}=\begin{Bmatrix}\boldsymbol{R}^{(1)\mathrm{T}}\boldsymbol{f}_1^{*}\\\boldsymbol{R}^{(2)\mathrm{T}}\boldsymbol{f}_2^{*}\end{Bmatrix} \tag{3.27}$$

将整个三棱柱一起,以变换后的刚度矩阵和载荷阵作为总刚度。

倾斜单元以局部坐标系的值加入总刚矩阵和总荷载阵，因此对重力载荷的载荷阵应加以变换，即

$$\{\bar{\boldsymbol{F}}_r\}_{mn}=\begin{bmatrix}1&0&0&&&\\0&\cos\alpha&\sin\alpha&&0&\\0&-\sin\alpha&\cos\alpha&&&\\&&&1&0&0\\&0&&0&\cos\alpha&\sin\alpha\\&&&0&-\sin\alpha&\cos\alpha\end{bmatrix}\{\boldsymbol{F}_r\}_{mn} \tag{3.28}$$

式中，$\{\bar{\boldsymbol{F}}_r\}_{mn}$ 为局部坐标下的值。

解方程所得到的位移也是在局部系下，应经反变换变到整体系，即

$$\{\boldsymbol{\delta}^e\}_{mn}=[\boldsymbol{T}]^{\mathrm{T}}\{\bar{\boldsymbol{\delta}}^e\} \tag{3.29}$$

式中，$[\boldsymbol{T}]^{\mathrm{T}}$ 为式(3.27)中的坐标变换矩阵的转置。

(1) 与层交界面上的节点位移。可由层的位移变换而得，即

$$\begin{aligned}\{\boldsymbol{\delta}_1^{上}\}_m&=[\boldsymbol{R}_1]\{\boldsymbol{\delta}_{i层}\}_m\\\{\boldsymbol{\delta}_1^{下}\}&=[\boldsymbol{R}_2]\{\bar{\boldsymbol{\delta}}_{j层}\}_m\end{aligned} \tag{3.30}$$

(2) 内部节点的位移。求得边界点位移 $\{\boldsymbol{\delta}_1\}_m$ 即可求出内部点的位移，即

$$\{\boldsymbol{\delta}_1^{上}\}_m=[\boldsymbol{R}_1]\{\boldsymbol{\delta}_{i层}\}_m\{\boldsymbol{\delta}_1^{下}\}=[\boldsymbol{R}_2]\{\bar{\boldsymbol{\delta}}_{j层}\}_m \tag{3.31}$$

(3) 非节点位移。可由所在单元的 3 个节点位移插值而得。

经上述理论推证知，有限层与有限棱柱耦合采空塌陷计算主要以解高阶矩阵程序组为主。应用所编写的程序对水平煤层开采进行模拟，煤层开采块段示意图如图 3.7 所示，开采后地表计算下沉盆地如图 3.8 所示；走向主断面的计算值、观测值及有限元计算结果的对比结果如图 3.9 所示。

图 3.7　煤层开采块段示意图

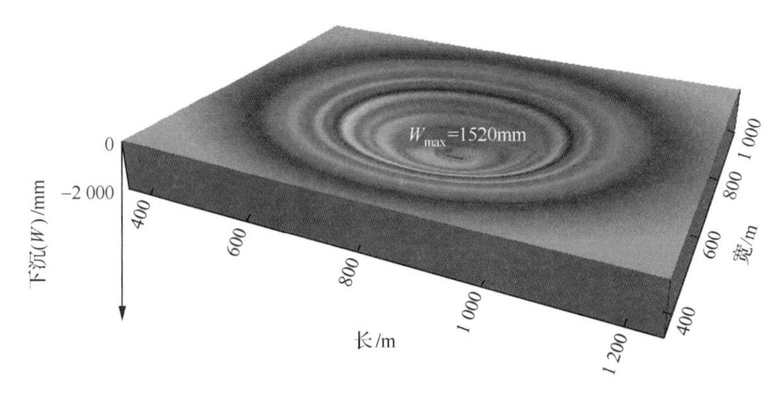

图 3.8　地表计算下沉盆地

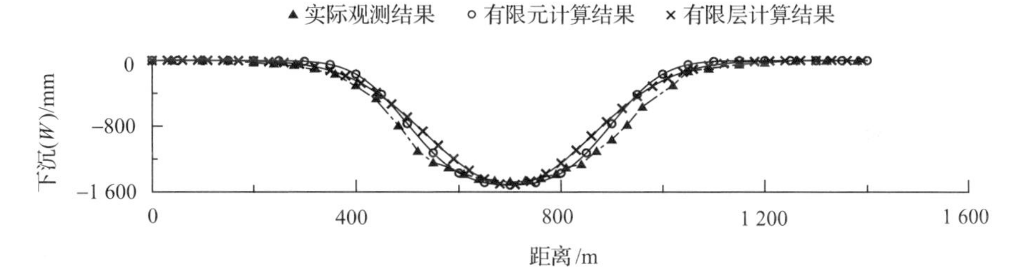

图 3.9　有限层法与有限元和实际观测值对比结果

应用有限层法计算地表沉降，同上述有限层与有限棱柱的耦合方法相似，但第四系松散层含水层通常呈水平状，因此只采用层单元即可。坐标系采用极坐标系，如图 3.10 所示，其位移模式、应变矩阵、弹性矩阵和单元刚度矩阵等与上述层单元类似。

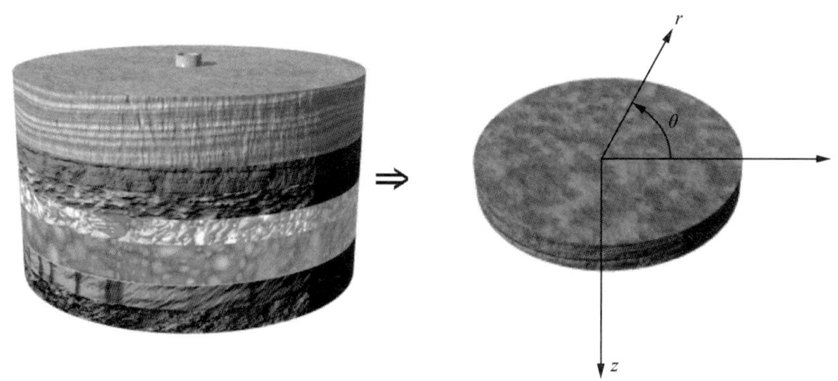

图 3.10　地表沉降计算的有限层法

以地下水汲取引起的地表沉降为例，其力学机理通过大量的测试和研究已基本清楚，如果能够获得确切的计算参数，应用现有的数值计算方法完全可以获得有效的预测预报结果。但由于受现场测试方法和测试技术的限制，实际的计算参数往往很难获得。因此，利用有限层法能够快速计算的特点，采用参数识别方法（曲面拟合法），来识别“等价压缩层的变形模量”，视泊松比为常量，以确保识别结果的有效性和唯一性。参数识别模型如图 3.11 所示，从而达到对地下水汲取的地表沉降进行有效的预测预报的目的。

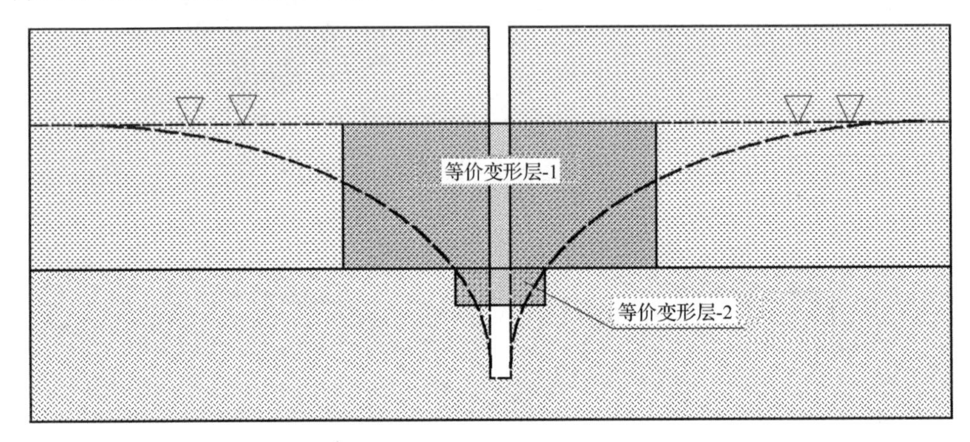

图 3.11　有限层法参数识别模型

3.3　岩石应力-渗流耦合真三轴试验系统

3.3.1　试验系统工作原理

试验系统参照国内外现有技术和设备[8~14]，应用全数字伺服控制器、传感器技术、PID(proportional integral differential)控制技术和机械精细加工技术等软硬件技术开发而成。试验系统原理如图 3.12 所示[15~18]。系统整体由三轴加载框架、三轴加载机构、高压水渗流系统、试验盒、数控系统及数据采集系统等组成，整体结构美观紧凑、功能齐全、操作方便。试验系统如图 3.13 所示。

三轴加载框架包括主机框架、三个独立加载油缸、力传感器和压头等。主机采用框架结构形式，两个侧向加载油缸横向垂直固定在承压柱上，力传感器安装在活塞上。垂向加载机构包括加载油缸、力传感器和位移传感器等。控制系统采用德国 DOLI 公司 EDC(electronic data capture system，即电子数据捕获系统)全数字伺服控制器，该控制器具有多个测量通道，每个测量通道可以分别进行荷载、位移、变形等的单独控制或几个测量通道的联合控制，而且多种控制方式间可以实现无冲击转换。在 EDC 中可以设置一个刚度控制通道，其将根据测量得到的侧向应力与侧向变形计算得出的试件侧向刚度值作为控制参数反馈给 EDC 控制输出通道，这样就可以实现对侧向、法向刚度的控制。

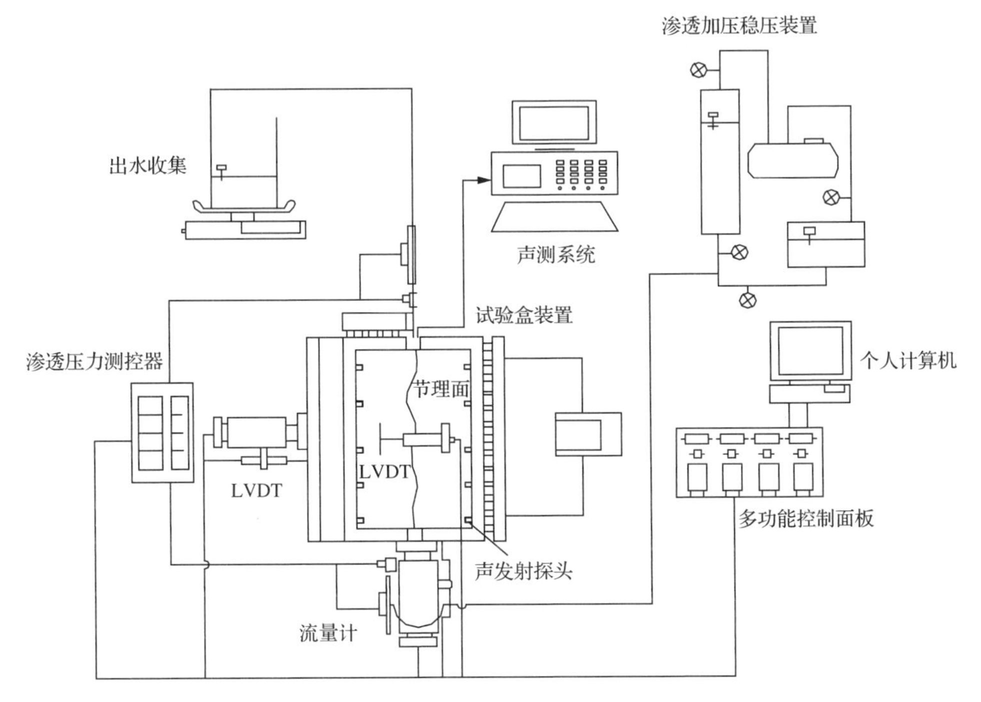

图 3.12　试验系统原理图

LVDT(linear variable differential transformer)为线性可变差动变压器位移传感器

图 3.13　岩石应力-渗流耦合真三轴试验系统

高压水渗流系统包括渗透加压系统、伺服电机和控制器、EDC 测控器。该系统可以实现多级可控的恒渗透压力和渗透流量控制。在试验盒的出水口设置一套液压传感器、流量测量装置和稳压装置，并在 EDC 控制系统软件中设置一个压差控制通道，来测量进口压力和出口压力的差值，实现对试验盒进、出口渗透压力差的闭环控制，而且可以实现稳态和瞬态渗透压力控制。剪切盒内部尺寸为 400mm（水渗透方向）×200mm（渗透宽度）×200mm（侧向）。

渗流试验盒包含盒体、垫块、密封材料和加载垫片等，盒体中顶板、后板、右侧板由高刚度钢板制成，通过螺栓连接固定在框架上，可实现试验盒系统的拆卸和转换。密封材料采用新型材料，其既有一定强度又能承受一定的变形，而且摩擦力比较小，可以很好地隔离高压渗透水，在试件左侧和前侧通过加载单元施加独立侧向载荷，底部施加垂向载荷和渗透水压，试件通过密封材料实现在滑动状态下仍然保持压缩密封。通过顶部预设不同材料垫块受压变形量的差异，实现岩块裂隙左右两部分的剪切位移。试验盒的顶板有出水孔，用以排出渗入岩样中的水。试验盒构造如图 3.14 所示。

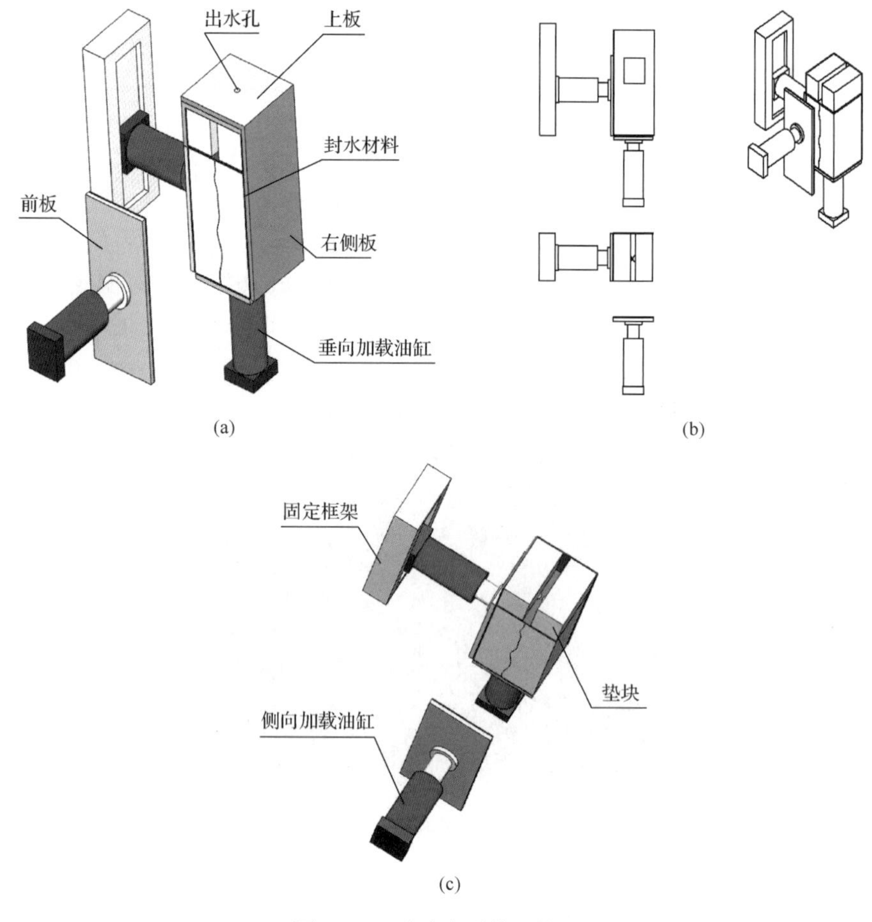

图 3.14　试验盒系统三维图

对试块在三轴压力和高压水作用下裂隙岩块破坏过程的精细探测是关系试验成败的关键所在。一直以来，人们主要通过研究应力-应变关系来研究岩石力学特性，对破坏过程研究不够。岩体为地质体，其裂隙分布错综复杂，由于试验盒是密封的，再加上缺乏观测内部裂隙扩展的有效手段，因此对于岩石破坏演化过程的研究成为岩石力学研究领域的难题。为了获得更加清晰的裂纹扩展破坏过程，试验采用实时声发射定位技术与扫描电镜技术相结合的方式来探测岩石裂纹扩展破坏过程。

3.3.2 试验系统特色

试验系统有三类可控边界条件，即恒定侧向应力、恒定侧向位移和恒定侧向刚度。在试件垂向方向上平行裂隙剪切方向，可施加垂向应力、位移和渗透压力。

在上述边界和荷载条件下除了可以进行单轴、真三轴应力-应变全过程试验外，还可进行下列试验：①裂隙剪切渗透试验；②裂隙闭合应力-渗透耦合试验；③裂隙剪切应力-渗透耦合试验；④底板岩层结构组合的水压裂隙扩展模拟试验；⑤破碎岩体高压水渗流试验；⑥裂隙岩体高压水致裂试验；⑦底板岩体的剪切渗流流变试验；⑧三轴卸荷条件下裂隙岩体的渗透性和力学特性试验。

该试验系统关键技术主要体现在三轴加载单元及其伺服控制部分、渗流加载单元及其伺服稳压系统。试验台主要技术指标如下。

(1) 垂直加载单元，最大垂直荷载达 1 600kN，作动器最大行程达 400mm，位移传感器量程达 400mm，测量控制精度达到示值的±1%。

(2) 侧向加载单元，最大水平荷载达 1 000kN，作动器最大行程达 400mm，位移传感器量程达 300mm，变形控制取多支位移传感器平均值，测量控制精度达到示值的±1%。

(3) 伺服控制部分，荷载加载速率最小和最大分别为 0.01kN/s 和 100kN/s，位移加载速度(位移控制)最小和最大速率分别为 0.01mm/min 和 100mm/min，位移控制稳定时间为 10 天，其测量控制精度达到示值的±1%。加载可根据试验目的采用刚性加载或刚性、柔性混合加载两种方式。

(4) 渗透压力伺服稳压系统(稳态法和瞬态法)，最大密封水压力(渗透压力)能达 5MPa，渗透压力稳压时间为 10 天，水的流量测量量程最小和最大分别为 0.001mL/s 和 2mL/s，相关测控精度达到示值的±1%。

(5) 渗透试验时，允许试件沿渗流方向有少许剪切位移时，仍能保持试验盒的密封，并在进水口和出水口分别设置流量、水压测量装置，精确测量不同水压下的流量。

(6) 试验系统有足够刚度，保证机架刚度大于等于 9MN/mm。

3.4 采矿三维物理相似材料模拟试验台

用物理模拟法进行覆岩结构形变演化研究可起到如下作用:现场研究工作量很大,且耗时多、周期长、费用大,而覆岩的变化过程和内应力作用情况都很难直接被观测到,在观测时又经常受到生产活动的影响,难以取得较好的成果。物理模拟试验可以直接观测到覆岩运动的整个过程和内部应力作用情况,能人为地改变相应条件并能进行新技术、新方案的试验,能为现场提供有价值的参考数据,从而解决目前理论分析中尚不能解决的一些难题。但是,物理模拟也有一定的局限性,现场岩石力学特性、受力状态及矿山压力的活动规律等比较复杂,弱面、层理和节理较多,物理模拟试验很难实现对其精确的模拟。因此,物理模拟法必须与现场实测、理论分析等方法相互配合使用,方可达到预期的效果。

物理模拟试验是否能达到与矿山现场相似的结果,取决于对岩层的物理、力学性质的提取,也取决于相似材料的选择和模型制作技术,更取决于试验台设计制作水平的高低。目前的一些三维物理模拟试验台主要存在如下问题:一是不能最大限度地模拟煤层大倾角开采试验;二是对模型体的变形观测仅停留在模型的表面,不能深入观测模型内部的变化;三是无法模拟深部煤层开采的覆岩运动。

采矿三维物理相似材料模拟试验台是建立在“以岩层运动为中心”的矿压理论和相似理论的基础上,采用物理模拟方法设计制造的用于采场矿压和覆岩结构形变动态演化模拟试验研究的试验系统[19~24]。具有以下几个特征:①可模拟煤层大采深,该试验台利用先进的液压控制系统进行加压,6 个油缸的总载荷可达 900t;②可实现传统意义的底板采煤和先进的中部采煤;③可模拟煤层的大倾角情况,煤层最大倾角可达 40°;④具有先进的切割滑动系统,可做模型的剖面;⑤利用柔性水囊,可实现柔性加载。

3.4.1 试验台结构组成

试验台主要包括框架系统、加载系统、控制系统和测试系统四个部分。框架系统如图 3.15 所示,加载系统如图 3.16 所示,测试系统如图 3.17 所示,试验台全景如图 3.18 所示。

试验台外围尺寸为 3.6m×3.3m×4.8m,工作台有效面积为 3.0m×2.6m,可试验高度为 1.8m。试验台框架系统用工字钢焊接而成,总重约为 30t;加载系统由 6 支油缸组成,总压力可达到 900t;控制系统采用先进的数字化仪表进行压力的测量和控制;测试系统采用江苏东华测试技术有限公司 DH3815 静态应变测量系统,可实现压力、位移等物理量的多点高速巡回检测,对输出电压小于 20mV 的电压信号分辨率可达万分之一。

图3.15　三维物理模拟试验台框架系统

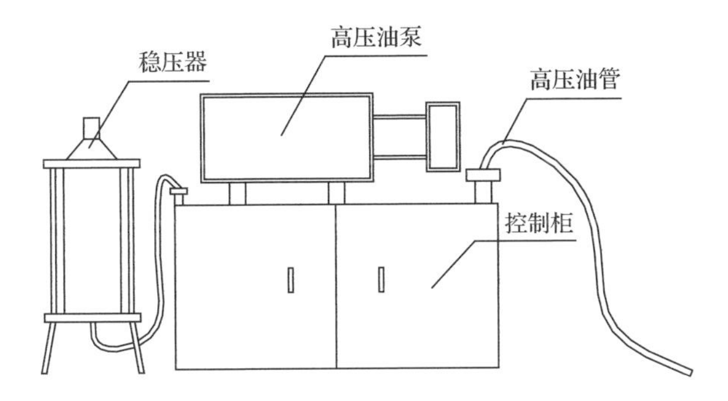

图3.16　三维物理模拟试验台加载系统

图3.17　三维物理模拟试验台测试系统

试验台的其他主要组成部分如下:①工作台的底部装有可拆卸的活动条板,可有效模拟底板采煤。为了实现中部采煤,还研究出新型的中部采煤系统;②试验台侧面装有可直接观察岩层变化的高强度钢化玻璃观测板;③为了能模拟大倾角煤

图 3.18　三维物理模拟试验台全景图

层开采，在试验台底部安装了可活动的铰和液压油缸启动系统，使试验台倾斜角度可达 40°；④为了能更好地观察支承压力在煤层顶底板的传播规律，试验台设计了可以对模型进行切割的滑动系统（图 3.19）；⑤为模拟煤层深部开采，试验台设计了大功率的液压加载系统。

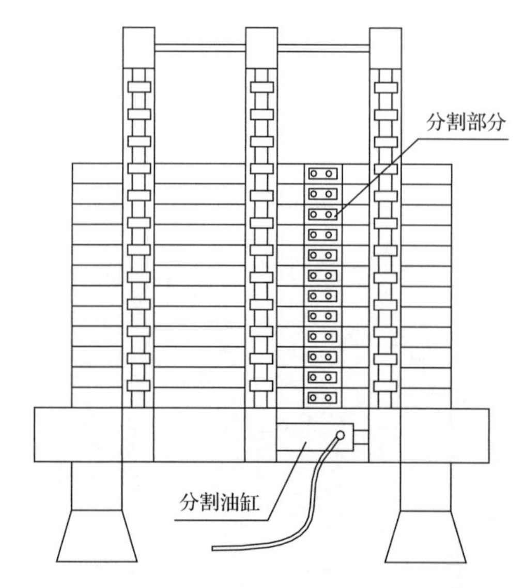

图 3.19　三维物理模拟试验台切割滑动系统

3.4.2　试验台开采模拟

1. 底板开采

试验台的底部装有可拆卸的活动条板，可有效模拟底板采煤，底板模拟采煤装置如图3.20所示。

图3.20 底部模拟采煤装置

2. 中部开采

针对目前试验室内的采场矿压三维物理模拟试验台模拟底板煤层开采不能完全反映现实情况的缺点,在经过多方调研的基础上,研究和开发了一种能模拟煤层中部开采的新型采煤系统。这种系统主要由支撑系统、框架系统和皮带传动系统组成,可在试验室模拟任何煤岩层的开采过程,具有使用方便,能真实反映煤层的整个开采过程的优点,中部模拟采煤装置如图3.21所示。煤层开采后三维物理模型上覆岩层运动情况如图3.22所示。

图3.21 中部模拟采煤装置

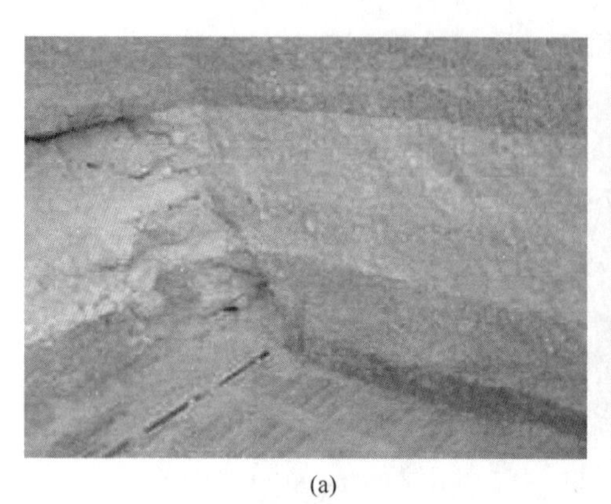

(a)

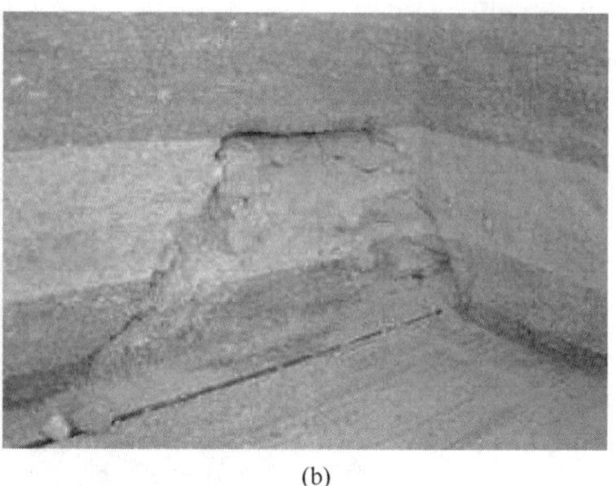

(b)

图 3.22 三维物理模型上覆岩层运动情况

3.5 覆岩结构形变动态演化机械模拟试验系统

机械模拟试验系统是以覆岩结构形变演化理论为基础，以相似理论为依据，采用相似模拟与物理模拟相结合的方法，设计研发用于研究覆岩运动规律的试验系统，为采动覆岩试验研究提供了一种新方法和新手段。

机械模拟作为一种研究方法，是解决较为复杂的采矿工程覆岩研究问题的一种行之有效的途径。传统的相似材料模拟研究方法在地下工程研究领域得到了广泛应用，尤其是在采场矿压和覆岩运动研究方面。目前，国内外学者一般也都是采用相似材料模拟研究法，通过模拟试验直接观察采场推进过程中上覆岩层的运动，研究支承压力的变化规律及支架-围岩（顶板）间的相互关系。虽然相似材料模拟研究法具有一些特殊的优点和试验效果，但是随着技术理论的不断发展，在实际的试验研究中，也不可避免地存在以下问题：①试验模型对相似材料本身的物理力学特性有较强的依赖性，材料的许多相似指标无法满足，如材料的塑性力学性质等；②由于模型在成型手段和方法上的落后现状及其他客观因素的缘故，模型的成型技术和成型质量等问题难以严格控制，因此模型的重复性较差；③试验中岩梁裂断及运动的结构演化状态无法控制，导致关键试验数据无法获得。

机械模拟试验台较好地克服了相似材料模拟的某些不足，在试验方法上有以下几方面的优势：①能够模拟煤层的塑性区；②能够人为控制上覆岩层的裂断及其运动的结构状态；③根据试验要求，模型可进行“复合”“积木”式拼接；④实现了试验过程的自动化，缩短了试验周期。

3.5.1 试验系统结构组成

试验系统主要由控制采高升降机构、气囊、基本顶电磁铁、加载胶囊、反力框架、气囊升降机、电磁阀、进气总管、框架和压力变送器等机构组成。试验系统结构如图 3.23 所示，试验台全景如图 3.24 所示，DLC(data link control)控制系统如图 3.25 所示，模拟煤(岩)的橡胶块如图 3.26 所示。其特征是将传统的相似材料模拟试验中材料物理性质的模拟采用相应的机械转换和控制的方法转变为物理量的相似模拟[25,26]。

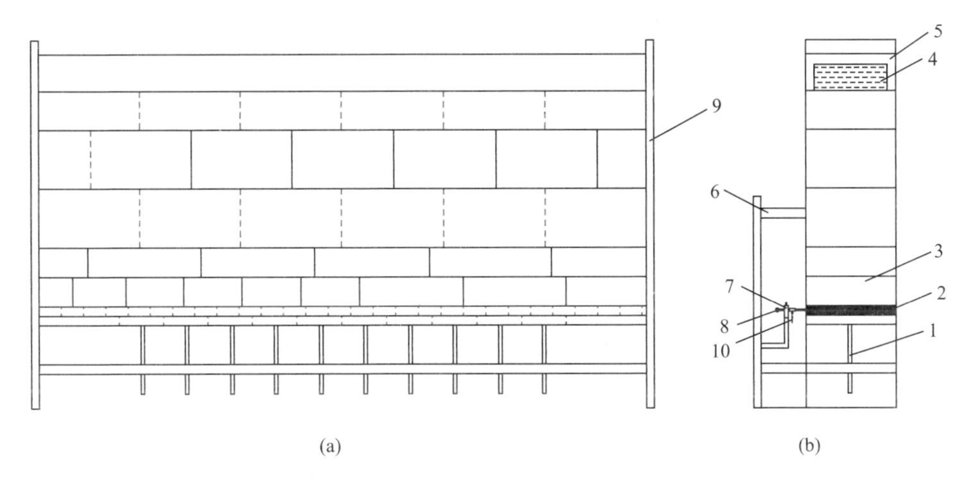

图 3.23　试验系统结构

1. 控制采高升降机构；2. 气囊；3. 基本顶电磁铁；4. 加载胶囊；5. 反力框架；6. 气囊升降机；7. 电磁阀；8. 进气总管；9. 框架；10. 压力变送器

图 3.24　机械模拟试验台

3.5.2　试验系统开采模拟

(1) 煤层的模拟。煤层是试验中需要开采的部分，用气泵通过气压电磁阀对气囊充气模拟煤层。通过气压电磁阀控制气囊的放气模拟煤层在支承压力的作用

图 3.25　DLC 控制系统

图 3.26　模拟煤(岩)的橡胶块

下由弹性状态向塑性状态的转化,将气体全部放掉可模拟煤层的开采(即采场工作面的推进),通过压力变送器可检测气囊的压力(即煤层支承压力),如图 3.27 所示。

(2) 基本顶传递岩梁的模拟。基本顶传递岩梁是试验中其力学结构状态随煤层开采而变化的部分。采用塑料、橡胶和金属材料加工成具有模拟基本顶运动功能和力学结构功能的梁,结构如图 3.28 所示。用电磁铁机构通过控制其电源的开断来模拟基本顶的裂断;通过橡胶夹层模拟基本顶的弯曲;用设置在基本顶裂断面处的双铰折页模拟基本顶裂断后其力学结构状态和运动特征。

(3) 底板的模拟。用不同硬度的橡胶板复合成模型底板,并在橡胶板上设置一定密度的压力检测孔用来放置相应的压力传感器,以测试底板应力分布。

(4) 荷载的模拟。在有限高度的试验台上进行矿压模拟研究时,因受空间的

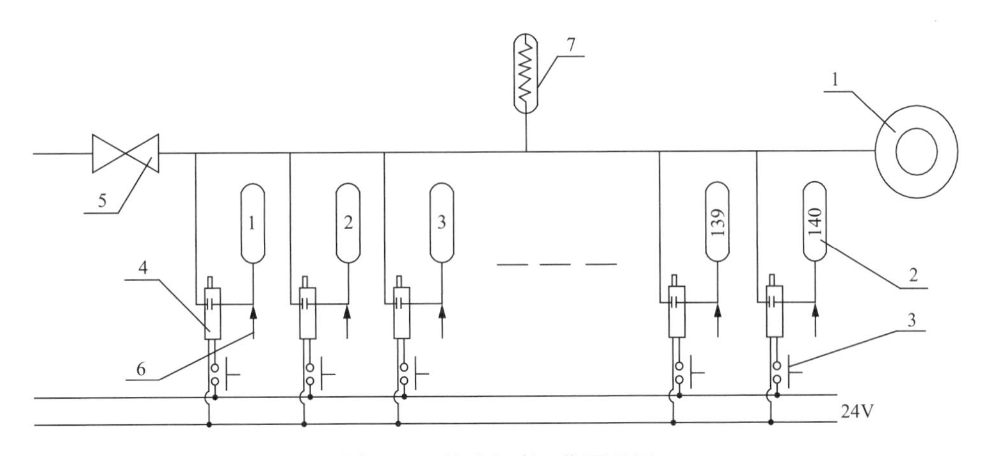

图 3.27　橡胶气囊工作原理图

1. 气源；2. 橡胶气囊；3. 按钮开关；4. 电磁阀；5. 节流阀；6. 压力变送器；7. 蓄能器

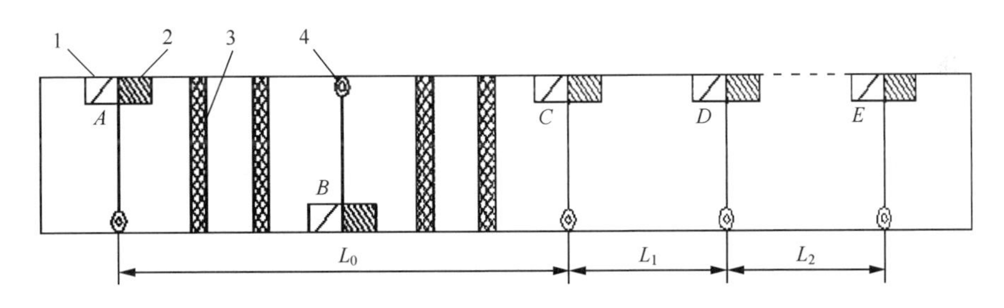

图 3.28　基本顶模型结构

1. 磁极；2. 衔铁；3. 橡胶；4. 双铰折页

限制，只能模拟对采场矿压有明显影响的一部分上位岩层，其余部分直至地表的岩层自重用载荷代替。该模型以塑料和铸铁块的自重，通过其层状砌叠来模拟上位岩层的均布载荷。此外，为使岩梁在运动过程中能够保证载荷的边界条件相似，在模型的载荷与岩梁之间设置一条或几条补偿梁。载荷给定的边界条件可由此补偿梁的弯曲变形来确定。

(5) 采高的模拟。通过电机带动丝杆可控制升降机构的下降高度，以实现对不同采高的要求，也可控制基本顶触矸位置。

3.6　采动底板承压水突水模拟试验系统

3.6.1　试验系统结构组成

采动底板承压水突水模拟试验台外形尺寸为 1 800mm×2 000mm×900mm，如图 3.29 所示。模型架主体模块前后两面均装有可拆卸的有机玻璃板，试验过程中，可观察到承压水导升情况和煤层底板位移变化以及流固耦合状态下突水通道的扩展情况。试验台系统主要由以下几部分组成，即主体模块、水压控制系统、伺服加载系统和数据采集系统[27～30]。

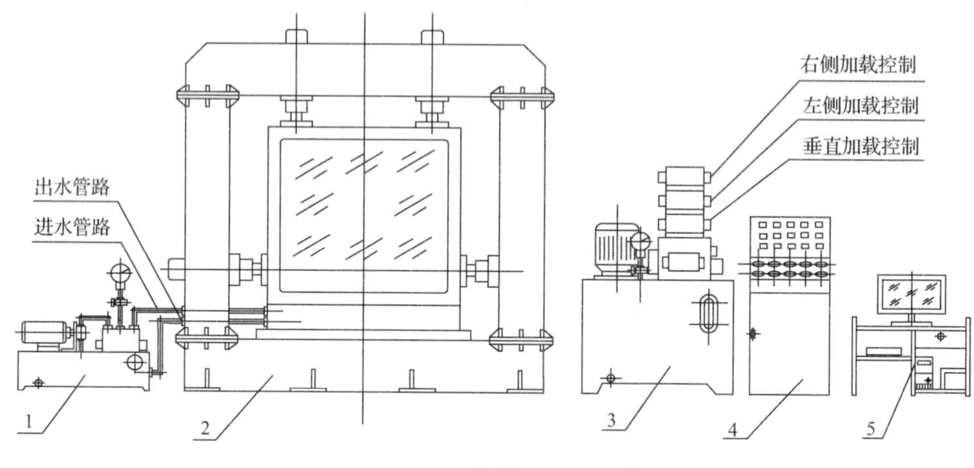

(a) 结构图

(b) 实物图

图 3.29　采动底板承压水突水模拟试验台

1. 水压站系统；2. 试验台主体；3. 液压站系统；4. 电器控制系统；5. 微机控制系统

主体模块从上往下分为安全外壳、龙门架、竖向加载油缸、侧向加载油缸、反力架、试验盒、水箱、水盆、底座和轴承。龙门架采用框架钢结构，拥有足够的刚度和强度，对油缸加载载荷的反作用及部分结构原件自重提供有效的支撑，保证试验台整体的稳定性。反力架的左侧与相似模拟材料接触部分采用钢板连接，在侧向油缸向内加载时，相似模拟材料对反力架产生作用力，反力架通过龙门架的支撑，进而对相似模拟材料产生侧向反作用力，并同侧向油缸形成水平方向的双向作用力。在试验前，将对反力架连接钢板下部打入密封胶，实现对承压水的密封。

水箱为不锈钢材质，尺寸为 1 200mm×910mm×300mm，如图 3.30 所示。水箱内部有钢结构支撑架板，对上覆相似材料模型起到支撑作用，各支撑架板上面有孔隙，能够方便水箱内进行水力联系。水箱外侧背面有钻孔，通过高压液压管与水压控制系统直接相连。同时，水箱钻孔穿插数据采集线、外接采集系统和内连传感器。水箱外侧孔均装有橡皮塞，有效密封内部水体，防止漏水泄压。水箱下部为不锈钢水盆，水盆倾斜向上开口，上部敞口尺寸为 1 260mm×960mm，下部铸铁密封尺寸为 1 230mm×930mm，高为 250mm。水盆敞口尺寸比上部水盆及相似材料试验盒从长、宽上皆多出 50mm，在试验进行时，能够收住掉落的相似模拟材料及流淌的水。水盆下部在对角处设有排污孔，试验完毕后方便进行冲刷打扫，确保设备整洁稳定运行。水箱上方设有十字形开口，开口处有十字形不锈钢垫板，如图 3.31 所示，大小尺寸吻合水箱开口，在开口外侧有 5mm 凹槽，用于放置 10mm 厚的密封橡胶垫圈，以便有效约束水的活动区域，如图 3.32 所示。垫板为上下两层设计，上下表面均匀开设 96 个出水孔，上表面与相似模拟材料（煤层）底板直接接触，下表面联通高压水源，垫板在出水孔处安置传感器，监测水压变化，并通过数据线连接到数据采集系统。

图 3.30　水箱内部结构

水箱上部是相似材料模拟试验盒，试验盒尺寸为 1 200mm × 900mm × 500mm，包含盒体、垫块、密封材料和加载块等。盒体顶板和侧板均由高强度钢板制成，通过螺栓连接固定在框架上，可实现试验盒拆卸和转换。前后为有机玻璃板，其既有一定的强度又能承受一定的变形，而且颜色透明，摩擦力比较小，可以很好地密封高压突水并观察到内部突水通道演化，如图 3.33 所示。在试件左侧和右侧通过加载单元施加独立侧向载荷，顶部施加垂向载荷，试件通过密封材料实现在滑动状态下的压缩密封。

图 3.31　出水孔垫板

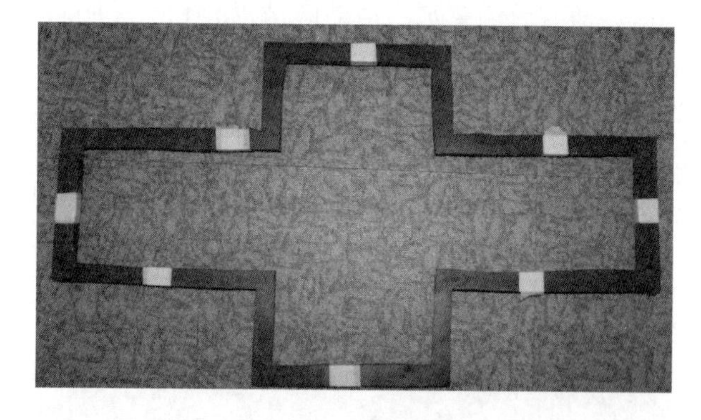

图 3.32　橡胶垫圈

图 3.33　有机玻璃透明板

3.6.2　试验系统伺服加载装置

伺服加载装置分为竖向加载和侧向加载两个部分，主要包括主机、水槽，压力传感器、变形传感器、位移传感器、EDC测控器和伺服液压源等。加载框架包括四个加载油缸、主机框架、传感器及加载板等。主机采用框架结构形式，侧向加载油缸固定在框架上，传感器安装在活塞上。液压加载油缸连接加载板，直接对相似模拟材料模型进行侧向加压。侧向加载板上部可放置橡胶垫块，有效向下传递竖向加载时的均匀载荷。侧向油缸可通过电机控制进行上下移动，如图3.34所示，以实现对不同厚度底板岩层的力控和位控两种形式的加载。力控是指试验盒两侧的侧压力保持不变，侧向的可移动传力加载板可随侧压力的大小发生相应的变化；位控是指试验盒两侧的侧压力板位置保持不变，侧压力会在相似模拟材料模型开挖过程中发生相应变化。针对深部开采底板突水机制研究，相似模拟材料模型试验过程一般采用力控方式加载。

图3.34　侧向加载装置

竖向加载装置包括加载油缸、压力传感器及位移传感器等。两个竖向加载油缸固定在龙门架上方，如图3.35所示，通过传力加载块对相似模拟材料模型顶部进行竖向加压。若模拟的矿井煤层覆岩较薄，装配相似材料模型较低，加载板到模型距离超出加载油缸行程，则可加入刚性垫块，延长向下加载距离。系统竖向加载装置同样具有位控和力控两种加载方式。加载装置直接连接到伺服控制系统，控制系统与计算机内的专业软件对接，实现全伺服数字操控，为液压加载装置提供稳定动力。

图 3.35 竖向加载装置

控制系统采用德国 DOLI 公司的 EDC 全数字伺服控制器，该控制器具有多个测量通道，每个测量通道可以分别进行荷载、位移和变形等的单独控制或几个测量通道的联合控制，而且多种控制方式间可以实现无冲击转换。在 EDC 中可以设置一个刚度控制通道，将根据测量得到的侧向应力与侧向变形计算的试件侧向刚度值作为控制参数反馈给 EDC 控制输出通道，这样就可以实现侧向刚度控制。EDC 的测控精度高、操作简便、保护功能全，可以实现自动标定、自动清零及故障自诊断。

试验台加载系统的主要技术指标为：①垂直加载单元，最大垂直荷载达 300kN，作动器最大行程达 400mm，位移传感器量程达 400mm，测量控制精度达到示值的±1%；②侧向加载单元，最大水平荷载达 300kN，作动器最大行程达 200mm，位移传感器量程达 300mm，变形控制取多支位移传感器平均值，测量控制精度达到示值的±1%；③伺服控制部分，荷载加载速率最小和最大分别为 0.01kN/s 和 100kN/s，位移加载速率最小和最大分别为 0.01mm/min 和 100mm/min，位移控制稳定时间为 7 天，其测量控制精度达到示值的±1%。

3.6.3 试验系统水压控制装置

水压控制装置主要包括水槽、柱塞泵、稳压器、缓冲器、隔离器、流量计和安全阀等，如图3.36所示。该系统可以实现多级可控的恒定流量控制，并在EDC控制系统软件中设置一个压差控制通道，来测量进口压力和出口压力的差值。水压控制装置通过高压软管与试验台水箱连接，柱塞泵与注水压头由高压软管连接，将水槽内的水注入模型。为了便于试验中观察水渗流效果及突水通道演化过程，水槽内加入红色颜料，形成有色水体。水压控制装置最大水压力能达1.5MPa，进水口和出水口分别设置流量、水压测量装置，以便精确测量不同水流量。

图3.36 水压控制装置

3.6.4 试验系统监测采集装置

模型试验台采用传感器技术，在模型不同位置布设水压和应力两种传感器，通过传输线连接到采集系统，再通过电脑软件进行采集，全面监测并采集水压和应力的变化情况，水压传感器数据传输线和数据采集箱如图3.37所示，数据采集软件界面如图3.38所示，水压传感器的布设位置如图3.39所示。出水孔处的光纤传感器能够监测水压力的变化，根据采集数据即可分析得知上部岩体破裂情况，推断渗流场变化趋势。同时，针对工作面底板岩层布设的压力传感器，监测开采过程中煤层底板应力变化，对压水作用下的底板应力场的演化及突水通道形成的位置进行数据分析。

(a) 传感器数据传输线

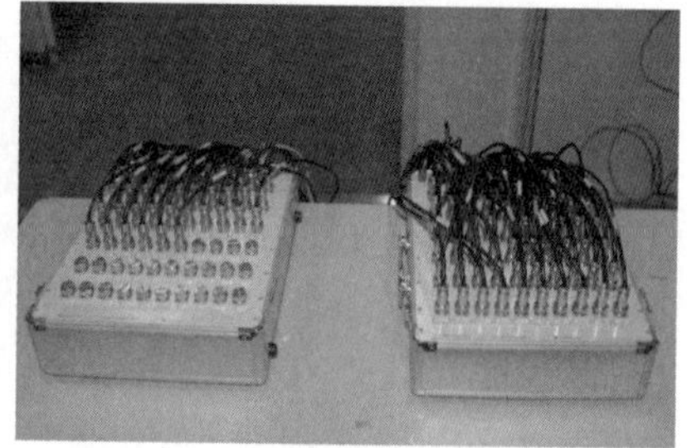

(b) 数据采集箱

图 3.37　数据传输和采集设备

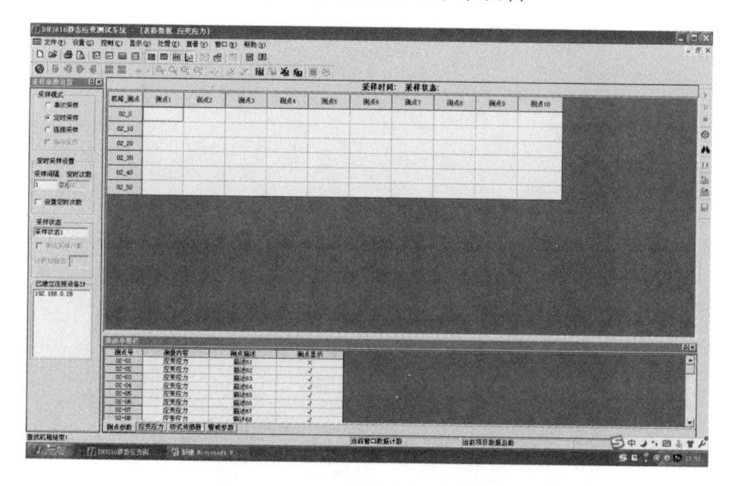

图 3.38　数据采集软件界面

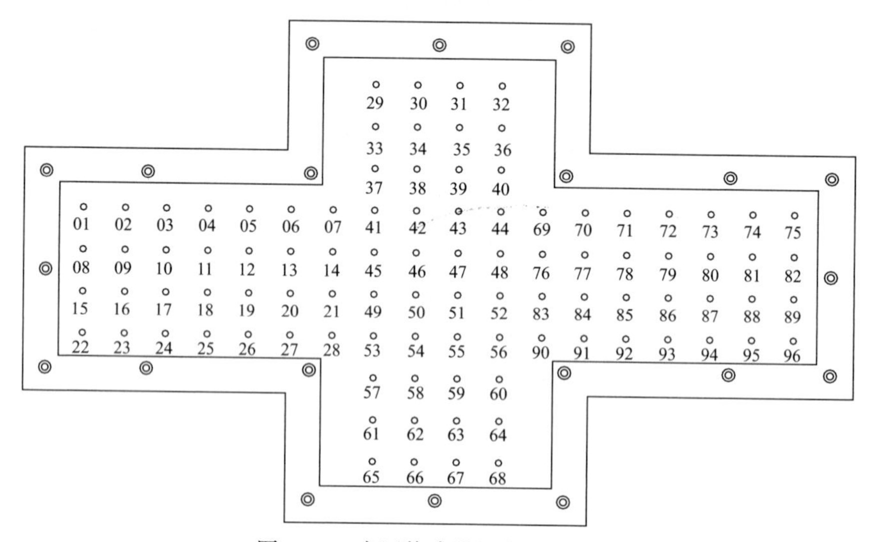

图 3.39　水压传感器的布设位置图

3.7　采动覆岩涌水溃砂模拟试验系统

3.7.1　试验系统试验台结构组成

采动覆岩涌水溃砂模拟试验系统主要由主体承载支架、试验舱、承压水仓、模拟采煤装置、水压水量双控伺服系统、位移应力双控伺服系统和多元数据采集系统组成，其结构如图 3.40 所示。该试验系统本着真实模拟煤层开采诱发工作面涌水溃砂灾害孕育、发展及发生的全过程的原则，设计了分级加载方式和三维模拟开采模式[31]。

主体承载支架结构为满足试验舱结构而设计，主要由底座、机架、加载油缸固定架和反力架组成。如图 3.40 所示，底座上固定有左右立柱，左右立柱上端固定有横梁，横梁上有两个加载油缸固定装置用以固定加载油缸，左右立柱内侧各有一个提供侧向约束力的反力压头，机架则用于施加垂直荷载和侧向约束力的反向力。为了进一步提高支架的承载和抗变形能力，在左右立柱与横梁之间放置两个三角形抗变形支架。

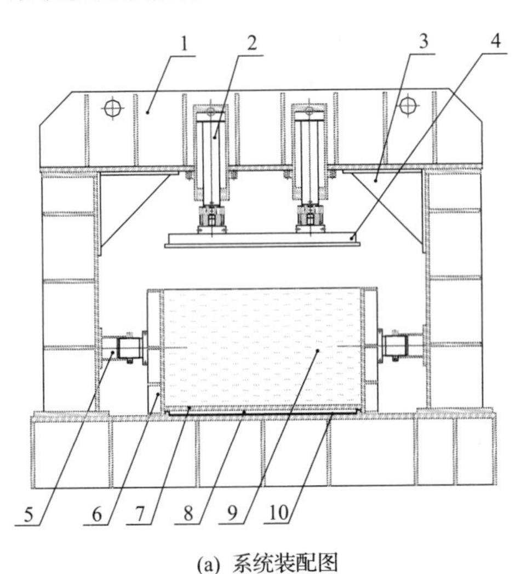

(a) 系统装配图

(b) 系统实物图

图 3.40　系统试验台

1. 主体承载支架；2. 加载油缸；3. 抗变形支架；4. 承压水仓；5. 侧向约束压头；6. 侧向约束挡板；7. 煤层模拟抽板；8. 滚轴排；9. 试验舱；10. 水砂收集槽

3.7.2　试验系统试验舱

试验系统试验舱如图 3.41 所示。试验舱内部有效的模拟尺寸长、宽、高分别为 1 200mm、700mm、400mm，为了便于对工作面开采过程中覆岩变形破坏、裂隙发育扩展和水砂通道形成过程进行直接观测，特选用 30mm 厚的强度高、透明度好的有机玻璃板作为试验舱的前挡板。为进一步解决试验过程中因挡板变形造成的试验舱密封性能降低这一问题，增配两个抗变形梁以提高前挡板的抗变形能力。采用 20mm 厚的不锈钢板作为后挡板提高试验舱整体的抗变形能力。前后挡板与试验舱左右立板的结合部通过安放在预留安装槽中的密封硅胶片进行密封。试验舱下部设有一水砂收集槽，如图 3.42 所示，水砂突涌后起到汇集作用，便于涌水溃砂量的计量。

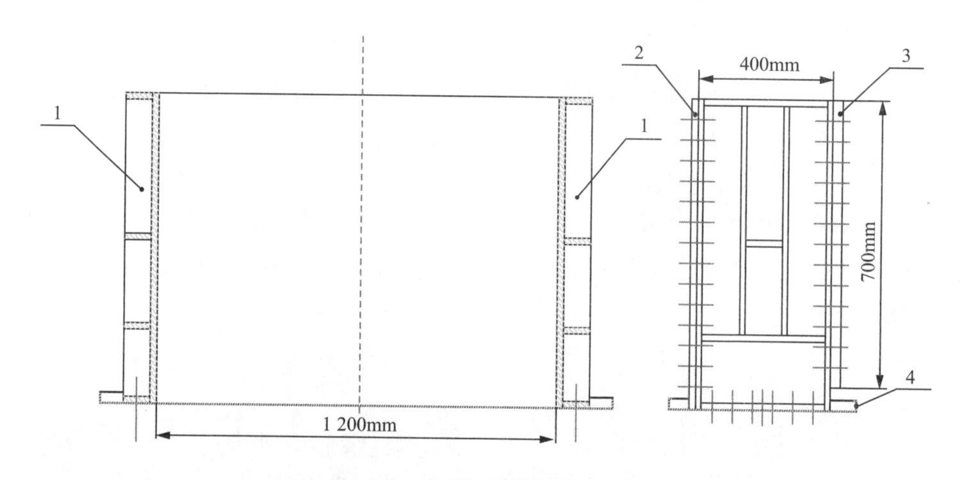

(a) 试验舱装配图

(b) 试验舱实物图

图 3.41　系统试验舱

1. 左右立板；2. 不锈钢后挡板；3. 有机玻璃前挡板；4. 水砂收集槽

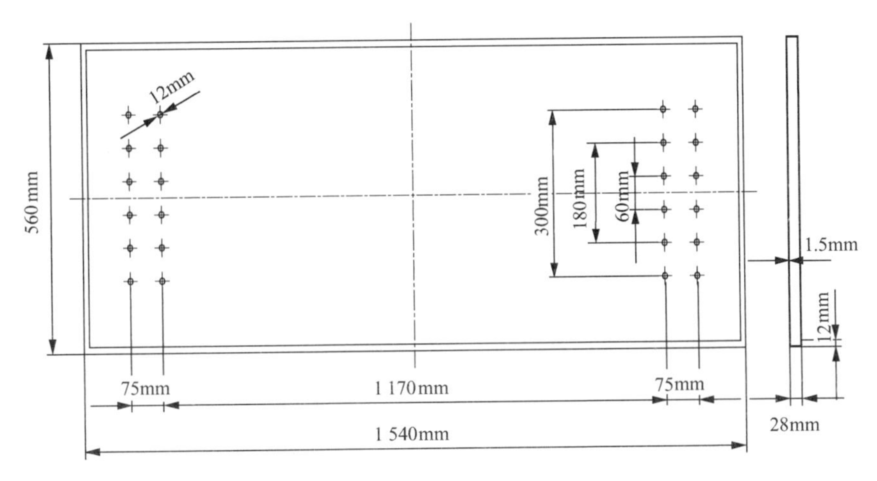

图 3.42　水砂收集槽

3.7.3　试验系统承压水仓

承压水仓结构如图 3.43 所示。承压水仓通过连接件与加载油缸相连，在水仓底部均匀分布着 28 个直径为 4mm 的出水孔。为了提高试验过程中试验舱的密封性能，在承压水仓底部边界预留了 5mm 深、15mm 宽的密封圈安装槽，用于放置硅橡胶密封圈。承压水仓在盛装满足试验条件的承压水的同时，兼做试验舱内试验材料的加载压头，因此承压水仓底部采用 20mm 厚的高强度、抗变形不锈钢板。

3.7.4　试验系统模拟采煤装置

传统相似材料模型的开挖常常采用人工开挖的方式进行，试验经验表明人工开挖有以下缺点：①较难保持恒定的开挖步距和开挖速度；②难以实现采煤工作面三维模拟开采；③在工作面模拟开采过程中，垮落的顶板填满开挖工具的操作空间，致使开采中止的尴尬局面时有发生；④在模拟开挖时，需要将前后挡板整体或部分取下，降低了试验舱的密封性。

考虑涌水溃砂模拟试验对试验舱密封性要求极高这一特殊性，为降低非采动因素对试验的影响，较好地实现采煤工作面三维模拟开采，设计制作模拟采煤装置。该装置由四部分组成：①10 块长宽为 400mm×105mm 和 2 块长宽为 400mm×73mm，厚为 30mm 的不锈钢板用于模拟煤层，如图 3.44(a)中的 1 所示；②1 块长宽为 1 200mm×30mm，厚为 30mm 的不锈钢板，如图 3.44(a)中的 4 所示；③7 根圆柱状滚轴组成的滚轴排，兼起承载和减小摩擦的作用，如图 3.44(b)所示；④抽板拖动装置如图 3.44(c)所示，试验过程中将抽板通过连接杆进行连接，通过等速摇动拖动装置的把手便可将抽板等步距匀速抽出，以用于模拟工作面开采。

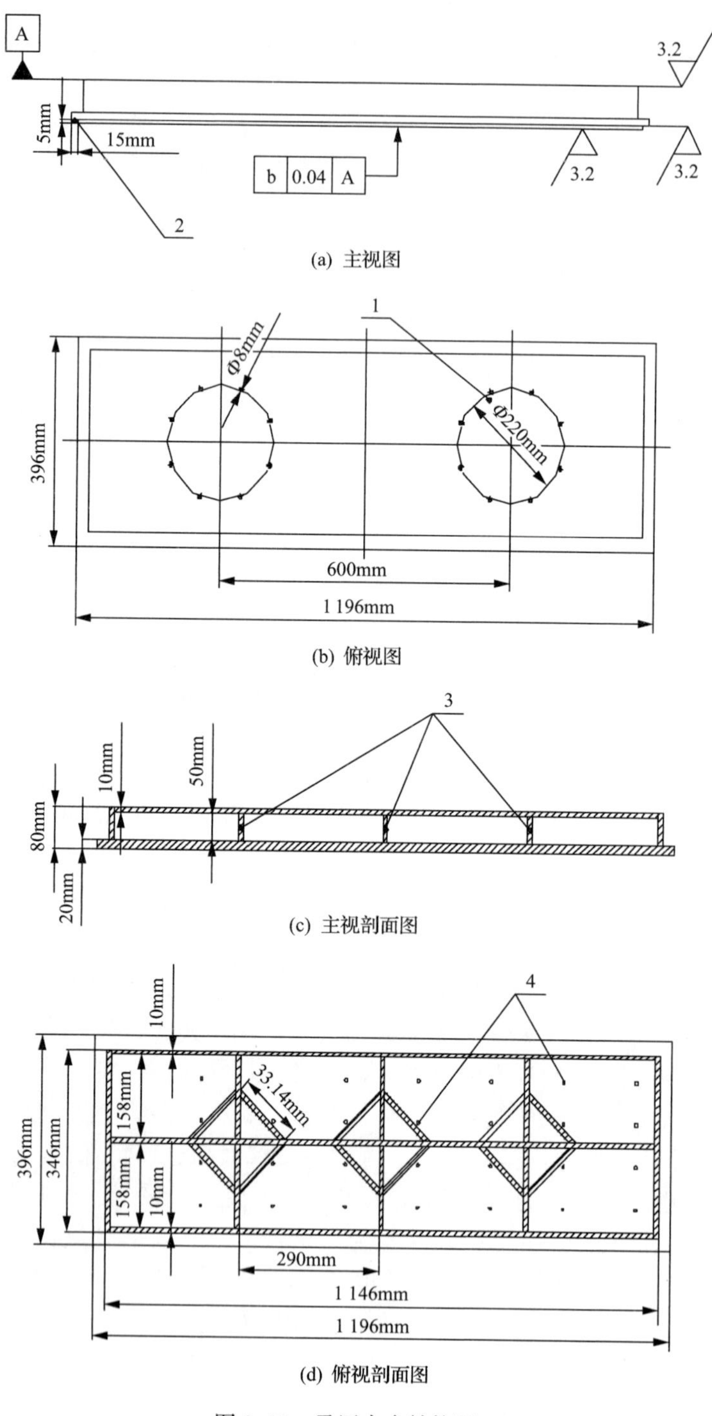

图 3.43　承压水仓结构图

1. 加载油缸与承压水仓连接件；2. 密封圈；3. 承力架；4. 出水孔

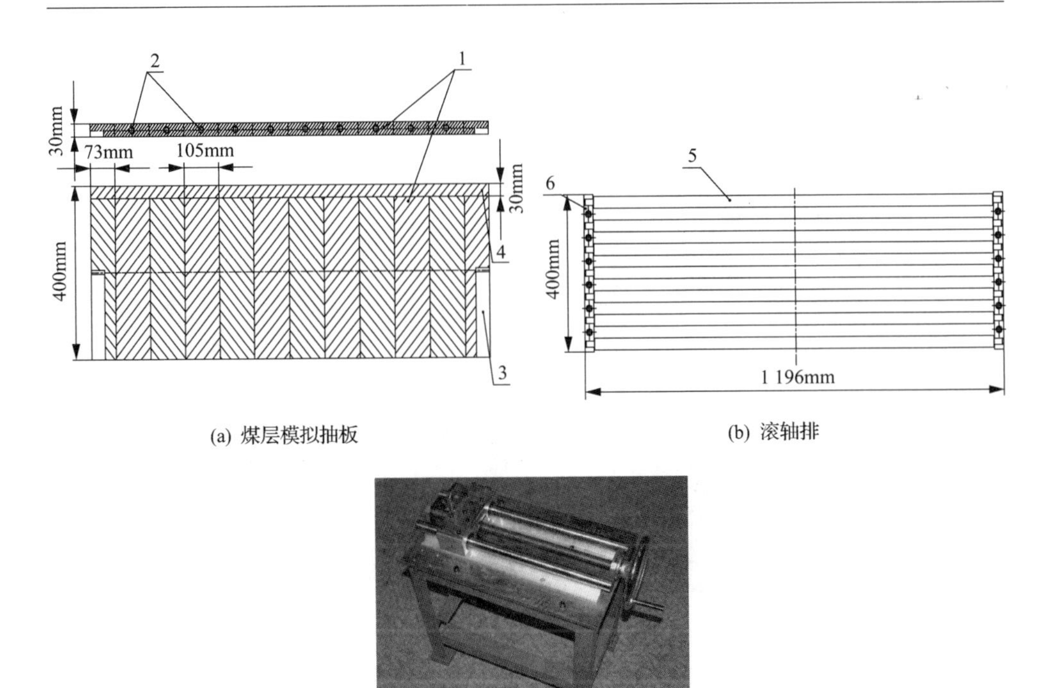

(a) 煤层模拟抽板

(b) 滚轴排

(c) 抽板拖动装置

图 3.44 模拟采煤装置

1. 煤层模拟抽板；2. 抽板与拖动装置连接孔；3. 传输线安装槽；
4. 试验舱后侧不锈钢板；5. 滚轴；6. 滚轴架

为降低边界效应对试验的影响，2 块 400mm×73mm 的抽板分别置于试验舱底部的两侧，1 块 1 200mm×30mm 的不锈钢板置于试验舱底部的后侧，试验过程中不对其进行操作，同时为便于试验舱内传感器与采集箱的连接，将左右抽板进行加工处理，预留传感器传输线安装槽。值得说明的是，煤层模拟抽板的尺寸并不是不可改变的，根据需要模拟的工作面的地质采矿条件和相似比变化，钢板的尺寸可相应地进行调整。

3.7.5 试验系统储能装置

试验过程中为提高输入试验舱内水压和水流量的稳定性，在水压水量双控伺服系统和试验舱之间增设储能罐，如图 3.45 所示。储能罐外形呈圆筒状，壁厚为 10mm，内径为 300mm、有效高度为 1 000mm，有效容积约为 0.07m^3。将流量计和水压传感器安装在储能罐的出水口，以提高试验过程中水压和水流量的监测精度。

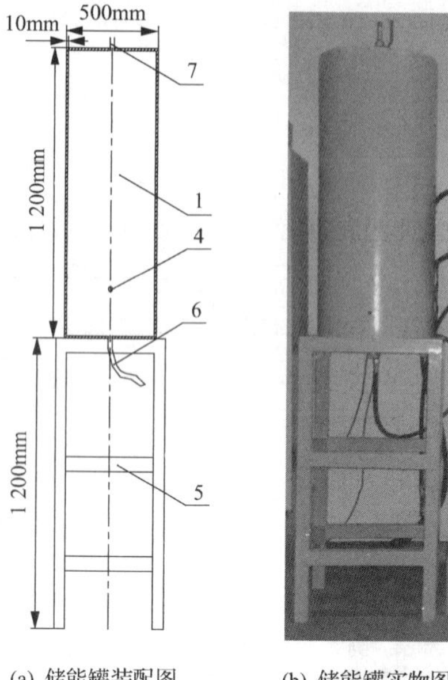

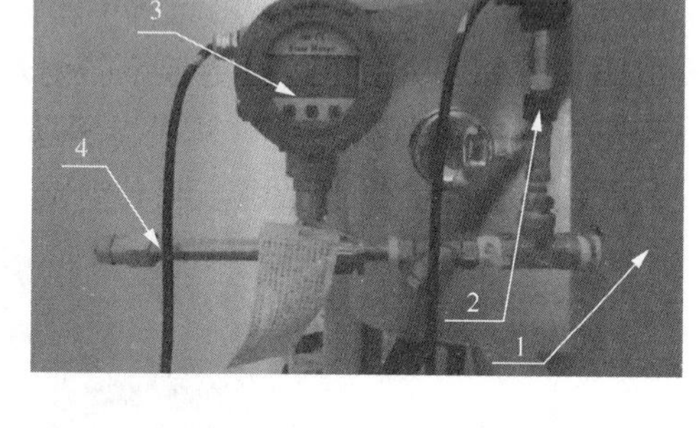

(a) 储能罐装配图　　(b) 储能罐实物图　　(c) 流量计和水压力传感器

图 3.45　储能罐

1. 储能罐体；2. 水压传感器；3. 水流量计；4. 出水口；5. 支架；6. 进水口；7. 排气口

3.7.6　试验系统控制装置

试验控制装置包括操作台和伺服加载两部分，其中伺服加载由水压水量控制系统和位移应力控制系统两部分组成，全程实现计算机自动控制，操作界面如图 3.46 所示，试验控制装置整体如图 3.47 所示。

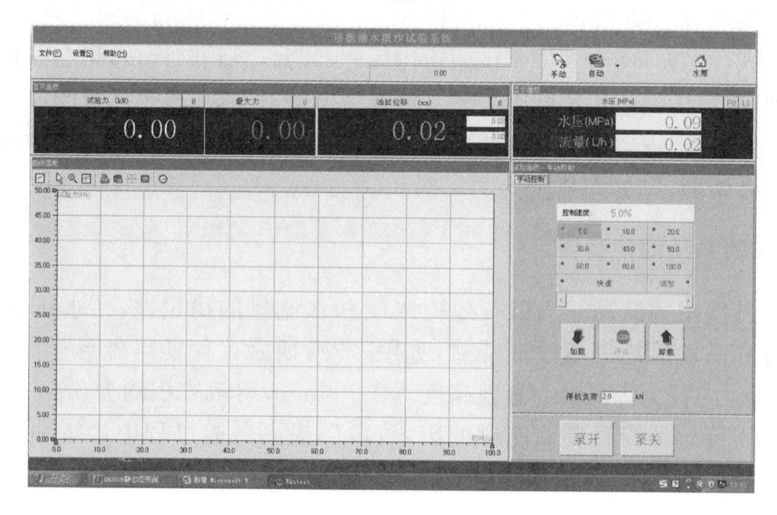

图 3.46　试验系统操作界面

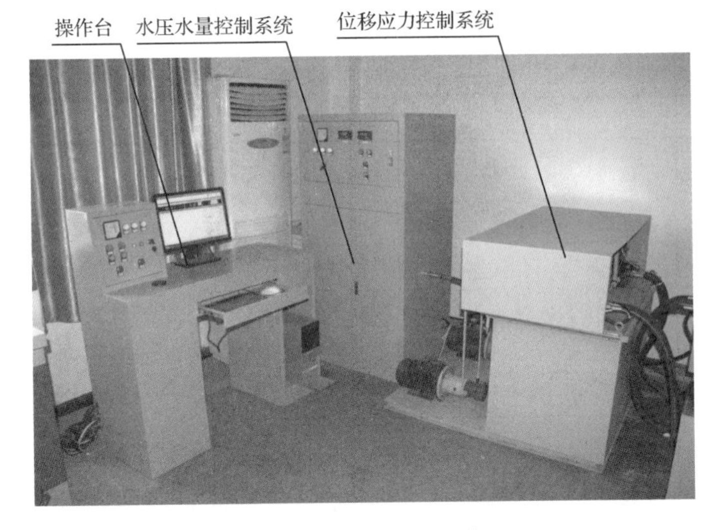

图 3.47　试验控制系统

水压水量双控伺服系统可以实现水压和水流量的双重控制：①向承压水仓提供稳定的水量补给；②维持承压水仓内恒定的水压力。可提供的最大水压为2MPa，精度为0.01MPa，流量计最大量程为150L/h，精度为±1.0%。

位移应力双控伺服系统可以实现位移和应力的双重控制，加载油缸的最大行程为400mm、精度为0.01mm，可施加的最大载荷为1 000kN、精度为0.01kN，既可实现连续加卸载又可实现分级加卸载，可满足不同模拟环境的需要，更加贴合工程实际。

3.8　膏体充填模拟试验系统

3.8.1　试验系统工作原理

根据膏体充填材料的配比，骨料由料仓自动卸料装置依次卸入称量皮带上，累积称量，称量后先启动倾斜皮带机，再启动水平皮带机，将称量的骨料提升到膏体搅拌桶中。胶结材料称重后由螺旋输送机送往胶结材料搅拌桶中，然后将称量好的水由水泵送入胶结材料搅拌桶中，对胶结材料进行搅拌。将搅拌好的胶结材料料浆卸至膏体搅拌机内与骨料混合并进行搅拌，搅拌好的膏体经卸料口卸至泵车中，完成一个工作循环，并继续进行第二个循环，同时泵车中的膏体充填材料在泵压的作用下充入管道，直至膏体充填材料开始在管道中循环运动为止。在膏体循环运动过程中，测试膏体性能参数[32]。

3.8.2　试验系统组成

膏体充填模拟试验系统主要组成部分包括自动称重装置、自动上料机、搅拌

机、搅拌桶、空气压缩机、混凝土泵、充填管道、管道清洗机、采场模拟装置和控制系统等，试验系统主体结构如图 3.48 所示。

图 3.48　膏体充填模拟试验系统图

自动控制系统是膏体充填模拟试验系统的大脑，由上位控制计算机、信号转换接口及可编程控制器(programmable logic controller，PLC)组成。单元之间利用标准 RS232 串行通信口进行通信，使之成为一套完整的系统。控制系统采用集散方式对设备的主要单元进行直接控制，上位控制计算机还提供生产管理功能和屏幕操作界面，控制系统组成如图 3.49 所示。

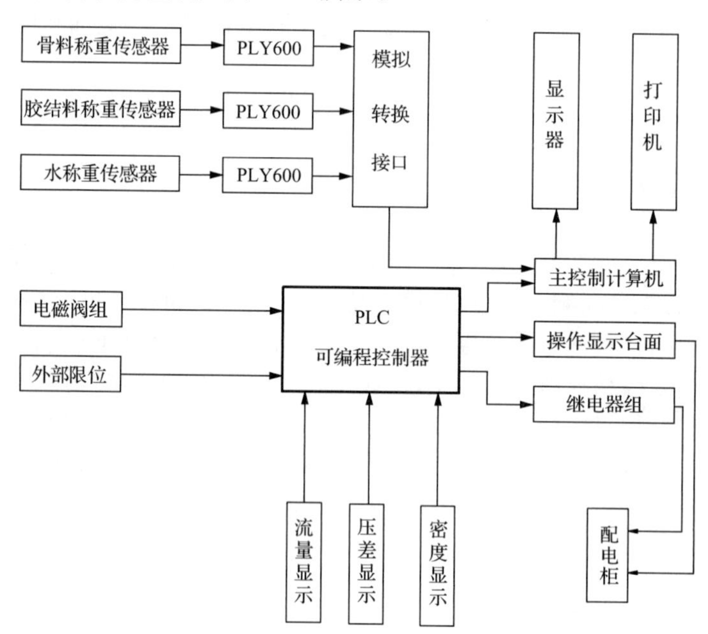

图 3.49　膏体充填模拟控制系统组成

3.8.3 试验系统主要线路

1. 膏体制备控制线路

1）骨料控制线路

在骨料控制线路中，选用高精度的称重传感器对各种骨料进行称重检测，信号送入称重仪表PLY600。称重仪表把骨料设定值与骨料重量检测值进行比较，通过电磁阀和气缸控制料仓门的开关，从料斗出来的骨料直接进入膏体搅拌桶中。骨料控制线路如图3.50所示。

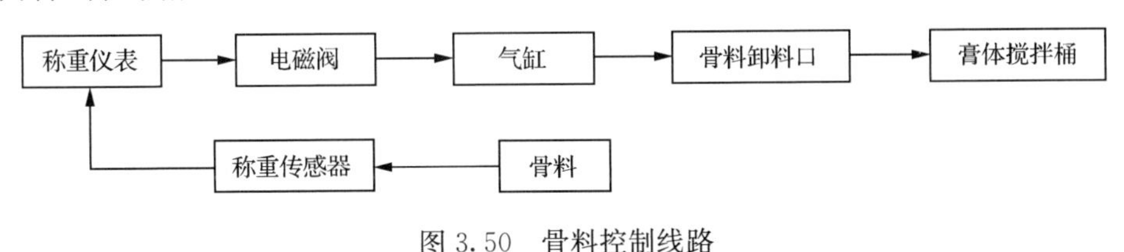

图3.50 骨料控制线路

2）胶结材料控制线路

在胶结材料控制线路中，骨料称重传感器将信号送入称重仪表PLY600，称重仪表将检测到的重量与给定值比较，通过气动蝶阀来控制胶结料斗阀门的开关。胶结材料从胶结料斗出来后，经螺旋给料机进入胶结料搅拌桶，胶结料搅拌好后经气动蝶阀进入膏体搅拌桶中。胶结材料控制线路如图3.51所示。

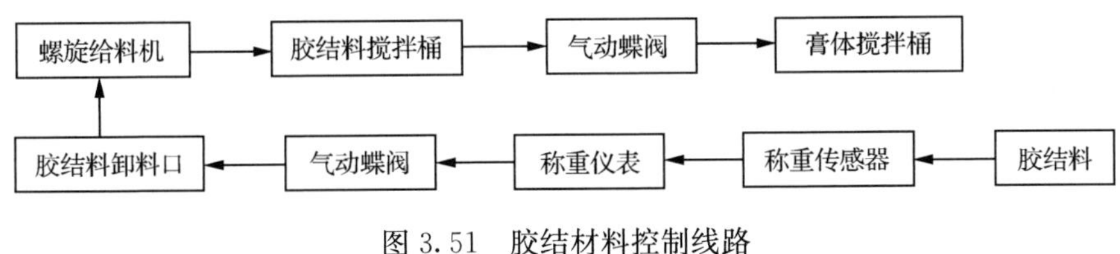

图3.51 胶结材料控制线路

3）水控制线路

在水控制线路中，称重传感器把信号送入称重仪表PLY600，称重仪表根据给定值与检测到的信号比较，以电磁阀和气动蝶阀来控制给水管路的开关，达到控制水量的目的，从水箱出来的水直接进入胶结料搅拌桶中。水控制线路如图3.52所示。

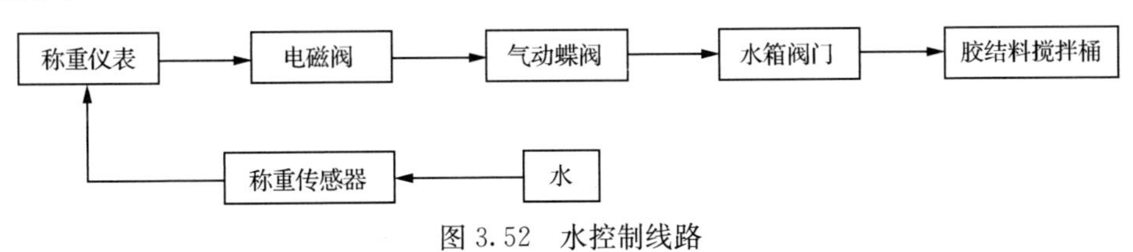

图3.52 水控制线路

2. 膏体性能检测控制线路

1）压差检测控制线路

压差检测选用非接触式双膜盒差压变送器进行测量，检测管道上的压差信号，压差信号直接送入 PLC 进行运算并传到上位机显示。压差检测控制线路如图 3.53 所示。

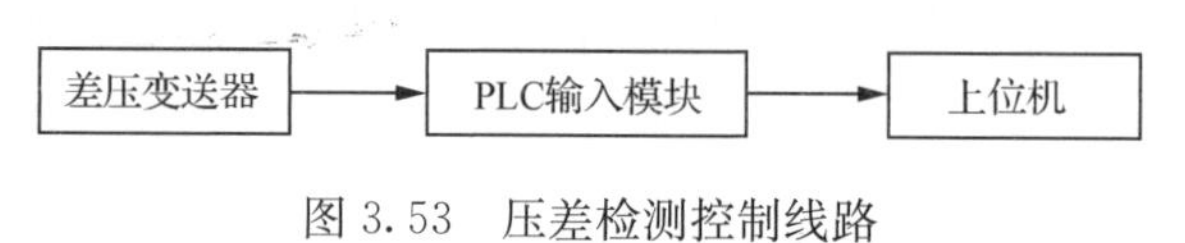

图 3.53　压差检测控制线路

2）流量检测控制线路

流量检测选用冲板式固体流量计，传感器检测到的流量信号送到流量计算仪，通过 PLC 模块送入上位机显示。流量检测控制线路如图 3.54 所示。

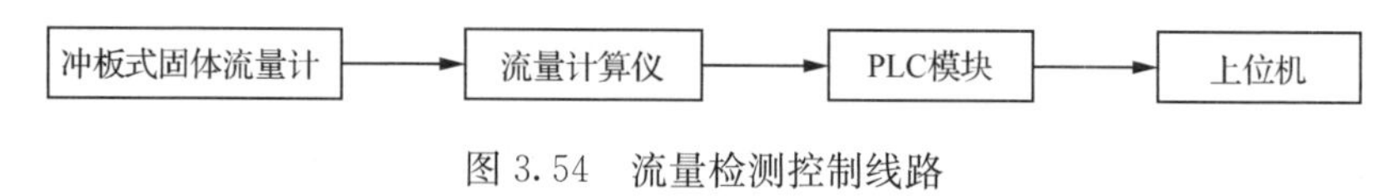

图 3.54　流量检测控制线路

3）密度检测控制线路

密度检测选用核子工业密度计，密度计检测到的信号直接送入 PLC 模块，通过转换送入上位机显示。密度检测控制线路如图 3.55 所示。

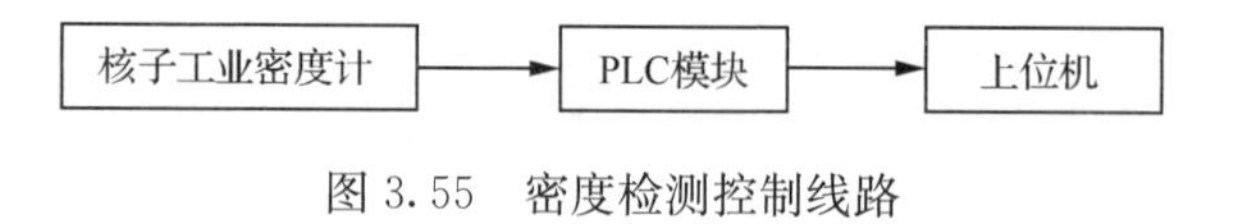

图 3.55　密度检测控制线路

3.8.4　试验系统硬件结构

由于试验环境噪声较大，为了保证监控系统稳定、可靠的工作，系统硬件设计采用抗干扰性强且应用成熟的集散控制系统。监控系统可方便地进行人机对话和参数调整以及控制系统的运行状态，并可打印出设备运行及报警记录，控制系统硬件结构模块如图 3.56 所示。

(1) 中央处理器(central processing unit，CPU)模块为系统中心处理部分，模块上配有中央处理器、程序存储器、数据存储器和两路 RS-232 串行通信口。

(2) A/D 模块采用 12 位 A/D 转换器，具有 4 路模拟量调理放大通道和 4 路模拟表盘驱动电路，运行速度快、精度高。每一路模拟量的零点、灵敏度及总灵敏度均可分别进行调节。

(3) I/O 模块具有 16 路开出驱动电路，8 路开入缓冲电路，开入开出均经光电

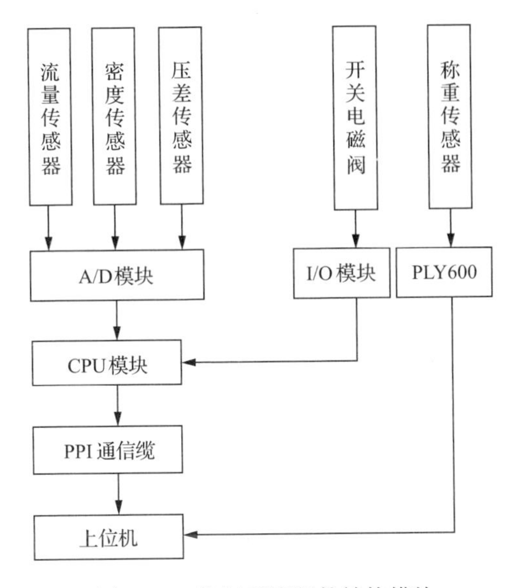

图 3.56　控制系统硬件结构模块

隔离。提供 8 路开出、8 路开入及 24 个电源。开出可驱动 24 个中间继电器，开入可外接限位开关。

3.8.5　试验系统操作流程及技术指标

1. 试验系统操作流程

(1) 进入操作系统环境后用鼠标左键双击“运行系统”图标进入登录画面，如图 3.57 所示。

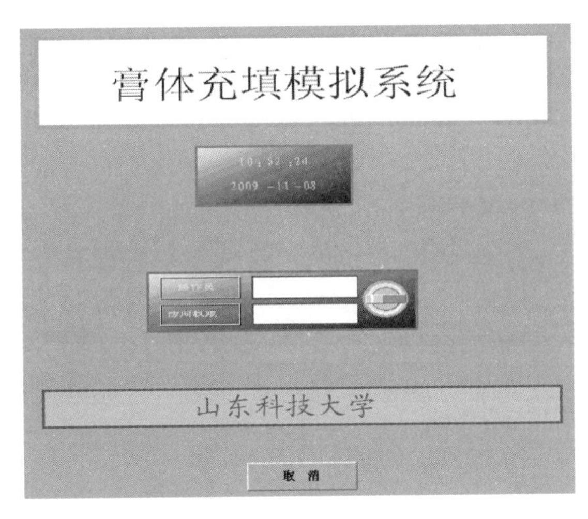

图 3.57　试验系统登录界面

（2）登录后，点击屏幕下方的画面切换按键，进入配方界面，如图 3.58 所示。在配方界面上按照膏体配比依次在各物料的重量显示处输入所需要的设定重量，并单击“储存配方”按钮实现配方的储存。

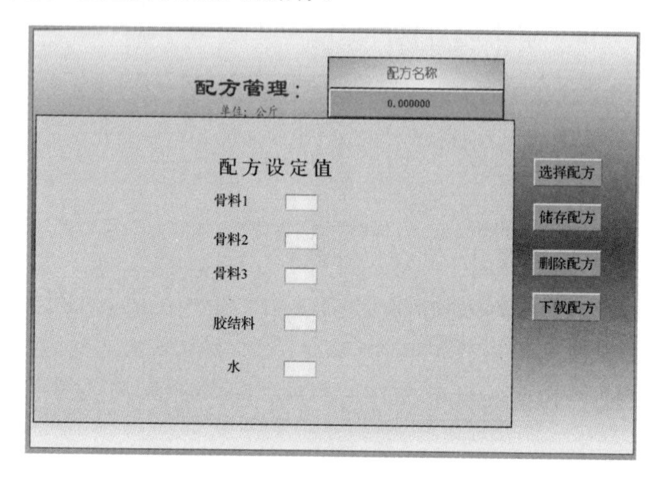

图 3.58　膏体配方界面

（3）配方完成后，进入膏体配制操作界面，如图 3.59 所示。在此界面可实现

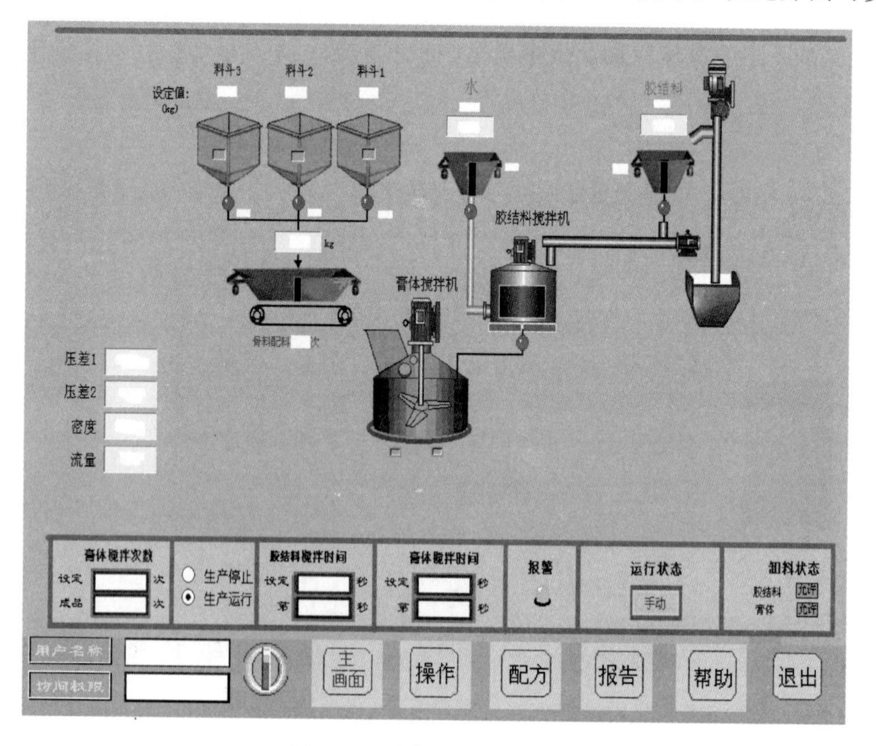

图 3.59　膏体配制操作界面

胶结材料搅拌时间、膏体搅拌时间及卸料的自动控制，并可实现自动和手动控制的相互转化。此外，在此界面还可实现压差、密度和流量的自动显示功能。

（4）试验完成后，将系统关机。

2. 试验系统技术指标

1）主要功能

系统可进行膏体充填材料配比试验、膏体充填材料搅拌试验和膏体充填材料管道输送试验。

2）技术指标

系统主要技术指标：①系统能力，$50m^3/h$；②搅拌能力，$0.8m^3/h$；③泵送最大压力，12MPa；④称量精度，±1.0%；⑤密度测量精度，$0.0005\sim0.001g/cm^3$；⑥流量测量精度，±0.3%；⑦压差测量范围，0～500kPa。

参考文献

[1] 郭惟嘉. 覆岩沉陷离层及注浆充填减沉技术的研究. 北京：中国矿业大学(北京)博士学位论文，1997.

[2] 郭惟嘉，毛仲玉. 覆岩沉陷离层及工程控制. 北京：地震出版社，1997.

[3] 郭惟嘉. 覆岩沉陷离层发育的解析特征. 煤炭学报，2000，25(S)：49-53.

[4] 郭惟嘉，徐方军. 覆岩体内移动变形及离层特征. 矿山测量，1998，(3)：36-38.

[5] 刘汉龙，刘立民，连传杰. GIS 地表塌陷计算的有限棱柱法及三维数据模型. 岩土力学，2004，25(6)：913-916.

[6] 郭惟嘉，常西坤，阎卫玺. 深部矿井采场上覆岩层内结构形变特征分析. 煤炭科学技术，2009，37(12)：1-4.

[7] 郭惟嘉，刘立民，施德芳，等. 矿层开采后的地面沉陷和应力分析. 岩土工程学报，1996，18(2)：75-81.

[8] 速宝玉，詹美礼，王媛. 裂隙渗流与应力耦合特性研究. 岩土工程学报，1997，19(4)：73-77.

[9] 张玉卓，张金才. 裂隙岩体渗流与应力耦合的试验研究. 岩土力学，1997，18(4)：59-62.

[10] 蒋宇静，王刚，李博，等. 岩石节理剪切渗流耦合试验及分析. 岩石力学与工程学报，2007，26(11)：2253-2259.

[11] 夏才初，王伟，王筱柔. 岩石节理剪切-渗流耦合试验系统的研制. 岩石力学与工程学报，2008，27(6)：1285-1291.

[12] 王刚，蒋宇静，王渭明，等. 新型数控岩石节理剪切渗流试验台的设计与应用. 岩土力学，2009，30(10)：3200-3208.

[13] 刘才华，陈从新. 三轴应力作用下岩石单裂隙的渗流特性. 自然科学进展，2007，17(7)：989-993.

[14] 黄炳香. 煤岩体水力致裂弱化的理论与应用研究. 徐州：中国矿业大学博士学位论文，2009.

[15] 郭惟嘉，尹立明，陈绍杰，等. 一种岩石剪切渗流耦合真三轴试验系统. CN201210055462.4，2013.

[16] 尹立明，郭惟嘉，陈军涛. 岩石应力-渗流耦合真三轴试验系统的研制与应用. 岩石力学与工程学报，2014，33(S1)：2820-2826.

[17] 尹立明. 深部煤层开采底板突水机理基础试验研究. 青岛：山东科技大学博士学位论文，2011.

[18] 陈军涛. 深部开采底板破裂与裂隙扩展演化基础试验研究. 青岛：山东科技大学博士学位论文，2014.

[19] 郭惟嘉，张新国，范炜琳，等. 采场矿压三维物理模拟试验台. CN200810157201.7.2011.

[20] 郭惟嘉，张新国，李杨杨，等. 一种三维模拟试验台柔性加载水囊系统. CN201210020956.9.2014.

[21] 郭惟嘉,张新国,宋振骐,等. 用于采场矿压三维物理模拟试验台的柔性加载系统. CN200810157202.1.2012.
[22] 常西坤. 深部开采覆岩结构形变及地表移动特征基础研究. 青岛:山东科技大学博士学位论文,2010.
[23] 陈军涛. 唐口煤矿深部开采条带煤柱稳定性模拟试验研究. 青岛:山东科技大学硕士学位论文,2011.
[24] 陈军涛,郭惟嘉,常西坤. 深部条带开采覆岩形变三维模拟. 煤矿安全,2011,(10):125-127.
[25] 范炜琳,郭惟嘉,蒋宇静,等. 采场矿压机械模拟试验台. CN200810128331.8.2010.
[26] 郭惟嘉,李杨杨,范炜琳,等. 岩层结构运动演化数控机械模拟试验系统研制及应用. 岩石力学与工程学报,2014,33(S2):3776-3782.
[27] 郭惟嘉,孙文斌,尹立明,等. 一种用于模拟采动煤层底板突水的试验系统及其方法. CN201110264763.3.2013.
[28] 孙文斌. 深部开采高水压底板突水通道形成与演化基础试验研究. 青岛:山东科技大学博士学位论文,2013.
[29] 孙文斌,张士川. 深部采动底板突水模拟试验系统的研制与应用. 岩石力学与工程学报,2015,34(S1):3274-3280.
[30] 孙文斌,张士川,李杨杨,等. 固流耦合相似模拟材料研制及深部突水模拟试验. 岩石力学与工程学报,2015,34(S1):2665-2670.
[31] 郭惟嘉,王海龙,李杨杨,等. 煤层采动诱发顶板涌水溃砂灾害模拟试验系统. CN201320869381.8.2014.
[32] 郭惟嘉,张新国,刘进晓,等. 膏体充填模拟试验系统. CN200910262353.8.2010.

第4章 采动覆岩形变演化规律

4.1 采动围岩移动破坏形式

岩体受采动影响变形破坏实际上是指岩体地质结构改组和结构联结的丧失现象，采动岩体内存在的移动破坏形式主要有弯曲、断裂、垮落、离层、底鼓、片帮、岩爆和煤爆等[1~4]。

(1) 弯曲。弯曲是采动围岩移动的主要形式。地下矿层采出后，上覆岩层中的各个分层，从直接顶板开始沿层理面的法线方向，依次向采区方向弯曲，甚至直达地表。在弯曲范围内，岩层可能出现数量不多的微小裂缝，但基本上能保持其连续性和层状结构。

(2) 垮落。矿层被采出后，顶板岩层中重新分布的应力超过岩体的强度，岩体破裂成无规则块状脱离原岩而垮落至充填采空区，这种破坏形式被称为垮落，垮落一般发生在采空区上方拉应力区的岩层中。

(3) 离层。采空区上覆岩层由于竖向移动变形的大小和速度不同而使岩层面之间或层理面之间产生开裂的现象被称为离层。离层主要发生在顶板以上，主要是拉应力达到或超过层间联结强度所致，也可由拉剪作用形成不规则的离层。规模较大的离层是由于采动影响程度和岩层的抗弯刚度不同。

(4) 层间错动。在重力产生的沿层面的下滑力的作用下，或者由于岩层移动过程中相邻岩层水平移动的大小或方向不同而使层面软弱带两侧的岩层产生相对滑移，这种破坏形式被称为层间错动。这类破坏主要发生在倾斜煤层条件下，不同岩层交界处或沿软弱面附近。

(5) 块体滚动。这种破坏有两种情况，一是在已经垮落或断裂的岩体的下山方向继续进行采煤形成新的采空区时，如果煤层倾角较大，垮落的岩块就可能下沉或滚动充填采空区，从而使采空区上部的空间增大，使位于采空区上山部分的岩层和地表的移动加剧。二是在岩体内部发生的结构体的滚动或转动现象。

(6) 岩爆和煤爆。一般出现在高地应力区的坚硬岩层或煤层中。

(7) 底鼓。由于煤层开挖使底板产生向采空区方向的隆起，底鼓量随离底板的距离增加而减小，底鼓曲线也随离底板的距离增加而变得平缓。

(8) 片帮。当开采一定空间后，煤柱中产生很高的集中应力，在集中应力作用下，煤壁产生严重的变形和破坏现象，呈碎片或碎块状挤向采空区，并使煤柱上方岩层产生移动。

上述破坏形式的出现是由岩体本身的结构特征、物理力学性质和采动影响程度等共同决定的,从力学机理上可归结为四种常见的破坏机制,即张破坏、剪破坏、结构体滚动及结构体沿结构面滑动和错动[5]。

4.2 采场结构力学模型组成及其结构特征

鉴于煤矿采场不断推进的特点,无论是“矿山压力”还是“矿山压力显现”都是在不断发展变化之中的,而这种变化是有规律的,是由岩层运动决定的。因此,矿山压力控制研究必须把以岩层运动为中心,研究采场推进过程中上覆岩层运动破坏的范围及该范围内不同结构组成部分的特征,以及其运动发展的规律(包括运动步距和时空位态等)放在首要地位[6,7]。

4.2.1 采场结构力学模型组成特征

影响采场矿山压力显现的岩层范围是有限的(包括失去向四周支承传递作用力联系的破断岩层及始终保持向四周传递作用力联系的裂断岩层)、可知的(可以通过其运动对矿山压力显现的影响进行推断)和可控的(在一定范围内可以通过采动条件的变化进行控制)。

煤层一经采动,采动空间周围原始应力场将重新分布。相关煤和岩层在重新分布的应力场应力作用下产生运动或受到不同程度的破坏。实践证明,一般岩层覆盖的采场,在开采深度超过一定值,工作面宽度达到150～200m的情况下,采场推进超过工作面宽度时,受采动影响参与运动和受到破坏的覆岩体范围及重新分布的应力场如图4.1所示。说明该采动条件下形成的采场结构力学模型分别由受采动影响运动破坏的上覆岩层范围及作用在煤层上重新分布的应力场范围两个部分组成。

1. 采场纵向结构形态和力学特征

图4.1中受采动影响参与运动和破坏的岩层包括以下三个部分。

(1) 推进方向失去(或不能保持)传递力联系的垮落岩层。该岩层在采空区已经垮落,在采场由支架或煤壁暂时支撑,在推进方向上不能始终保持传递水平力的联系,该部分岩层组成了结构力学模型中的“冒落带”(或垮落带)。

(2) 推进方向上进入裂断破坏状态的岩层。该部分岩层由一系列同时运动(或近乎同时运动)且在推进方向上始终能保持传递力联系的“传递岩梁”组成。由于各岩梁在推进方向上的裂隙已扩展到全部厚度,形成了“砌体梁”结构,组成了结构力学模型中的“砌体梁带”。“砌体梁带”中的每一个岩梁(除了由易膨胀的泥质

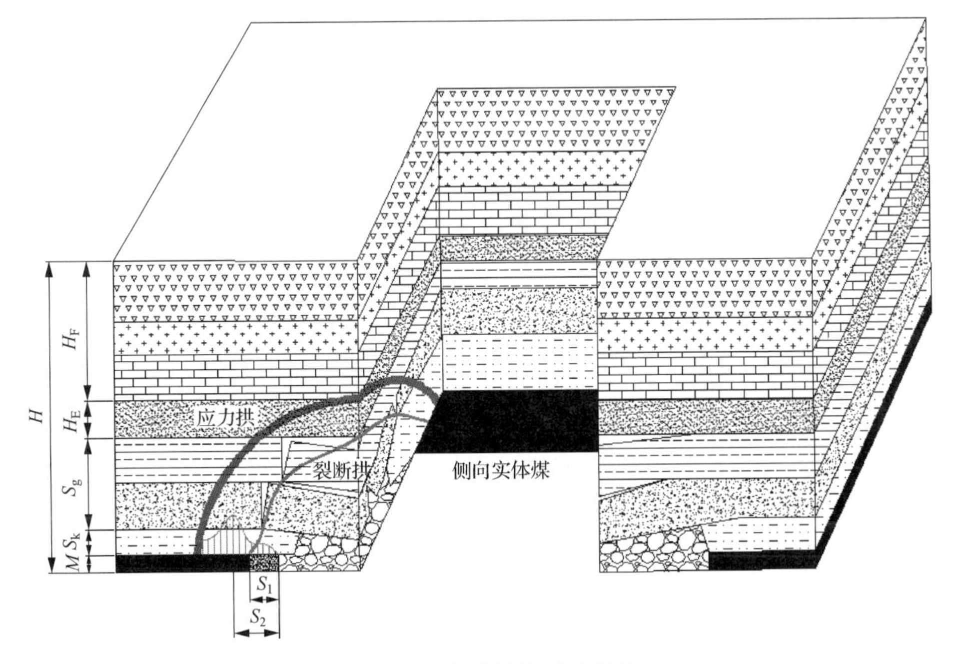

图 4.1　采场力学模型示意图

S_k. 岩层垮落区高度；S_g. 岩层裂断区高度；H_E. 岩层裂隙区高度；H_F. 弯曲下沉区高度；S_1. 内应力场宽度；S_2. 外应力场宽度；M. 煤层高度；H. 地层总高度

岩层组成的岩梁外），在形成和发展的过程中都始终保持通气导水的功能，因此也常被叫做导水裂隙带。

导水裂缝带中，各传递岩梁的运动是采场支架受力和作用在煤壁前方内应力场中压力的主要来源。

(3) 处于沉陷运动状态的岩层，包括裂断拱两侧和顶部处于沉陷运动状态的全部岩层，俗称弯曲沉降带或缓沉带。这部分岩层在采场推进过程中运动缓慢，一般要在工作面推过很长的一段距离后才能明显表现出来。除非岩层强度特别低，这部分岩层的运动在经过一段时间后都能重新恢复稳定。这部分岩层在运动结束后，推进方向上形成的裂隙无论在数量上还是在裂开程度上都要比拱内岩梁低得多。缓沉带运动的结果是在地表形成沉降盆地。

2. 采场横向结构形态和力学特征

受采动影响，在煤壁前方重新分布的应力场(支承压力场)，包括以下三个部分。

(1) 内应力场。该应力场中的煤层在支承压力作用下已遭到破坏，进入塑性或假塑性破坏状态，其受力大小和时间受裂断拱内垮落，特别是裂断岩梁运动的直接影响，如图 4.1 中 S_1 区间所示。该区间的应力值一般都小于原始应力。

(2) 塑性破坏区。煤壁前方受采动支承压力影响进入塑性破坏状态的范围，如图 4.1 中 S_2 区间所示。该区间的支承压力主要来源于采场应力拱的作用。

(3) 弹性压缩区。该部分煤层在支承压力作用下处于弹性压缩状态。该区间应力高于原始应力。

4.2.2 覆岩体结构影响因素灵敏度分析

1. 覆岩破坏高度及形态的主要影响因素

煤层一经采动，采动空间周围原始应力场将重新分布。相关煤和岩层在重新分布的应力场应力作用下产生运动或受到不同程度的破坏。采动空间一定范围内覆岩依次断裂，形成三维拱形空间结构。

影响覆岩破坏高度的因素有很多，但主要因素是上覆岩层岩性、煤层倾角、煤层开采高度、工作面几何参数、采煤方法、工作面推进速度、时间过程和顶板管理方法[8]。顶板管理方法基本采用自然垮落法，在实际操作过程中对时间因素进行了忽略，仅对上覆岩层岩性、煤层开采高度、煤层倾角、工作面几何参数、采煤方法和工作面推进速度六个因素对覆岩破坏高度的影响进行灰色关联分析。

2. “灰色系统”理论的关联度分析原理

系统是由多种因素构成的，因素与因素之间及因素与系统之间都存在着关系。有些因素是主要的，有些因素是次要的。前者对系统影响较大，后者影响较小。所谓因素分析是指分析和研究各种因素对系统的影响。因素分析方法主要有统计学分析和灰色分析两种。

灰色关联分析是动态过程发展态势的量化分析，即发展态势的量化比较分析。基本思路是根据序列曲线几何形状的相似程度来判断联系是否紧密，曲线越接近，相应序列之间的关联度就越大，反之就越小。关联度是事物之间和因素之间关联性的量度[9~11]。

考虑 n 个时间序列，每个时间序列采集 m 个数据，则有

$$\{\boldsymbol{X}_1(i)\} = (\boldsymbol{X}_1(1), \boldsymbol{X}_1(2), \cdots, \boldsymbol{X}_1(m))$$
$$\{\boldsymbol{X}_2(i)\} = (\boldsymbol{X}_2(1), \boldsymbol{X}_2(2), \cdots, \boldsymbol{X}_2(m))$$
$$\{\boldsymbol{X}_n(i)\} = (\boldsymbol{X}_n(1), \boldsymbol{X}_n(2), \cdots, \boldsymbol{X}_n(m))$$

1) 量纲不一致时，对原始数据进行无量化处理的方法：

(1) 初值化处理。将所有数据用第一个数据去除，得到一个新数据：

$$x_{ij}^{(1)} = \frac{x_{ij}^{(0)}}{x_{ij}^{(1)}} \tag{4.1}$$

（2）均值化处理。用平均值去除所有数据：

$$x_{ij}^{(1)} = \frac{x_{ij}^{(0)}}{\bar{x}_i} \tag{4.2}$$

2）求关联系数中的两极差及关联系数

设参数数列为 x_0，被比较的数列为 $x_i(i=1,2,\cdots,n)$，则曲线 x_0 与 x_i 在第 k 点的关联系数为

$$\gamma_i(k) = \frac{\min\limits_i \min\limits_k |x_0(k) - x_i(k)| + \rho \max\limits_i \max\limits_k |x_0(k) - x_i(k)|}{|x_0(k) - x_i(k)| + \rho \max\limits_i \max\limits_k |x_0(k) - x_i(k)|} \tag{4.3}$$

式中，$|x_0(k) - x_i(k)| = \Delta_i(k)$ 为第 k 点 x_0 与 x_i 的绝对差；$\min\limits_k |x_0(k) - x_i(k)|$ 为第一级最小差，表示在第 i 条曲线上，找出与 x_0 最小差的点；$\min\limits_i \min\limits_k |x_0(k) - x_i(k)|$ 为第二级最小差，表示在所有 x_i 曲线中哪一条曲线的最小差最小；$\max\limits_k |x_0(k) - x_i(k)|$ 为第一级最大差，表示在第 i 条曲线上，找出与 x_0 最大差的点；$\max\limits_i \max\limits_k |x_0(k) - x_i(k)|$ 为第二级最大差，表示在所有 x_i 曲线中哪一条曲线的最小差最大；ρ 为分辨系数，在[0,1]中取值[12,13]。

求每条曲线的关联度

$$r_i = \frac{1}{n}\sum_{k=1}^{n} \gamma_i(k) \quad (i = 1,2,\cdots,n) \tag{4.4}$$

式中，r_i 为关联度；$\gamma_i(k)$ 为关联系数。

3）将关联度进行排列得到关联序

关联序大的，其作用就大些。当参数数列不止一个时，如参数数列有 n 个，则称其为母数列，相当于前面的 x_0，用 $y_1, y_2, \cdots, y_n$ 表示；比较数列称子数列，用 x_1，$x_2, \cdots, x_n$ 表示，分别求出它们之间的关联度，就构成一个关联矩阵

$$\boldsymbol{r} = \begin{bmatrix} r_{11} & r_{12} & \cdots & r_{1n} \\ r_{21} & r_{22} & \cdots & r_{2n} \\ \vdots & \vdots & & \vdots \\ r_{n1} & r_{n2} & \cdots & r_{nn} \end{bmatrix} \tag{4.5}$$

关联矩阵隐含着巨大的信息，每一行表示同一母因素对不同子因素的影响，每一列表示不同母因素对同一子因素的影响。因此，可以根据 $\boldsymbol{r}$ 中各行与各列关联度的大小来判断子因素与母因素的作用，分析哪些因素起重要作用，哪些因素起次要作用。

3. 覆岩体破坏高度影响因素的敏感度分析

覆岩体空间结构存在于垮落带和导水裂隙带的发育过程中，覆岩体空间结构的演化高度与覆岩垮落带及导水裂隙带高度成正比，即垮落带及导水裂隙带高度越大，覆岩体空间结构高度也越大[14～16]。因此，研究覆岩岩性对覆岩体空间结构演化高度的影响作用，即可得到垮落带及导水裂隙带高度随覆岩体岩性的变化规律。

取覆岩的最大垮落带和裂隙带高度为系统特征数列，记为$\boldsymbol{Y}_1$和$\boldsymbol{Y}_2$。覆岩性质、煤层开采高度、煤层倾角、工作面宽度、工作面推进速度和采煤方法为系统因素数列，分别记为$\boldsymbol{X}_1$、$\boldsymbol{X}_2$、$\boldsymbol{X}_3$、$\boldsymbol{X}_4$、$\boldsymbol{X}_5$和$\boldsymbol{X}_6$。我国部分矿区工作面赋存条件及开采条件与垮落带、裂隙带高度的数据见表4.1[17～21]。

表4.1 "两带"高度及影响因素列表

序号	测试地点	系统因素序列						系统特征序列	
		$\boldsymbol{X}_1$	$\boldsymbol{X}_2$	$\boldsymbol{X}_3$	$\boldsymbol{X}_4$	$\boldsymbol{X}_5$	$\boldsymbol{X}_6$	$\boldsymbol{Y}_1$	$\boldsymbol{Y}_2$
1	淮南潘一矿1421	3	3.4	8	160	4.8	3	15.6	48.9
2	淮南潘三矿1711	2	3.5	9	135	3.6	2	16.3	75.8
3	淮南潘二矿1102	2	1.8	18	100	3.2	1	12.7	33.0
4	淮南谢二矿1121	2	6.0	19	116	1.8	3	19.2	66.5
5	兖州南屯矿	2	5.8	5	154	5.0	3	26.0	70.7
6	兖州兴隆庄矿5306	1	7.8	4	160	2.0	3	11.7	74.4
7	兖州鲍店矿1303	1	8.7	4	153	3.9	3	12.5	71.0
8	鹤壁八矿11033	3	6.0	23	174	1.2	4	19.2	58.4
9	包头大磁矿2331	3	2.8	4	92	1.5	1	26.3	68.8
10	广西柳花岭矿	3	2.0	6	110	1.0	1	10.8	41.2
11	峰峰二矿2620	3	1.5	10	176	1.5	1	8.4	38.6
12	枣庄柴里矿301	2	2.2	5	136	1.5	1	11.7	34.0
13	枣庄柴里矿301	2	4.1	5	136	1.5	4	23.9	49.3
14	枣庄柴里矿301	2	6.3	5	136	1.5	4	27.4	52.2
15	枣庄柴里矿301	2	8.1	5	136	1.5	4	37.5	49.1
16	枣庄柴里矿311	1	1.8	5	114	1.5	2	3.4	15.0
17	枣庄柴里矿311	1	3.5	5	114	1.5	4	7.4	31.8
18	枣庄柴里矿311	1	5.6	5	114	1.5	4	14.3	30.0
19	枣庄柴里矿311	1	7.8	5	116	1.5	4	17.2	20.1
20	枣庄柴里矿311	1	11.0	5	110	1.5	4	18.1	15.2

续表

序号	测试地点	系统因素序列						系统特征序列	
		$\boldsymbol{X}_1$	$\boldsymbol{X}_2$	$\boldsymbol{X}_3$	$\boldsymbol{X}_4$	$\boldsymbol{X}_5$	$\boldsymbol{X}_6$	$\boldsymbol{Y}_1$	$\boldsymbol{Y}_2$
21	新汶张庄矿 1906	2	1.5	12	120	1.3	1	5.8	23.6
22	本溪矿五坑	2	4.3	9	90	1.0	4	13.2	40.3
23	峰峰通二矿	1	3.4	12	104	1.0	2	5.1	19.4
24	淮北杨庄矿	1	3.0	12	170	1.0	1	4.5	14.8
25	开滦马家沟矿	2	4.5	30	77	1.5	4	3.4	47.3
26	开滦林西矿	2	5.6	25	230	1.1	4	14.6	57.3
27	皖北百善 662	2	3.0	6	147	1.0	2	8.2	16.3
28	皖北百善 663	2	3.1	4	147	1.0	2	8.8	14.6
29	皖北百善 664	2	3.0	6	137	1.0	2	4.2	27.8
30	皖北任楼 712	2	4.7	17	150	1.4	3	21.5	67.9
31	皖北任楼 711	2	2.3	17	120	1.4	1	7.9	35.4
32	焦作冯营矿	2	2.1	19	135	1.0	1	9.5	35.8
33	辽源梅和一井	2	2.3	26	82	1.5	2	3.9	41.5
34	淮北张庄矿 514	2	3.5	11	120	1.4	2	8.1	34.0
35	徐州董庄矿	2	2.1	33	124	1.0	1	7.3	32.6
36	涟邵牛马司矿	3	2.2	21	100	1.1	1	12.1	48.4
37	邢台煤矿	2	3.9	5	150	1.2	4	14.1	34.7
38	邢台煤矿	2	6.0	5	120	1.2	4	14.6	36.8
39	石嘴山	2	5.9	22	135	2.4	3	18.8	73.5
40	潞安五阳矿	3	3.0	8	180	3.6	2	10.6	63.9
41	潞安五阳矿	3	6.2	8	167	4.8	4	27.9	91.7

注：覆岩性质($\boldsymbol{X}_1$)中，1 为软硬，2 为中硬，3 为坚硬；采煤方法($\boldsymbol{X}_6$)中，1 为炮采，2 为综采，3 为综放，4 为分层开采。

以 $\boldsymbol{X}_1$、$\boldsymbol{X}_2$、$\boldsymbol{X}_3$、$\boldsymbol{X}_4$、$\boldsymbol{X}_5$ 和 $\boldsymbol{X}_6$ 为系统特征序列，对覆岩结构影响因素进行灰色关联敏感度分析，系统因素序列初值化数据见表 4.2，系统特征序列 $\boldsymbol{Y}_1$ 和 $\boldsymbol{Y}_2$ 差序列数据见表 4.3 和表 4.4。

根据式(4.1)和式(4.2)对系统因素序列进行敏感度分析(分辨系数 $\xi=0.214$)，得到灰色关联度敏感度矩阵 $\boldsymbol{\gamma}$：

$$\boldsymbol{\gamma}=\begin{bmatrix}\gamma_{11} & \gamma_{12} & \gamma_{13} & \gamma_{14} & \gamma_{15} & \gamma_{16}\\ \gamma_{21} & \gamma_{22} & \gamma_{23} & \gamma_{24} & \gamma_{25} & \gamma_{26}\end{bmatrix}=\begin{bmatrix}0.574 & 0.599 & 0.383 & 0.541 & 0.497 & 0.581\\ 1.048 & 0.900 & 0.776 & 0.983 & 0.872 & 0.902\end{bmatrix}$$

表 4.2　系统因素序列初值化数据表

序号	测试地点	系统因素序列						系统特征序列	
		X_1'	X_2'	X_3'	X_4'	X_5'	X_6'	Y_1'	Y_2'
1	淮南潘一矿 1421	1.000 00	1.000 00	1.000 00	1.000 00	1.000 00	1.000 00	1.000 00	1.000 00
2	淮南潘三矿 1711	0.666 67	1.029 41	1.125 00	0.843 75	0.750 00	0.666 67	1.044 87	1.550 10
3	淮南潘二矿 1102	0.666 67	0.529 41	2.250 00	0.625 00	0.666 67	0.333 33	0.814 10	0.674 85
4	淮南谢二矿 1121	0.666 67	1.764 71	2.375 00	0.725 00	0.375 00	1.000 00	1.230 77	1.359 92
5	兖州南屯矿	0.666 67	1.705 88	0.625 00	0.962 50	1.041 67	1.000 00	1.666 67	1.445 81
6	兖州兴隆庄矿 5306	0.333 33	2.294 12	0.500 00	1.000 00	0.416 67	1.000 00	0.750 00	1.521 47
7	兖州鲍店矿 1303	0.333 33	2.558 82	0.500 00	0.956 25	0.812 50	1.000 00	0.801 28	1.451 94
8	鹤壁八矿 11033	1.000 00	1.764 71	2.875 00	1.087 50	0.250 00	1.333 33	1.230 77	1.194 27
9	包头大磁矿 2331	1.000 00	0.823 53	0.500 00	0.575 00	0.312 50	0.333 33	1.685 90	1.406 95
10	广西柳花岭矿	1.000 00	0.588 24	0.750 00	0.687 50	0.208 33	0.333 33	0.692 31	0.842 54
11	峰峰二矿 2620	1.000 00	0.441 18	1.250 00	1.100 00	0.312 50	0.333 33	0.538 46	0.789 37
12	枣庄柴里矿 301	0.666 67	0.647 06	0.625 00	0.850 00	0.312 50	0.333 33	0.750 00	0.695 30
13	枣庄柴里矿 301	0.666 67	1.205 88	0.625 00	0.850 00	0.312 50	1.333 33	1.532 05	1.008 18
14	枣庄柴里矿 301	0.666 67	1.852 94	0.625 00	0.850 00	0.312 50	1.333 33	1.756 41	1.067 48
15	枣庄柴里矿 301	0.666 67	2.382 35	0.625 00	0.850 00	0.312 50	1.333 33	2.403 85	1.004 09
16	枣庄柴里矿 311	0.333 33	0.529 41	0.625 00	0.712 50	0.312 50	0.666 67	0.217 95	0.306 75
17	枣庄柴里矿 311	0.333 33	1.029 41	0.625 00	0.712 50	0.312 50	1.333 33	0.474 36	0.650 31
18	枣庄柴里矿 311	0.333 33	1.647 06	0.625 00	0.712 50	0.312 50	1.333 33	0.916 67	0.613 50
19	枣庄柴里矿 311	0.333 33	2.294 12	0.625 00	0.725 00	0.312 50	1.333 33	1.102 56	0.411 04
20	枣庄柴里矿 311	0.333 33	3.235 29	0.625 00	0.687 50	0.312 50	1.333 33	1.160 26	0.310 84
21	新汶张庄矿 1906	0.666 67	0.441 18	1.500 00	0.750 00	0.270 83	0.333 33	0.371 79	0.482 62
22	本溪矿五坑	0.666 67	1.264 71	1.125 00	0.562 50	0.208 33	1.333 33	0.846 15	0.824 13
23	峰峰通二矿	0.333 33	1.000 00	1.500 00	0.650 00	0.208 33	0.666 67	0.326 92	0.396 73
24	淮北杨庄矿	0.333 33	0.882 35	1.500 00	1.062 50	0.208 33	0.333 33	0.288 46	0.302 66
25	开滦马家沟矿	0.666 67	1.323 53	3.750 00	0.481 25	0.312 50	1.333 33	0.858 97	0.967 28
26	开滦林西矿	0.666 67	1.647 06	3.125 00	1.437 50	0.229 17	1.333 33	0.935 90	1.171 78
27	皖北百善 662	0.666 67	0.882 35	0.750 00	0.918 75	0.208 33	0.666 67	0.525 64	0.333 33
28	皖北百善 663	0.666 67	0.911 76	0.500 00	0.918 75	0.208 33	0.666 67	0.564 10	0.298 57
29	皖北百善 664	0.666 67	0.882 35	0.687 50	0.856 25	0.208 33	0.666 67	0.266 03	0.568 51

续表

序号	测试地点	系统因素序列						系统特征序列	
		X'_1	X'_2	X'_3	X'_4	X'_5	X'_6	Y'_1	Y'_2
30	皖北任楼 712	0.666 67	1.382 35	2.125 00	0.937 50	0.291 67	1.000 00	1.378 21	1.388 55
31	皖北任楼 711	0.666 67	0.676 47	2.125 00	0.750 00	0.291 67	0.333 33	0.506 41	0.723 93
32	焦作冯营矿	0.666 67	0.617 65	2.375 00	0.843 75	0.208 33	0.333 33	0.608 97	0.732 11
33	辽源梅和一井	0.666 67	0.676 47	3.250 00	0.512 50	0.312 50	0.666 67	0.250 00	0.848 67
34	淮北张庄矿 514	0.666 67	1.029 41	1.375 00	0.750 00	0.291 67	0.666 67	0.519 23	0.695 30
35	徐州董庄矿	0.666 67	0.617 65	4.125 00	0.775 00	0.208 33	0.333 33	0.467 95	0.666 67
36	涟邵牛马司矿	1.000 00	0.647 06	2.625 00	0.625 00	0.229 17	0.333 33	0.775 64	0.989 78
37	邢台煤矿	0.666 67	1.147 06	0.625 00	0.937 50	0.250 00	1.333 33	0.903 85	0.709 61
38	邢台煤矿	0.666 67	1.764 71	0.625 00	0.750 00	0.250 00	1.333 33	0.935 90	0.752 56
39	石嘴山	0.666 67	1.735 29	2.750 00	0.843 75	0.500 00	1.000 00	1.205 13	1.503 07
40	潞安五阳矿	1.000 00	0.882 35	1.000 00	1.125 00	0.750 00	0.666 67	0.679 49	1.306 75
41	潞安五阳矿	1.000 00	1.823 53	1.000 00	1.043 75	1.000 00	1.333 33	1.788 46	1.875 26

表 4.3　系统特征序列 Y_1 差序列数据表

序号	测试地点	Δ_1	Δ_2	Δ_3	Δ_4	Δ_5	Δ_6
1	淮南潘一矿 1421	0.000 00	0.000 00	0.000 00	0.000 00	0.000 00	0.000 00
2	淮南潘三矿 1711	0.378 21	0.015 46	0.080 13	0.201 12	0.294 87	0.378 21
3	淮南潘二矿 1102	0.147 44	0.284 69	1.435 90	0.189 10	0.147 44	0.480 77
4	淮南谢二矿 1121	0.564 10	0.533 94	1.144 23	0.505 77	0.855 77	0.230 77
5	兖州南屯矿	1.000 00	0.039 22	1.041 67	0.704 17	0.625 00	0.666 67
6	兖州兴隆庄矿 5306	0.416 67	1.544 12	0.250 00	0.250 00	0.333 33	0.250 00
7	兖州鲍店矿 1303	0.467 95	1.757 54	0.301 28	0.154 97	0.011 22	0.198 72
8	鹤壁八矿 11033	0.230 77	0.533 94	1.644 23	0.143 27	0.980 77	0.102 56
9	包头大磁矿 2331	0.685 90	0.862 37	1.185 90	1.110 90	1.373 40	1.352 56
10	广西柳花岭矿	0.307 69	0.104 07	0.057 69	0.004 81	0.483 97	0.358 97
11	峰峰二矿 2620	0.461 54	0.097 29	0.711 54	0.561 54	0.225 96	0.205 13
12	枣庄柴里矿 301	0.083 33	0.102 94	0.125 00	0.100 00	0.437 50	0.416 67
13	枣庄柴里矿 301	0.865 38	0.326 17	0.907 05	0.682 05	1.219 55	0.198 72
14	枣庄柴里矿 301	1.089 74	0.096 53	1.131 41	0.906 41	1.443 91	0.423 08

续表

序号	测试地点	Δ_1	Δ_2	Δ_3	Δ_4	Δ_5	Δ_6
15	枣庄柴里矿 301	1.737 18	0.021 49	1.778 85	1.553 85	2.091 35	1.070 51
16	枣庄柴里矿 311	0.115 38	0.311 46	0.407 05	0.494 55	0.094 55	0.448 72
17	枣庄柴里矿 311	0.141 03	0.555 05	0.150 64	0.238 14	0.161 86	0.858 97
18	枣庄柴里矿 311	0.583 33	0.730 39	0.291 67	0.204 17	0.604 17	0.416 67
19	枣庄柴里矿 311	0.769 23	1.191 55	0.477 56	0.377 56	0.790 06	0.230 77
20	枣庄柴里矿 311	0.826 92	2.075 04	0.535 26	0.472 76	0.847 76	0.173 08
21	新汶张庄矿 1906	0.294 87	0.069 38	1.128 21	0.378 21	0.100 96	0.038 46
22	本溪矿五坑	0.179 49	0.418 55	0.278 85	0.283 65	0.637 82	0.487 18
23	峰峰通二矿	0.006 41	0.673 08	1.173 08	0.323 08	0.118 59	0.339 74
24	淮北杨庄矿	0.044 87	0.593 89	1.211 54	0.774 04	0.080 13	0.044 87
25	开滦马家沟矿	0.192 31	0.464 56	2.891 03	0.377 72	0.546 47	0.474 36
26	开滦林西矿	0.269 23	0.711 16	2.189 10	0.501 60	0.706 73	0.397 44
27	皖北百善 662	0.141 03	0.356 71	0.224 36	0.393 11	0.317 31	0.141 03
28	皖北百善 663	0.102 56	0.347 66	0.064 10	0.354 65	0.355 77	0.102 56
29	皖北百善 664	0.400 64	0.616 33	0.421 47	0.590 22	0.057 69	0.400 64
30	皖北任楼 712	0.711 54	0.004 15	0.746 79	0.440 71	1.086 54	0.378 21
31	皖北任楼 711	0.160 26	0.170 06	1.618 59	0.243 59	0.214 74	0.173 08
32	焦作冯营矿	0.065 44	0.114 46	1.642 89	0.111 64	0.523 77	0.398 77
33	辽源梅和一井	0.182 00	0.172 20	2.401 33	0.336 17	0.536 17	0.182 00
34	淮北张庄矿 514	0.147 44	0.510 18	0.855 77	0.230 77	0.227 56	0.147 44
35	徐州董庄矿	0.198 72	0.149 70	3.657 05	0.307 05	0.259 62	0.134 62
36	涟邵牛马司矿	0.224 36	0.128 58	1.849 36	0.150 64	0.546 47	0.442 31
37	邢台煤矿	0.237 18	0.243 21	0.278 85	0.033 65	0.653 85	0.429 49
38	邢台煤矿	0.269 23	0.828 81	0.310 90	0.185 90	0.685 90	0.397 44
39	石嘴山	0.538 46	0.530 17	1.544 87	0.361 38	0.705 13	0.205 13
40	潞安五阳矿	0.320 51	0.202 87	0.320 51	0.445 51	0.070 51	0.012 82
41	潞安五阳矿	0.788 46	0.035 07	0.788 46	0.744 71	0.788 46	0.455 13

表 4.4　系统特征序列 Y_2 差序列数据表

序号	测试地点	Δ_1	Δ_2	Δ_3	Δ_4	Δ_5	Δ_6
1	淮南潘一矿 1421	0.000 00	0.000 00	0.000 00	0.000 00	0.000 00	0.000 00
2	淮南潘三矿 1711	0.883 44	0.520 69	0.425 10	0.706 35	0.800 10	0.883 44
3	淮南潘二矿 1102	0.008 18	0.145 43	1.575 15	0.049 85	0.008 18	0.341 51
4	淮南谢二矿 1121	0.693 25	0.404 79	1.015 08	0.634 92	0.984 92	0.359 92
5	兖州南屯矿	0.779 14	0.260 07	0.820 81	0.483 31	0.404 14	0.445 81
6	兖州兴隆庄矿 5306	1.188 14	0.772 65	1.021 47	0.521 47	1.104 81	0.521 47
7	兖州鲍店矿 1303	1.118 61	1.106 88	0.951 94	0.495 69	0.639 44	0.451 94
8	鹤壁八矿 11033	0.194 27	0.570 43	1.680 73	0.106 77	0.944 27	0.139 06
9	包头大磁矿 2331	0.406 95	0.583 42	0.906 95	0.831 95	1.094 45	1.073 62
10	广西柳花岭矿	0.157 46	0.254 30	0.092 54	0.155 04	0.634 20	0.509 20
11	峰峰二矿 2620	0.210 63	0.348 19	0.460 63	0.310 63	0.476 87	0.456 03
12	枣庄柴里矿 301	0.028 63	0.048 24	0.070 30	0.154 70	0.382 80	0.361 96
13	枣庄柴里矿 301	0.341 51	0.197 70	0.383 18	0.158 18	0.695 68	0.325 15
14	枣庄柴里矿 301	0.400 82	0.785 46	0.442 48	0.217 48	0.754 98	0.265 85
15	枣庄柴里矿 301	0.337 42	1.378 26	0.379 09	0.154 09	0.691 59	0.329 24
16	枣庄柴里矿 311	0.026 58	0.222 66	0.318 25	0.405 75	0.005 75	0.359 92
17	枣庄柴里矿 311	0.316 97	0.379 11	0.025 31	0.062 19	0.337 81	0.683 03
18	枣庄柴里矿 311	0.280 16	1.033 56	0.011 50	0.099 00	0.301 00	0.719 84
19	枣庄柴里矿 311	0.077 71	1.883 07	0.213 96	0.313 96	0.098 54	0.922 29
20	枣庄柴里矿 311	0.022 49	2.924 46	0.314 16	0.376 66	0.001 66	1.022 49
21	新汶张庄矿 1906	0.184 05	0.041 44	1.017 38	0.267 38	0.211 78	0.149 28
22	本溪矿五坑	0.157 46	0.440 58	0.300 87	0.261 63	0.615 80	0.509 20
23	峰峰通二矿	0.006 41	0.673 08	1.173 08	0.323 08	0.118 59	0.339 74
24	淮北杨庄矿	0.044 87	0.593 89	1.211 54	0.774 04	0.080 13	0.044 87
25	开滦马家沟矿	0.192 31	0.464 56	2.891 03	0.377 72	0.546 47	0.474 36
26	开滦林西矿	0.269 23	0.711 16	2.189 10	0.501 60	0.706 73	0.397 44
27	皖北百善 662	0.141 03	0.356 71	0.224 36	0.393 11	0.317 31	0.141 03
28	皖北百善 663	0.102 56	0.347 66	0.064 10	0.354 65	0.355 77	0.102 56
29	皖北百善 664	0.400 64	0.616 33	0.421 47	0.590 22	0.057 69	0.400 64
30	皖北任楼 712	0.711 54	0.004 15	0.746 79	0.440 71	1.086 54	0.378 21

续表

序号	测试地点	Δ_1	Δ_2	Δ_3	Δ_4	Δ_5	Δ_6
31	皖北任楼 711	0.160 26	0.170 06	1.618 59	0.243 59	0.214 74	0.173 08
32	焦作冯营矿	0.065 44	0.114 46	1.642 89	0.111 64	0.523 77	0.398 77
33	辽源梅和一井	0.182 00	0.172 20	2.401 33	0.336 17	0.536 17	0.182 00
34	淮北张庄矿 514	0.028 63	0.334 12	0.679 70	0.054 70	0.403 63	0.028 63
35	徐州董庄矿	0.000 00	0.049 02	3.458 33	0.108 33	0.458 33	0.333 33
36	涟邵牛马司矿	0.010 22	0.342 72	1.635 22	0.364 78	0.760 61	0.656 44
37	邢台煤矿	0.042 94	0.437 45	0.084 61	0.227 89	0.459 61	0.623 72
38	邢台煤矿	0.085 89	1.012 15	0.127 56	0.002 56	0.502 56	0.580 78
39	石嘴山	0.836 40	0.232 23	1.246 93	0.659 32	1.003 07	0.503 07
40	潞安五阳矿	0.306 75	0.424 40	0.306 75	0.181 75	0.556 75	0.640 08
41	潞安五阳矿	0.875 26	0.051 73	0.875 26	0.831 51	0.875 26	0.541 92

通过构建影响采场覆岩体结构六大因素的敏感度分析矩阵可以得出以下结论。

(1) 以覆岩体结构垮落带为系统特征序列时，$\gamma_{12} > \gamma_{16} > \gamma_{11} > \gamma_{14} > \gamma_{15} > \gamma_{13}$，即影响垮落带破坏范围因素程度依次为煤层开采高度、采煤方法、上覆岩层岩性、工作面宽度、推进速度、煤层倾角。

(2) 以覆岩体结构裂隙带为系统特征序列时，$\gamma_{21} > \gamma_{24} > \gamma_{26} > \gamma_{22} > \gamma_{25} > \gamma_{23}$，即影响裂隙带破坏范围因素程度依次为上覆岩层岩性、工作面宽度、采煤方法、煤层开采高度、推进速度、煤层倾角。

覆岩体结构裂隙带包含覆岩体结构裂断岩层带与裂隙岩层带。开采方法一定时，覆岩体结构裂断带主要与工作面宽度有关，工作面宽度决定裂断带高度。岩层裂隙发育程度与上覆岩层岩性密切相关，即岩性硬度与裂隙发育成反比。因此，覆岩体结构裂隙带包括由工作面宽度决定的裂断带和由上覆岩层岩性决定的裂隙岩层带。如图 4.2 所示。

(3) $\sum_{i=1}^{2}\gamma_{i1} = 1.622 > \sum_{i=1}^{2}\gamma_{i4} = 1.524 > \sum_{i=1}^{2}\gamma_{i2} = 1.499 > \sum_{i=1}^{2}\gamma_{i6} = 1.483 > \sum_{i=1}^{2}\gamma_{i5} = 1.369 > \sum_{i=1}^{2}\gamma_{i3} = 1.159$，即从上覆岩层破坏范围来看，对上覆岩层破坏发育影响程度依次为上覆岩层岩性、工作面宽度、煤层开采高度、采煤方法、推进速度、煤层倾角。

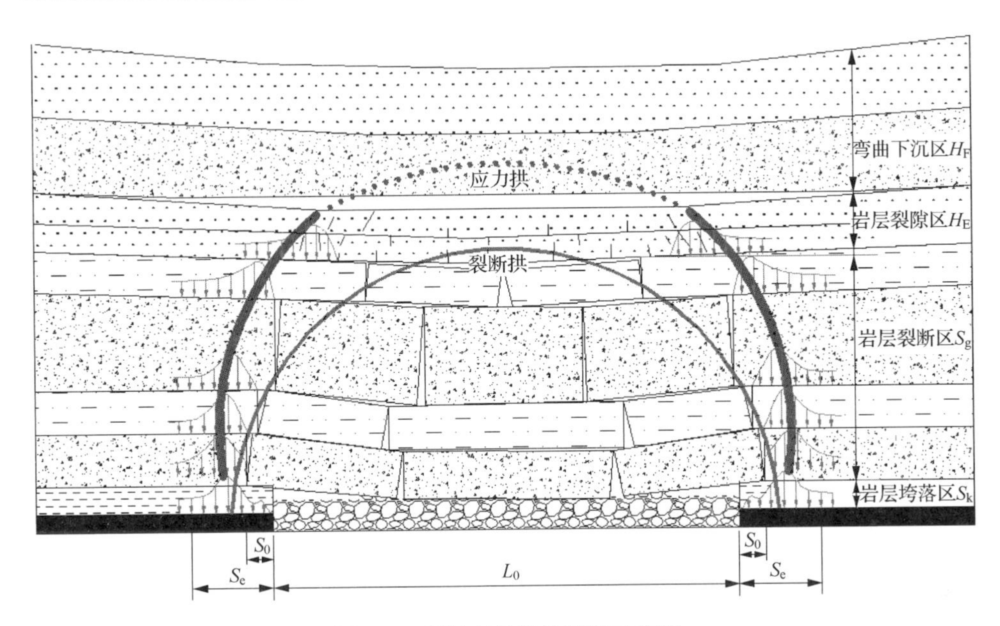

图 4.2　采场双拱结构模型示意图

S_e. 外应力场宽度；S_0. 内应力场宽度；L_0. 采空区宽度

4.2.3　宏观力学结构特征及其演化发展规律

煤层上方岩层可分为覆岩体空间结构和覆岩体空间结构外两部分，覆岩体空间结构外部分是指裂断拱外未产生明显运动的岩层，覆岩体空间结构是由对采场矿压有直接影响的裂断拱内运动岩层结构组成的[22～24]。

随着工作面推进，采场悬露空间不断加大，上覆岩层不断裂断，裂断位置由下而上依次内错，形成裂断拱。同时，空间结构围岩中应力重新进行分布，原来由工作面采动煤体承担的上覆岩层重力加载到两侧煤岩体上，此时两侧一定范围内的煤岩体承受的载荷来源于两部分：①裂断拱外上覆岩层自重在煤岩体内产生的应力；②采场裂断拱内裂断岩梁传递给煤岩体上的应力。若煤岩体所承受的总应力超过其强度，则发生破坏，支承压力高峰向外侧转移。每一岩梁裂断皆伴随这一过程，形成由裂断拱外各岩层支承压力高峰组成的应力拱，其范围在开采走向和倾向上的垂直平面内以抛物线形状不断向上扩展，如图 4.2 所示。

1. 裂断拱力学结构特征及演化规律

裂断拱内岩层对采场矿压显现起主导作用，因此研究裂断拱的力学结构特征对分析采场结构稳定具有重要意义。

工作面开采过程分两个阶段：①非充分采动阶段，即工作面推进距离 L_x 小于

工作面宽度 L_0；② 充分采动阶段，即工作面推进距离 L_x 大于工作面宽度 L_0。

在非充分采动阶段，采场覆岩体空间结构高度随工作面推进总体上呈线性发展，在走向上不断向前发展，在空间上不断向上发展，空间结构高度约为采空区短边跨度的一半。但这一发展规律是有条件的，采场覆岩体空间结构主要是由工作面宽度决定的，工作面宽度一定时，覆岩体空间结构最大且发展高度一定。当工作面推进距离未达到工作面宽度时，空间覆岩体结构发育高度与工作面推进长度有关，当工作面推进距离达到工作面宽度后，空间覆岩结构发育高度约为工作面宽度的一半。即在采空区区域见方之前，空间覆岩体结构发育高度随工作面推进而增大，当采空区区域见方后空间覆岩体结构发育高度发展到该工作面宽度条件下的最大高度。

2. 应力拱力学特征及演化规律

应力拱内岩层承担并传递上覆岩层的载荷，是最主要的承载体。裂断拱结构位于应力拱内卸压区，当应力拱内覆岩体结构失衡时，才会发生冲击地压等重大灾害事故。因此，有必要认清应力拱发展的动态演化过程。

假设采场覆岩结构共有岩层 k 层，第 $n+1$ 层为支托层，裂断拱内第 i 层岩梁裂断后，原作用在其上的覆岩体载荷传递到裂断拱外侧。如图 4.3 所示，裂断拱外第 i 层岩梁单位长度承担的载荷为

$$q_i = q_{1(k-i)} + q_{2(k-i)} = \gamma \cdot H_i \cdot L_i + \gamma \cdot H_i = \gamma \cdot H_i(1 + L_i) \tag{4.6}$$

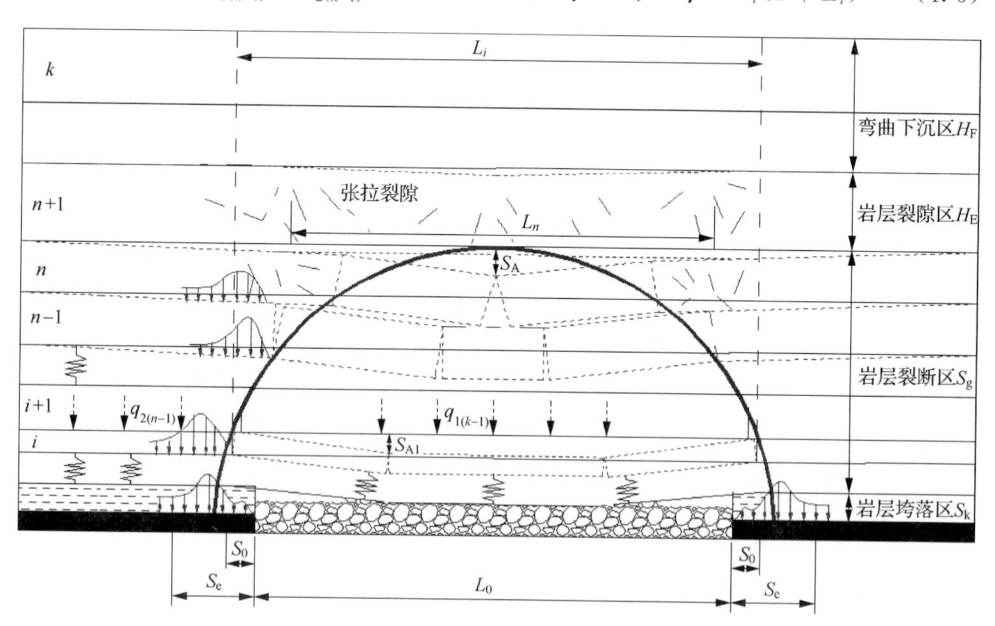

图 4.3　拱外岩梁应力计算模型

式中，$q_{1(k-i)}$、$q_{2(k-i)}$ 分别为裂断拱内、外第 i 层岩梁承受载荷；H_i 为第 i 层岩梁埋深；L_i 为第 i 层岩梁裂断长度；γ 为容重。

岩梁发生拉伸破坏，在裂断位置边缘会产生大量张拉裂隙，同时所受载荷瞬时增大，极易造成裂断位置处岩梁强度降低，支承压力高峰向外侧转移[图 4.4(a)]，埋深较大矿井中易出现此种情况。若岩梁强度足以支承裂断拱内传递过来的载荷，且不发生破坏，则支承压力高峰在裂断位置处[图 4.4(b)]，埋深较浅矿井易出现此种情况。

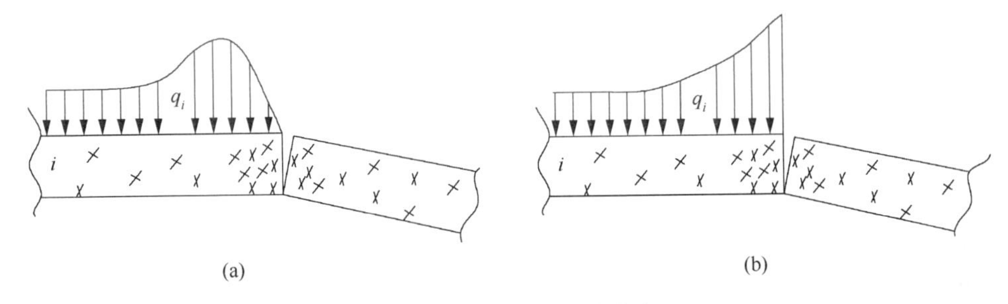

图 4.4　岩梁支承压力分布

应力拱作用宽度 $L_{\text{stress}} = L_0 + 2S_{\text{e}}$；空间发育高度 $H_{\text{stress}} = \dfrac{L_0}{2} + H_{n+1}$（$H_{n+1}$ 为第 $n+1$ 层岩层的厚度）。

应力拱分布状态与上覆岩层岩性和覆岩体结构密切相关，岩层抵抗破坏的能力和承载上覆载荷的能力与岩性强度成正比。为更好地认识应力拱，并与现场紧密结合，将覆岩体结构分为四种类型：坚硬-坚硬（JYJY）型、坚硬-软弱（JYRR）型、软弱-软弱（RRRR）型、软弱-坚硬（RRJY）型[25]。

应力拱是反映岩层之间应力传递关系的一组环状应力包络线，位置是应力高峰连接线，它的位置决定了外应力场范围，揭示了采场裂断拱外上覆岩层作用力传递到工作面围岩的范围。采场上覆岩层岩性决定应力拱的形状，JYJY 型、RRRR 型、RRJY 型应力拱上限点偏向采场，呈"⌓"形；JYRR 型应力拱呈"⊓"形。裂断拱能反映采动所形成的覆岩体空间结构运动演化状态，由对采场矿压显现有明显作用的裂断拱内裂断岩梁组成，边界线由各岩梁裂断线连接而成，裂断拱是采场应力场力源。

1）坚硬-坚硬型

JYJY 型应力拱分布形态如图 4.5 所示。

2）坚硬-软弱型

JYRR 型应力拱分布形态如图 4.6 所示。

3）软弱-软弱型

RRRR 型应力拱分布形态如图 4.7 所示。

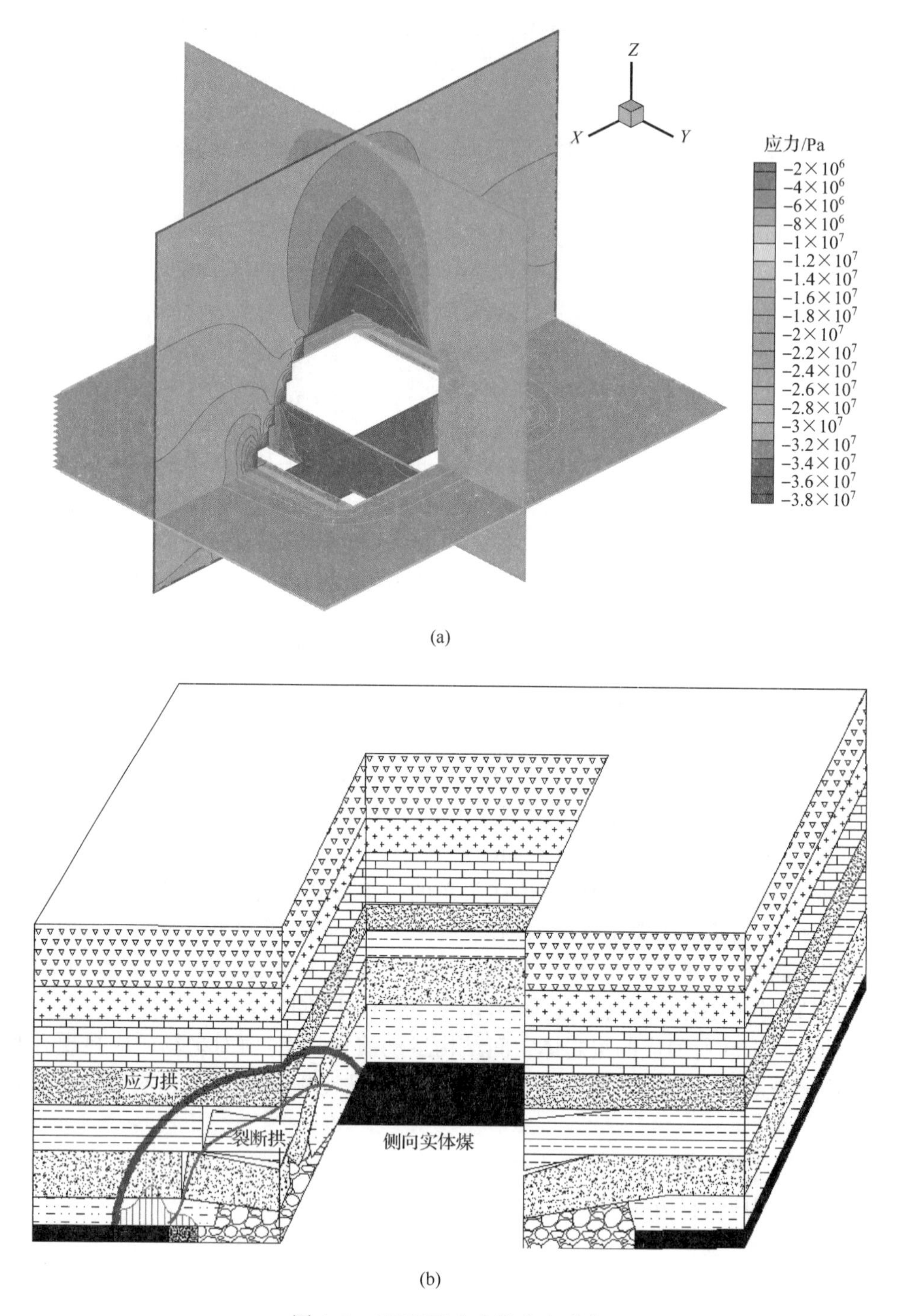

图 4.5　JYJY 型应力拱分布形态

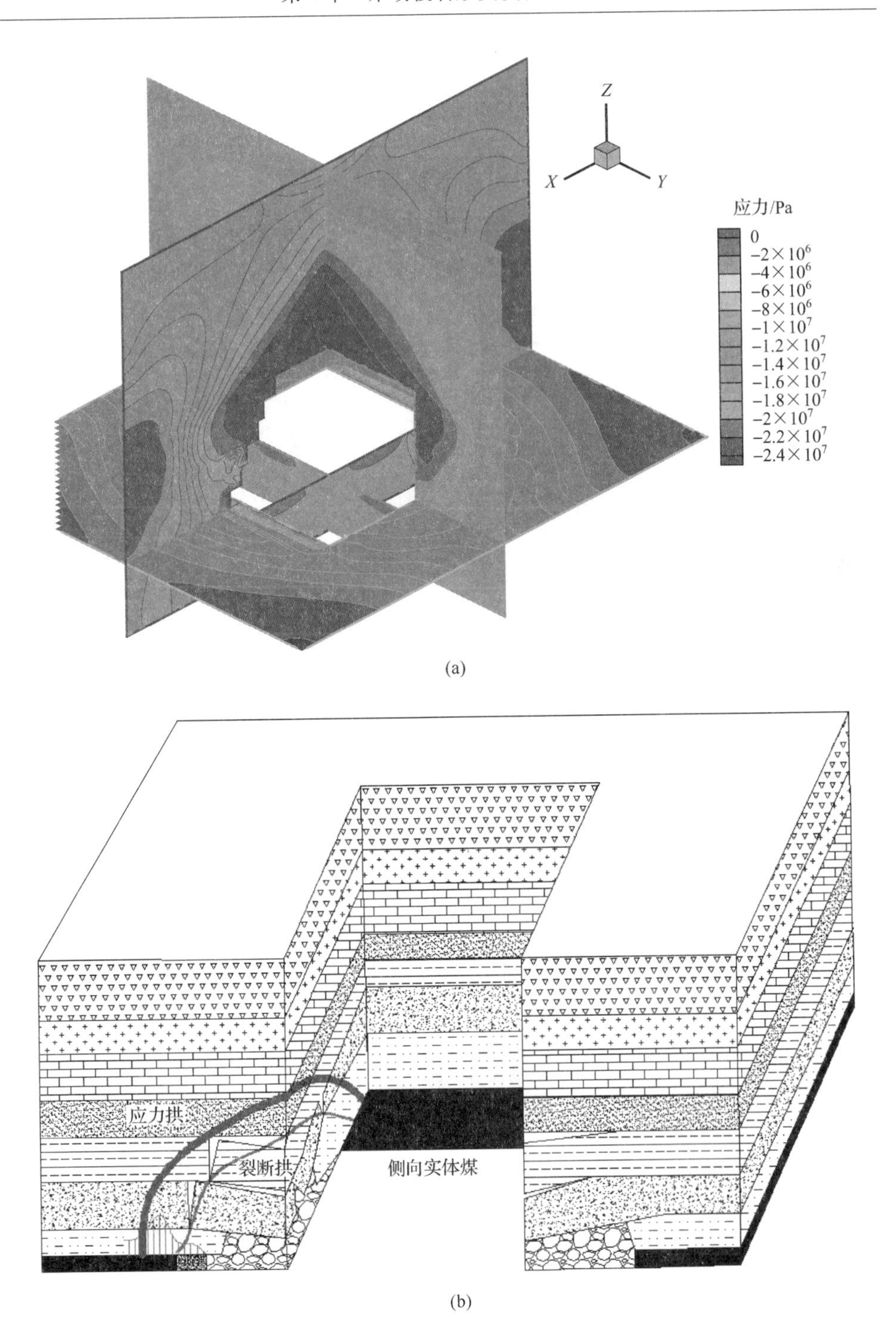

(a)

(b)

图 4.6　JYRR 型应力拱分布形态

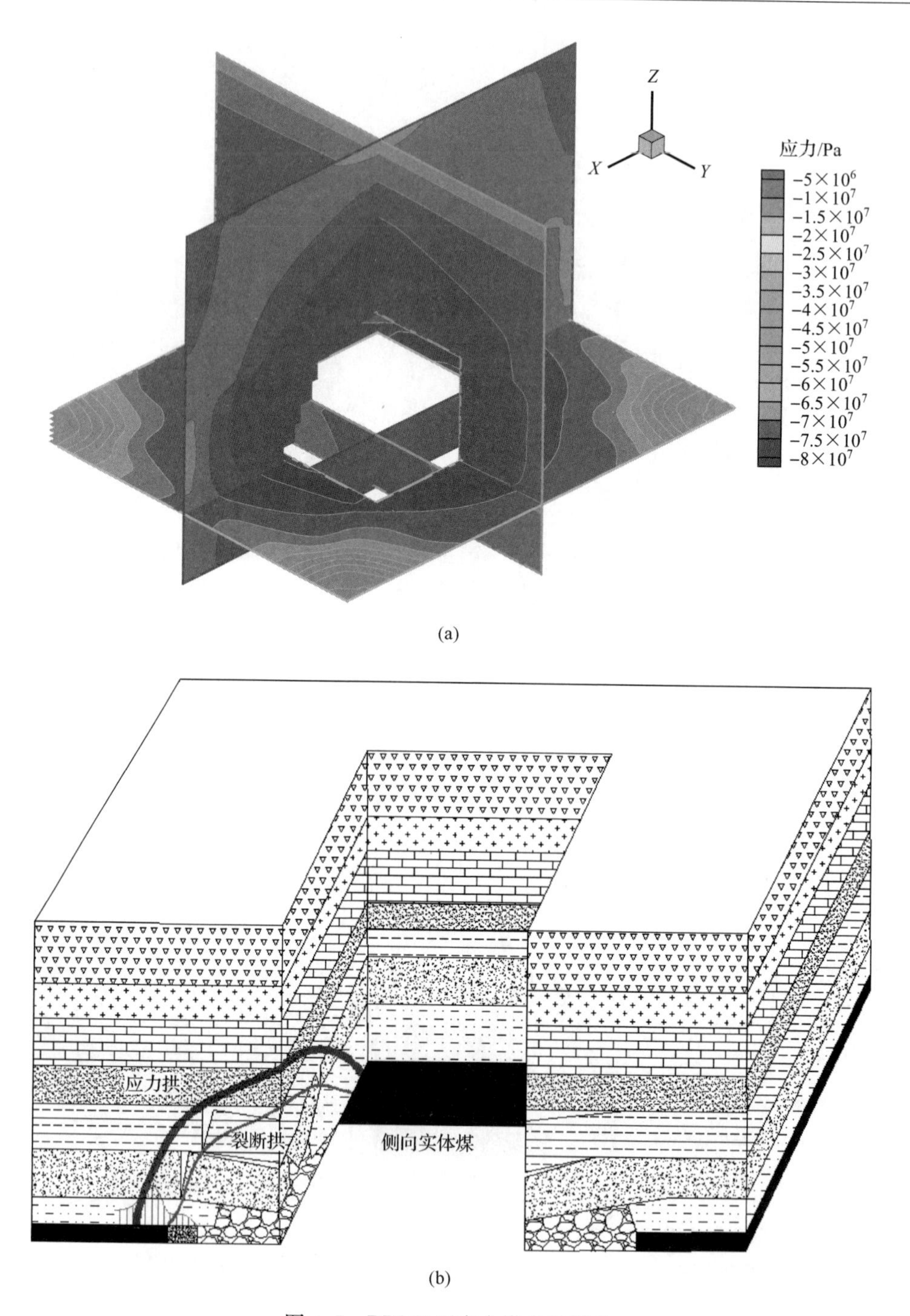

图 4.7　RRRR 型应力拱分布形态

4）软弱-坚硬型

RRJY 型应力拱分布形态如图 4.8 所示。

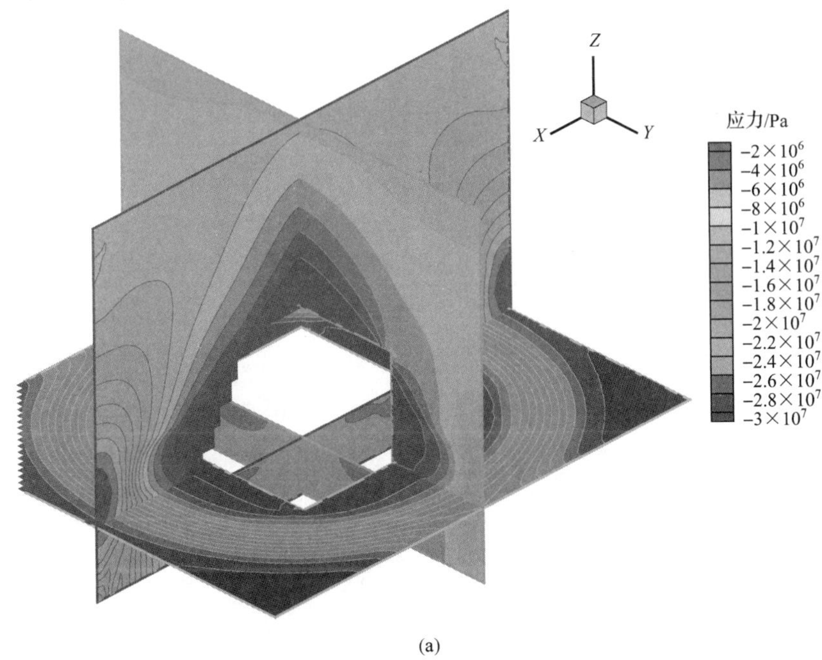

(a)

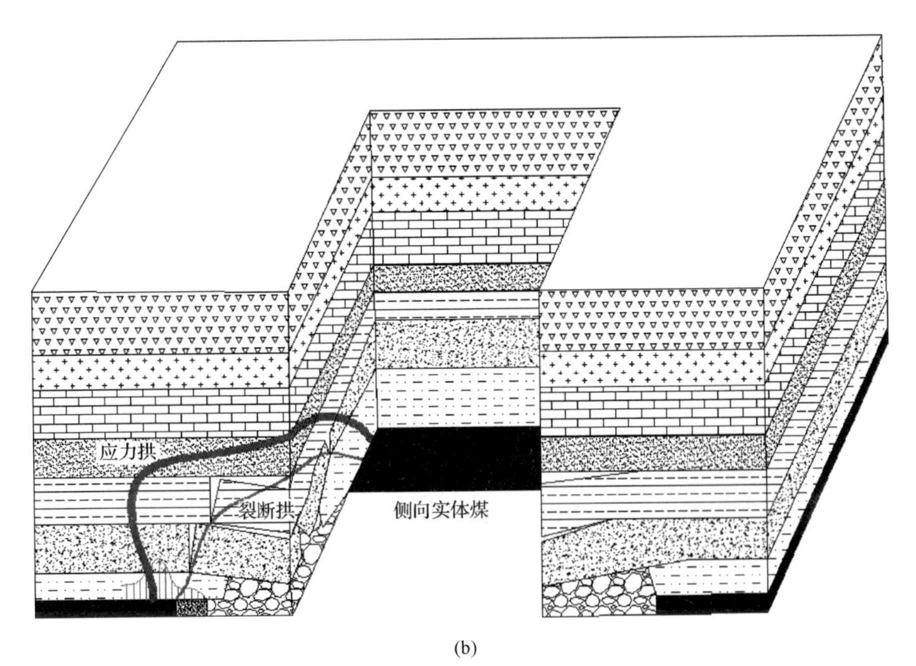

(b)

图 4.8　RRJY 型应力拱分布形态

采场上覆岩层岩性决定了应力拱在覆岩结构中的发育形态，但在采场推进方向上始终存在着四层空间，即采空压实区、卸压壳、应力壳、原岩应力区四个区域，如图 4.9(a)所示。根据煤体变形条件，可将煤体从煤壁开始向深部分为四个区域，即松动破裂区、塑性强化区、弹性变形区、原岩应力区。松动破裂区，即常说的内应力场，区内煤体已被裂隙切割成块体状，越靠近煤壁越严重，其内聚力和内摩擦角有所降低，煤体强度明显削弱，区内煤体应力低于原岩应力，故也称卸压区。塑性强化区内煤体呈塑性状态，但具有较高的承载能力。弹性变形区内煤体在支承压力作用下仍处于弹性变形状态，应力大于原岩应力。原岩应力区内煤体基本没有受到采场开采影响，煤体处于原岩状态。如图 4.9(b)所示。

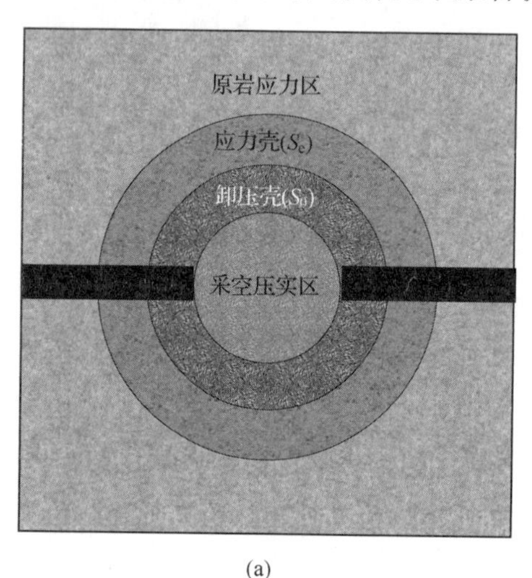

(a)

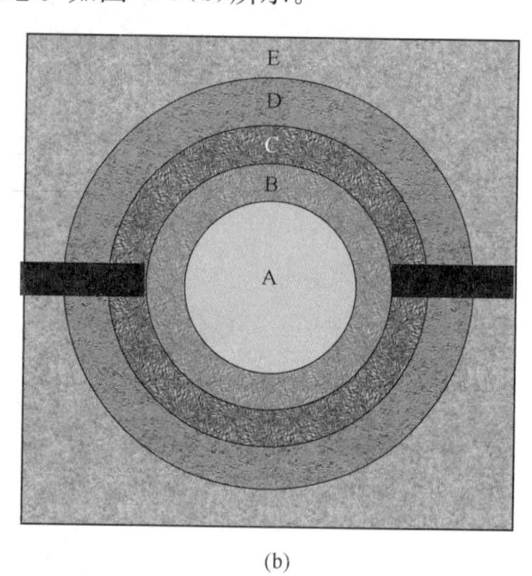

(b)

图 4.9　采场“四层空间”结构力学模型

A. 采空压实区；B. 松动破裂区；C. 塑性强化区；D. 弹性变形区；E. 原岩应力区

3. 裂断拱与应力拱演化过程

随着工作面继续推进，空间覆岩体结构波及范围不断扩大，在空间覆岩体结构不断向推进方向和纵向空间发育的过程中，采场空间结构发育形成两个结构力学形态，即在空间覆岩体结构外围形成应力壳（剖面表现为应力拱），包含空间覆岩体结构的裂断拱，裂断拱是由对采场矿压显现有明显影响的裂断拱内裂断岩梁组成的。采场结构力学形态应力拱及断裂拱动态发展演化过程可以分为以下两个阶段。

第一阶段：裂断拱与应力拱发育阶段，即育拱阶段。

工作面从开切眼位置处开始推进，当采场采空区域上覆岩层尚未垮落或已垮落的岩层尚未充满采空区，即当采空区域垮落岩层的厚度 $h < \frac{m - S_{沉}}{k-1}$（$h$ 为垮落岩层的厚度；m 为开采厚度；k 为采空区垮落矸石碎胀系数；$S_{沉}$ 为上覆岩梁下沉量）时，采场上覆岩层运动可以被视为在采空区域中央悬空、四周作用在煤岩体上的板弯曲结构。若弯曲值大于其挠度极限，则岩层由下而上逐次发生断裂，裂断两侧煤岩体除承受上覆岩层重力外，还承载原开挖区域承担的覆岩载荷，极易导致发生压缩破坏，致使弹性应力高峰外移，形成外应力场。

第二阶段：裂断拱与应力拱形成阶段，即拱成阶段。

随着工作面不断向前推进，采场上覆岩层垮落范围不断向工作面推进方向和空间纵向方向发育，当采空区域已垮落岩层厚度 $h \geqslant \frac{m - S_{沉}}{k-1}$ 时，已经垮落的岩石碎体充满了采空区，采场上覆岩层由于没有垮落空间导致不再裂断并向采空区方向裂断，运动状态呈现向采空区缓慢下沉的趋势，此时采场采空区域上覆岩层运动状态可以被视为四周和中央分别位于不同基础上的板弯曲结构，即位于采空区域垮落矸石和四周煤岩体结构上。此后，随着工作面继续推进，采空区域上覆未裂断岩层以空间“板—壳”结构运动破坏，并逐渐向工作面推进方向和空间纵向方向发育，直至采空区域垮落矸石碎胀系数达到最小，此时上覆岩层没有继续下沉空间，达到充分采动。此阶段为裂断拱与应力拱形成阶段。

4.3　深部开采覆岩变形三维相似材料模拟试验研究

4.3.1　三维相似材料模拟试验设计

1. 试验系统

以唐口煤矿 230 和 430 采区煤层赋存条件和开采技术条件为工程背景，在三维物理相似材料模拟试验台上对深部开采覆岩变形进行模拟研究[26~28]。试验选用江苏东华测试技术有限公司生产的 DH3815 静态应变测量系统对试验过程中压力和位移等物理量进行多点巡回监测，采集系统如图 4.10 所示，用于探测覆岩变形破坏的钻孔摄像系统如图 4.11 所示。

2. 主要相似比的确定

1）几何相似比

几何相似是指模型与原型相对应的空间尺寸成一定的比例，它是相似模拟试验的基本相似条件之一。由于研究涉及的原型开采范围及深度均较大，根据试验需要确定几何相似比如下：

图 4.10　应力、位移数据采集系统

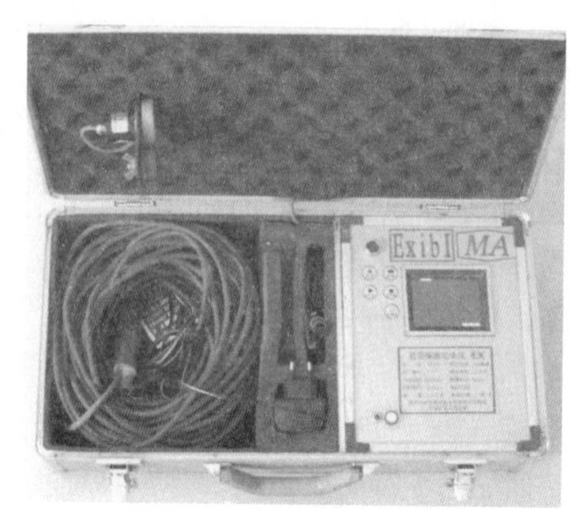

图 4.11　YTJ20 型岩层探测仪

$$a_l = \frac{x_r}{x_m} = \frac{y_r}{y_m} = \frac{z_r}{z_m} = 200 \tag{4.7}$$

式中，a_l 为几何相似比；x_r、y_r、z_r 分别为原型沿 x、y、z 方向上的几何尺寸；x_m、y_m、z_m 分别为模型沿 x、y、z 方向上的几何尺寸。

2）时间相似比

工作面在推进过程中，采动范围不断变化，因此模型属于动态模型，需要满足时间相似要求，时间相似比：

$$a_t = \sqrt{a_l} = 14.1 \tag{4.8}$$

式中，a_t 为时间相似比。

3）容重相似比

$$a_r = \frac{\gamma_r}{\gamma_m} = 1.5 \tag{4.9}$$

式中，a_r 为容重相似比；γ_r 为原型容重；γ_m 为模型容重。

4）应力和强度相似比

根据相似原理基本公式，应力和强度相似比：

$$a_\sigma = a_{\sigma s} = a_l \times a_r = 200 \times 1.5 = 300 \tag{4.10}$$

式中，a_σ 为应力；$a_{\sigma s}$ 为强度相似比。

3. 相似材料配比

相似材料的选择及相似材料各组成成分配合比是影响模拟试验成败的重要因素之一。试验选取的相似材料为砂子、碳酸钙、石膏、云母粉和水。在常温下采用

15cm×15cm×15cm 混凝土标准模具按配比号 8∶5∶5、8∶6∶4、9∶7∶3(砂子∶碳酸钙∶石膏)，制作了3组6块试块。试块成型后先经1天脱模，在常温下养护4天，然后在岛津 AX-G250 试验机上进行单轴抗压强度试验，试件压缩破坏情况如图4.12所示，试验曲线如图4.13所示。

图4.12　试件压缩破坏情况

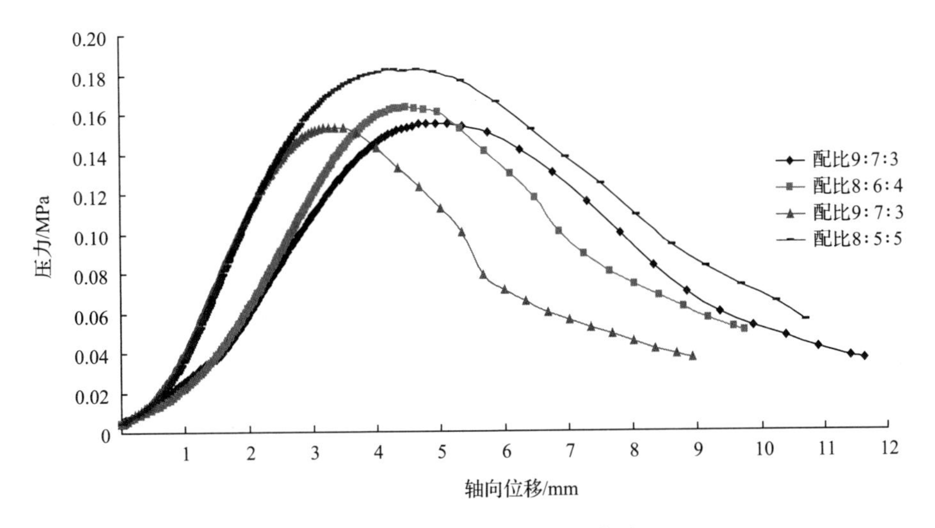

图4.13　试件单轴压缩试验曲线

由砂子、碳酸钙、石膏所制成的相似材料试件的单轴压缩曲线具有与岩石相似的破坏特征，所以用来模拟岩层是合适的。试件的抗压强度随砂胶比的减小而增大，对于具有相同配比度的材料，由于砂子颗粒大小、空隙比和密实度等条件的影响，材料之间的强度也有很大的差别，试件越密实，强度越大。因此，在试验模型铺设过程中应选用粒径相同的砂子，夯实过程中要均匀施压。

根据煤(岩)层的单轴抗压强度和强度相似比来确定相似材料的配比,计算公式:

$$\sigma_{\mathrm{m}} = \frac{\sigma_{\mathrm{r}}}{a_{\sigma\mathrm{s}}} \tag{4.11}$$

式中,σ_{m} 为岩层模型单轴抗压强度;σ_{r} 为岩层实际强度;$a_{\sigma\mathrm{s}}$为强度相似系数。

例如,试验室中测得 2304 工作面顶板的单轴抗压强度为 73.9MPa,煤岩的单轴抗压强度为 14.8MPa,4301 工作面顶板的单轴抗压强度为 36.7MPa,煤岩单轴压缩强度为 4.5MPa;配比为 8∶5∶5 试块的单轴抗压强度为 0.18MPa,配比为 8∶6∶4 试块的单轴抗压强度为 0.16MPa,配比为 9∶7∶3 试块的单轴抗压强度为 0.15MPa,则用于模拟顶板和煤层的配比应分别选用配比号为 8∶6∶4 和 9∶7∶3 的相似材料。

4. 模型尺寸的确定

模拟采场的模型长度应大于初次来压加 3 次周期来压总和的长度,并考虑加上两侧边界煤柱的宽度。唐口煤矿 230 采区、430 采区矿压观测表明:工作面直接顶初次垮落步距为 17~25m(下位分层为 17m,上位分层为 25m),基本顶初次来压步距平均值为 33.2m;周期来压步距为 1~25m,周期来压平均值约为 15m,并考虑边界煤柱的影响,模拟沿工作面最小的推进长度为 100m。三维试验台长 3.0m,综合考虑唐口煤矿 230 采区、430 采区的开采实际情况,模型设计采用条带开采,开采两个工作面,一个采宽为 0.6m,另一个采宽为 0.7m,煤柱宽为 0.6m,工作面推进长度为 2.2m,相似材料模型布置如图 4.14 所示。

理论上,从煤层直接顶至地表的所有上覆岩层(包括表土层),受采动影响后都将产生弯曲变形。这种变形继而影响采场周围岩层的移动变形破坏,同时也影响地层空间应力场的分布,因此在模拟过程中应当全部考虑进去。但在实际操作过程中,考虑到实现物理模拟的技术可行性与经济合理性,将部分覆岩重量简化为均布载荷加在模型上边界。综合 230 采区、430 采区的综合柱状图,确定各分层的岩性及厚度,模型各分层材料的用量依式(4.13)进行计算:

$$W = k \times l \times b \times m \times \gamma_{\mathrm{m}} \tag{4.12}$$

式中,W 为材料的用量;k 为材料损失系数,取 1.05;l 为分层的长度;b 为分层的宽度。

覆岩层特征及模型相似材料配比见表 4.5。

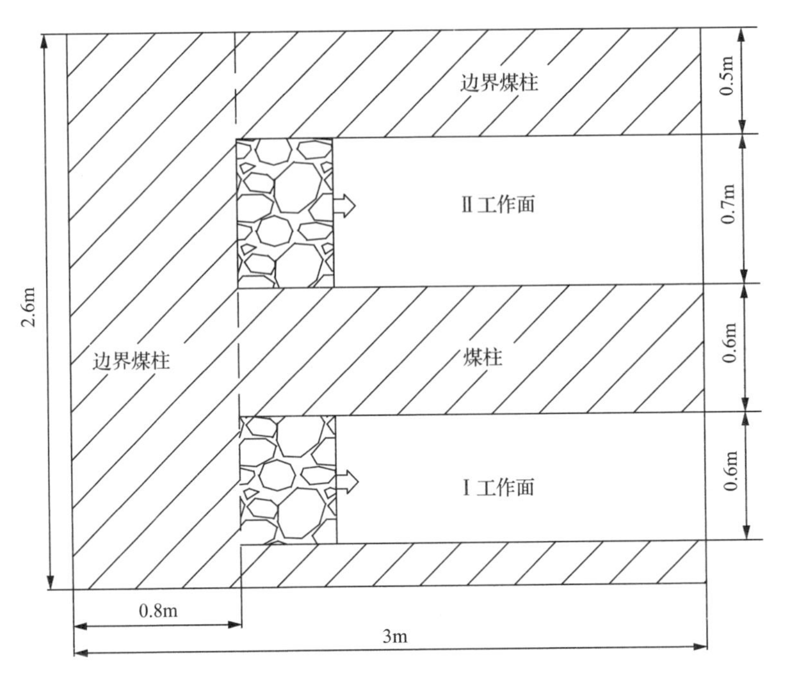

图 4.14　相似材料模型布置

表 4.5　模型相似材料配比

序号	岩层名称	地质原型		相似材料模型			配比号	分层厚/cm	次数
		厚度/m	累厚/m	厚度/cm	累厚/cm	容重/(g/cm³)			
45	泥岩	8	360	4	180	1.5	9∶7∶3	4	1
44	细砂岩	10	352	5	176	1.6	8∶6∶4	1	5
43	泥岩	7	342	3.5	171	1.5	9∶7∶3	0.88	4
42	细粒砂岩	42	335	21	167.5	1.6	8∶6∶4	2.1	10
41	中粒砂岩	11	293	5.5	146.5	1.6	8∶6∶4	0.92	6
40	泥岩	10	282	5	141	1.5	9∶7∶3	1	5
39	粉砂岩	18	272	9	136	1.6	9∶7∶3	1	9
38	泥岩	6	254	3	127	1.5	9∶7∶3	1	3
37	粉砂岩	4	248	2	124	1.6	9∶7∶3	1	2
36	中砂岩	5	244	2.5	122	1.6	8∶6∶4	0.84	3
35	泥岩	8	239	4	119.5	1.5	9∶7∶3	1	4
34	粉砂岩	6	231	3	115.5	1.6	9∶7∶3	1	3
33	细砂岩	7	225	3.5	112.5	1.6	8∶6∶4	0.88	4
32	泥岩	12	218	6	109	1.5	9∶7∶3	1	6

续表

序号	岩层名称	地质原型		相似材料模型			配比号	分层厚/cm	次数
		厚度/m	累厚/m	厚度/cm	累厚/cm	容重/(g/cm^3)			
31	中砂岩	3	206	1.5	103	1.6	8∶6∶4	0.75	2
30	粉砂岩	7	203	3.5	101.5	1.6	9∶7∶3	0.88	4
29	泥岩	11	196	5.5	98	1.5	9∶7∶3	0.92	6
28	粉砂岩	16	185	8	92.5	1.6	9∶7∶3	1	8
27	泥岩	3	169	1.5	84.5	1.5	9∶7∶3	0.75	2
26	细砂岩	4	166	2	83	1.6	8∶6∶4	1	2
25	粉砂岩	5	162	2.5	81	1.6	8∶6∶4	0.84	3
24	泥岩	14	157	7	78.5	1.5	9∶7∶3	1	7
23	粉砂岩	12	143	6	71.5	1.6	9∶7∶3	1	6
22	细砂岩	6	131	3	65.5	1.6	8∶6∶4	1	3
21	泥岩	3	125	1.5	62.5	1.5	9∶7∶3	0.75	2
20	粉砂岩	4	122	2	61	1.6	9∶7∶3	1	2
19	中砂岩	5	118	2.5	59	1.6	8∶6∶4	0.9	3
18	粉砂岩	8	113	4	56.5	1.6	9∶7∶3	1	4
17	中砂岩	3	105	1.5	52.5	1.6	8∶6∶4	0.75	2
16	粉砂岩	12	102	6	51	1.6	9∶7∶3	1	6
15	细砂岩	5	90	2.5	45	1.6	8∶6∶4	0.9	3
14	粉砂岩	8	85	4	42.5	1.6	9∶7∶3	1	4
13	泥岩	15	77	7.5	38.5	1.5	9∶7∶3	0.94	8
12	粉砂岩	4	62	2	31	1.6	9∶7∶3	1	2
11	泥岩	8	58	4	29	1.5	9∶7∶3	1	4
10	粉砂岩	6.5	50	3.25	25	1.6	9∶7∶3	1.1	3
9	细砂岩	6.0	43.5	3.0	21.75	1.6	8∶6∶4	1	3
8	泥岩	2.4	37.5	1.2	18.75	1.5	9∶7∶3	0.6	2
7	粉砂岩	3.3	35.1	1.65	17.55	1.6	9∶7∶3	0.83	2
6	中砂岩	7	31.8	3.5	15.9	1.6	8∶6∶4	1.2	3
5	粉砂岩	4	24.8	2	12.4	1.6	9∶7∶3	1	2
4	泥岩	4.4	20.8	2.2	10.4	1.5	9∶7∶3	1.1	2
3	细粒砂岩	7.6	16.4	3.8	8.2	1.5	8∶6∶4	0.9	4
2	泥岩	4	8.8	2	4.4	1.5	9∶7∶3	1	2
1	$3_上$煤	3.2	3.2	6	6	1.4	8∶6∶4	6	1

注：模型配比号为沙子∶碳酸钙∶石膏；第 1 位数字代表砂胶比；第 2、3 位数字代表胶结材料中两种胶结物的比例关系，第 2 位数字代表碳酸钙，第 3 位数字代表石膏。

室内铺设的模型高度为1.8m，相当于模拟360m高的覆岩层，对于平均采深为1 000m的采场来讲，还有640m的覆岩的荷载需要通过施加表面载荷来代替。按煤系地层上覆岩层的平均容重为25kN/m^{3}进行计算，需要代替模拟的覆岩载荷为16MPa，根据应力相似比，模型上方需要施加的载荷为0.06MPa。

4.3.2　三维相似材料模型的铺设

模型最底部布设了32个压力传感器，监测开采过程中覆岩的应力变化，具体布置如图4.15所示；位移传感器在模型中一共布置了28个，其中1～6#布置在第2层泥岩中，7～11#布置在第24层泥岩中，12～20#布置在第31层中粒砂岩中，21～28#布置在第42层细粒砂岩中，具体布置如图4.16所示。

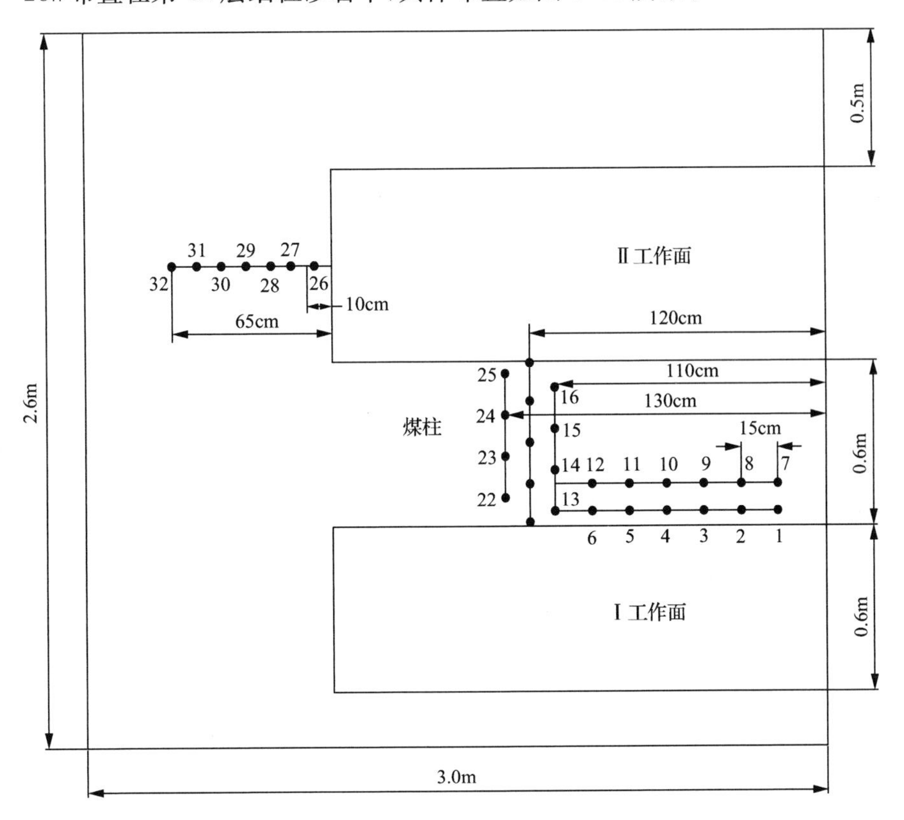

图4.15　压力传感器布置示意图

将材料按比例搅拌均匀并按序号逐层铺设并捣实后，撒薄薄一层云母粉模拟岩层层面，然后继续铺设，直至将整个模型铺设完毕。铺设过程中，在需要进行测量的层位及位置上埋设传感器，应力和位移传感器铺设如图4.17所示。

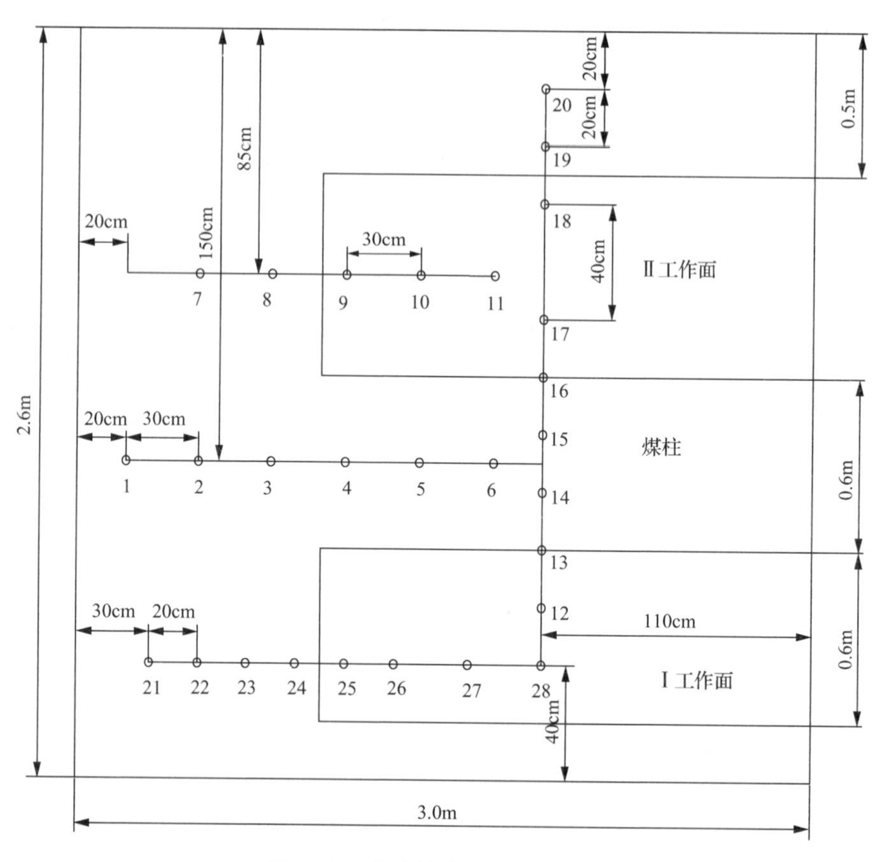

图 4.16　位移传感器布置示意图

(a) 压力传感器

(b) 位移传感器

图 4.17　应力和位移传感器铺设

4.3.3　覆岩应力场演化特征及破坏规律

1. 覆岩应力场演化特征

工作面平均推进速度为 25mm/h，模拟实际每天推进 10m，第一个工作面从 2010 年 8 月 25 日开始开采至 9 月 3 日结束，第二个工作面从 2010 年 9 月 4 日开始开采至 9 月 14 日结束，应力和位移监测至 10 月 14 日结束，获得了大量的监测数据。

1～6#传感器距离煤壁的距离相同，沿一条直线布置，监测的应力增量随第一个工作面推进距离变化的曲线如图 4.18 所示。6 个传感器监测到的支承压力变化趋势基本相同，但是由于距离工作面的远近不同，受到的采动程度不相同，支承压应力的数值也不同。在工作面未推过压力传感器之前，煤柱所受的支承压力增量呈线性增长，工作面推过传感器，进入采空区后煤柱支承压力增量增长缓慢。由于采用钢板抽出的方式来模拟工作面的开采，因此在开采过程中扰动影响范围是整个开采工作面，从图 4.18 中也可以看出，在工作面推采初期，煤柱支承压力的增量并不是零值。距离工作面较远的 1#、2#传感器在工作面推进到 60m 左右时才受到影响，其他传感器在工作面开采初期就受到了采动影响，但是应力增量很小，直接顶的垮落对煤柱支承应力的影响很小。在工作面推进到 30～40m 后，传感器监测的应力值开始出现较大增幅，由 0～10MPa，增大到 10～20MPa，对应于基本顶来压，这与唐口煤矿 4301 工作面监测到的基本顶初次步距 33m 基本对应。传感器应力增量大幅增加之后，随工作面推进出现了增幅不大的波动，这与基本顶周期来压是对应的。第Ⅱ工作面距离 1～6#传感器较远，工作面推采过程中对传感器应力值的影响较小。通过岩层探测仪探测到的煤层顶板随工作面的推进产生的顶板离层破坏及竖向裂缝如图 4.19 所示。

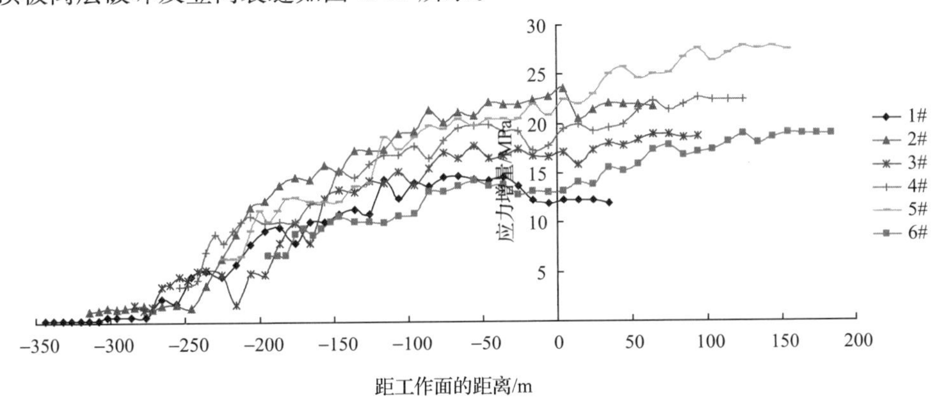

图 4.18　1～6#传感器应力增量变化曲线

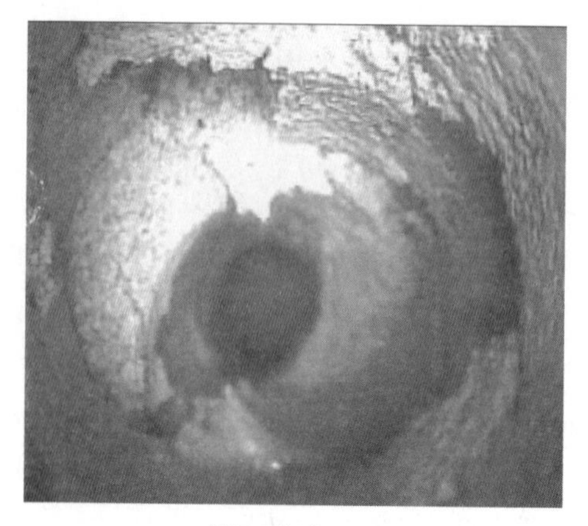
(a) 煤层顶板离层破坏

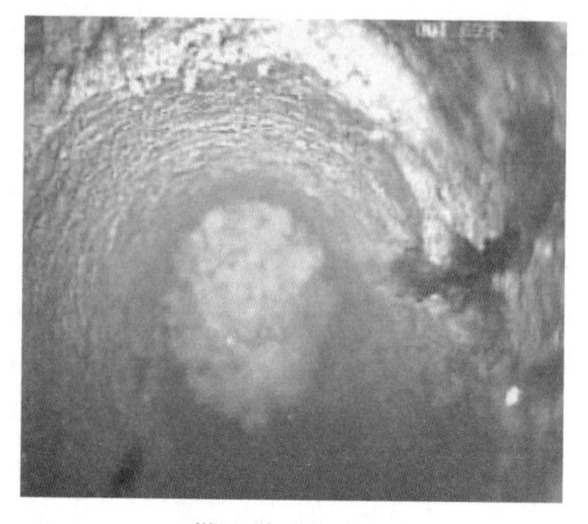
(b) 煤层顶板竖向裂缝

图 4.19 煤层顶板离层破坏及竖向裂缝

第Ⅱ工作面推采完成后，边界煤柱上 26～32#传感器最终应力如图 4.20 所示，岩层探测仪探测的边界煤柱破坏如图 4.21 所示。靠近采空区后方边界煤柱上的应力增量，相比工作面推进过程中的应力增量要小，从煤壁处产生的破坏程度也可看出这一趋势，远离采空区后，逐渐恢复到初始应力状态，支承压力变化比较平稳，没有大的波动出现。

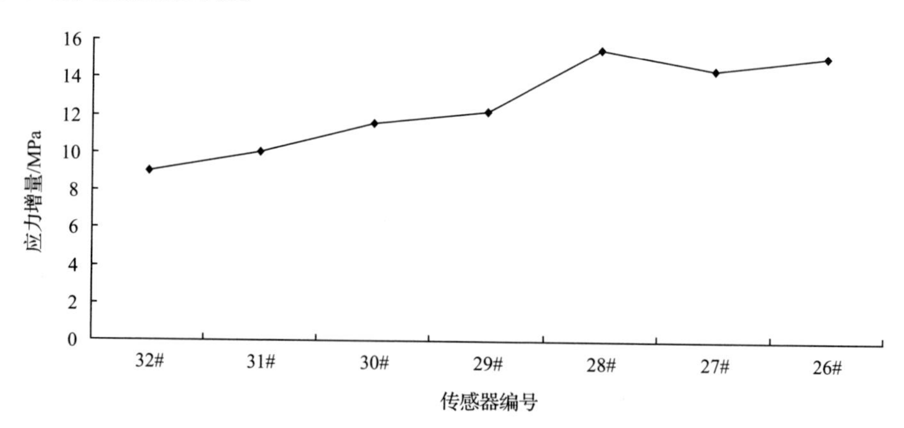

图 4.20 26～32#传感器应力曲线

第Ⅰ工作面开采过程中 13～25#传感器监测到的煤柱上支承压力变化曲线如图 4.22(a)所示，第Ⅱ工作面开采过程中煤柱上支承压力变化曲线如图 4.22(b)所示。支承应力的峰值在煤壁以内 10m 左右的位置，要比现场探测的煤柱支承应力峰值在 6～8m 稍微大一些。工作面相互影响的距离为 60～70m。

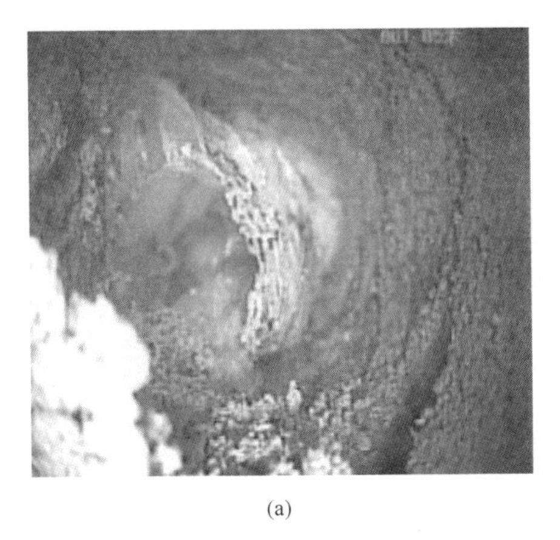
(a)

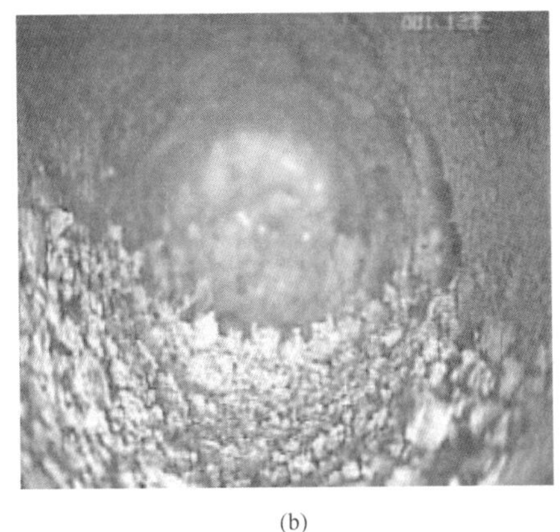
(b)

图 4.21　第Ⅱ工作面后方边界煤柱破坏情况

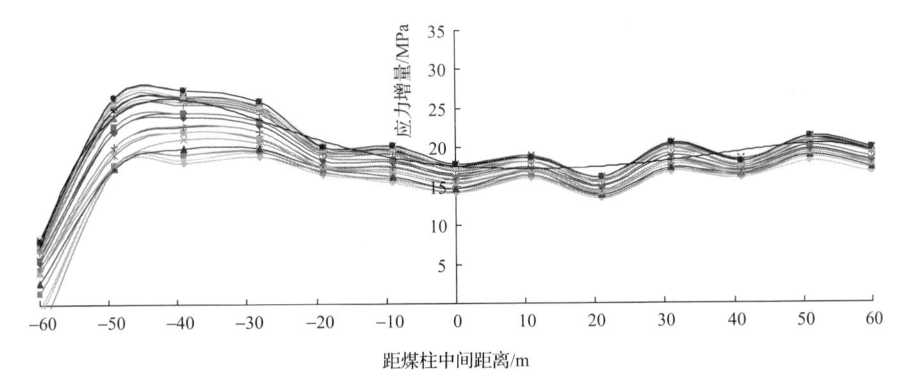

(a) 第Ⅰ工作面推采完成后

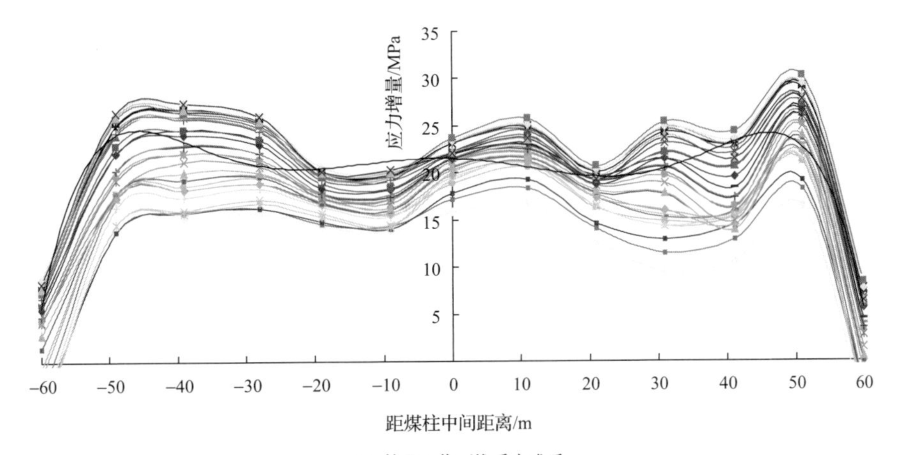

(b) 第Ⅱ工作面推采完成后

图 4.22　13～25#传感器应力变化曲线

不同曲线代表不同观测时间

三维相似材料模拟试验由于测量技术及成本的原因，很难在整个模型上布设测点进行覆岩应力场演化规律的探测研究，但是采用数值模拟的方式就可以很容易地获得整个覆岩采动受力变化情况。采用 $FLAC^{3D}$建立与三维相似材料模拟试验相同尺寸的模型，长×宽×高=400m×260m×180m，模型由 500 000 个单元组成，包括 525 404 个节点，以莫尔-库仑为屈服准则，采用大应变变形模式，煤(岩)层力学参数见表 4.6。

表 4.6　煤(岩)层力学参数

岩层性质	体积模量/GPa	剪切模量/GPa	内摩擦角/(°)	抗拉强度/MPa	内聚力/MPa	密度/ (g/cm^3)
粉砂岩	15	8	37	4.6	2.9	2.3
中砂岩	22	12	42	12	4.4	2.5
细砂岩	12	5	30	7.4	3.4	2.2
泥岩	8.8	4.3	32	3	3	2.4
煤层	2.9	1.1	28	0.6	0.8	1.4

模型采用位移边界条件，两侧为限定水平方向的位移，模型底部为限定垂直方向的位移，模型顶部施加均匀的压应力。两个工作面开采完成后得到的采动覆岩垂直应力等值线如图 4.23 所示，其中图 4.23(a)是沿三维相似材料模型中 1～6#传感器位置工作面走向方向采空区上方的剖面，图 4.23(b)是沿三维相似材料模型中 1～6#传感器位置工作面走向方向煤柱上方的剖面，图 4.23(c)是沿三维相似材料模型中工作面倾向方向上的剖面。模型平衡时煤层自重初始应力为 24MPa，两个工作面开采完以后，模拟得到 1～6#传感器附近的应力增量为 16～24MPa，26～32#传感器附近的应力增量为 12～14MPa，13～25#传感器附近的应力增为 10～30MPa，这与相似模拟中各个压力传感器得到的应力值基本相同。采动后覆岩层内垂直应力以压应力为主，最大应力集中在工作面两侧的煤柱边缘部位，应力值为 55MPa，煤柱上垂直应力分布形态为马鞍形。

2. 采场覆岩破坏规律分析

模型的直接顶为泥岩，岩性相对较弱，基本顶为细粒砂岩，岩性相对较强。随着工作面不断推进，采空面积增加，直接顶未直接垮落，而是在直接顶与基本顶之间先出现了离层现象，如图 4.24 所示。工作面推进到 30m 左右的距离后，直接顶初次垮落，基本顶失去支撑也出现离层现象。

覆岩离层的形成、发展与覆岩的岩性和岩层组合形态有很大关系。随着工作面不断推进，离层不仅出现在直接顶、基本顶中，在上下层位运动不协调的位置也

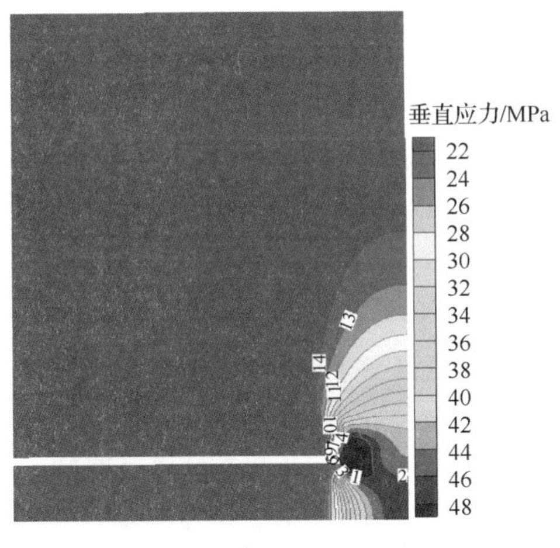

(a) 工作面走向方向采空区上方剖面图

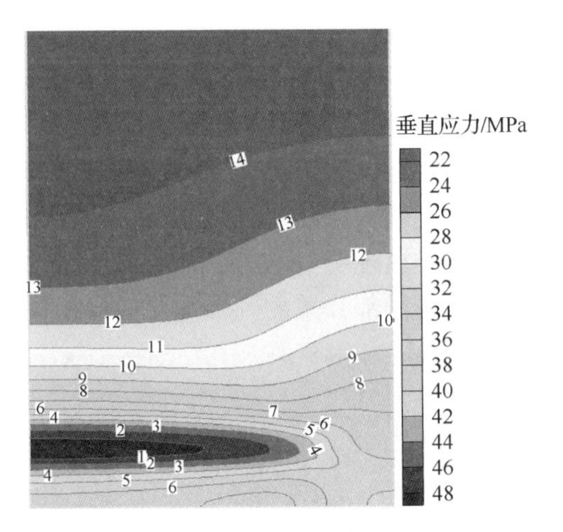

(b) 工作面走向方向煤柱上方剖面图

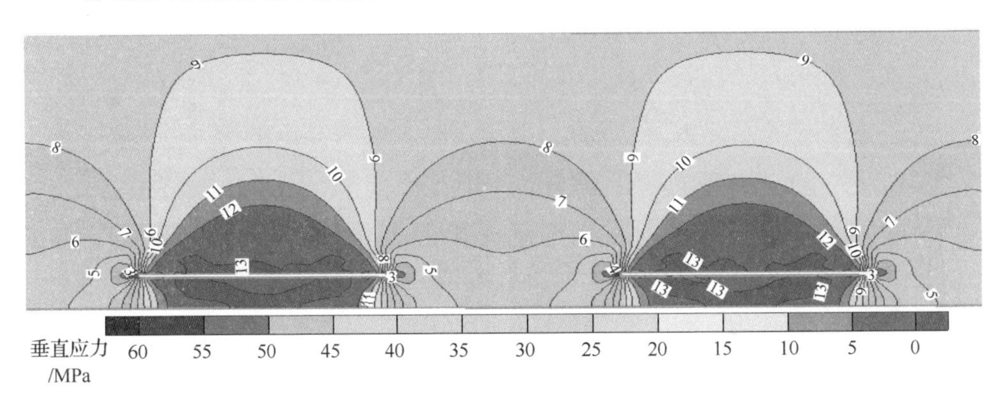

(c) 工作面倾向方向剖面图

图 4.23　模型开采后覆岩垂直应力等值线

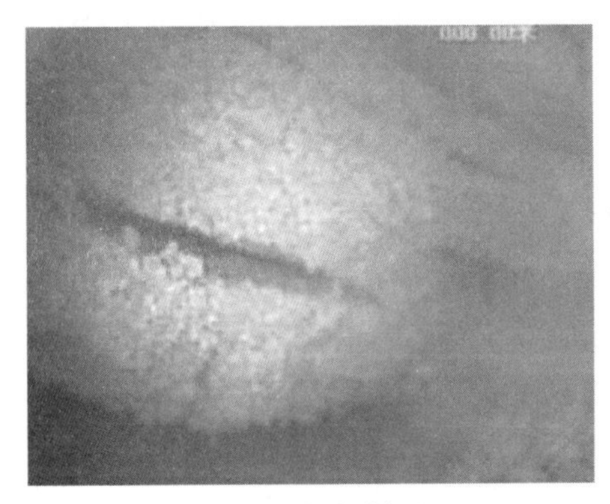

(a) 直接顶离层

(b) 基本顶离层

图 4.24　直接顶和基本顶离层

容易产生离层现象，在试验中探测的覆岩离层破坏如图 4.25 所示。覆岩的离层是动态变化的，离层范围和高度随工作面推进不断变化，由于模拟开采的工作面倾斜方向较小，覆岩变形不充分，离层发育高度相对较小，岩层探测仪探测的离层最大发育高度距煤层距离为 90~~100m。深部矿井与浅部矿井一个很重要的差别就是基岩厚度增大，在采动影响下覆岩体出现离层的几率增多，表现在地表移动变形特征上就会出现明显的“集中”与“延迟”现象，这也是深部开采地表移动变形特征明显区别于浅部开采的一个重要的特征。

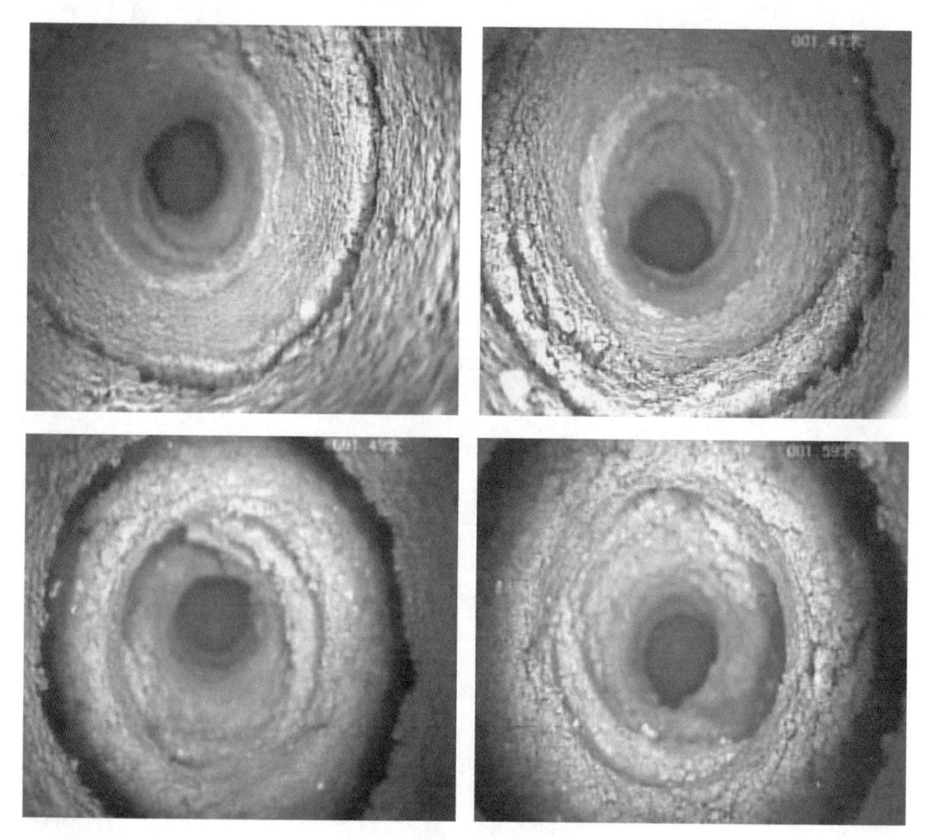

图 4.25　覆岩离层破坏

两个工作面推采完成后对模型进行剖切处理，三维模型剖切断面如图 4.26 所示，唐口煤矿 4301 工作面的斜长约为采深的 0.1 倍，走向开采长度为 990m，基本与采深相当，属于非充分采动，表现在采空区覆岩破坏上，具有悬臂梁和垮落拱等特性，垮落带高度大约是采高的 8 倍，垮落形式近似于半圆拱形，区别于二维相似材料模拟试验中模型在两向受力情况下得到的下宽上窄的梯形破坏形式。浅部开采一般基岩薄，覆岩破坏发育得相对较充分，覆岩破坏剧烈，而深部开采基岩厚，加上采动不充分，覆岩的破坏程度相对较轻，但深部开采覆岩具有整体压缩、移动和变形的特点。

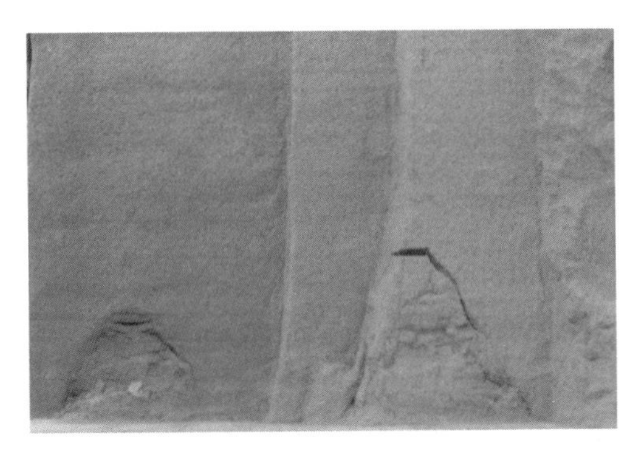

图4.26　三维模型剖切断面图

4.4　深部开采覆岩变形机械模拟试验研究

4.4.1　覆岩变形机械模拟试验设计

1. 相似条件

(1) 机械物理模拟试验台有效尺寸为4.0m×0.3m×1.5m，结合唐口煤矿地质采矿条件，选取几何相似比为100，即

$$a_l = l_r / l_m = 100 \tag{4.13}$$

式中，l_r 为原型尺寸；l_m 为模型尺寸。

(2) 容重相似常数。

试验中煤岩层的模拟均采用橡胶块来代替。

$$C_\gamma = \gamma_m / \gamma_r = 3 \tag{4.14}$$

(3) 强度相似常数。

根据相似原理基本公式，应力比为

$$a_\sigma = a_l \times a_r = 100 \times 3 = 300 \tag{4.15}$$

(4) 时间相似常数。

在模型实际开采过程中，发现时间对机械模拟试验的影响很小，在工作面某一开采长度内，在300min内监测的覆岩下沉值、煤柱上的支承压应力随时间的变化情况如图4.27所示。

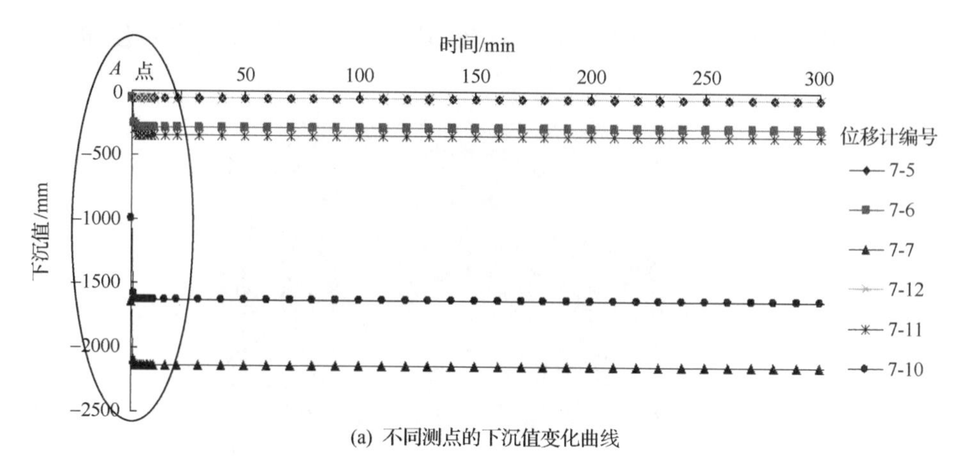

(a) 不同测点的下沉值变化曲线

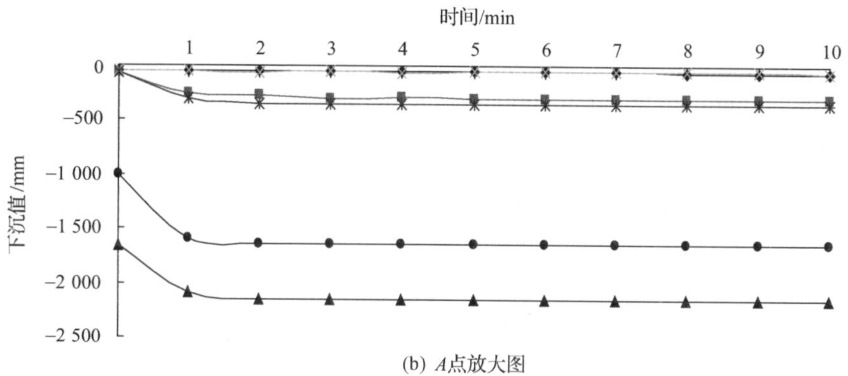

(b) A点放大图

(A) 下沉值与时间的关系

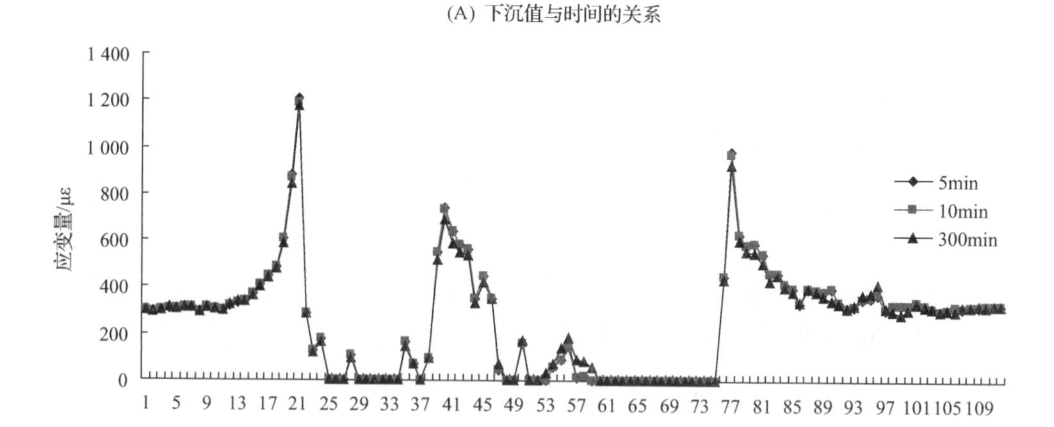

(B) 支承应力与时间的关系

图 4.27　模型监测中的时间影响因素

图4.27(A)所示为试验中位移计随时间的变化监测到的下沉值变化曲线图，由A点的放大图可以看出，模型的变形主要集中于前2min内，3min以后基本趋于稳定，在不再受开采影响的情况下变形值能够保持不变。时间影响因素在机械模拟试验中作用减弱，这就大大缩短了试验周期。究其原因，相比相似材料模拟，机械模型的煤岩层采用橡胶块来代替，橡胶块整层的运动比由河砂、碳酸钙、石膏等相似材料要快得多，这也是机械模拟试验的优点。试验中每次开挖间隔时间为20min左右。

2. 应力及位移监测手段

开采过程中煤层支承压力的监测采用BW-5型压力传感器嵌入橡胶块，每个橡胶块布置7个压力检测孔并放置相应的传感器，整个模型共布置112个，如图4.28所示。

图4.28 模型传感器布置图

试验台控制采用4台浙江浙大中自集成控制股份有限公司生产的SunyPCC800小型集散控制系统。该系统具有先进的控制策略、图形操作界面和在线实时组态工具；实现工业过程的实时监视、记录、操作、管理以及对其的连续控制、逻辑控制和顺序控制；是一种实现各行各业复杂多样工业自动化构想的新型计算机控制系统。

试验台软件控制为SunTech工业控制应用软件平台，它由工程管理器控制，通过它可以对目标工程进行管理，如新建、查找、备份等，还可以进入各项功能子项，对数据库、控制方案及人机界面等进行修改，操作界面如图4.29所示。

为了对不同层位的岩层进行位移监测，对模拟系统的位移单独进行测量，测量设备采用YHD-50型位移计，测试系统为江苏东华测试技术有限公司的DH-

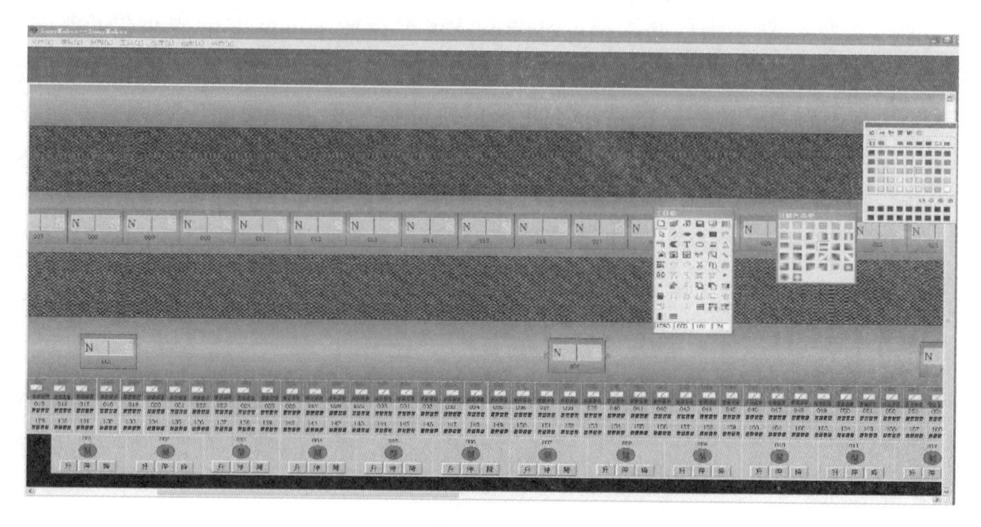

图 4.29　采场矿压机械模拟试验系统操作界面

3815N 静态应变测试系统。

为有利于与位移计连接，薄钢条按照模型做成 40cm×0.1cm×3cm(长×厚×宽)的长方体，并按照设计要求放在两层橡胶块之间，尽量避开橡胶块与橡胶块的连接处，以减少橡胶块错动带来的误差影响。用磁性表座将位移计固定于模型架上，用细钢丝把位移计与专门定制的薄钢条相连，开采之前对位移计进行精度校准，其精度为 0.001mm。

3. 试验模型的建立

煤层和岩层用橡胶块交错排列在模型架上，采用“积木式”连接成型，每层块与块之间排紧，使其成为一个层状体，共计 21 层，煤(岩)层 14 层，重物加载层 7 层，其中为了有效地模拟基本顶岩梁的断裂和运动过程，在模型设计中，根据实测的基本顶来压步距，调整电磁铁机构的位置，人为控制这一过程。模型支架总长度为 4 000mm，为了消除边界效应的影响，两侧分别留 740mm 的边界煤柱，工作面推采方向为由左向右开采，最大开采长度为 2 520mm。分别按照走向长壁开采和两侧采空中间留有煤柱的情况建立两个模型，如图 4.30 所示，模型全景如图 4.31 所示。

图 4.30 中最下部编号为 1～25 的部分为模型的采高控制装置，共计 25 个。通过电机带动丝杆可控制采高升降机构的下降高度，以实现不同采高的要求；基本顶断裂距离按照唐口煤矿 4301 工作面的矿压观测结果(基本顶初次来压步距为 33.2m，周期来压步距为 1～25m，平均值约为 15m)人为的设置断裂位置；橡胶块上的编号 7，14，…，112 为传感器的编号，共计有 112 个传感器；根据开采后形成的

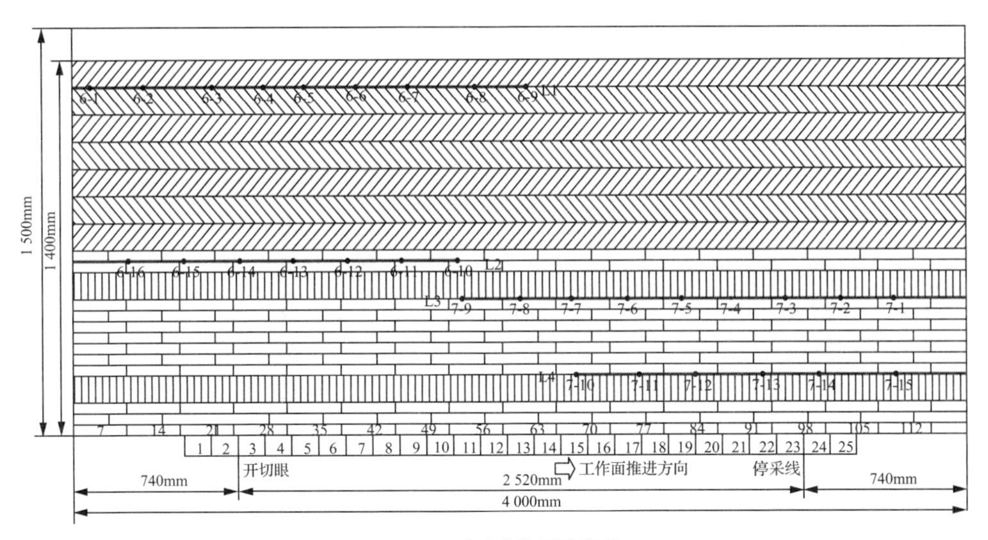

(a) 走向长壁开采模型

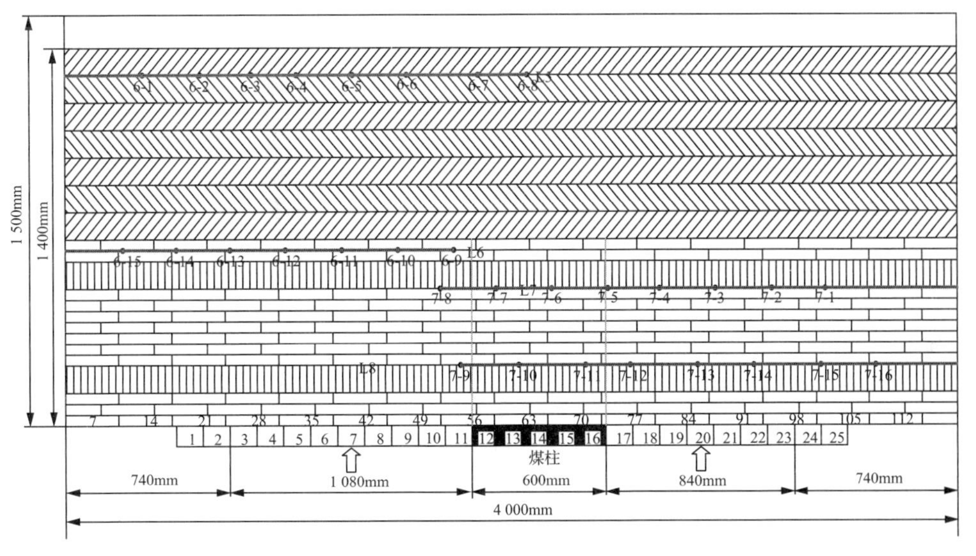

(b) 两侧采空中间留有煤柱开采模型

图 4.30　模型布置图

下沉曲线的对称性特点，共布置 4 个半条测线，基本顶与岩梁之间 2 条，岩梁上方 2 条，从上往下编号分别为 L1、L2、L3、L4，测点的编号为 6-1、6-2、…、6-16；7-1、7-2、…、7-15。编号原则为采集箱的编号＋位移计在采集箱上的编号，如编号 6-1 的含义为 6 号采集箱的第一个位移计。整个模型共布置 31 个位移计，相邻两个测点的距离为 25～30cm，在放置过程中尽量避开橡胶块体的交接处。

图 4.31　模型全景图

4.4.2　长壁开采覆岩变形特征

与相似材料相比，机械模拟试验台在变形曲线监测中主要有两个优点：一是不受收缩干燥变形的影响，另一个是没有模型边界处开裂影响。这就大大减小了由试验模型本身原因带来的试验误差。通过试验的方式来研究覆岩运动有着现场无法比拟的优势，即测点能连续长时间观测且能保存完整、可沿主断面布置和不受地表地形的影响等。在试验过程中数据采集器采用连续监测的方式，采集大量的覆岩运动数据。

1. *地表沉陷动态规律*

地下煤层采出后引起的采场覆岩运动是个时间和空间过程。随着工作面的向前推进，不同时间回采工作面对应的覆岩运动不同，开采的影响也不相同。开采初期，采空区上覆岩层未垮落，覆岩移动量很小，没有明显的移动盆地形状，随着工作面的推进，采空区上覆岩层断裂垮落，地表下沉出现近似对称性分布，地表呈现明显的移动盆地形状；基本顶触矸，垮落的岩层开始受力，移动盆地继续扩大，地表最大下沉值随工作面的推进不断增大，下沉盆地剖面曲线变陡，动态最大下沉值不断增大，其位置在工作面后方位置，一般要经历由开始→剧烈→缓慢→停止的过程。

图 4.32(a)和图 4.32(b)所示分别为 L1 测线(6-1～6-9 测点)和 L2 测线(6-10～6-16 测点)随工作面推进过程中位移量的动态变化曲线。L1 测线最大下沉点为 6-7 测点，最大下沉值为 2 395mm，L2 测线最大下沉点为 6-12 测点，最大下沉值为 2 402mm，最大下沉位置出现在采区中心偏右的位置，且从采区顶板往上，随着采深的减小，逐步偏向采空区中心位置；图 4.32(c)和图 4.32(d)分别为 L3 测线(7-1～7-9 测点)和 L4 测线(7-10～7-15 测点)随工作面推进过程中位移量的动态

变化曲线，L3测线最大下沉点为7-9测点，最大下沉值为2 464mm，L4测线最大下沉点为7-10测点，最大下沉值为2 582mm。模型L1、L2测线相比L3、L4测线，下沉曲线分布比较密集，下沉变化大，这表明在工作面开切眼处比停采线处的变形剧烈，从图4.32(d)也可看出模型左侧变形要比右侧大。

L1～L4测线上的测点随工作面推进，下沉与推进距离的关系如图4.33所示。深部开采条件下，超前影响并不明显，各测点一般是在工作面推进到测点下方，即与工作面推进距离为0位置处，下沉值没有明显的增加。L1各点在工作面推过12m左右后，下沉值突然增大，L2、L3、L4各点在工作面推过0m后，下沉值突然增大，但从曲线图上可以看出，测点越靠近采空区，采动影响就越明显。采空区上覆岩层移动明显分为三个阶段：①工作面推进到测点上方之前为工作面顶板岩层初

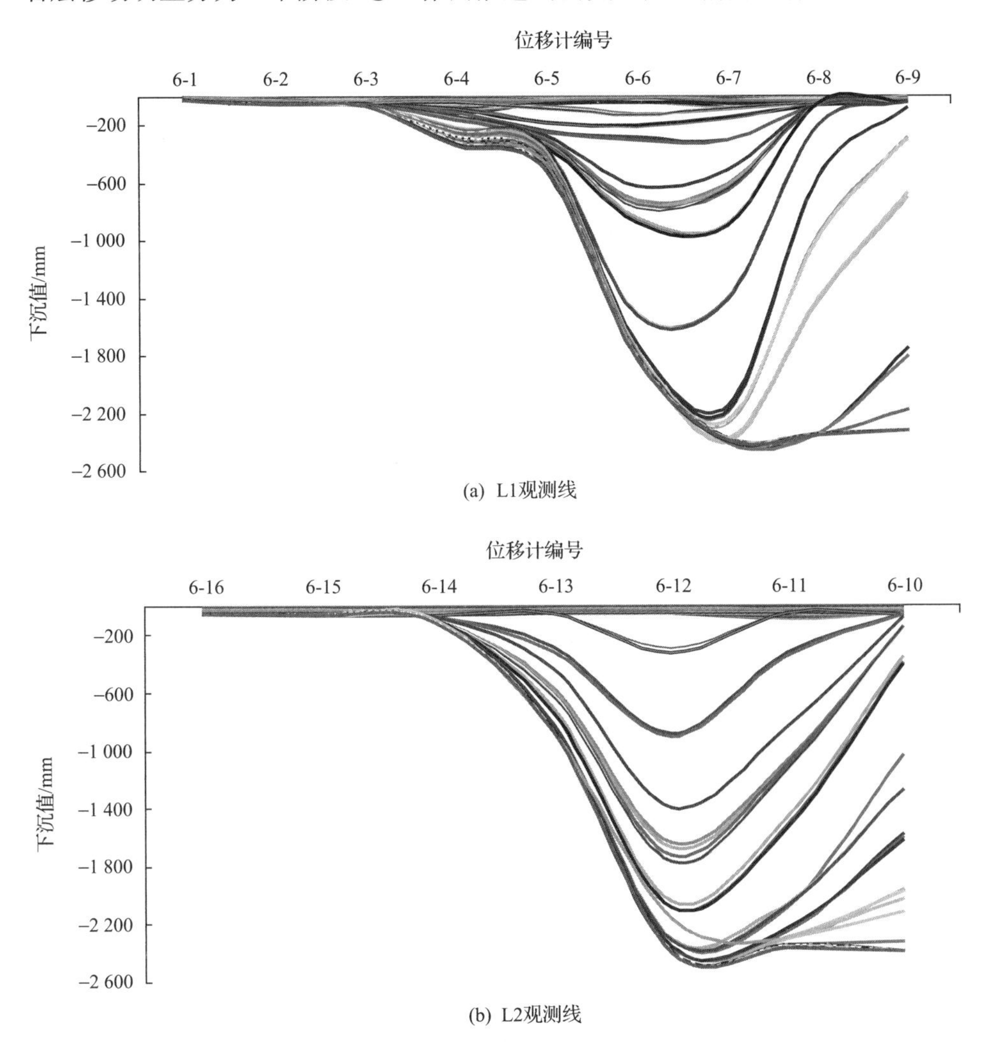

(a) L1观测线

(b) L2观测线

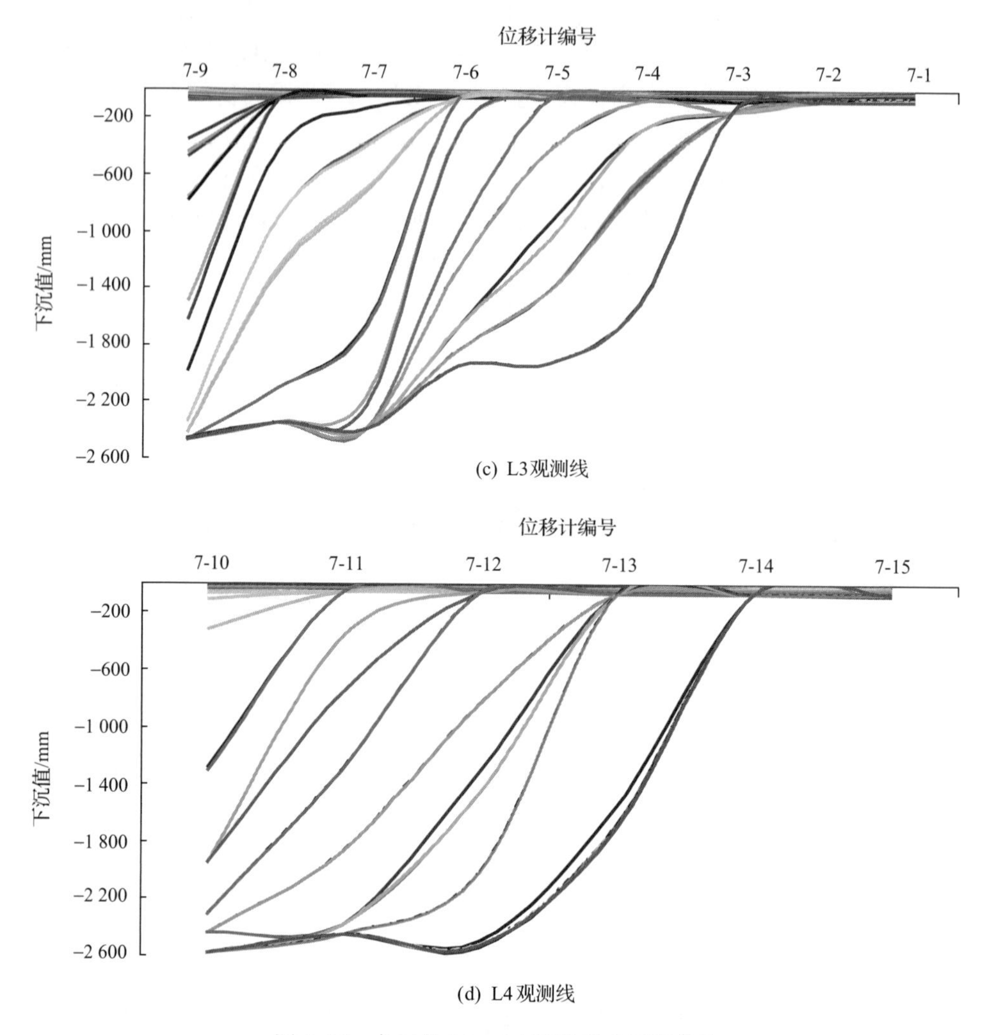

(c) L3观测线

(d) L4观测线

图 4.32　各层位 L1～L4 测线动态下沉曲线

始移动阶段，下沉值很小；②在工作面后方 60m 左右的位置为覆岩下沉急剧增加阶段，这一阶段的下沉值占总下沉值的 90%以上；③在工作面前方 60m 左右的位置为覆岩位移稳定阶段，这一阶段的下沉值基本保持不变，其移动过程起始平缓，中间活跃，最终衰退。

2. *采动覆岩移动变形规律*

采动覆岩体内的形变与地表的移动变形属于一个问题的两个方面，长期以来地表的实际观测资料较多，在理论分析和工程实际的应用方面积累了不少经验，而覆岩体内（特别是深井覆岩体内）的形变演化规律性研究由于观测条件和分析手段等的困难，使得实际资料及理论认识较少，与采动覆岩体移动变形密切相关的矿井事故不断发生，使得对覆岩体内部移动变形规律的研究越来越显示出其重要性。模拟试验可以观测到一些现场无法观测的现象，能够模拟岩层在开采过程中遭受破坏的整个变形过程。根据模拟试验不同层位的下沉位移监测结果，对工作面推进到120m、252m及两侧采空中间留有煤柱时的岩层沉降的监测值进行插值计算，得到的下沉等值线如图4.34所示，倾斜变形等值线如图4.35所示。

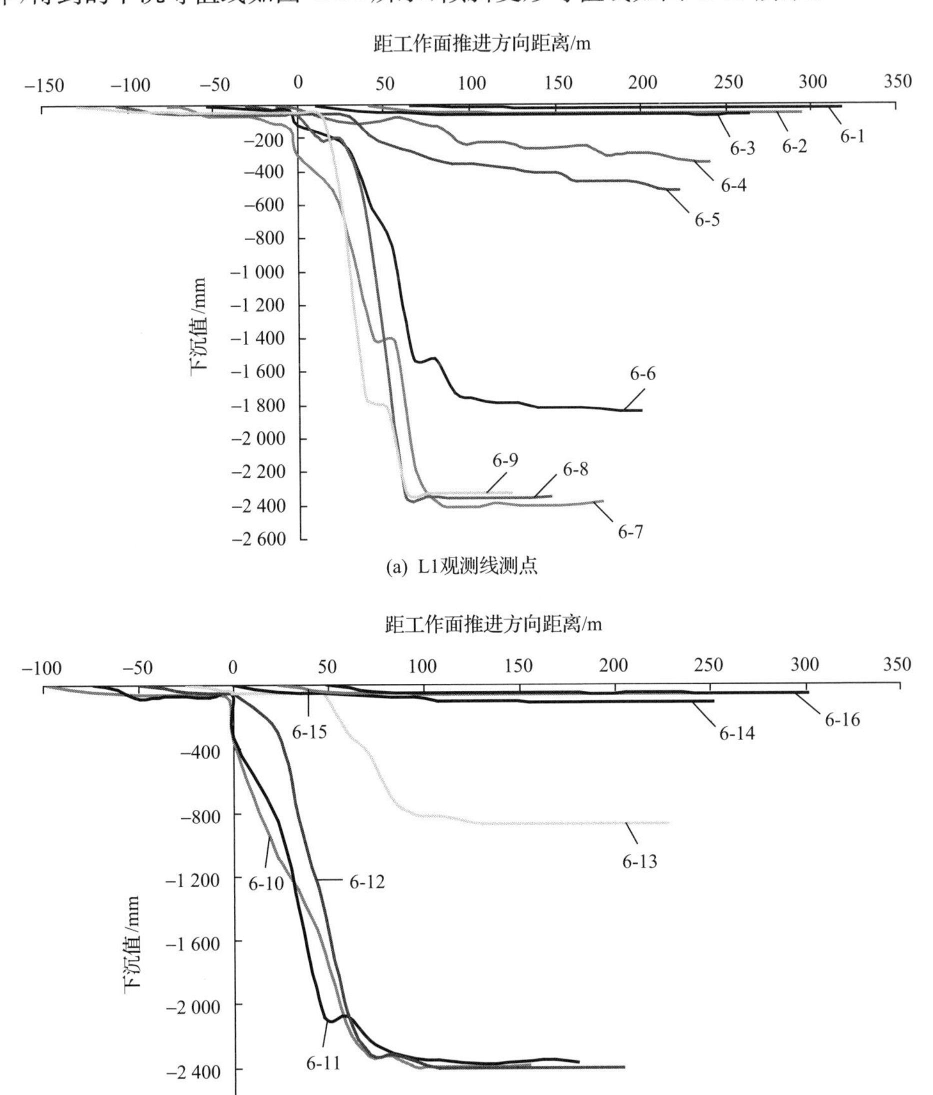

(a) L1观测线测点

(b) L2观测线测点

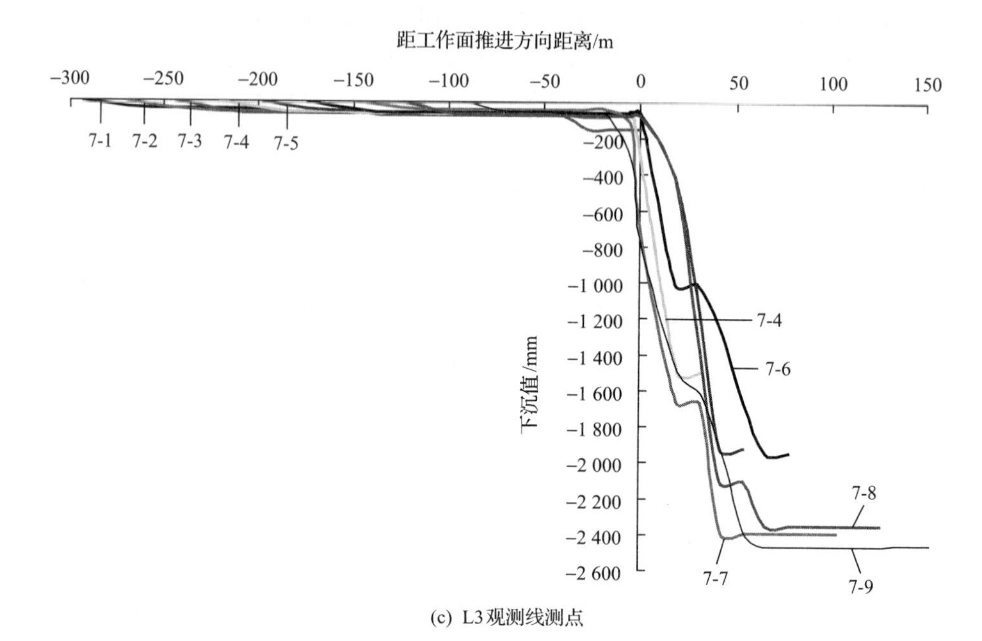

(c) L3观测线测点

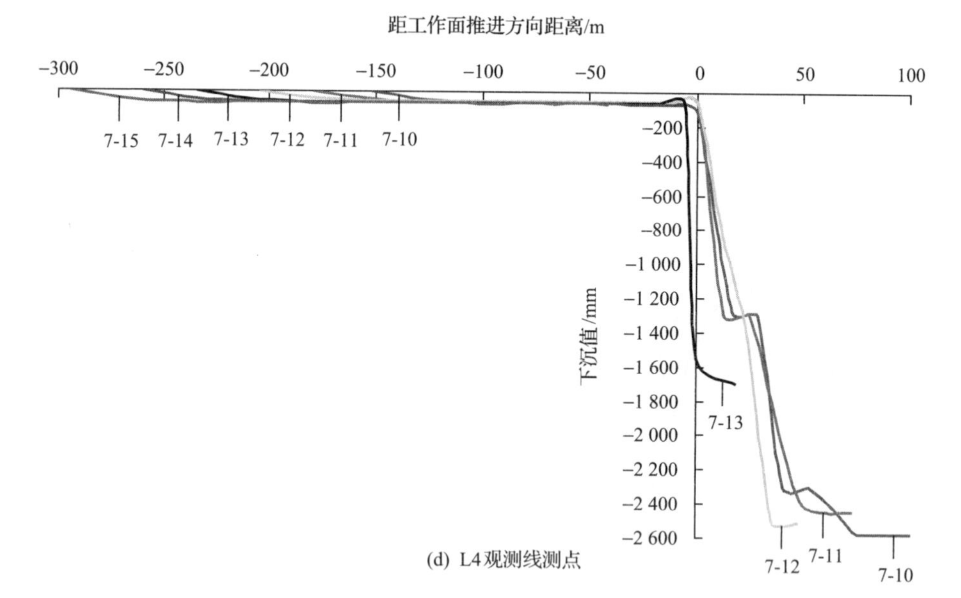

(d) L4观测线测点

图 4.33　各测点随工作面推进的动态变化曲线

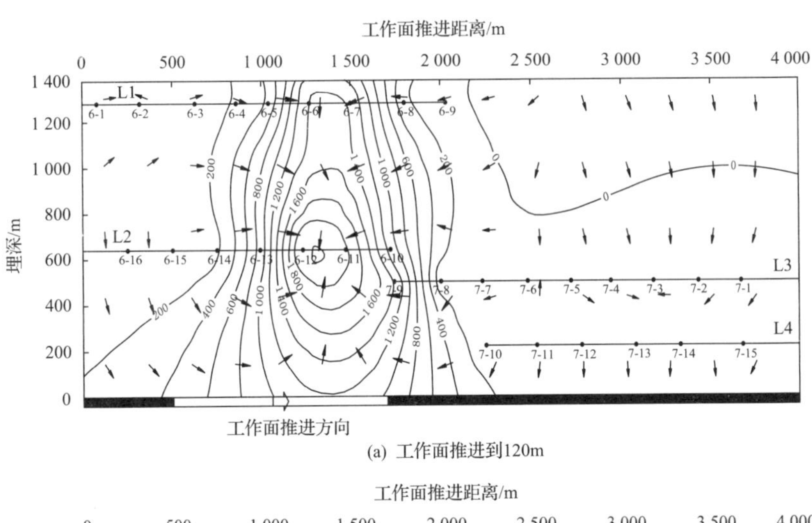

(a) 工作面推进到120m

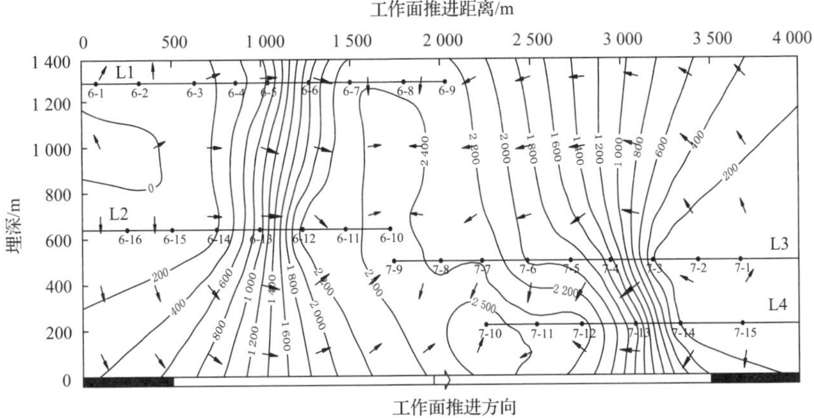

(b) 工作面推进到252m

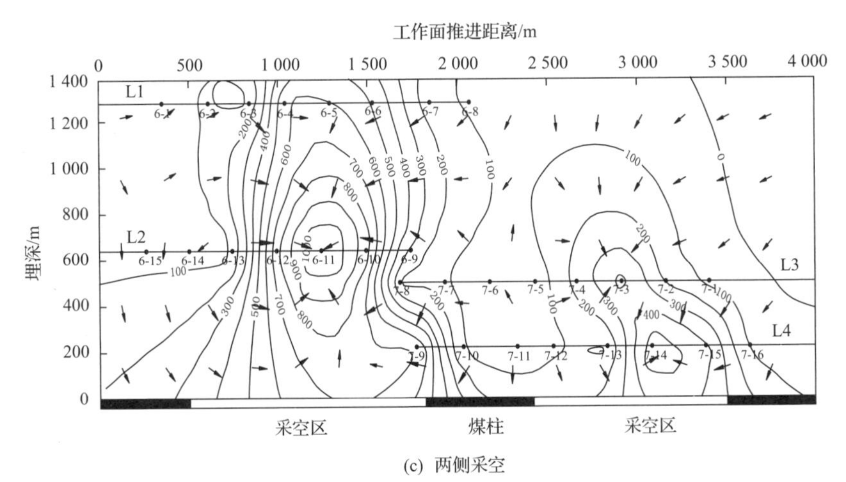

(c) 两侧采空

图 4.34　采区上覆岩层下沉等值线及位移场

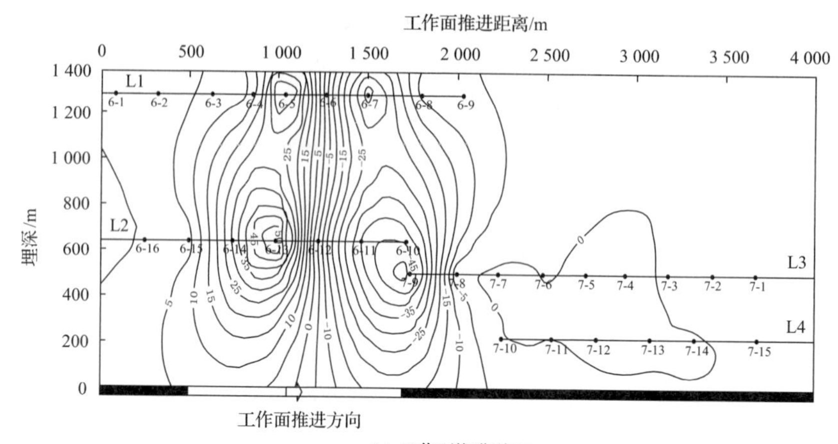

(a) 工作面推进到120m

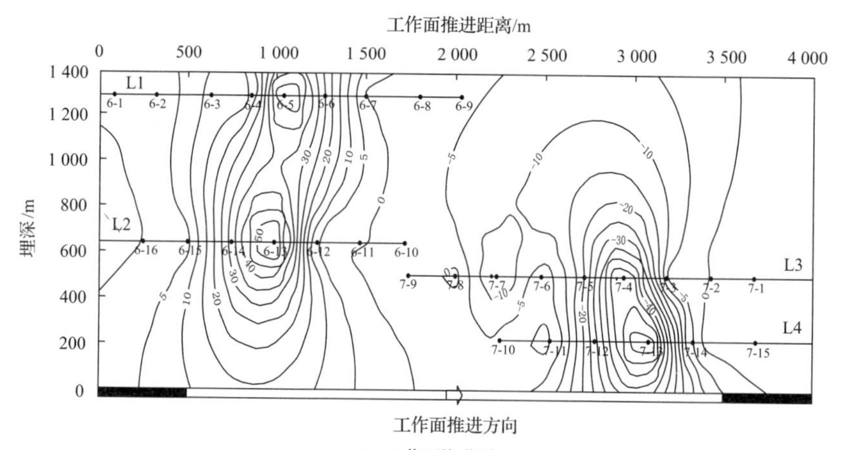

(b) 工作面推进到252m

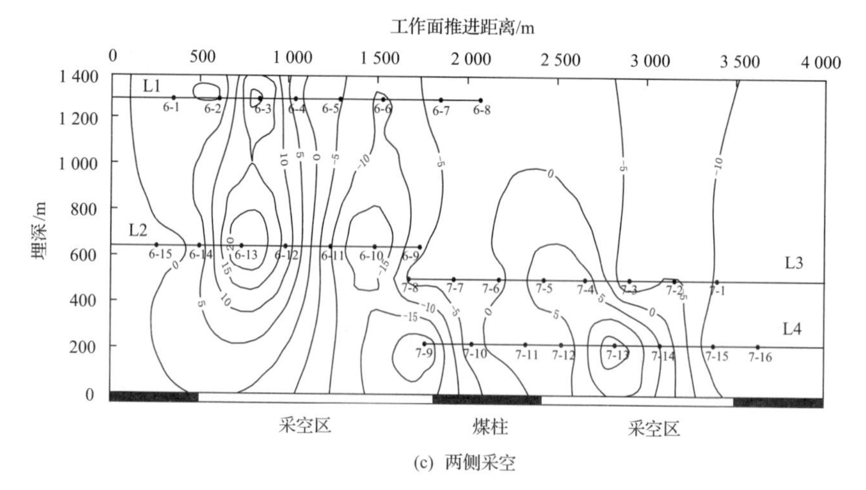

(c) 两侧采空

图 4.35　采区上覆岩层倾斜变形等值线图

3. 采动覆岩移动特征

在工作面推进过程中,受采动影响的范围逐渐向上、向前扩展。采空区上方在同一垂直剖面线上,越靠近煤层顶板位置,覆岩下沉值就越大,越远离煤层顶板位置,覆岩下沉值就越小,覆岩下沉值随着深度的减小逐步衰减。工作面推进到120m时,L1测线层位下沉值小于L2测线层位,L1测线与L2测线之间,下沉等值线分布不均匀,差值较大,最大相差793mm,覆岩内的位移移动向最大下沉点(L2测线的6-12测点)方向移动,L1测线与L2测线岩层之间产生离层现象,这种离层是由于岩层组间的变形不协调。同一组岩层由于沉降变形的不协调,造成岩层的断裂,基本顶的周期性断裂向上覆岩层的扩展将引起上覆岩层的断裂破坏,产生移动和变形,最终在地表形成下沉盆地。工作面推进到252m时覆岩沉降稳定后,L1测线与L2测线不均匀下沉变小,基本上为同一下沉值,测线之间的离层现象消失,在开切眼处垂直剖面上的下沉差为400mm左右,停采线附近的下沉差为200mm左右,开切眼处覆岩的不均匀下沉值要大于停采线处的值,工作面开切眼上方的覆岩与停采线上方的覆岩相比变形明显要剧烈。覆岩位移场反映出的是周围岩体之间出现不连续变形现象的主要区域,与试验过程中所观察到的橡胶块之间出现层间拉开、错动等现象吻合较好。

4. 采动覆岩倾斜变形特征

采区上方覆岩的倾斜变形值从L1测线到L2测线,从L3测线到L4测线都随开采深度的增大逐渐增大,长壁开采工作面推进到120m时,倾斜变形值为0的等值线在62m的位置,位于采空区中央位置,倾斜变形值自采区中央向两侧逐渐减小;随着工作面继续推进,正倾斜变形值位置和大小基本未变,而负倾斜值的位置和大小在不断变化。工作面推进到252m时,倾斜变形值为0的等值线在128m的位置,位于采空区中央位置,正倾斜变形值最大值为+50mm/m,在L2测线的6-13号测点附近,水平方向上距开切眼395m,负倾斜变形值最大值为−55mm/m,在L4测线的7-13号测点附近,水平方向上距停采线385m,曲线形态上具有对称性,靠近停采线处的倾斜变形值大于靠近开切眼变形值,对称线的位置偏向停采线位置。两侧采空区中间留有煤柱时,采空区上覆岩层的倾斜变形值的分布特征与走向长壁开采类似,煤柱左侧变形值大于右侧,且倾斜变形正负最大值也不相等。

4.5 采动覆岩形变演化特征

4.5.1 覆岩体破坏的分带性特征

在长壁垮落法开采的条件下,采动覆岩发生移动变形具有明显的分带性,分别为垮落带、裂缝带和弯曲带，如图 4.36 所示，其特征与开采条件及覆岩结构有关[29,30]。

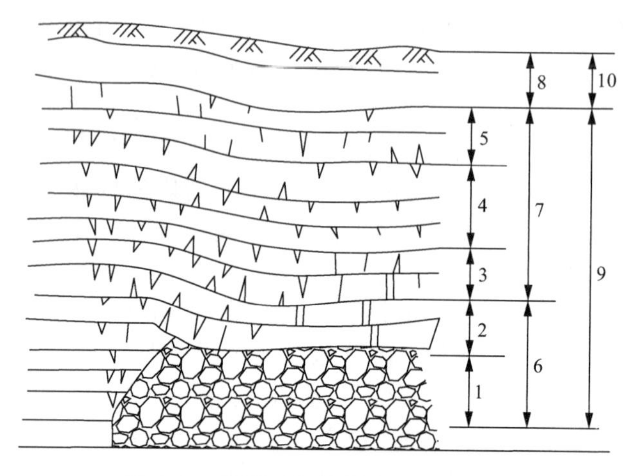

图 4.36　覆岩破坏性影响的分布形态

1. 不规则垮落；2. 规则垮落；3. 严重断裂；4. 一般开裂；5. 微小开裂；6. 垮落带；7. 裂缝带；8. 弯曲带；9. 破坏性影响区；10. 非破坏性影响区

1. 垮落带

垮落带是指采用全部垮落方法管理顶板时，工作面开采后引起的煤层直接顶的破坏范围。垮落带内岩层破坏的特点是越靠近煤层部分越破碎、紊乱。垮落岩块之间的空隙多、连通性强，有利于水、砂和泥土通过。根据垮落岩块的破坏和堆积状况，垮落带可分为不规则垮落和规则垮落两部分。在不规则垮落部分，岩层完全失去原有的层次；在规则垮落部分，岩层基本上保持原有层次。在厚煤层分层开采的情况下，经过分层重复开采以后，垮落岩块重新破碎、组合，垮落岩块间的空隙越来越少，但连通性仍然较强，水、砂和泥土可以通过。在一般情况下，甚至经过相当长时间的稳定以后，垮落带内的岩层还是具有很强的透水性能。

覆岩形变运动，从量值上及分布形态上取决于采动岩体的垮落空间形态，在一定开采深度条件下，采场垮落空间可以近似看成是无限域中的椭圆形孔洞，孔洞顶壁切向应力可由弹性解给出：

$$\sigma = \left(1 + \frac{4h}{l}\right)\lambda\sigma_0 - \sigma_0 \tag{4.16}$$

式中，σ 为孔洞顶壁切向应力；h 为椭圆孔短半轴，即垮落高度；l 为椭圆孔长轴，即开采长度；λ 为侧压系数；σ_0 为垂直应力。

当 $\sigma = [\sigma_c]$ 时岩层即产生拉断破坏，得

$$h=\left(\frac{\sigma_c}{\sigma_0}+1-\lambda\right)\times\frac{l}{4\lambda} \tag{4.17}$$

又有

$$(V-l\times s\times m)K_\mu=V \tag{4.18}$$

式中，V 为垮落椭球体的体积，$V=\frac{1}{6}\pi\times h''\times l\times s$；$s$ 为采煤工作面另一侧的长度。

即

$$h''=\frac{6\times m\times K_\mu}{\pi(K_\mu-1)} \tag{4.19}$$

故煤层开采覆岩垮落高度应为

$$\min(h,h') \tag{4.20}$$

2. 裂缝带

称垮落带以上到弯曲带之间为裂缝带。裂缝带内岩层破坏的特点：一是岩层发生垂直层面的裂缝或断开；二是岩层顺层面离开（一般被称为离层裂缝）。根据垂直层面裂缝、离层裂缝的不同张裂程度和裂缝的连通性好坏，裂缝带可以分为严重断裂、一般开裂和微小开裂三个部分。严重断裂部分内岩层大都断开，但仍然保持原有层次，裂缝的连通性强，漏水严重。一般开裂部分内岩层不断或很少断开，裂缝的连通性较强，漏水程度一般。微小开裂缝部分内岩层有裂缝，基本上不断开，裂缝的导水性不太好，漏水性微弱。以某矿 301 工作面一分层 65-5 孔为例，在垮落带和裂缝带总高度中，不规则垮落和规则垮落带高度占 24%，严重断裂和一般开裂部分高度占 51%，微小开裂部分高度占 25%。破坏性影响的这种特征在采空区中间部分和边界部分大致都如此，但随着分层重复开采次数的增加，采空区边界的微小开裂将部分变为一般开裂。

在数值计算中，可以用 $\sigma_1\geqslant 0$ 来近似判别导水裂缝带范围及最大高度（$\sigma_1=0$ 时等值线大多情况下为马鞍形，数值模拟的情况如图 4.37 所示），这首先是因为采空顶板暴露面附近岩体抗拉强度很低甚至为零，其次是因为经验上的 $\sigma_1=0$ 线与现场实测导水裂缝带的分布较为接近。

3. 弯曲带

弯曲带内，采空区上方岩层在其自重作用下产生法向弯曲，岩层处于水平双向压缩状态；而煤柱上方弯曲带内岩层呈现水平双向拉伸。一般认为此带岩层基本保持其完整性和层状特征，但近期的研究和工程实践认识到，在一定的地质开采条

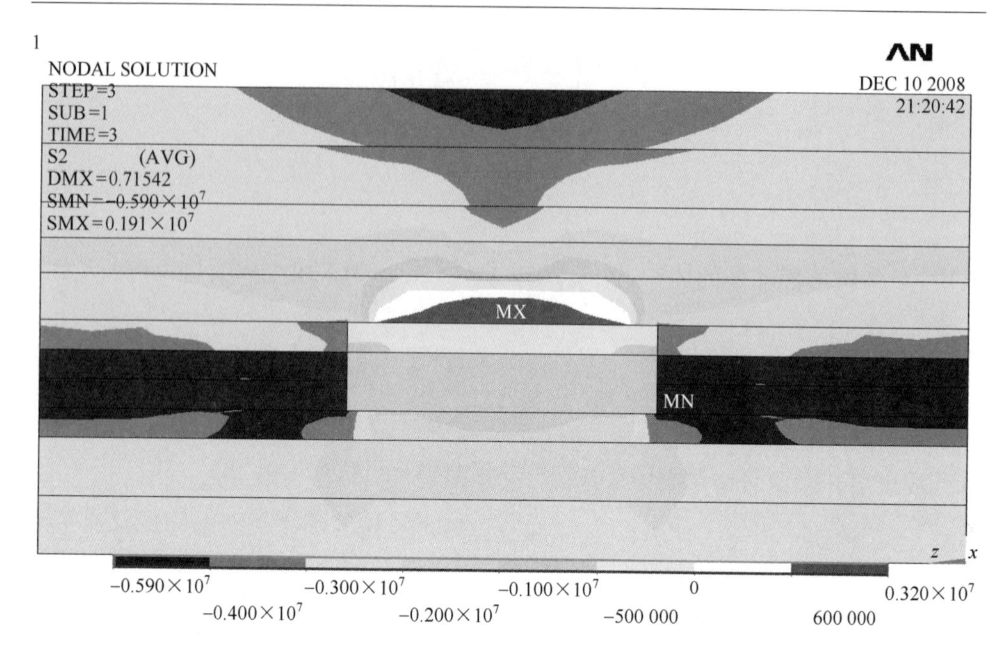

图 4.37　Ansys 模拟导水裂缝带情况

件下，弯曲带岩体也可能产生较大裂缝、离层和垮断等。某矿井开采 4 煤层，平均开采厚度为 6.4m，在覆岩沉陷运动过程中，裂缝带之上弯曲带内岩层沿层面(巨厚坚硬砾岩与软弱岩层红层之间)产生离层空隙，随着开采的进行离层范围持续发展(最大高度为 2.1m，最大宽度为 230m 左右)，当离层范围大于砾岩折断步距时，砾岩底部突然发生断裂，矿井产生强烈冲击地压，矿井发生冲击地压的情况见表 4.7，同时地面(表土 2～4m)逐渐产生宽为 2～3m，长达数百米，深为 50～80m 的斑裂纹，如图 4.38 所示。

表 4.7　矿井典型破坏性冲击地压

地点	诱发因素	破坏情况	备注
1407 上巷及上半部	工作面爆破	破坏煤壁 50m，损坏巷道 100m，停产 3 天，重伤 10 人，轻伤 1 人，震级 2.9 级	上阶段煤柱集中应力，上覆砾岩运动影响
2407 上端头	工作面爆破	破坏煤壁 5m，震级 1.7 级	上覆巨厚砾岩运动影响
2407 工作面	工作面爆破	破坏煤壁 10m，损坏支架 10 架，底鼓 300mm，震级 2.0 级	上覆巨厚砾岩运动影响
3407(1)推采 83m	爆破	死 1 人，伤 13 人，下出口 50m 巷道全部堵塞，8～35m 两帮位移严重，折损支柱 53 棵、顶梁 40 余棵	3405(3)、3406(1)、3407(1)、2408(2)均正在采掘，其采掘活动过于集中，造成上覆巨厚砾岩离层活动

(a)

(b)

图 4.38　矿井地表采动斑裂

4.5.2　覆岩体内移动变形分区性特征

某矿井一采区开采水平−750m，开采深度为 920m，上覆第三系砾岩层厚 500～650m，整体性好（岩体完整性参数 $k=0.89$）、强度大（弹性模量 $E=4.92\times10^4$MPa，普氏系数 $f=6.2$），而砾岩底部 50m 左右的红色砂泥岩层（简称红层）和 20m 左右的杂色泥岩性软[$E=(1.34\sim0.92)\times10^4$MPa，$f=1.4$ 左右]。红层及泥岩下部的石炭二迭煤系地层，以灰白色的中细砂岩为主，其抗压强度多为 50～70MPa，煤层开采厚度为 6.2m，不同岩层的力学参数见表 4.8。

表 4.8　岩层的力学参数

参数	弹性模量/GPa	容重/(kg/m³)	泊松比
上部砾岩	44.8	2 680	0.20
下部砾岩	49.2	2 680	0.20
红层	22.1	2 350	0.22
泥岩	12.1	2 650	0.23
砂岩	38.8	2 660	0.20
煤	11.0	1 400	0.27
破碎带	0.98	1 600	0.10
层理	$K=10.8$MPa，$K'=540$MPa		

注：K 为剪切刚度；K'为法向刚度。

通过分析，煤层上覆岩层主要特征可以概述为上软弱-下坚硬型（红层与煤系地层间）和上坚硬-下软弱型（砾岩与红层间）的结构类型。通过对基于应力场转移的半解析方法的数值计算分析，得出沿煤层走向方向主剖面的覆岩体内移动及变形分区性特征。

1. 移动分布特征

1）下沉 W

沿煤层走向方向主剖面的覆岩下沉等值线如图 4.39 所示。下沉等值线在与煤层垂距为 120m 处，即砾岩与红层界面处出现折线，在两个岩性相差较大（上坚硬-下软弱型）的层间接触弱面处，下沉曲线呈现非光滑特征，表征沉陷运动的不协调，反映了离层裂缝的存在，根据曲线的转折程度，可以判断离层的大小。

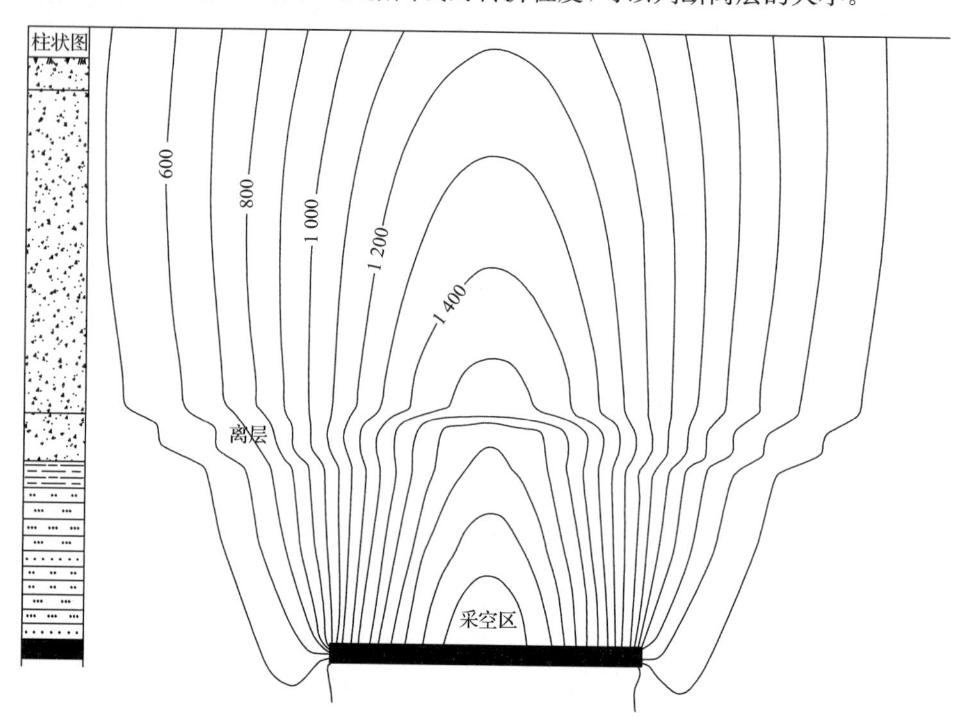

图 4.39　走向主剖面覆岩下沉等值线（单位：mm）

2）水平移动 U

岩体内的水平移动分布如图 4.40 所示，随岩层距采空区的位置不同，水平移动曲线呈现出不同区域的分布特征。采空区中央的水平移动为零，向两侧在一定深度以上（横向 $U=0$ 线以上），岩层水平移动方向指向采空区，数值随深度的减小而增加；一定深度以下，岩层水平移动方向指向煤壁一侧岩体内，数值随深度的增加而增加。

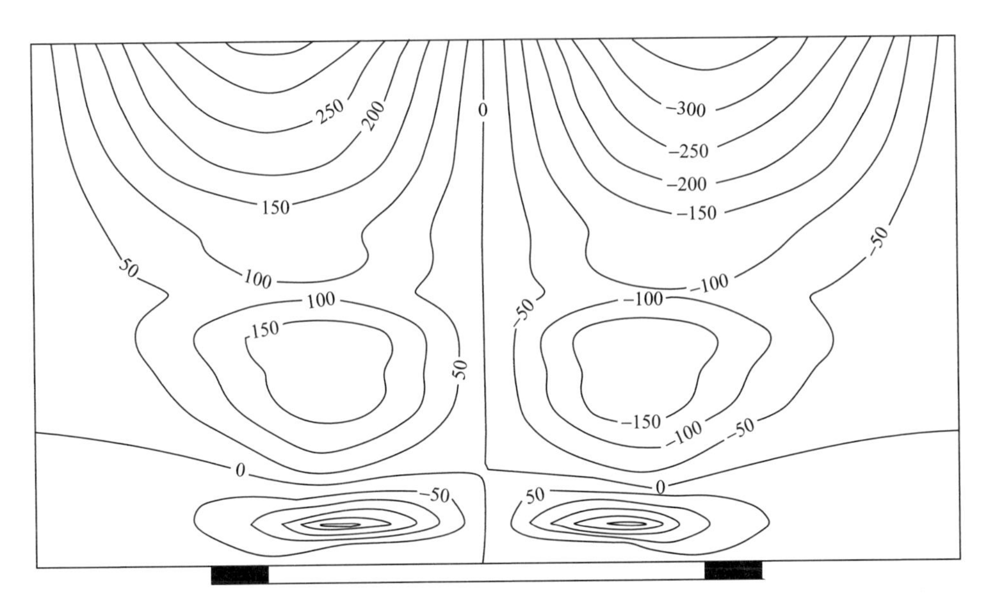

图 4.40　岩体内水平移动等值线(单位:mm)

2. 变形分布特征

1) 水平变形 ε

岩体内的水平变形等值线如图 4.41 所示,采空区上部顶板暴露面附近出现拉伸水平变形,向上为压缩水平变形,地表沉陷盆地中央压缩水平变形值达到最大;

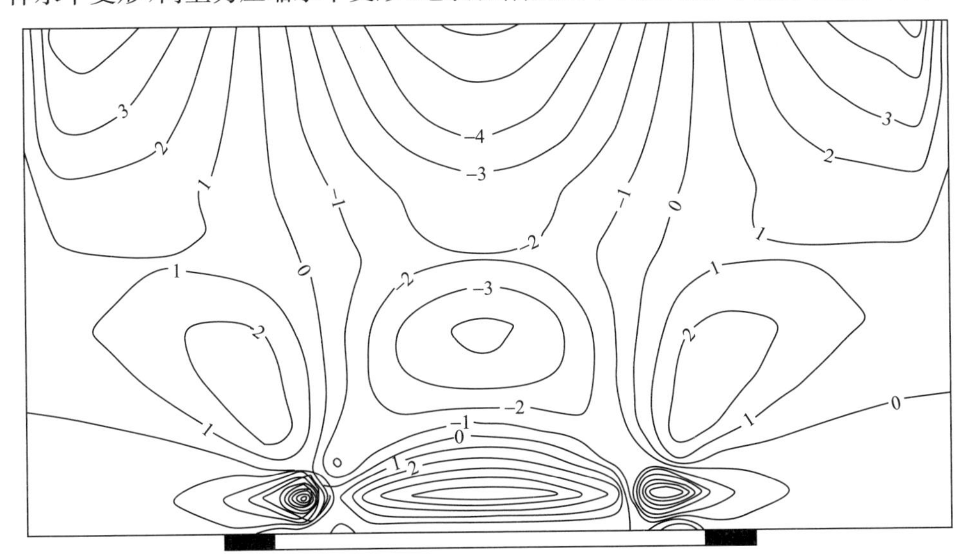

图 4.41　岩体内水平变形等值线(单位:mm/m)

煤柱一侧岩体受拉伸水平变形影响，地表距煤壁水平距离约$(0.34H/\tan\beta)$m处拉伸水平变形值达到最大。同时，由于岩体中上硬下软岩层之间的软弱夹层在覆岩移动变形过程中的"层面效应"，岩体中软弱夹层上下水平变形等值线发生变化，这也证明了离层裂缝的产生。

2）倾斜变形 i

岩体内的倾斜变形等值线如图4.42所示，开采覆岩倾斜变形随深度的增大而增大，其最大值在采空区煤壁附近，而采空区中央上方的倾斜变形值为零。需要指出的是，就某一岩层或地表的倾斜变形和水平移动曲线的形状具有相似性，但就其岩体内的分布特征来说是大不相同的。

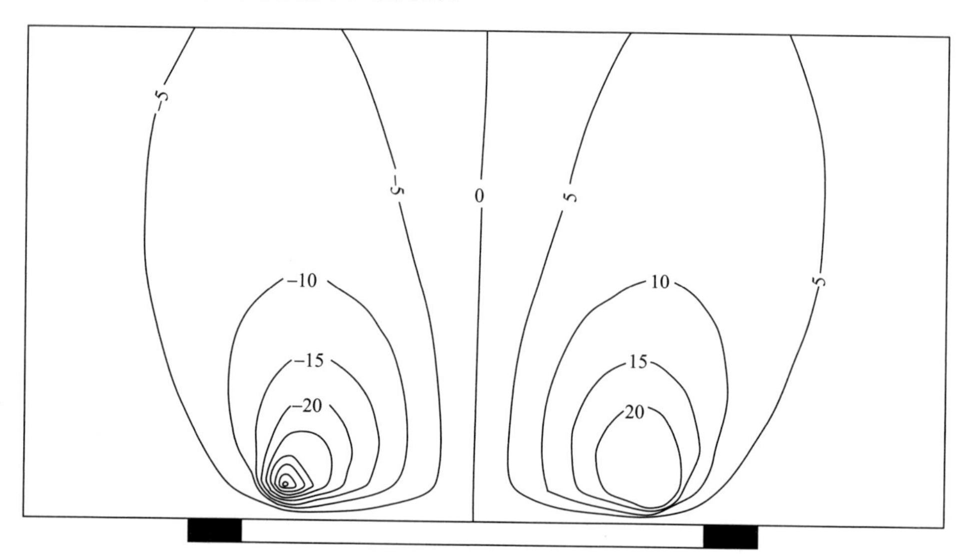

图4.42　覆岩体内倾斜变形等值线(单位：mm/m)

4.5.3　覆岩移动的离层特征

1. *覆岩离层机理理论与模拟研究*

1）理论解析

应用理论解析方法将岩体简化为多层层状的线弹性介质，在基本假设及定解条件下，用富氏积分变换方法研究煤层开采后覆岩的离层函数解，其岩层离层高度的表达为[31~33]

$$\Delta\nu = \frac{2}{\pi}\int_0^\infty [\nu_n(\xi,0) - \nu_{n-1}(\xi,h_{n-1})]\cos\xi x\,\mathrm{d}\xi \quad (0 \leqslant x \leqslant b) \tag{4.21}$$

在岩层滑动接触情况下，获得了开挖后岩层产生离层的范围和离层高度的解析计算方法，由于是解析解，容易分析各种因素，如岩层的力学性质、岩层厚度和开采宽度等对解答的影响程度。进一步通过编制程序，可由计算机方便的解算出不同条件下的覆岩离层状况。

在一定开采范围条件下，离层空间体积可用上、下位托板挠曲体积的差值来表示，即

$$V = V_{下} - V_{上} = \int_0^a \int_0^b (w(x,y)_{下} - w(x,y)_{上}) \mathrm{d}x\mathrm{d}y \tag{4.22}$$

式中，w 为挠度；a 为离层空间的高度；b 为离层空间的长度。

对托板层的挠曲描述，是在托板能充分弯曲假定条件下完成的，但在实际的采矿活动中，地下矿物采出后，由于采出厚度、冒落碎胀等因素的制约，$w_{下}$ 总是受到下部岩层沉陷空间的限定，即托板弯曲不一定有充分的运动空间，同时 γh（自重应力）值一般较大，随着开采区域发展，最终或稳定状态下总是有 $w_{上}$ 等于或接近等于 $w_{下}$，即离层发生逐渐闭合的现象。可以说离层是由采动覆岩不协调沉陷产生的，现场的某些实测资料表明，即使同类岩层中或上、下岩性相差不大的岩层间，在某些条件下也会产生离层空隙。这主要可解释为在这些岩层中或岩层间存在顺层节理弱面，当覆岩运动附加应力超过其弱面的黏结强度时，弱面被拉开，形成离层裂缝。但往往这种离层裂缝发育的时间短，范围也较小。

事实上，在导水裂缝带上部至弯曲带中，由于岩层岩性组合的多样性，离层空隙可在数个层位发生，故所谓离层空隙带应是弯曲带中较为集中的离层裂缝的统称。

2）数值模拟

采动覆岩的离层是由不同性质岩层的不同步移动形成的，是一个动态的时间过程，即不同时刻离层的范围和离层的高度不同。为此选择进行动态黏弹性数值分析对覆岩离层发展进行模拟计算。倾斜主断面离层形态如图 4.43 所示，计算所得最大离层随时间变化曲线如图 4.44 所示。

3）相似材料模拟试验

物理模拟以某矿井 1406 工作面开采为例，煤层厚为 6m，分三层开采，平均采深为 680m，倾角为 28°，工作面斜长为 160m，走向开采长度为 700m，试验在 4m×0.28m×2.6m（长×宽×高）的模型架上进行。几何相似常数 $a_l = 260$，时间相似常数 $a_t = \sqrt{a_l} = 16.1$，容重相似常数 $a_r = 1.54$，则煤（岩）强度相似常数 $a_0 = a_r a_l = 400.4$。

针对模拟试验主要观测覆岩结构变形演化运动及对地表沉陷影响的要求，层面的力学性质应在模型中得到较好反映。表征沉陷离层运动的主要分量是法向变形，应根据层面夹层材料的 σ-ε 曲线和夹层厚度 h 来模拟。但完全按几何尺寸缩小去模

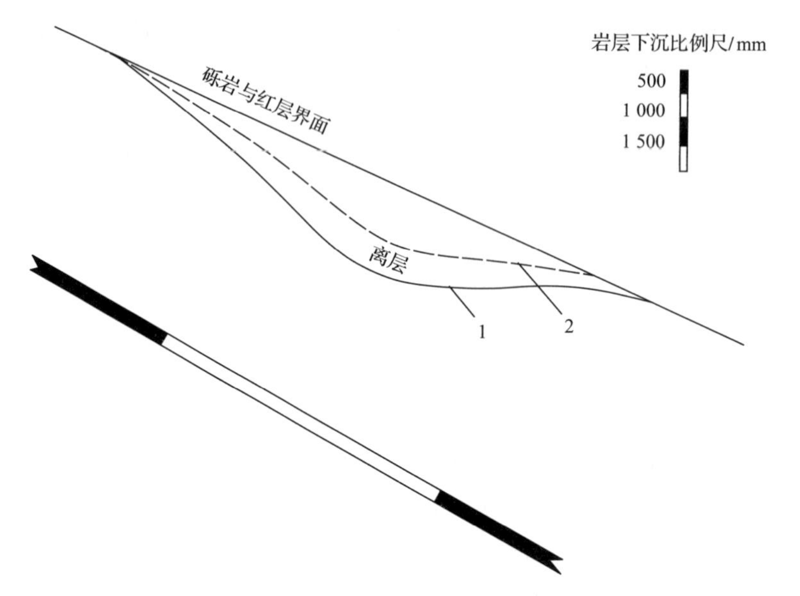

图 4.43 倾斜主断面离层形态
1. 红层下沉曲线；2. 砾岩下沉曲线

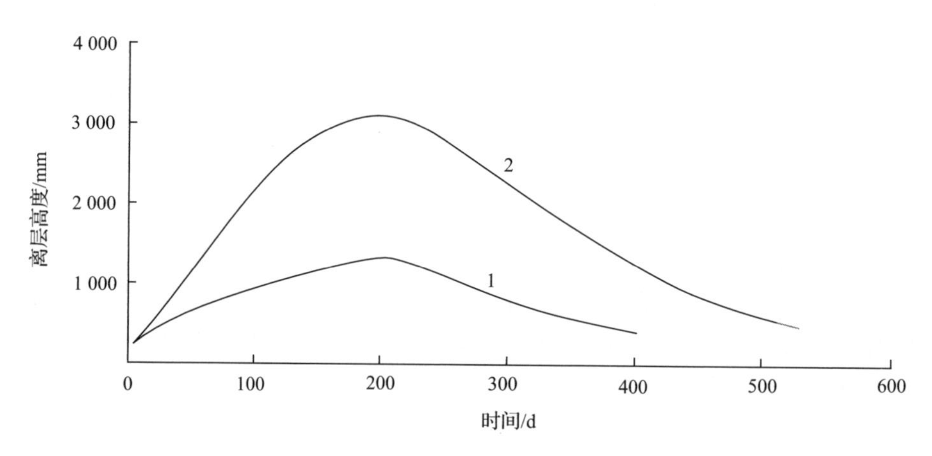

图 4.44 最大离层随时间变化曲线
1. 单层开采；2. 三分层开采

拟是有困难的，同时要找到一种具有理想弹性模量的模型材料也是不易的，一般是用一种弹性模量比较相近的材料 E'，通过调节厚度 h' 来置换模拟，即 $h' = \dfrac{E'}{E} \times h$。

模型层面的材料用石膏、锯木屑混合料，分层用云母片，材料的弹性模量 E 控制在 $0.08\times10^4 \sim 15\times10^4$ MPa。分别按实际走向主断面和倾斜主断面煤层倾角铺设，制作两个模型，成型后三天卸下护板，自然干燥 7 天后，再按时间比及设计采高进行开采。开采过程中，及时对覆岩结构变形运动写实、拍照、测量。

模型在开采过程中，煤层顶板出现明显的周期性离层、弯曲、垮落，靠近煤层的部分岩层逐步形成冒落带、裂缝带，其上的部分岩层仍随工作面的推采分岩组依次出现弯曲离层—闭合交替现象。较大的、持续性较长的离层裂缝出现在厚度大、强度较高的砾岩层底界面上。模拟工作面开采长度达 98m 时，砾岩与红层产生不同步的沉降，界面处产生离层裂缝，工作面长度达 285m 时，离层发育达到最高，高度为 1.21m(采厚为 2m)，离层裂缝长度为 220m 左右。然后，随工作面开采，砾岩层弯曲沉降速度加大，离层发生逐渐闭合现象。当工作面开采长度达 590m 时，稳定离层最大点高度为 0.42m。倾斜主断面离层如图 4.45 所示，走向模型砾岩与红层界面处观测的离层发育曲线如图 4.46 所示。

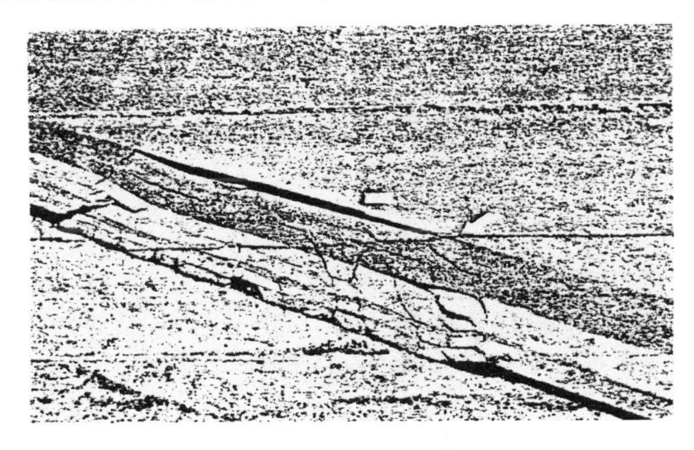

图 4.45　倾斜主断面离层

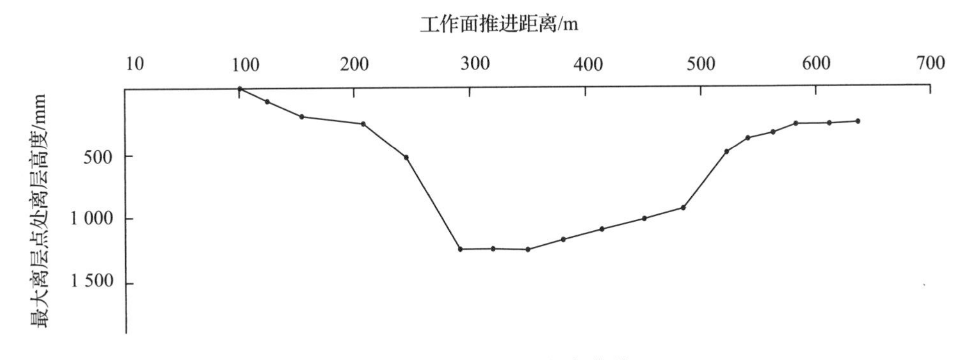

图 4.46　采动离层发育曲线

2. *矿井覆岩离层形变演化规律分析*

覆岩离层的产生与发展使覆岩移动变形出现了明显的“集中”与“滞缓”现象，

地表下沉速度变化较大。地表倾向主断面观测线上 23#点的下沉速度随工作面推采的周期性变化反映了覆岩运动集中与迟缓的现象，如图 4.47 所示。

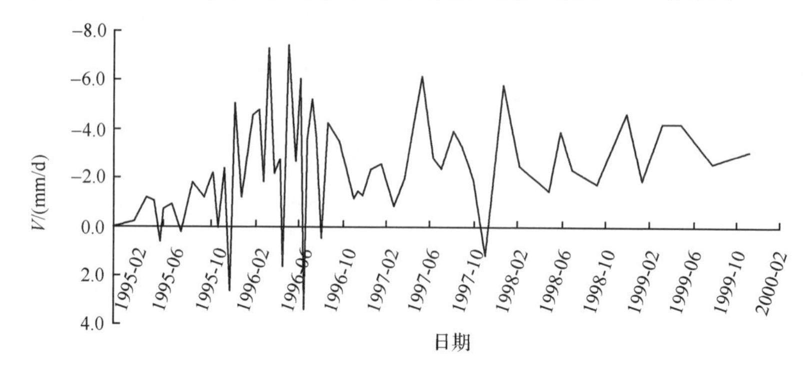

图 4.47　23#点下沉速度随工作面开采变化曲线

移动变形的“集中”与“滞缓”现象，以井下工作面每推进 260～320m 为周期交替出现，反映了砾岩底部离层空隙在此尺寸范围内的发展与断裂闭合运动。在离层发育发展过程中，离层层面上下岩层产生了不协调下沉运动，即下位岩层(红层)下沉量(下沉速度)较大，上位岩层(巨厚坚硬砾岩)由于支托作用，下沉运动较为迟缓，砾岩层底部与煤系地层之间产生大范围的离层空隙。而当离层空隙发展到一定尺寸以后，砾岩底部发生了大面积的垮断，相应覆岩沉陷活动突然加剧，这也在矿井煤层顶板强烈冲击地压现象和地表沉陷观测的实际情况中得到了证实。

裂缝带上部离层空隙的产生与发展，使得原来被称为“弯曲带”中的岩体，有可能产生垮断冒落，这对地表的沉陷运动影响较大。在一定地质采矿条件下，由于覆岩沉陷运动的不协调性导致裂缝带上部岩体中产生大范围的离层空隙，而使得岩层产生悬露垮断现象，这应引起重视。

4.6　基于应力场转移的覆岩形变模型

地下煤炭开采引起的岩层与地表移动是从工作面顶板开始，逐渐向上发展，直至地表。开采影响涉及地表，即引起地表移动。地表移动的范围远大于采空区的范围。通常用角值参数圈定移动盆地边界，这些角值参数主要包括边界角、移动角、裂缝角和松散层移动角[34～37]。在充分采动或接近充分采动的条件下，称地表移动盆地主断面上盆地边界点至采空区边界的连线与水平线在煤柱一侧的夹角为边界角。水平煤层走向方向上的各角值的取法如图 4.48 所示。一直以来，在确定边界角值参数时，都以采空区边界为各角值的顶点。

研究表明，煤层开采后，上覆岩层产生附加应力，形成压力拱，压力拱跨越整个回采空间，其前后拱角分别作用在未采动的煤壁和采空区冒落的矸石上，随着工作

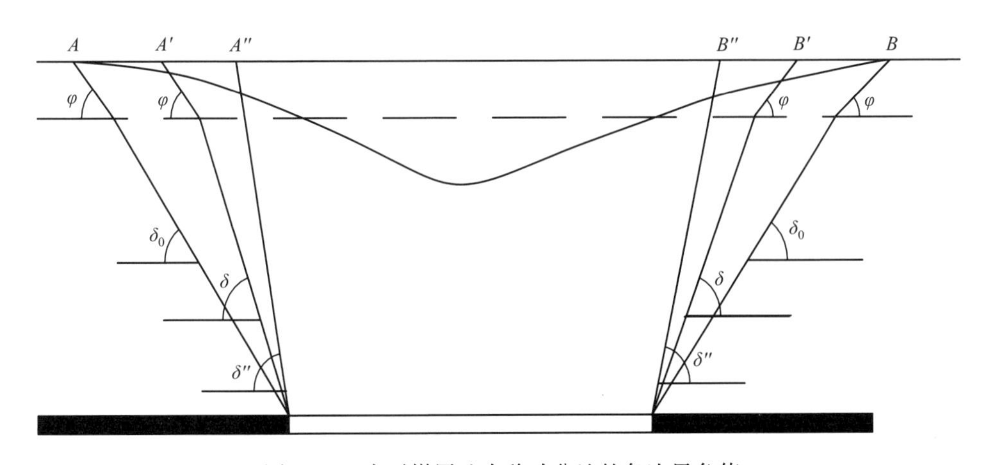

图 4.48　水平煤层地表移动盆地的各边界角值

φ. 松散层移动角；δ_0. 走向方向的边界角；δ. 走向方向的移动角；δ″. 分走向方向的裂缝角

面开采的推进，应力拱范围向前、向上部转移发展(当采动充分时压应力拱的高度达到最大)，与此同时压力拱切断了拱内外岩体力的联系，承担了拱上部覆岩的重量，并将其传递至拱角，即形成支承压力。压力拱边界线所包围的覆岩体产生了指向采空区的垮落、断裂和裂缝破坏。

采空区上方覆岩的重力转移到煤柱上，在煤柱的边缘外产生应力集中，由于对边界煤柱的压力作用，形成了具有内外应力场特征的支承压力分布，如图 4.49 所示。

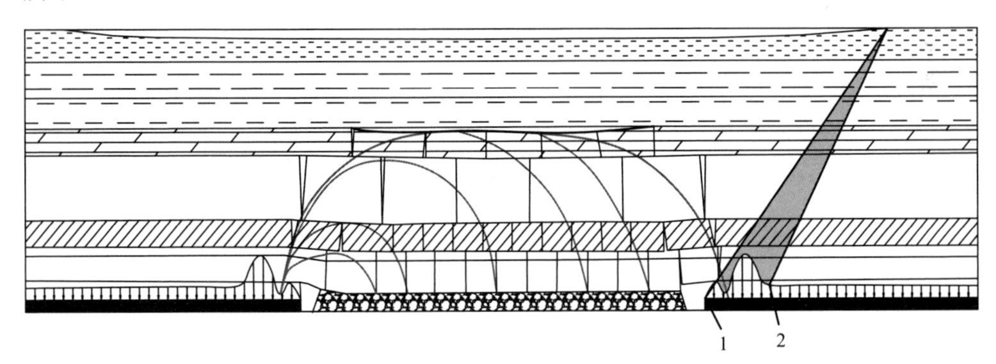

图 4.49　基于应力场转移的覆岩形变沉陷模型

1. 移动盆地边界的角值传统端点；2. 移动盆地边界的角值合理端点

1. 关于覆岩沉陷模型

地下煤炭采出以后，采场上覆岩体的垮落、断裂、离层及移动最终使地表产生沉陷，参与这种覆岩体结构形变演化运动的影响因素是复杂的，甚至有些因素的影响及其作用尚难以弄清。但可以肯定覆岩的结构、组合及其力学性质是其中主要的影响因素，即煤层上覆岩层及冲积层结构、产状、厚度和硬度是表征受采动影响的岩层形变发展过程及其表现形态的主要参量。覆岩沉陷及其发展是采动应力场变化转移的结果。

2. 关于覆岩及地表下沉

一般基于概率积分法，覆岩及地表下沉系数可以表达为

$$W_{cm} = m \cdot q \tag{4.23}$$

式中，q 为与岩性、采空区处理方法有关的常数。

从复合岩体受采动影响，转移的覆岩形变沉陷模型出发，覆岩及地表的沉陷运动是采动附加应力场转移变化的结果，地表的沉陷总量为

$$V_{总} = \int V_m \cdot Q + \int V_Z + \int V_F - \int V_L \tag{4.24}$$

式中，V_m 为煤层的采出体积；Q 为与垮落带碎胀有关的系数；V_Z 为支撑压力影响范围内煤柱及底板岩层的压缩量；V_F 为应力场影响范围内覆岩（特别是第四系冲积层）的压密作用量；V_L 为覆岩形变演化过程中未压实的离层裂缝量。

3. 关于移动变形边界划分

从理论上说，采动应力场变化波及的覆岩范围都将参与形变运动。以往划分岩层与地表移动影响盆地范围都是以井下煤柱边界为起点，向地表特征点（如下沉10mm点，边界角）划出如图4.49中的1线。但在煤柱边缘部分的煤层及上方岩层都处在支承压力的范围内，特别是深井条件下，这种支承压力的范围及值将较大，附加支承压力影响的煤层及上覆岩层会产生形变。即传统地表移动盆地边界角值的确定方法忽略了图4.49中黑色区域部分，在确定覆岩及地表移动盆地边界的角值时，应将煤柱边缘外应力场内侧边缘处作为各角值的端点，如图4.49中的2线。

参考文献

[1] 余学义，张恩强. 开采损害学. 北京：煤炭工业出版社，2004.
[2] 钱鸣高，石平五. 矿山压力与岩层控制. 徐州：中国矿业大学出版社，2003.
[3] 杜计平，汪理全. 煤矿特殊开采方法. 徐州：中国矿业大学出版社，2003.
[4] 麻凤海. 岩层移动及动力学过程的理论与实践. 北京：煤炭工业出版社，1997.
[5] 姜福兴. 采场顶板控制设计及其专家系统. 徐州：中国矿业大学出版社，1995.
[6] 隋旺华. 开采覆岩破坏工程地质预测的理论与实践. 工程地质学报，1994，2(2)：29-37.
[7] 宋振骐. 实用矿山压力控制. 徐州：中国矿业大学出版社，1989.

[8] 尹增德. 采动覆岩破坏特征及其应用研究. 青岛:山东科技大学博士学位论文,2007.
[9] 林育梁. 岩土与结构工程中不确定性问题及其分析方法. 北京:科学出版社,2009.
[10] 施阳,李俊. MATLAB语言工具箱——TOOLBOX实用指南. 西安:西北工业大学出版社,1999.
[11] 刘思峰,郭天榜,党耀国,等. 灰色系统理论及其应用. 第二版. 北京:科学出版社,1999.
[12] 宋中民,同小军,肖新平. 中心逼近式灰色GM(1,1)模型. 系统工程理论与实践,2001,(5):110-113.
[13] 吕锋. 灰色系统关联度之分辨系数的研究. 系统工程理论与实践,1997,(6):49-54.
[14] 马其华. 长壁采场覆岩"O"型空间结构及相关矿山压力研究. 青岛:山东科技大学博士学位论文,2005.
[15] 姜福兴,马其华. 深部长壁工作面动态支承压力极值点的求解. 煤炭学报,2002,27(3):273-275.
[16] 姜福兴. 采场覆岩空间结构观点及应用研究. 采矿与安全工程学报,2006,23(1):30-33.
[17] 尹增德,李伟,王宗胜. 充州矿区放顶煤开采覆岩破坏规律探测研究. 焦作工学院学报,1999,18(4):235-238.
[18] 戴露,谭海樵,胡戈. 综放开采条件下导水裂隙带发育规律探测. 煤矿安全,2009,(3):90-92.
[19] 张勤春,廖学东. 百善煤矿覆岩破坏移动规律的分析研究. 煤炭科技资料,1991,(2):32-36.
[20] 王广军,张健,郑怀民. 任楼煤矿覆岩破坏移动规律的分析研究. 淮南工业学院学报,2000,20(3):16-19.
[21] 李军,徐毅,吴福山. 铁北矿一、二含水层水力联系及导水裂隙带高度的研究. 东北煤炭科技,1997,(1):46-49.
[22] 文志杰,蒋宇静,宋振骐,等. 沿空留巷围岩结构灾变系统及控制力学模型研究. 湖南科技大学学报(自然科学版),2011,26(3):12-16.
[23] 石平五,许少东,陈治中. 综放沿空掘巷矿压显现规律研究. 矿山压力与顶板管理,2004,21(1):31-33.
[24] 李顺才,柏建彪,董正筑. 综放沿空掘巷窄煤柱受力变形与应力分析. 矿山压力与顶板管理,2004,21(3):17-19.
[25] 孙广忠. 岩体结构力学. 北京:科学出版社,1988.
[26] 常西坤. 深部开采覆岩结构形变及地表移动特征基础研究. 青岛:山东科技大学博士学位论文,2010.
[27] 陈军涛. 唐口煤矿深部开采条带煤柱稳定性模拟试验研究. 青岛:山东科技大学硕士学位论文,2011.
[28] 陈军涛,郭惟嘉,常西坤. 深部条带开采覆岩形变三维模拟. 煤矿安全,2011,(10):125-127.
[29] 郭惟嘉,徐方军. 覆岩体内移动变形及离层特征. 矿山测量,1999,(3):36-38.
[30] 郝君良,郭惟嘉,尹立明. 深井覆岩体结构形变分带(区)性研究. 山东科技大学学报(自然科学版),2009,28(4):17-21.
[31] 郭惟嘉. 覆岩沉陷离层发育的解析特征. 煤炭学报,2000,25(S):49-53.
[32] 郭惟嘉,刘立民,沈光寒,等. 采动覆岩离层性确定方法及离层规律的研究. 煤炭学报,1995,20(1):39-44.
[33] 郭惟嘉,毛仲玉. 覆岩沉陷离层及工程控制. 北京:地震出版社,1998.
[34] 黄福昌,倪兴华,张怀新,等. 厚煤层综放开采沉陷控制与治理技术. 北京:煤炭工业出版社,2007.
[35] 邹友峰,邓喀中,马伟民. 矿山开采沉陷工程. 徐州:中国矿业大学出版社,2003.
[36] 郭增长,柴华彬. 煤矿开采沉陷学. 北京:煤炭工业出版社,2013.
[37] 郭惟嘉,刘伟韬,张文泉. 矿井特殊开采. 北京:煤炭工业出版社,2008.

第 5 章　矿区地表移动变形特征

5.1　地表移动预测参数分析方法

5.1.1　求参方法

在一个地表观测站的观测工作结束并完成了观测成果的整理与分析之后，应进一步求取这个观测站的实测参数。求取实测参数的方法已有许多种。理想的方法应该是能够利用最少的实测数据求得较好的实测参数，可以分如下两个方面来理解：①要能够充分利用已有的实测成果，求得高精度的实测参数；②在保证参数具有较好的精度情况下，可放宽对观测站设站形式的要求，以降低设站成本。一般求参数的方法主要有以下几种。

1. 曲线拟合法求参

曲线拟合法求参是指根据所有剖面上的实测下沉和水平移动值求取参数估计值的方法[1~3]。拟合函数 $f(x,B)$ 的形式必须是已知的，而且能够求得对各个参数的偏导数，一般适用于矩形工作面上方布设的观测站。拟合函数一般选择主断面上的表达式，在主断面上进行拟合，拟合时假设垂直于该断面方向的开采为无限开采。采用这种方法编制计算机程序时，常常将观测站划分成几种类型，并规定每种类型的阶数(即参数个数)。一旦实际观测站的形式不符合类型规定，就无法求取参数。

2. 空间问题求参

空间问题求参是一种将曲线拟合法求参的基本原理推广应用到整个下沉盆地的求参方法。它比曲线拟合法具有明显的优势，放宽了对地表移动观测站设置的要求。但是，对于任意形状工作面开采求参时，由于其预计公式的复杂性，使得上述方法无法实施，故此法也仅适用于矩形工作面求参；该法对参数初值的选取要求较高，若初值选取不当，很容易使求参失败。此外，由于观测站设置的原因，从实测数据中只能求取部分参数，使用该求参方法也十分不方便。

3. 正交试验设计方法求参

正交试验设计方法就是利用数理统计学与正交性原理，从大量的试验点中挑选适量的具有代表性的典型的点，应用正交表合理安排试验的一种科学的试验设计方法。将这一方法应用到实测资料求参中，具体做法如下。

(1) 选正交表，将所求参数名称安排在正交表有关各列的表头。所求参数个数(各种沉陷预计模型所要求的参数是不同的)在此称其为因子个数，用三个水平进行试验。这样，对于一般常用的沉陷模型，选用 $L_{27}(3^{13})$ 正交表就可以了。

(2) 选初始水平(参数初值)作为第二水平，给出水平之间的增量值 Δ。第一水平的参数值就等于第二水平的参数值加 Δ，第三水平参数值就等于第二水平参数值减 Δ。

(3) 根据正交表中各因子、各水平的不同组合，对具有实测资料的测点进行预计，并求出各测点实测值与预计值的差值 $\boldsymbol{V}$。根据最优指标 $[\boldsymbol{VV}]=\min$，选择出最优参数组合。通过方差分析，可确定出各参数的显著性，即得出起主导作用的参数及它们之间的关系。这一点对于其他方法求参都是不可能做到的。

(4) 用第(3)步求得的最优参数组合作为第二水平，水平之间的增量值取 0.5Δ，重复第(2)步和第(3)步，直至求得满意的参数值。

这一方法可以较好地解决任意形状工作面开采时根据任意点实测值求取参数的问题，不会由于参数初值不合适而导致求参失败。但这一方法的缺点是预计工作量大，求取参数的速度缓慢。

5.1.2　求参准则

在曲线拟合法及空间问题参数求取时，均采用 $[\boldsymbol{VV}]=\min$ 的准则。这一准则侧重于减小误差 $\boldsymbol{V}$，而在移动边界附近移动值一般较小，因此误差相应较小，它在计算中所占的“权”微不足道，即使误差较大也很难反映出来，造成实际上各测点的不等“权”。其相对误差分布不均匀，采空区上方相对误差较小，移动边缘区域相对误差较大。

在正交化试验设计法求参数或下面将提出的模式法求参时，除了可采用 $[\boldsymbol{VV}]=\min$ 的准则外，还可以采用 $[|\boldsymbol{V}|/\boldsymbol{W}]=\min$，即各测点的相对偏差绝对值之和等于最小的准则。$[|\boldsymbol{V}|/\boldsymbol{W}]=\min$ 不仅在于减小误差，而且着重于减小相对误差，无论是对移动边界区域还是采空区上方的误差均可以反映出来，所以相对误差有所降低。

一般的观测站均直接测得水平移动值和下沉值，因此在求参处理时也存在不同的方法。一种方法是先根据下沉值求出有关参数，并将这一部分参数固定，然后根据水平移动值求出其余的参数。这样处理，下沉值吻合较好，而水平移动值则误差较大。另一种方法是根据下沉和水平移动值使 $[\boldsymbol{V}_w\boldsymbol{V}_w]+[\boldsymbol{V}_u\boldsymbol{V}_u]=\min$，一次求出所有的参数。这样处理，使两者得到了较为平均的精度，也可能造成两者误差均较大，使用该参数预计时会引起一些不必要的精度损失。

更为理想的处理方法是先根据下沉值获取一组参数，然后根据水平移动值获取另一组参数，对比两组参数，最终综合确定结果。当两组参数中的同名参数值差异较大时，一种处理方法是承认其差异，预计下沉、倾斜、曲率时采用一组参数，而预计水平移动和水平变形时采用另一组参数；另一种处理方法是找出差异的原因，修改或另选预计模型。

5.1.3 模式法求参

为改进现有求参方法存在的缺陷，全面解决利用任意形状工作面开采的实测资料和利用动态实测资料求取参数的问题。通过研究和反复比较，提出智能化求参新方法——模式法求参[4,5]。

1. 基本原理

模式法是一种求解无约束极值问题的解法。它是由胡克和基夫斯于1961年提出的。这一方法具有易于编制计算机程序、易于追循谷线（脊线）加速移向最优点和易于利用任意形状工作面或动态情况下测得的数据求取参数等优点。并且这一方法适用于所有的预计模型。

假定欲求某实值函数 $f(x)$ 的极小点，为此任选一基点 $\boldsymbol{B}_1$（初始近似点），算出此点的目标函数值，然后沿某个坐标方向以某一步长 $\boldsymbol{\Delta}_i$ 进行探索，即比较 $\boldsymbol{B}_1$、$\boldsymbol{B}_1+\boldsymbol{\Delta}_i$ 及 $\boldsymbol{B}_1-\boldsymbol{\Delta}_i$ 的目标函数值，以目标函数值最小（在最小化问题中）的点为临时矢点；再由此点出发沿另一坐标方向进行同样的探索，如果能得到比以前更好的点，就以该点代替前面的点作为新的临时矢点。如此沿各个坐标方向轮流探查一遍，并选这一轮探索最好的点（最终的临时矢点）为第二个基点 $\boldsymbol{B}_2$。由第一个基点 $\boldsymbol{B}_1$ 到第二个基点 $\boldsymbol{B}_2$ 构成了第一个模矢。对第一个基点来说，这是使目标函数得以改善的最有利的移动方向，沿这一方向前进，目标函数值下降“最快”（就 $\boldsymbol{B}_1$ 附近而言）。显然这一方向近似于目标函数的负梯度方向。现假定在第二个基点 $\boldsymbol{B}_2$ 附近进行类似的探索，其结果可能和在 $\boldsymbol{B}_1$ 处的情形相同，故略去这一步探索而把第一个模矢加长一倍（即所谓的加速），现假设 $\boldsymbol{T}_{20}$ 为第二个模矢的终点（以下称初始临时矢点），这样 $\boldsymbol{B}_2\boldsymbol{T}_{20}$ 就构成了假定的第二个模矢。然后，在 $\boldsymbol{T}_{20}$ 附近进行如上类似的探索，得出新的最好的点——第三个基点 $\boldsymbol{B}_3$。据此修改假定的第二个模矢，使它的起点为 $\boldsymbol{B}_2$，终点为 $\boldsymbol{B}_3$。其后，再把第二个模矢延长一倍，如此继续进行探索和加速，即可得到越来越好的目标函数下降点。

如果探索进行到某一步时得不出新的下降点，则应缩小步长以进行更精细的探索。当步长已缩小到某一精度要求，但仍得不到新的下降点时，即可将该点作为所求的近似最优点，就此停止迭代。

2. 模式法求参的计算机实施模型

1）构筑误差函数

求参数设计三种方式，即据下沉观测值求参，据水平移动观测值求参和下沉、水平移动联合求参。因此，其误差函数分别为

$$s \in (\boldsymbol{B}) = \sum (W(\boldsymbol{B}) - W_{实}) \times (W(\boldsymbol{B}) - W_{实}) \tag{5.1}$$

$$s \in (\boldsymbol{B}) = \sum (U(\boldsymbol{B}) - U_{实}) \times (U(\boldsymbol{B}) - U_{实}) \tag{5.2}$$

$$\begin{aligned} s \in (\boldsymbol{B}) = & \sum (W(\boldsymbol{B}) - W_{实}) \times (W(\boldsymbol{B}) - W_{实}) \\ & + \sum (U(\boldsymbol{B}) - U_{实}) \times (U(\boldsymbol{B}) - U_{实}) \end{aligned} \tag{5.3}$$

式中，s 为误差函数；W 表示下沉；U 表示水平移动。

2）准备数据

概率积分法参数共有 8 个，分别为拐点偏移距 S(左、右、上、下)、下沉系数 q、主要影响角正切 $\tan\beta$，最大下沉角 θ 和水平移动系数 b。

3）选择步长

选择初始近似点为 $\boldsymbol{B}_1$（第一个基点），则

$$\boldsymbol{B}_1 = (q_0, \tan\beta_0, b_0, \theta_0, S_{10}, S_{20}, S_{30}, S_{40})^{\mathrm{T}} \tag{5.4}$$

为每一参数选定步长。步长＝参数初始值×5%（最大下沉角的步长为 1°）。

4）确定第二个基点

将第一个基点参数 $\boldsymbol{B}_1$ 代入预计程序，计算出误差函数值 $s \in (\boldsymbol{B}_1)$。

考虑点 $\boldsymbol{B}_1 + \boldsymbol{\Delta}_1 = (q_0 + \Delta q)^{\mathrm{T}}$（其他参数不变），用 $\boldsymbol{B}_1 + \boldsymbol{\Delta}_1$ 代入预计程序，计算出误差函数值 $s \in (\boldsymbol{B}_1 + \boldsymbol{\Delta}_1)$。

考虑点 $\boldsymbol{B}_1 - \boldsymbol{\Delta}_1 = (q_0 - \Delta q)^{\mathrm{T}}$（其他参数不变），用 $\boldsymbol{B}_1 - \boldsymbol{\Delta}_1$ 代入预计程序，计算出误差函数值 $s \in (\boldsymbol{B}_1 - \boldsymbol{\Delta}_1)$。

比较 $s \in (\boldsymbol{B}_1)$、$s \in (\boldsymbol{B}_1 + \boldsymbol{\Delta}_1)$、$s \in (\boldsymbol{B}_1 - \boldsymbol{\Delta}_1)$，其中误差函数值最小者对应的参数为临时矢点，并记为 $\boldsymbol{T}_{11}$。

同理，对下一个变量进行计算，得到 $\boldsymbol{T}_{12}$。

所有未被约束的 j 个参数都进行类似的探查后，求得 $\boldsymbol{T}_{1j}$。

第二个基点 $\boldsymbol{B}_2 = \boldsymbol{T}_{1j}$。

5）继续求基点

第一个基点 $\boldsymbol{B}_1$ 和第二个基点 $\boldsymbol{B}_2$ 确立了第一个模矢，将第一个模矢延长一倍，得到第二个模矢的初始点 $\boldsymbol{T}_{20}$：

$$\boldsymbol{T}_{20} = \boldsymbol{B}_1 + 2(\boldsymbol{B}_2 - \boldsymbol{B}_1) = 2\boldsymbol{B}_2 - \boldsymbol{B}_1 \tag{5.5}$$

在 $\boldsymbol{T}_{20}$ 附近进行同前面类似的探索，求出第三个基点 $\boldsymbol{B}_3$。这样 $\boldsymbol{B}_2$、$\boldsymbol{B}_3$ 就确立了第三个模矢：

$$\boldsymbol{T}_{30} = \boldsymbol{B}_2 + 2(\boldsymbol{B}_3 - \boldsymbol{B}_2) = 2\boldsymbol{B}_3 - \boldsymbol{B}_2 \tag{5.6}$$

6）求参数结束准则

对于第 i 个模矢，如 $s \in (\boldsymbol{T}_{ik}, k = 1, j) > s \in (\boldsymbol{B}_i)$，则在 $\boldsymbol{B}_i$ 附近进行探索，如能得出新的下降点，即可引出新的模矢，将步长缩小以进行更精细的探查；当步长缩小到要求的精度时，求参结束。

由于为求取开采沉陷参数而构筑的误差函数是一个较复杂的目标函数，为防止把局部极值误认为全局最优值，应从任意选取的不同起始点开始至少进行两次求参，如它们都求得同一组参数，则所求参数值就是最优参数。

5.1.4 曲线最佳拟合法

在研究地表沉陷规律的过程中，数据主要是通过观测站观测采集的方法获得，对观测数据的分析和计算有多种建模方法，但无论哪一类方法都有对曲线的处理问题。由于观测站所采集的数据都只能是曲线上的有限个点，因此对曲线的处理也有两类方法：一类是将这些有限个点当做无误差的状态来处理，即采用插值的方法；另一类是将这有限个点当做有误差的状态来处理，即采用拟合的方法。

对于曲线拟合的数学模型有许多种，由于所选函数的不同，会产生不同的拟合效果，需要人们按最优原则选择最佳拟合函数。此外，曲线拟合的误差分为两部分，一部分是拟合模型的误差（系统误差），另一部分是拟合数据的偶然误差。对于最佳拟合，应综合考虑这两类的联合影响，希望能将模型误差和测量误差对曲线拟合的影响减至最小。

1. 基本理论

设拟合曲线的理论线性模型为

$$\begin{cases} \underset{n\times t}{\boldsymbol{Y}} = \underset{n\times t}{\boldsymbol{X}}\beta + \underset{n\times t}{\boldsymbol{\varepsilon}} + \underset{n\times t}{\boldsymbol{\Delta}} \\ \boldsymbol{D} = \sigma^2 \boldsymbol{I} \end{cases} \tag{5.7}$$

式中，$\boldsymbol{X}$、$\boldsymbol{Y}$ 分别为拟合曲线的横纵坐标；β 为拟合曲线的参数；ε 为曲线拟合的模型误差；$\boldsymbol{\Delta}$ 为曲线拟合数据 $\boldsymbol{Y}$ 的偶然误差，且 $E(\Delta) = 0$；n 为拟合曲线的观测个数；t 为拟合曲线 的参数个数；D 为曲线方差；$\boldsymbol{\sigma}^2$ 为观测数据方差；$\boldsymbol{I}$ 为单位矩阵。

实际拟合曲线方程一般总是不考虑模型误差 $\boldsymbol{\varepsilon}$，采用最小二乘原则求解得

$$\bar{\boldsymbol{\beta}} = (\boldsymbol{X}^{\mathrm{T}}\boldsymbol{X})^{-1}\boldsymbol{X}^{\mathrm{T}}\boldsymbol{Y} \tag{5.8}$$

曲线拟合方程在理论上应该是 $\boldsymbol{Y} = \boldsymbol{X}\beta + \boldsymbol{\varepsilon}$，而实际拟合的方程却是 $\boldsymbol{Y} = \boldsymbol{X}\bar{\boldsymbol{\beta}}$。显然，两者之差就是实际拟合方程的误差，设此差数为 $\boldsymbol{\delta}$，则有

$$\boldsymbol{\delta} = \boldsymbol{X\beta} + \boldsymbol{\varepsilon} - \boldsymbol{X}\bar{\boldsymbol{\beta}} = \boldsymbol{X}(\boldsymbol{\beta} - \bar{\boldsymbol{\beta}}) + \boldsymbol{\varepsilon} \tag{5.9}$$

将式(5.7)代入式(5.8)，再代入式(5.9)得

$$\boldsymbol{\delta} = (\boldsymbol{I} - \boldsymbol{X}(\boldsymbol{X}^{\mathrm{T}}\boldsymbol{X})^{-1}\boldsymbol{X}^{\mathrm{T}})\boldsymbol{\varepsilon} - \boldsymbol{X}(\boldsymbol{X}^{\mathrm{T}}\boldsymbol{X})^{-1}\boldsymbol{X}^{\mathrm{T}}\boldsymbol{\Delta} = \boldsymbol{R\varepsilon} - \boldsymbol{J\Delta} \tag{5.10}$$

式中，$\boldsymbol{J} = \boldsymbol{X}(\boldsymbol{X}^{\mathrm{T}}\boldsymbol{X})^{-1}\boldsymbol{X}^{\mathrm{T}}$；$\boldsymbol{R} = \boldsymbol{I} - \boldsymbol{J}$。

从式(5.10)中可以清楚地看到，曲线拟合的误差受两部分影响，一部分是受模型误差 $\boldsymbol{\varepsilon}$ 的影响；另一部分是受观测数据偶然误差 $\boldsymbol{\Delta}$ 的影响。

当综合考虑模型误差和偶然误差的联合影响时，曲线拟合方程偏差精确度的衡量应采用均方误差，即

$$\mathrm{MSE}(\boldsymbol{\delta}) = \mathrm{E}(\boldsymbol{\beta}^{\mathrm{T}}\boldsymbol{\beta}) \tag{5.11}$$

式中，E 为期望。

由式(5.10)推导可得

$$\mathrm{MSE}(\boldsymbol{\delta}) = \mathrm{E}(\boldsymbol{\beta}^{\mathrm{T}}\boldsymbol{\beta}) = \mathrm{E}(\boldsymbol{\varepsilon}^{\mathrm{T}}\boldsymbol{R\varepsilon}) + \mathrm{E}(\boldsymbol{\Delta}^{\mathrm{T}}\boldsymbol{J\Delta}) = \boldsymbol{\varepsilon}^{\mathrm{T}}\boldsymbol{R\varepsilon} + t\boldsymbol{\sigma}^{2} \tag{5.12}$$

以上推导出的式(5.12)为计算 $\mathrm{MSE}(\boldsymbol{\delta})$ 的理论公式，式中的模型误差 $\boldsymbol{\varepsilon}$ 未知，不便应用。为此，需要导出实用的公式以利于均方误差的计算。

由式(5.7)构成的残差表达式为

$$\boldsymbol{V} = \boldsymbol{X}\bar{\boldsymbol{\beta}} - \boldsymbol{Y} = \boldsymbol{X}(\bar{\boldsymbol{\beta}} - \boldsymbol{\beta}) - \boldsymbol{\varepsilon} - \boldsymbol{\Delta} = -\boldsymbol{\delta} - \boldsymbol{\Delta} \tag{5.13}$$

将式(5.10)代入式(5.13)得

$$\boldsymbol{V} = -\boldsymbol{\delta} - \boldsymbol{\Delta} = -\boldsymbol{R\varepsilon} - (\boldsymbol{I} - \boldsymbol{J})\boldsymbol{\Delta} = -\boldsymbol{R\varepsilon} - \boldsymbol{R\Delta} \tag{5.14}$$

则可求出

$$\boldsymbol{\varepsilon}^{\mathrm{T}}\boldsymbol{R\varepsilon} = \boldsymbol{V}^{\mathrm{T}}\boldsymbol{V} - (n-t)\boldsymbol{\sigma}^{2} \tag{5.15}$$

将式(5.15)代入式(5.12)得均方误差的使用公式：

$$\begin{aligned}\mathrm{MSE}(\boldsymbol{\delta}) &= \boldsymbol{\varepsilon}^{\mathrm{T}}\boldsymbol{R\varepsilon} + \mathrm{E}(\boldsymbol{\Delta}^{\mathrm{T}}\boldsymbol{J\Delta}) = \boldsymbol{V}^{\mathrm{T}}\boldsymbol{V} - (n-t)\boldsymbol{\sigma}^{2} + t\boldsymbol{\sigma}^{2} \\ &= \boldsymbol{V}^{\mathrm{T}}\boldsymbol{V} + (2t-n)\boldsymbol{\sigma}^{2}\end{aligned} \tag{5.16}$$

对各拟合方程的均方误差进行比较，选取 $\mathrm{MSE}(\boldsymbol{\delta})$ 为最小的方程，即为最佳曲线拟合方程。

2. 拟合误差的区间估计和不确定度

经过拟合模型的优选，使模型误差 $\boldsymbol{\varepsilon}$ 对拟合方程的影响与观测误差影响相当，当模型误差不显著时，由式(5.9)知拟合误差应为

$$\boldsymbol{\delta} = \boldsymbol{J\Delta} \tag{5.17}$$

设 $\boldsymbol{\Delta} \sim N(0, \boldsymbol{\sigma}^2)$，则拟合误差的分布为 $\boldsymbol{\delta} \sim N(0, \boldsymbol{\sigma}^2 \boldsymbol{J})$

为了检验和度量拟合误差的大小，可采用 Cook 距离

$$\boldsymbol{D}(\boldsymbol{MC}) = \frac{(\bar{\boldsymbol{Y}} - \boldsymbol{Y})^{\mathrm{T}} \boldsymbol{M} (\bar{\boldsymbol{Y}} - \boldsymbol{Y})}{\boldsymbol{C}} \tag{5.18}$$

它实际上是带权 $\dfrac{\boldsymbol{M}}{\boldsymbol{C}}$ 的偏差 $(\bar{\boldsymbol{Y}} - \boldsymbol{Y})$ 的平方和，是一种惯用的度量某种偏差的方法。

Cook 距离长短刻画了其影响的强度。对于 $\boldsymbol{\delta} = \boldsymbol{X\beta} - \boldsymbol{X}\bar{\boldsymbol{\beta}}$ 而言，令 $\boldsymbol{M} = \boldsymbol{J}^{+} = \boldsymbol{J}, \boldsymbol{C} = t\bar{\boldsymbol{\sigma}}^2 = \dfrac{t}{n-t} \boldsymbol{V}^{\mathrm{T}} \boldsymbol{V}$

则有 Cook 距离

$$\boldsymbol{D}(\boldsymbol{J} t \bar{\boldsymbol{\sigma}}^2) = \frac{\boldsymbol{\delta}^{\mathrm{T}} \boldsymbol{J} \boldsymbol{\delta}}{t \bar{\boldsymbol{\sigma}}^2} \tag{5.19}$$

于是可得在选定 α 下的拟合误差带权平方和的区间估计式为

$$\boldsymbol{\delta}^{\mathrm{T}} \boldsymbol{J} \boldsymbol{\delta} < \boldsymbol{F}_{\alpha(t,n-t)} t \bar{\boldsymbol{\sigma}}^2 \tag{5.20}$$

式(5.20)两边均除以 $\boldsymbol{R}(\boldsymbol{J}) = t$ 并开方，得

$$\bar{\boldsymbol{\sigma}}_{\boldsymbol{\delta}} = \sqrt{\frac{\boldsymbol{\delta}^{\mathrm{T}} \boldsymbol{J} \boldsymbol{\delta}}{t}} < \sqrt{\boldsymbol{F}_{\alpha(t,n-t)}}\, \bar{\boldsymbol{\sigma}} \tag{5.21}$$

即为 $\bar{\boldsymbol{\sigma}}_{\boldsymbol{\delta}}$ 的区间估计式。在给定显著水平 $\boldsymbol{\sigma}$ 下，其最大值即为拟合误差的不确定度

$$\boldsymbol{U}_{\boldsymbol{\delta}} = \sqrt{\boldsymbol{F}_{\alpha(t,n-t)}}\, \bar{\boldsymbol{\sigma}} \tag{5.22}$$

5.1.5　覆岩移动的模式识别与参数识别

对于岩移观测站的资料缺乏或只有浅部观测资料的部分矿区，可以采用煤层覆岩的模型识别与参数识别的方法，反演求得地表移动变形的参数值。

由于岩体的非匀质性及复杂多变的工程地质条件，致使通过岩块物理力学试验为数值计算提供可靠的计算参数变得十分困难，并且差异性较大。岩体的力学性质及原始地应力状态等参数是数值计算方法能够成功的关键。而试图通过改进

试验技术和采用新的试验手段以解决有关岩体工程设计参数选取问题是困难的。参数辨识方法就是把开采引起的顶底板岩层及地表移动变形过程看做一个复杂的系统，把地表位移测量结果视为该系统的输出，把各岩层的力学参数（弹性模量、泊松比）视为该系统的输入。通过已知的输出——地表移动变形的观测值，来计算该地质采矿条件下各岩层的等效力学参数。

模拟以线弹性力学为基础，采用一维非零元素存贮方式，外加运用超松弛迭代法解方程组，使计算的节点尽可能多。在模型的边界处理上，上边界为自由边界；下边界在垂直方向和水平方向均采用固定支座；左右边界在垂直方向上采用自由支座，水平方向上采用固定支座，采空区冒落带作为一种起支撑作用的材料，表土视为横观各向同性材料，其他各岩层视为各向同性材料。

利用地表移动变形观测资料（主要是下沉曲线），通过参数辨识方法，反求采区地质开采条件下的覆岩等效岩体力学参数。用概率积分法在该地质采矿条件下达到充分采动时，沿走向主断面做一剖面进行预计，画出该剖面的下沉曲线，然后建立数值计算模型，来拟合该下沉曲线，当所得到的下沉曲线与概率积分法所得下沉曲线一致时，各岩层的力学参数即为反映该地质采矿条件下的等效力学参数。

例如，莱芜煤田鄂庄矿，在中等深度开采（300～500m）条件下，比较好地获得了计算地表移动变形参数值，但随着矿井向深部的开拓，地表移动变形特征及数值可能有所变化。为了获得深部的预测参数值，采用模型识别与参数识别的方法。通过把地层情况简化，反演出典型的岩体力学等效分析参数，见表5.1。

表5.1　鄂庄煤矿岩体力学等效分析参数

岩性	弹性模量/GPa	抗压强度/MPa	泊松比	容重/(10^4N/m^3)
黏土质粉砂岩	0.89	15.7	0.23	2.4
页岩	0.78	14.5	0.23	2.4
砂、页岩	1.04	18.6	0.24	2.4
中细砂岩	1.97	23.7	0.26	2.5
中粗砂岩	1.44	49.3	0.28	2.6
破碎矸石	0.03	10.6	0.01	2.0

5.2　地表移动变形计算方法

地表移动预计是矿井特殊开采的重要内容，利用预计的结果可以定量地研究受采动影响的岩层与地表移动在时间上和空间上的分布规律，对指导“三下”开采实践具有重要作用。

在开采沉陷众多的预计方法中，概率积分法是目前我国用于开采沉陷预计最为广泛的方法。概率积分法因其所选用的移动和变形预计公式中含有概率积分(或其导数)而得名,由于这种方法的基础理论是随机介质理论,所以又叫随机介质理论法[6]。随机介质理论首先由波兰学者李特威尼申(Litwiniszyn)于20世纪50年代引入地表移动变形计算,其次由我国的刘宝琛院士和廖国华教授发展为概率积分法[7,8]。经过我国开采沉陷研究工作者几十年来的研究,目前该方法已成为我国最为成熟、应用最为广泛的预计方法。在1985年国家煤炭工业部颁布的《建筑物、水体、铁路及主要巷道煤柱留设与压煤开采规程》(简称“三下”采煤规程)中,以随机介质理论为基础的概率积分法作为主要的预计方法,并给出全国各矿区地表移动预计的概率积分法参数,这进一步推动了概率积分法在我国煤炭行业开采沉陷计算中的应用。在2000年该规程的修订版中更进一步地唯一推荐收录了概率积分法[9]。

应用概率积分法进行开采沉陷的动态计算,先假设不同时间段的采矿体是瞬间采出的,此时地表的下沉可用下列微分方程表示:

$$\frac{\mathrm{d}w(t)}{\mathrm{d}t}=c(w_k-w(t)) \tag{5.23}$$

式中,w_k 为某一点的最终下沉;$w(t)$ 为某点在 t 时刻的下沉;c 为与岩性有关的下沉速度系数。

用这一方程来描述地表移动的时间过程,与实际效果符合得较好。经实践统计和理论分析得出下沉速度系数与概率积分参数、采深及工作面推进速度之间的关系:

$$c=\frac{a\times v}{r}=\frac{a\times v\times \tan\beta}{H} \tag{5.24}$$

式中,a 为无量纲常数,一般地质采矿条件下该数等于2,巨厚冲积层地区小于2;v 为工作面推进速度,单位为m/d;r 为主要影响半径,单位为m;H 为开采深度,单位为m。

以计算下沉值为例,说明开采沉陷动态预计的过程。设某一工作面在 t_s 时刻开始回采,到 t_e 时刻结束,开采推进速度为 v,要预计地表点 P 在 t 时刻的下沉,那么需要完成以下工作。

(1) 判断 t 与 t_s 及 t_e 之间的关系。若 $t\leqslant t_s$,该工作面到 t 时刻尚未开采;$t_s<t<t_e$,工作面已开采了距开切眼 $v\times(t-t_s)$ 的距离;$t\geqslant t_e$,该工作面已全部采完。

(2) 将已开采范围平行于工作面划分足够小的 m 个小矩形工作面,其中第 i 个小矩形工作面的开采时刻为 t_i,采深为 H_i,开采速度为 v,主要影响角正切为 $\tan\beta$,下沉速度系数 $c_i=2.0\times v\times\tan\beta/H_i$。该小矩形工作面引起的 P 点在 t 时刻的下沉值 $W_{it}(x,y)$:

$$W_{it}(x,y)=W_{i0}(x,y)(1-\mathrm{e}^{-c_i(t-t_i)}) \tag{5.25}$$

(3) 整个工作面开采范围引起 P 点在 t 时刻的下沉 $W_{pt}(x,y)$，采用叠加的方法求得

$$W_{pt}(x,y)=\sum_{i=1}^{m}W_{it}(x,y)=\sum_{i=1}^{m}W_{i0}(x,y)(1-\mathrm{e}^{-c_i(t-t_i)}),\quad i=1,2,\cdots,m \tag{5.26}$$

同理可求得其他移动变形值。

当将工作面划分成足够小的许多矩形工作面时，要满足预计的精度和尽量减小计算机的运算量。已有观测成果的工作面计算结果表明，小工作面的尺寸控制在 $0.1H_{\min}\times0.1H_{\min}$ 左右比较适当，$H_{\min}$ 为预计工作面的最小采深。以上整个过程均由计算机自动处理。

开采沉陷计算过程的计算前、计算中和计算后处理数据传递和交换流程如图 5.1 所示。

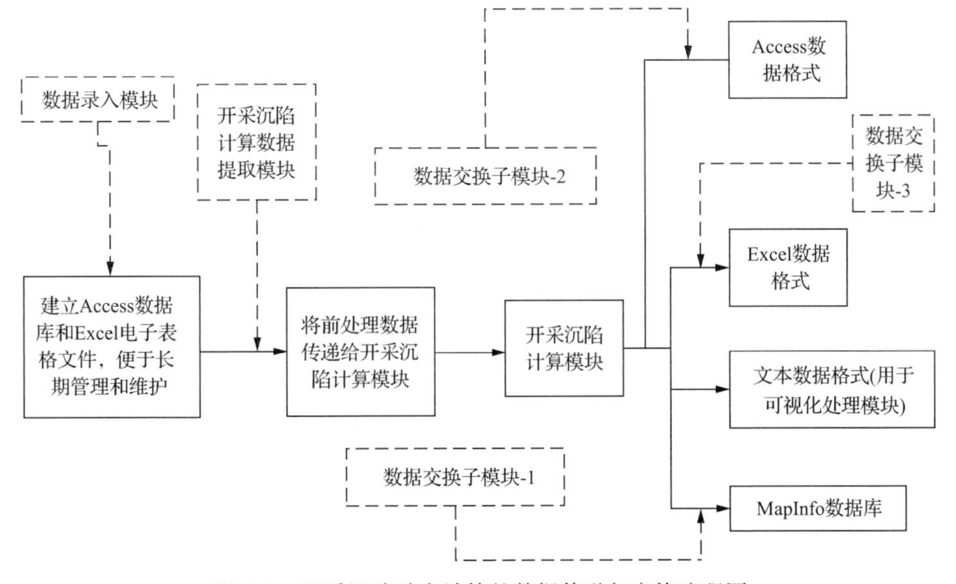

图 5.1　开采沉陷动态计算的数据传递与交换流程图

5.2.1　地表移动与变形计算方法

1. 地表移动与变形最大值计算

地表移动与变形最大值预计是指地下开采引起的地表移动变形最大值及其出现位置和方向的预计，通常包括最大下沉值、最大倾斜变形值、最大曲率变形值、最

大水平移动值和最大水平变形值。

1）地表最大下沉值

在充分采动条件下，地表最下沉大值为

$$W_{cm} = qm\cos\alpha \tag{5.27}$$

在非充分采动条件下，地表最大下沉值为

$$W_{fm} = qm\cos\alpha \cdot n \tag{5.28}$$

式中，W_{cm} 为充分采动条件下地表最大下沉值，单位为 mm；W_{fm} 为非充分采动条件下地表最大下沉值，单位为 mm；q 为充分采动条件下的下沉系数，无量纲；m 为煤层法向开采厚度，单位为 mm；α 为煤层倾角，单位为(°)。n 为地表充分采动系数，其数值按下式确定：$n = \sqrt{n_1 \cdot n_3}$，$n_1 = k_1 \dfrac{D_1}{H_0}$，$n_3 = k_3 \dfrac{D_3}{H_0}$（$n_1$ 和 n_3 大于 1 时取 1），其中 k_1、k_3 分别为与覆岩岩性有关的系数，坚硬岩层中 k_1、$k_3 = 0.7$，中硬岩层中 k_1、$k_3 = 0.8$，软弱岩层中 k_1、$k_3 = 0.9$；D_1、D_3 分别为倾向及走向工作面长度，单位为 m；H_0 为工作面平均开采深度，单位为 m。

2）地表最大水平移动值

沿煤层走向方向的最大水平移动值为

$$U_{cm} = bW_{cm} \tag{5.29}$$

式中，U_{cm} 为充分开采的最大水平移动值，单位为 mm；b 为水平移动系数，一般 $b = 0.2 \sim 0.4$。

沿煤层倾斜方向的最大水平移动值为

$$U_{cm} = b(\alpha)W_{cm} \tag{5.30}$$

或者

$$U_{cm} = (b + 0.7P)W_{cm}$$
$$P = \tan\alpha - \frac{h}{H_0 - h} \tag{5.31}$$

式中，h 为表土层厚度，单位为 m；P 为冲积层系数，当计算 $P < 0$ 时，取 $P = 0$。

3）地表最大倾斜变形值

在充分采动条件下，地表最大倾斜变形值为

$$i_{cm} = \frac{W_{cm}}{r} \tag{5.32}$$

式中，i_{cm} 为充分开采的最大倾斜变形，单位为 mm/m；$r = \dfrac{H}{\tan\beta}$；$\tan\beta$ 一般为 1.5～2.5。

4）地表最大曲率变形值

在充分采动条件下，地表最大曲率变形值为

$$K_{cm} = 1.52 \frac{W_{cm}}{r^2} \tag{5.33}$$

式中，K_{cm} 为充分开采的最大曲率变形，单位为 $10^{-3}/m$。

5）地表最大水平变形值

在充分采动条件下，地表最大水平变形值为

$$\varepsilon_{cm} = 1.52 \cdot b \cdot \frac{W_{cm}}{r} \tag{5.34}$$

式中，ε_{cm} 为充分开采的最大水平变形，单位为 mm/m。

2. 概率积分法的计算方法

1）全盆地的移动与变形计算公式

（1）下沉：

$$W(x,y) = W_{cm}\iint\limits_D \frac{1}{r^2} \cdot e^{-\pi\frac{(\eta-x)^2+(\xi-y)^2}{r^2}} d\eta d\xi \tag{5.35}$$

（2）倾斜：

$$i_x(x,y) = W_{cm}\iint\limits_D \frac{2\pi(\eta-x)}{r^4} \cdot e^{-\pi\frac{(\eta-x)^2+(\xi-y)^2}{r^2}} d\eta d\xi \tag{5.36}$$

$$i_y(x,y) = W_{cm}\iint\limits_D \frac{2\pi(\xi-y)}{r^4} \cdot e^{-\pi\frac{(\eta-x)^2+(\xi-y)^2}{r^2}} d\eta d\xi \tag{5.37}$$

（3）曲率：

$$K_x(x,y) = W_{cm}\iint\limits_D \frac{2\pi}{r^4}\left[\frac{2\pi(\eta-x)^2}{r^2} - 1\right] \cdot e^{-\pi\frac{(\eta-x)^2+(\xi-y)^2}{r^2}} d\eta d\xi \tag{5.38}$$

$$K_y(x,y) = W_{cm}\iint\limits_D \frac{2\pi}{r^4}\left[\frac{2\pi(\xi-y)^2}{r^2} - 1\right] \cdot e^{-\pi\frac{(\eta-x)^2+(\xi-y)^2}{r^2}} d\eta d\xi \tag{5.39}$$

（4）水平移动：

$$U_x(x,y) = U_{cm}\iint\limits_D \frac{2\pi(\eta-x)}{r^3} \cdot e^{-\pi\frac{(\eta-x)^2+(\xi-y)^2}{r^2}} d\eta d\xi \tag{5.40}$$

$$\begin{aligned} U_y(x,y) = {} & U_{cm}\iint\limits_D \frac{2\pi(\xi-y)}{r^3} \cdot e^{-\pi\frac{(\eta-x)^2+(\xi-y)^2}{r^2}} d\eta d\xi \\ & + W(x,y)\cot\theta_0 \end{aligned} \tag{5.41}$$

(5) 水平变形：

$$\varepsilon_x(x,y)=U_{cm}\iint_D \frac{2\pi}{r^3}\left[\frac{2\pi(\eta-x)^2}{r^2}-1\right]\cdot e^{-\pi\frac{(\eta-x)^2+(\xi-y)^2}{r^2}}d\eta d\xi \tag{5.42}$$

$$\varepsilon_y(x,y)=U_{cm}\iint_D \frac{2\pi}{r^3}\left[\frac{2\pi(\xi-y)^2}{r^2}-1\right]\cdot e^{-\pi\frac{(\eta-x)^2+(\xi-y)^2}{r^2}}d\eta d\xi + i_y(x,y)\cot\theta_0 \tag{5.43}$$

式中，x，y 为计算点相对坐标(考虑拐点偏移距)，单位为 m；D 为开采煤层区域；θ_0 为开采影响传播角，单位为(°)。

2) 缓倾斜煤层($\alpha<15°$)非充分开采时矩形工作面下沉盆地全盆地的移动与变形值计算公式

(1) 下沉：

$$W(x,y)=W_3(x)-W_4(x-l)\cdot[W_1(y)-W_2(y-L)] \tag{5.44}$$

(2) 倾斜：

$$i_x(x,y)=[i_3(x)-i_4(x-l)]\cdot[W_1(y)-W_2(y-L)] \tag{5.45}$$

$$i_y(x,y)=[W_3(x)-W_4(x-l)]\cdot[i_1(y)-i_2(y-L)] \tag{5.46}$$

(3) 曲率：

$$K_x(x,y)=[K_3(x)-K_4(x-l)]\cdot[W_1(y)-W_2(y-L)] \tag{5.47}$$

$$K_y(x,y)=[W_3(x)-W_4(x-l)]\cdot[K_1(y)-K_2(y-L)] \tag{5.48}$$

(4) 水平移动：

$$U_x(x,y)=[U_3(x)-U_4(x-l)]\cdot[W_1(y)-W_2(y-L)] \tag{5.49}$$

$$U_y(x,y)=[W_3(x)-W_4(x-l)]\cdot[U_1(y)-U_2(y-L)] \tag{5.50}$$

(5) 水平变形：

$$\varepsilon_x(x,y)=[\varepsilon_3(x)-\varepsilon_4(x-l)]\cdot[W_1(y)-W_2(y-L)] \tag{5.51}$$

$$\varepsilon_y(x,y)=[W_3(x)-W_4(x-l)]\cdot[\varepsilon_1(y)-\varepsilon_2(y-L)] \tag{5.52}$$

式中，W_1、W_2、W_3 和 W_4 分别为工作面下山、上山、左侧和右侧的半无限开采下沉值，$W_i(x)=W_{cm}\int_x^{\infty}\frac{1}{r}\cdot e^{-\pi\frac{x^2}{r^2}}dx$；$U_1$、$U_2$、$U_3$ 和 U_4 分别为工作面下山、上山、左侧和右侧的半无限开采水平移动值，$U_i(x)=U_{cm}\int_x^{\infty}\frac{1}{r}\cdot e^{-\pi\frac{x^2}{r^2}}dx$；$l$ 为走向计算长度，

单位为 m，$l=D_3-S_3-S_4$；L 为倾向计算长度，单位为 m，$L=(D_1-S_1-S_2)\cdot\dfrac{\sin(\theta_0+\alpha)}{\sin\theta_0}$；$D_1$ 和 D_3 分别为工作面沿倾向和沿走向方向的实际长度，单位为 m；S_1、S_2、S_3 和 S_4 分别为工作面下山、上山、左侧和右侧的拐点偏移距离，单位为 m。

3) 倾斜煤层（$\alpha>15°$）和急倾斜煤层（$\alpha<75°$）地表下沉盆地的移动与变形计算公式

(1) 下沉：

$$W(x,y)=W_{cm}\sum_{i=1}^{n}\int_{L_i}\frac{1}{2\cdot r}\cdot\mathrm{erf}\left(\sqrt{\pi}\,\frac{\eta-x}{r}\right)\cdot e^{-\pi\frac{(\xi-y)^2}{r^2}}\mathrm{d}\xi \tag{5.53}$$

(2) 倾斜：

$$i_x(x,y)=W_{cm}\sum_{i=1}^{n}\frac{1}{r^2}\cdot e^{-\pi\frac{(\eta-x)^2+(\xi-y)^2}{r^2}}\mathrm{d}\xi \tag{5.54}$$

$$i_y(x,y)=W_{cm}\sum_{i=1}^{n}\int_{L_i}\frac{-\pi\cdot(\xi-y)}{r^2}\cdot\mathrm{erf}\left(\sqrt{\pi}\,\frac{\eta-x}{r}\right)\cdot e^{-\pi\frac{(\xi-y)^2}{r^2}}\mathrm{d}\xi \tag{5.55}$$

(3) 曲率：

$$K_x(x,y)=W_{cm}\sum_{i=1}^{n}\int_{L_i}\frac{-2\pi}{r^2}\cdot\frac{\eta-x}{r}\cdot e^{-\pi\frac{(\eta-x)^2+(\xi-y)^2}{r^2}}\mathrm{d}\xi \tag{5.56}$$

$$K_y(x,y)=W_{cm}\sum_{i=1}^{n}\int_{L_i}\frac{\pi}{r^3}\left[\frac{2\pi(\xi-y)^2}{r^2}-1\right]\cdot\mathrm{erf}\left(\sqrt{\pi}\,\frac{\eta-x}{r}\right)\cdot e^{-\pi\frac{(\xi-y)^2}{r^2}}\mathrm{d}\xi \tag{5.57}$$

(4) 水平移动：

$$U_x(x,y)=U_{cm}\sum_{i=1}^{n}\int_{L_i}\frac{1}{r^2}\cdot e^{-\pi\frac{(\eta-x)^2+(\xi-y)^2}{r^2}}\mathrm{d}\xi \tag{5.58}$$

$$U_y(x,y)=U_{cm}\sum_{i=1}^{n}\int_{L_i}\frac{-\pi(\xi-y)}{r^2}\cdot\mathrm{erf}\left(\sqrt{\pi}\,\frac{\eta-x}{r}\right)\cdot e^{-\pi\frac{(\xi-y)^2}{r^2}}\mathrm{d}\xi+W(x,y)\cot\theta_0 \tag{5.59}$$

(5) 水平变形：

$$\varepsilon_x(x,y)=U_{cm}\sum_{i=1}^{n}\int_{L_i}\frac{-2\pi}{r^2}\cdot\frac{\eta-x}{r}\cdot e^{-\pi\frac{(\eta-x)^2+(\xi-y)^2}{r^2}}\mathrm{d}\xi \tag{5.60}$$

$$\varepsilon_y(x,y)=U_{cm}\sum_{i=1}^{n}\int_{L_i}\frac{-\pi}{r^2}\cdot\frac{\xi-y}{r}\cdot\mathrm{erf}\left(\sqrt{\pi}\,\frac{\eta-x}{r}\right)\cdot e^{-\pi\frac{(\xi-y)^2}{r^2}}\cdot\mathrm{d}\xi+i_y(x,y)\cot\theta_0 \tag{5.61}$$

式中，r 为等价计算工作面的主要影响半径；L_i 为等价计算工作面各边界的直线段。

3. 地表移动动态变形计算方法

地表最大下沉速度计算公式为

$$V_{fm} = K\frac{CW_{fm}}{H_0} \tag{5.62}$$

式中，V_{fm} 为地表最大下沉速度，单位为 mm/d；K 为下沉速度系数；C 为工作面推进速度，单位为 m/d。

地表移动延续时间可根据最大下沉点的下沉与时间关系曲线和下沉速度曲线分析计算，如图 5.2 所示。

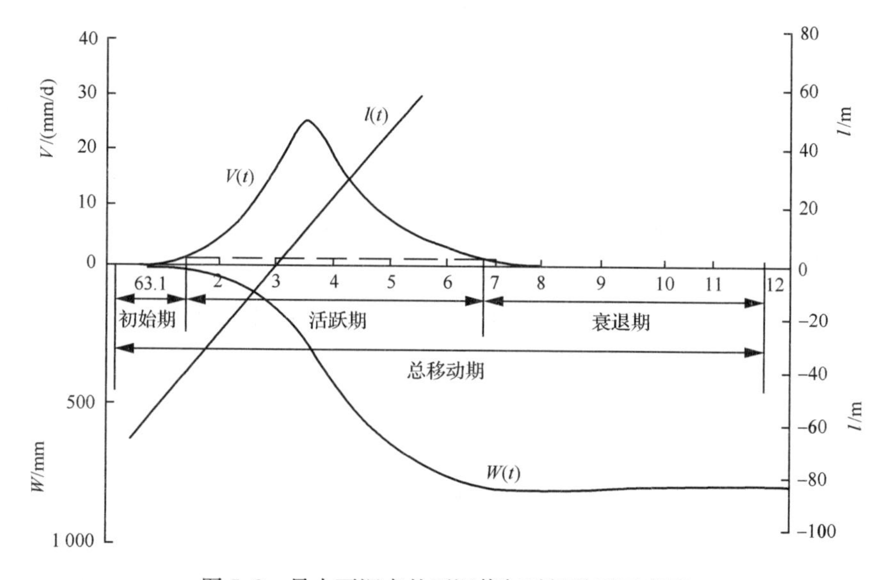

图 5.2　最大下沉点的下沉值与时间关系示意图

地表移动期分为：①下沉 10mm 时为移动期开始时间。②连续 6 个月下沉值不超过 30mm 时，认为地表移动稳定。③称从地表移动期开始到稳定的整个时间为地表移动的延续时间。④在移动过程的延续时间内，称地表下沉速度大于 50mm/月（大于 1.7mm/d）的时间为活跃期；称从地表移动期开始到活跃期开始的阶段为初始期；称从活跃期结束到移动稳定的阶段为衰退期。地表移动的各个时期的确定方法如图 5.2 所示。

地表移动延续时间可根据矿区实测资料确定。无实测资料时，地表移动的延续时间计算公式为

$$T = 2.5H_0, \quad 当\ H_0 \leqslant 400\text{m}\ 时 \tag{5.63}$$

$$T = 1\,000\exp\left(1 - \frac{400}{H_0}\right), \quad 当\ H_0 > 400\text{m}\ 时 \tag{5.64}$$

式中，T 为地表移动延续时间，单位为 d。

地表动态下沉值可采用下沉曲线时间函数积分进行计算：

$$W(x,y)_t = W(x,y) \cdot \frac{W(t)}{W_{\max}} = \frac{W(x,y)}{W_{\max}} \int_0^t V(t)\mathrm{d}t \tag{5.65}$$

5.2.2 地表移动计算原则

1. 计算原则

(1) 叠加原则：对于多煤层、多工作面开采，地表移动与变形计算采用叠加原理计算。

(2) 计算块段划分原则：计算块段可按实际开采工作面划分，也可将邻近的工作面进行合并；对于倾角、采厚变化较大的工作面应分割划分。

(3) 计算参数选取原则：计算参数需依据预计区的地质采矿条件确定。对已有实测资料的矿区，应先参考本区的预测参数；没有实测资料的矿区，可参考地质采矿条件类似的矿区的预测参数。

2. 符号取值原则

(1) 地表下沉取正，隆起取负。

(2) 地表倾斜：向上山方向倾斜为正，向下山方向倾斜为负；(倾斜方向指向下方)向右倾斜为正，向左倾斜为负。

(3) 地表曲率：地表下沉曲线上凸为正，下凹为负。

(4) 地表水平移动：向上山方向移动为正，向下山方向移动为负；(倾斜方向指向下方)向右移动为正，向左移动为负。

(5) 地表水平变形：拉伸为正，压缩为负。

3. 数据取位原则

地质采矿条件数据取位要求见表 5.2。

表 5.2　地质采矿条件数据取位要求

名称	采深/m	采厚/m	煤层倾角/(°)	工作面角点坐标/m	预计点坐标/m	方位角/(°)
取位	1	0.01	0.1	0.1	0.1	0.1

计算参数数据取位要求见表 5.3。

表 5.3　计算参数数据取位要求

名称	下沉系数 q	水平移动系数 b	采动程度系数 n_1、n_3	主要影响角正切 $\tan\beta$	长度参数	角值参数
取位	0.01	0.01	0.01	0.01	0.1	0.1

计算结果数据取位要求见表 5.4。

表 5.4　计算结果数据取位要求

名称	下沉 /mm	水平移动 /mm	倾斜变形 /(mm/m)	曲率变形 /(10^{-3}/m)	水平变形 /(mm/m)	下沉速度 /(mm/d)
取位	1	1	0.1	0.01	0.1	0.1

4. 盆地边界确定原则

以下沉 10mm 确定地表移动盆地边界。

5.2.3　地表移动计算参数求取方法

1. 依据实测数据求取计算参数

1）下沉系数 q

充分采动时，地表最大下沉值 W_{cm} 与煤层法线采厚 m 在铅垂方向投影长度的比值被称为下沉系数。

$$q = \frac{W_{cm}}{M\cos\alpha} \tag{5.66}$$

2）水平移动系数 b

充分采动时，走向主断面上地表最大水平移动值 U_{cm} 与地表最大下沉值 W_{cm} 的比值被称为水平移动系数。

$$b = \frac{U_{cm}}{W_{cm}} \tag{5.67}$$

3）开采影响传播角 θ

充分采动时，倾向主断面上地表最大下沉值 W_{cm} 与该点水平移动值 U_{wcm} 比值的反正切为开采影响传播角。

$$\theta = \arctan\left(\frac{W_{cm}}{U_{wcm}}\right) \tag{5.68}$$

4）主要影响角正切 $\tan\beta$

$\tan\beta$ 为走向主断面上走向边界采深 H_z 与其主要影响半径 r_z 之比。

$$\tan\beta = \frac{H_z}{r_z} \tag{5.69}$$

充分采动时，走向主断面下沉值分别为 $0.16W_{cm}$ 和 $0.84W_{cm}$ 的点间距为 $0.8r_z$，即 $l = 0.8r_z$，由此得 $r_z = l/0.8$。

5）拐点偏移距 S

充分采动时，下沉盆地主断面下沉值为 $0.5W_{cm}$、最大倾斜和曲率为零的 3 个点的点位 x（或 y）的平均值 x_0（或 y_0）为拐点坐标。将 x_0（或 y_0）向煤层投影（走向断面按 90°、倾向断面按开采影响传播角 θ_0 投影），其投影点至采空区边界的距离为拐点偏距。拐点偏距分下山边界拐点偏距 S_1，上山边界拐点偏距 S_2，走向左边界拐点偏距 S_3 和走向右边界拐点偏距 S_4。

2. 依据岩性条件选取参数

对于无实测资料的矿区，可依据岩性条件选取地表移动计算参数，见表 5.5。

表 5.5　岩性与计算参数相关关系表

覆岩类型	覆岩性质		下沉系数	水平移动系数	主要影响角正切	拐点偏移距	开采影响传播角
	主要岩性	单向抗压强度/MPa					
坚硬	大部分以中生代地层硬砂岩、硬石灰岩为主，其他为砂质页岩、页岩、辉绿岩	>60	0.27～0.54	0.2～0.4	1.20～1.91	0.31～0.43	$90°-(0.7\sim0.8)\alpha$
中硬	大部分以中生代地层中硬砂岩、石灰岩、砂质页岩为主，其他为软砾岩、致密泥灰岩、铁矿石	10～60	0.55～0.84	0.2～0.4	1.92～2.40	0.08～0.30	$90°-(0.6\sim0.7)\alpha$
软弱	大部分以新生代地层砂质页岩、页岩、泥灰岩及黏土、砂质黏土等松散层为主	<10	0.85～1.00	0.2～0.4	2.41～3.54	0～0.07	$90°-(0.5\sim0.6)\alpha$

3. 依据地质、采矿条件选取计算参数

对于无实测资料的矿区，也可依据覆岩综合评价系数 P 及地质、开采技术条件来确定地表移动计算参数，分层岩性评价系数见表 5.6。覆岩综合评价系数 P

可按式(5.70)计算：

$$P=\frac{\sum_{1}^{n} m_i \cdot Q_i}{\sum_{1}^{n} m_i} \tag{5.70}$$

式中，m_i 为覆岩 i 分层的法线厚度，单位为 m；Q_i 为覆岩 i 分层的岩性评价系数，见表 5.6。

表 5.6　分层岩性评价系数表

岩性	单向抗压强度/MPa	岩性名称	初次采动 Q_0	重复采动 Q_1	重复采动 Q_2
坚硬	≥90	很硬的砂岩、石灰岩和黏土页岩、石英矿脉、很硬的铁矿石、致密花岗岩、角闪岩、辉绿岩	0.0	0.0	0.1
	80 70 60	硬的石灰岩、硬砂岩、硬大理石、不硬的花岗岩	0.0 0.05 0.1	0.1 0.2 0.3	0.4 0.5 0.6
中硬	50 40 30 20 >10	较硬的石灰岩、砂岩和大理石 普通砂岩、铁矿石 砂质页岩、片状砂岩 硬黏土质页岩、不硬的砂岩和石灰岩、软砾岩	0.2 0.4 0.6 0.8 0.9	0.45 0.7 0.8 0.9 1.0	0.7 0.95 1.0 1.0 1.1
软弱	≤10	各种页岩(不坚硬的)、致密泥灰岩 软页岩、很软石灰岩、无烟煤、普通泥灰岩 破碎页岩、烟煤、硬表土-粒质土壤、致密黏土 软砂质土、黄土、腐殖土、松散岩层	1.0	1.1	1.1

1) 下沉系数 q

$$q=0.5(0.9+P) \tag{5.71}$$

2) 主要影响角正切 $\tan\beta$

$$\tan\beta=(D-0.0032H)(1-0.0038\alpha) \tag{5.72}$$

式中，D 为岩性影响系数，其数值与综合评价系数 P 的关系见表 5.7。

表 5.7　岩性综合评价系数 P 与系数 D 的对应关系表

岩性	系数	1	2	3	4	5	6	7	8	9
坚硬	P	0.00	0.03	0.07	0.11	0.15	0.19	0.23	0.27	0.30
	D	0.76	0.82	0.88	0.95	1.01	1.08	1.14	1.20	1.25

续表

岩性	系数	1	2	3	4	5	6	7	8	9
中硬	P	0.30	0.35	0.40	0.45	0.50	0.55	0.60	0.65	0.70
	D	1.26	1.35	1.45	1.54	1.64	1.73	1.82	1.91	2.00
软弱	P	0.70	0.75	0.80	0.85	0.90	0.95	1.00	1.05	1.10
	D	2.00	2.10	2.20	2.30	2.40	2.50	2.60	2.70	2.80

3）开采影响传播角 θ_0

开采影响传播角 θ_0 与煤层倾角 α 的关系为

$$\alpha \leqslant 45° \text{时}, \theta_0 = 90° - 0.68\alpha \tag{5.73}$$

$$\alpha \geqslant 45° \text{时}, \theta_0 = 28.8° + 0.68\alpha \tag{5.74}$$

4）水平移动系数 b

开采水平煤层的水平移动系数 b 变化较小，一般 $b=0.3$，开采倾斜煤层的水平移动系数 b_c 为

$$b_c = b(1 + 0.0086\alpha) \tag{5.75}$$

5）拐点偏移距 S

坚硬、中硬和软弱覆岩的拐点偏移距分别为 $0.029H$、$0.177H$ 和 $0.358H$。

4. 特殊条件下沉系数选取

非充分采动下沉系数选取，当回采尺寸较小，或者回采尺寸较大，但当覆岩中存在厚硬典型关键层时，下沉系数和主要影响角正切应根据开采尺寸和关键层破断情况进行调整。条带开采下沉系数计算公式如下：

$$q_{条}/q_{全} = 4.25M^{-0.78}\rho^{2.13}\left(\frac{b}{H}\right)^{0.603} \tag{5.76}$$

$$q_{条}/q_{全} = 0.2663\mathrm{e}^{-0.5753M}\rho^{2.6887}\ln\left(\frac{bH}{a}\right) + 0.0336 \tag{5.77}$$

式中，$q_{条}$ 为条带开采下沉系数；$q_{全}$ 为全采下沉系数；ρ 为条带开采采出率，单位为%；b 为条带开采宽度，单位为 m；a 为条带开采留宽，单位为 m。

地表残余变形下沉系数计算公式如下：

$$q_{残} = (1-q)k\left(1 - \mathrm{e}^{-\left(\frac{50-t}{50}\right)}\right) \tag{5.78}$$

式中，$q_{残}$ 为残余下沉系数；k 为调整系数。

5.3 地表沉陷预测及损害评价可视化信息系统

5.3.1 地表沉陷预测可视化信息系统

煤矿产业的不断发展使采矿信息的种类和成分越来越复杂化和多元化，其中大部分都是地理信息。GIS(geographic information system)技术作为对空间分布及其有关信息进行存储、管理、分析的一项综合性技术，为煤矿企业生产、建设的定性、定量、定位化和科学化以及采矿信息的快速查询和分析提供了先进的技术手段。地表沉陷预测及损害评价可视化信息系统的研制基于 MAPGIS 地理信息系统平台，可实现对采矿引起的地表沉陷信息管理的自动化、科学化、高效化处理，提高岩移资料分析及计算的准确性和科学性，为建(构)筑物下压煤开采及塌陷地治理、补偿提供科学依据[10~15]。

1. 系统设计

1) 系统设计目标

系统的研制基于 MAPGIS 地理信息系统平台，是一种可实现对矿业生产引起的地表沉陷信息进行计算机管理与辅助决策的软件系统。它应用 GIS 技术进行数据采集、处理、分析与输出，并能方便地实现对地表沉陷测量数据的实时更新。其目标是：用计算机技术、GIS 技术、现代数据库及多媒体技术，实现采矿引起的地表沉陷信息管理的科学化和自动化，并能实时地对各种地表沉陷数据进行更新与分析，将这些数据以图形(立体图、剖面图)的方式显示出来，做各种应用分析，从而达到提高工作效率、科学制定决策及使用户受益的目的。

2) 系统的特点

(1) 通用性。

系统适用于生产矿井地测部门进行岩移信息的数据处理，根据实测值进行各种移动变形的计算，进而求出同类地质采矿技术参数情况下的各种预计参数，并对即将开采的煤层的地面下沉及各种移动变形值进行预计，最终根据实测值或预计值画出各种图形。

(2) 先进性。

系统由先进的地理信息系统平台 MAPGIS 及可视化编程工具 VB6.0 开发而成，可对各种地表移动图形进行编辑管理，可视性检索分析，并可对其进行三维模型显示、分析和飞行浏览。

(3) 易操作性。

系统所有功能全部利用菜单、工具条或对话框的形式实现，用户无需记任何命令就可完成本系统的所有功能操作。用户一般都能很容易掌握本系统的使用方法,发挥系统的正常作用。

3) 系统实现的功能

系统总共由五大模块组成。这五大模块分别是岩移数据、图形编辑、空间分析、输出和系统维护。系统结构如图5.3所示。

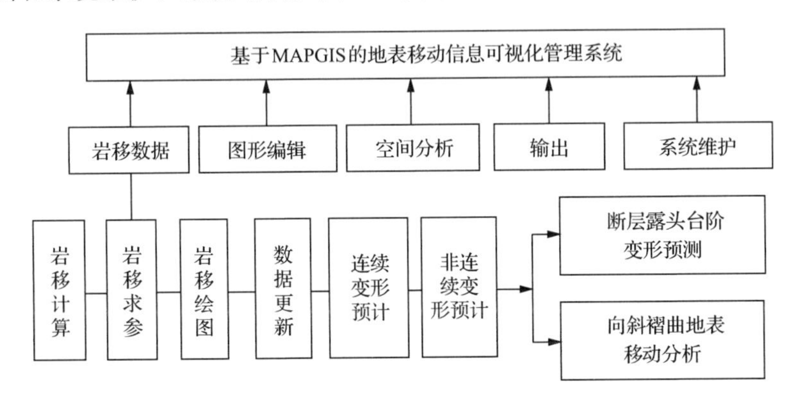

图5.3 地表沉陷预测可视化信息系统结构图

系统运行时,首先出现启动画面,用户只要单击该画面就可进入本系统。系统主界面如图5.4所示。

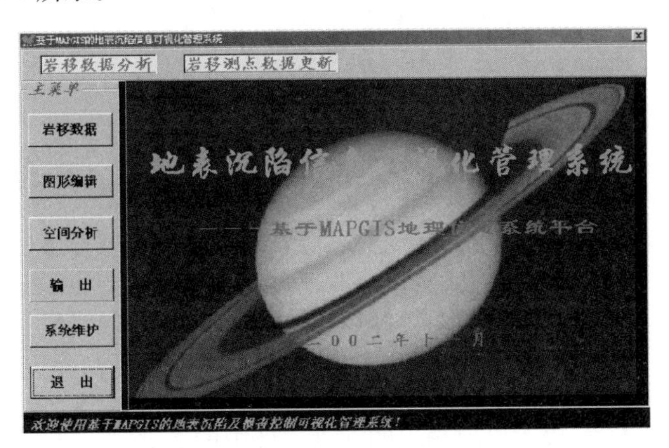

图5.4 系统主界面

2. 岩移数据处理功能

岩移数据处理模块可分为五个模块,即岩移数据计算模块、岩移求参模块、地表连续变形预计模块、地表非连续变形预计模块及绘图模块。五个模块既相互独立又有一定联系,它们之间的联系通过主控模块来进行。主控模块界面如图5.5所示。

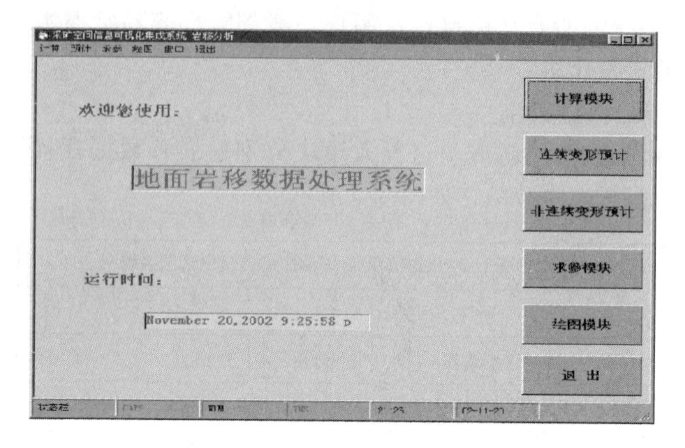

图 5.5　岩移分析主控模块窗口

1）岩移数据计算

岩移数据计算模块的主窗口如图 5.6 所示。本模块主要实现的功能如下。

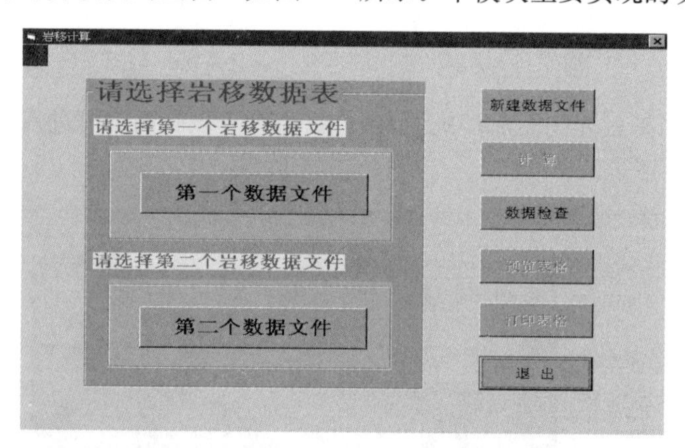

图 5.6　岩移计算模块窗口

(1) 新建数据文件：可以实现最新观测数据的输入操作。输入的新的数据文件保存在 .TXT 格式文件中。

(2) 数据检查：可以对以前输入的数据文件中的数据进行错误检查（添加、删除、插入和修改），以保证数据计算结果的正确性和准确性。

(3) 数据计算：选择两个格式相同的要计算的数据文件，才能激活"计算"按钮。计算的结果保存在 C 盘根目录下的"TYY. DAT"（画图用数据）和"BYY. DAT"（表格数据）文件中。

(4) 预览、打印表格：可进行地表变形、移动表格的预览和打印工作。在表格预览窗口中可进行页面设置、表头编辑等工作，打印表格时，出现打印对话框，可根据需要进行适当设置。

2）岩移求参

岩移求参模块的求参方法采用概率积分法，用曲线拟合的形式，求参时先根据观测站的 n 个点实测下沉值及实测水平移动变形资料，采用逐渐逼近法多次拟合下沉曲线及水平移动曲线到符合控制精度为止，求出所需的各种移动变形参数。参数求取的结果保存在 C 盘根目录下的“CAN. DAT”文件中。岩移求参模块界面如图 5.7 所示。

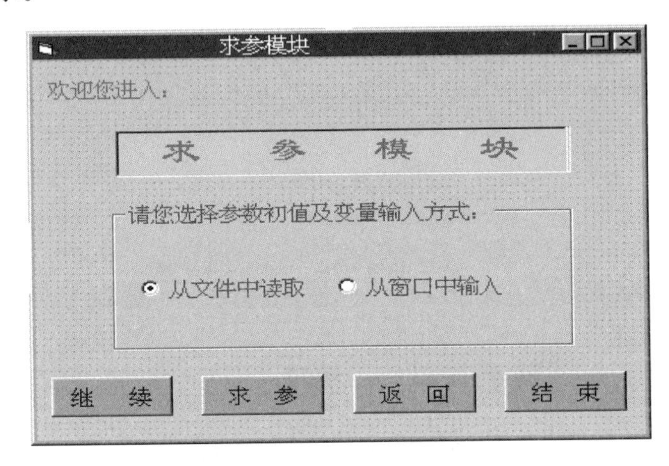

图 5.7　岩移求参模块界面

3）地表连续变形预计

连续变形预计模块界面如图 5.8 所示。应用时可根据具体要求选取适当的预计条件来进行，按照其向导逐步完成。如果要绘制移动变形等值线图或三维曲面图，必须选取“格网点预计”复选框，否则表示预计任意点或主断面上点的移动变形值。

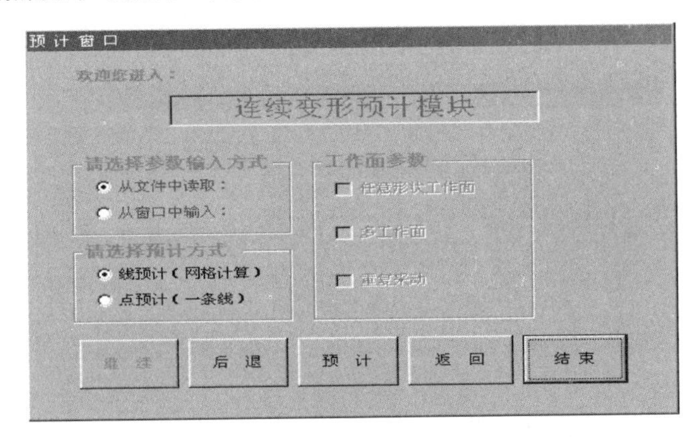

图 5.8　连续变形预计模块界面

预计结果保存在 C 盘根目录下的“XW. DAT”（下沉数据）、“XI. DAT”（倾斜数据)、“XK. DAT”(曲率数据)、“XE. DAT”(水平变形数据)、“XU. DAT”(水平移动数据);“XYIM. DAT”“XYKM. DAT”“XYEM. DAT”(以上三个文件为倾斜、曲率及水平变形水平方向的数据)。

4) 地表非连续变形预测

地表非连续变形预测模块界面如图 5.9 所示。该模块包括对断层露头台阶变形预测和向斜褶曲地表移动分析预测两个功能。

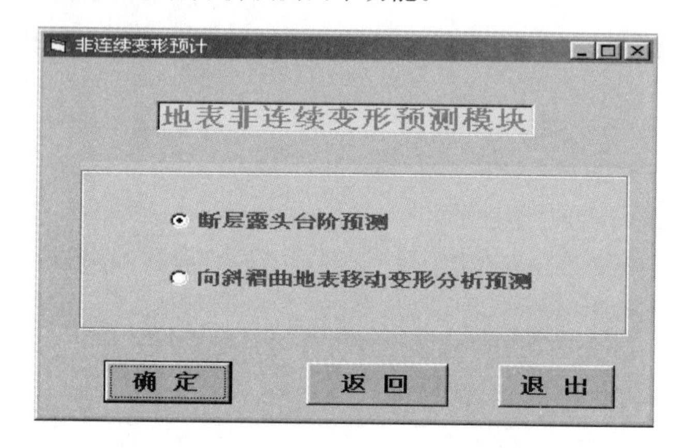

图 5.9 非连续变形预测模块界面

5) 绘图

绘图模块如图 5.10 所示,借助于美国 Golden 软件公司生产的二维、三维高级绘图软件包 SURFER 来绘制各种等值线图、移动变形曲面图及二维可视图。在“绘图模块”界面中根据实际需要,选择所需绘制图形的种类(移动变形曲线或等值线、三维曲面图)。“移动变形曲线选项”连接绘图工具 Graf4win,“等值线图、三维曲面图”连接 Winsurfer 绘图工具。启动后就可以打开数据文件进行绘图工作了。

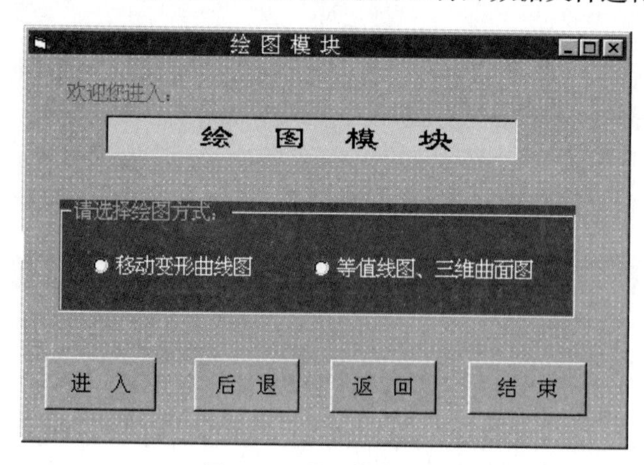

图 5.10 绘图模块界面

3. 岩移测点数据更新

岩移测点数据更新模块主要功能是实现岩移观测点(即高程控制点)的有关数据的实时更新及其与图形信息的挂接。岩移测点数据更新模块界面如图5.11所示。

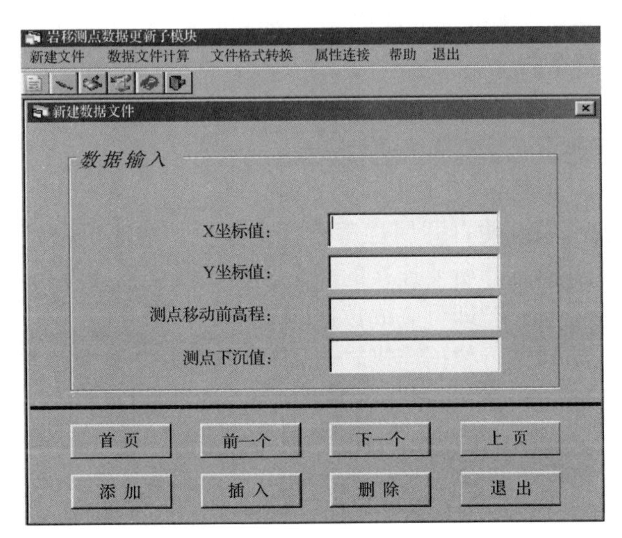

图5.11　岩移数据更新界面

岩移测点数据更新模块设计需要计算的数据文件中数据结构形式如表5.8(例)所示。

表5.8　需要计算的数据结构形式表

观测点号	X坐标	Y坐标	移动前高程	下沉值
1	45.326	45.258	45.211	10.230

计算结果文件中数据结构形式如表5.9(例)所示。

表5.9　计算结果文件中数据结构形式表

观测点号	X坐标	Y坐标	移动后高程
1	45.326	45.258	34.981

其中,移动后高程=移动前高程-下沉值。

1) 新建数据文件

将对地表移动控制点(即高程控制点)所观测的数据,通过数据输入窗口输入,保存格式为.TXT格式,具体由用户自主选择。数据文件保存在C盘根目录下的“YLGC.TXT”中。

2）数据计算

在此功能下需要先打开用户建立的数据文件，然后系统会自动完成对地表移动观测点移动后数据的计算。大大减少了用户的劳动强度，并且使数据计算的准确度提高。计算后的数据文件保存在C盘根目录下的“HLGC. TXT”中。

3）数据格式转换

完成了地表移动观测数据的计算，还需要将它们与所测的图形挂接起来，实现属性数据与图形数据的统一。

先要将数据转化为系统可识别的数据格式。方法是利用“Microsoft ACCESS”将TXT数据导出为.DBF类型。

4）地表移动变形数据（可看做属性数据）与图形数据的连接

单击此项功能，系统便打开属性库管理子模块。选取“属性”菜单下“连接属性”项，根据具体需求，选择所要连接的图形文件和数据格式转换之后的数据库文件及所需字段，单击“确定”即可完成数据的连接。

值得说明的是，在进行数据连接之前，需要先设置好数据源类型，操作步骤是打开“控制面板”，双击“ODBC数据源（32位）”，添加自己的数据源，“Microsoft Visual Foxpro Driver”，并设置其为首选项数据格式，才能开始使用自己的数据源类型。

4. GIS功能

1）图形编辑

图形编辑模块分别提供空间数据和属性数据的输入及编辑功能。

图形的输入主要有两种方式，即数字化输入和扫描矢量化输入。另外，还提供了数据格式转换输入，包括与MapInfo/ArcInfo/AutoCAD等数据文件的共享。

图形的编辑可对地表移动变形图和地形图等各种图形文件中的图形数据（点、线、区）进行处理。该模块允许图形信息的分层存放、管理和操作功能，允许用户自定义、修改层名，随时可打开、关闭和修改每个图层上存放的图形信息，可灵活进行组合编图。

2）误差校正

图件由于存放时间久发生变形或进行数字化输入时，会引起数据的误差，从而造成精度的降低和不准确性。误差校正模块可对输入的地表移动图形数据进行校正，消除输入图形的变形，满足实际要求。

3）地图库管理

在数据的获取过程中，有些图形（如地形图）不能在一张图纸上表现出来，需要分成多个图幅进行处理，就形成地图库。地图库管理模块具有多个图幅进行管理的功能。

4）属性库管理

由于不同的地形图、地质图等图形文件具有不同的专业属性信息，因此不能用一个已知的属性集来描述所有的图形数据文件，属性库管理模块提供动态建立属性库、随时扩充和精简属性库的属性项、修改字段名称及类型功能。

5）空间分析

空间分析共包括矢量空间分析、DTM（digital terrain model）分析和电子沙盘三个模块。

（1）矢量空间分析。

空间叠加分析提供了点、线、区之间的相互叠加分析及线BUFFER分析。还提供了一系列的属性分析操作（累计直方图、初等函数变换等）和DEM（dynamic effect model）模型分析等。数据查询检索包括空间查询和属性查询两种方式。空间查询是根据图形位置查找相应的属性信息，属性查询是根据属性字段组成的数学或逻辑表达式查找对应的空间实体。

（2）DTM分析。

DTM分析模块对离散的高程数据点进行网格化处理，将不规则的离散数据高程点化为规则的高程数据点，并且可对规则的高程数据进行网格加密插值。根据插值生成的文件，可生成彩色矢量等值线图和三维彩色立体图，进行剖面分析、面积和体积量算等。

（3）电子沙盘。

电子沙盘模块提供了强大的三维交互地形可视化环境，可利用地表移动测量及计算数据，生成近实时的二维和三维透视景观。例如，地表移动盆地的三维显示及飞行浏览，可实时再现移动盆地模型。

6）输出

输出主要实现地表移动观测图形或属性数据信息的输出功能，包括三个模块，即图形输出、报表输出和文件格式转换输出。

（1）图形输出模块是将编排好的图形显示在屏幕上或在设备上输出。

（2）报表输出模块可方便地构造各种类型的地表移动数据表格或报表。其最大优点是可动态进行数据连接，将地表移动观测图形数据的属性信息数据插入表格中，以规定的报表格式打印出来。

（3）文件格式转换输出模块通过输出交换接口可将本系统的数据转换成MapInfo/ArcInfo/AutoCAD等系统默认的数据文件格式，以求数据共享。

7）系统服务

系统服务包括各种数据的备份和恢复功能及常用工具（计算器）等。

5.3.2　建(构)筑物开采损害可视化评价系统

1. 建(构)筑物采动损坏等级

建筑物受开采影响的损坏程度取决于地表变形值的大小和建筑物本身抵抗采动变形的能力。根据《建筑物、水体、铁路及主要井巷煤柱留设与压煤开采规程》规定，一般村庄房屋属于Ⅲ级保护等级，矿区办公楼、学校、医院、长度大于20m的二层楼房和三层以上多层住宅楼属于Ⅱ级保护等级(表5.10)。建(构)筑物的允许变形值与建筑物结构形式及使用条件有关，一般可参照表5.11作为有关设计依据。

表5.10　矿区建筑物保护等级划分

保护等级	主要建(构)筑物
Ⅰ	国务院明令保护的文物和纪念性建筑；一等火车站，发电厂主厂房，在同一跨度内有两台重型桥式吊车，平炉，水泥厂回转窑，大型选煤厂主厂房等特别重要或特别敏感的，采动后可能导致发生重大生产、伤亡事故的建筑物；铸铁瓦斯管道干线，大、中型矿井主要通风机房，瓦斯抽放站，高速公路，机场跑道，高层住宅楼等
Ⅱ	高炉，焦化炉，220V以上超高压输电线路杆塔，矿区总变电所，立交桥；钢筋混凝土结构的工业厂房，设有桥式吊车的工业厂房，铁路煤仓、总机修厂等较重要的大型工业建(构)筑物；办公楼，医院，剧院，学校，百货大楼，二等火车站，长度大于20m的二层工业楼房和三层以上多层住宅楼；输水管干线和铸铁瓦斯管道支线；架空索道，电视塔及其转播塔，一级公路等
Ⅲ	无吊车设备的砖木结构工业厂房，三、四等火车站，砖木、砖混结构平房或变形缝区段小于20m的两层楼房，村庄砖瓦民房；高压输电线路杆塔，钢瓦斯管道等
Ⅳ	农村木结构房屋、简易仓库等

表5.11　建筑物允许变形值

类型	建筑物名称	允许变形值		
		倾斜/(mm/m)	水平变形/(mm/m)	曲率/(10^{-3}/m)
Ⅰ	井筒、井架、提升设备、选煤厂、发电厂、冶金厂炼油厂等大型工厂设备	≤3	≤2	≤0.2
Ⅱ	一般工厂、学校、商店、医院、影剧院、住宅楼、办公楼等	≤6	≤4	≤0.4
Ⅲ	一般砖木结构的单层建筑	≤10	≤6	≤0.6
Ⅳ	面积小的平房等	≤15	≤9	≤0.8

对于长度或变形缝区段内长度小于20m的砖混结构建筑物损害等级划分标准，见表5.12。

表 5.12　砖混结构建筑物损坏等级

<table>
<tr><th rowspan="2">损坏等级</th><th rowspan="2">建筑物损坏程度</th><th colspan="3">地表变形值</th><th rowspan="2">损坏分类</th><th rowspan="2">结构处理</th></tr>
<tr><th>水平变形 /(mm/m)</th><th>曲率 /(10^{-3}/m)</th><th>倾斜 /(mm/m)</th></tr>
<tr><td rowspan="2">Ⅰ</td><td>自然间砖墙上出现宽度为 1～2mm 的裂缝</td><td rowspan="2">≤2.0</td><td rowspan="2">≤0.2</td><td rowspan="2">≤3.0</td><td>极轻微损坏</td><td>不修</td></tr>
<tr><td>自然间砖墙上出现宽度小于 4mm 的裂缝，多条裂缝总宽度小于 10mm</td><td>轻微损坏</td><td>简单维修</td></tr>
<tr><td>Ⅱ</td><td>自然间砖墙上出现宽度小于 15mm 的裂缝，多条裂缝总宽度小于 30mm；钢筋混凝土梁、柱上裂缝长度小于 1/3 截面高度；梁端抽出小于 20mm；砖柱出现水平裂缝，缝长大于 1/2 截面边长；门窗略有歪斜</td><td>≤4.0</td><td>≤0.4</td><td>≤6.0</td><td>轻度损坏</td><td>小修</td></tr>
<tr><td>Ⅲ</td><td>自然间砖墙上出现宽度小于 30mm 的裂缝；多条裂缝总宽度小于 50mm；钢筋混凝土梁、柱上裂缝长度小于 1/2 截面高度；梁端抽出小于 50mm；砖柱上出现小于 5mm 的水平错动，门窗严重变形</td><td>≤6.0</td><td>≤0.6</td><td>≤10.0</td><td>中度损坏</td><td>中修</td></tr>
<tr><td rowspan="2">Ⅳ</td><td>自然间砖墙上出现宽度大于 30mm 的裂缝；多条裂缝总宽度大于 50mm；梁端抽出小于 60mm；砖柱出现小于 25mm 的水平错动</td><td rowspan="2">>6.0</td><td rowspan="2">>0.6</td><td rowspan="2">>10.0</td><td>损坏严重</td><td>大修</td></tr>
<tr><td>自然间砖墙上出现严重交叉裂缝、上下贯通裂缝，以及墙体严重外鼓、歪斜；钢筋混凝土梁、柱裂缝沿截面贯通；梁端抽出大于 60mm 砖柱出现大于 25mm 的水平错动；有倒的危险</td><td>极度严重损坏</td><td>拆建</td></tr>
</table>

注：建筑物的损坏等级按自然间为评判对象，根据各自然间的损坏情况按表分别进行。

在实际的村庄及建筑物下采煤工作中，往往在同样的变形值作用下，有些村庄及建筑物的损坏程度要大于“规程”的损坏等级，这是矿区某些农村房屋质量较差，抗变形能力较弱的缘故。

但根据新汶矿区的大量观测资料，对于一般农村房屋，当地表水平变形值小于 1.2mm/m（房屋开裂临界变形值）时，房屋不会产生裂缝；而当采动影响在Ⅰ级（水平变形值小于 2mm/m）左右时，一部分房屋将产生微裂缝，裂缝宽度多在 1～4mm。

2. 建筑物的损害补偿

一般砖混结构建筑物损害补偿比率见表 5.13，建筑物的折旧系数见表 5.14。

表 5.13　砖混结构建筑物补偿比率

损坏等级	建筑物损坏程度	损坏分类	处理方式	补偿比率/%
Ⅰ	自然间砖墙上出现宽度为 1～2mm 的裂缝	极轻微损坏	粉刷	1～5
	自然间砖墙上出现宽度小于 4mm 的裂缝，多条裂缝总度小于 10mm	轻微损坏	简单维修	6～15
Ⅱ	自然间砖墙上出现宽度小于 15mm 的裂缝；多条裂缝总宽度小于 30mm；钢筋混凝土梁、柱上裂缝长度小于 1/3 截面高度；梁端抽出小于 20mm，砖柱上出现水平裂缝，缝长小于 1/2 截面边长；门窗略有歪斜	轻度损坏	小修	16～30
Ⅲ	自然间砖墙上出现宽度小于 30mm 的裂缝；多条裂缝总宽度小于 50mm；钢筋混凝土梁、柱上裂缝长度小于 1/2 截面高度；梁端抽出小于 50mm；砖柱上出现不小于 5mm 的水平错动，门窗严重变形	中度损坏	中修	31～65
Ⅳ	自然间砖墙上出现宽度小于 30mm 的裂缝；多条裂缝总宽度大于 50mm；梁端抽出小于 60mm；砖柱出现小于 25mm 的水平错动	严重损坏	大修	66～85
	自然间砖墙上出现严重交叉裂缝，上下贯通裂缝，以及墙体严重外鼓、歪斜，钢筋混凝土梁、柱裂缝沿截面贯通，梁端抽出大于 60mm，砖柱出现大于 25mm 的水平错动；有倒塌危险	极严重损坏	拆建	86～100

注：当地有具体规定者，按当地标准选用。

表 5.14　建筑物折旧系数

建筑年限/年	<5	6～10	11～15	16～20	21～40	>40
折旧率/%	0	5～15	16～25	26～35	36～65	>65

注：仅适用于农村房屋，当地有具体规定者，按当地标准选用。

建筑物补偿费计算公式：

$$A = \sum_{i=1}^{n} B(1-C)D_i E_i \tag{5.79}$$

式中，A 为建筑物的补偿费，单位为元；B 为计算基数，系指为当地有关部门协调确定的建筑物补偿单价，单位为元/m^2；C 为建筑物折旧率，按表 5.14 确定；D_i 为建筑物受损自然间的补偿比率,按表 5.13 确定; E_i 为受损自然间的建筑面积,单位为 m^2;n 为建筑物受损自然间数。

需要指出,开采损坏建筑物补偿是对具有合法土地使用权,持有准建证和房产证的合法建筑物依法给予的合理经济补偿。对于在矿区煤矿企业已依法办理土地征用手续的土地,未经煤矿企业同意所兴建的一切非法建(构)筑物、工业设施等应依法一律不予经济补偿。

3. 建筑物损坏评价方法

1) 可视化方法

为了使获得的建筑物损害评价结果具有良好的可视性和直观性,对建筑物损害的评价结果进行可视化处理是必要的。其可视化方法和步骤如下:①从 MapInfo 数据库中提取建筑物所处地表的移动变形值;②建立建筑物所处地表的移动变形值与建筑物图形对象属性(颜色)的对应关系;③针对建筑物所处地表的移动变形值与其图形属性的对应关系,更新建筑物的图形属性;④显示和输出图形数据、属性数据及相关的文本等评价计算结果。

2) 评价步骤

建筑物受采动影响的损坏程度取决于地表变形值的大小、建筑物本身抵抗变形的能力和区域地质情况等因素,建筑物采动损害的评价方法和步骤如图 5.12 所示。

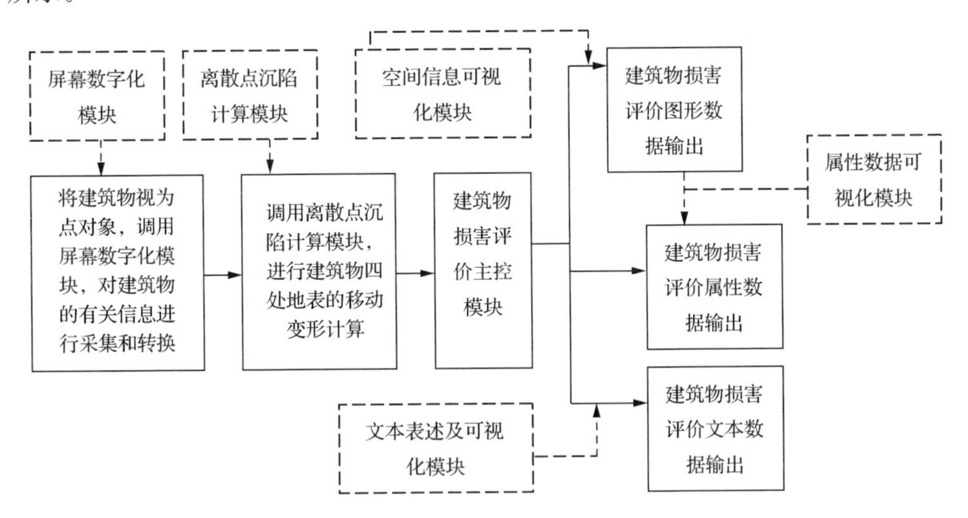

图 5.12　建筑物采动损害的评价方法和步骤

3) 系统组成

建筑物损坏评价计算子系统由 MapBasic 开发而成,由建筑物损坏综合计算、建筑物损坏分级计算、计算条件选择、计算结果查看与存储等子模块组成。可完成任意开采条件下的建筑物损坏计算和相关计算结果的可视化及计算结果的导出等操作。采用内嵌三级驱动方式。

5.4 厚松散层薄基岩下开采地表移动特征

山东省鲁西南地层为冲积、湖积平原，地形平坦，区内地层包括第四系、下二叠统山西组、上石炭统太原组、中石炭统本溪组、中奥陶统及下奥陶统。其中，第四系厚度大多在 120～450m，主要由黏土、砂质黏土、砂及砂砾层组成。主要开采上组 3 煤层，煤层厚度一般较大（多在 3～8m），煤层开采后地表的基本移动特征多表现为下沉速度快、下沉值大、影响范围广和地表建（构）筑物损坏严重。

建（构）筑物下的条带法开采其采留尺度设计已经有了一系列较为成熟的理论和实际经验。但是，近年来的实践表明，厚松散层薄基岩条件下，保护地表建（构）筑物所需的条带采留尺度与一般覆岩条件下有明显差异，即采出一定厚度煤层，基岩厚度与采宽比对地表移动变形影响较大[16]。结合杨村煤矿、葛亭煤矿和唐口煤矿等工程实践，对厚松散层薄基岩条件下的地表移动特征进行分析说明。

5.4.1 数值模拟

采用 FLAC^{3D}进行数值模拟，计算松散层厚度为 230m，基岩厚度分别为 20m、30m 和 40m 的三种模型；每种模型又分别模拟了条带宽度为 30m、40m 和 50m（采留比均为 1∶1，煤层采厚为 2.5m）三种情况，其地层结构参数见表 5.15。基岩厚度为 20m、条带采宽为 30m 的模型的采空区围岩垂直应力分布如图 5.13 所示。

表 5.15 力学计算参数

岩层名称	弹性模量/GPa	泊松比	密度/(t/m^3)	内聚力/MPa	内摩擦角/(°)
第四系松散层	2	0.21	2.0	1.8	25
泥岩砾岩	4.2	0.22	2.1	2.8	26
中细砂岩	8	0.24	2.2	4	30
黏土	3.8	0.27	2.05	2.3	26
风化带	2.4	0.26	2.2	1.7	27
中砂岩	7	0.25	2.4	3	30
煤层	1.8	0.25	1.47	1.2	30
中细砂岩	8.2	0.23	2.5	4.1	32
裂隙带	1.9	0.22	2.15	1.3	34
垮落带	0.9	0.2	2.1	0.5	31

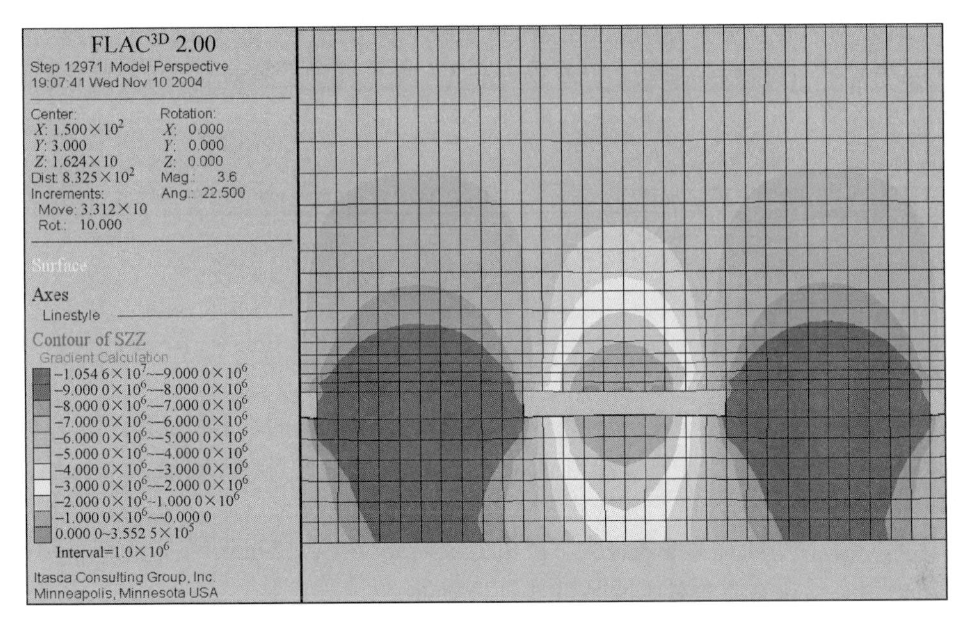

图 5.13　基岩 20m、采宽 30m 采空区围岩垂直应力分布

该地质采矿条件下不同基岩厚度、不同条带采出宽度数值模拟计算的地表下沉值见表 5.16。厚松散层薄基岩条件下，条带法开采的地表下沉量与合理控制条带采宽有直接关系，主要有：①相同条带采出宽度，基岩厚度小，地表下沉值增大。例如，同样是采宽为 40m，基岩厚度为 50m 时，地表最大下沉值为 278mm；但基岩厚度为 30m 时，地表最大下沉值为 371mm；基岩厚度为 20m 时，地表最大下沉值为 386mm。②相同基岩厚度，条带采出宽度小，地表下沉值也小。③基岩厚度较小时，地表下沉值随条带采宽的增大而增加较快。例如，基岩厚度为 20m 时，条带采宽为 30m，地表最大下沉值为 294mm；但采宽为 50m 时，地表最大下沉值达到 694mm。

表 5.16　不同基岩厚度、不同条带采出宽度数值模拟计算结果

基岩厚度/m	20			30			50		
条带采出宽度/m	30	40	50	30	40	50	30	40	50
地表最大下沉量/mm	294	386	694	266	371	558	212	278	371

5.4.2　现场实测

在矿井条带开采工作面的上方地表布置三条岩移观测线，进行采动期间的跟踪观测，观测站从建站到结束，数据较为齐全。条采工作面开采结束地表稳定后，实测地表最大下沉值为 397mm（比采前预计最大值 268mm 大了 129mm）、地表最大下沉速度为 11.4mm/d。

通过对岩移观测资料的分析整理，按照概率积分的模型进行曲线拟合计算，如图 5.14 所示，区域开采地表下沉系数为 0.43、水平移动系数为 0.26、主要影响角正切为 1.82。

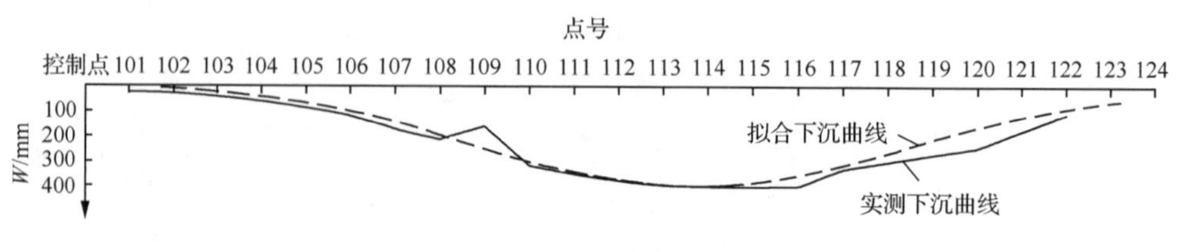

图 5.14　实际观测线迭代拟合曲线

在浅采深、薄基岩、厚松散层条件下，其采动地表沉陷的基本特征是下沉量大、下沉速度快。根据采前条带法开采的地表移动变形预测，区域最大下沉值为 268mm（条带法开采计算下沉系数为 0.25、水平移动系数为 0.20、主要影响角正切为 1.62），采后实际观测地表最大下沉值为 397mm，相差 129mm，条带法开采预计下沉值与实际观测值的对比情况如图 5.15 所示。

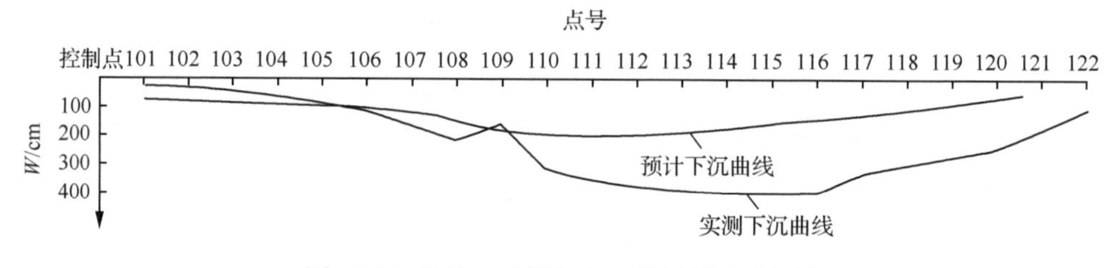

图 5.15　预计下沉值与实际观测值对比曲线

分析其主要原因，薄基岩条件下，条带采宽过大，其采动沉陷运动发展到地表，覆岩及地表移动变形表现出正常垮落法开采（短壁）的特征，按照一般条带法设计进行地表沉陷预测的下沉系数偏小，在今后类似条件下应用条带法开采设计采留尺度时应引起重视。

5.4.3　厚松散层薄基岩地质力学分析

在采出率相同的条件下，一般认为在保证煤柱长期稳定性的前提下，采用小采宽更能控制地表变形。国内设计的条带开采宽度变化在 10～160m，宽深比多为 0.043～0.347，即为采深的 1/23～1/2.9。但较小的采宽对提高采煤生产效率是不利的，所以根据具体地质开采条件和保护地表建筑物要求，合理的设计条带采出宽度是非常必要的。作为一种特殊地质条件，厚松散层薄基岩与一般地质条件下条带开采控制地表下沉效果有较大差别。部分厚松散层条带法开采实例参数见表 5.17。

表 5.17　部分厚松散层条带法开采实例参数

名称	平均采深/m	基岩厚度/m	松散层厚度/m	采厚/m	条带采宽/m	条带留宽/m	回采率/%	地表下沉系数
微山矿村下开采	212	46	166	2.0	20	20	50	0.17
杨村矿后侯家营下开采	214	26	188	1.8	30	41	42	0.16
淮北刘东矿村下开采	223	92	131	2.15	30	29	51	0.12
淄博王庄矿东安下开采	345	32	313	2.3	28	30	48	0.17
葛亭矿钟海村下开采	385	21	364	2.5	45	53	46	0.46
岱庄矿村下开采	430	125	305	2.65	75	75	50	0.24
邱集矿梅庄村下开采	432	60～160	372～272	1.6	30～50	30～50	50	0.15
唐口矿村下开采	1 010	384	626	4.5	100	100	50	0.16

条带开采煤层的上覆岩层受到所留煤柱的支撑;采出条带上方直接顶冒落,冒落带上方厚硬岩层对整个采区的移动变形和应力分布起控制作用;地表下沉主要由煤层底板到煤层顶板上方1/3采深的煤岩层压缩引起。条带采宽设计上限为使上覆厚硬控制性支托层发生破断失稳的临界宽度。支托层为煤层上方厚度大、坚硬、挠度大的岩层,一般地质条件下可在上覆岩层较大范围内选取。在厚松散层薄基岩下,只能在较薄的基岩范围内选取支托层来支持覆岩的重量从而控制地表沉陷;松散层强度很低,不能作为支托层而只能作为荷载作用在基岩上。一般情况下,采出条带后较软弱的直接顶垮落,其上部较坚硬的基本顶作为支托层;如果直接顶为坚硬岩层,直接顶即为支托层。

根据岩体力学的弹塑性理论,若条带开采工作面长度为 a,采出宽度为 b,薄板支托层所能承受最大载荷下限为

$$P_{-}=8M_0\left(\frac{1}{a^2}+\frac{1}{b^2}\right) \tag{5.80}$$

式中,M_0 为薄板支托层的挠度。

根据煤层的开采深度和覆岩容重可求得支托层的载荷:

$$P=\sum_{i=1}^{n}\gamma_i h_i \tag{5.81}$$

式中,n 为岩层层数;h_i 为第 i 层岩层厚度,单位为m;γ_i 为第 i 层岩层容重,单位为 kN/m^3。

为保证支托层稳定,需要满足:

$$P<P_{-} \tag{5.82}$$

则可以求得采出条带的最大宽度。

基岩的岩石力学性质是决定支托层承载能力的关键因素，在厚松散层薄基岩条件下，基岩和松散层的性质相差很大，支托层只可能存在于基岩内。这和一般条件下条带开采的支托层不同：支托层下部冒落岩层较薄甚至为零，冒落矸石不能对支托层起支持作用；同时由于为薄基岩，支托层的选择范围很小。这导致厚松散层薄基岩条带开采支托层的承载能力要比一般条件下的小得多。如果按常规原则设计采宽，很难在薄基岩内形成支托层，将导致采空区覆岩沉陷运动向地表转移，也就失去了条带开采控制地表沉陷的作用，这正是许多厚松散层薄基岩条件下按一般条带开采设计地表下沉过大的原因。表 5.17 中部分条带法开采实例的采宽采深比参数在一般设计的原则之内（$H/4 \sim H/10$），但地表下沉系数偏大。因此，厚松散层薄基岩条件条带采宽尺寸设计应重点考虑基岩的厚度和性质，使薄基岩内坚硬岩层能够起到支托层的作用。

5.4.4 厚松散层薄基岩地表移动特征

由于在厚松散层薄基岩条件下进行条带开采时，基岩厚度与条采宽度对地表移动特征影响很大，因此在该情况下进行条带采留尺度设计时，应根据开采深度、基岩厚度和基岩性质等综合确定条带采宽尺寸：①探测煤层上方基岩厚度，试验测得基岩的力学性质并换算成岩体的力学性质；②根据基岩厚度、性质、煤层采深求得一定采高时的最大条带采出宽度；③同时考虑煤层采出厚度、采出率以及顶板初期来压、周期来压步距等一般地质条件下条带开采控制地表下沉的因素，确定特定条件下的条带采出宽度；④根据强度稳定性原则和抗滑稳定性原则确定煤柱宽度。

条带开采控制地表移动变形的机理是采出条带上方坚硬岩层形成支托层来支撑上覆岩层的重量并防止上覆岩层的下沉。在厚松散层薄基岩条件下，由于强度很低的松散层处于薄基岩的上方，不能作为支托层，支托层只能在较薄的基岩内形成，条带开采主要由薄基岩对地表下沉起控制作用。按一般条带法设计进行该条件下的地表移动预测下沉系数较实际值偏小；并且当条带采出宽度相同时，基岩厚度变小，地表下沉值增大；相同基岩厚度时条带采出宽度小，地表下沉值也小；基岩厚度较小时，地表下沉值随条带采宽增大增加较大。在厚松散层薄基岩条件下进行条带开采采留尺度设计时，除了按一般情况下的设计原则考虑外，还应考虑基岩的厚度，使得开采后支托层在基岩内形成，以保证条带开采控制地表沉陷的作用。

5.5 厚硬岩层下开采地表非连续变形特征研究

5.5.1 地表非连续变形特征

如果矿区覆岩中存在厚硬岩层，煤层开采后地面除产生明显下沉外还可能会伴随严重的斑裂现象。煤层开采地表移动会呈现出连续性和非连续性特征。

非连续性的移动变形特征包括：地面的移动变形出现明显的“集中”与“滞缓”现象，下沉速度变化较大，地表移动变形持续时间较长；除边界收敛较慢外，其主要影响范围的下沉曲线形态特征基本满足正态分布；受整体性好、强度大的厚岩层影响，下沉盆地外边界出现反弹抬高的现象[17~21]。

具有巨厚砾岩层的华丰煤矿开采后地表非连续变形斑裂现象明显[22]。约在工作面推采 400～600m 时，斑裂在下山方向地表就有所展现，在一采区上方共出现 9 条较大斑裂。在开采四层煤一分层时，斑裂在地表就有发展，其宽度在 0.1～0.35m，随着二、三分层的开采，裂缝逐渐加宽，最宽为 1.5～2.5m。当工作面向下延续时，原来产生的斑裂处在压缩变形区，其裂缝又慢慢闭合，并被黄土充填。地表斑裂方向大致与煤层走向平行，其延展方位为 100°～105°，沿走向大致连续。斑裂缝一般每隔 60～80m 在地表出现一条。较大的斑裂均位于地表水平变形较大的位置，产生斑裂处地表的拉伸变形值一般大于 2.8mm/m。斑裂缝与工作面下平巷的连线与水平线间的外夹角为 64°～68°。地表明显的 9 条斑裂统计见表 5.18。

表 5.18　华丰煤矿地表斑裂统计表

序号	走向	长度/m	呈显现宽度	现显现情况	地面位置	备注
1	平均方向 102°	290	最宽 2.0m，最窄 1.0m	已不可见	1406 下平巷以南 105m	农田内
2	平均方向 100°	310	最宽 1.7m，最窄 0.8m	已不可见	1406 下平巷以南 52m	农田内
3	平均方向 103°	80	最宽 1.2m，最窄 0.6m	已不可见	1406 下平巷以南 15m	农田内
4	平均方向 94°	320	最宽 1.4m，最窄 1.0m	已不可见	1406 下平巷以北 25m	农田内
5	平均方向 101°	131	最宽 1.3m，最窄 0.6m	已不可见	1406 下平巷以北 80m	农田内
6	平均方向 102°	195	最宽 0.9m，最窄 0.5m	已不可见	1406 下平巷以北 145m	农田内
7	平均方向 91°	135	最宽 1.0m，最窄 0.5m	基本可见	1406 下平巷以北 225m	农田内
8	平均方向 96°	280	最宽 0.7m，最窄 0.2m	基本可见	1406 下平巷以北 305m	农田内村南河边
9	平均方向 24°	220	最宽 0.35m，最窄 0.01m	可见	1406 下平巷以北 200m	村内呈不连续分布

5.5.2　地表非连续变形机理

通过对现场测试及室内多项试验研究，我们对华丰煤矿厚层砾岩条件下开采引起的地表严重斑裂现象及其机理已有明确认识。

(1) 从砾岩的斑裂痕迹看，除局部沿砾岩浅层原生弱面引张之外，大多数砾岩是在拉应力作用下导致张性断裂的，地表斑裂产生的主要原因是煤层开采。

(2) 煤层开采引起覆岩应力状态的改变，通过数值计算发现，四煤层第一分层采后，工作面下山方向最大拉伸区附近地表以下 20m 左右岩体的附加拉应力已超过砾岩的抗拉强度(1.85MPa)而产生破坏、开裂现象，但其变形量较小，在地表微弱可见或不可见。三个分层开采后，随地表移动变形量的增大，斑裂带逐渐扩张发展形成大斑裂现象，斑裂止裂深度在 50m 左右。

（3）地表移动盆地外边缘（下山方向）较大的拉应力区范围内，地表浅层砾岩若存在原生薄弱带，当开采引起的附加应力大于其抗拉强度时，原生薄弱带较易引起张裂，并随着地表移动的发展而扩展变化。若此范围内岩体基本不存在原生裂隙弱面，则当开采所引起地表浅层岩层的最大拉应力超限时，岩体沿与拉应力垂直方向张裂，由于沿走向方向连续开采的长度较大，故斑裂多是沿煤层走向方向发育。随着斑裂的产生与发展，砾岩浅部斑裂带附近一定区域内，岩层处于应力释放状态，不再产生新的斑裂。

（4）在一采区上方，1405 工作面下平巷地面投影位置以北已出现 9 条延伸长、裂宽大的斑裂缝，其裂缝间距为 60～80m。如果考虑四、六层煤开采后地面引起的水平变形叠加情况，可以看到，所有 9 条斑裂均位于地表水平变形较大位置，产生斑裂处地表拉伸变形值大于 2.8mm/m。地面斑裂与工作面下平巷外侧水平线夹角为 64°～68°。

5.6 软弱岩层矿区局部开采地表移动特征

山东省龙口矿区煤层围岩自然性差，属于极软弱岩层，采取一般的建筑物下特殊开采方法，即使在采空区内采取一定开采措施，地表变形仍然较大[5]。

龙口矿区洼东煤矿在留宽分别为 15m 和 20m，采宽为 10m，采出率分别为 40% 和 33.33% 的条件下，两种情况的地表岩移用概率积分法预计的地表最大下沉值分别为 70mm 和 48mm。且两种情况地表岩移变化值均在建筑物允许一级破坏的范围内。然而为了更好地处理工农关系，在尽量提高采出率的原则下，在建筑物密集地区和浅部，采宽适当再小一些。但是，10m 以下的采宽，尤其是几米的采宽，一般认为已经不属于条带法开采的范围，与穿采接近。

针对洼东煤矿典型三软地层，岩层流变效果明显的具体条件，采用 ANSYS 蠕变方程对洼东煤矿不同条带开采条件下的地表下沉和采动附加应力进行三维流变模拟。

5.6.1 数值模拟方案设计

ANSYS 蠕变方程是以蠕应变率的方式表示的，其形式如下：

$$\varepsilon^{cr} = A\sigma^{B}\varepsilon^{C}t^{D} \tag{5.83}$$

式中，A、B、C、D 分别为试验中得到的材料常数，常数本身是应力、应变、时间的函数。

由 K-V 模型本构方程与 ANSYS 提供的蠕变方程对照确定的岩体蠕变参数见表5.19。

表5.19　蠕变参数初始值

组数	E_1/MPa	E_2/MPa	η_1/(Pa·d)
1	205	200	4.5×10^9
2	251	247	5.0×10^9

计算过程中不考虑构造、地下水活动的影响，原岩应力为大地静应力场，各岩层为整合接触的连续介质。为了消除边界约束的影响，计算模型几何尺寸沿走向 z 取400m，深度方向 y 取300m，倾斜方向 x 取400m。各岩层均按实际钻探揭露的岩(土)层布置，地面为自由边界，模型走向、倾向边界均施加水平约束，底边界施加水平及垂直约束。

由于要考虑开采前后地表变形情况和采动附加应力的变化，因此开采过程采用一次性换填材料的形式来模拟采空区冒落矸石。各岩(土)层计算参数根据中科院地质所室内岩(土)块的实测物理力学指标取得，由于岩(土)体的强度指标值一般小于试验所得的岩(土)块强度指标值，所以应乘以小于1的折减系数。

计算过程分别计算煤层开采前、开采后、采后10天、采后1个月、采后3个月、采后6个月、采后1年、采后2年的应力位移。

工作面开采范围为沿走向方向为100～300m，倾斜方向为150～250m的区域，采高为1.75m，采深为274.14m，开采范围为1.75m×200m×100m。当矿房采出以后，其上覆岩层重量全部转移至矿柱，则矿柱所承受的垂直方向平均应力 σ_y 为

$$\sigma_y = \sigma_y^0 \frac{a+b}{a} = \gamma H \frac{1}{1-s} \tag{5.84}$$

式中，b 为矿房宽度，单位为m；a 为矿柱宽度，单位为m；s 为回采率，$s=\dfrac{b}{a+b}$；σ_y^0 为原岩应力中的垂向应力，单位为MPa；γ 为上覆岩石的平均容重，单位为 $\mathrm{kN/m^3}$。

此时，矿柱所承受的压应力 $[\sigma_y]$ 必须小于矿柱的允许抗压强度 $[\sigma_c]$，矿柱才不会被压坏，于是矿柱稳定条件为

$$[\sigma_y] \leqslant [\sigma_c] \tag{5.85}$$

取强度贮备系数为 n，则许可抗压强度 $[\sigma_c]$ 为

$$[\sigma_c] = \frac{\sigma_c}{n} \tag{5.86}$$

矿柱极限抗压强度[σ_c]应通过试验来确定。从煤的小试块数据过渡到煤柱，必须考虑尺寸效应、时间效应与受力状态效应等因素。

根据上述原则，选取采宽分别为2m、3m、4m、5m、10m，留宽分别4m、5m、6m、7m、8m、10m、15m，采用ANSYS的“SOLID45”8节点立方体等参数单元进行数据处理。

5.6.2　三维流变计算结果分析

为了确定洼东煤矿软岩条件下条带开采的合理采留宽度，深入研究条带开采地表减沉效果和岩层内部的应力分布，共建立12种模型，其模拟计算结果见表5.20。

表5.20　地表最大下沉值

模型	参数			
	采宽/m	留宽/m	回采率/%	地表最大下沉值/mm
模型Ⅰ	2	4	33.3	17.173 4
模型Ⅱ	2	6	25	15.88
模型Ⅲ	3	6	33.3	17.452
模型Ⅳ	3	7	30	16.032
模型Ⅴ	3	8	27.3	14.433
模型Ⅵ	4	6	40	21.125
模型Ⅶ	4	8	33.3	20.084
模型Ⅷ	4	10	28.6	19.64
模型Ⅸ	5	5	50	23.419
模型Ⅹ	5	10	33.3	20.47
模型Ⅺ	5	15	25	18.398
模型Ⅻ	10	15	40	27.806

在相同回采率的情况下采宽越小，地表下沉值越小，煤柱的应力越均匀，条带开采的地表下沉随回采率的提高，地表的相对下沉量也相对增加；软弱岩层条带开采，岩体的流变效果非常明显，在工作面采完后的10天中，其流变值变化最大，达到4.2mm，以后流变值变化逐渐趋于平缓，采完9个月后，岩体趋于稳定；在距煤层上方一定距离内，岩体下沉具有波浪性，向上逐渐从大到小直至消失。条带开采下沉区域的最大下沉值在计算模型的中央附近，最大下沉区域不存在波浪性，并且各点都有向中心点移动的趋势，地表水平位移很小。条带开采引起的采动附加应力在煤柱上方最大。采出条带上方岩体表现出拉压破坏状态，从破坏区向上逐渐

减小直至消失。而保留煤柱上方岩体均处于压缩状态。靠近工作面中心煤柱压缩破坏最为严重。

5.7 断层及皱褶条件下地表移动特征

在复杂地质条件下,断层及褶皱破坏了覆岩结构的连续性与完整性,使得覆岩沉陷运动复杂化,地表移动和变形分布的正常规律被破坏,其基本岩移参量表现出明显的受断层与褶曲影响特征[23]。现主要根据翟镇等矿的地表移动变形实测结果,就矿井断层、向斜构造的地表移动特征参数进行分析。

5.7.1 断层构造影响下地表移动特征

1. 翟镇煤矿断层构造影响下地表移动特征

翟镇煤矿七采区,不受其他邻近采区开采影响,采用走向长壁式全部冒落法开采;7201 面为一顺拉工作面,走向长为 830m,倾向长为 350m,平均采深为 610m,开采煤层厚为 2.1m,倾角为 13°。7201 面南侧有一沿走向方向的正断层 F19,呈东西走向,向南倾斜,落差为 11～63m,倾角为 70°～85°。

在地表移动观测站布置倾向线和走向线观测地表移动变形的同时,在 F19 断层地表预测露头的附近位置设置多组观测点,分别位于断层两盘,以求得在煤层开采期间断层两盘的移动变形过程和移动值大小。

工作面回采后,断层下盘的岩层沿断层面发生滑动,断层露头处很快出现台阶,随着工作面的开采,下盘不断滑动,台阶逐渐增大。当工作面推进 290m 时,在穆家店村东农田地表发现一条长约 220m 的裂缝,裂缝出现的地方,地势呈南高北低趋势,台阶高差在 250～300mm,东边高差小,西边高差大,与断层露头走向基本平行。此后,随工作面的不断向前推进,露头裂缝线向西延伸,7201 面开采结束后,地表露头裂缝总长度为 430m,最大裂缝宽度为 120～350mm。通过巡视监测,断层露头处地表裂缝变化不大,但形成的台阶逐渐增大,最大达 400～550mm。

断层露头线经过的房屋产生了较为严重的损坏,房屋裂缝宽度大都在 3～15mm,个别房屋基础与墙体出现了错台,达到Ⅲ～Ⅳ级破坏程度。房屋裂缝大多呈东西走向,向西延伸,东边比西边裂缝严重。地表移动特征有:①断层露头线附近产生台阶状裂缝,露头处产生的非连续变形值是正常开采移动变形值的 6 倍左右,露头裂缝总长度为 430m,最大裂缝宽度为 120～350mm,台阶差最大达 400～550mm。②随着采煤工作面的开采,地表断层露头台阶裂缝不断向前发展,但裂缝的延伸总是滞后工作面开采一段距离(30～50m)。③断层露头的变形集中作用,使盆地内移动与变形的正常分布发生改变。在断层露头处的地表变形加剧,大大超过其正常值，而位于断层露头南侧附近的地表变形变得缓和，小于其正常值，即 F19 断层露头线以南地表移动变形明显减弱，使房屋破坏程度要比正常情况下轻，影响甚微。

2. 断层对地表移动变形的影响规律

断层对地表开采沉陷产生影响的原因在于断层带处岩层的力学强度大大低于周围岩层的力学强度。由于采动引起的应力集中作用，致使断层露头处成为岩层变形集中位置。在上覆岩层发生沉陷运动的同时，岩层还沿着断层面发生滑动，于是在断层露头处的地表出现台阶状破坏。

1）断层对开采沉陷特征的影响

对实测资料的分析表明，断层面倾角是引起岩层移动范围发生变化的主要因素之一。一般来说，断层面倾角 α 与岩层移动角 β 的关系对移动范围起控制作用。

断层面倾向和工作面基岩移动倾向一致时，有如下两方面特征。

（1）$\alpha<\beta$ 时，断层位于工作面影响范围之外。断层面的极限平衡遭到破坏，则岩层沿着断层面发生滑动，其结果是在断层露头处地表产生台阶，同时地表移动范围增大。

（2）$\alpha>\beta$ 时，整个断层位于工作面开采后的覆岩移动范围内。所形成的台阶与台阶的高差一般也大于第一种情况。同时，采空区上方地表移动范围缩小。

断层面倾向与工作面移动角倾向相反时，断层面与移动角的影响线相交，断层面的上部位于工作面的采动影响范围内，断层面的下部位于工作面的采动影响范围外，如图 5.16 所示。由于在断层弱面处岩层不连续，采空区上方岩层移动与变形不能传递到断层面外侧，而终止于层面附近。于是，露头处产生宽度较大的台阶状裂缝，相应地表移动范围缩小。矿井七采区的 F19 断层、一采区西翼的 F2 断层就是这种情况。

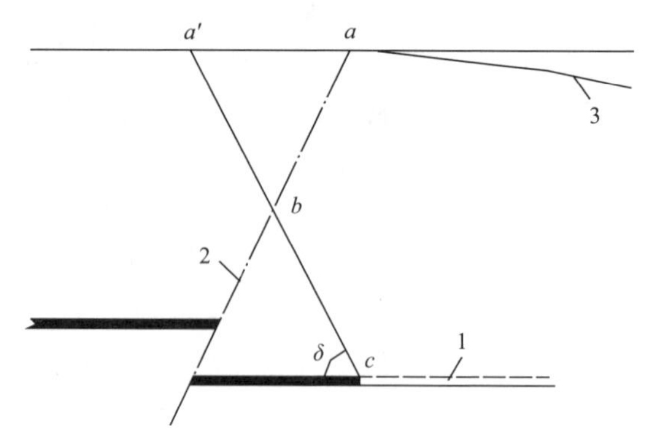

图 5.16　断层面倾向与工作面移动角倾向相反

1. 采空区；2. 断层面；3. 地表下沉曲线

岩体沿断层面滑移的过程与连续的地表移动过程相比速度要快，但移动台阶并不是瞬间形成一次终止，而是经历了较为复杂的发展过程。滑移是随地表移动盆地的发展逐步形成的，台阶也是多次累积形成的。七采区F19断层露头线自2002年4月9日发现有台阶裂缝，4月18日观测5～8号点高程差逐渐增大，最大为48mm；9～10号点高差由76mm突然增大到174mm，11～15点高差由54mm增大到215mm。岩体沿断层面的大规模一次性急剧滑动一般是不会发生的。

2）移动台阶产生的影响因素

岩体沿断层面滑移在地表产生移动台阶是受众多因素影响的，其影响因素如下。

（1）断层面倾角α是岩体稳定至关重要的影响因素，当$\alpha<20°$时，影响一般不显著，当$\alpha>20°$时，由影响显著直至起控制作用。

（2）移动台阶的产生往往取决于断层两盘岩体的下沉速度差，差值越大越容易产生滑移，F19断层下盘下沉速度快，上盘下沉速度慢，差值：$\Delta V=3.33\text{mm/d}-0.71\text{mm/d}=2.62\text{mm/d}$。

（3）滑移与采动程度有关。当最大下沉值W_{max}较大时，容易产生移动台阶，且台阶落差一般与W_{max}成正比，一采区西翼地表最大下沉值为3 033mm，F2断层露头线台阶最大值为1 650mm，七采区7201开采地表最大下沉值为912mm，F19断层露头线台阶最大值为500mm。

（4）断层面之间存在软弱夹层时，岩体的稳定性与充填物的力学性质有关，黏结力和内摩擦角越小越不稳定。

（5）同样条件下，正断层比逆断层易复活，产生滑移台阶裂缝。

（6）重复采动比初次采动更容易引起岩体沿断层面的滑移。

3）地表断层露头台阶裂缝的尺寸参数

（1）台阶落差。

断层影响最初反映到地表的是裂缝，裂缝逐渐增大而成槽沟，随着开采强度的增大，在断层露头处靠近采区一侧的地表下沉和水平移动相应加剧，逐渐形成向采空区方向的台阶。台阶尺寸是指台阶的高差（落差）与宽度（缝宽），它反映该处地表变形的剧烈程度。正确地计算台阶尺寸是十分重要的，因为它的大小与该处建筑物的破坏程度直接相关。由于影响因素的复杂性，目前尚无可靠的计算公式，结合矿区实测，经验公式为

$$\Delta W=\frac{l\times K\times W_{\mathrm{m}}\sqrt{\sin\alpha}}{2x} \tag{5.87}$$

式中，ΔW为台阶落差；W_{m}为最大下沉值，单位为mm；x为断层露头至最大下沉点的距离，单位为m；l为下沉盆地长，单位为m；K为影响系数，翟镇矿条件下取0.34，南冶矿多为压性断层，取0.12。

(2) 台阶裂缝宽度。

台阶裂缝宽度可用式(5.88)计算：

$$\Delta U = \Delta W \times \cot\alpha \tag{5.88}$$

式中，ΔU 为台阶裂缝宽度。

(3) 台阶裂缝的长度。

断层露头处的台阶是以下沉盆地倾向主断面为中心向两侧逐渐变小，即断层的破坏作用向移动盆地两侧逐渐衰减，其影响范围的最大值 S 可按下式计算：

$$S = H \times \cot\delta \tag{5.89}$$

式中，δ 为下沉盆地走向移动角，单位为(°)。

(4) 台阶裂缝的变形值。

台阶裂缝非连续水平变形 ε_f 和倾斜变形 i_f 值反映了断层露头的变形集中情况，弱面两盘相对滑移是沿层面发生的，有

$$\varepsilon_f = k \times \varepsilon \tag{5.90}$$

$$i_f = k \times i \tag{5.91}$$

式中，k 为断层影响系数，F19 断层为 6 左右。

5.7.2 地层褶皱条件下地表移动变形特征

翟镇井田褶皱地质构造复杂，内部向斜与背斜褶曲并存，地表移动变形及分布明显表现出褶皱影响的特征。倾角不大的背斜褶曲对地表移动变形规律的影响不大，而向斜则会表现出一定的特征。

当开采有向斜构造的煤层时，地表移动特征与无向斜构造是不同的，向斜构造上方，特别是向斜轴上方地表往往出现集中非连续变形——台阶。台阶位置和台阶出现的时间，与采空区位置、煤层倾角、岩体和煤层摩擦角及向斜轴埋藏深度等因素有关。

井田内大港向斜、葛沟桥向斜的轴向依次为 EW 向、NEE 向、SEE 向，地层走向多变，以近东西向为主，向斜褶皱两翼的倾角 α、α' 不大，多在 6°～20°，即为较宽缓的向斜构造。这种情况下有

$$\alpha < \rho,\ \alpha' < \rho \tag{5.92}$$

式中，ρ 为岩层最薄弱接触面的摩擦角，一般大于 20°。

即煤层开采后，沿向斜两翼层面滑动的可能性不大。最薄弱接触面一般是指煤层与顶底板岩层的接触面以及岩层物理力学性质具有明显不同的岩层分界面。

开采向斜褶皱两翼的 A-a 部分和 B-b 部分的煤层时，向斜褶皱任一翼上方的

岩层移动不波及另一翼上方的岩体，即向斜褶皱两翼上方的岩层移动过程互不相关，如图 5.17 所示。此时下山方向和上山方向的岩层移动过程与开采正常埋藏煤层时的岩层移动过程相同。但在开采向斜轴部 AO 段和 BO 段煤层时，向斜轴面露头处 o' 可能产生变形集中或台阶状裂缝。

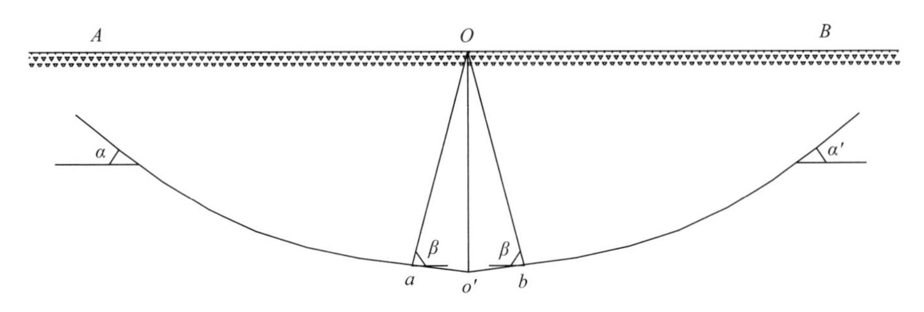

图 5.17　开采向斜褶皱两翼的移动变形

矿井一采区西翼 F2 断层以北有一明显的向斜构造，地表的下沉曲线形态在褶皱轴部发生改变，移动变形值集中，地表出现台阶裂缝。这种裂缝大小可根据向斜褶皱轴部煤层的开采情况计算得出。

5.8　深井宽条带开采煤柱优化方法及地表移动特征

条带开采与长壁式开采相比，存在回采率低、搬家次数较多等缺点，但由于条带开采能大幅降低地表沉陷，稳定底板，已成为我国村庄下、重要建筑物下及不宜搬迁建(构)筑物下压煤开采的主要技术途径。以唐口煤矿条带开采为例对深井宽条带开采煤柱优化方法及地表移动特征进行分析说明。

唐口井田范围内共有 65 个自然村庄，约 17 000 户，村庄下压煤量占到矿井总储量的 70%以上。村庄下采煤问题已成为制约企业可持续发展的关键，近几年村庄搬迁费用的大幅度提高，已给煤炭企业造成了巨大的经济负担，特别是村庄搬迁过程中，工农关系协调难、搬迁时间长。而且对于许多矿井，压煤村庄甚至无地可迁，给煤矿生产接续带来极大的困难。

5.8.1　条带煤柱稳定性分析

1. 煤柱稳定性影响因素

煤柱稳定性是指在一定时间内、在一定的地质力和工程力的作用下，因开采后煤柱内应力重新分布而出现弹塑性变形或裂隙，但并不产生破坏性的垮落和滑动。煤柱应当看成顶板—煤柱—底板整体中的一部分，更进一步讲，煤柱应放在整个开采系统中，这一系统包括煤柱、巷道、围岩及煤层与岩层之间的接触表面。煤柱的失稳是由于顶、底板的失稳逐渐发展而引起岩体中载荷的变化，当载荷增加时，煤柱边缘开始垮落，而煤柱中心部分承受了附加载荷。这种煤柱边侧的屈服或垮落，都将导致其缓慢或突变性的失稳。

条带煤柱的稳定是条带开采控制地表移动和变形成败的关键问题之一[24~28]。因此，分析影响条带煤柱稳定性的各种因素，研究条带煤柱的稳定性及破坏失稳的机理，以便合理地进行条带煤柱尺寸设计，确保条带煤柱的长期稳定，对提高条带开采煤炭资源采出率和控制地表沉陷都至关重要。由于受大量因素的影响，要准确地描述煤柱力学行为特征是比较困难的，但归结起来影响煤柱力学行为的因素主要包括地质因素、采矿因素和煤柱自身的力学性质等。

地质因素主要是指地质构造、开采深度、上覆岩层重力密度、煤层倾角、围岩(顶、底板)条件、地应力及地下水的影响等。地质构造影响条带煤柱的完整性，如断层及其破碎带、节理、裂隙等弱面都会对条带煤柱产生严重影响。因此，在构造特别复杂的区域不宜采用条带开采。采深和上覆岩层重力密度会直接影响条带煤柱所承受的载荷，随着采深和上覆岩层重力密度的增大，条带煤柱所承受的载荷随之增大。煤层倾角影响到条带煤柱的受力状态和应力集中程度，若煤层倾角过大则可能造成条带煤柱的滑移失稳。煤层顶、底板岩性和地应力不仅影响到条带煤柱的应力状态和应力环境，还对条带煤柱的强度有一定影响。地下水对煤柱稳定性的影响也很大，主要是通过弱化煤柱的力学性质来降低煤柱的稳定性。

采矿因素主要是指开采宽度、煤柱留设宽度、高度、采出率、采空区处理方法和采矿方式等。理论和实践均已表明：在相同采出率的情况下，采用较大的采宽和留宽时，条带煤柱的稳定性较好。当采宽、留宽尺寸都很小时，虽然采出率并不高，但煤柱的有效支撑面积(煤柱“核区”宽度)很小，容易造成煤柱失稳。煤柱强度反映了煤柱支撑上覆岩层的承载能力，而煤柱强度不仅与煤柱的力学性质、煤柱内的弱面、顶底板岩性和煤柱侧向应力等因素有关，还与煤柱的长度、宽度和高度有密切关系。采空区处理方式不同，对条带煤柱的稳定性影响也很大。例如，当采用充填法管理顶板时，煤柱处于比较理想的三向应力状态，从而提高了条带煤柱的强度。采煤方法对条带煤柱的影响主要表现在对煤柱的采动干扰影响方面，如煤柱的布置方式、开采方式、工作面推进速度及工作面落煤方式等。

煤柱宽高比是影响煤柱强度稳定性的重要因素，当煤柱宽高比较小时，煤柱与顶底板相互作用而产生的端面约束影响范围较大，相当于在煤柱上施加侧向约束力，从而提高煤柱强度。根据国内外研究的成果和经验数据可知，煤柱强度是随煤柱宽高比增大而增大的，当煤柱宽高比达到 8 以上时，煤柱强度基本是一定值。煤柱压缩变形变化的总趋势是随煤柱的宽高比增大而增大。但当煤柱宽高比达到 3 以上时，煤柱压缩变形将基本保持不变，压缩变形量不超过 10mm/m，煤柱压缩变形量很小。随侧限增加,煤柱极限强度也相应增加。在煤柱中心部位,煤体受到的侧限较两侧大,煤柱的有效强度也就更大。由此也可断定:煤柱宽高比越大,煤柱可承受的载荷也就越大。同时也反映出煤柱的破坏特性,即一旦最大应力达到极限水平,煤柱将屈服,应变增大,支撑能力降低。屈服煤柱支撑能力降低的时效特征,取决于加载方式和顶、底板岩性。

2. 煤柱失稳原因

煤柱具有足够的强度,能够支撑上覆岩层的重量才能够保持稳定。但是,由于煤岩体和井下地质采矿条件的复杂性,可能难以十分准确地估算煤柱的强度和煤柱所能承受的荷载,使得煤柱的设计难免存在偏差。如果这种偏差超出工程允许的范围,就有可能出现由于煤柱设计不当而引起的煤柱失稳问题。

在煤柱的服务期内,煤柱可能受到多种因素的影响。例如,地下水的运动可能使煤柱长期处在水的浸泡中;周围采区的开采活动使煤柱所承受的荷载发生重大的变化等。这些因素一方面可能引起煤柱强度的损失,另一方面也可能引起煤柱所承受的荷载增大,同时还有些在煤柱设计时难以预料的其他因素。

在进行煤柱设计时,应尽可能考虑各种因素及其变化对煤柱强度和所承受荷载的影响,避免煤柱的失稳。井下煤柱的失稳往往是从采区的某一个煤柱开始。由于一个煤柱的破坏,其所承受的载荷将转由其相邻煤柱承担,当与其相邻煤柱也难以承担附加荷载时,这些煤柱亦将破坏。由于煤柱失稳,顶板大面积垮落,地表也会在很短的时间内大面积塌陷。这种突然塌陷对地表的破坏极大,在塌陷区的四周会形成宽而深的裂缝,地表的各类建(构)筑物也会在极短的时间内遭受严重的破坏。因此,这种由煤柱突然失稳而引起的地表大面积塌陷的危害性极大。

3. 煤柱的破坏形式

煤柱的破坏特征取决于煤体结构和煤柱所受的应力状态。当煤柱承受的载荷不超过其极限强度时,煤柱能有效地支撑上覆岩体,在地表形成一个平缓下沉盆地。但是,如果留设的煤柱偏小,煤柱将发生破坏。煤也是岩石的一种,所以它具有岩石破坏的某些特征。根据大量的试验和观察证明,煤柱的破坏主要表现为下列五种形式。

(1) 煤柱表面剥蚀,产生颈缩现象,一般发生在具有较大宽高比且尺寸较大的煤柱中[图 5.18(a)]。

(2) 煤柱倾斜剪切破坏,对于较小宽高比的煤柱,容易形成切穿煤柱的倾斜剪切破裂面[图 5.18(b)]。

(3) 煤柱轴向劈裂,若围岩与煤柱之间存在具有较大变形的软弱夹层,这些夹层的屈服在煤柱端面上产生拉应力,则煤柱易形成沿轴向的劈裂[图 5.18(c)]。

(4) 若矿柱上具有一组穿透性节理,节理和矿柱的主平面(垂直矿柱轴线的平面)之间的夹角超过节理的有效摩擦角,则有可能出现沿节理的滑动[图 5.18(d)]。

(5) 具有发育良好且平行于荷载主轴的层理或片理的矿柱,其破坏形式为挠曲折断[图 5.18(e)]。

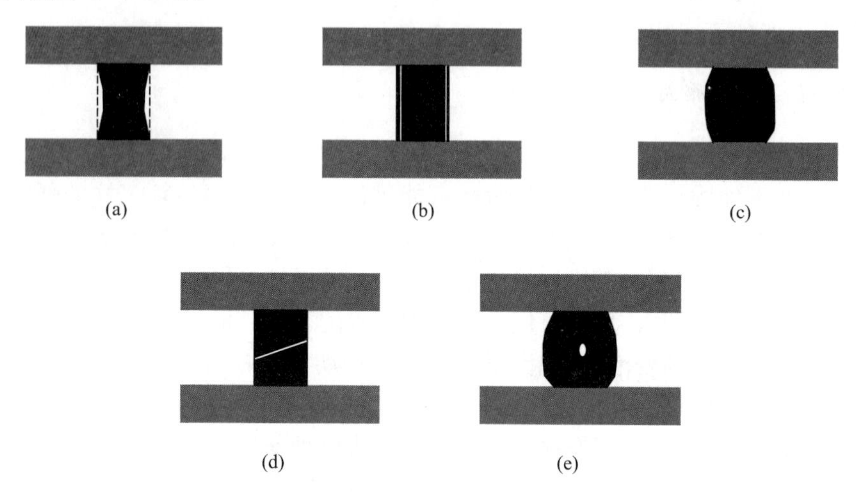

图 5.18　煤柱破坏形式

5.8.2　条带开采尺寸设计要求

在具体的地质采矿条件,保证采动引起的地表移动与变形不影响地面建筑物安全使用的前提下,应最大限度地提高煤炭资源回收率[29~34]。但地表移动和变形值的大小与煤炭回收率直接相关。若开采条带宽度太大,留设煤柱太小,则煤柱不能支撑覆岩载荷,煤柱将被压垮,地表的移动和变形值将大大增加,地面建筑物得不到有效保护;若开采条带宽度太小,留设煤柱太大,回采率偏低将造成国家煤炭资源的极大浪费,经济上不合理。有时如留设煤柱宽度不当,可能造成地表出现波浪形下沉,这对保护地面建筑物也极为不利。为了使地表不出现波浪式下沉盆地,就必须要使条带煤柱尺寸留设合理,既不被压垮,又能尽量提高煤炭回收率,应注意以下问题。

(1) 留设的条带煤柱应有足够的强度和稳定性,以有效地支撑上覆岩层。

(2) 采空区处理方法与采深的关系。充填法管理顶板时,煤柱处于三向受力状态,使得煤柱抗压强度提高,稳定性增强;垮落法管理顶板时,如果顶板软弱易冒落,能填满采出空间,则煤柱的受力状态将与充填法相似,也是稳定的;但若顶板坚硬,不容易冒落,就只能视为单向受力状态。

(3) 近距离煤层煤柱的对齐问题。在采用条采方法开采近距离煤层群时,考虑到层间移动角的影响,下层煤柱的留宽要比上层的略大一些,以保证各层保留煤柱都有足够的强度和稳定性，同时上、下煤层的保留煤柱都要在法线方向上对齐。

（4）尽量不在条带煤柱中穿切巷道。当采用倾斜条带开采时，为了方便工作面搬家时运送设备材料，往往在倾斜条带煤柱的中部开一个联络眼，只要巷道做的不太大，即不挑顶卧底并加强支护，其也是可行的。

（5）留宽及采宽的确定。条带开采的采宽和留宽必须适应采深、煤层力学性质及其厚度的要求，同时要考虑资源回采率。采宽过大，地表容易出现局部下沉盆地；留宽过小，支承能力不够，煤柱失稳后引起岩层和地表下沉变形增加。

条带尺寸设计是一个不断优化的过程，要根据条带开采设计和矿山生产要求，不断地调整条带开采宽度和留设煤柱的宽度，直到既满足稳定性要求，又便于煤矿生产且资源采出率最高为止。

5.8.3　深井宽条带煤柱优化设计

唐口煤矿230采区井下标高为－740～－1 040m，采深为780～1 080m，共有8个工作面，2301～2306工作面为条带工作面，采宽为120m（包括平巷宽度），留宽为100m，2307工作面斜长为210m、2308工作面斜长为200m，两工作面均为全采工作面。2301工作面开采时间为从2006年3月至2007年3月，2302工作面开采时间为从2007年3月至2008年3月，2303工作面开采时间为从2007年9月至2009年3月，2304工作面开采时间为从2009年3月至2009年12月，2305工作面开采时间为从2008年11月至2009年5月，2306工作面开采时间为从2009年9月至2010年4月，2307工作面开采时间为从2007年12月至2008年7月，2308工作面开采时间为从2009年10月到2010年3月，开采长度为740m。

430采区井下标高为－650～－1 100m，采深为687～1 137m，采区设计开采9个条带工作面，4301条带工作面采宽为100m（包括平巷宽度），留宽为100m，2008年9月开始开采至2009年2月回采完毕，开采长度为990m；4305工作面采宽为120m（包括平巷宽度），留宽为100m，2009年6月开始回采。4301工作面、4305工作面为独立工作面。

唐口煤矿230采区和430采区在实施宽条带开采过程中，在覆岩层中存在对地表岩层活动起到控制作用的关键层，在采场覆岩运动演化过程中，关键层（硬岩层）控制空间结构的演化，当工作面开采面积或推进距离超过对覆岩厚硬岩层组起作用的临界值或当相邻工作面开采时由于隔离煤柱失稳而引起两个工作面采空区覆岩空间结构的联通而活化时，均可使原本起作用的厚硬岩层组的作用失效。地表沉陷的阶段性及地表下沉在时间上的滞缓和集中现象都与上覆厚硬岩层密切相关。根据厚硬岩层组的作用，地表沉陷控制就是通过改变开采参数，使得地表处于极不充分采动与非充分采动之间，达到关键层与条带煤柱共同承担上覆岩层载荷的目的。根据唐口井田的钻孔地质资料，采场上覆岩层中有多个硬岩层，特别是在

300～500m 深度分布有大面积的火成岩，硬度大，厚度在 80m 左右，对其上覆岩层能起到很好的支承作用，唐口煤业条带开采的模型如图 5.19 所示。

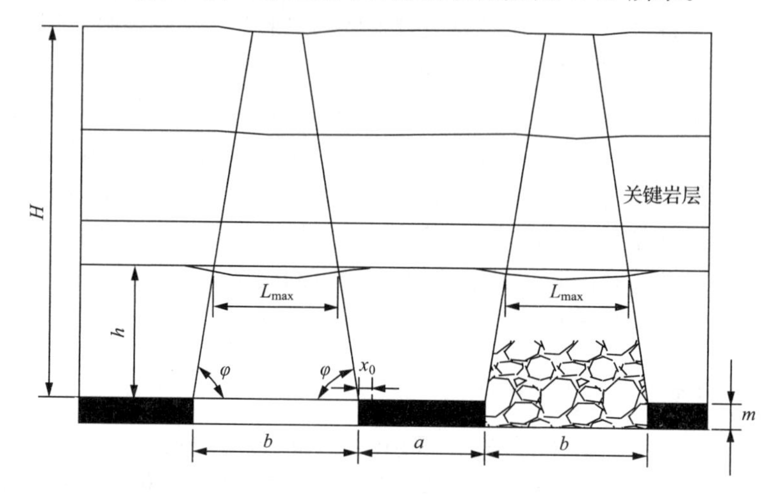

图 5.19　深部条带开采模型

关键岩层可视为四边或三边固支的弹性基础板，其极限跨距为

$$L_{max} = b - 2h\cot\varphi \tag{5.93}$$

式中，L_{max} 为极限跨距，单位为 m；h 为煤层到关键层的距离，单位为 m；φ 为岩层断裂角，单位为(°)。

因此，为了使火成岩层起到控制地表移动的作用，采宽 b 应满足的条件为

$$b < L_{max} + 2h\cot\varphi \tag{5.94}$$

稳定煤柱上的支承压力分布如图 5.20 所示。稳定煤柱一般都存在弹性区和塑性区，塑性区的支承压力呈递增趋势，而在弹性区则呈下降趋势。并且煤柱一侧的弹塑性区关于煤柱的中心线对称于另一侧的弹塑性区。煤柱周围一开始处于弹

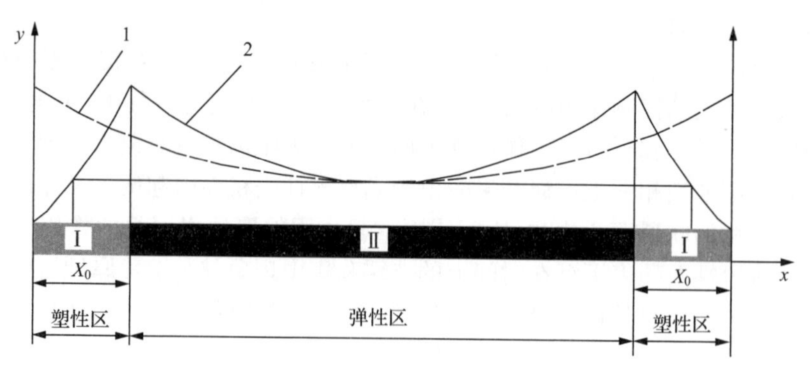

图 5.20　稳定煤柱上的支承压力分布

性变形状态，随着距煤柱边缘的距离增大，煤柱支承压力分布呈负指数函数规律下降。但随着时间的推移，煤柱周围逐渐开始屈服，煤柱的支承压力分布逐渐由曲线 1 转化为曲线 2，煤柱内应力呈两区分布，即塑性区支承压力和弹性区支承压力。屈服塑性区位于煤柱四周，靠近采空区的煤体应力松弛而低于原岩应力，往内应力升高而高于原岩应力，再往内为原岩应力区，应力峰值位置即塑性区与弹性区的分界。

煤柱屈服塑性区中间为“核区”，在条带煤柱“核区”内，煤柱强度高，具有弹性或应变硬化特性，其抵抗变形的能力随变形值的增大而增大。在煤柱屈服塑性区内，煤柱强度低，抵抗变形的能力随变形值的增大而减小。在条带煤柱的屈服塑性区内，由于水的作用使其具有应变软化的性质，当条带受到的剪应力超过其峰值强度时，其抵抗变形的能力随变形的增大而减小。当煤柱核区处于三向受力状态时，核区的屈服应力为 $4\gamma H$，则有核区单位长度煤柱的极限承载能力为

$$P_x = 4\gamma H(a - 2x_0) \tag{5.95}$$

单位长度条带煤柱上的载荷为

$$P = \gamma(H - h)(a + b) + \gamma h a \tag{5.96}$$

要保证煤柱的长期稳定性，则煤柱上承受的载荷要有一定的系数，即 $S_f = \dfrac{P_x}{p} \geqslant 1.6$，故

$$a \geqslant \frac{0.4b(H - h) + 2hx_0}{H - 0.4h} \tag{5.97}$$

煤柱若有合适的核区宽度，就能保证煤柱的长期稳定性，稳定煤柱的核区宽度大致为煤柱宽度的 65%，即核区率 $\rho = 0.65$。因此，煤柱塑性区范围的确定是问题的关键。

根据理论计算，结合煤岩体的力学试验，煤柱三向应力状态下计算的塑性区宽度为

$$x_0 = \frac{md}{2\tan\varphi}\left\{\ln\left[\frac{C + \sigma_{zl}\tan\varphi}{C + \dfrac{P_x}{\beta}\tan\varphi}\right]^{\beta} + \tan^2\varphi\right\} = 5.5\text{m} \tag{5.98}$$

式中，m 为煤柱高度，单位为 m；d 为开采扰动因子，$d = 1.5 \sim 3.0$；β 为屈服区与核区界面处的侧压系数；C 为煤层与顶底板接触面的内聚力，单位为 MPa；φ 为煤层与顶底板接触面的摩擦角，单位为(°)；σ_{zl} 为煤柱极限强度，单位为 MPa；P_x 为煤壁的侧向约束力，单位为 MPa。

根据对唐口煤矿 4301 工作面、2304 工作面煤柱的长期受力和变形情况的现场实测，煤柱塑性破坏区的范围大致在 16m 左右，则在保证煤柱稳定的情况下，煤

柱留宽满足：

$$\rho = \frac{a - 2X_0}{a} \geqslant 0.65 \quad (\text{即}\ a \geqslant 92\text{m}) \tag{5.99}$$

则 100m 宽的煤柱安全系数在 1.6，满足设计要求，煤柱能够保持长期的稳定性。

采用数值模拟的方式对采宽为 120m，留宽分别为 110m、100m 和 90m 三种情况进行数值模拟研究，工作面开采后采场的应力演化分别如图 5.21～图 5.23 所示。

图 5.21　煤柱宽度为 110m 时的应力演化规律

图 5.22　煤柱宽度为 100m 时的应力演化规律

图 5.23　煤柱宽度为 90m 时的应力演化规律

随着留设的煤柱宽度从 110m 减少到 90m，从煤柱应力演化过程可以看出，煤柱内的应力逐渐增大，总体上呈“马鞍形”演化，但是随着煤柱宽度的减小，煤柱上的最大支承压力从 58.1MPa 增加到 62.9MPa，增幅较大。

煤柱宽度为 110m、100m 和 90m 时采场和煤柱的塑性区演化规律如图 5.24～图 5.26 所示。随着留设的煤柱从 110m 减少到 90m，煤柱和煤柱上方的弹性区域呈“三角形”方式演化，随着煤柱尺寸的减小，也就是“三角形”底边的减小，其煤柱和煤柱上方的弹性区高度也在减小。从数值模拟上可以看出随着煤柱尺寸的减小，塑性区域有变大的趋势，110m 煤柱其塑性区约为 12m，100m 煤柱其塑性区约为 13m，90m 煤柱其塑性区约为 14m。

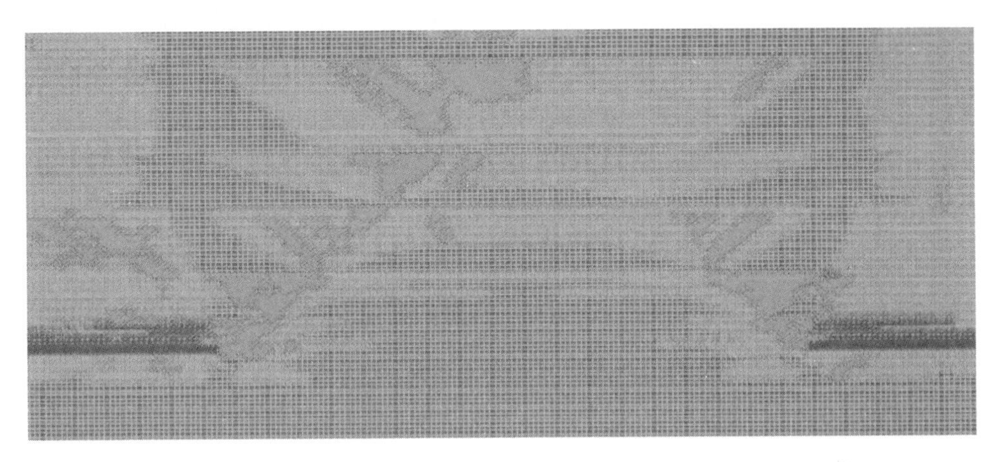

图 5.24　煤柱宽度为 110m 时的塑性区分布

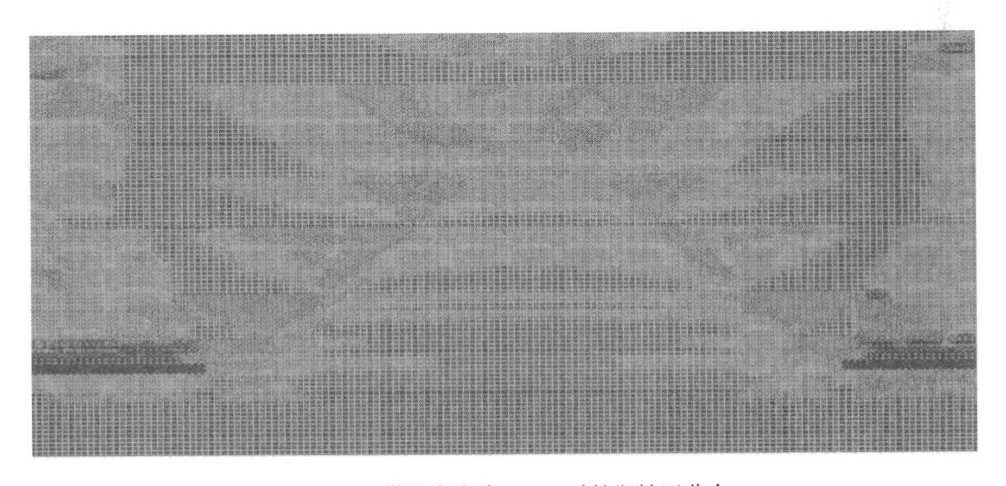

图 5.25　煤柱宽度为 100m 时的塑性区分布

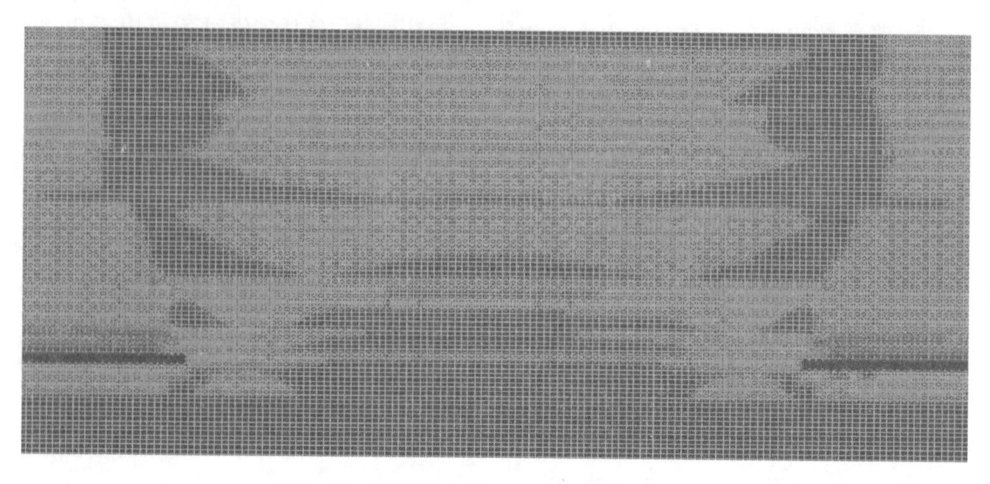

图 5.26　煤柱宽度为 90m 时的塑性区分布

从模拟上来看，随着留设煤柱尺寸的减小，工作面的采宽相对加大，煤柱分担的上覆岩层载荷、煤柱边缘的破坏区也在相应的增大，煤柱的稳定性就会受到影响。在开采深度超过千米的采区实行条带开采，突破了以往认为的条带开采深度不宜超过 400m 的开采限度，煤柱承受的载荷大，影响煤柱稳定性的因素也比较多，因此采用宽条带煤柱的开采方式是符合深部开采的实际情况的。矿井现采宽为 120m，留宽为 100m 的开采方式，井下煤柱能够支承上覆岩体并保持长期的稳定性，不会突然坍塌，但是计算出的安全系数不高，在实际生产过程中，要尽量地不回收煤柱上的锚杆、锚网，以增加煤柱的稳定性。

5.8.4　深井宽条带开采地表岩移观测

根据 230 采区、430 采区地表实际情况，沿公路、乡间小路设置 6 条非正规监测线。观测数据较为完整的有 4 条测线，230 采区 2301、2307 工作面倾向测线 L1、L2，430 采区 4301、4305 工作面倾向测线 L3、L4，各测线的具体布置情况如图 5.27 所示。四条测线测得的地表下沉情况如图 5.28～图 5.31 所示，地面下沉整体情况如图 5.32 所示。

深部开采与浅部开采地表移动变形存在差异的一个重要原因就是，深部开采时的基岩厚度增大，影响地表移动变形的因素增多。唐口煤矿开采过程中地表下沉有一般深部开采的特点：地表沉陷的范围大（工作面开采倾向方向上最大影响范围超过 700m），相应的盆地边缘移动变形值变小；单工作面开采时，工作面开采的单方向开采充分程度受到影响，地表移动变形值较小（4301、4305 工作面开采时最大下沉为 160mm），当为多工作面连续开采时，地表移动变形值才能达到该地质采矿条件的极值（230 采区各工作面）；同时也有自身的一些特点，如在深厚比超过 300

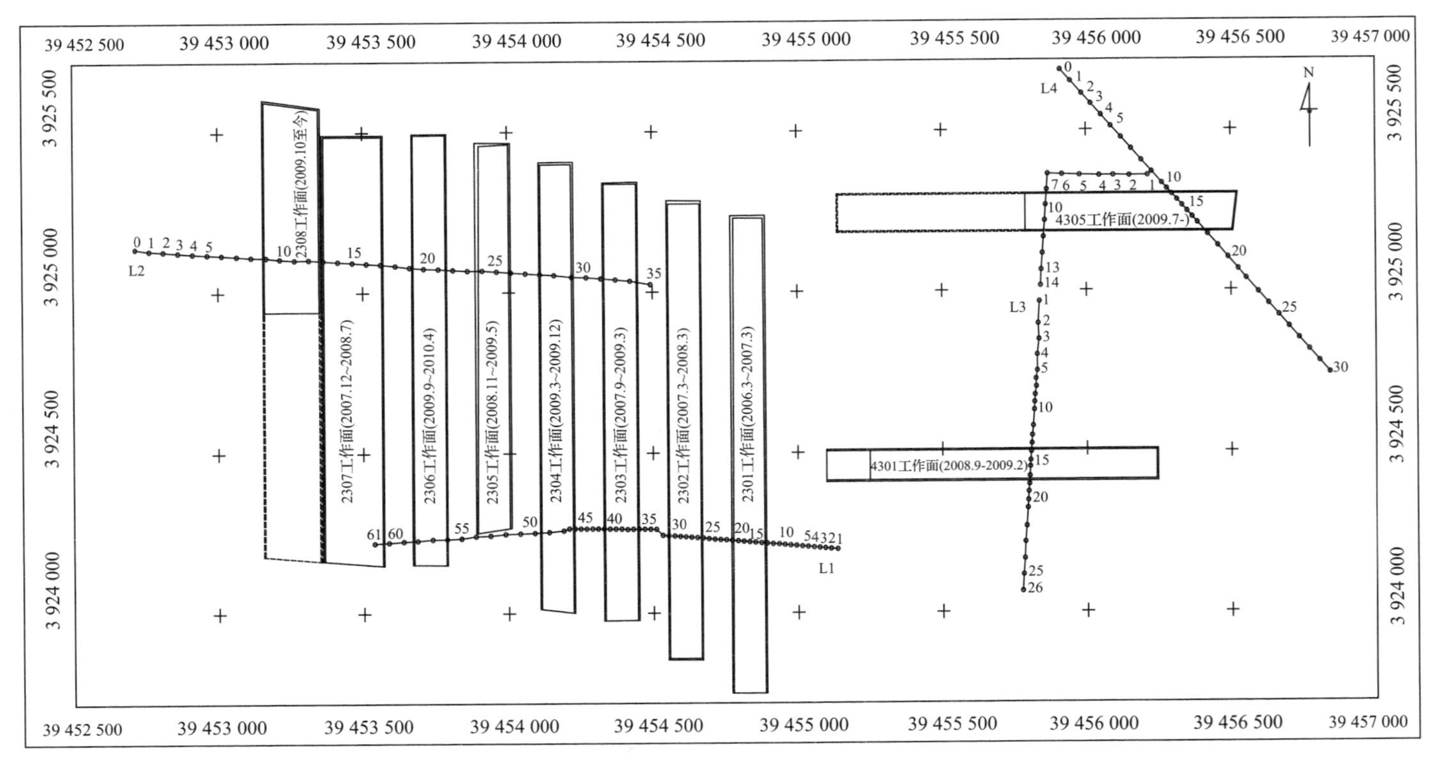

图 5.27　230、430 采区地表岩移观测线

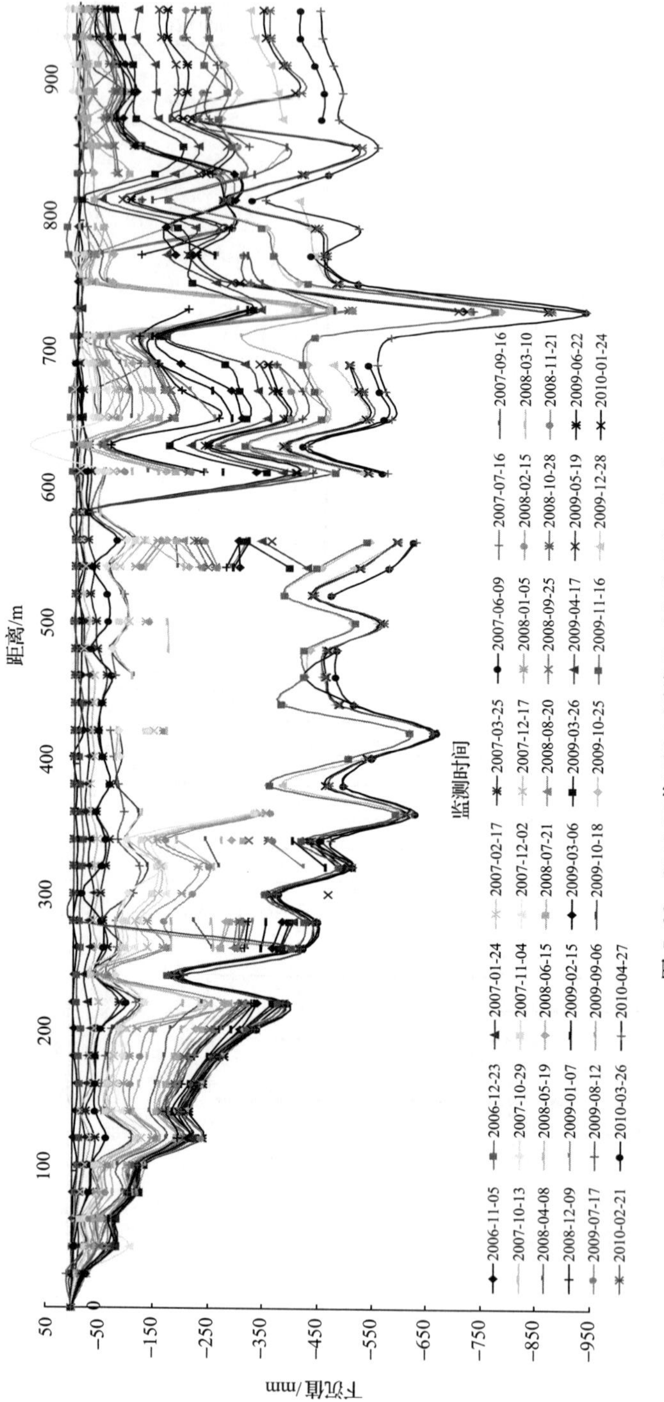

图 5.28　2301 工作面 L1 测线地面岩移动态下沉曲线

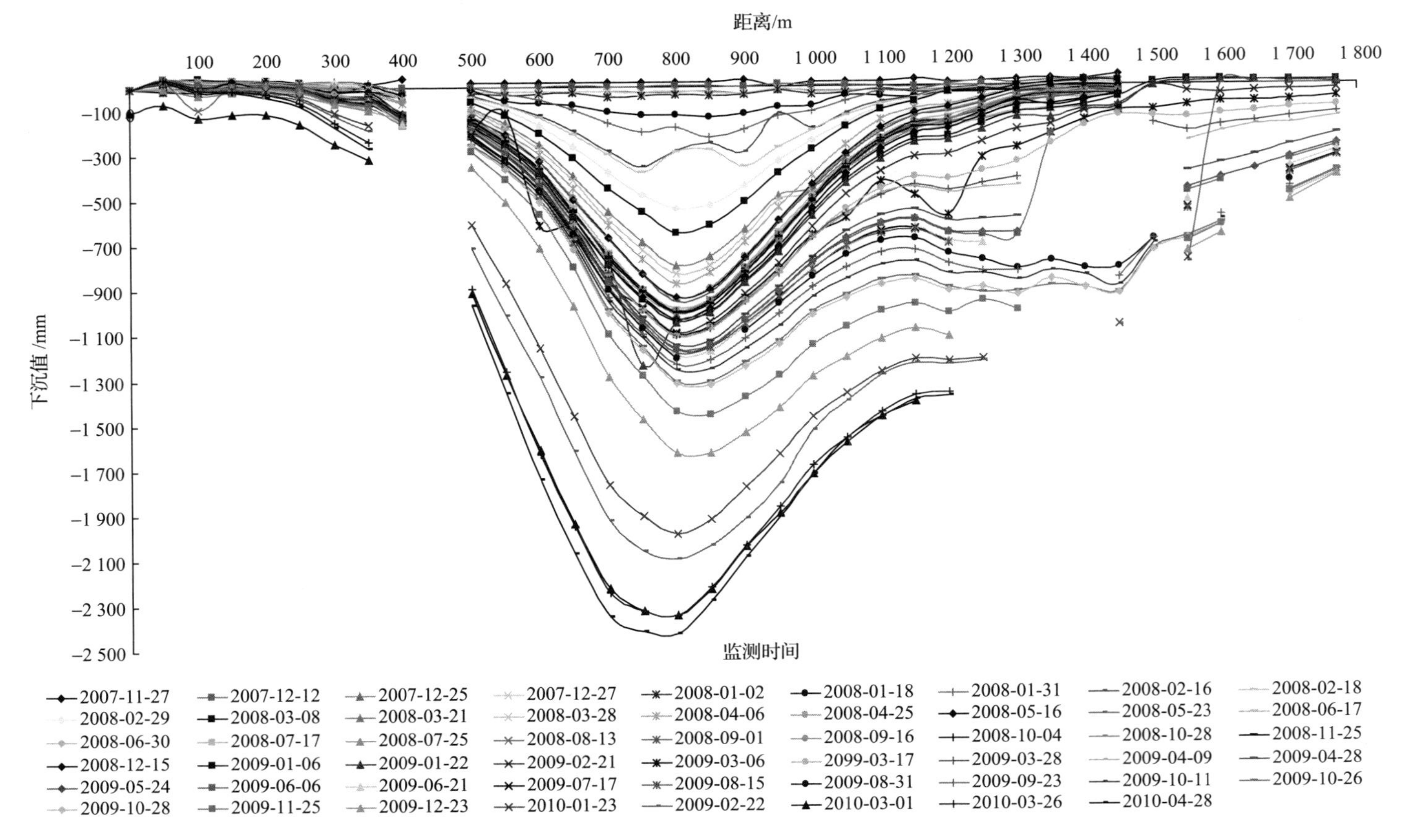

图 5.29　2307 工作面 L2 测线地面岩移动态下沉曲线

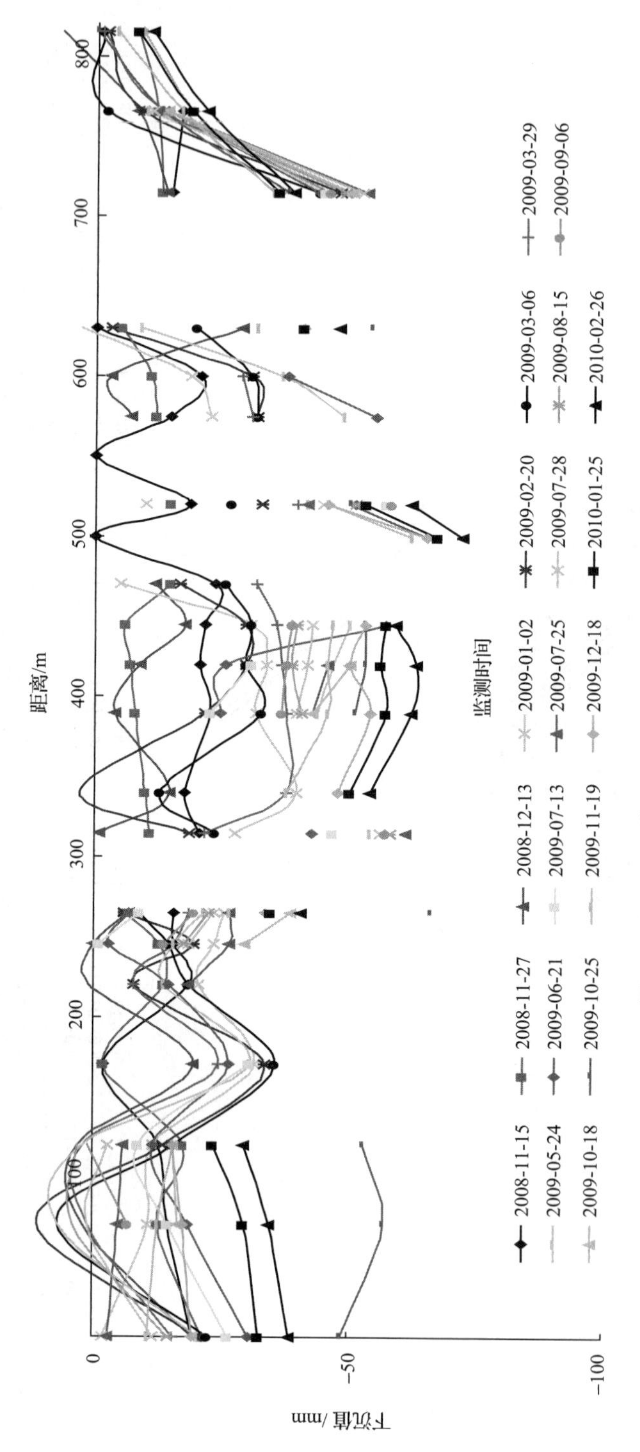

图 5.30　4301 工作面 L3 测线地面岩移动态下沉曲线

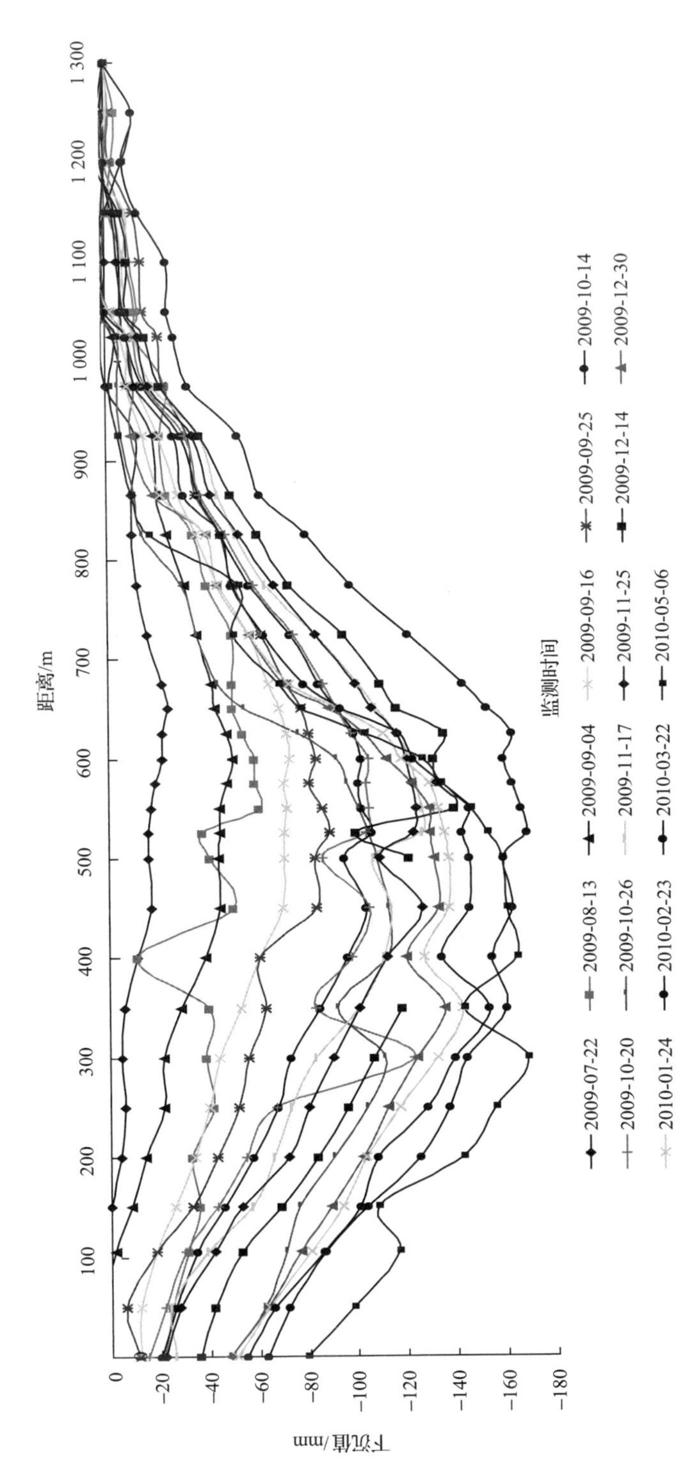

图5.31　4305工作面L4测线地面岩移动态下沉曲线

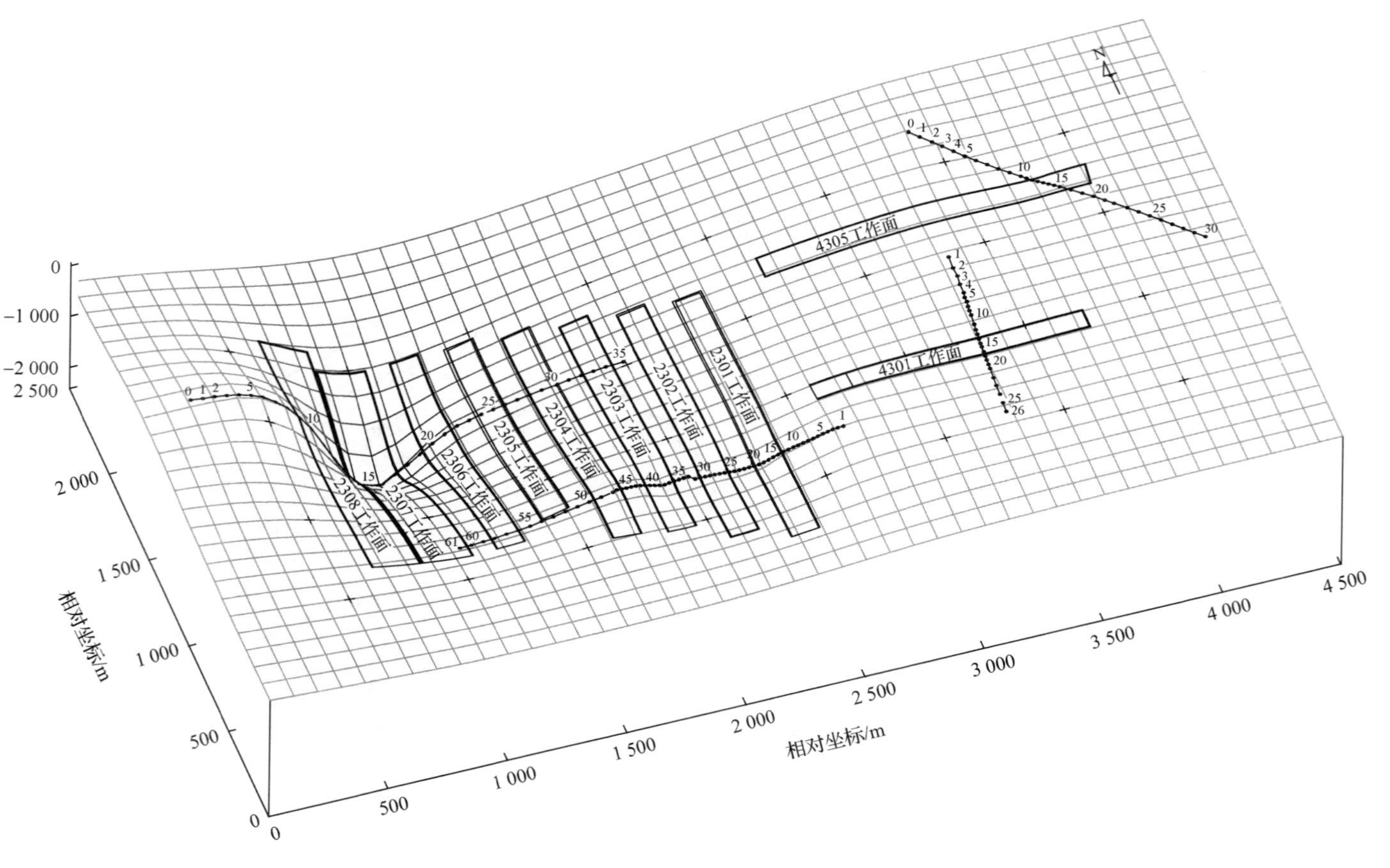

图 5.32　测线监测的地面下沉情况

的情况下，230 采区条带、全采工作面仍有较大的下沉量，这与原来的认识有较大出入，4 条观测线均监测到在下沉盆地外边界出现地面反弹抬高现象。

5.8.5　深井宽条带开采地表沉陷模型和参数求取

利用地表下沉曲线，通过参数辨识方法，反求采区地质开采条件下的覆岩等效岩体力学参数，用概率积分法在该地质采矿条件下达到充分采动时，沿走向、倾向主断面做一剖面进行预计，画出该剖面的下沉曲线，然后建立数值计算模型，拟合该下沉曲线，当得到的下沉曲线与概率积分法所得下沉曲线一致时，可认为预计的模型是正确的。

对最终下沉曲线进行拟合，得到的部分拟合曲线如图 5.33 和图 5.34 所示。

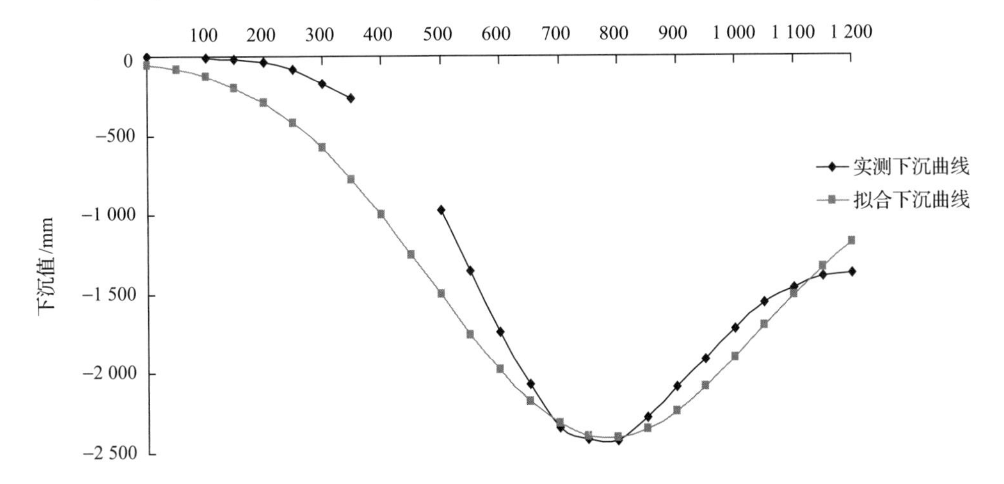

图 5.33　L2 测线下沉曲线拟合图(ρ=0.947 12)

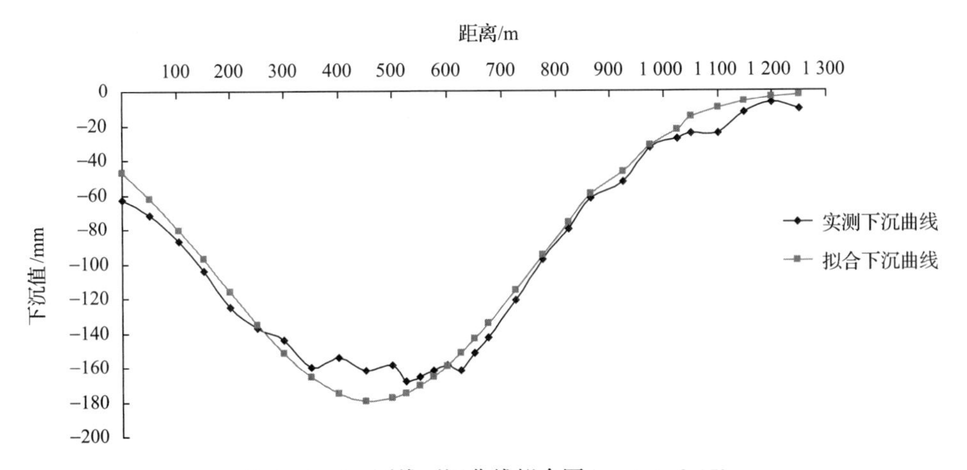

图 5.34　L4 测线下沉曲线拟合图(ρ=0.992 35)

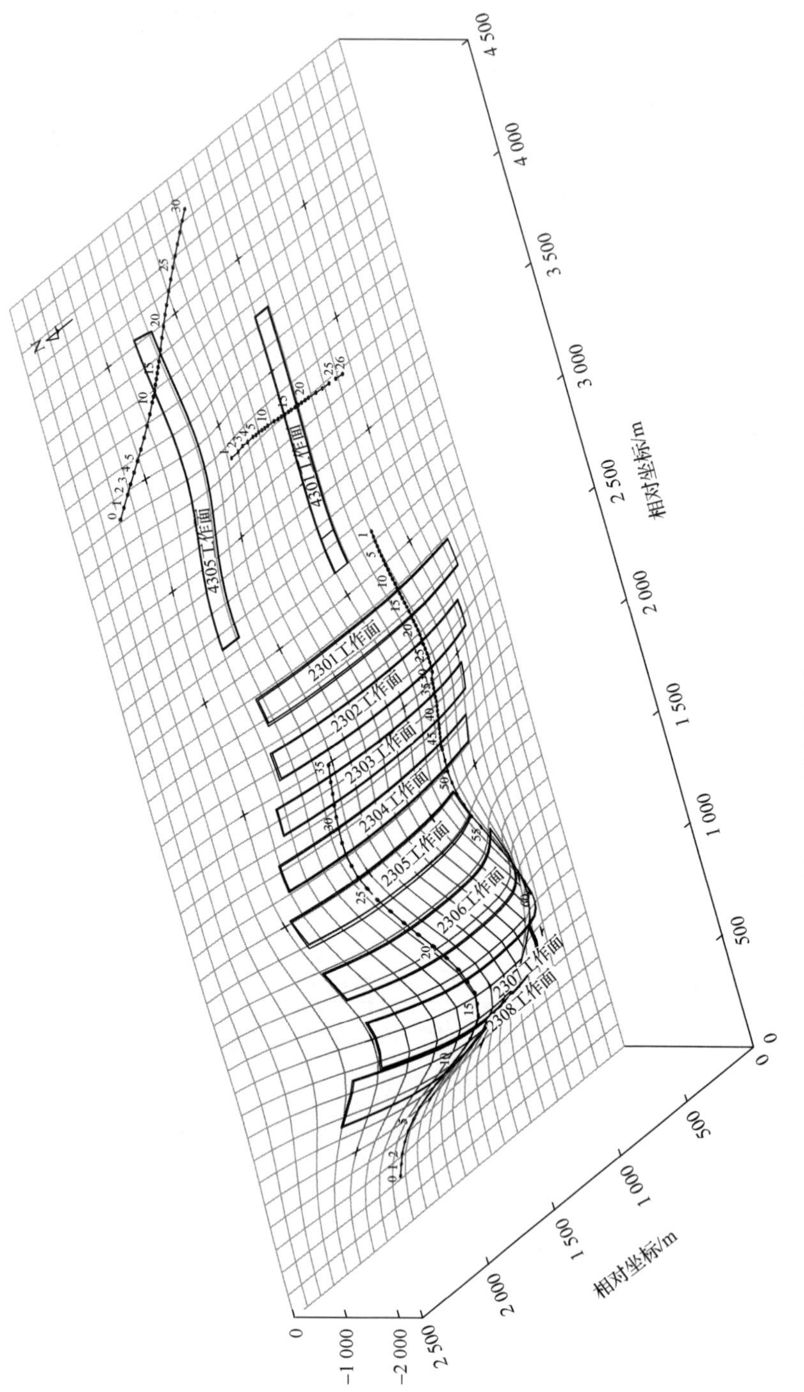

图 5.35　拟合的最终地表下沉曲线

拟合后 230 采区 2301、2302、2303、2304、2305、2306、2307、2308 工作面，430 采区 4301、4305 工作面开采后最终地表下沉曲线如图 5.35 所示，可以看出，条带开采地表下沉比较平缓，没有形成大的沉陷盆地，全采情况下地表沉陷值相对较大，地面出现塌陷区。

通过模式求参法得到条带开采区域概率积分法预计参数：下沉系数 $q=0.28$，水平移动系数 $b=0.20$，主要影响角正切 $\tan\beta=1.8$，开采传播影响角系数 $k=0.5$。全采区域概率积分法预计参数：下沉系数 $q=0.94$，水平移动系数 $b=0.30$，主要影响角正切 $\tan\beta=2.4$，开采传播影响角系数 $k=0.5$，拐点偏移距为 $0.02H$。

5.8.6　深井宽条带开采地表移动盆地边界角

由于地表远未达到充分采动，且布设的地表移动观测线均不位于主断面上，故根据地面岩移观测资料求出的地表移动盆地角值参数并不是真正意义上的边界角，其只能反映目前非充分采动条件下的地表移动范围，因此采用模式求参得出的预计参数，通过概率积分法反演求取地表移动盆地边界角值。

在边界角计算过程中，单独考虑煤柱塑性区对角值取值的影响。综合现场及模拟的结果，工作面开采后，煤柱的塑性区破坏范围大约在距煤壁 10m 的范围内。条带开采时，边界角的计算如图 5.36 所示，由图 5.36(a)可知，开切眼附近综合边界角为 53.9°，考虑煤柱塑性破坏区时综合边界角为 54.5°，停采线附近综合边界角为 57.4°，考虑煤柱塑性破坏区时综合边界角为 58.2°；由图 5.36(b)可知，上山综合边界角为 54.7°，考虑煤柱塑性破坏区时上山综合边界角为 55.5°，下山综合边界角为 57.6°，考虑煤柱塑性破坏区时下山综合边界角为 58.4°。

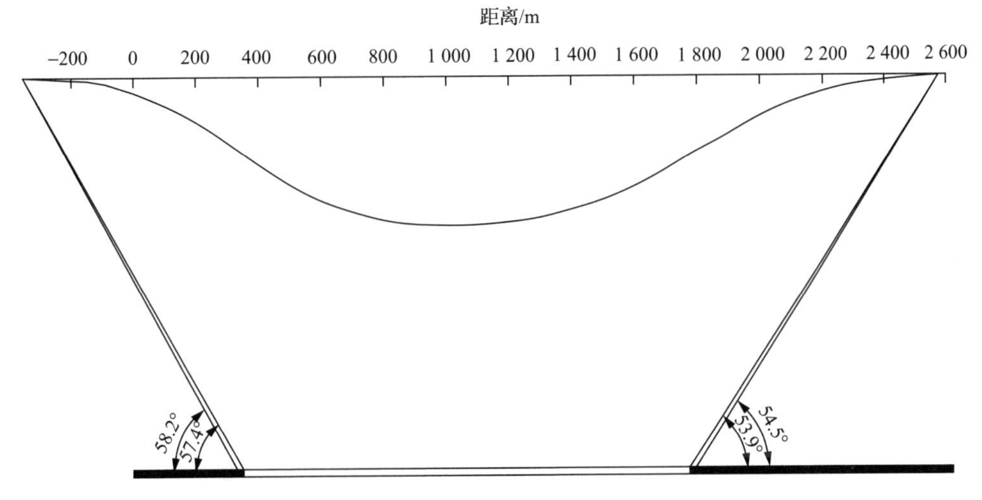

(a) 走向边界角

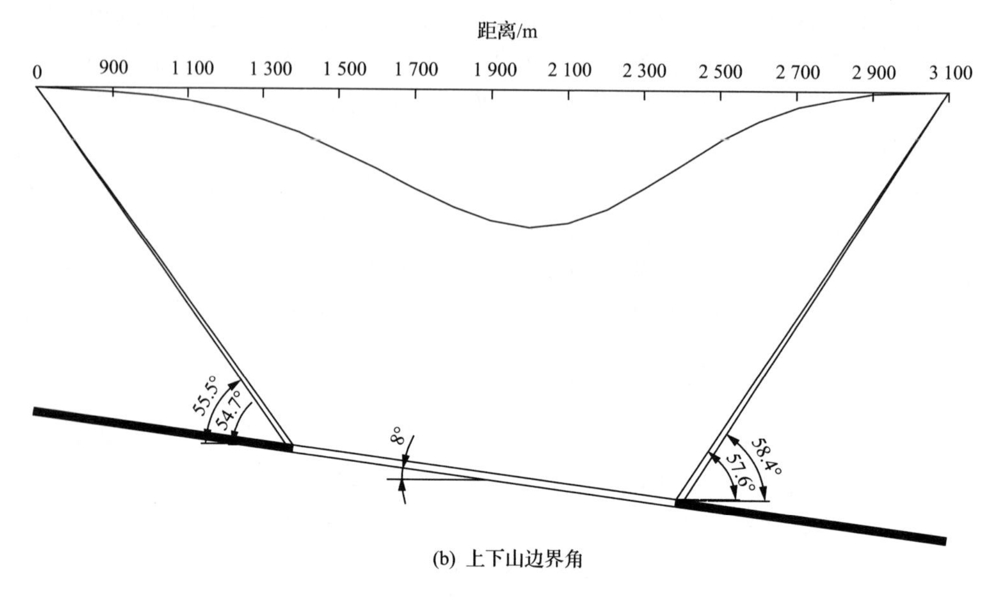

(b) 上下山边界角

图 5.36　230 采区条带开采边界角

全采时，边界角的计算如图 5.37 所示，由图 5.37(a)可知，开切眼附近综合边界角为 55.9°，考虑煤柱塑性破坏区时综合边界角为 56.7°，停采线附近综合边界角为 57°，考虑煤柱塑性破坏区时综合边界角为 57.8°；由图 5.37(b)可知，上山综合边界角为 54.1°，考虑煤柱塑性破坏区时上山综合边界角为 54.9°，下山综合边界角为 58.6°，考虑煤柱塑性破坏区时下山综合边界角为 59.6°。

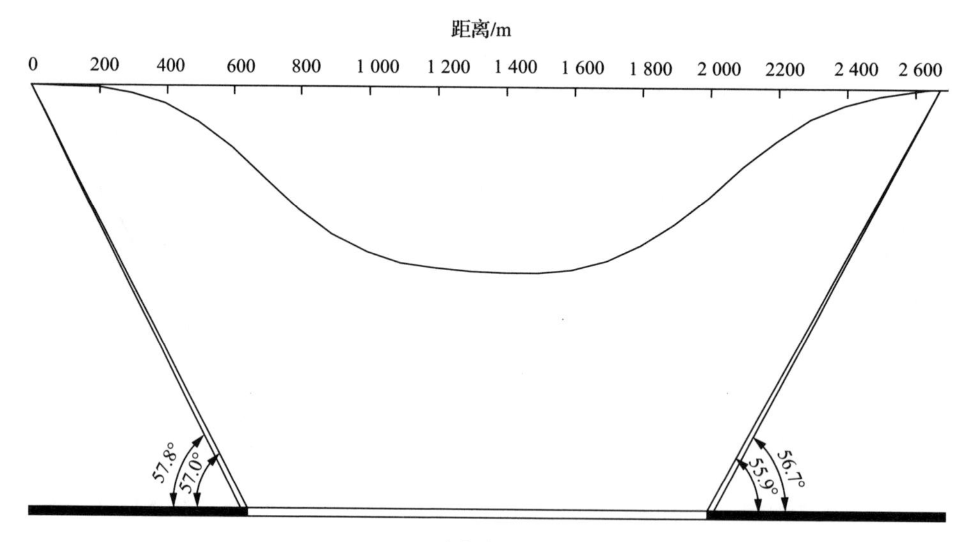

(a) 走向边界角

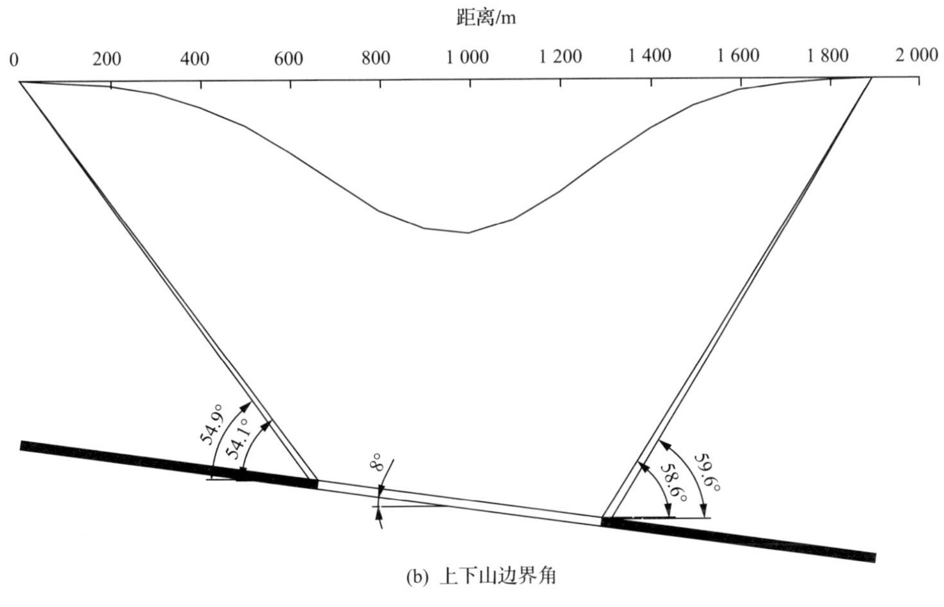

(b) 上下山边界角

图 5.37　230 采区全采边界角

230 采区条带开采区域走向综合边界角为 53.9°，上山综合边界角为 55.5°，下山综合边界角为 58.4°，全采区域走向综合边界角为 55.9°，上山综合边界角为 54.1°，下山综合边界角为 58.6°。全采与条采的边界角相差不大，因此在相同的开采影响范围内，由于条带开采下沉值较小，必然会使地表下沉盆地变得相对平缓。

结合 230 采区工作面地表移动边界角，通过曲线拟合的方式得到唐口煤矿走向方向（煤层倾角小，上山边界角与走向边界角相差不大，可按相同的公式计算）下山综合边界角的经验公式：

$$\begin{cases}\delta_{综合} = 63.20° - 0.039\left(\dfrac{H-h}{m}\right), & R^2 = 0.921\,1 \\ \beta_{综合} = 59.35° - 0.003\,9\left(\dfrac{H-h}{m}\right), & R^2 = 0.903\,8\end{cases} \tag{5.100}$$

经验公式拟合的相关系数均在 0.9 以上，拟合效果较好。需要指出的是参与计算的工作面边界角值越多，得出的经验公式会越可靠，若只有几个工作面的角值，拟合出的经验公式在实际应用中可能存在一定的误差，这就需要不断地积累，以改进经验公式的参数，使其更好地符合矿区的地质采矿条件。

5.8.7　深井宽条带开采地表移动变形速度

L1 测线最大下沉点 29 号测点在 2302 工作面上方，主要受 2301 工作面、2302 工作面、2303 工作面和 2304 工作面的开采影响，测点的下沉曲线及下沉速度与开

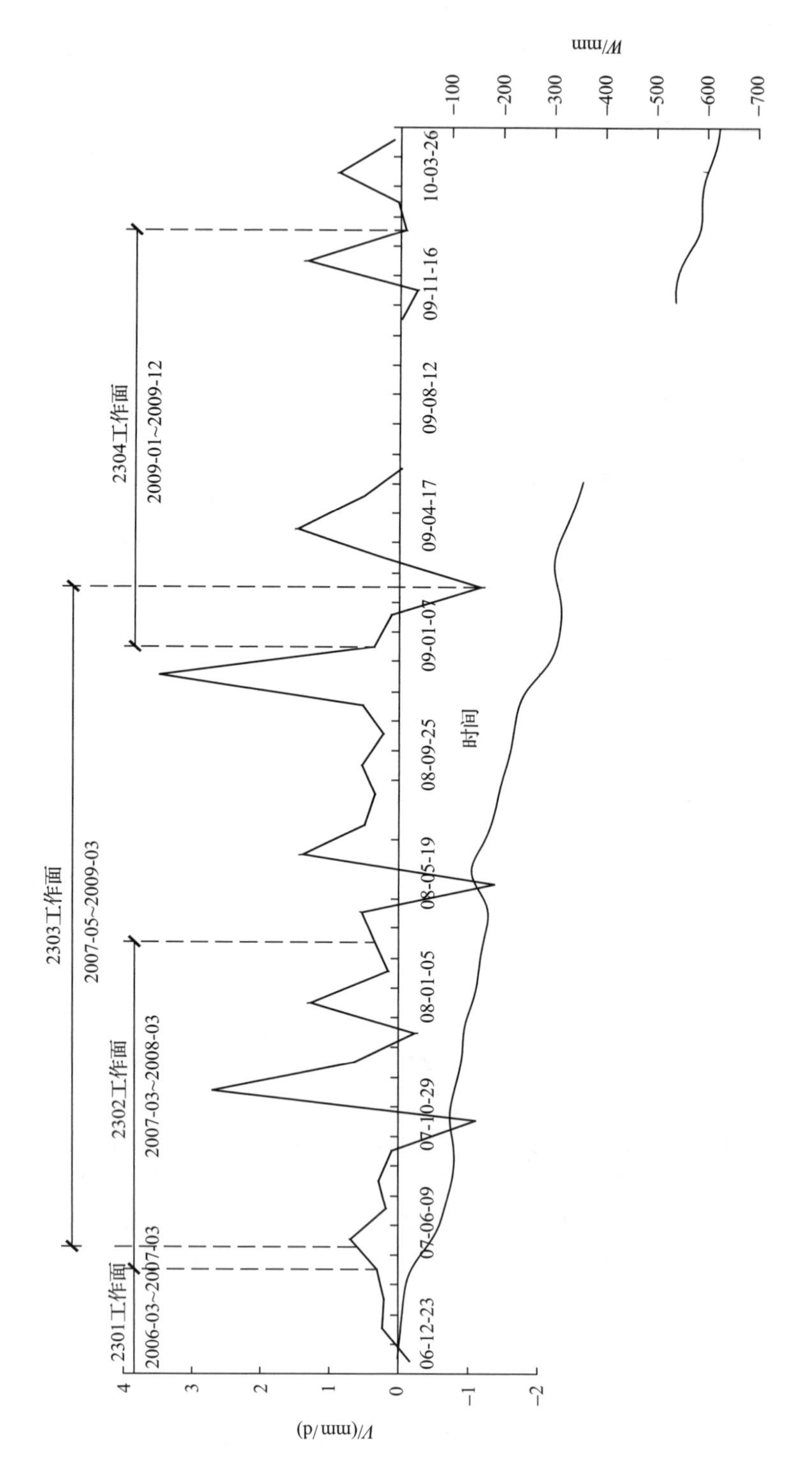

图 5.38　地表最大下沉点 29 号测点下沉速度及下沉曲线

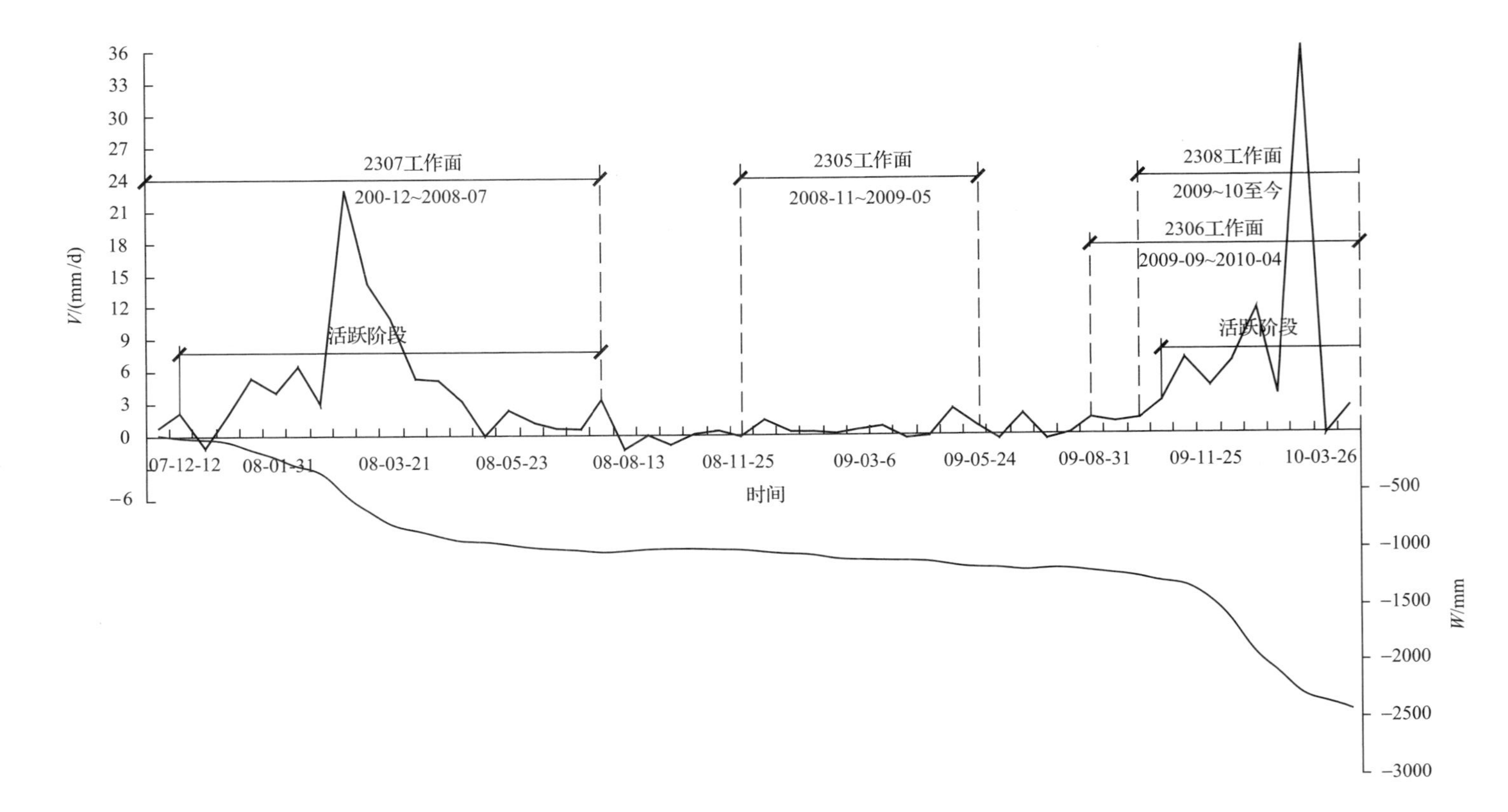

图 5.39　地表最大下沉点 16 号测点下沉速度及下沉曲线

采工作面的关系如图 5.38 所示。测点的第一个下沉速度高峰值为 2.67mm/d,是由 2302 工作面开采引起的;测点的第二个下沉速度高峰为 3.50mm/d,对应的下沉值为 300mm,是由 2303 工作面采动引起的;2304 工作面开采期间,测点下沉值达到了最大的 623mm,但是最大下沉速度仅为 1.45mm/d,工作面的开采对测点的影响减小。

2307 工作面 L2 测线最大下沉点为 16 号测点,测点在 2307 工作面上方,与测点相对较近的有 2308 工作面、2306 工作面和 2305 工作面,测点的下沉曲线及下沉速度与开采工作面的关系,如图 5.39 所示。下沉速度的第一个高峰值出现在 2307 工作面开采期间,最大值为 22.73mm/d;随着 2306 工作面和 2308 工作面的开采,测点出现了第二次高峰期,最大值为 32mm/d,对应的最大下沉值为 2 346mm,地面对应地出现了更大的起伏,由 2 094mm 增大到 2 346mm。

从两个测点的下沉速度图对比可以看出,下沉速度是规律变化的,测点受到工作面开采影响时下沉速度增大,不受开采影响时速度就减小,地表移动变形运动出现明显的集中和滞缓现象,下沉速度变化较大。在受工作面开采影响时,开始增加缓慢,逐渐增大,达到最大值后,再减小,直到最后停止;条带开采期间,测点几乎没有活跃期,而全采期间活跃期基本上为工作面的开采时间,开始阶段的时间很短,对测点有影响的工作面开采完后,对测点的影响就变得很小。

从下沉速度与工作面开采对应情况来看,地表并没有因采深增加而出现减缓的现象,下沉速度高峰没有滞后工作面的开采时间,基本上是与工作面的开采时间同步。

5.9 岩层及地表移动与冲击地压相关性

5.9.1 岩层及地表移动特征

华丰煤矿−750m 水平第三系砾岩层厚 500～650m,整体性好(岩体完整性参数 k=0.89)、强度大($E=4.92\times10^4$MPa,f=5.9),而砾岩底部 50m 左右的红层和 20m 左右的杂色泥岩性软($E=1.34\sim0.92\times10^4$MPa,f=1.4 左右)。红层及泥岩下部的石炭二迭煤系地层,以灰白色的中细砂岩为主,其抗压强度多在 50～70MPa。四煤层为具有强烈冲击倾向的煤层,一般临界开采深度为 570m,冲击地压引起的震级为里氏 2.6 级左右。随开采深度的增加,地压越来越大。

地表移动变形的主要特征为:地表移动变形运动出现明显的集中和滞缓现象,下沉速度变化较大;受完整性好、强度大的厚层坚硬砾岩影响,下沉盆地外边界出现反弹抬高;地表移动盆地下山方向拉伸区内出现较大斑裂[35～38]。

根据采区上方岩移观测成果，在充分采动条件下，计算主断面上的岩移值并进行地表移动变形特征分析。煤层正常开采地表的最大下沉速度的经验公式如下：

$$V_{max} = 6.266 \times \frac{c \times m \times D \times \cos\alpha}{H_0} \tag{5.101}$$

式中，V_{max} 的单位为 mm/d；D 为工作面斜长，单位为 m。

地表倾向主断面观测线上23号点的下沉速度随工作面推采的周期性变化反映了覆岩运动集中与迟缓的现象，如图5.40所示。

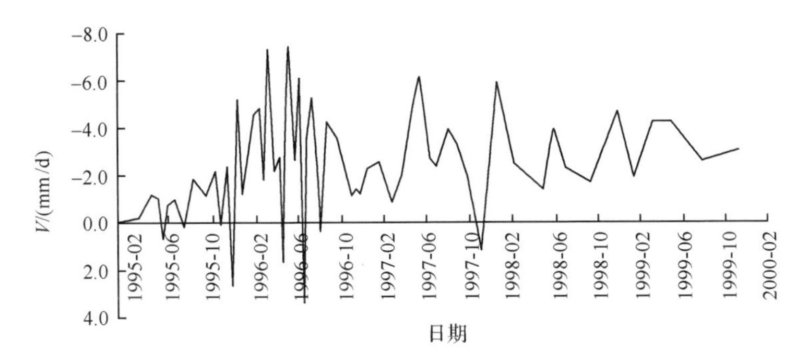

图5.40　23号点下沉速度随工作面开采变化曲线

5.9.2　岩层与地表移动和冲击地压发生的关系

现场观测数据分析表明，地表及岩层运动集中反映了砾岩层底部离层裂缝的发育、扩展和失稳垮断过程。岩层下沉运动过程中，裂缝带之上的弯曲带内岩层沿层面（厚硬砾岩层与软弱红层之间）产生离层空隙，随着工作面的推采，离层范围持续发展（最大发育高度为2.1m、宽度为230m左右）。在离层发育的过程中，岩体自重使砾岩体积蓄大量的弹性能，并作用于采空区周围岩体上，形成高压应力集中带，当离层空间发育足够大时，其岩体平衡条件被破坏，当离层裂缝长度大于极限跨度时，砾岩层底部就会发生突然垮断，引发工作面产生强烈冲击。

地表下沉速度变化趋势客观上反映了砾岩运动的阶段性变化特征，即变化强度由弱渐强，从低到高，如图5.41所示。地表下沉速度剧烈变化处，冲击地压发生频率较高，往往在地表下沉速度剧烈变化之前或之后数天发生，一般情况下提前或滞后10天左右的可能性较大，占70%左右。地表下沉速度的反弹处更为危险，常伴有震级较大的冲击地压发生，反弹变化越大，则震级越大。统计表明，反弹处发生2.0级以上强震的比例约为50%。

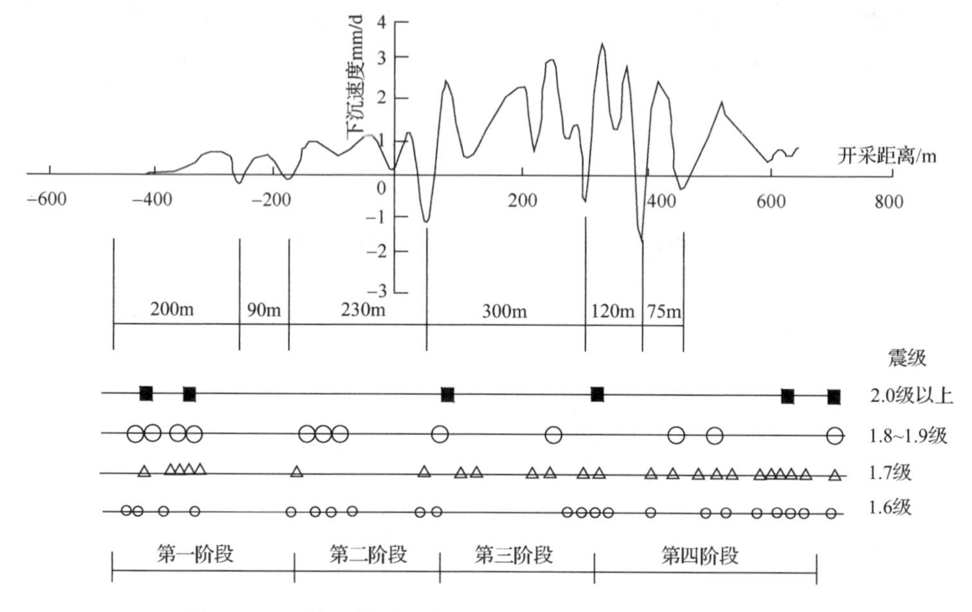

图 5.41　工作面推采距离、下沉速度与发生冲击地压关系图

5.9.3　岩层活动阶段性与冲击地压的关系

地表沉陷观测资料表明，工作面每推进 250～300m，地表就出现短时间的强烈反弹，随后下沉速度显著增大。地表的强烈反弹孕育着砾岩运动强度的不断加大，可把砾岩层运动分成四个阶段，初始运动阶段、相对稳定阶段、显著运动阶段和剧烈运动阶段，这四个阶段构成一个砾岩运动周期。地表下沉速度变化趋势客观上反映了砾岩运动的阶段性变化特征，即变化强度由弱渐强，频度从低到高。

冲击地压在砾岩层初始运动阶段多集中于开采初期；相对稳定阶段多集中于阶段的首尾两端；显著运动阶段多发生在此阶段地表下沉速度曲线速度突变处；剧烈运动阶段下沉速度突变或反弹频繁，因而冲击地压发生较为频繁。一般工作面每向前推进 300m 左右，砾岩层即进入一次阶段性运动。即推采距离决定了冲击地压发生的强度与频率，同时也影响着地表的下沉速度变化。

震级较大的 2.0 级以上冲击地压除发生在工作面开采起始时刻外，其余发生在各运动阶段末端时刻。砾岩相对稳定阶段，每开采 60～90m，地表下沉速度曲线就出现一次波段，则对应砾岩层出现一次较快的下沉活动；砾岩层显著运动阶段，工作面每开采 40～80m，地表下沉速度曲线就出现一次峰值，下沉速度显著增大，砾岩层活动加快；砾岩剧烈运动阶段，工作面每开采 50～60m，地表下沉速度曲线就会出现一次更大的起伏，对应砾岩层出现更剧烈的沉降运动，见表 5.21。

表5.21　砾岩运动阶段内冲击地压发生规律

阶段名称	阶段内发生冲击地压规律
初始运动阶段	在本阶段工作面推进起始100m内，平均震级1.74级，发生15次
相对稳定阶段	在本阶段工作面推进起始100m内，占61%，平均震级1.69级；在本阶段工作面推进末端30m内占39%，平均震级1.7级，发生13次
显著运动阶段	在本阶段工作面推进起始100m内，占41%，平均震级1.7级；在本阶段工作面推进末端120m内占59%，平均震级1.8级，发生12次
剧烈运动阶段	在本阶段工作面推进起始50～150m内，占53%，平均震级1.69级；在本阶段工作面推进末端100m内占47%，平均震级1.69级，发生20次

5.9.4　冲击地压能量释放与工作面推进距离的关系

砾岩层周期性活动的直接原因是随工作面开采上覆砾岩层与红层之间离层空隙发育发展至垮断具有周期性。在整个工作面的开采过程中，顶板释放能量具有明显的规律性和周期性，开始释放能量较小，随着开采距离增大，释放能量逐渐增大，开采到一定距离时，释放能量达到极大值，随后逐渐减小。

工作面顶板释放能量随开采距离的周期性，反映出砾岩层活动的周期性，也反映出地表沉陷运动的周期性。因而，可以根据岩层及地表移动变形情况，进行工作面冲击地压的预报和分析。一般情况下，每个工作面在开采到一定距离时必然有一个释放能量最大处，在这个区域应重点加强防范。而在工作面接近开采结束时，冲击地压释放能量会减少。

5.9.5　岩移观测对冲击地压发生的可预报性

基于岩层及地表移动观测对冲击地压发生具有可预报性的认识，矿井自1999年以来，利用观测到的地表反弹现象和下沉速度变化作为发生严重冲击的主要预报指标，成功地预报了大多数冲击地压的发生，取得了较好的效果。例如，2004年12月7日起发现地表沉陷运动反弹，由原来每天下沉3～5mm，变为每天回升1.5～2mm，至2004年12月16日发生里氏2.4级的冲击地压，由于事前进行了预报，使矿井损失减小到最小限度。

微震监测、室内试验研究和岩移观测结果证实，上覆厚硬砾岩层运动是华丰煤矿冲击地压发生的主要力源。每次较剧烈的砾岩运动都伴随着井下较大规模的冲击地压的发生，冲击地压的发生具有周期性。地表下沉速度剧烈变化处，冲击地压发生频率较高；地表下沉速度的反弹变化越大，震级越大。实践表明，利用矿井岩层与地表移动的相关信息进行上覆巨厚砾岩条件下的冲击地压预测预报是可行的。

5.10　矿区地表移动变形参数综合分析

5.10.1　长壁垮落法开采地表移动参数

1. 初次采动地表移动参数

部分矿井煤层初次采动条件下的地表移动参数见表 5.22。

表 5.22　初次采动概率积分法岩移计算参数

矿名	开采深度/m	q	b	$\tan\beta$			$\theta/(°)$	S
				$\tan\beta_1$	$\tan\beta_2$	$\tan\beta_3$		
孙村	>600	0.48	0.32	2.0	2.0	2.2	85.2	0.03H
张庄	<250	0.68	0.45	2.25	—	—	78	0.10H
	650～900	0.60	0.35	2.0	2.0	2.0	82	0.06H
良庄	400	0.53	0.33	1.77	1.77	1.77	84	0.08H
协庄	<200	0.63	0.27	—	—	2.46	71	—
	442	0.56	0.32	2.7	2.35	2.35	81	0.06H
汶南	>600	0.56	0.32	—	—	2.0	82	0.05H
泉沟	>400	0.63	0.3	1.9	1.9	1.9	84	—
翟镇	360～480	0.60	0.3	2.0	2.0	2.0	83	0.07H
	>590	0.58	0.3	2.0	2.0	2.0	83	0.07H
鄂 庄	300～550	0.62	0.30	1.8	1.8	2.1	85.2	0.08H
	550～1 000	0.58	0.30	1.74	1.74	1.8	—	—
南 冶	370	0.56	0.32	2.2	2.2	2.2	82	0.05H
	>500	0.54	0.32	2.0	2.0	2.0	—	—
潘 西	<200	0.66	0.27	—	—	2.46	72	—
	>500	0.56	0.32	2.0	2.0	2.0	—	0.05H

2. 重复采动地表移动参数

部分矿井煤层重复采动条件下的地表移动参数见表 5.23。

表 5.23　重复采动概率积分法岩移计算参数

矿名	开采深度/m	q	b	$\tan\beta$			$\theta/(°)$	S
				$\tan\beta_1$	$\tan\beta_2$	$\tan\beta_3$		
孙村	>600	0.6	0.32	2.3	2.3	2.3	83.5	—
张庄	<300	—	—	—	—	—	—	—
	650～900	0.66	0.35	—	—	2.5	84	$0.06H$
良庄	400	0.63	0.33	2.3	2.3	2.3	86	—
协庄	>550	0.68	0.32	2.3	2.1	2.4	—	—
汶南	>600	0.64	0.32	2.2	2.2	2.2	82	$0.05H$
泉沟	>400	0.70	0.3	—	—	2.0	84	—
翟镇	360～480	0.65	0.3	2.3	2.4	2.6	83	$0.07H$
	>590	0.62	0.3	2.2	2.2	2.3	83	$0.07H$
鄂庄	300～550	0.68	0.30	—	—	2.4	87	$0.06H$
	550～1 000	0.60	0.30	2.2	—	—	—	—
南冶	370	0.64	0.32	2.0	2.0	2.0	82	$0.05H$
	>500	0.60	0.32	2.2	2.2	2.2	84	$0.04H$
潘西	<200	—	—	—	—	—	—	—
	>500	0.65	0.32	2.2	—	—	84	$0.04H$

5.10.2　其他开采方法的地表移动参数

充填开采地表移动参数见表 5.24。

表 5.24　充填开采岩移计算参数

矿名	开采深度/m	煤层厚度/m	煤层倾角/(°)	q	b	$\tan\beta_2$	$\theta/(°)$
张庄(水砂)	< 270	1.4	28	0.12	—	—	—
协庄	130	2.7	18	0.14	0.36	1.0	70
孙村	175	2.0	25	0.13	0.42	1.57	63
良庄	128	1.9	20	0.16	0.4	1.15	73

条带法开采地表移动参数见表 5.25。

表 5.25　条带法开采概率积分法岩移计算参数

矿名	开采深度/m	采宽/留宽/m	q	b	$\tan\beta$	$\theta/(°)$	S
鄂庄	480	70/70	0.07	0.21	1.16	—	—
南冶	560	60/60	0.12	0.30	2.0	86	—

续表

矿名	开采深度/m	采宽/留宽/m	q	b	$\tan\beta$	$\theta/(°)$	S
张庄	224～342	40～70/40～80	0.05～0.07	0.32	1.7	80	$0.03H$
汶南	580	60/55	0.14	0.32	1.4	—	0
禹村	177～269	40/20	0.23	0.30	—	—	—
翟镇	386～490	40/40	0.13	0.18	1.6	—	—
协庄	450～680	60/60	0.14	0.09	1.35	—	—

华丰煤矿覆岩离层带注浆地表移动参数见表5.26。

表 5.26　离层带注浆开采概率积分法岩移计算参数

开采深度/m	煤层厚度/m	注浆量	q	b	$\tan\beta$		$\theta/(°)$
					$\tan\beta_1$	$\tan\beta_2$	
>780	6.4	采出煤层体积的41%	0.35	0.54	3.5	3.9	84.5

井下垒矸石带充填法地表移动参数见表5.27。

表 5.27　井下垒矸石带充填岩移计算参数

矿名	开采深度/m	煤层厚度/m	煤层倾角/(°)	垒矸石带尺寸	q	b	$\tan\beta$
张庄	<320	1.4	26	带宽11m	0.25	0.25	1.7
泉沟	<350	1.2	5	带宽6m,间距15m	0.35	0.27	1.9

孙村矿、鄂庄矿煤层地下气化地表移动参数见表5.28。

表 5.28　煤层地下气化岩移计算参数

矿名	开采深度/m	煤层厚度/m	煤层倾角/(°)	日产气量/(万 m^3)	q	$\tan\beta$
孙村	244	2.0	19	1.3	0.18～0.20	1.2
鄂庄	—	1.8	5	—	0.09左右	—

5.10.3　地表移动持续时间及最大下沉速度

1. 地表移动持续时间

地表任意点的移动都要经历:初始期(T_C)、活跃期(T_H)、衰退期(T_S)。一般中硬覆岩浅部—中深长壁垮落法管理的采空区,移动初始期下沉量占移动延续期总下沉量的2%～7%;经历的时间占移动延续期的3.5%～10%;活跃期下沉量占移动延续期下沉总量的75%～90%;经历移动时间占移动延续期的35%～60%;衰退期下沉量占移动延续期总下沉量的3% ～10%,移动时间占移动延续期的

40%～60%[4]。新汶煤田地表移动持续时间见表 5.29。

表 5.29　新汶煤田各矿地表移动持续时间

矿名	观测站	工作面	采厚/m	推进速度/(m/d)	采深/m		开始期/天	活跃期/天	衰退期/天	总时间/天
					上山	下山				
孙村	四采观测站	四采区	4	2.7	580	645	—	0	—	9 年
张庄	301 仓库	06、07	3.2	2.1	140	260	110	320	309	739
良庄	葛沟河村	5210	2.55	3.0	526	610	90	190	110	390
	保安庄村	六采区	1.99	3.1	534	610	85	100	90	275
协庄	唐栎沟村	二采区	4.5	2.4	313	420	221	489	325	1114
汶南	−50m 大巷	11505	1.54	2.8	平均 250		—	—	—	287
泉沟	—	5201	2.2	—	平均 308		—	—	—	326
禹村	磁莱铁路	五采区	5	2.3	178	268	144	93	301	538
翟镇	一采西翼	一采区	3.8	2.8	545	668	124	287～312	—	8 年
	七采南部	七采区	3.9	3.4	530	675	69	253	164	490
鄂庄	2401 西	2401	1.55	2.7	440	468	36	102	282	420
	泰莱公路	路南 250m	3.1	2.3	平均 520		—	96	—	680
南冶	3115 采区	3115	1.2	3.4	432	492	—	—	—	326
潘西	2901、2902 工作面	2901	2.3	1.86	67	90	162	156	292	610
		2902	2.4	—	90	115				
华丰	分层开采	1405	2.2	2.2	575	642	190	364	412	966
	注浆充填	1406	2.2	1.6	646	705	245	188	460	893
	分层开采	2406	2.0	2.4	657	708	232	279	480	991
	注浆充填	1407、1408	2.0	1.6	712	862	282	266	612	1 160

移动延续期的长短与覆岩性质、开采方法、开采深度和工作面推进速度等因素有关。在长壁垮落法开采条件下，上覆岩层越硬、开采深度越大、工作面推进速度越慢，点的移动延续时间越长；反之，上覆岩层越软、开采深度越小、工作面推进速度越快，点移动延续期越短。

根据观测数据，得到地表移动活跃时间与开采厚度、工作面推进速度的回归关系为

$$T_{活} = 286.983\,22m/c + (-78.373\,49) \tag{5.102}$$

2. 地表移动点最大下沉速度

地表移动点的最大下沉速度是反映地表移动变形剧烈程度的重要参数，其值

对建筑物下、铁路下开采有直接影响。一般认为，地表移动点最大下沉速度主要和煤层开采深度、工作面的推进速度、煤层开采厚度及覆岩岩性等因素有关，采深越大，最大下沉速度越小；工作面的推进速度越快，最大下沉速度越大；煤层开采厚度越大，最大下沉速度越大。新汶矿区各矿井最大下沉速度实测值见表5.30。

表5.30　地表移动点最大下沉速度

矿名	观测站	工作面	采厚/m	走向/m	倾向/m	推进速度/(m/d)	采深/m		最大下沉速度/(mm/d)
							上山	下山	
鄂庄	2401西	2401	1.55	710	135	2.7	440	468	8.6
	泰莱公路	路南250m	3.1	—	—	2.3	平均520		8.2
南冶	3115采区	3115	1.2	475	120	3.4	432	492	3.5
潘西	2901、2902工作面	2901	2.3	90	205	1.86	67	90	4.8
		2902	2.4	—	—	—	90	115	
孙村	四采观测站	四采区	4	600	500	2.7	580	645	0.74
张庄	三〇一仓库	06、07面	1.3	900	660	2.1	140	260	7.64
良庄	葛沟河村	5210面	2.55	526	610	3.0	526	610	—
	保安庄村	六采区	1.99	534	610	3.1	534	610	14.75
协庄	唐栎沟村	二采区	2.0	313	420	2.4	313	420	6.8
汶南	−50m大巷	11505面	1.54	平均250	—	2.8	平均250		11.7
泉沟	—	5201面	2.2	平均308	—	—	平均308		—
翟镇	一采西翼	一采区	3.8	545	668	2.8	545	668	8.4
	七采南部	七采区	3.9	530	675	3.4	530	675	9.2

新汶矿区垮落法开采，最大下沉速度与煤层开采深度、工作面的推进速度、煤层开采厚度的回归关系式：

$$V_{max} = -35.699\,79e^{-0.072\,4m \cdot c/H_o} \tag{5.103}$$

式中，V_{max} 为最大下沉速度；m 为煤层开采厚度；c 为工作面推进速度；H_o 为煤层开采深度。

参考文献

[1] 吴侃，葛家新，王铃丁，等. 开采沉陷预计一体化方法. 徐州：中国矿业大学出版社，1998.

[2] 吴启森，吴侃，周鸣. 任意形工作面开采时求沉陷预计参数的新方法. 矿山测量，1998，(1)：25-27.

[3] 陈勇，郭文兵，文运平. 基于MATLAB求取地表移动预计参数的方法研究. 河南理工大学学报(自然科学版)，2009，28(6)：714-718.

[4] 郭惟嘉，阎卫熙. 矿区地表沉陷规律及建(构)筑物下综合开采技术. 北京：煤炭工业出版社，2006.

[5] 卜昌森，翟明华，郭惟嘉. 山东矿区地表沉陷移动参数与移动特性规律. 徐州：中国矿业大学出版社，2015.

[6] 何国清，杨伦，凌庚娣，等. 矿山开采沉陷学. 徐州：中国矿业大学出版社，1991.

[7] 刘宝琛，廖国华. 煤矿地表移动的基本规律. 北京：中国工业出版社，1965.

[8] 刘宝琛，张家生，廖国华. 随机介质理论在矿业中的应用. 长沙：湖南科技出版社，2004.

[9] 国家煤炭工业局. 建筑物、水体、铁路及主要巷道煤柱留设与压煤开采规程. 北京：煤炭工业出版社，2000.

[10] 杨延珍. 基于MAPGIS的地表沉陷信息可视化技术研究. 青岛：山东科技大学硕士学位论文，2003.

[11] 郭惟嘉，倪学东. 采矿信息可视化集成技术研究. 煤炭科学技术，2002，30(7)：25-27.

[12] 郭惟嘉，倪学东，陈霞. 采矿信息可视化系统初探. 矿山压力与顶板管理，2001，(4)：4-7.

[13] 郭惟嘉，杨延珍，阎卫熙. 开采沉陷信息可视化研究. 山东科技大学学报(自然科学版)，2003，22(4)：12-14.

[14] 郭惟嘉. 矿井安全CIMS技术研究. 安全与环境学报，2006，6(S)：178-180.

[15] 郭惟嘉，桑逢云. 开采沉陷三维仿真系统研究. 矿山测量，2006，(3)：5-7.

[16] 郭惟嘉，陈绍杰，李法柱. 厚松散层薄基岩条带法开采采留尺度研究. 煤炭学报，2006，31(6)：747-751.

[17] 戴华阳，王金庄，滕永海，等. 急倾斜煤层开采地表非连续变形计算方法研究. 煤炭学报，2000，25(4)：356-360.

[18] 戴华阳. 地表非连续变形机理与计算方法的研究. 煤炭学报，1995，20(6)：614-618.

[19] 戴华阳，胡友健. 层间软弱面引起地表非连续变形的机理分析. 矿山测量，1999，(2)：29-31.

[20] 张玉卓，姚建国，仲维林. 断层影响地表移动规律的统计和数值模拟研究. 煤炭学报，1989，14(1)：23-30.

[21] 郭文兵，黄成飞，陈俊杰. 厚湿陷黄土层下综放开采动态地表移动特征. 煤炭学报，2010，35(S)：38-43.

[22] 郭惟嘉，刘利民，郭炳正，等. 巨厚坚硬覆盖层矿井开采灾害与防治措施的研究. 中国地质灾害与防治学报，1994，5(2)：37-42.

[23] 郭惟嘉，孙熙震，穆玉娥，等. 重复采动地表非连续变形规律与机理研究. 煤炭科学技术，2013，41(2)：1-4.

[24] 郭增长，谢和平，王金庄. 条带开采保留煤柱宽度和采出宽度与地表变形的关系. 湘潭矿业学院学报，2003，18(2)：13-17.

[25] 邹友峰，柴华彬. 我国条带煤柱稳定性研究现状及存在问题. 采矿与安全工程学报，2006，23(2)：141-145.

[26] 郭文兵，邓喀中，邹友峰. 岩层与地表移动控制技术的研究现状及展望. 中国安全科学学报，2005，15(1)：6-9.

[27] 郭文兵，邓喀中，邹友峰. 我国条带开采的研究现状与主要问题. 煤炭科学技术，2004，32(8)：6-11.

[28] 钱鸣高，许家林，缪协兴，等. 煤矿绿色开采技术. 中国矿业大学学报，2003，32(4)：343-348.

[29] 胡炳南，袁亮. 条带开采沉陷主控因素分析及设计对策. 煤矿开采，2000，(4)：24-27.

[30] 胡炳南. 条带开采中煤柱稳定性分析. 煤炭学报，1995，20(2)：205-210.

[31] 吴立新，王金庄，郭增长. 煤柱设计与监测基础. 徐州：中国矿业大学出版社，2000.

[32] 郭惟嘉，王海龙，刘增平. 深井宽条带开采煤柱稳定性及地表移动特征研究. 采矿与安全工程学报，2015，32(3)：369-375.

[33] 郭惟嘉，刘伟韬，张文泉. 矿井特殊开采. 北京：煤炭工业出版社，2008.

[34] 常西坤. 深部开采覆岩结构形变及地表移动特征基础研究. 青岛：山东科技大学博士学位论文，2010.

[35] 郭惟嘉，孔令海，陈绍杰，等. 岩层及地表移动与冲击地压相关性研究. 岩土力学，2009，30(2)：447-451.

[36] 郭惟嘉，孙文斌. 强冲击地压矿井地表非连续移动变形特征. 岩土力学，2012，31(S2)：3514-3519.

[37] 朱学军. 巨厚砾岩深井开采覆岩运动规律与冲击地压相关性研究. 青岛：山东科技大学博士学位论文，2011.

[38] 郭惟嘉，沈光寒，闫强刚，等. 华丰煤矿采动覆岩移动变形与治理的研究. 山东矿业学院学报，1995，14(4)：359-364.

第6章 充填法开采地表移动控制技术

6.1 充填法开采技术现状及发展方向

充填开采作为“绿色开采”体系的重要组成部分，能有效控制上覆岩层运动和地表沉陷，保护地面建（构）筑物和生态环境，是解决村庄等建（构）筑物下压煤的理想途径[1~7]。充填开采就是把煤矿附近的煤矸石、粉煤灰、炉渣、劣质土、城市固体垃圾等废弃物充填采空区，控制开采引起的上覆岩层的破坏与变形，使地表建（构）筑物变形保持在安全的允许范围内，实现建（构）筑物下不迁村开采及承压水上开采，充分回收煤炭资源，保护矿区生态环境的采矿方法。

充填开采方法的分类方法很多。按照运送充填材料动力的不同可分为风力充填、水力充填、机械充填和自溜充填等。按充填材料和输送方式的不同可分为用人力、重力或机械设备将块石、砂石、土壤、工业废渣等干式充填材料输送到采空区的干式充填采矿法；用水力管道输送选厂尾砂、山砂、河砂、炉渣、矿渣、碎石等充填料充填采空区的水力充填采矿法；用水泥及其各种添加剂等或其他凝胶材料与选厂尾砂等配置成具有胶结性质的充填材料的胶结充填采矿法，如图6.1所示。目前，

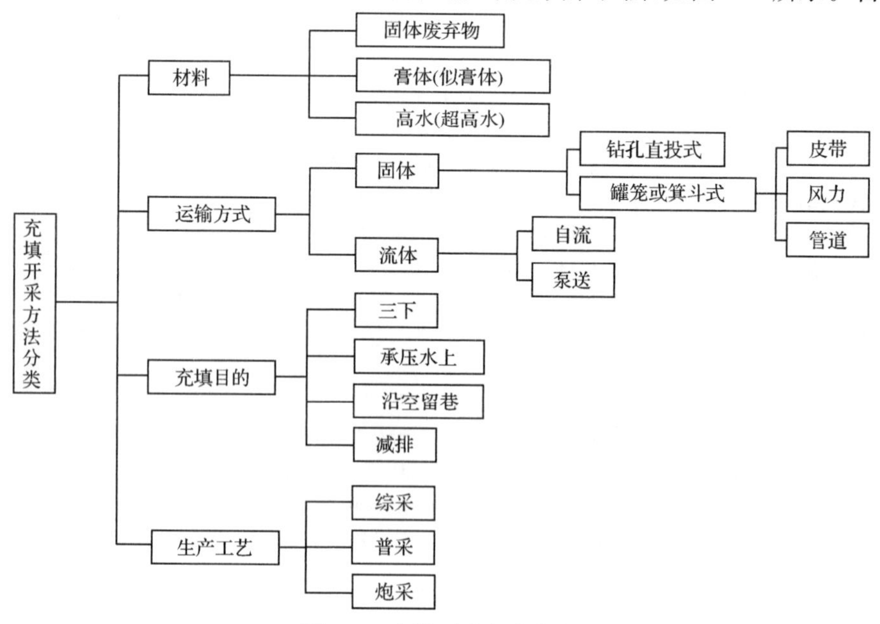

图6.1 充填开采方法分类

我国采用的充填采煤方法主要有矸石干式充填、覆岩离层注浆充填、冒落矸石裂隙注浆充填、(似)膏体充填和(超)高水充填。

现代煤矿充填法采煤是在“安全、高效、绿色和生态开采”的科学采煤理念的指导下提出的新的采煤方法，发展现代化充填采矿技术，必须满足以下四点要求：①安全、高产高效、高采出率；②可抑制上覆岩层运动，控制地表沉陷；③具有先进的机械装备，可实现半自动化或自动化；④充填成本在可接受范围内。

自20世纪80年代末，将非煤矿山应用比较成熟的现代充填方法嫁接到煤矿充填开采以来，煤矿充填采矿技术取得了显著进展，但是由于煤矿地质条件、采矿方法、充填材料来源、充填成本与地表沉陷控制要求和金属矿山有很大的不同，因此也限制了充填技术在煤矿中的大规模推广应用。根据煤矿对现代充填采矿技术的要求来看，实现低成本、高效、绿色开采和提升安全保障程度是今后一段时间充填采矿技术的发展方向。

1. 新型胶结材料、化学添加剂

矿山充填材料主要由骨料和胶结材料组成，骨料大多就地选取廉价的可用物料，不足部分就地选料破碎加工，而对于胶结料，绝大部分矿山采用普通硅酸盐水泥或是高炉矿渣水泥，少量矿山掺加粉煤灰、赤泥、石灰等材料。适用于矿山充填特点的专用胶结材料现在市场上还比较少见，高水速凝水泥算是一种典型的专用充填胶结材料，但是其应用仍处于试验研究阶段，还有大量的工作要做。

新型胶结材料既要满足充填采煤工艺要求，又要达到控制顶板运动所需强度，同时还应满足来源广泛、成本低廉的要求。有时为了达到充填材料要求(凝结时间等)需要增加胶结材料的用量，但是一味地增加胶结材料用量不是长远之道，会增加充填成本。要想理想地解决这个问题就应该在充填材料中加入一定量的添加剂，在有效控制充填成本的基础上，使其满足充填采煤对充填材料的要求。因此，新型胶结材料添加剂的研发是未来充填技术中最为重要，同时也是最有前景的研究方向，是充填采矿技术发展水平的重要标志。

2. 充填系统自动化

随着矿山充填系统的监控和管理水平的不断提高，一些大型充填搅拌站实现了充填系统配套仪表监测和计算机自动控制，用来保证充填料浆中各组分优化配比和充填质量。山东能源淄博矿业集团岱庄煤矿和山东科技大学研发的管道压力在线监测系统、满管自流自动控制系统等可以很好地解决长距离管道的堵管及难清洗问题，为充填系统的安全、高效运转提供了保证，但是要想完全实现充填系统的自动化还有很长的路需要走。

3. 充填材料向城市垃圾和建筑垃圾发展

随着我国城市化进程加快和城市人口增加，城市垃圾的生产量急剧增加。据2007年国家统计年鉴统计，我国城市垃圾的人均日产量为1.2～1.4kg，人均年产量在440～500kg。如今我国城市垃圾的年产量已经超过3亿吨，现有的660多座大、中型城市中，已有200多座处于垃圾的包围当中，而且垃圾的产量还在以每年7%～9%的速度增长。在城市中，垃圾堆积场所是环境的污染源，它们的存在不利于社会经济与生态环境的可持续发展，已经成为当前社会的公害之一，成为困扰城市社会经济发展的难题。并且随着城市化进程的不断加快，城市中建筑垃圾的产生和排出数量也在快速增长。人们在享受城市文明的同时也在遭受城市垃圾带来的烦恼，城市垃圾中建筑垃圾占有相当大的比例，占垃圾总量的30%～40%，据粗略统计，每万平方米建筑施工过程中，产生建筑废渣500～1 000t，现在我国每年新竣工建筑的面积达到20亿平方米，接近全球年建筑总量的一半，按此估算仅施工建筑垃圾每年就上亿吨，再加上建筑装修、拆迁、建材工业所产生的建筑垃圾，其数量将达数亿吨。因此，如何处理和利用越来越多的建筑垃圾，已经成为我们面临的一个重要课题。我国每年因采矿产生的采空区数以万计，将其充入采空区不失为一种有效的方式，但是城市垃圾和建筑垃圾组分不稳定，对地下水可能存在一定威胁，对此应加大研究力度，形成一套与之相匹配的技术和设备，在安全处理城市垃圾和建筑垃圾的基础上，实现采空区的充填与环境的保护。

4. 高效充填配套设备与工艺

当前制约充填开采技术在煤矿中推广应用的另一个原因是充填与采煤矛盾尖锐，充填与采煤不能平行作业，造成充填效率低，产量不高。究其原因，首先是充填体需要凝固时间，在未自立之前不能采煤；其次是充填系统输送能力有限，长距离充填管道清理和隔离墙搭设困难，对破碎顶板如何搭设隔离墙、如何堵漏等一系列问题难以解决。因此，研究高效充填配套设备与工艺对于提高充填开采能力具有重要意义。

5. 充填效果监测向多样化发展

目前，在充填效果监测与评价方面大都采用传统的地表岩移观测方式，通过在地面设立岩移观测站测量地表沉陷过程，得出地表沉陷规律，一般采用常规水准测量和三角高程测量、雷达干涉测量和GPS测量等技术。由于充填开采地面沉陷发展过程相对缓慢，测点长时间保存难度大，测点经常受到破坏，监测资料获取越来越困难。因此，在不影响地表移动规律分析的基础上，改变传统的评价方式以及将新的观测技术应用到充填开采沉陷观测是今后发展的一个方向。国内外矿山对充填体的作用及其对采场围岩稳定性影响的研究一直都是热点，主要方法是通过原岩应力测量和矿岩的物理力学性质检测以及在井下采场充填体中埋设各种应力、应变传感器来实测相关参数。再将这些参数按预计建立的数学模型输入计算机进行演算，从而确定充填体的作用，并对采场围岩稳定的影响做出评价。

20 世纪 80 年代中期，金川有色金属公司和瑞典吕律欧大学合作，按上述程序完成了中国-瑞典关于金川二矿区的岩石力学研究报告。实施要点是：在东西部两个试验盘区（东部上向机械化胶结充填采矿和西部下向机械化胶结充填采矿）的采场及附近围岩中，分别埋设远传多点位移计、应力计、钢弦压力盒、混凝土应变计等，这些仪器、仪表全部用专用屏蔽电缆联结起来，并集中到采区数据收集站，将实测到的数据储存在专门装置中，每隔 3 天到井下采集一次。通过对大量数据的整理分析，得出金川二矿区开采过程中采富（矿）保贫（矿）的可能性、采空区充填后对顶部及上盘贫矿的影响和破坏程度以及盘区间隔离矿柱尺寸大小对围岩应力分布的影响规律。但是由于地下条件恶劣，这套应力应变检测系统只维持了一年多。

2010 年 8 月到 2011 年年底，山东能源淄博矿业集团有限公司岱庄煤矿和山东科技大学合作，研发了充填体在线监测系统，对充填体的变形和受力情况进行了实时监测，以此评价充填体的长期稳定状态。充填体在线监测系统是在尤洛卡矿业安全工程股份有限公司 KJ216 煤矿顶板安全监测系统的基础上研制的，对充填体的压缩量、受力及水化温度变化进行实时监测，综合评价了充填体的长期稳定性。目前为止，虽然取得了一定的成果，但是由于采空区条件恶劣，如何实现监测数据的长期传输，一直是制约采空区充填体性能监测的难点。能否提出新的监测技术和评价方法将是未来一段时间的研究重点。

第 6.2 节将对低压风力管道充填技术、破碎矸石抛掷充填技术、综合机械化自压式矸石充填技术、似膏体自流充填技术、高水充填技术和超高水充填技术进行简单介绍；第 6.3～第 6.5 节将分别对矸石膏体充填技术、覆岩离层带注浆充填技术和城市垃圾充填技术做重点详细介绍。

6.2　充填法开采技术

6.2.1　低压风力管道充填技术

破碎矸石低压风力管道充填技术是指一种以矸石作为原材料，通过风机产生的压风将破碎后的矸石沿一定口径的管道输送到工作面采空区进行充填来达到以矸换煤、绿色开采目的的方法[1]。以山东能源新矿集团协庄煤矿为例对低压风力管道充填技术进行介绍。

1. 低压风力管道充填系统

1）前倾式翻车机

装载车推入翻车机后，翻转系统的重心前移到中心轴以前，自行翻转倒出矸石。倒出矸石后翻转系统的重心恢复到中心轴以后，使翻转系统自行复位。

2）GLL700/11kW 链板式给料机

链板式给料机给料能力为 25t/h，无级调速采用两件四齿轮专用板式滚子链轮，与改向链轮组相呼应。当传动机构带动传动链轮组转动时，传动链轮组带动板式滚子向刮板运输物料，完成矸石输送料过程。

3）YDB 型电动滚筒

电动滚筒直径为 400mm，带宽为 650mm，带速为 1.6m/s，运输能力为 200t/h。

4）PCA1000×1000 型锤式破碎机

锤式破碎机电机功率为 75kW，进料最大尺寸为 300mm，出料尺寸为 5～60mm，破碎能力为 30～80t/h，破碎物料的抗压强度不大于 98MPa，湿度不大于 15%。电机通过传动输送带带动转子，物料由于转子旋转时所产生的锤头与物料之间的撞击作用而破碎。

5）P60B 耙斗装岩机

耙斗装岩机电机功率为 30kW，耙斗容量为 $0.3m^3$，运输能力为 35～50t/h。

6）BWY5 型螺旋给料机

螺旋给料机送料电机功率为 7.5kW，振动电机功率为 2kW，采用直径为 200mm 的螺旋叶往前带动物料，经卸料口把充填矸石转载到运矸管路内。

7）RRE-200 型风力输送机

风力输送机电机功率为 55kW，风量为 $70m^3/min$，风速为 9.3m/s，风压为 $0.4kg/cm^2$。风机产生的高压风经连接管输送到运矸管路内，然后把破碎的矸石沿直径为 200mm 的管路输送到充填工作面进行采空区充填。

2. 低压风力管道充填工艺

将矸石车推入自制前倾式翻车机，将矸石卸入给料机内，使其均匀落到电动滚筒输送带上。在电动滚筒输送带尽头，将矸石进行破碎，再由耙斗装岩机装入上平巷运矸皮带。破碎后的矸石经输送带运至风力充矸平台后，由螺旋给料机转载到风力充矸管道内，通过风机产生的高压风经连接管输送到运矸管路内，把破碎的矸石沿管路输送到充填工作面进行采空区充填。

协庄煤矿工作面采用高档普采，充填采用“见五充二”的方法，即工作面向前推进两个循环充填作业开始，每次充填推进距离为两排支柱。工作面回采与矸石充填平行进行。由于采用沿空留巷技术，当工作面推进至支齐第 5 排支柱，机道内挂齐第 6 排顶梁后，运矸管道沿第一个排距档接到下出口，沿第三排支柱的里侧挂挡矸帘，从下往上开始充填矸石，充填步距为 2.0m。当矸石充填至单体液压支柱时停止充填，按照“自下而上，由里向外”的顺序进行回撤柱梁，每次走向最多回撤两棵，倾向回撤一棵柱梁鞋，直至充填到管道出口。充填流程为接运矸管道→回柱→充填→缩管道→回柱→充填。低压风力管道充填系统如图 6.2 所示。

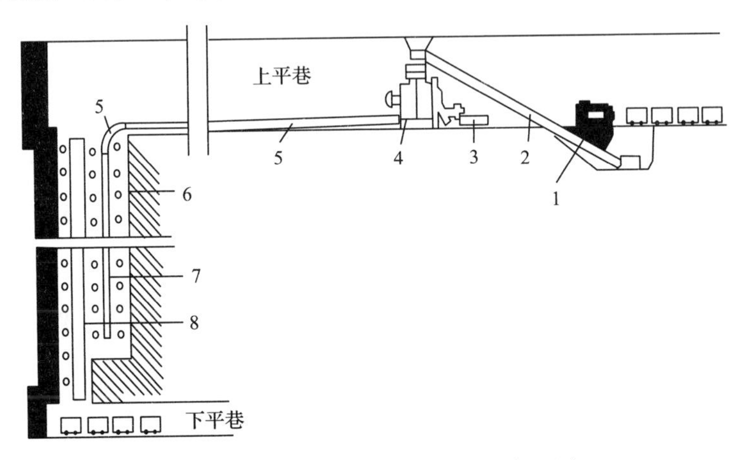

图 6.2　低压风力管道充填系统布置图

1. 充填矿车；2. 输送机；3. 进风管；4. 充填机；5. 充填管道；6. 充填空间；7. 快速接头；8. 工作面输送机

6.2.2　破碎矸石抛掷充填技术

破碎矸石抛掷充填技术是指将岩巷和半煤岩巷掘进产生的矸石破碎后由抛矸胶带输送机抛向采空区进行充填的方法[1]。以山东能源新矿集团泉沟煤矿为例对破碎矸石抛掷充填技术进行介绍。

1. 破碎矸石抛掷充填系统

破碎矸石抛掷充填技术的关键设备是抛矸机，抛矸机的主要组成有电动机、抛矸皮带和支架等，如图 6.3 所示。

为达到抛矸范围广、操作方便的目的，对抛矸机进行如下改进：一是在带式输送机机尾处增加推力轴承系统，使带式输送机可左右摆动 90°；二是在带式输送机机架安装调高系统，使抛矸带式输送机的高度可任意调节，适用于各种煤层厚度的工作面使用；三是将抛矸带式输送机驱动装置置于机尾，可有效解决机头处环境差对设备使用带来的不便等问题，同时可减少升降带式输送机时的工作阻力；四是抛矸带式输送机的调高系统采用单体液压支柱调高，可直接利用工作面乳化液泵站供给的液压动力而不采用外加液压系统，减少了系统设备占用的空间。现场抛矸作业情况如图 6.4 所示。

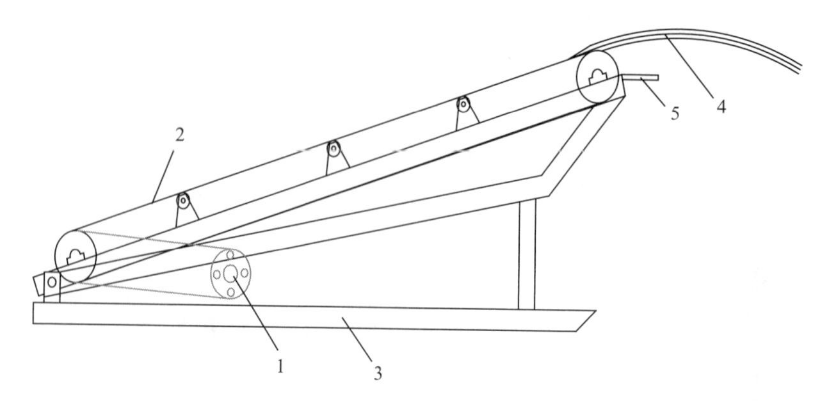

图 6.3　抛矸机示意图

1. 电动机；2. 抛矸皮带；3. 支架；4. 矸石；5. 护板

图 6.4　抛矸机现场抛矸图

2. 破碎矸石抛掷充填工艺

泉沟煤矿 21103 工作面为高档普采工作面，支柱排距为 1.0m，柱距为 0.8m，采用“见七充四”的顶板控制方式，每推进 4m 进行一次矸石充填，按充填量确定推采时间。工作面铺设一部运煤刮板输送机和一部运矸刮板输送机，运煤刮板输送机随工作面推进前移，运矸刮板输送机随充填工作的进行逐渐缩短。充填流程为掘进工作面矸石→各水平大巷→卸矸巷→矸石破碎→矸石仓→运矸刮板输送机→下山运矸带式输送机→工作面上巷运矸刮板输送机→工作面运矸刮板输送机→抛矸带式输送机→采空区。破碎矸石抛掷充填工艺流程如图 6.5 所示。

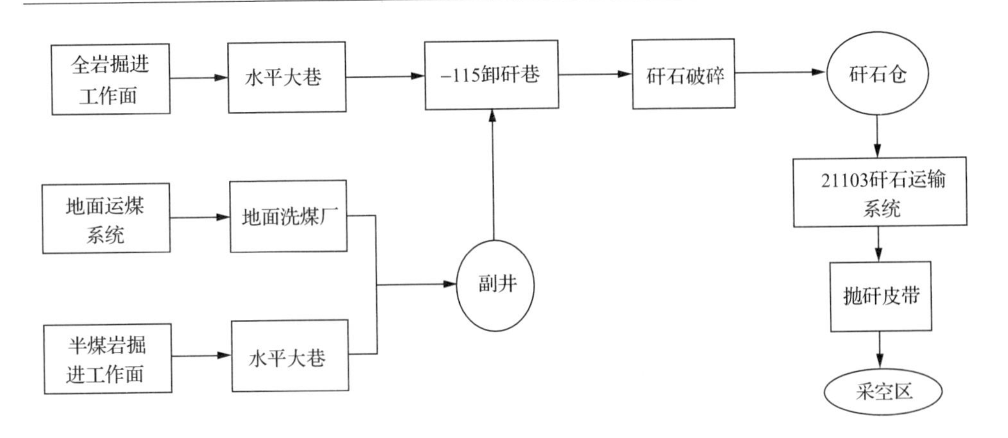

图 6.5　破碎矸石抛掷充填工艺流程图

1）矸石的处置与转运

掘进工作面产生的全岩矸石，通过卸矸装置进入矸石仓，再进入矸石运输系统，进入充填工作面，通过充填设备充填到采空区；掘进工作面的半煤岩进入升井洗煤厂洗选后，连同原煤系统的矸石一同运回井下，同掘进全岩矸石一样充填到工作面采空区；地面矸石通过风井，运到地下矸石仓，再用矸石运输系统运送到采煤工作面。矸石运输系统如图 6.6 所示。

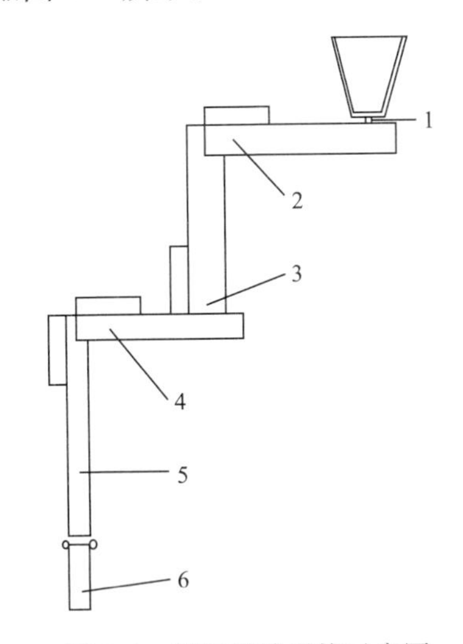

图 6.6　矸石运输系统示意图

1. 漏斗阀门；2. 运矸输送机；3. 下山运矸带式输送机；4. 上巷运矸刮板输送机；5. 工作面运矸刮板输送机；6. 抛矸带式输送机

2）采空区矸石充填方式

工作面采用倒开刮板输送机运矸，充填采用抛矸带式输送机进行机械充填，局部采用人工接实顶板，工作面充填开采示意图如图 6.7 所示。

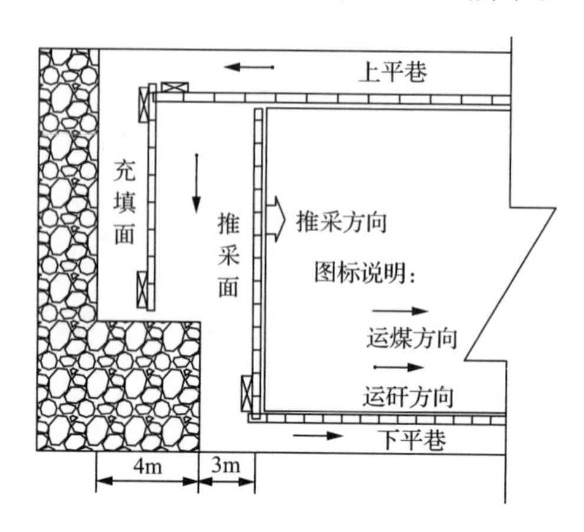

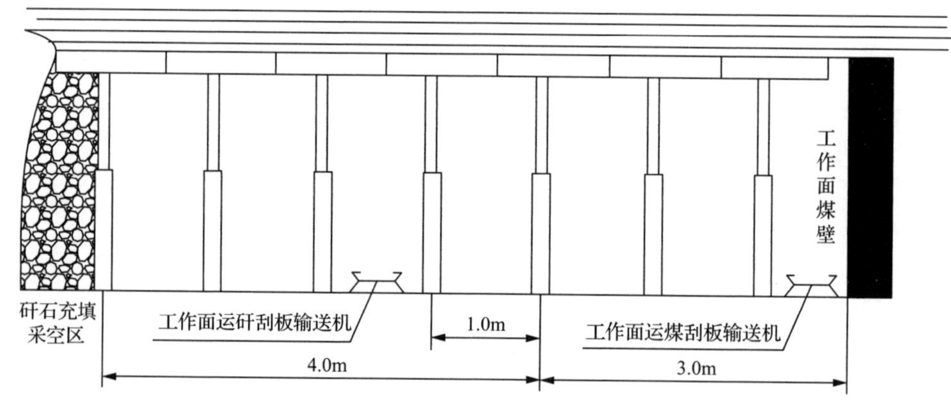

图 6.7　破碎矸石抛掷充填开采示意图

6.2.3　综合机械化自压式矸石充填技术

综合机械化自压式矸石充填技术是指在综合机械化采煤工作面回采的同时实现综合机械化矸石充填作业，通过研制与综采工作面高效机械化采煤配套的矸石充填液压支架、自压式矸石充填机等设备，将矸石漏入掩护空间并向采空区压实的充填开采技术[8]。以山东能源新矿集团翟镇煤矿为例对综合机械化自压式矸石充填技术进行介绍。

1. 综合机械化自压式矸石充填原理

综合机械化自压式矸石充填技术的关键在于矸石充填液压支架和自压式矸石充填机。矸石充填液压支架的功能是实现架前掩护采煤作业和架后掩护矸石充填作业。矸石充填液压支架主要由顶梁、伸缩梁、立柱、底座、尾梁、尾梁调节千斤顶、尾梁之下悬挂的充填刮板输送机和圆环链等构成，如图 6.8 所示。它与传统液压支架的主要区别在于三个方面：一是拆除传统液压支架的掩护斜梁，代之以水平短梁，将矸石直接漏入水平短梁掩护下的空间内；二是在水平短梁悬挂刮板输送机内，形成连续运输矸石的通道；三是矸石靠自重从漏矸孔落入掩护空间内，再利用专门的捣实机构加压将矸石向采空区压实。

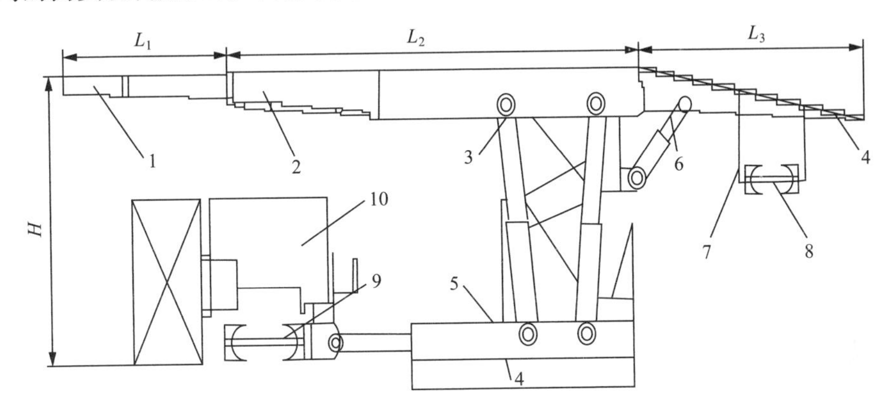

图 6.8　矸石充填液压支架

1. 支架伸缩梁；2. 支架顶梁；3. 立柱；4. 支架尾梁；5. 支架底座；6. 尾梁调节千斤顶；7. 悬挂单挂链；8. 自压式矸石充填机；9. 工作面刮板输送机；10. 采煤机

自压式矸石充填输送机中部槽由四条圆链悬挂在尾梁之下，悬挂圆环链与其两侧的吊环连接，中部槽槽板上开有充填用的漏矸孔。从自压式矸石充填机机头向机尾方向依次进行充填，自压式矸石充填机工作原理如图 6.9 所示，矸石充填开采示意图如图 6.10 所示。

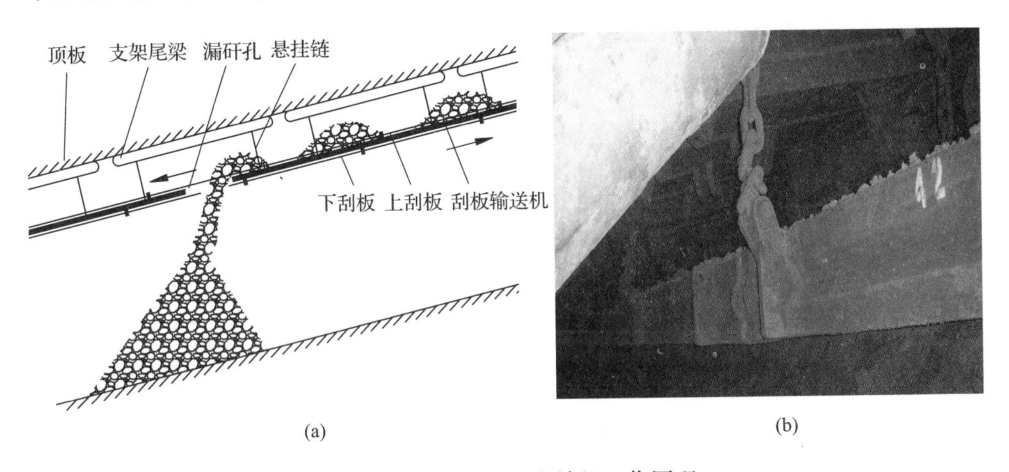

图 6.9　自压式矸石充填机工作原理

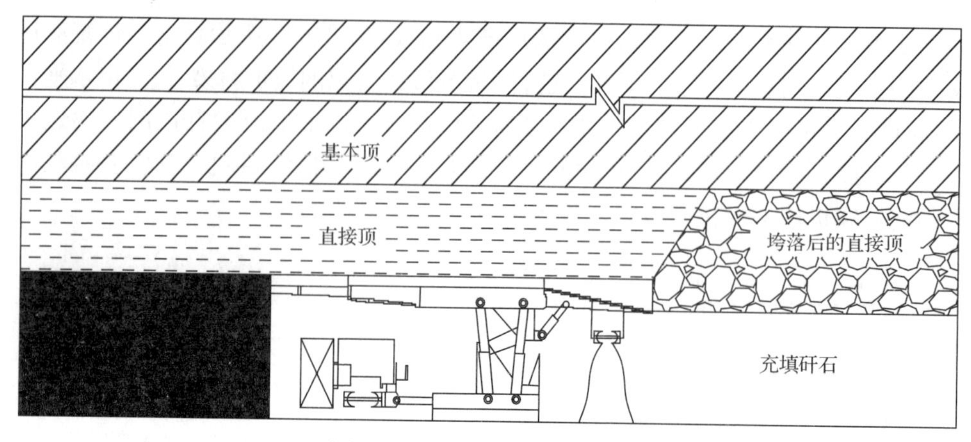

图 6.10　矸石充填开采示意图

2. 综合机械化自压式矸石充填系统

1）下矸系统

（1）地面下矸系统。

翟镇煤矿地面下矸系统分为洗选矸石下井和矸石山矸石下井两套系统。

洗选矸石下井系统是由 1 台梭式矿车、1 部 TD-1000/45 型斜巷带式输送机和 1 部 TD-1000/15 型平巷入仓带式输送机组成。洗选矸石通过侧卸式运输卡车运至卸料平台，将矸石卸入梭式矿车，再由梭式矿车经斜巷带式输送机、平巷带式输送机运至地面矸石仓。

矸石山矸石下井系统是由 1 台 GLL-30 型链板输送机、1 台 PE-500×750 型颚式破碎机和 1 台 TD-800/45 型入仓带式输送机组成。矸石山矸石通过铲车将矸石铲入链板输送机内，链板输送机将矸石输送至破碎机内，经破碎机破碎后，由入仓带式输送机输送至地面矸石仓内，两套系统共用 1 个矸石仓、1 台粉煤灰给料机和 1 台除尘机，矸石仓下口安装 1 台带式给料机，矸石仓内矸石通过带式给料机输送至下矸钻孔内，通过下矸钻孔到达井下矸石仓。

（2）井下下矸系统。

井下下矸系统由矸石缓冲器、矸石仓和装车站组成。矸石和粉煤灰通过下矸钻孔输送至下井，经过矸石锥形缓冲装置的缓冲落入井下矸石仓。

2）运输系统

翟镇煤矿七采区综采支架后动态充填运输系统主要包括运煤系统与运矸系统。

（1）运煤系统。

采煤机割煤、装煤，通过工作面刮板输送机运煤，接转载刮板输送机、带式输送机运至煤仓。运煤路线：采煤工作面→工作面运输平巷→七采区运输下山→溜煤眼→七采区煤仓→－400m 东大巷→南石门→井底车场→主井→地面。

(2) 运矸系统。

矸石运输系统包括地面矸石运输系统和井下矸石运输系统。地面矸石运输路线:选矸(矸石山)→地面矸石仓→下矸钻孔→破碎机→井下矸石仓→七采区矸石运输下山→转载平巷→下山转载巷→工作面轨道平巷→自压式矸石充填机→采空区。井下矸石运输路线:掘进获得的矸石→东大巷→七采区运矸车场→翻车机卸载→运矸刮板输送机→破碎机→井下矸石仓→七采区矸石运输下山→转载平巷→下山转载巷→工作面轨道平巷→自压式矸石充填机→采空区。矸石运输系统如图 6.11 所示。

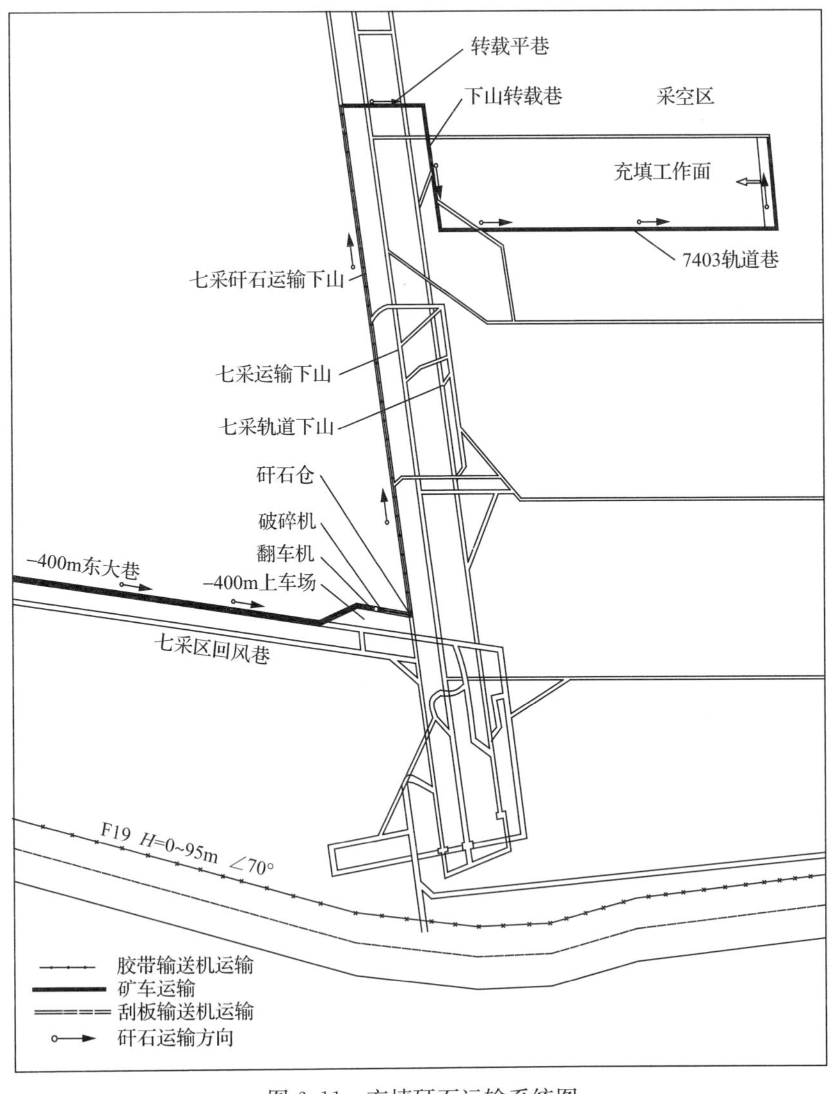

图 6.11　充填矸石运输系统图

3. 综合机械化自压式矸石充填工艺

(1) 采煤机吃刀后前移相应支架,随刮板输送机机头(尾)推移刮板输送机。

(2) 采煤机上(下)行割完一刀后,在下一刀割煤吃刀完成割两刀煤(即进尺1.2m)后停止割煤,顺直刮板输送机机头(尾)支架后悬挂充填刮板输送机。

(3) 先开动工作面矸石充填刮板输送机,然后开动轨道巷矸石运输溜槽进行矸石充填。

(4) 充填时从机头向机尾方向依次充填,先打开自压式矸石充填机机头的第一个插板进行"自由落体""自充自压"充填,待此段矸石输送机升至离支架尾梁200mm时关闭第一个插板,打开第二个插板,待6个插板全部完成上述两个阶段后,再同时打开全部6个插板,进行"充分压实"工作。

(5) 采空区充填完后,运行采煤机割煤进入下一循环。

6.2.4 似膏体自流充填技术

似膏体自流充填技术是指一种把煤矸石、粉煤灰和水泥等材料按比例搅拌成浆,利用料浆自身重力通过管道输送到井下待充填工作面采空区的方法[9,10]。以山东能源新矿集团孙村煤矿为例对似膏体自流充填技术进行介绍。

1. 似膏体自流充填工艺

似膏体充填使用的材料是破碎煤矸石、粉煤灰、专用胶结料和水等物料,充填过程是一个先将矸石破碎加工,然后把矸石、粉煤灰、专用胶结料和水等物料按比例混合搅拌制成似膏体浆液,通过管道把似膏体浆液输送到由充填液压支架和辅助隔离形成的封闭空间的过程。似膏体自流充填工艺流程如图6.12所示。

2. 似膏体自流充填系统

1) 矸石破碎

矸石作为似膏体充填的骨料,需要有合理的粒级使似膏体充填材料既具有良好的流动性能,又具有较高的强度性能,矸石破碎一般要求最大粒度小于5mm。矸石破碎一般采用二级破碎,一级筛分的处理方案。

第一步:将煤矸石用颚式破碎机进行粗破,出料粒度可以控制在25mm。

第二步:对经过粗破处理的煤矸石采用振动筛进行筛分,小于5mm的煤矸石通过输送机送入成品矸石仓,大于5mm的煤矸石送入二级破碎机进行处理。

第三步:采用反击破碎机对筛上(大于5mm)矸石进行细破,使其处理以后粒度全部小于5mm,同时通过控制二级破碎机出料粒度,可以进一步调节成品矸石粒度分布。

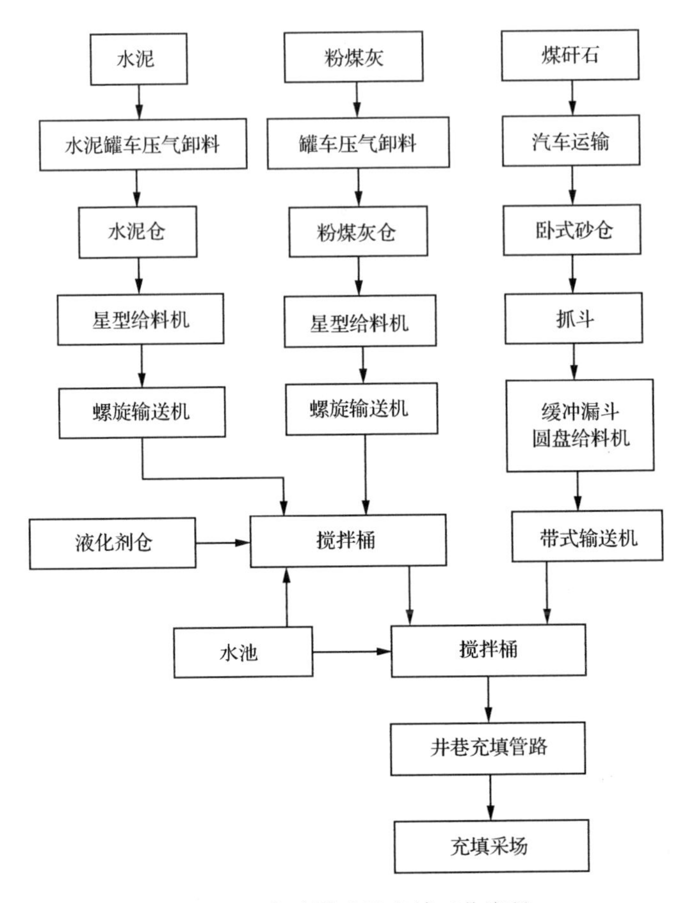

图 6.12　似膏体自流充填工艺流程

2）配比搅拌

配比搅拌分四步，其步骤如下。

第一步：称料。各种材料称料同时进行，矸石采用仓下称料斗计量，称好的矸石放入皮带输送机，送到充填楼三层矸石缓冲斗。粉煤灰、胶结料则通过螺旋给料机向各自的称量斗中加料，水则通过水泵从水池直接向称量斗供给。

第二步：投料。投料前先要确定搅拌机的放浆口关闭，搅拌机处于空机状态，而后打开称量斗和矸石缓冲斗将称好的各种材料快速投入搅拌机内，投料完成后随即关闭各称量斗和矸石缓冲斗闸门。

第三步：搅拌。似膏体充填材料中胶结料用量少，需要比一般混凝土更长的搅拌时间才能够制成质量良好的浆液，每次搅拌时间设置为 50s。

第四步：放浆。将搅拌机放浆口打开，把拌制好的似膏体浆液放入料浆斗，利用充填管路输送至井下。料浆放完以后，随即关闭放浆口。

3）管道自流

似膏体充填料浆采用专用自流管道输送，如图 6.13 所示。在充填系统中，搅拌机搅拌好的料浆先放入浆体缓冲斗，浆体缓冲斗靠浆体自重给充填泵供料，由充填站附近的充填钻孔下井，再沿巷道管道输送到充填工作面进行充填。

图 6.13　专用自流管道

孙村煤矿似膏体充填系统充填管路分为三部分：从充填泵出口到进入工作面之前的充填管路被称为干线管，沿工作面布置的充填管被称为工作面管，由工作面管向采空区布置的充填管被称为布料管。干线管由孔底硐室经西翼胶带大巷、西翼皮带下山、2301 轨道巷，从下出口进入工作面，工作面管布置在充填支架后部，每隔 10m 左右设置一根布料管。工作面管在每个设置布料管的地方接一个三通阀，利用三通阀切换控制充填料浆，按照由低向高顺序依次进行充填。为尽量减少充填管路清洗水对采煤工作面和巷道的不良影响，工作面两巷均布置排水管，排水管可以与工作面充填管快速连接以便充填管道清洗水绝大部分能够通过两巷排水管外排到西翼皮带下山排水沟。孙村煤矿 21101 似膏体自流充填工作面布置如图 6.14 所示。

6.2.5　高水充填技术

高水充填技术是指使用高水材料做固化剂，掺加尾砂和水，混合成浆充入工作面后方采空区后不用脱水便可以凝结为固态充填体的充填开采方法[11~15]。以山东能源淄矿集团埠村煤矿为例对高水充填技术进行介绍。

1. 高水充填系统

埠村煤矿高水材料是由粉煤灰、石膏、水泥、石灰和发泡剂等组成，水料比约为

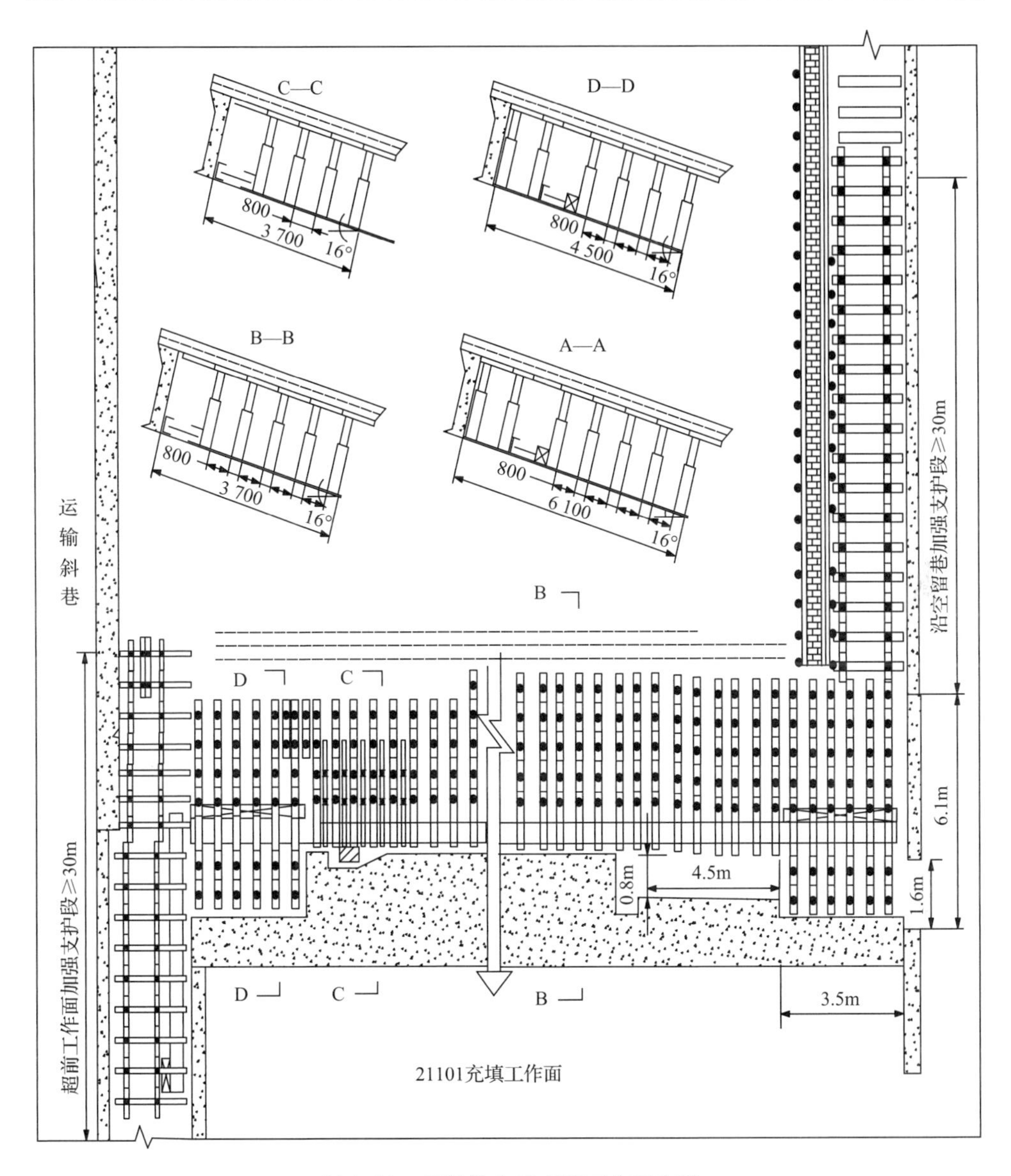

图 6.14　似膏体自流充填工作面布置

6∶4。在标准养护和生产条件下料浆能产生大约30％的膨胀，28天强度达到或超过2MPa。高水制浆工艺的第一步是粉煤灰石膏浆预制，按配比要求把水放入粉煤灰石膏制浆搅拌池，再用螺旋机把粉煤灰输入池中进行搅拌，搅拌均匀后用泥浆泵输送到料浆计量秤，然后自流到浇注搅拌机；第二步按配比要求将石灰、水泥通过螺旋输送机送到浇注搅拌机，铝粉经过计量秤计量后投入铝粉搅拌机，加水搅拌好的铝粉液体自流到浇注搅拌机。各种配制好的材料全部送入浇注搅拌机，待搅拌均匀后放入注浆池，注浆池中的浆体即为已经配制好的高水充填材料，高水充填系统地面充填站设备布置如图 6.15 所示。

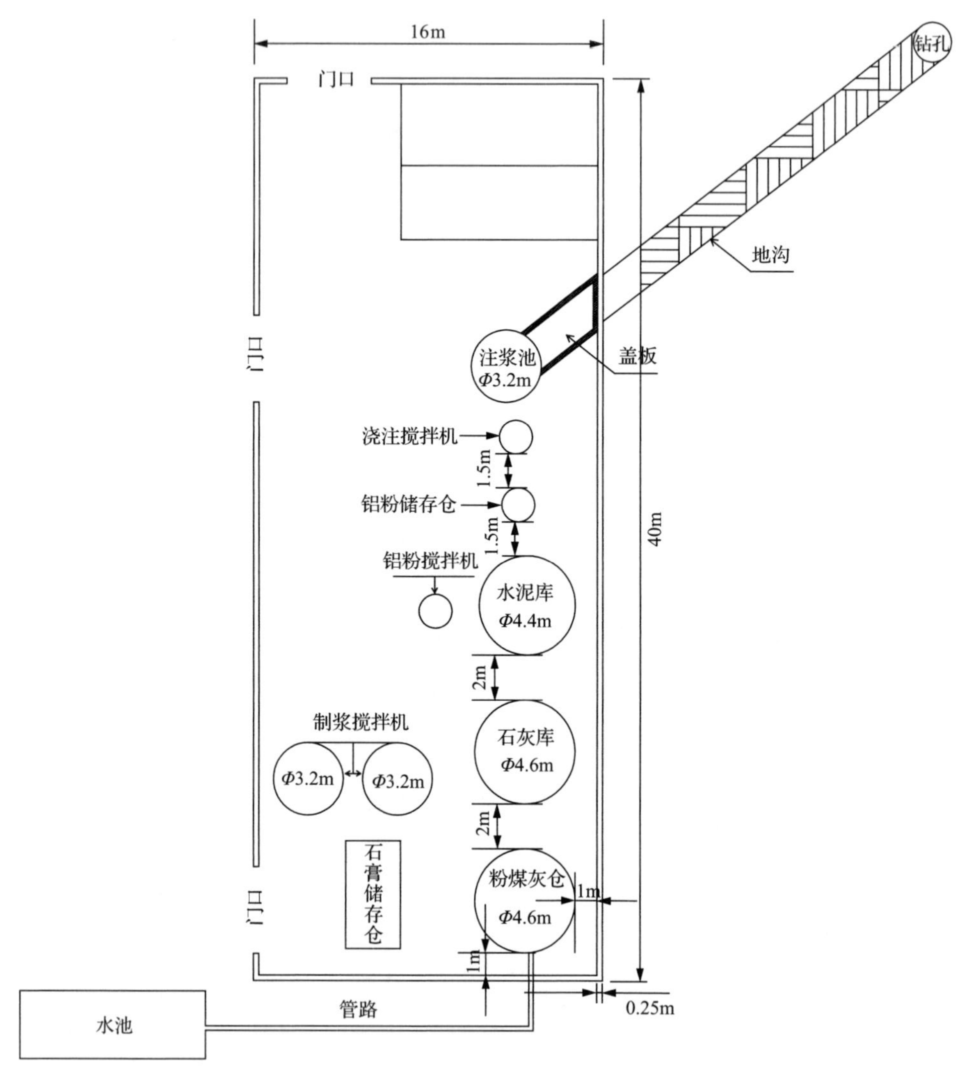

图 6.15　地面充填站设备布置平面图

从注浆站厂房内注浆池底部到注浆钻孔，挖设地沟布设 3 条管路和钻孔连接，管路选择 Φ127mm×6mm 无缝钢管，外径为 127mm，内径为 115mm；从注浆池到注浆钻孔的地沟规格尺寸分成两段，在贴近注浆池的一段长度为 3～5m，净宽度不少于 1m，高度由最初的 2.5m(离地面)逐渐变深至钻孔附近，钻孔处的地沟离地面高度为 3.0m；另一段宽度为 0.8m，能够布设上三条管路即可(当管路布设好后用土回填)，在贴近注浆池附近长度为 3～5m，宽度为 1m 的一段地沟用钢筋混凝土浇筑，混凝土厚度为 0.3m（两帮和底相同），上面铺设盖板，以利于检修，更换注浆管路。在注浆池底部靠近边缘处开口安设管道，设一手动截止阀和一电动蝶阀，连接一条埋丝软管至连接注浆钻孔的地沟 3～5m 处，此条软管可以根据需要和地沟内任意一条输浆管路连接，当电动蝶阀出现故障时可以用手动截止阀进行关闭，如图 6.16 和图 6.17 所示。

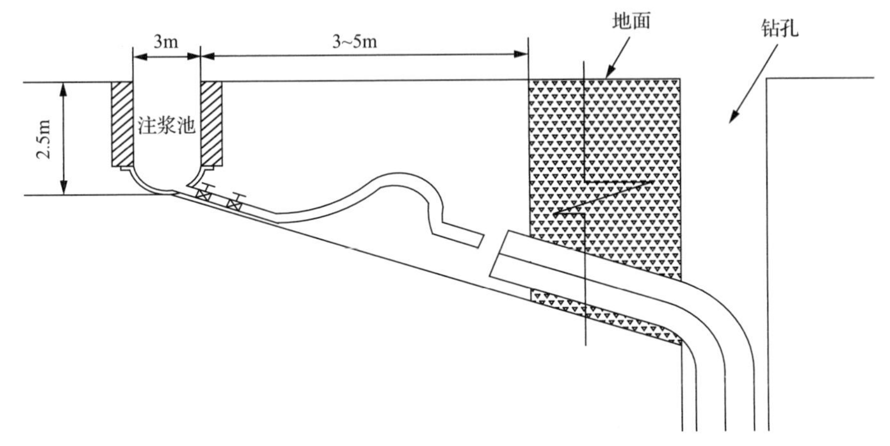

图 6.16　注浆池、地沟到钻孔管路布置剖面侧视图

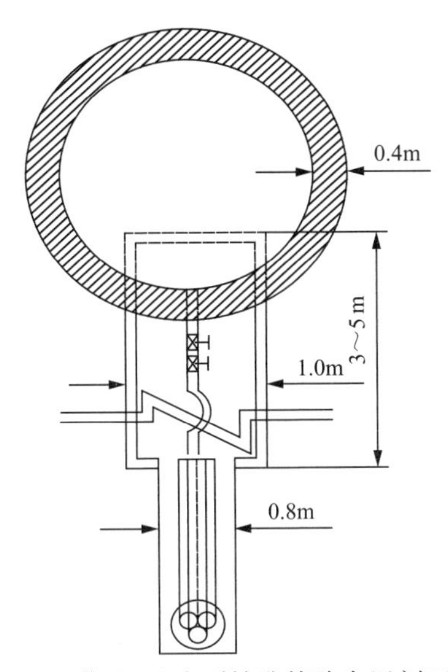

图 6.17　注浆池、地沟到钻孔管路布置剖面俯视图

2. 高水充填工艺

高水充填工艺流程：①制作挡墙；②粉煤灰、石膏和水放入制浆搅拌池，制成粉煤灰料浆；③将粉煤灰料浆、固化剂、膨胀剂放入浇注搅拌机；④输送充填料；⑤充

填;⑥清管;⑦拆除挡墙。

高水充填工艺流程如图 6.18 所示。

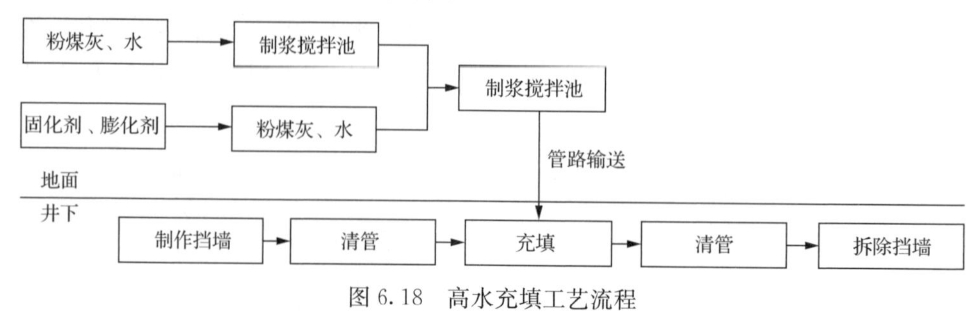

图 6.18　高水充填工艺流程

3. 高水充填技术特点

高水充填技术是 20 世纪 90 年代初刚刚发展起来的一种全新的充填采矿技术,该技术解决了长期以来困扰矿山充填采矿中的许多技术难题,主要有以下几方面特点。

(1) 解决了充填接顶问题。由于高水材料流动性较强,充填时只要将整个采空区充满就能达到很好的接顶效果。

(2) 降低了工人的劳动强度。

(3) 解决了充填开采过程中"采充接替"紧张的问题,提高了生产率。

由于高水充填技术受地质条件影响较大,该技术主要适用于顶板较为完整的薄及中厚煤层。

6.2.6　超高水充填技术

由于高水充填技术要使用一定量的粉煤灰,为解决充填材料的来源问题,提出超高水充填技术,使充填材料中水的体积可达 97%[16~23]。以山东能源临矿集团田庄煤矿为例对超高水充填技术进行介绍。

1. 超高水充填系统

超高水充填系统可以有两种布置方式:一是布置在地面,泵站布置不受场地空间限制,系统自动化容易实现且可靠性较好,材料储运方便,但是存在配水系统复杂、充填管路长、周转环节多及管理不便等问题;二是布置于井下,配水系统简单,充填管路短,周转环节少,容易管理,但泵站布置受到空间场地制约、系统自动化不易全面实现及材料储运不便等问题影响。田庄煤矿根据自身情况,将充填系统置于井下。

超高水井下充填系统主要包括制浆系统和料浆输送系统。

1) 制浆系统

料浆制备系统的主要任务是将固体粉料制成液态,便于长距离输送,同时使

“固液”反应成为可能。设计的料浆制备系统必须能够配制出足量符合要求的浆体，否则会影响浆体的固液反应，同时也会影响充填效果。因此，料浆制备是整个充填系统中非常重要的环节。制浆系统有连续与半连续两种方式。

第一，连续制浆系统。

连续制浆系统占用空间小，流程简单，但制浆配比难以有效控制，如若供料、供水及外加剂供给等任一系统出现问题，制浆系统将难以配制出符合要求的料浆，甚至制浆系统会出现无序运转。则要使该系统正常运转，对其机电设备的可靠性要求就特别高，系统任何微小问题都可能影响整个充填效果。

第二，半连续制浆系统。

半连续制浆系统占用空间相对较大，但制浆配比准确性较高、易于控制，对单个搅拌器来讲，尽管料浆放出为非连续状态，但料浆供给呈连续态，因此也完全满足料浆输送的要求。半连续制浆系统如图 6.19 所示。制浆系统生产工艺流程如图 6.20 所示。

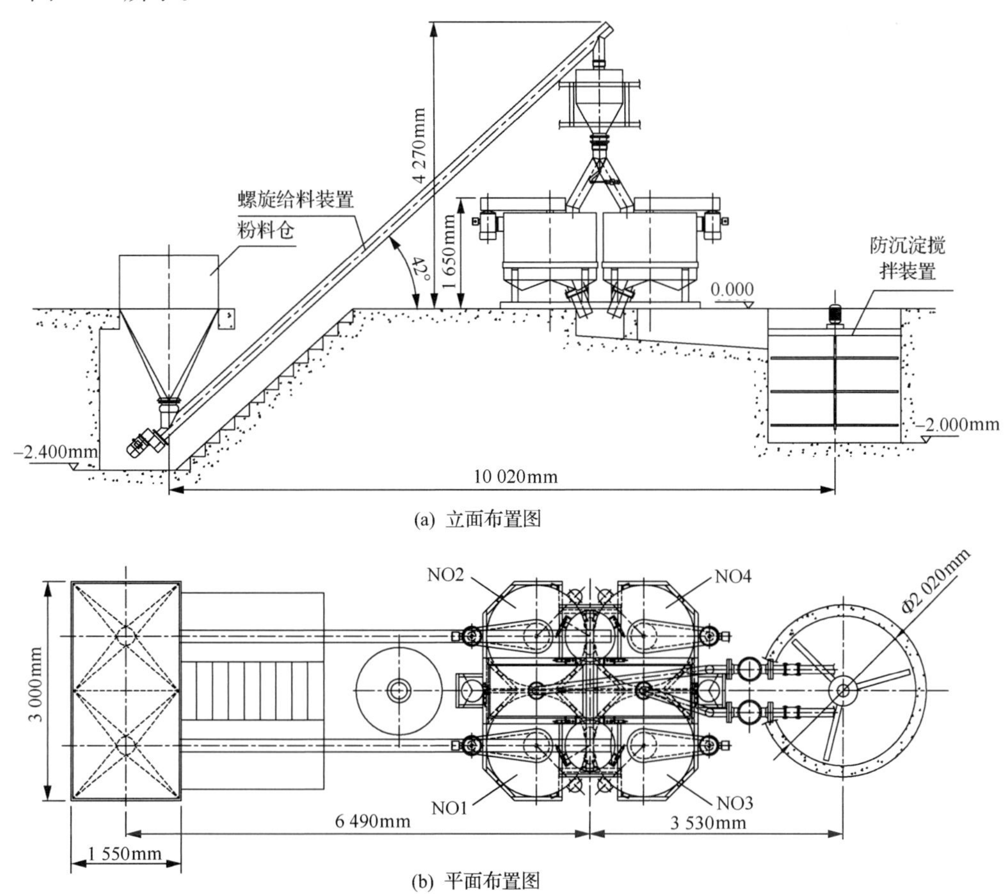

图 6.19　半连续制浆系统布置图

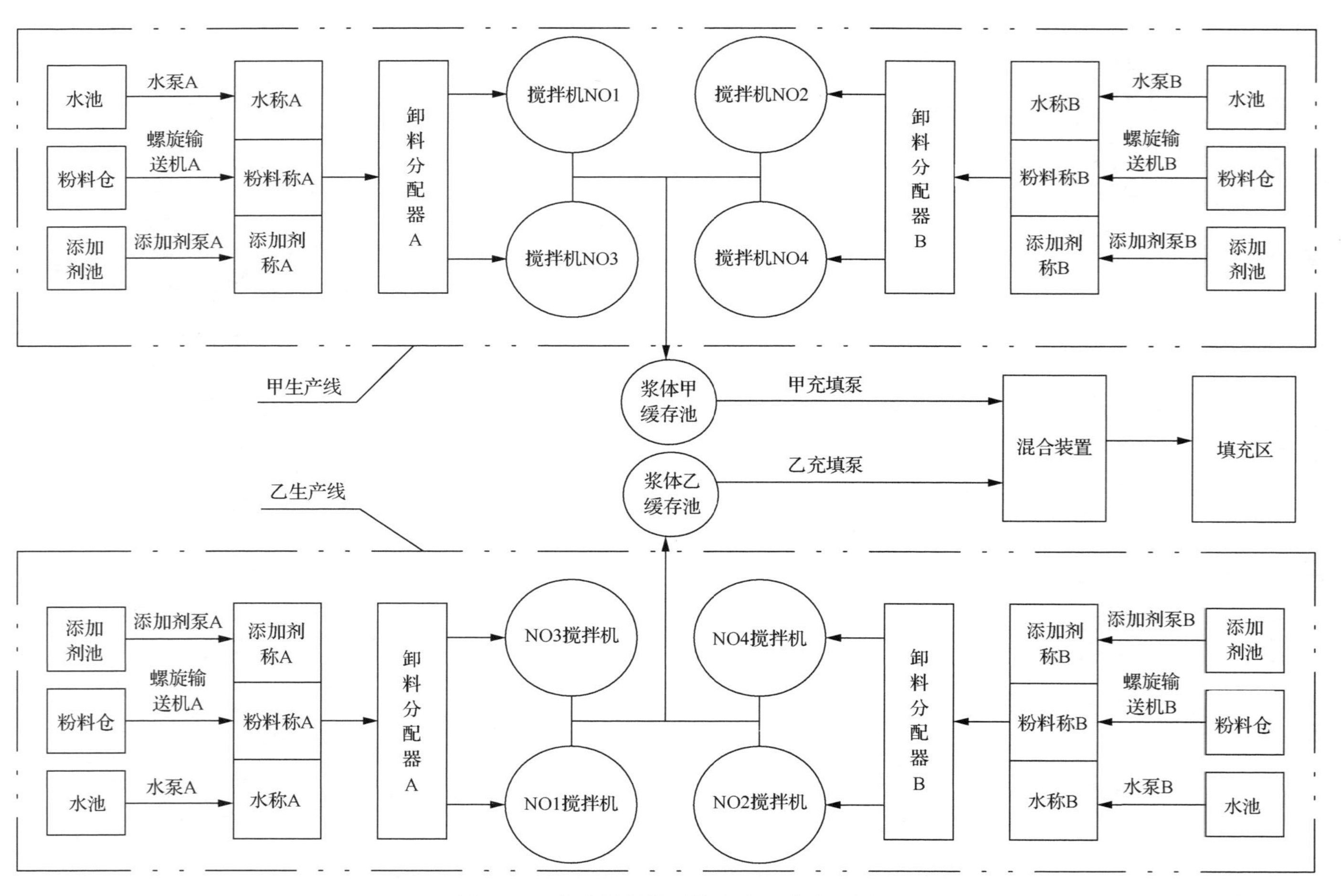

图 6.20　半连续制浆系统生产工艺流程图

半连续制浆系统由 A、B 两套完全相同的系统组成，每条生产线均由 4 套搅拌主机、2 套配料装置、2 套卸料装置、添加剂配制装置、气路控制系统及电器控制系统等组成。

(1) 粉料仓。粉料仓用于储存超高水充填材料。每条生产线设有两个粉料仓，每个料仓有效容积为 2.5m^3。粉料仓设计成上圆下锥结构，此结构不易形成死角，利于物料通畅下降，防止物料残存；料仓锥体下部设有高压破拱装置，能克服因环境潮湿形成的物料结拱问题；料仓出口处设有检修用手动蝶阀。当螺旋输送机需要检修时，若料仓内仍存有物料，则可先将手动蝶阀关闭后再实施检修，避免物料浪费。粉料仓结构如图 6.21 所示。

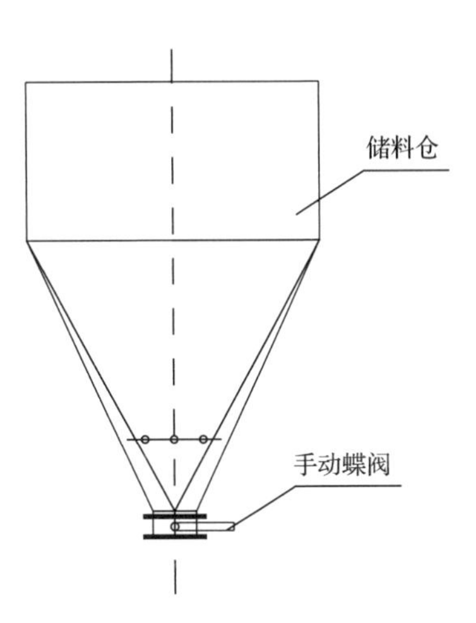

图 6.21　粉料仓示意图

(2) 配料、称量系统。粉料配料装置如图 6.22 所示。粉料配料装置由粉秤、螺旋给料机及气动蝶阀等组成，其中秤斗上部设计成圆柱形，由秤斗支架支撑，下部为锥形，锥角为 60°，以便物料不积存，秤斗最大可称量 300kg 粉料。秤斗给料由高速、大倾角螺旋输送机完成。每次称量临近结束时以点动方式给料，保证配料精确可靠，使称量精度为±1%。秤的计量方式为电子传感重量式计量，该方式具有精度高、工作可靠与维护方便等特点。配料计量由 PLC 控制，以保证秤的动态配料精度。粉料的配料与卸料过程完全封闭，没有粉尘。称量后的粉料通过开启称斗下部气动蝶阀卸至搅拌机中。水称量装置如图 6.23 所示，由水泵、缓冲水包、称斗体和蝶阀等部件组成，给水由水泵完成。每条生产线各有 2 套水称，水称量装置称斗最大可称量 1 400kg 的水。此外，还有 2 套外加剂称量装置与此类似，外加剂称斗最大称量为 50kg。每台秤的计量方式均为电子传感重量式计量。每台秤可单独配料，水秤斗卸料门采用气动蝶阀。水秤斗由下部气动蝶阀卸料，使水进入搅拌主机。动态配料计量精度为±2%，采用 PLC 技术控制。

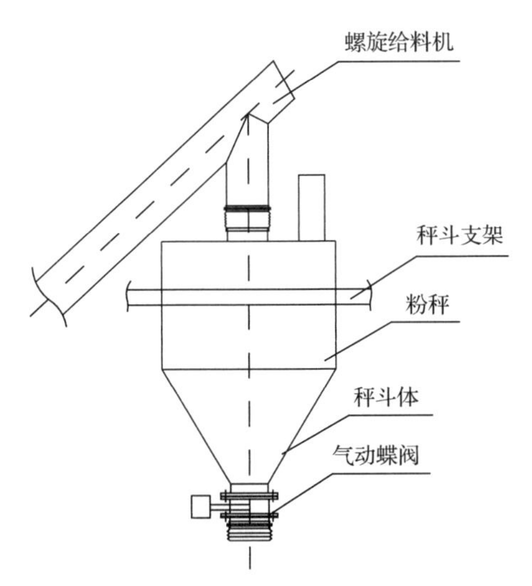

图 6.22　粉料配料装置示意图

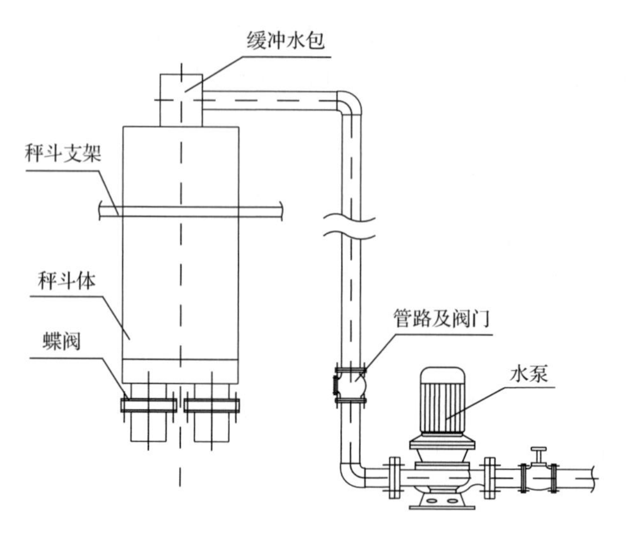

图 6.23　水称量装置示意图

(3) 搅拌系统。搅拌系统由四台搅拌主机组成，如图 6.24 所示。其中，搅拌主机由桶体、传动装置、驱动电机、主轴及叶轮等组成。叶轮采用标准流线型设计，设计转速为 320r/min。作业时，电机通过传动装置驱动主轴及叶轮，使桶内物料形成两个上下翻腾的漩涡，保证物料混合均匀；搅拌机是密闭的，顶部设有检修孔盖。搅拌机传动结构简单、故障点少、维护方便，适于井下作业；连续生产时，各搅拌机按照生产周期表依次顺序生产，通过调节搅拌主机的搅拌时间(3min 以上)使制浆系统与浆体输送量相匹配。

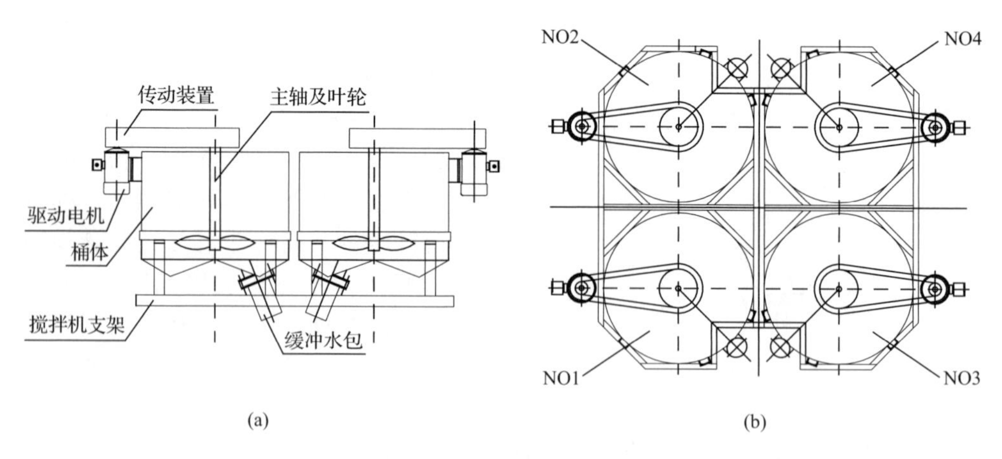

图 6.24　搅拌系统示意图

(4) 卸料系统。卸料系统由粉料溜管、驱动气缸及翻板机构等组成，如图 6.25 所示。通过控制气缸伸缩来带动翻板转动，使粉料称斗形成两个通道，分别与两台搅拌主机相通。根据程序控制，驱动气缸在使其中一条通道打开的同时，另外一条通道随之关闭，实现一套粉料秤向两台搅拌主机供料的功能。水及添加剂卸料也是通过控制秤斗下方的气动蝶阀及其相应管路，实现向不同搅拌机供料的目的。

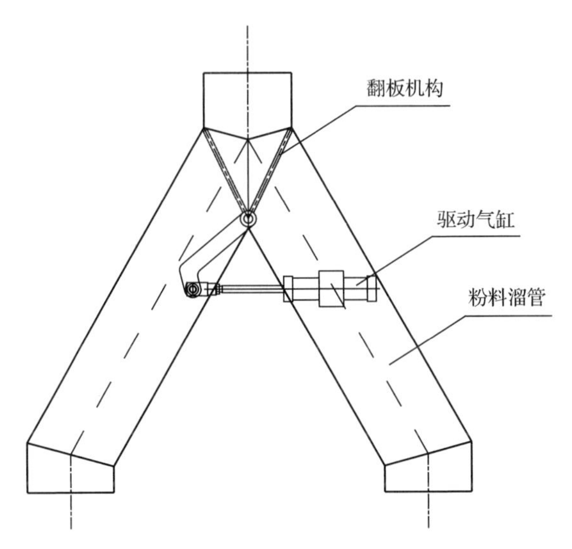

图 6.25　卸料系统示意图

（5）储浆系统。储浆系统如图 6.26 所示。储浆池也称缓存池，其中设有搅拌装置，可防成品浆沉淀。该池容量为 5m^3，可储存 4 台搅拌器所生产的成品浆量。储浆池上部设有液面反馈装置，在特殊条件下起到信息反馈，使搅拌器延迟放料的作用。

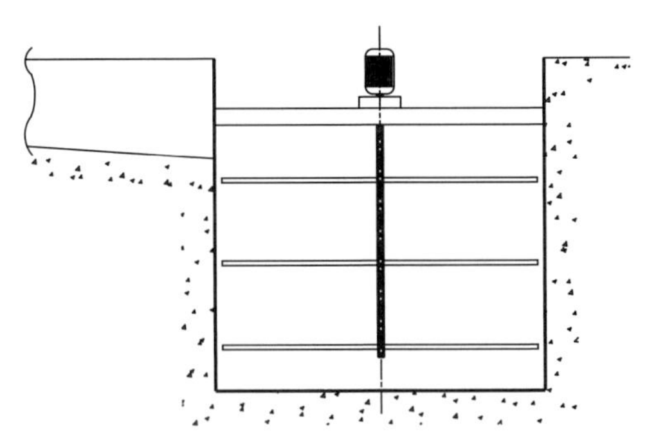

图 6.26　储浆系统示意图

（6）添加剂预配料系统。为保证添加剂配比准确，每条生产线设有粉状添加剂预配料装置 1 套，包含 1 台搅拌罐、1 台暂存罐与 1 台 500kg 的水秤（水称量值可调）。水通过泵配送至水秤中，再通过下部蝶阀泄入搅拌罐中；工人按 500kg 水量投入添加剂至搅拌罐中，搅拌时间为5～10min；搅拌好的添加剂通过阀门至暂存罐中。暂存罐下部设有气吹装置，防止添加剂沉淀，以随时准备向两台外加剂秤配料；称量完毕的添加剂通过蝶阀分别向搅拌器侧添加剂秤送料。

2）料浆输送系统

料浆输送系统由输送泵、输送管路与混浆系统组成。

(1) 输送泵。输送泵有离心式与柱塞式两种。离心式输送泵具有可输送浆体粒径大、输送能力高且流量选择范围宽和价格低的特点，但存在吸浆时不能产生较大负压、输送压力较小及输送流量不够准确等问题；柱塞式输送泵具有吸浆负压高、输送压力大、输送流量较准确及能克服较大输送阻力等特点，但存在输送能力选择范围不够宽、设备价格较高等缺点。田庄煤矿选用的是柱塞式输送泵。

(2) 输送管路。充填材料需要通过管路才能输送至采空区，田庄煤矿超高水充填技术输送管路由两路管组成。管路以平巷与下坡为主，故输送泵只要克服管阻就能满足要求，所需管路压力不会太大。

(3) 混浆系统。由于超高水充填技术采用双料输送系统，A、B两物料浆液在输送到采空区之前必须实现充分混合。A、B两种浆液流量较大，要使其充分混合需要有大流量混合系统，且其大小应与巷道空间相匹配。根据巷道沿轴向空间不受限的特点，混合器大小可在长度方向适当延伸，因而选用大截面混合管。大截面混合管除了具有将A、B两种浆液及调和剂充分混合均匀作用的功能外，还具有将混合浆导引至采空区的功能。

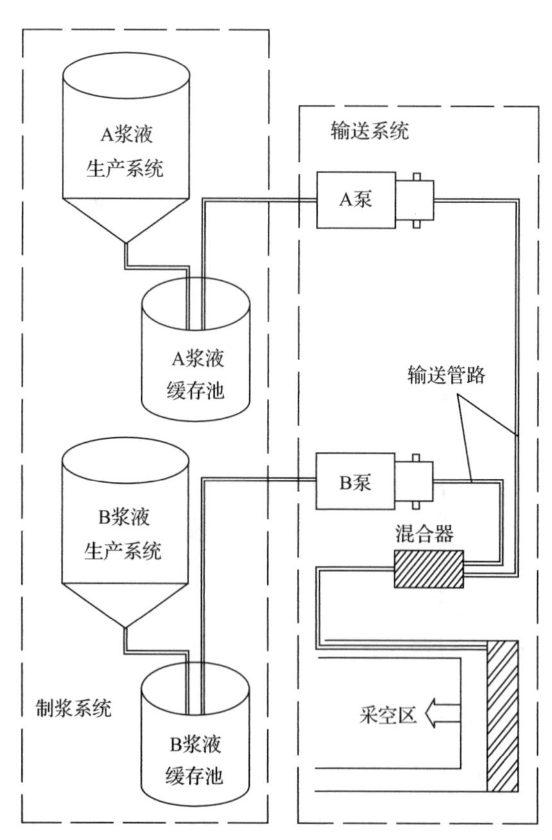

图6.27 超高水充填技术工艺系统图

2. 超高水充填工艺

首先运用专门的生产系统将A、B两种主料配合外加剂制成A、B两种浆液；其次通过柱塞泵经管路分别输送至充填工作面，在即将到达采空区之前将两种浆液混合；最后运用相应的方法将混合浆液保持在采空区。超高水充填技术工艺系统如图6.27所示。

6.3　矸石膏体充填技术

6.3.1　矸石膏体充填工艺及系统组成

膏体泵送充填技术就是把煤矿附近的煤矸石、粉煤灰、炉渣、劣质土及城市固体垃圾等固体废物在地面加工成无临界流速、不需脱水的膏状浆体，通过管道输送到井下，适时充填采空区的采矿方法[24]。以山东能源淄矿集团岱庄煤矿为例对矸石膏体充填技术进行介绍[25～33]。

1. 矸石膏体泵送充填工艺

岱庄煤矿膏体充填使用的是破碎煤矸石、粉煤灰（两种）、普通硅酸盐水泥和水五种物料。充填的过程中先将矸石破碎加工，然后把矸石、粉煤灰、水泥和水等物料按比例混合搅拌制成膏状浆体，通过充填泵和管道输送到采空区，形成一个由充填体和围岩支撑的体系。岱庄煤矿膏体充填工艺可划分为矸石破碎加工、配比搅拌、管道泵送、采空区隔离和充填四个基本环节，工艺流程如图 6.28 所示。

2. 矸石膏体泵送充填系统

1）矸石破碎系统

利用装载机将矸石装入矸石喂料斗，经过皮带输送机送至振动筛，再入破碎机，制成成品矸石，以供膏体充填使用。破碎机如图 6.29 所示。

与似膏体充填相比，膏体泵送充填成品矸石的最大粒度小于 25mm 即可。成品矸石粒度大有以下四个优点：一是降低矸石加工能耗；二是破碎机、振动筛等设备适应性增强，可加工含水率更高的矸石材料，且不易黏堵；三是对充填工作面隔离措施要求降低，有利于缩短隔离墙准备时间，提高充填效率，同时有利于减少隔离辅助材料成本；四是最大粒度小于 25mm 的膏体同样具有良好的输送和不分层、不泌水性能，能够保证长距离输送。岱庄煤矿成品矸石中粒径小于 5mm 的比例占到 40%左右，最少不低于 30%，最高不大于 50%。破碎后的矸石按照小于 5mm 和 5～25mm 两种规格分别进行存储。

为保证充填工作的连续性，要求破碎系统出现故障时不影响充填，大雨天等恶劣天气因为煤矸石水分过大等原因不能正常破碎加工时也不会影响充填，要做到这点必须有适当的成品矸石储备。成品矸石贮存可以考虑设置堆场或建立封闭式料仓。若设置堆场，虽然相对投资较少，但占用场地较多，卸料点多且为敞开式，粉尘难以控制，还需要增加装车装料环节。因此，岱庄煤矿选择封闭式料仓贮存成品矸石，如图 6.30 所示。

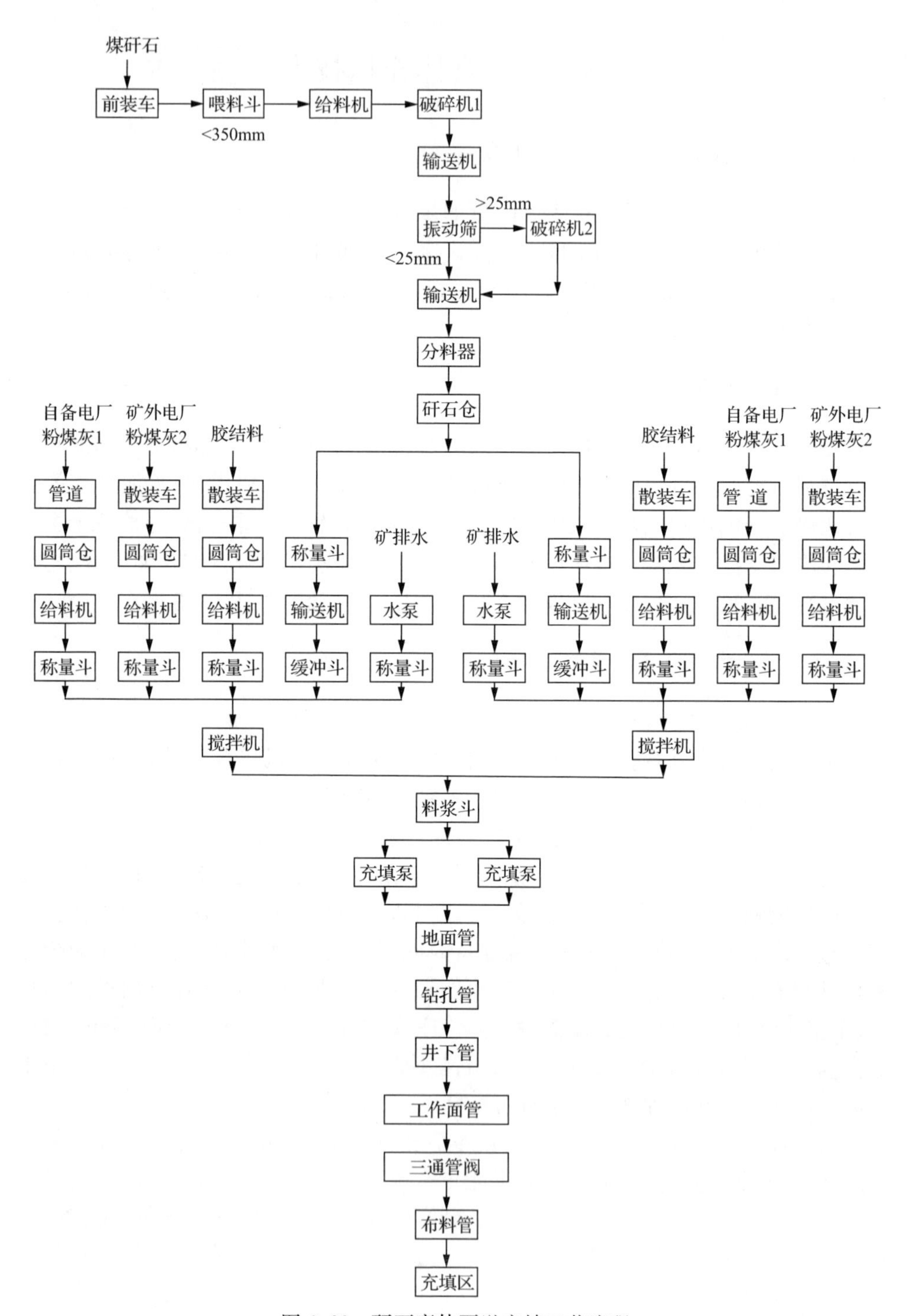

图 6.28　矸石膏体泵送充填工艺流程

图6.29　高细破碎机

图6.30　矸石料仓

2）配比搅拌系统

按照设定配比将组成膏体料浆的各个组成部分在搅拌机中搅拌至设定的时间，将料浆卸入料浆缓冲斗以供充填泵送。

（1）配套设备。

配比搅拌系统配套设备一般有两种方案，即一用一备或并行工作。两种方案虽均有两套设备，但是一用一备方案对设备能力的要求比并行工作方案大一倍，设备前期投入费用高；并行工作方案设备投入费用相对少，虽然一台设备出现故障以后充填系统输送能力要降低，但在设备正常维护情况下，工作过程中的绝大多数故障都能够在较短时间内被排除，短时间充填系统能力的降低一般不会影响整个充填工作。因此，岱庄煤矿膏体充填系统选择并行工作方案。

（2）搅拌机选型。

岱庄煤矿充填采用的主要骨料为煤矸石，最大粒径为25mm，可供选择的搅拌设备有连续式混凝土搅拌机与间隙式混凝土搅拌机。采用连续式搅拌机，由于各环节设备都是连续运转，没有等待时间，故设备能力配置相对较小、投资相对较低，但是连续式搅拌需要膏体充填所用的矸石、粉煤灰、水泥和水等材料全都连续计量与之匹配，属于动态计量，配比只能滞后调整，已经有问题的配比一般难以改变。间隙式搅拌机物料配比分次进行，属于静态计量，精度较高、容易保证，每一次搅拌配料都可以检查监督，发现问题可以及时修正，容易保证料浆质量，对管路安全输送十分有利，不易发生堵管事故。因此，岱庄煤矿膏体充填站选择间隙式混凝土搅拌机，如图6.31所示。

图6.31　间隙式搅拌机

3）管道泵送系统

料浆缓冲斗的料浆靠自重进入充填泵腔，经过充填泵加压后的充填料通过管路进入充填工作面，实施采空区充填顺序。岱庄煤矿选用德国普茨迈斯特公司生产的固体泵进行充填，充填泵如图 6.32 所示。

图 6.32　德国普茨迈斯特充填泵

4）采空区隔离和充填

膏体充填料浆输送到采煤工作面以后，要做到及时、保质、保量完成任务，需要做好以下三方面工作：一是充填空间的临时支护，保证在充填前、充填期间和充填体凝固期间能够使顶板保持稳定；二是隔离墙的施工，需要快速形成必要的封闭待充填空间，为充填创造尽量多的时间，避免充填料浆流失和影响工作面环境；三是合理安排充填顺序与措施，保证充填作业连续进行，保证充填体接顶质量。工作面采煤及隔离充填系统主要由专用充填液压支架、采煤机、刮板输送机、胶带输送机和辅助隔离设施构成。采煤专用充填液压支架如图 6.33 所示，隔离墙施工如图 6.34 所示。

图 6.33　充填液压支架

图 6.34　隔离墙施工

3. 膏体泵送充填技术特点

膏体泵送充填技术主要有以下几个方面特点。

（1）浓度高。一般膏体充填材料质量浓度大于75%，目前最高浓度达到88%，而普通水砂充填材料浓度低于65%。

（2）流动状态为柱塞结构流。水砂充填料浆管道输送过程呈典型的两相紊流特征，管道横截面上浆体的流速为抛物线分布，从管道中心到管壁流速逐渐由大减小为零，而膏体充填料浆在管道中基本是整体平推运动的，管道横截面上的浆体基本上以相同的流速流动，称之为柱塞结构流。

（3）料浆基本不沉淀、不泌水、不离析。膏体充填材料这个特点非常重要，可以降低凝结前的隔离要求，使充填工作面不需要复杂的过滤排水设施，也避免或减少了充填水对工作面的影响，充填密实程度高。而普通水砂充填，除大部分充填水需要过滤排走以外，常常还在排水的同时带出大量的固体颗粒，其量高达40%，只在少数情况下低于15%，产生繁重的沉淀清理工作。

（4）无临界流速。最大颗粒料粒径达到25mm，流速小于1m/s仍能够正常输送，所以膏体充填所用的煤矸石等物料只需破碎加工即可，低速输送能够减少管道磨损。

（5）相同胶结料用量下强度较高。

（6）膏体压缩率低。一般水砂充填材料（包括人造砂）压缩率为10%左右，级配差甚至达到20%。

6.3.2　矸石膏体充填高产高效关键技术

1. 膏体充填材料管道输送试验

1）膏体充填材料的制备

膏体充填材料管道输送试验在膏体充填模拟试验系统上进行。在进行膏体制备之前先要计算混合材料中各部分所需的重量，各部分材料的重量要根据管道的容积进行计算。试验所用的管道直径为0.15m，长度为90m。因此，所需膏体材料的容积为$V=\pi r^2 l=(3.14\times 0.075^2\times 90)\mathrm{m}^3=1.59\mathrm{m}^3$，考虑到泵送过程中泵车中需保留0.5$\mathrm{m}^3$左右的膏体材料，因此本次试验准备2$\mathrm{m}^3$的膏体材料，配比与岱庄煤矿井下用的膏体充填材料相同。根据膏体材料的容重为1 720kg/m^3及膏体材料的质量比例关系，可算出本次试验所需煤矸石、粉煤灰、胶结材料和水的质量分别为1 741.5kg、812.7kg、232.2kg和653.6kg。

计算完充填材料各部分所需的质量后，开始制备膏体材料。制备过程如下：先将部分破碎的煤矸石和部分粉煤灰经行车分别运至膏体系统中的料斗1和料斗 2,并把拌好后的胶结材料输送至其储料仓中。然后启动电脑,设定配方为煤矸石∶粉煤灰∶胶结材料∶水＝600kg∶280kg∶80kg∶224kg,并保存配方。再进入“操作”界面,设定胶结料搅拌时间为 1min,膏体搅拌时间为 2min,启动自动运行状态。系统将按照比例自动称量煤矸石和粉煤灰,并将称量后的煤矸石和粉煤灰经皮带直接输送至搅拌桶中,如图 6.35 所示。而胶结材料自动称重后经螺旋输送机进入胶结料搅拌桶,然后水经称重后进入胶结料搅拌桶,并在胶结材料搅拌桶中进行搅拌,搅拌完成后再卸至膏体搅拌桶中,最终所有材料将在膏体搅拌桶中进行搅拌,膏体搅拌完成后卸至 HBT50C 泵车中进行管道输送,如图 6.36 所示。在试验过程中,经过三次配料,管道中的材料开始循环运动,配料试验完成。

图 6.35　煤矸石经皮带输送

图 6.36　膏体经泵车进行管道输送

2) 管道输送过程中充填材料性能变化特征

膏体搅拌好后,就要经管道充填到工作面。一般情况下,从地面充填站到工作面的距离达到 2km 以上,膏体在管道中的输送时间达到 3～5h。在如此长的充填距离和输送时间作用下,膏体的基本性能已经发生了变化,变化过程中的膏体是否能继续进行泵送,只有通过管道输送试验获得膏体基本性能的变化规律才能进行确定。

在膏体基本性能管道输送试验研究过程中,膏体充填材料在管道中进行循环运动,以模拟实际中的距离和输送时间。我们设定膏体输送速度为 0.5m/s,输送时间为 4h,每隔 0.5h 从泵车中取样进行膏体塌落度和分层度测试,膏体的密度直接从软件中读取。

(1) 膏体在管道中的流动状态观测。

料浆在管道中的流动状态如图 6.37 所示,从图 6.37 可以看出,料浆在管道中基本上是以满管、整体平推的方式运动,此外,在管道输送过程中并没有发现料浆出现沉淀和离析现象。因此,基本可以断定料浆是以柱塞结构流(膏体)的方式进行管道输送的。

(a) 距充填泵30m

(b) 距充填泵60m

(c) 距充填泵88m

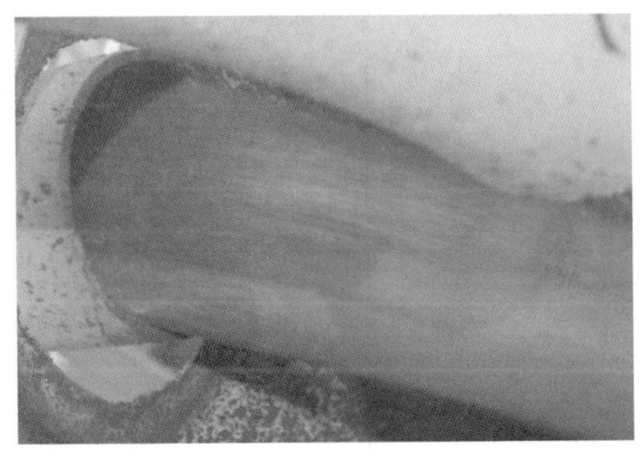
(d) 充填材料出口

图 6.37　料浆在管道中的流动状态

(2) 膏体基本性能变化规律。

在规定的时间内,我们测出膏体塌落度和分层度的值,并记录膏体的密度变化值,结果见表6.1~表6.3。

表 6.1　管输过程中膏体塌落度变化值

管输时间/h	0.5	1.0	1.5	2.0	2.5	3.0	3.5	4.0
塌落度/cm	19.7	19.7	19.6	19.5	19.2	18.9	18.6	18.2

表 6.2　管输过程中膏体分层度变化值

管输时间/h	0.5	1.0	1.5	2.0	2.5	3.0	3.5	4.0
分层度/cm	1.5	1.5	1.4	1.3	1.2	1.2	1.0	1.0

表 6.3　管输过程中膏体密度变化值

管输时间/h	0.5	1.0	1.5	2.0	2.5	3.0	3.5	4.0
密度/(kg/m^3)	1 725	1 730	1 738	1 750	1 768	1 784	1 800	1 819

为了更直观地研究膏体塌落度、分层度和密度的变化规律,我们绘制了膏体基

本性能随泵送时间的变化曲线，如图 6.38 所示。通过分析可以看出，膏体塌落度随泵送时间的增长而逐渐降低，膏体的塌落度由最初的 19.7cm 经 4h 管道输送后变为 18.3cm，并且表现出初期变化幅度小，后期变化幅度增大的趋势。可以看出，虽然膏体的塌落度经 4h 的管道输送有所降低，但仍能满足膏体泵送的需求。膏体的分层度随泵送时间的增长反而出现降低的趋势，膏体泵送 4h 其分层度值由最初的 1.5cm 下降至 1.0cm。因此，分层度随泵送时间的增长并不会对膏体泵送产生不利影响。由图 6.38(c)还可以看出，膏体的密度随泵送时间的增长逐渐增加，表现出初期变化幅度小，后期变化幅度增大的趋势。由于密度反映的是膏体材料的

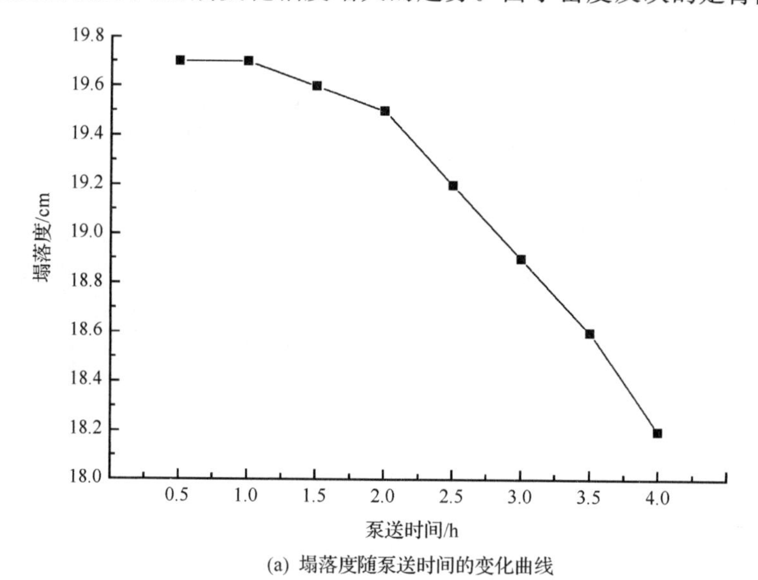

(a) 塌落度随泵送时间的变化曲线

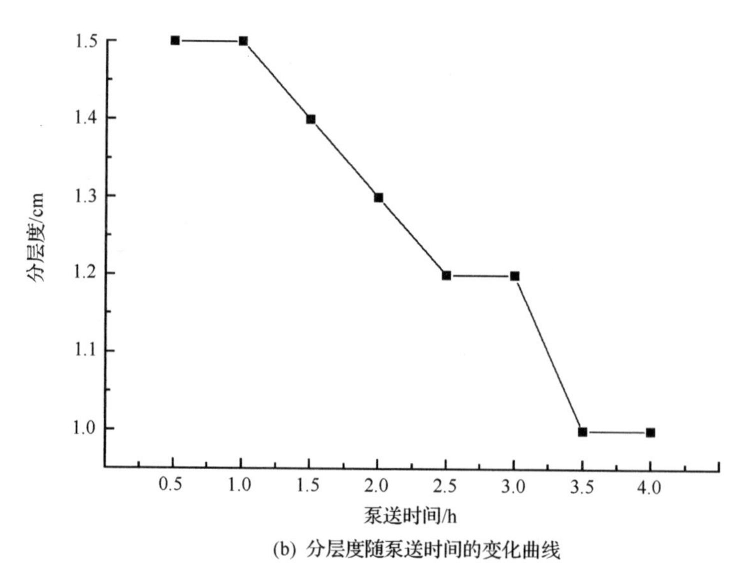

(b) 分层度随泵送时间的变化曲线

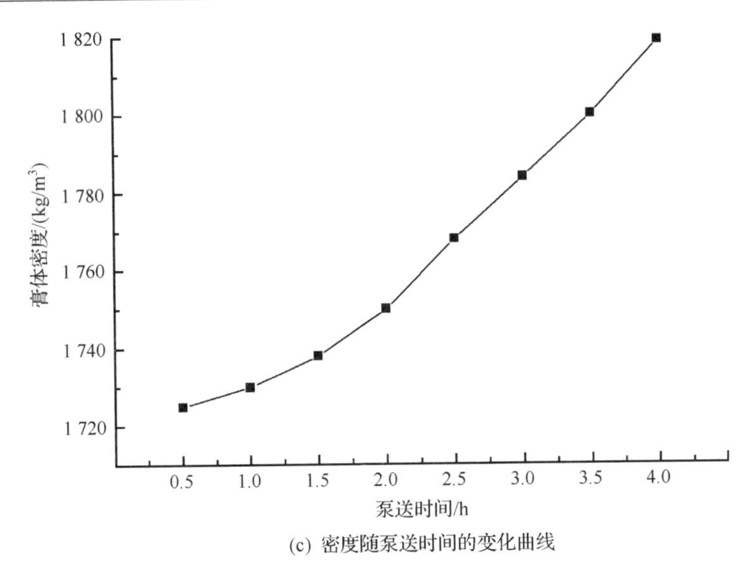

(c) 密度随泵送时间的变化曲线

图6.38　膏体基本性能随泵送时间的变化曲线

质量浓度，因此也可以得知，膏体的质量浓度随泵送时间的增长而逐渐增大。膏体在泵送过程中其基本性能发生了一定的变化，主要原因是膏体在泵送过程中有少量的胶结材料发生水化反应，导致膏体中的自由水减少，从而导致膏体质量浓度的增加，以及塌落度和分层度的减小。

膏体在管道循环运转4h后，取部分膏体放至150mm×150mm×150mm试模中，待其能自立时拆模并将试块放至标准养护箱中进行养护，养护至试验龄期取出测定其性能。经管道输送和未经管道输送的充填体强度对比如图6.39所示，从

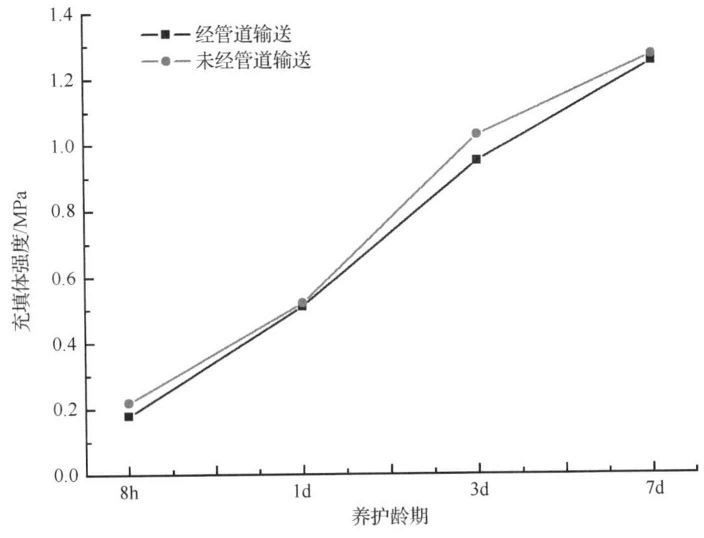

图6.39　经管道输送和未经管道输送的充填体强度对比

图 6.39 可以看出,经管道输送后的充填体强度比相同龄期的未经管道输送的膏体强度稍低,下降的主要原因是膏体在管道输送中的环境(温度、湿度等)不如在试验室中理想。但膏体材料经管道输送 4h 后还具有 0.18MPa 的抗压强度,仍然能满足煤矿膏体充填对充填体早期强度的要求。

3) 膏体充填材料流变特性的管道试验研究

膏体的可泵性除其基本性能要符合泵送要求外,也同样取决于在泵压作用下的流变特性。因此,在管道试验中除了研究膏体基本性能的变化规律外,同时还要利用试验确定膏体的流变方程,从而明确膏体的流变性能。

(1) 膏体充填材料的流变模型。

随着浓度的提高,充填料浆从两相流逐渐转变为结构流(膏体)。结构流与两相流有本质的区别,两相流沿管道断面存在流速梯度和浓度梯度,流速最高值位于管道的轴心处,越靠近管壁处流速越小,在管壁处流速大致为零,流速分布近似抛物线;浓度的最高值位于管道底部,越往管顶浓度越稀。膏体的结构流状态则表现为膏体充填材料在管道中无浓度梯度和速度梯度,结构流与两相流两种流态的浓度和速度的比较如图 6.40 所示。

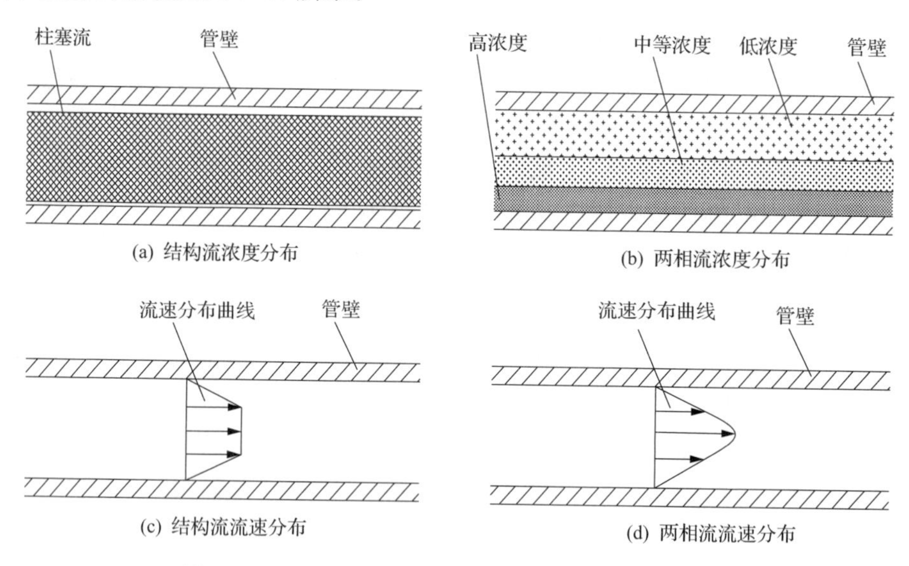

图 6.40　两种流态浓度和流速沿管壁分布比较示意图

从图 6.40 可以看出,由于浓度的提高,结构流的特性发生了根本性变化,呈柱塞运动的结构流体,没有明显的浓度和速度梯度。结构流体的输送依靠的是包裹在柱塞料浆周围的细粒级成分形成的润滑层,其与管壁之间的摩擦力很小。通过大量的试验研究,学者普遍认为具有结构流的膏体属宾汉塑性体[34~36],其流变方程为

$$\tau = \frac{4}{3}\tau_0 + \eta\left(\frac{8v_m}{D}\right) \tag{6.1}$$

式中，τ 为剪应力；τ_0 为初始切应力；η 为膏体材料的塑性黏度，单位为 Pa · s；v_m 为管道料浆平均流速，单位为 m/s；D 为管道直径，单位为 m。

在剪切力 τ 的作用下，膏体克服极限剪切强度后开始流动，流动阻力大小与黏度和流速成正比。事实上，试验室所能测到的是管流沿程阻力，而管流沿程阻力一般与管壁单位面积上的流体摩擦阻力联系，根据静力学平衡理论，水平直管内的摩擦阻力(由作用力与反作用力关系，即可得到料浆的剪切应力 $\tau = \tau_w$) 可以表达为[37]

$$\tau_w = \frac{D}{4}\frac{\Delta p}{L} \tag{6.2}$$

式中，τ_w 为摩擦阻力；L 为水平管路长度，单位为 m；Δp 为管道沿程阻力，单位为 Pa。

(2) 膏体流变参数的确定。

流变方程包括屈服应力 τ_0 和塑性黏度 η 两个参数。这两个参数可用膏体充填模拟试验来确定。膏体充填模拟试验系统水平管道(含压差计)的设计如图 6.41 所示，试验管道的材质为无缝钢管，压差计之间的长度为 30m，为计算简化，把压差计测量的阻力损失转化为每米的阻力损失。膏体流变试验的时间选择在管道中膏体形成循环的开始阶段，因此其密度和质量浓度为试验室测定值，分别为 1 720kg/m^3 和 81%。管道中流速的改变通过 HBT50C 进行调节，管道输送试验的部分数据见表 6.4。

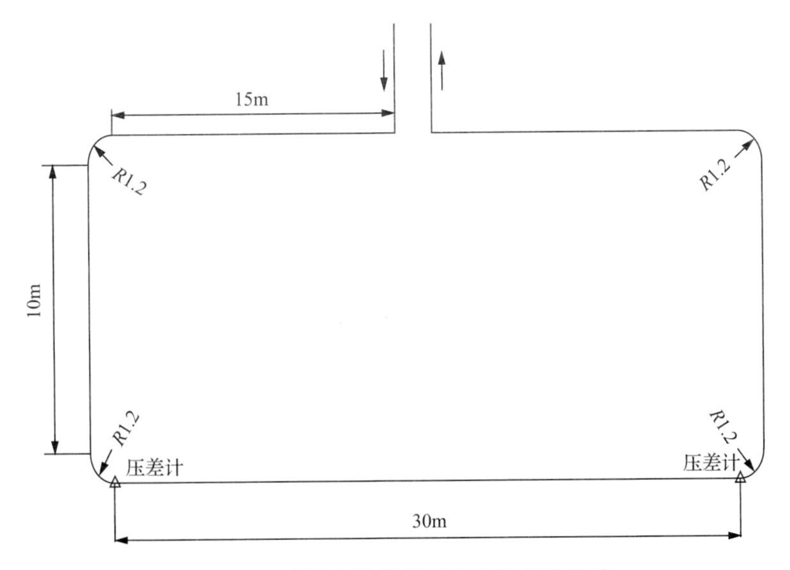

图 6.41　膏体充填模拟试验系统管道设计

表 6.4　管道输送试验数据

试验编号	料浆平均流速/(m/s)	每米阻力损失/Pa
G1	1.05	350
G2	1.25	402
G3	1.52	482
G4	1.84	549

从表 6.4 中料浆平均流速和每米阻力损失的两组数据(G1 和 G2)可获得膏体的流变参数 $\tau_0 = 57.75\text{Pa}$，$\eta = 4.875\text{Pa}\cdot\text{s}$，因而可确定膏体充填材料在管道中的流变方程为 $\tau = 77 + 260\nu_m$，表 6.4 中 G3 和 G4 两组数据可验证膏体流变方程的可靠性，通过计算得知 G3 试验结果的偏差为 2%，G4 试验结果的偏差为 1.2%，因此可认为流变方程基本符合膏体充填材料在管道中的流动性能。

2. 管道压力在线监测预警技术

1）堵管卸料阀门

由于煤矿膏体充填管道较长及井下条件复杂，管道内为固、液大颗粒非均质流，颗粒不均，且存在输送介质浓度高、持水性强和管道压力信号变化大等问题，一般的应变式压力传感器无法直接测量，因此研制了一种间接测量大颗粒不均质流管道压力装置，把直接测量转换为间接测量，避免大颗粒矸石颗粒对传感器的损坏。带测压结构的堵管卸料阀门的主要功能是能对管道压力进行监测预警并能自动卸料，堵管卸料阀门结构及其控制原理如图 6.42 和图 6.43 所示，实物如图 6.44 所示。

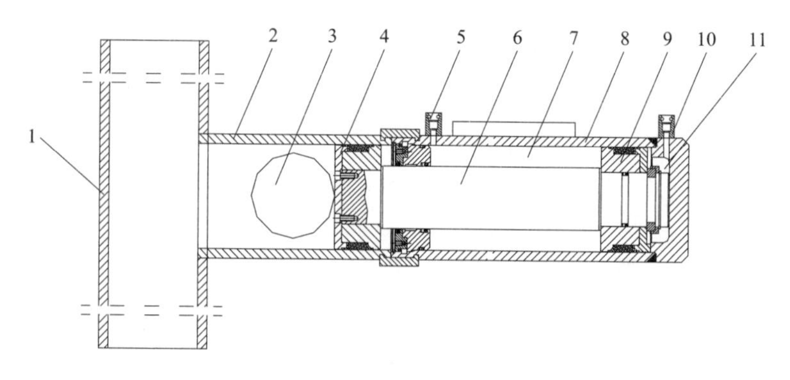

图 6.42　堵管卸料阀门结构

1. 主管道；2. 卸料管道；3. 卸料口；4. 挡板；5. 油口；6. 活塞杆；7. 小腔；8. 液压缸；9. 活塞；10. 油口；11. 大腔

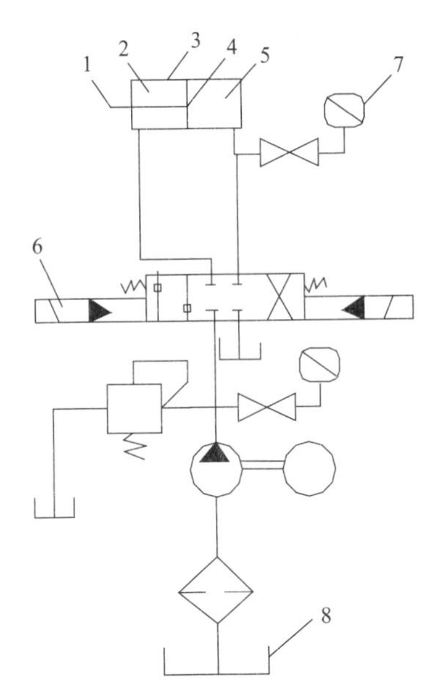

图 6.43　堵管卸料阀门控制原理

1. 活塞杆;2. 小腔;3. 液压缸;4. 活塞;5. 大腔;
6. 三位四通电磁阀;7. 压力传感器;8. 油箱

图 6.44　堵管卸料阀门

2) 管道压力在线监测系统

(1) 系统组成。

膏体充填管道压力在线监测预警系统采用 KJ216 煤矿动态监测系统硬件平台。硬件主要包括:①井上监测服务器;②通信接口;③井下监测主站;④多功能监测分站;⑤矿用数据光端机及配套防爆电源、电缆等。KJ216 煤矿动态监测系统采用多级总线分布式结构及本质安全型设计。井上设监测服务器,监测服务器采用工业级扩展光纤接口;井下设一台光端机,光端机内置光纤、以太环网接口,用户可选择光纤专线和环网方式与井上监测服务器连接;监测主站下位连接多功能监测分站,分站连接压力传感器,监测分站具有数据显示、总线通信等功能,分别与分站之间通过 RS485 总线连接,监测系统结构如图 6.45 所示。

井上部分监测服务器及通信接口安装在输送泵站控制机房内,由值班员监控操作运行;井下在车场部分设一台监测主站,负责巡测各个监测分站的数据,并将数据传送到井上的监测服务器;传输方式可选择光纤专线和以太环网中的一种通信方式。输送管道沿线布置 5 个压力检测点,每个检测点配一台多功能监测分站,实时采集数据。当分站接收到主站的巡测指令时将数据发送到主站,当任意一个压力检测点出现压力异常时,井上的监测服务器会自动报警。井下供电采用 KDW28 型隔爆兼本安型直流电源,每台监测主站及分站配置一台本安型电源,本安电源的输入采用交流 127V 电源供电。

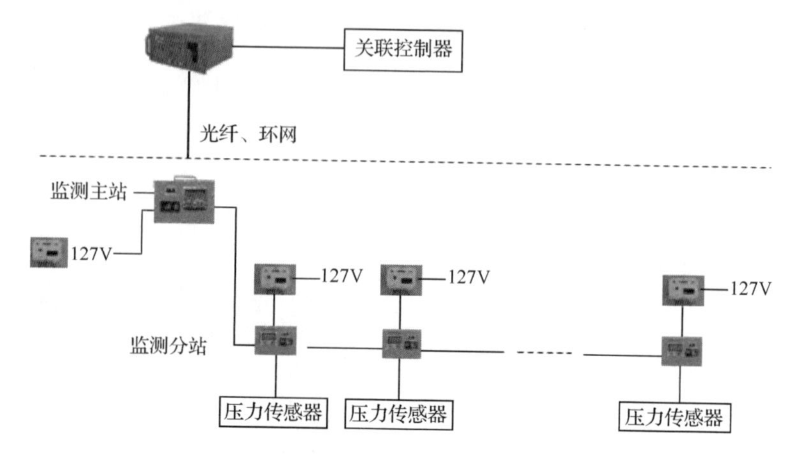

图 6.45　管道压力在线监测预警系统结构图

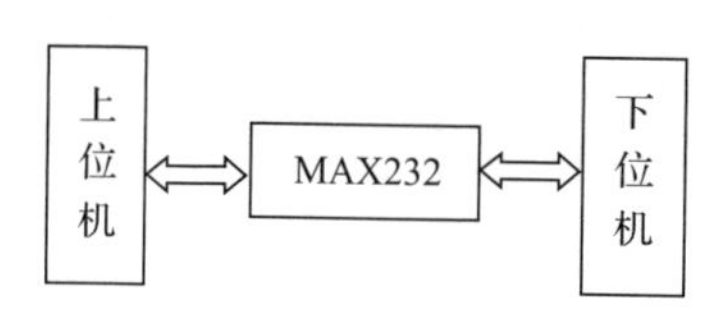

图 6.46　监测系统结构

(2) 监测系统设计结构。

监测系统由上位机和下位机组成。上位机发送命令和接收数据,并对接收的数据进行处理、分析,通过软件界面显示数据的变化情况;下位机采集、存储、处理信号,并将信号数据发送到上位机。监测系统结构如图 6.46 所示。

下位机主要完成信号的采集、放大及滤波处理,并对其进行 A/D 采样,将采样结果传回上位机,由上位机对传回的数据进行分析及处理。单片机串口通信部分使用 AT89C52 作为下位单片机系统,通过汇编语言编程,下位机结构流程如图 6.47 所示。

由于充填泵一个压力充程是 4.5s,井下压力数据传到地面服务器时间必须要小于 4.5s,因此检测分站与主站通信采用 RS485 传输,速率为2 400bps;主站与地面服务器采用光纤传输,速度达到 9 600bps;同时加快巡测周期,整个压力数据更新时间为 1～2s,系统采用 Microsoft SQL Server 作为开发语言,上位机通信流程如图 6.48 所示。

(3) 监测系统硬件。

监测系统硬件由传感器、信号调理电路、单片机及外围电路组成。监测对象上的模拟量先由传感器收集到原始信号,送入采样保持器和放大器,信号通过 A/D 转换器后,模拟量变成数字量,然后送给检测系统的主控芯片,单片机输出数字信号通过串口将数据输入计算机;单片机对数据进行计算、分析和处理;通过软件,计算机可以实现各检测点在线监测,提供管道是否堵塞的早期诊断及报警,实现系统自动在线监测功能,监测系统硬件工作流程如图 6.49 所示。

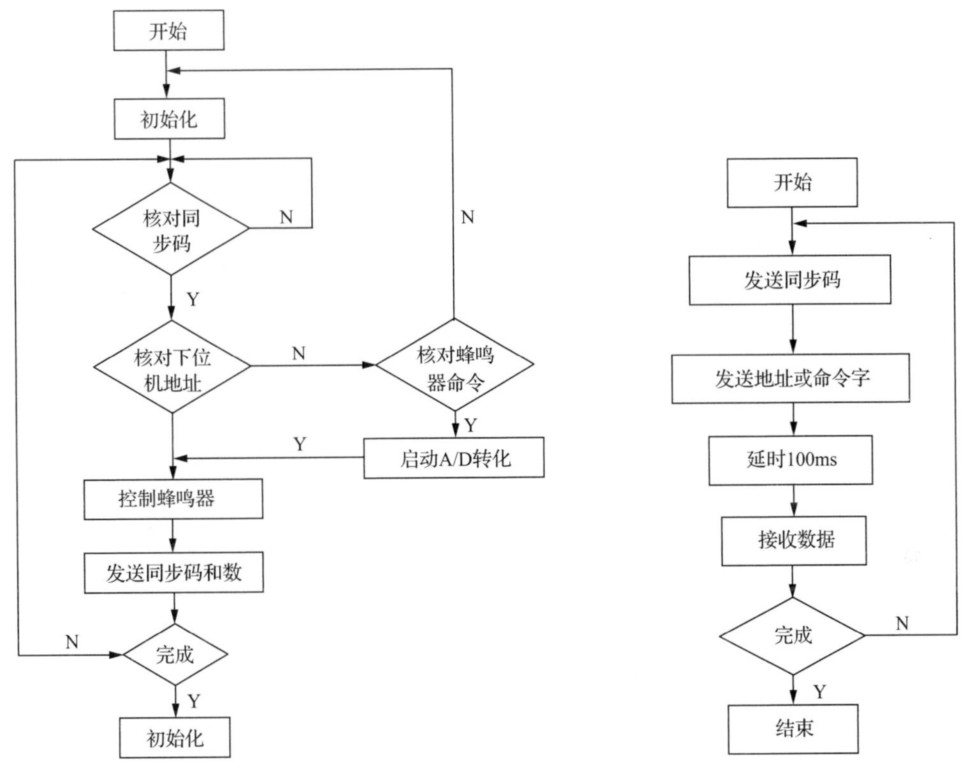

图 6.47　下位机结构流程　　图 6.48　上位机通信流程

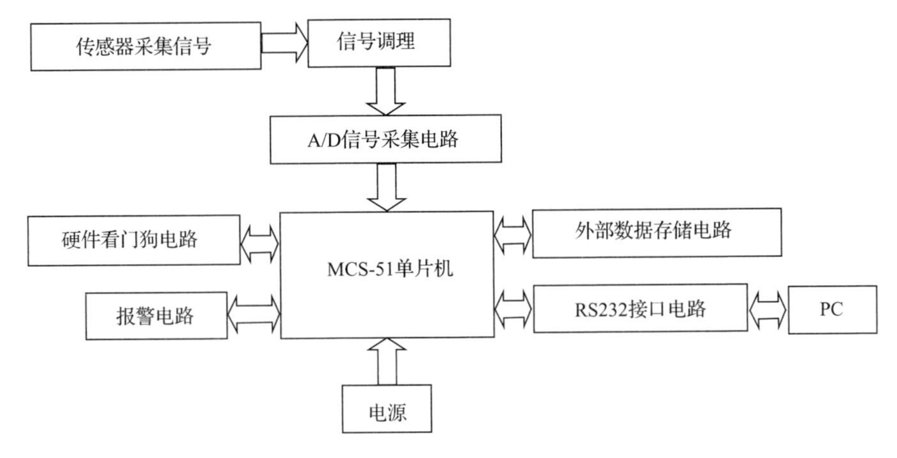

图 6.49　监测系统硬件工作流程

(4) 监测系统软件。

监测系统软件采用 VC 语言开发。在 VC 中实现的串行通信有三种:①用 VC

提供的具有强大功能的通信控件；②调用 Windows API 函数，使用 Windows 提供的通信函数来编写串行通信应用程序；③利用动态链接库实现串行通信。软件采用 Windows 提供的通信函数来编写串行通信应用程序。岱庄煤矿膏体充填管道压力在线监测系统软件主界面如图 6.50 所示。

图 6.50 岱庄煤矿膏体充填管道压力在线监测系统软件主界面

3. 管道满管自流自动清洗技术

现有膏体输送时管路结构单一，整个管路连接只由管箍及盲牌三通组成，且管路清洗方式简单，极易造成膏体管底沉积，一旦管路异常震动，管路内沉积物很容易脱落卷起造成堵管。由于常规管道清洗过程为正常充填—矸石浆—粉煤灰浆—水，在清洗时极易造成大颗粒煤矸石在变坡点沉积，因此长距离管路清洗技术成为实现膏体充填安全、高效开采的另一个关键技术。

1) 管道满管自流自动控制工艺阀

满管自流自动控制工艺阀原理是根据膏体充填管道中垂直段水的自重压力 P_1 与液压泵站的压力 P_2 的关系设计，阀门可自动或人工开启。以岱庄煤矿充填管道为例进行说明。岱庄煤矿充填管道有 450m 的垂直段，则进水端压力 P_1 为 0～4.5MPa，即充填管道内满水时进水端压力为 4.5MPa，充填管道内无水时进水端压力为 0；井下液压泵站的压力 P_2 为 31.5MPa。若将进水端面与液压缸截面比定为 7∶1，则当 $P_1=4.5\text{MPa}$，$P_2=31.5\text{MPa}$ 时，液压缸处于静止状态；当 $P_2:P_1>7$ 时，液压缸向左运动，管路关闭；当 $P_2:P_1<7$ 时，液压缸向右运动，管路启动。

管道满管自流自动控制工艺阀结构如图6.51所示,实物如图6.52所示。

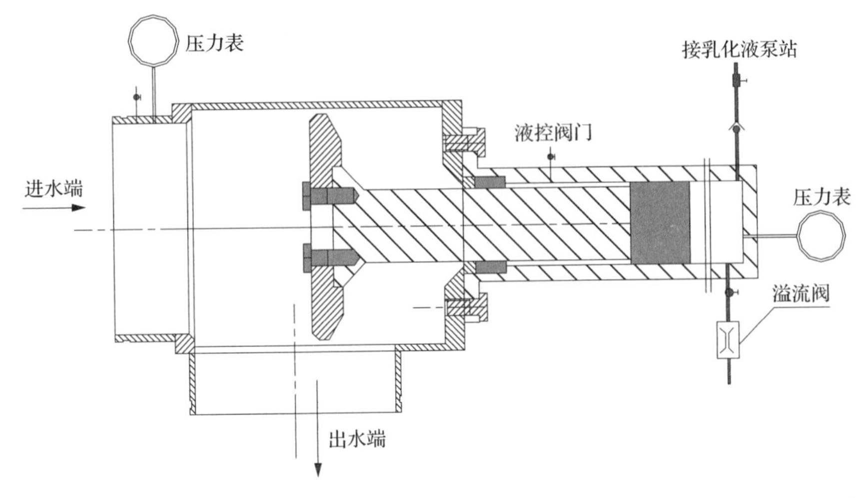

图6.51 管道满管自流自动控制工艺阀结构

图6.52 管道满管自流自动控制工艺阀

2) 满管自流自动清洗技术工艺流程

满管自流自动清洗技术的原理是,当膏体料浆基本输送完成后,将地面供水管道阀打开,同时打开钻孔顶部放气阀,水全部注满充填管道,排空管内空气后关闭放气阀,保证料浆斗时刻处于高水位。开始冲洗时,井上、井下人员联系好,井下闸门工迅速打开干线闸门,在自然压差的作用下充填管内水流达到高速流动状态,超过浆体临界流速,管道内的残留物随水流流出管道进入沉淀池。满管自流清洗工艺流程如图 6.53 所示。

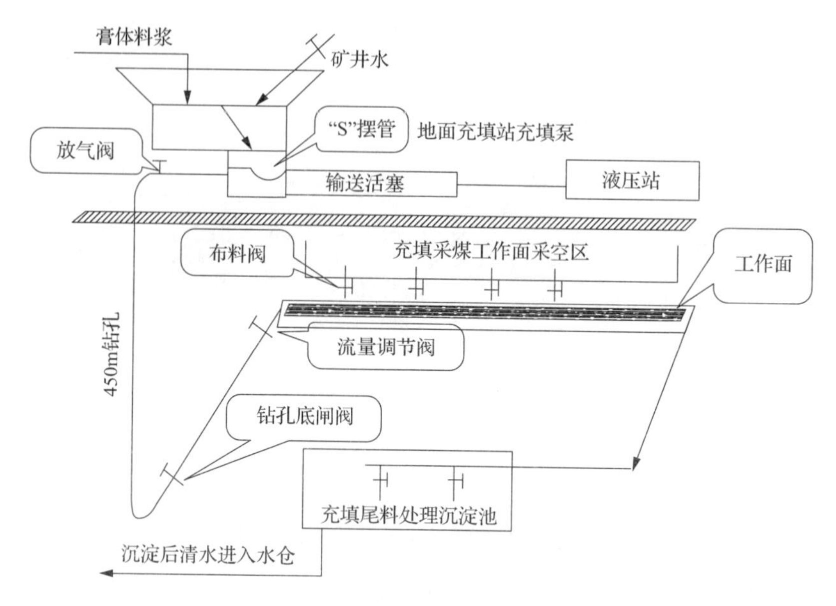

图 6.53 满管自流清洗工艺流程

开始冲洗管路时，将补水管道出口与高位料浆斗(冲洗时作为水斗)连接，料浆斗通过充填泵"S"摆管与充填管道连接，高位料浆斗出口高度要高于充填管道出口，在补水管出口和充填管道的出口分别设置有阀门。输送泵停止输送浆料后，充填泵停止运行，将料浆斗和充填管路联通，即将充填泵"S"摆管摆至和管路连通位置，然后将立管底处闸阀关闭，打开地面放气阀，向充填管路补水；当钻孔放气阀开始排水时，证明充填管路已被水充满，通知立管底闸阀看护人员开始放水，此次放水可将钻孔底闸阀段管路清洗干净；继续冲洗 10min 后关闭充填干线管路末端闸门，通知地面开始补水，待立管放气阀见水后，打开末端闸门开始放水冲洗管路，根据管路长度应连续冲洗 15min 方可将管内杂物全部排至沉淀池。

4. 井下充填体在线监测技术

在井下最直接、最有效的评价充填膏体长期稳定性的方式是监测充填膏体应力及变形状态。由于充填膏体处在高温、高湿、有压及水化环境下，普通的传感器无法监测。因此，针对这一问题，研制了壁后充填膏体在线监测系统。

1) 系统组成

监测系统采用总级分线式布置，通过在平巷内布置通信监测分站(KJF70)，通信分站下位机采用 RS485 总线与测点各传感器连接，每个测点用一个接线盒将两个传感器连接起来。各测点接线盒与通信分站采用离散方式分别连接，监测系统结构如图 6.54 所示，软件界面如图 6.55 所示。

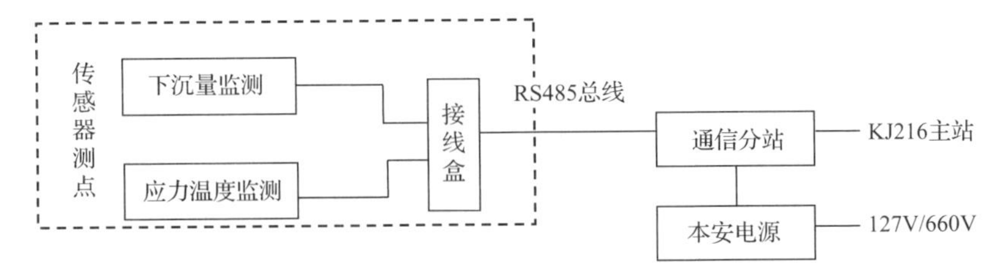

图 6.54　监测系统结构

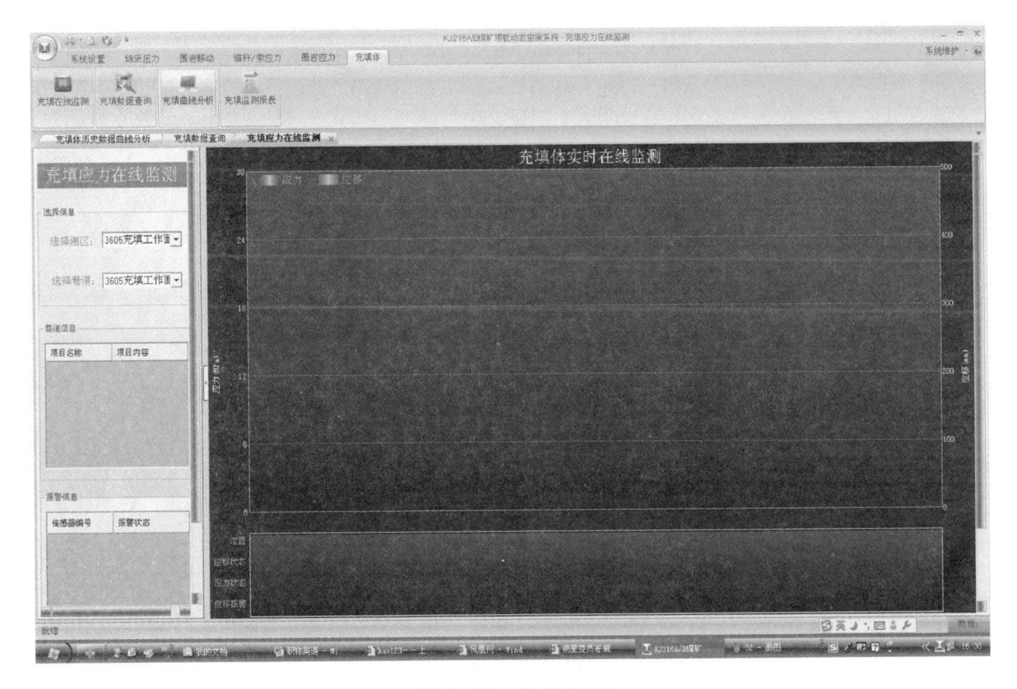

图 6.55　软件界面

2）工作原理

每个传感器均内置变送器和 RS485 通信接口，多通接线盒将各个传感器并联到 RS485 总线上，然后分别连接到 KJF70 通信分站 RS485 总线。整个系统采用集散式连接，每个传感器具有唯一的地址编码，传感器与通信分站总线连接方式采用树形并联，通过支路限流匹配，使每一支路出现故障时不影响其他支路测点的运行。通信分站由计算机控制，通过 RS485 总线巡测每个传感器数据；并循环显示在 LCD 屏幕上。如果条件允许，可通过电话线或环网将监测的数据实时传送到井上计算机进行存储和分析。

3）变形监测

变形监测采用特制 KBU101-200 顶底板变形仪，量程可达到 500～800mm。变形仪采用齿轮-齿条结构，通过内部的角位移传感器将位移信号转换成电压信号并被单片机采集形成数字信号。变形仪内置 485 通信接口，通过电缆将数据传送到 RS485 总线。变形仪采用弹性储能活塞杆位移结构，该结构可以做到传感器内部的防水密封，具有校零功能，变形仪长度可根据工作面高度加工，加接长杆的测量范围可以达到 3.0m。若要使测量高度更大，需增加支撑杆，简单的办法是在地板上固定支设金属管到一定高度，将位态仪安装到金属管上部与顶板接触，充填体变形仪结构如图 6.56 所示。

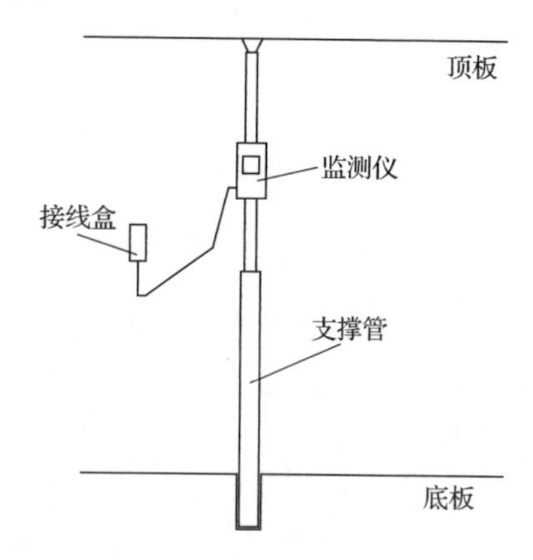

图 6.56　充填体变形仪

4）应力监测

应力可直接作用到压力传感器上，传感器水平放置在采场底板上。当底板不平时可考虑将传感器先固定到钢板上再放置到底板上，压力传感器结构如图 6.57 所示。压力传感器工作原理为充填介质压力直接作用到传感器应变体上，使应变体产生弹性变形，应变计输出与作用力成正比的电压信号，变送器将电压信号放大后输出。

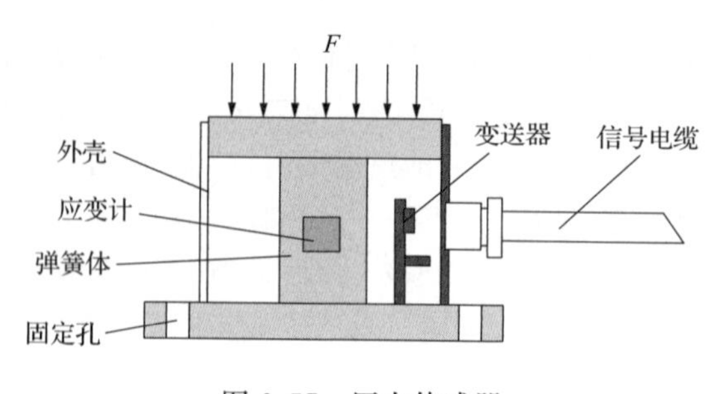

图 6.57　压力传感器

5) 温度监测

为了解胶结充填体的水化温度情况，进行充填膏体温度监测，温度监测由 TS-18B20 数字温度传感器和美国 DALLAS 公司生产的 DS18B20 可组网数字温度传感器芯片封装而成，具有耐磨耐碰、体积小、使用方便及封装形式多样的特点，适用于各种狭小空间设备数字测温和控制领域，如图 6.58 所示。

图 6.58　温度传感器

6.3.3　矸石膏体充填工作面地质采矿条件

为解放村庄下压煤，提高煤炭资源采出率，延长矿井服务年限，实现矿井的可持续发展，淄矿集团岱庄煤矿于 2009 年 12 月起在 2351 工作面开展了矸石膏体充填开采置换滞留条带煤柱的工业性试验，并于 2013 年 1 月开采完毕，累计充填膏体 34.4 万 m^3，消耗矸石 16.5 万 m^3，置换出煤炭资源 48.8 万 t，充填率达到 97%，且在控制地表变形、保护地表建(构)筑物方面取得了良好的效果；并且于 2011 年 4 月开始 2352 膏体充填工作面的开采工作，截止到 2013 年 7 月，累计置换出煤炭资源 59.1 万 t，累计充填膏体 42.4 万 m^3，消耗矸石 21.3 万 m^3，充填率达到 98%；于 2013 年 2 月开始 2353 膏体充填工作面的开采工作，截止到 2013 年 7 月，累计置换出煤炭资源 13.9 万 t，累计充填膏体 10.3 万 m^3，消耗矸石 4.9 万 m^3。

1. 2351 充填工作面地质采矿条件

2351 膏体充填工作面是 2300 采区的第一个综采膏体充填工作面。工作面开采 $3_上$ 煤层，地面标高＋36.8～＋40.7m，底板标高－390.8～－435.5m，走向长为 1 074m，倾斜宽为 100m。该工作面位于西胶下山西北部；东北侧与 2302 工作面皮带平巷之间净煤柱距离为 5.0m，西南侧与 2303 工作面轨道平巷之间净煤柱距离为 5.0m，切眼与 1339 工作面切眼之间净煤柱距离为 30m，南侧距离－485 辅助水平水仓 150m。工作面四邻 $3_上$ 煤层大部分已经回采，其上下附近无可采煤层。

2351 工作面具体布置如图 6.59 所示。

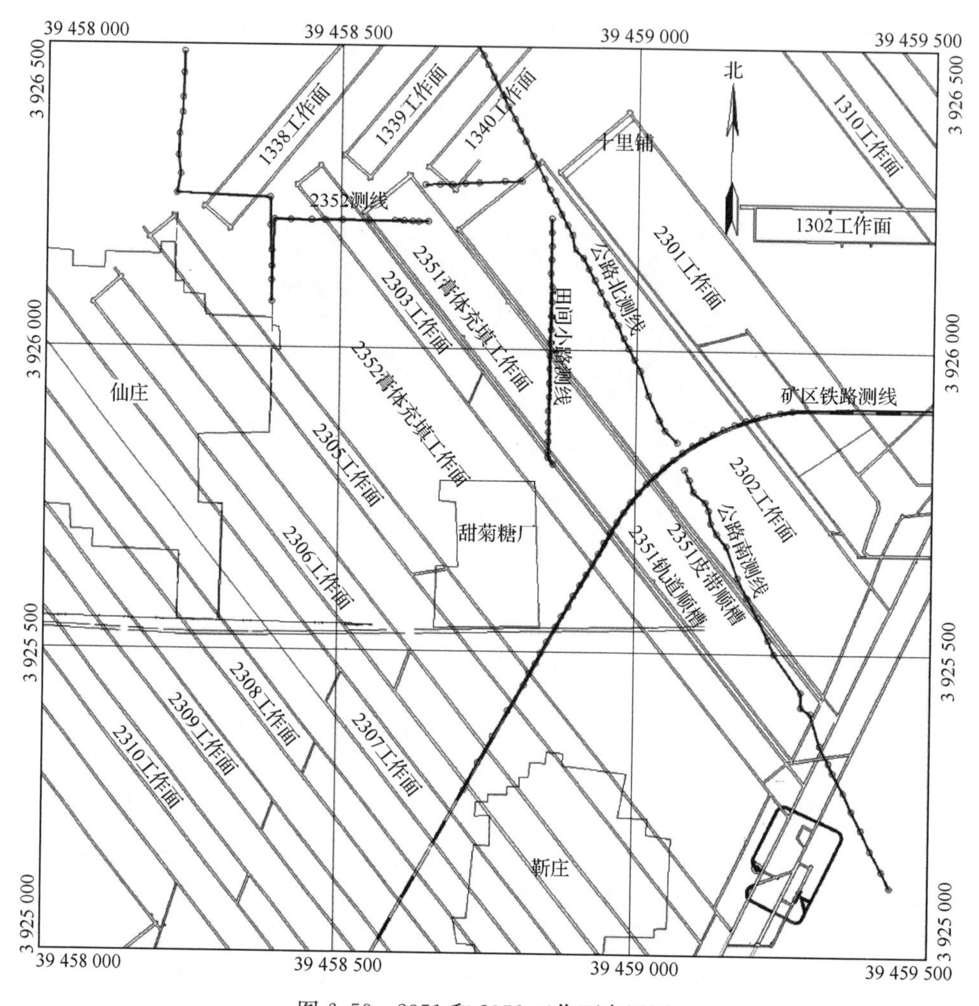

图 6.59　2351 和 2352 工作面布置图

工作面对应地面位于甜菊糖厂和靳庄的东北部，十里铺的西南部，距离甜菊糖厂 50m；距离十里铺 364m。老 105 国道从工作面的东南部穿过，区域内以农田为主，零星分布温室大棚和民房建筑。

工作面 $3_上$ 煤层厚度为 1.80～3.10m，平均厚度为 2.65m，煤层结构简单，倾角为0°～13°，平均值为 5°。工作面煤层直接顶以中粒砂岩为主，基本顶以粉砂岩为主，直接底以粉砂岩为主，老底以细粒砂岩为主，具体情况见表 6.5。

2351 工作面地质构造比较简单，地层较平缓，里部一段倾角较大。平巷在掘进过程中共揭露 4 条断层，最大落差为 3.5～3.7m。

表 6.5　2351 和 2352 工作面煤层顶底板情况表

岩层名称	岩性	厚度/m	主要特征
基本顶	粉砂岩	7.14	黑色，泥质胶结，致密，内含植物茎叶化石碎片；底部炭化，含镜煤条纹
直接顶	中粒砂岩	11.4	灰白色，成分以石英、长石为主，泥质胶结，分选好。局部为黑色泥岩薄层
直接底	粉砂岩	2	深灰色，含细砂岩，富产植物根化石
老底	细粒砂岩	11.9	灰黑色，含植物茎叶化石及黄铁矿薄膜，顶部 0.1m 的黏土含植物根化石

2. 2352 充填工作面地质采矿条件

2352 工作面也开采 $3_上$ 煤层，地面标高＋34.2～＋39.5m，底板标高－387.2～－467.6m，走向长度为 1 315～1 395m，平均为 1 355m，倾斜长度为 180m，右侧距 2303 工作面老空区 5m，该工作面于 2003 年 9 月底回采完毕，左侧距 2305 工作面老空区 5m，该工作面于 2003 年 6 月底回采完毕，切眼距 1338 工作面老空区 29m，该工作面于 2008 年 4 月初回采完毕。2352 工作面具体布置如图 6.59 所示。

工作面西南侧局部位于仙庄村正下方，中部位于甜菊糖厂正下方，南侧局部位于靳庄村正下方，东南侧距八里屯 304m。地面主要为农田，并有零星分布的民房和机井。

工作面 $3_上$ 煤层厚度为 1.67～3.36m，平均厚度为 2.7m，煤层结构简单，倾角为 0°～13°，平均值为 5°。工作面煤层直接顶以中粒砂岩为主，基本顶以粉砂岩为主，直接底以粉砂岩为主，老底以细粒砂岩为主，具体情况见表 6.5。

6.3.4　矸石膏体充填开采覆岩运动规律

1. 2351 条带煤柱膏体充填工作面推采进度

2351 条带煤柱膏体充填工作面为岱庄煤矿的首个充填工作面，由于没有成熟的膏体充填开采工艺和技术可以借鉴，且膏体充填系统也需要试运行，所以在该工作面回采初期，推采进度较慢。推采速度缓慢使顶板有充足的时间下沉、开裂，导致矿山压力显现相对比较明显。2351 条带煤柱膏体充填工作面 2010 年的推采进度如图 6.60 所示，工作面在生产初期推进较慢且常有停顿，之后生产逐渐正常。结合监测到综采支架的工作阻力，可以研究覆岩运动与工作面推进长度之间的关系。

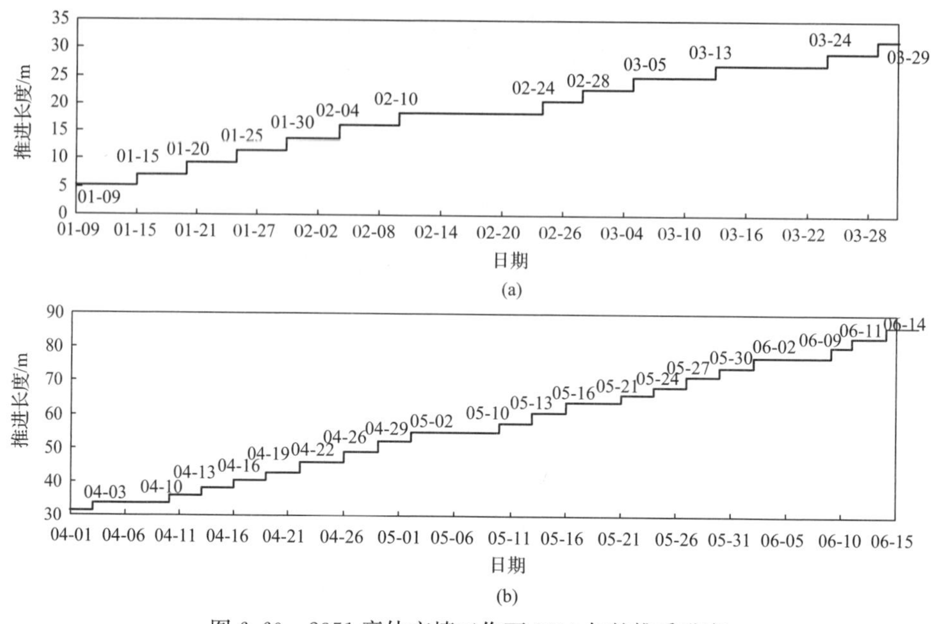

图 6.60　2351 膏体充填工作面 2010 年的推采进度

2. 综采支架工作阻力监测结果及分析

1）综采支架工作阻力监测结果

在工作面 4# 架、12# 架、21# 架、29# 架、37# 架、46# 架、54# 架和 62# 架共安装 8 台监测分机，对综采支架初撑力及工作阻力进行连续监测。每个监测分机上的三个压力监测通道分别安装在支架前柱、后柱及前梁的高压腔，以监测它们的压力变化情况。仪器的安装要在支架安装的同时或在开采前进行。各分站监测到的综采支架工作阻力变化曲线如图 6.61～图 6.68 所示。29# 支架前柱监测管路未接好，没有监测到数据。为了更好地进行分析，将其他 7 架支架前后柱压力平均后一起做曲线如图 6.69 和图 6.70 所示。

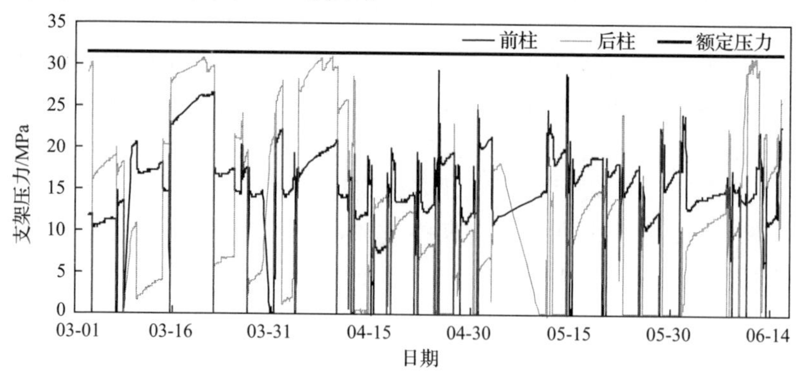

图 6.61　4# 综采支架工作阻力曲线

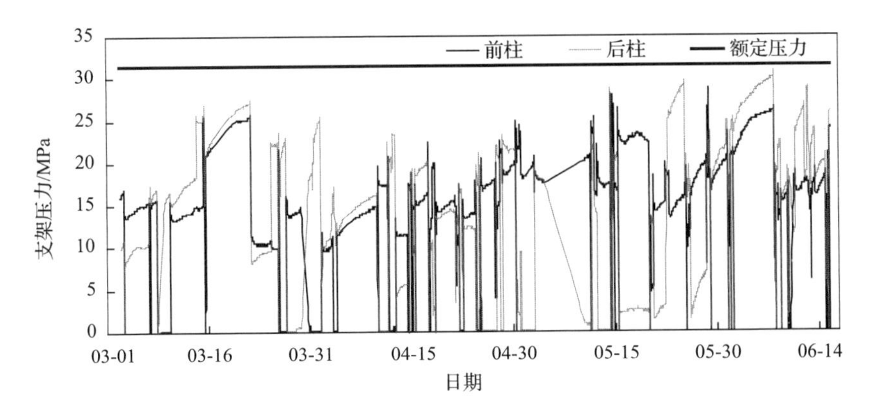

图 6.62　12#综采支架工作阻力曲线

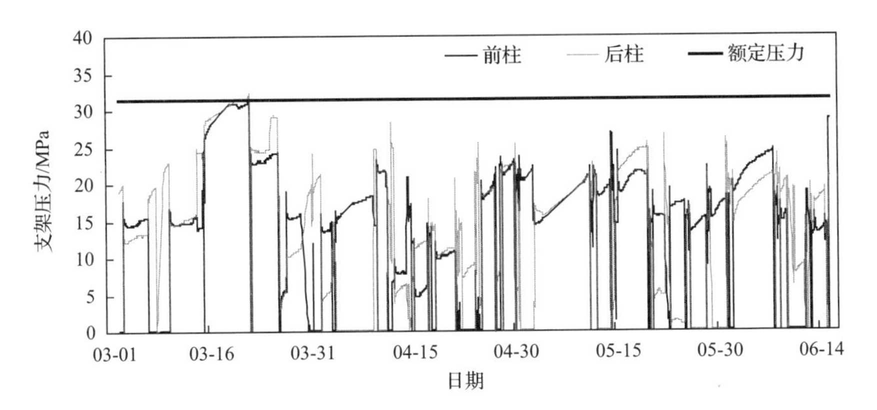

图 6.63　21#综采支架工作阻力曲线

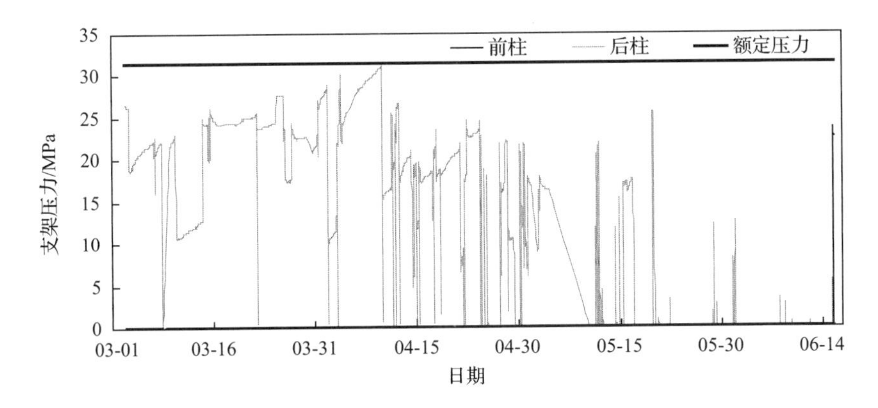

图 6.64　29#综采支架工作阻力曲线

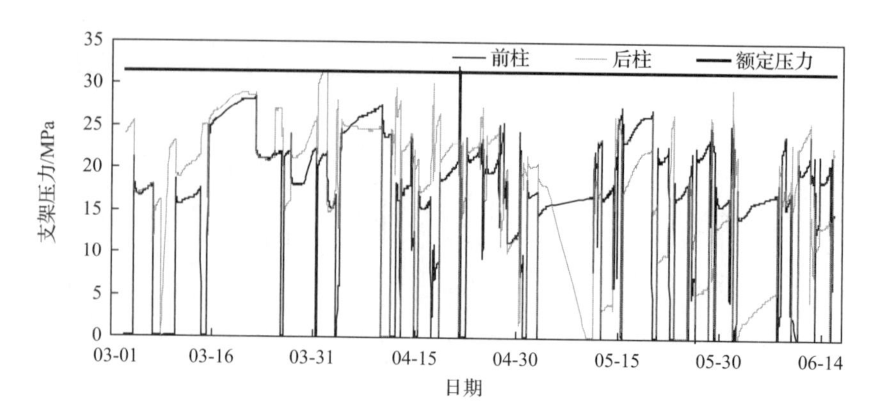

图 6.65　37＃综采支架工作阻力曲线

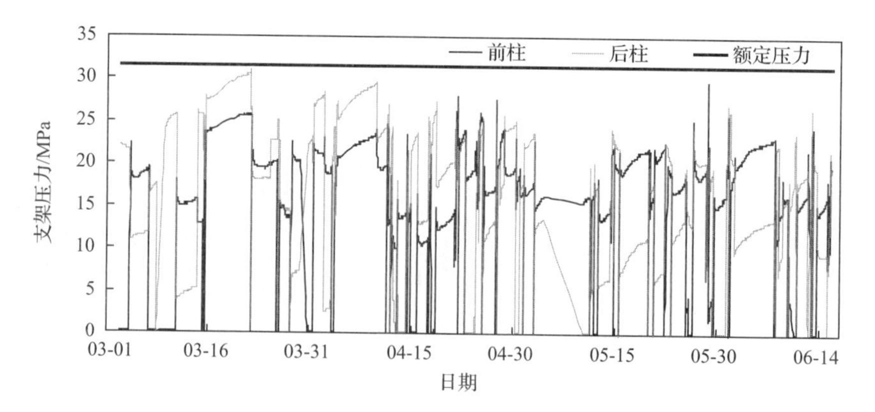

图 6.66　46＃综采支架工作阻力曲线

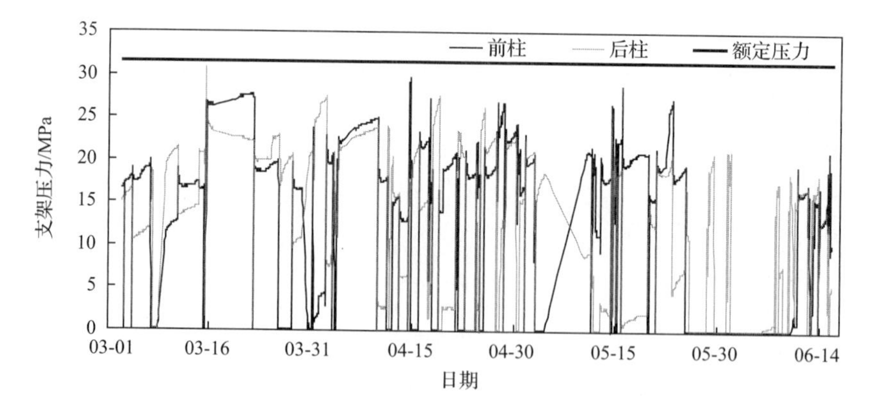

图 6.67　54＃综采支架工作阻力曲线

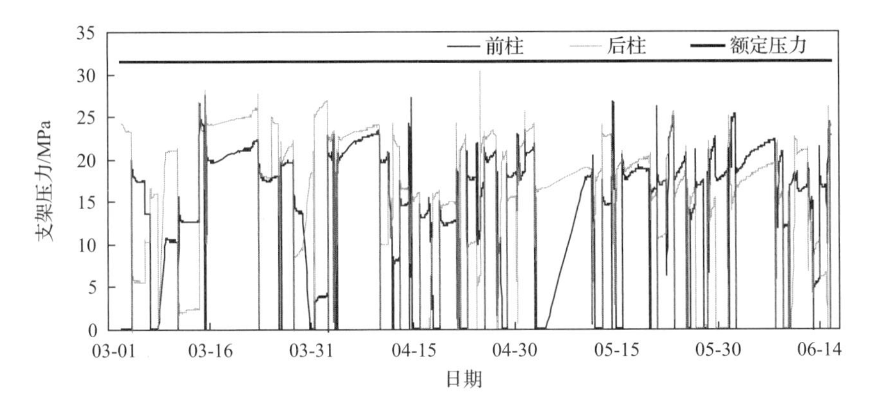

图6.68　62#综采支架工作阻力曲线

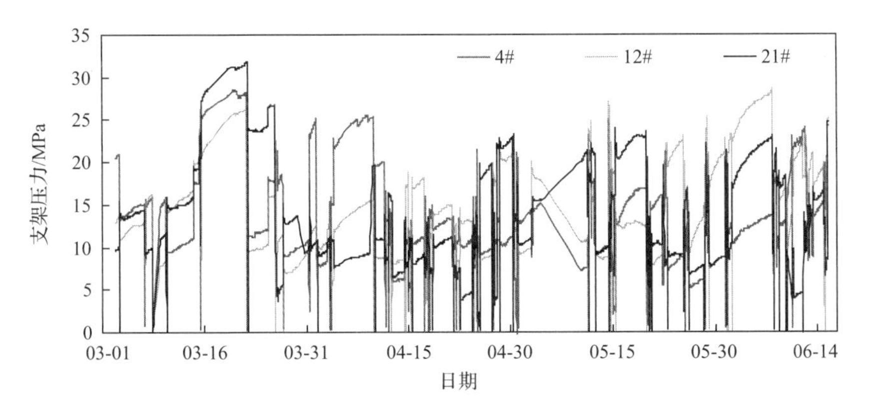

图6.69　4#、12#、21#综采支架前后柱平均压力曲线

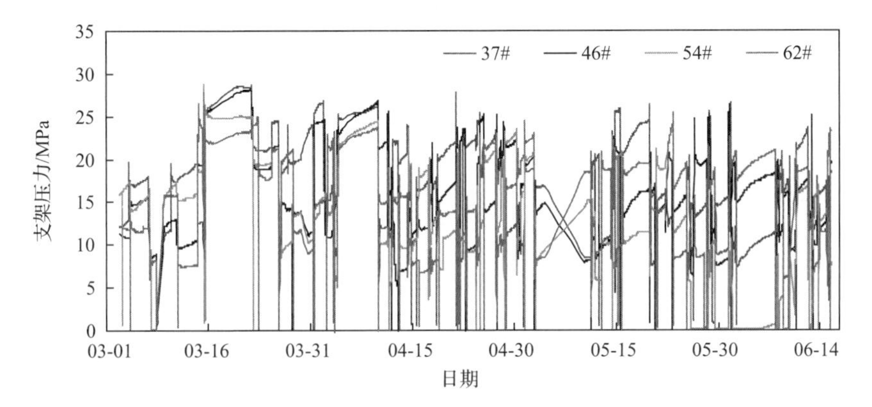

图6.70　37#、46#、54#、62#综采支架前后柱平均压力曲线

2）综采支架受力分析

（1）21#架后柱和37#架前、后柱最大工作阻力分别为32.4MPa、32.2MPa、31.7MPa，均超过支架的额定工作压力；除12#架前柱和62#架前柱最大工作阻力低于29MPa外，其余支架前后柱均大于30MPa。可见，ZC5600/17/32型支架在2351条带煤柱膏体充填工作面矿山压力增大时很好地发挥了支撑效能。

（2）整体看来，支架的初撑力（额定初撑力为5 232kN即29.43MPa）和工作阻力普遍较低，工作面支架整架工作阻力的平均能力发挥不高，从一个侧面反映出该工作面两次来压之间的顶板运动一直不剧烈，矿山压力显现不明显。

（3）2351条带煤柱膏体充填工作面直接顶板为11.4m的中粒砂岩，且采空区采用膏体充填，该工作面的直接顶即为基本顶。根据现场观测结果，支架压力在3月21日～3月23日明显增大，并出现煤壁片帮，说明此时顶板开始开裂；由于在工作面充填开采初期推采较慢，在之后的10天内只推进6.6m，期间监测的各支架压力陆续增大。在支架压力达到最大值后随着工作面推进而降低，可见顶板初次来压步距大约为33.6m，开裂位置在工作面前方3～7m。初次来压以后，顶板活动又趋于平稳，但随着工作面推进，截止到6月15日，又监测到4次周期来压，来压步距分别为18.3m、8.8m、13.7m和9m。由于膏体充填条带煤柱开采采场与覆岩结构的特殊性，2351条带煤柱膏体充填工作面第一个周期来压步距较大；其后来压步距逐渐较为稳定，平均为10.5m；周期来压步距呈一大一小周期性变化。

（4）2351条带煤柱膏体充填工作面三面均为采空区，为孤岛煤柱。由于周围工作面回采结束时间较长，形成的采空区内覆岩垮落后已经基本稳定。在初次来压结束后，由于膏体较煤壁强度低，且具有一定的可压缩性，基本顶成为近似悬臂梁，但是在悬臂端受到膏体和护巷煤柱、开裂顶板铰接支撑的作用，故第一个周期来压相对较大。

（5）由于2351条带煤柱膏体充填工作面三面采空，虽然采用膏体充填采空区支撑上覆岩层，但是工作面顶板及其上覆岩层仍然持续活动和下沉运动。充填膏体的支撑作用使采场宏观矿压显现不明显，但三面采空导致矿山压力在支架上尤其是在推采停顿时间较长时显现相对较为明显，这说明充填膏体虽然很快就已经凝固，但其短时间内的可压缩性还较大。

3. 超前支护单体支柱工作阻力监测结果及分析

1）监测结果

2351条带煤柱膏体充填工作面平巷原有超前支护距离为20m，在超前支护最前方的三根单体支柱上安装数字压力表，工作面推到该位置时前移20m重新安装在超前支护最前方。自2010年4月2日到6月18日，共监测三个周期，合计60m。监测到的单体支柱荷载曲线如图6.71所示。图6.71中内柱和外柱分别是指靠近生产帮和非生产帮侧单体支柱。为表述更直观，把采用的单体液压支柱的初撑力(11.8～17.7t，即 14.73～ 19.6MPa；原支护设计要求初撑力达到 11.5MPa 以上)和最大工作阻力(20t，即 24.97MPa)也标注在图上。

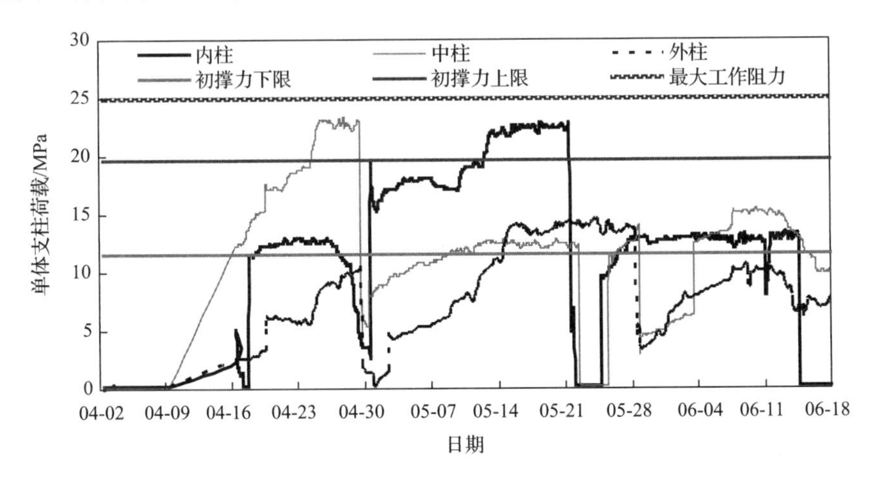

图 6.71　单体液压支柱荷载变化曲线

2) 超前支护单体支柱工作阻力监测结果分析

由观测得到的曲线可以对单体支柱的支护效果进行分析，其分析结果如下。

(1) 所监测的三组共 6 根单体支柱大部分达到设计要求的 11.5MPa，施工质量较好，支柱受力能够较好地反映顶板超前应力分布规律。

(2) 在三个不同的监测周期内，三根支柱的承载大小不同。在第一个监测周期内，中柱载荷最大，内柱次之；在第二个监测周期内，内柱载荷最大，中柱和外柱基本相当；在第三个监测周期内，中柱载荷最大，内柱次之。整体来看，生产帮侧的支柱承受的载荷明显大于非生产帮侧的支柱。

(3) 整体来看，由于充填膏体对采空区覆岩有良好的支撑作用，各支柱的工作阻力较小，均未达到支柱的最大工作阻力，只有第一监测周期的中柱和第二监测周期的内柱超过最大初撑力 19.6MPa，这说明在工作面前方顶板超前应力较小。

(4) 不同支柱承受载荷的增大区域不同，见表 6.6。其中，三根支柱没有明显

表 6.6　单体液压支柱荷载增大区域

支柱	第一周期		第二周期		第三周期	
	时间	距离工作面/m	时间	距离工作面/m	时间	距离工作面/m
内柱	4 月 16 日	13.15	5 月 13 日	14.2	无明显增大	
中柱	4 月 17 日	11.14	无明显增大		6 月 7 日	13.4
外柱	4 月 19 日	9.58	5 月 14 日	11.2	无明显增大	

增大的区域，也说明工作面前方顶板超前应力较小。其余 6 根支柱荷载增大时距离工作面在 9.58～14.2m，平均 12.11m，表明 2351 条带煤柱膏体充填工作面超前压力主要影响范围小于 15m。

4. 工作面平巷煤壁垂向受力监测结果与分析

1）监测结果

在 2351 条带煤柱膏体充填工作面轨道平巷超前工作面 30m 和 60m 处设置两个测站。每个测站在巷道两帮中部分别安装钻孔应力计，钻孔深度为 2m。直到工作面推采到测站位置结束。最初四天为每天一次人工测量计数，之后为自动不间断监测。测得的钻孔应力计读数变化曲线如图 6.72 所示。

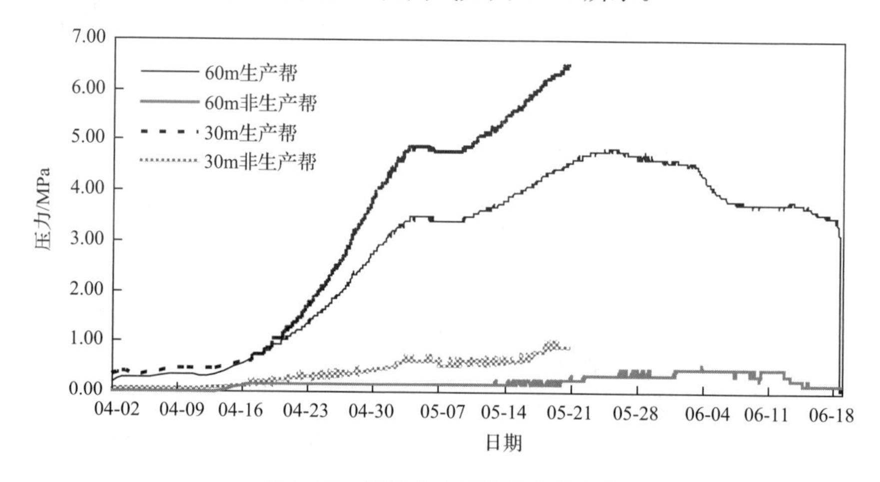

图 6.72 钻孔应力计读数变化曲线

2）监测结果分析

（1）由于所采用的钻孔应力计不施加初压，应力计直径小于钻孔，在安装应力计初期，应力计与钻孔孔壁不接触而不受力或受力很小，只有在煤壁受力钻孔坍塌压实应力计后才能监测到数据。所以，监测到的应力值并非煤壁所受的真实压力，但能够反应煤壁的受力趋势。

（2）整体看来，生产帮煤壁受力远远大于非生产帮。直至工作面推采到测站位置，30m 和 60m 测站的非生产帮应力计读数最大分别只有 0.97MPa 和 0.56MPa。说明护巷煤柱承受压力较小，这与超前单体支柱的监测结果也一致。也表明护巷煤柱上方的顶板和覆岩已在相邻采空区稳定过程中开裂，覆岩重力更多的作用在工作面前方煤壁和采空区的充填膏体上。

（3）安装在生产帮上的两个钻孔应力计读数也不大，表明工作面前方煤壁受力较小，采空区充填膏体对顶板支撑作用显著。

(4) 在顶板开裂前,采空区顶板重力传递到工作面前方的煤壁,使得钻孔应力计读数增大。在观测周期内,生产帮上钻孔应力计读数在 5 月 4 日和 6 日、5 月 25 日和 26 日、6 月 13 日和 14 日出现三个应力峰值区域,对应于第二、第三和第四共三个周期来压的顶板开裂之前。顶板开裂后其重量不再传递给前方煤壁,钻孔应力计读数小幅回落,之后继续增大。

(5) 总体看来,在采空区充填膏体的支撑下,工作面前方承受载荷较小,且生产帮煤壁受力远远大于非生产帮。

5. 工作面平巷锚杆锚索托锚力观测结果与分析

1) 监测结果

在轨道平巷超前距离工作面 30m、60m 处设置 2 个测站,每个测站安装 3 台锚杆测力计分别监测两帮中间各 1 个锚杆、顶板中间 1 个锚索受力情况。监测到的各锚杆、锚索托锚力变化曲线如图 6.73 所示。

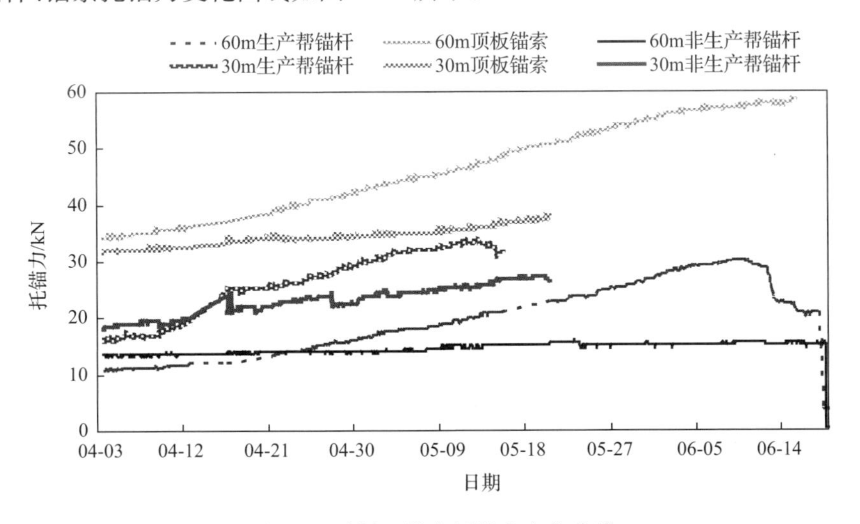

图 6.73　锚杆、锚索托锚力变化曲线

2) 监测结果分析

(1) 两个测站的顶板锚索、生产帮锚杆、非生产帮锚杆托锚力依次下降,说明顶板变形和压力比侧帮要大,而非生产帮煤壁受力小于生产帮。

(2) 锚杆(索)支护效果与初锚力有较大关系。由于 30m 测站顶板锚索的初锚力较小,该测站顶板锚索托锚力远小于 60m 测站。

(3) 在 60m 测站的监测末期,6 月 4 日～6 月 10 日生产帮锚杆托锚力达到峰值后下降较快,而顶板锚索托锚力在这期间上升速度减慢。此时对应于顶板第四个周期来压,表明顶板开裂前工作面前方应力较大,开裂后应力降低。

(4) 非生产帮锚杆托锚力较小,尤其是 60m 测站只有小幅上升(而其初锚力大于 60m 生产帮锚杆)，说明护巷煤柱受力较小，这与钻孔应力计、超前单体支柱的监测结果一致，表明护巷煤柱上方的顶板和覆岩已在相邻采空区稳定过程中开裂，覆岩重力更多的作用在工作面前方煤壁和采空区的充填膏体上。

6. 工作面平巷变形观测结果与分析

1) 监测结果

在轨道平巷超前距离工作面 30m 和 60m 处设置 2 个测站进行巷道变形观测，观测到的巷道顶底板、两帮变形情况如图 6.74 和图 6.75 所示。

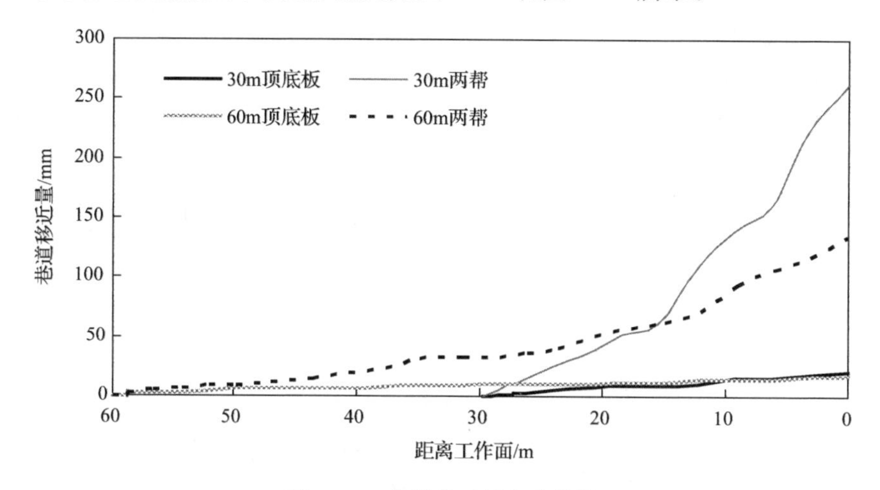

图 6.74 巷道移近量变化曲线

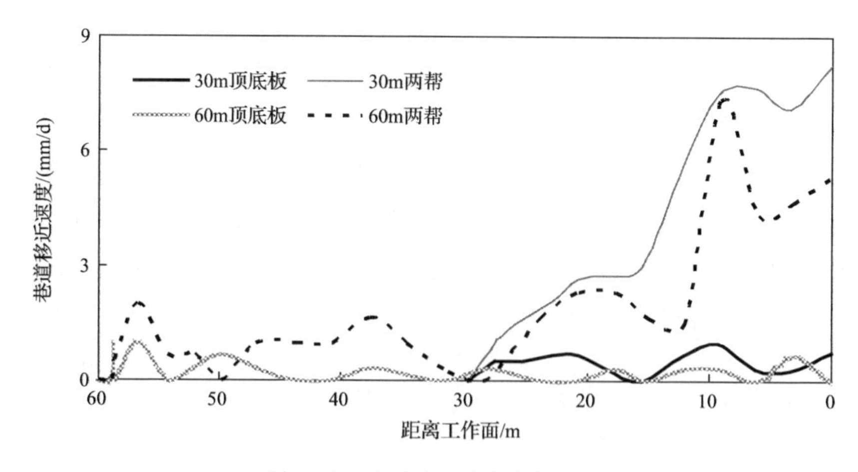

图 6.75 巷道移近速度变化曲线

2) 监测结果分析

(1) 虽然 2351 条带煤柱膏体充填工作面为孤岛煤柱工作面，但在充填膏体的支撑下，覆岩运动不明显，顶底板移近量在 30m 和 60m 测站最大分别只有 21mm 和 17mm，两帮最大移近量也不过 262mm 和 134mm，巷道整体变形很小。

(2) 巷道顶底板移近速度一直变化不大，而在工作面推进至距离测站 9～12.2m 时，两帮移近速度增大，表明超前支撑压力主要影响在 9～12.2m。

7. 条带煤柱膏体充填工作面覆岩运动规律

根据现场综合监测和分析结果，2351 条带煤柱膏体充填工作面覆岩运动主要有以下特点。

(1) 2351 条带煤柱膏体充填工作面充填效果良好，由于充填膏体对采空区覆岩有良好的支撑作用，工作面覆岩运动不太明显。

(2) 工作面周围采空区开采结束时间较长，采空区内覆岩垮落后已经基本稳定，护巷煤柱上方的顶板和覆岩已在相邻采空区稳定过程中开裂，护巷煤柱在该工作面采动过程中承受载荷不大，非生产帮侧矿压显现小于生产帮侧。

(3) 2351 条带煤柱膏体充填工作面覆岩重力更多的作用在工作面前方煤壁和采空区的充填膏体上，由于充填膏体对采空区覆岩有良好的支撑作用，在工作面前方顶板超前应力和主要影响范围较小，超前压力主要影响范围小于 15m。

(4) 由于 2351 条带煤柱膏体充填工作面三面采空，虽然采用膏体充填采空区支撑上覆岩层，工作面顶板及其上覆岩层仍然处于持续活动和下沉运动。充填膏体的支撑作用致使采场宏观矿压显现不明显，但三面采空导致矿山压力在支架上尤其是在推采停顿时间较长时显现较大。这也说明充填膏体虽然很快就已经凝固，但其在短时间内的可压缩性明显。

(5) 2351 条带煤柱膏体充填工作面直接顶板为 11.4m 的中粒砂岩，且采空区采用膏体充填，该工作面的直接顶即为基本顶。顶板初次来压步距大约为 33.6m，前 4 次周期来压步距分别为 18.3m、8.8m、13.7m 和 9m。周期来压步距呈一大一小周期性变化。

(6) 2351 膏体充填工作面在初次来压结束后，由于膏体较煤壁强度低，具有一定的可压缩性，基本顶成为近似悬臂梁，但是在悬臂端受到膏体和护巷煤柱、开裂顶板铰接支撑的作用，故第一个周期来压相对较大。2351 工作面第一个周期来压步距较大；其后来压步距逐渐较为稳定，平均为 10.5m。

(7) 随着工人逐渐熟悉充填工艺，推采、充填速度加快，覆岩运动将更为不明显，顶板岩梁开裂步距也将增大。

6.3.5　矸石膏体充填开采覆岩时空结构模型

1. 工作面开采前覆岩结构

2351 工作面开采的是以前条带开采留设的煤柱，工作面两侧均为采空区；同时，工作面切眼距离西北的采空区只有 30m。由于 2351 条带煤柱膏体充填工作面为孤岛煤柱工作面，除该工作面覆岩外，相邻 2302、2303 两个采空区的覆岩也有约 1/2 的重量压在工作面上，当 2351 工作面煤层采出后，在覆岩重力作用下，顶板必然会下沉。由于在该工作面采取壁后膏体充填，充填膏体对覆岩有较好的支撑作用，在回采空间内覆岩运动并不明显，综采支架承受的载荷也不大。在孤岛煤柱和膏体充填这两个因素的共同作用下，2351 条带煤柱膏体充填工作面顶板运动不明显，但仍然下沉且有规则性的开裂，从而呈现周期来压现象。

该工作面成为三面采空的采场，在开采前，其覆岩形成典型的“C”型空间结构，其覆岩结构示意图如图 6.76 所示。工作面上覆岩层与周围采空区覆岩已经连成一片，周围稳定的采空区上覆岩层的重量部分转移到该工作面上。该工作面覆岩运动时会导致采空区覆岩的再次运动。

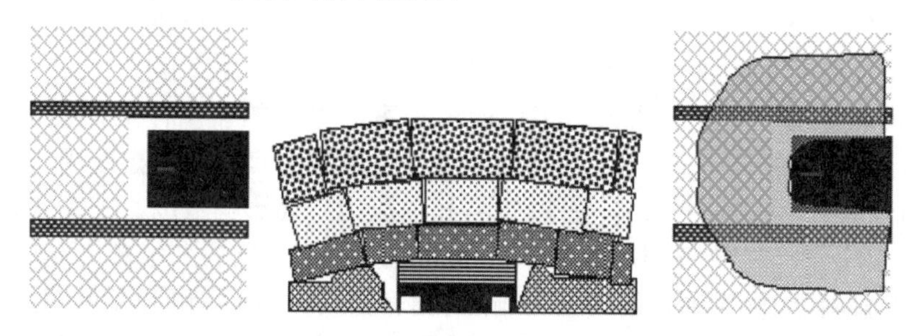

图 6.76　“C”型覆岩空间结构示意图

2. *工作面开采初期覆岩结构*

2351 条带煤柱膏体充填工作面采用膏体充填采空区，且充填效果较好，平均膏体充填率达到 95%，但充填膏体的初期强度较低(矸石浆抗压强度 18h 为 0.08～0.18MPa，1d 为 0.16～0.29MPa，3d 为 0.56～0.74MPa，7d 为 0.94～1.28MPa；灰浆抗压强度 18h 为 0.08～0.13MPa，1d 为 0.11～0.21MPa，3d 为 0.40～0.66MPa，7d 为 0.68～1.25MPa)，顶板缓慢下沉，工作面顶板中没有直接顶部分，直接顶板即为基本顶。但在控顶距较大时，开裂顶板没有膏体支持，该顶板又转化为直接顶。

工作面两侧分别距离 2302、2303 工作面采空区 5m，且隔离煤柱由于受 2302(2303)工作面采动、2351 工作面掘进和回采的影响而有不同程度的屈服，故其对顶板的支撑作用有限。而 2351 工作面切眼距离 1339 工作面采空区 30m 的隔离煤柱的整体强度相对较大。在工作面开采初期，顶板初次来压之前，顶板结构如图 6.77 所示。

在采煤机进刀后充填前，顶板即有一定量的下沉；孤岛煤柱工作面覆岩压力较大，刚完成的充填体短时间内强度低、可压缩性大，在覆岩压力的作用下充填体也

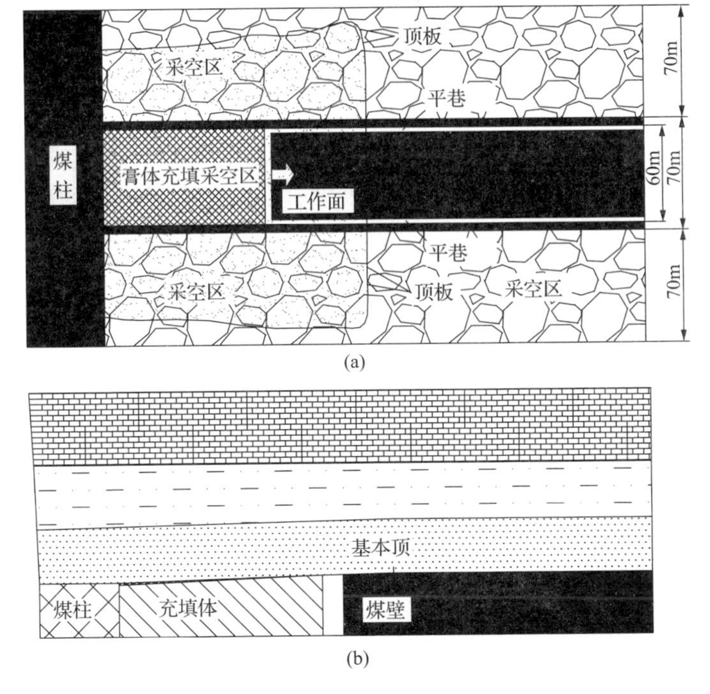

图 6.77　初次来压前顶板结构示意图

有一定的压缩量，即顶板继续下沉。但随着时间的推移，膏体对覆岩的支撑力逐渐增大。这一过程顶板受力如图 6.78 所示，顶板受到的压力不仅来自 2351 工作面覆岩，还来自相邻工作面采空区的上覆岩层，此时基本顶与上覆岩层间没有离层和空隙。顶板受到煤壁、煤柱、充填膏体的支撑作用，其中受到的充填膏体的支撑力也是变化的。

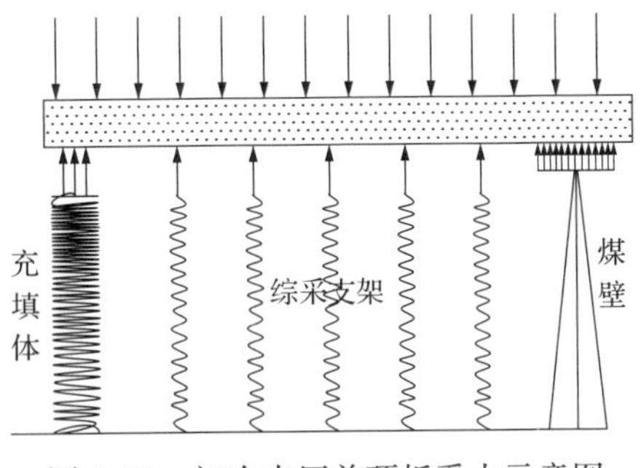

图 6.78　初次来压前顶板受力示意图

3. 初次来压后工作面覆岩结构

初次来压结束后，由于膏体强度较煤壁低，具有一定的可压缩性，顶板成为近似悬臂梁,但在悬臂端受到膏体和护巷煤柱、开裂顶板铰接支撑作用,如图 6.79 所示。考虑到 2351 工作面东北侧尚留有较大煤柱,这导致第一个周期来压相对较大。在之后的周期来压期间,顶板成为一般意义的周期来压基本顶,为不等高支撑的铰接岩梁结构。其所受到的膏体支撑作用可以看做一般情况下冒落的直接顶对基本顶的支撑作用,可以用此时的周期来压步距计算所需控岩层的范围。

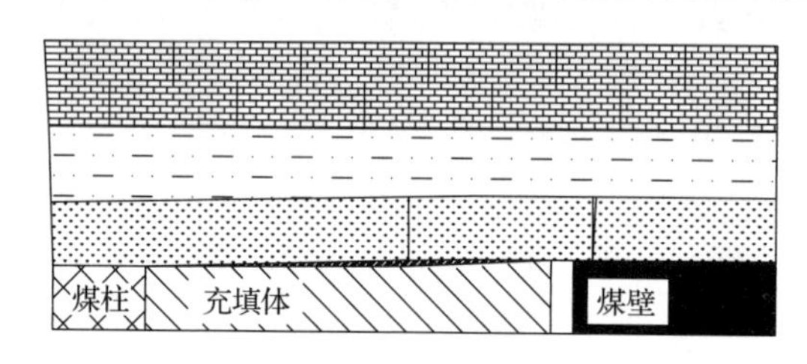

图 6.79　初次来压后顶板结构示意图

由于 2351 条带煤柱膏体充填工作面基本顶在开裂前后一直有充填膏体支撑,只是在顶板压载下膏体有所压缩,当基本顶悬臂端下沉量达到极限时才在工作面前方开裂。即基本顶的开裂不是突然的而是缓慢的,故基本顶来压时工作面煤壁、超前平巷的变形等矿压显现不太明显,但在综采支架上较为显著。

6.3.6　矸石膏体充填效果分析

1. 充填体特性井下实测分析

1) 测线布设及设备安装

岱庄煤矿 2351 膏体充填工作面充填体现场实测共布设 4 条测线,每条测线布置 3 个测区,每个测区均布置应力、温度传感器及膏体变形仪,所测数据通过布设的通信电缆在平巷接通信分站,通信分站连接到通信主站,主站通过专用电话线或光端机(光缆)等通过适配器传到地面接收主机,通过专用软件实时监测。2010 年 8 月 8 日,在距工作面充填开切眼 138.7m 处布置第一条测线,由于对现场温度及设备等情况认识不是十分清楚,设备在充填 8 小时左右出现故障;第二条测线在 2010 年 8 月 23 日工作面累计推进 158.1m 处安设,其中 011Y# 压力传感器在开始安装时出现故障,其余设备运行正常;第三条测线在 2010 年 10 月 10 日在工作面累计推进 212.3m 处安设,设备运行正常;第四条测线于 2011 年 4 月 27 日在工作面累计推进 456m 处安设,包括温度传感器。测线布置如图 6.80 所示。实际安装过程如图 6.81 和图 6.82 所示。

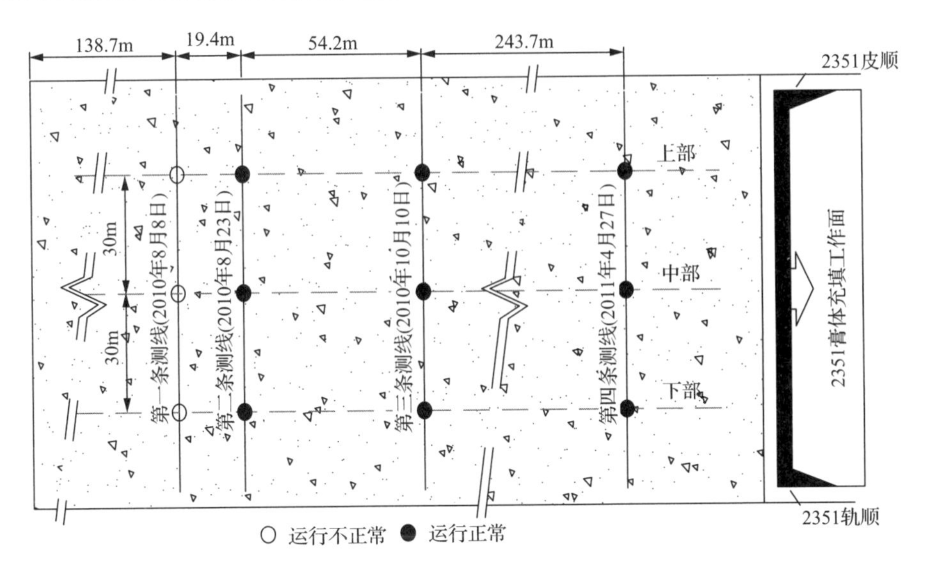

图 6.80　测线布置图

图 6.81　充填体变形仪现场安装

图 6.82　压力传感器现场安装

2）典型监测结果分析

第三条测线 12 号和 53 号架充填膏体应力与工作面推进关系如图 6.83 和图 6.84 所示。

充填膏体压缩变形量与工作面推进关系如图 6.85 和图 6.86 所示。

第四条测线 13 号和 50 号架充填膏体水化温度与时间关系曲线如图 6.87 和图 6.88 所示。

从第三条测线 12 号和 53 号架膏体受力与工作面推进关系可知，当工作面推过监测线 100m 左右后膏体受力趋于稳定，工作面中部压力大于两边；从 12 号和 53 号架充填膏体变形量与工作面推进关系可知，膏体变形在工作面推过监测线 130m 左右稳定，变形量最大达到 104.3mm，最大压缩率为 3.8%；从第四条测线 13 号和 50 号架膏体水化温度与时间的关系可知，膏体最高水化温度在 50℃，水化

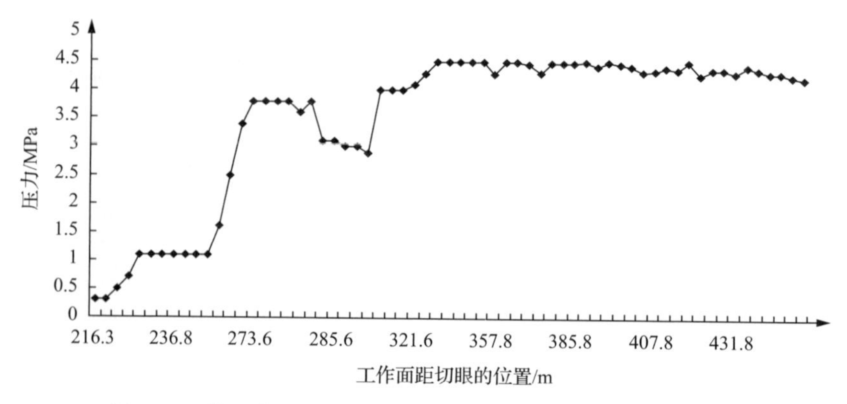

图 6.83　第三条测线 12 号架充填膏体应力与工作面推进关系

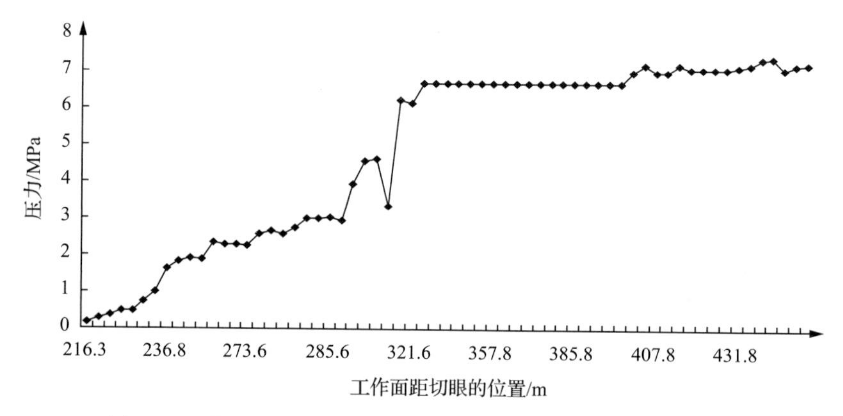

图 6.84　第三条测线 53 号架充填膏体应力与工作面推进关系

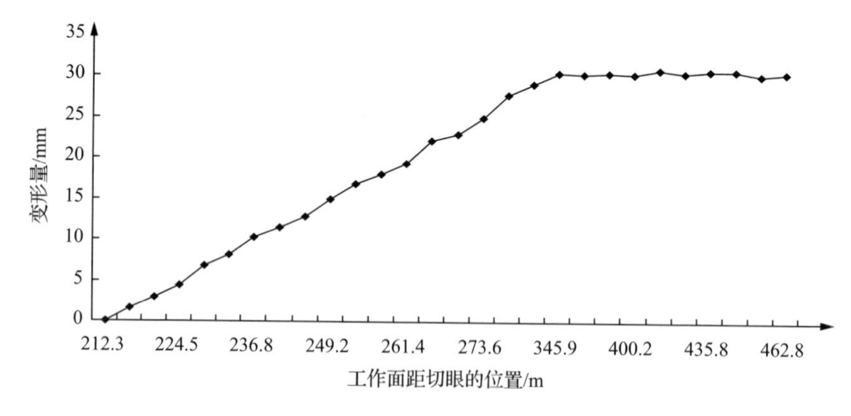

图 6.85　第三条测线 12 号架充填膏体变形量与工作面推进关系

反应在第二天和第三天最强烈，随后逐渐降低，一个月后充填膏体温度稳定在40℃左右，后期由于传输线路的影响停止观测。

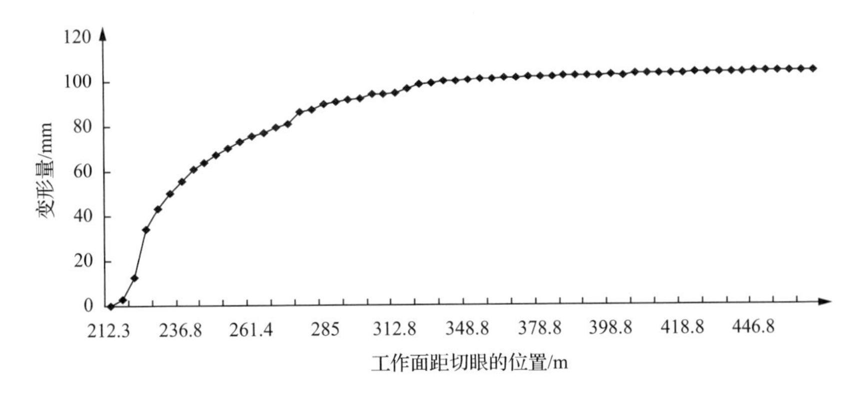

图 6.86　第三条测线 53 号架充填膏体变形量与工作面推进关系

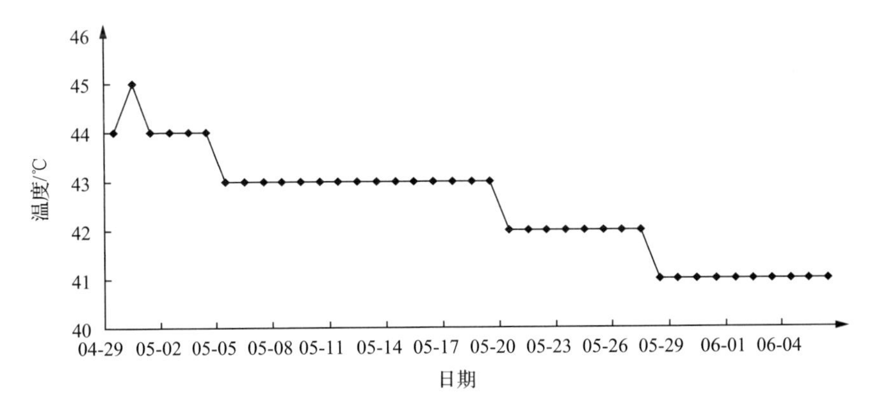

图 6.87　第四条测线 13 号架充填膏体水化温度与时间关系

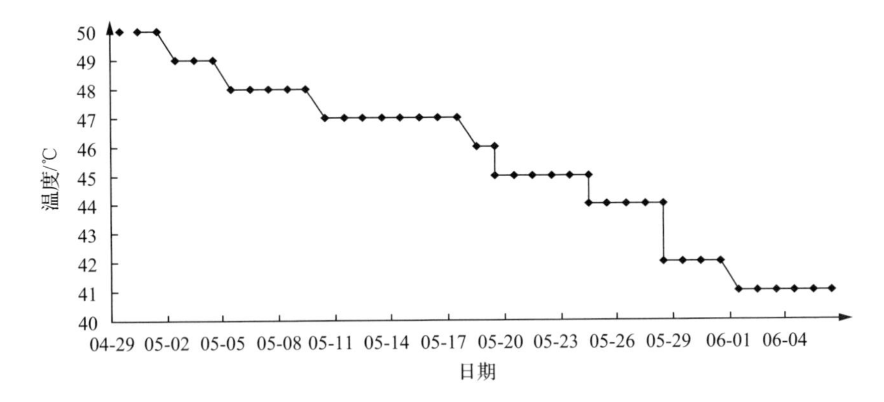

图 6.88　第四条测线 50 号架充填膏体水化温度与时间关系

2. 地表控制效果实测分析

2351 和 2352 工作面充填开采前,地表未出现波浪变形,地表变形较小。2351 和 2352 膏体充填工作面投产以后,为掌握膏体充填回收条带开采滞留煤柱控制地表沉陷情况,保护地表建(构)筑物,在地面布设观测线对其进行监测。

2351 工作面沿走向和倾斜先后布设 4 条地表岩移观测线,分别为矿区铁路、公路北、公路南和田间小路,实测的下沉曲线如图 6.89～图 6.92 所示。2352 工作面沿工作面上方的小路布设 1 条地表岩移观测线,实测的下沉曲线如图 6.93 所示。通过对观测数据进行分析可以发现:2351 工作面的充填效果是非常好的,工作面采出率达到 97%,下沉系数仅为 0.08;2352 膏体充填工作面下沉系数为

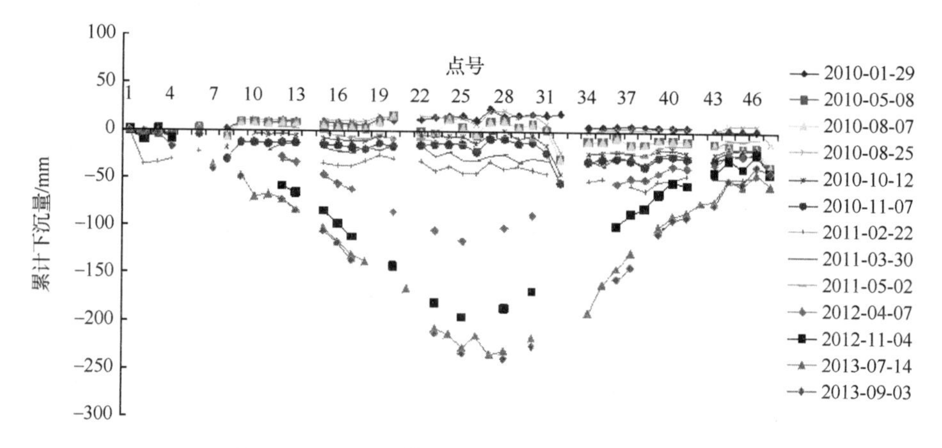

图 6.89　2351 工作面开采铁路测线的下沉曲线

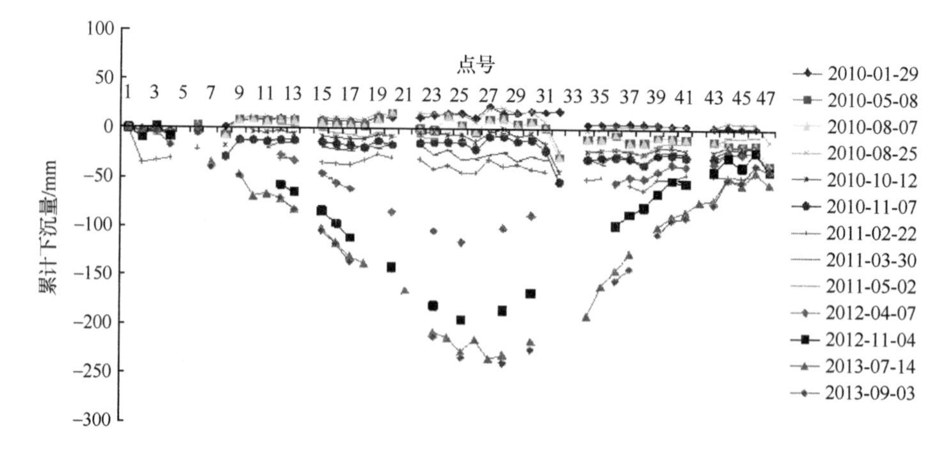

图 6.90　2351 工作面开采公路北测线的下沉曲线

0.126,地表变形控制效果也较好。膏体充填开采有效地解决了岱庄煤矿村下压煤开采问题。既节约了煤炭资源,又取得了良好的经济效益和社会效益,实现了对资源的安全、高效、文明、清洁的开发利用。

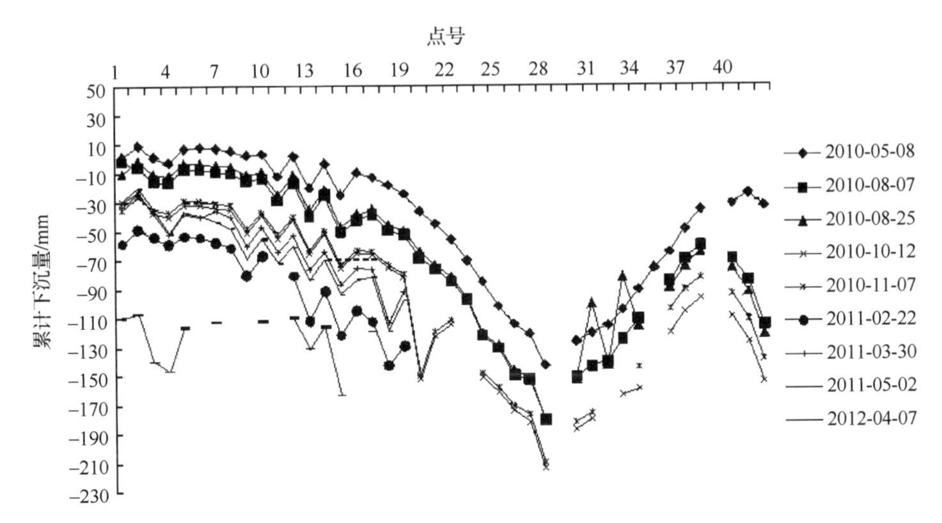

图 6.91　2351 工作面开采公路南测线的下沉曲线

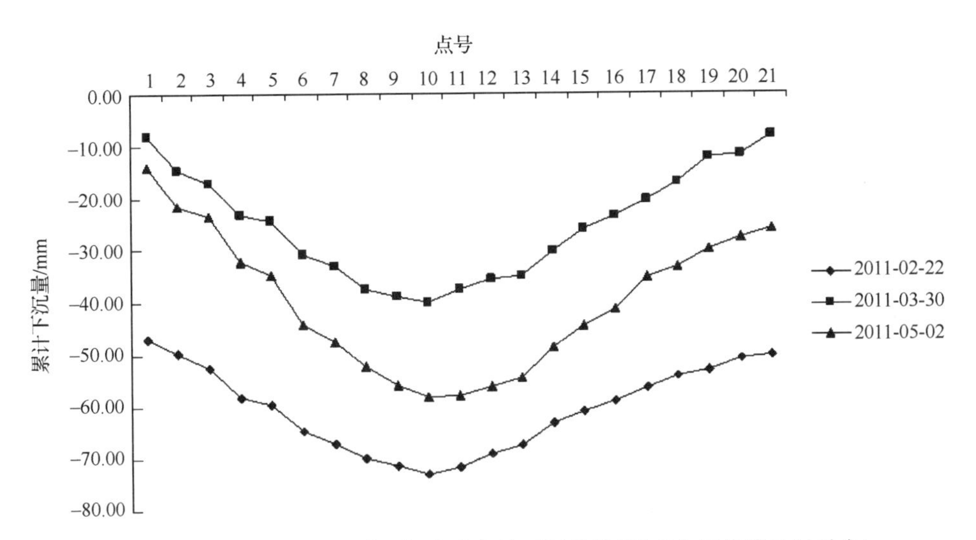

图 6.92　2351 工作面开采田间小路点的下沉曲线(测点由于修路已经丢失)

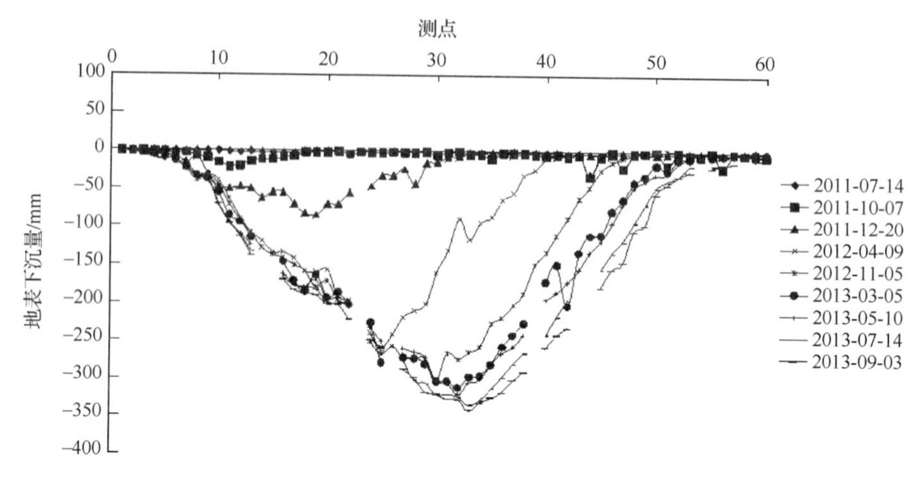

图 6.93 2352 工作面开采地表下沉曲线

6.4 覆岩离层带注浆充填技术

6.4.1 覆岩离层带注浆减沉机理及系统组成

1. 覆岩离层注浆减沉机理

采煤工作面从开切眼开始推进到一定距离后，覆岩开始出现移动，由于岩性的差异及竖向移动速度不协调，在软、硬岩层交界处会出现离层。随着煤层开采覆岩离层空隙逐渐发育扩展，与此同时连续不断地通过地面钻孔用高压注浆泵向离层空隙带中注入粉煤灰等充填材料，来支撑上覆岩层的沉陷运动，抑制地表的下沉量。覆岩注浆之所以能减缓地表沉降，主要有以下四个方面原因。

(1) 注浆的充填作用。地表下沉盆地是地下开采空间通过岩层离层向上发展传播到地表的结果。覆岩离层注浆应选择最佳的注浆时机，最大限度地用充填材料占据覆岩内部离层空间体积，阻止开采空间继续向上传播，从而减少地表沉降。

(2) 注浆的支承作用。赋存在封闭空间中的注浆材料具有一定的强度，封闭的浆液具有较少的压缩性，故可以对其上覆岩层起到支承作用，阻止和减缓上覆岩层继续下沉，达到减缓地表沉陷的目的。

(3) 注浆的胶结作用。注浆材料固结后，可以使分离的岩层胶结起来，使岩层的整体结构得到加强，提高岩层的力学强度和抗变形能力，从而减缓地表沉陷。

(4) 注浆的膨胀作用。离层大多发育于软、硬岩层的交界处，离层带下部的软岩，如泥岩、页岩、黏土岩等具有遇水膨胀的特点，当浆液中的水进入软岩后，离层带上下位岩层具有遇水膨胀特性时，注浆后岩层膨胀不仅缩小了离层空间，还减少了充填量。

2. 离层注浆充填系统组成

将热电厂的粉煤灰等充填骨料运至贮灰池、粉煤灰浆池，利用管道泵输送至搅拌池，同时添加一定比例的水和添加剂。当搅拌机将浆液搅拌均匀至一定浓度时，在高压注浆泵的作用下，将浆液沿高压管道排至注浆孔，注入离层空隙内。在注浆前后均要先注水以冲洗管道，防止管道出现堵塞。覆岩离层注浆充填系统如图 6.94 所示。

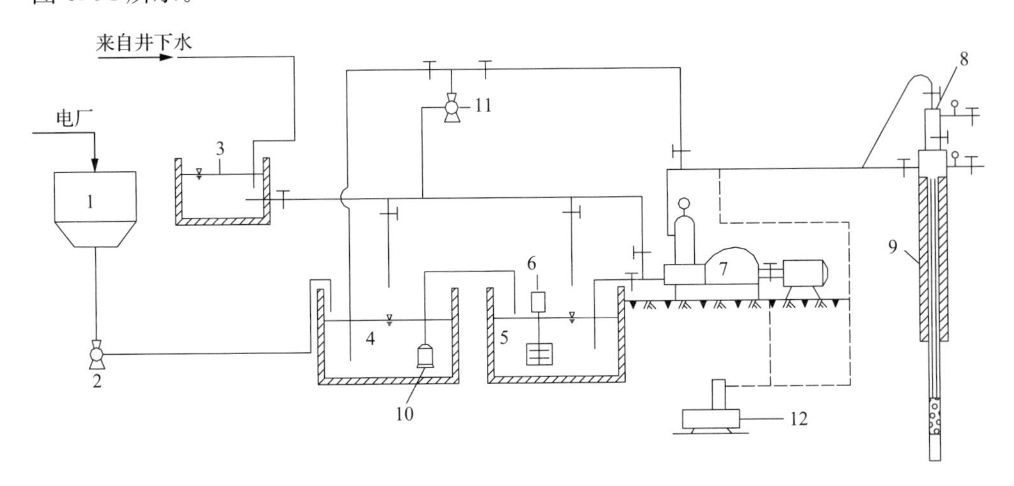

图 6.94　覆岩离层注浆充填系统示意图

1. 贮灰池；2. 灰浆池；3. 矸石山清水池；4. 蓄水池；5. 搅拌池；6. 搅拌机；7. 高压泥浆泵；8. 孔口装置；9. 注浆钻孔；10. 潜水泵；11. 清水泵；12. 压风机

6.4.2　覆岩离层带注浆充填离层及钻孔位置确定

一般注浆半径多为沿煤层走向 160～250m、沿煤层倾向 130～200m。对于近水平煤系地层，离层注浆孔一般布置在沿倾斜方向的中央，沿走向方向孔距为 300～500m；对于倾角较大的煤系地层，钻孔应布置在采区偏上山方向且预测离层发育高度最大的位置，沿走向方向孔距为 200～400m，注浆时浆液就会先充填下山部分离层空间，进而充填盆地中心。

钻孔注浆过程与工作面开采同步进行，钻孔所在区域必然会受到由于开采而产生的岩层移动的影响，为保证在开采期间钻孔的正常使用和矿井的生产安全，同时使注浆材料充分地注入覆岩离层空隙带，达到最大限度地减少地面沉陷和采动破坏的目的，需要选择合理的钻孔位置和终孔位置。

1. 注浆孔平面位置的确定

注浆孔的平面位置应充分考虑以下两个因素。

(1) 在工作面推进方向上,为保证减沉效果,根据地面受保护对象的具体位置和保护等级要求,尽量使注浆孔(在有效充填半径内)覆盖较大的面积,合理布置注浆孔数目和平面位置。

(2) 在沿工作面方向上,应使钻孔处于变形值较小的位置,以免在覆岩移动过程中使钻孔产生严重变形或挫断。导致钻孔破坏的主要因素是岩层内部的水平移动和变形,在开采达到充分采动时岩体内的水平拉伸变形和压缩变形的分布有着明显的规律,它与煤壁的位置有很大的关系。对于坚硬岩层,零变形点位于采空区上方,最大拉伸变形位于工作面附近的煤壁上方,在充分采动区域内水平变形为零。在确定钻孔平面位置时,应使其避免处在高水平变形区域,可以布置在充分采动区域内。但由于钻孔是在工作面开采影响之前就已经打好,钻孔本身还将受到动态拉伸或压缩变形作用;在确定钻孔沿工作面方向的位置时,也可将钻孔布置在煤壁上方靠近采空区一侧,这一区域内有拉伸和压缩变形的交结点,即零变形点。

2. 注浆孔终孔位置的确定

注浆孔终孔位置的确定主要满足以下两个条件。

(1) 应保证充填浆液不能流入或渗入井下采区,防止其对矿井生产和安全产生危害。具体钻孔的孔底位置至开采煤层的高度应满足式(6.3),即

$$H \geqslant H_1 + H_2 + H_3 \tag{6.3}$$

式中,H 为钻孔深度与煤层顶板深度差,单位为 m;H_1 为煤层开采导水裂隙带高度,单位为 m;H_2 为导水保护层高度,单位为 m;H_3 为离层充填带下位岩层竖向水力压裂裂缝长度,单位为 m。

(2) 根据覆岩的离层特性选择钻孔终孔层位。即充分利用覆岩的离层特性,以达到最大限度地提高充填效果的目的。

以华丰煤矿 1407 和 1408 工作面为例,在工作面上半部沿走向共布置三个孔,注浆半径为 150～200m,考虑到工作面东边界距村庄较远,所以最东面的 94-1 孔距 1408 工作面开切眼 400m,94-1 孔和 95-1 孔间距为 370m,95-1 孔和 95-2 孔间距为 260m,钻孔沿倾斜方向布置在离层发育高度预测值的最大位置。为了及时有效地控制砾岩运动,减少冲击地压发生的可能性及强度,同时减少村庄变形,在区段下方再施工 98-1 孔。

3. 钻孔结构及施工要求

钻孔的结构是指钻孔由地面开孔至整个注浆深度的换径和孔径变化。它主要

根据地层条件、注浆管直径和注浆方式确定，为方便施工，钻孔结构力求简单，变径次数要少。钻孔结构如图 6.95 所示。

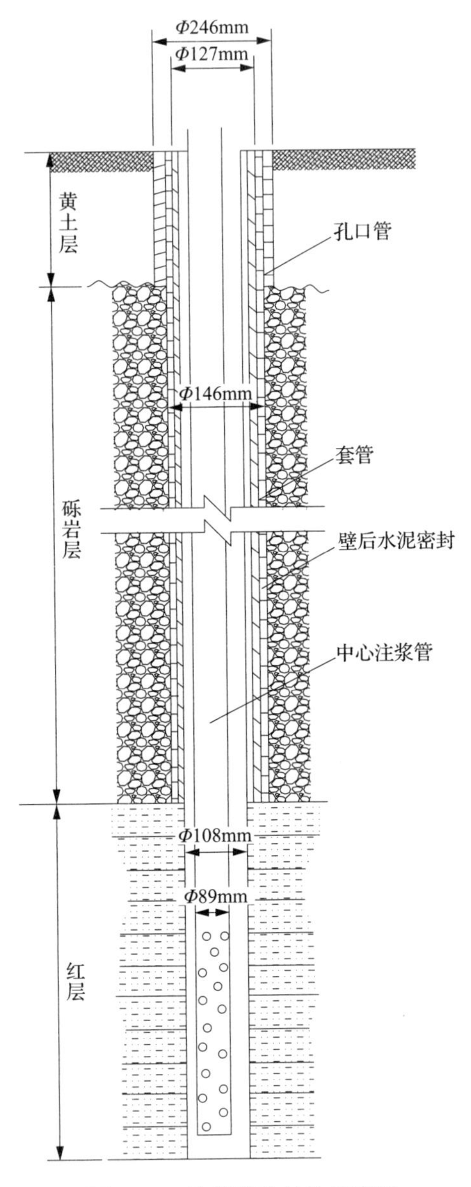

图 6.95　注浆钻孔结构示意图

钻孔的施工质量是注浆减沉工程能够成功的关键。钻孔在施工过程中要求进行简易的水文地质观测，并要求物探测井，严格控制钻孔偏斜率，注浆深度在 500m 以内，钻孔的偏斜率应小于 0.8%；注浆深度超过 500m，孔斜率应小于 1%。

套管的固结同样是工程的关键，套管与孔壁之间需用速凝灰浆封闭止水，养护后进行水压试验，检查固结质量。如发现漏水，应再次进行固结，直至注浆终压不产生窜漏现象。这样就可以避免注浆过程中浆液向设计离层层位以上地层跑浆，避免不必要的浪费，增强注浆效果。

4. 注浆材料

覆岩离层带注浆充填减少地面沉陷技术的基本特征就是通过地面钻孔向覆岩离层中注入某种介质，使其起到抑制覆岩运动的作用。由于需要注入的量很大，因此充填材料的选择必须满足既来源广泛又不需再加工或只进行简单加工就可采用的要求，而且注浆浆液应具有一定的密度、黏度及扩散性，并能保持一定的 pH 的特点。而矿井排出的矸石只要将其制成具有一定粒度要求的粉末，再加某些其他成分，便有可能作为充填的材料。另外，粉煤灰是电厂破坏环境的主要原因之一，它的化学成分中含有大量的 SiO_2、Al_2O_3 和 Fe_2O_3，三者的总和占 90%以上，其固结后具有一定的强度，把它注入离层带可以起到充填支撑的作用。而且几乎每个矿区都有电厂，这为选择效果好、成本低的材料提供了条件。

因此，在进行注浆材料比较、选择时，除考虑它具有取材容易、价格低廉等特点外，还应注重这种材料充填离层带后的扩散性和充填效果的稳定性。

6.4.3 高压注浆充填工艺及成果

山东科技大学 1990 年开始覆岩离层带注浆充填技术的研究，并于 1992～2004 年在新汶矿业集团华丰煤矿进行了工业试验，取得了实际减沉 38%～42%的效果[38～44]。

1. 注浆站及主要设备

注浆站是造浆和压送浆液的地方，它的布置及面积大小主要与设备的型号、数量及选用的注浆材料等有关。注浆站内的主要设备有注浆泵、搅拌机、压风机、计量仪表、管路、供电系统以及搅拌池、注浆材料存放处等。站内设备应按使用的目的布置整齐、紧凑，便于操作和维修。注浆站应尽量靠近注浆点，做到输浆管路短、弯曲少，以减少输浆管路和压头损失。

注浆系统的主要大型设备是高压注浆泵，华丰煤矿 2011 年对地面注浆设备进行更新，选用兰州西宝石油机械设备有限公司生产的 3DZB-80/35 注浆泵。注浆泵主要由电动机、变速器、万向传动轴、三缸柱塞泵、吸入管系、排出管系、灌注泵系统及操纵控制系统等组成，其工作原理为三缸柱塞泵通过灌注泵的清水预灌注后靠自身吸入管系从池中吸入需泵注的介质，升压后通过排出管系注入作业管道中，其外形尺寸为 5 000mm×2 100mm×1 800mm(长×宽×高)。3DZB-80/35 注浆泵的性能参数见表 6.7，注浆泵外观如图 6.96 所示。并选用与上述高压泵相匹配的 KY250/65 型井口装置，其他为常用的机械设备和电器设备，注浆系统设备详见表 6.8。

表 6.7　3DZB-80/35 注浆泵性能参数

参数	Ⅰ	Ⅱ	Ⅲ	Ⅳ	Ⅴ
泵冲次/min^{-1}	40	68.8	111.8	163.8	240
压力/MPa	24	14	8.6	5.88	4
理论排量/(m^3/h)	13.4	23.1	37	55	80
泵水功率	90kW	柱塞直径		Φ115mm	
电动机型号	Y315M-4	同步转速		1 500r/min	
功率	132kW	工作转速		1 480r/min	

图 6.96　注浆泵外观

表 6.8　注浆系统设备

序　号	装备名称	规格型号	单位	数量
1	输浆管 2 趟	DZΦ73×6	m	5 200
2	高压注浆泵	3DZB-80/35	台	2
3	泥浆泵	自制	台	2
4	压风机	2VF-6/7	台	1
		W-1.0/7	台	1
		Z-0.08/7	台	2
5	潜污泵	BQXY-2.2	台	2
6	注水泵	XPB-230/55	台	2
7	离心清水泵	D25-50×6	台	1

续表

序　号	装备名称	规格型号	单位	数量
8	启动器	XJ01-150	台	4
9	变压器	ST-315/6	台	2
10	高压开关柜	GKW-1	台	2
11	低压配电屏	BLS-10-PB	台	1
		BLS-10-04	块	2
		BLS-10-12B	块	2
		BLS-10-02N	块	1
		BLS-10-04G	块	1
12	井口装置	KY250/65	台	4
13	管汇	WS-250	组	2
14	电磁流量计	LDZ-4A	台	2

2. 注浆作业

注浆设备及管路系统安装后应进行试运转的检查工作，以防发生故障。一般检查的主要内容有：注浆泵、管路系统、井口装置能否满足最大压力和最大流量的要求，调节泵量、泵压的装置是否灵活、可靠；计量泵液的装置和仪器是否正常；搅拌机、放浆阀和压风机等设施能否正常工作，满足连续注浆的要求。

在注浆前，对注浆泵和输浆管路系统进行的耐压试验，是保证工程系统安全运转和使用的重要措施。耐压试验时一般应使压力逐渐上升到稍大于最大注浆压力。检查注浆泵有无异常响声。整个系统有无漏油、漏水现象。发现异常或漏油、漏水要及时处理，以保证注浆系统的正常运行。

根据现场的注浆情况，一般注浆过程可分为预压裂、注入量增大、注入量减少和注浆结束四个阶段。

离层充填注浆施工过程中经常会遇到各种问题或事故，如堵塞、跑浆。如果处理不当，往往延误注浆工期或影响注浆效果。所以，发生问题和产生事故后，要查明原因，采取措施并及时处理。

3. 注浆量

在进行注浆设计时，要想比较准确地计算注浆量同样是困难的。对于采动覆岩离层注浆量计算问题，除与工程要求的减沉率有关外，还要考虑离层运动发育发展状况和地层液体的滤失量等。

回采工作面日开采体积 V_c 为

$$V_c = CLSm \tag{6.4}$$

式中，C 为煤层回采率；L 为工作面斜长，单位为 m；S 为开采日进尺，单位为 m；m 为采出煤层厚度，单位为 m。

日地表塌陷体积 V_w 为

$$V_w = \zeta V_c J(t) \tag{6.5}$$

式中，ζ 为塌陷率，即地表塌陷体积与煤层开采体积的比，一般 $\zeta = 0.5 \sim 0.7$；$J(t)$ 为塌陷体积速率，是一时间函数。则日需注浆量 V_z 为

$$V_z = \frac{V_w \eta}{1 - \lambda - \beta} \tag{6.6}$$

式中，η 为工程目标减沉率；λ 为地层滤失系数；β 为浆液压缩系数。

随着覆岩运动发展和离层裂缝的变化，实际注浆泵可压入的浆液量在不同的时期相差很大。特别是在地表移动变形的活跃期，应加大注浆量，同时提高浆液含固体颗粒的比重，以保证取得最好的工程效果。

1994 年 4 月对 1406 工作面进行试注浆，1995 年 1 月对 1407 和 1408 工作面进行注浆，至 2001 年 6 月对 1407 和 1408 工作面共注入浆液 $1.9 \times 10^6 m^3$，骨料 $3.36 \times 10^5 t$，2000 年 7 月以后日注浆量达 $800 \sim 850 m^3$。各钻孔注浆情况统计见表 6.9。

4. 注浆压力及注浆范围

按照水力压裂理论，岩体在某一深度 H 处的临界破裂压力 p_b 为

$$p_b = (3\lambda_2 - \lambda_1) \cdot \gamma H + R_t - p_0 \tag{6.7}$$

式中，λ_1、λ_2 为水平方向的两个侧压系数；H 为覆岩层厚度，单位为 m；γ 为覆岩平均容重，单位为 kg/m^3；R_t 为岩体单轴抗压强度；p_0 为岩体的孔隙压力，单位为 MPa。

在深度 H 不变的情况下，临界破裂压力 p_b 随 λ_1、λ_2 的变化而变化，一般 λ_1、$\lambda_2 = 0.2 \sim 1.2$。实际临界破裂压力 p_b 多在 6～10MPa，华丰煤矿岩层临界破裂压力为 6～7MPa。

压裂裂缝形成以后，再继续对压裂点实施加压灌浆，若浆液注入量等于地层滤失量加上延伸裂缝体积的压裂液量，裂缝就会扩展延伸。称使裂缝扩展的压力为延伸压力 p_r，一般有

$$p_r = \gamma H + \left(\frac{1}{9} \sim \frac{1}{3}\right) R_t \tag{6.8}$$

在开采影响条件下，层面裂缝产生分离，从理论上讲此时离层裂缝扩展压力 $p_r = 0$。但事实上，由于注浆通道的阻力，要保持一定的注浆量(根据减沉要求而定)，

表 6.9　离层带注浆量统计表

孔号	93-1	94-1	95-1	95-2	98-1	01-1	01-2	04-1	04-2	05-1	05-2	10-2
日期	1994-04～1995-06	1995-01～2000-06	1996-03～1999-06	1995-07～1998-06	1998-08～2001-07	2001-08～2002-09	2002-09～2004-06	2004-06～2006-01	2006-08～2007-08	2005-06～2008-06	2008-08～2010-05	2011-01至今
注浆量/m^3	51 887	799 000	306 000	74 517	198 000	96 000	152 000	418 000	192 000	120 000	82 000	326 000
注浆浓度/%	20	25	20	16	18	20	20	30	30	30	25	30
固体量/万 t	1.038	12.2	2.96	1.1	3.56	1.92	3.04	12.54	5.7	3.6	2.5	9.62
总注浆量/m^3	1 998 900	—	—	—	—	—	—	—	—	—	—	—
总固体量/万 t	51.4	—	—	—	—	—	—	—	—	—	—	—

就需要一定的泵压,华丰煤矿实际观测到的注浆压力变化如图 6.97 所示。

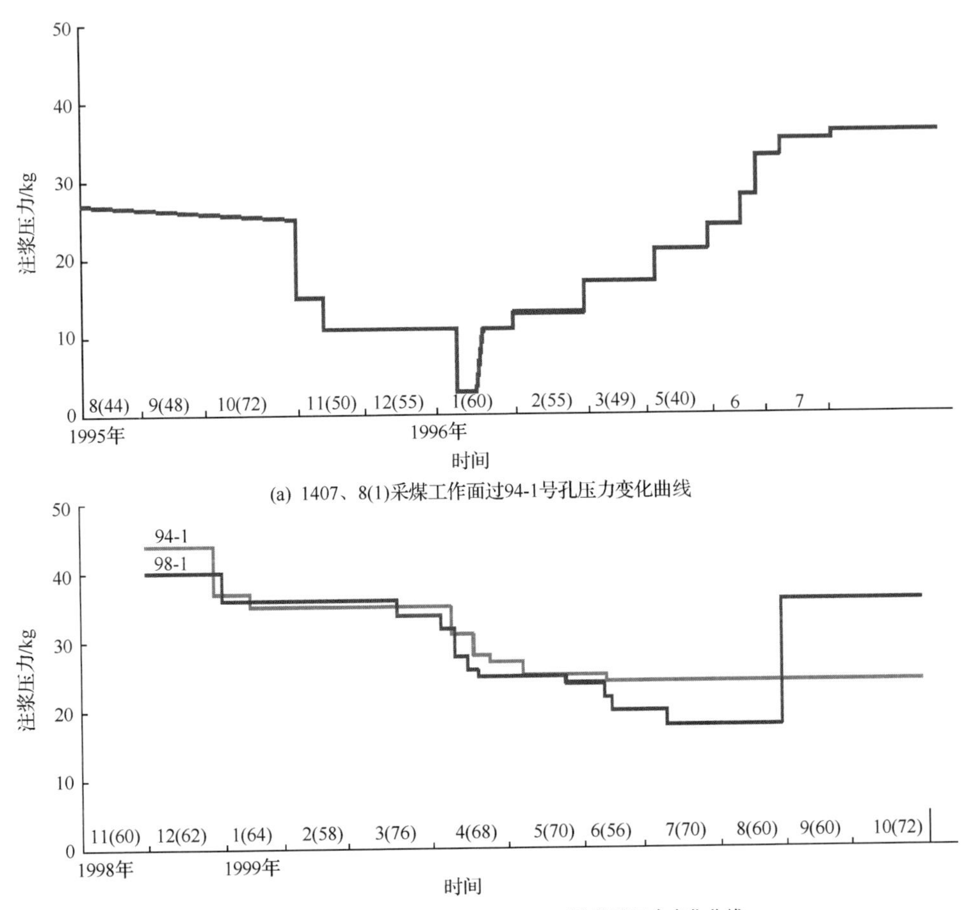

(a) 1407、8(1)采煤工作面过94-1号孔压力变化曲线

(b) 1407、08(3)采煤工作面过94-1、98-1两注浆孔压力变化曲线

图 6.97　94-1 注浆孔孔口压力变化曲线

随离层裂缝面积增加,当滤失量等于注入量时,离层注浆范围便停止延伸。在裂缝宽度不变、压力为常量等条件下水平压裂裂缝面积 A 的公式为

$$A=\frac{ib}{4\pi C^2}\left(e^{x^2}\times \mathrm{erf}c(x)+\frac{2}{\sqrt{\pi}}x-1\right) \tag{6.9}$$

式中,$x=\dfrac{2C\sqrt{\pi t}}{b}$;$i$ 为注入液体的排量;b 为裂缝宽的一半;C 为压裂液系数;$\mathrm{erf}c(x)$ 为误差补函数 。

实际离层裂缝是一个动态的延展过程,同时浆液在离层裂缝中的流动速度与浆液中颗粒的推进速度也是不相同的,固体颗粒(如粉煤灰)在离层裂缝中发生沉淀时,泵动浆液仍然沿裂缝向前流动并随着裂缝向前延伸,固体颗粒亦被带入新扩展的离层裂缝地区。覆岩离层裂缝的注浆范围应是覆岩离层性质、浆液性质、注浆压力和注浆时间等因素的函数。经监测，华丰煤矿单孔的注浆范围为沿煤层走向254m，沿煤层倾向148m。

6.4.4　覆岩离层带注浆充填效果分析

1. 高压充填效果的地球物理勘探

为确定华丰煤矿一采区砾岩层底部离层注浆充填后的地质变化情况，对该地区的地质情况进行地球物理勘探，以探测一采区4层煤开采后上覆岩层变化情况，为下一步减沉工程提供依据。地震勘探是通过研究人工激发的地震波在地下介质中的传播规律来解决地质问题的方法。地震勘探以反射法为主，采用6次覆盖观测系统。激发震源为井孔人工爆破，用24道地震仪接收，共设2条测线。测线1为南北方向，与地层倾向方向相近，测线2为东西方向与地层走向方向相近，要求勘探长度为400m。经处理得到的地震剖面如图6.98和图6.99所示。

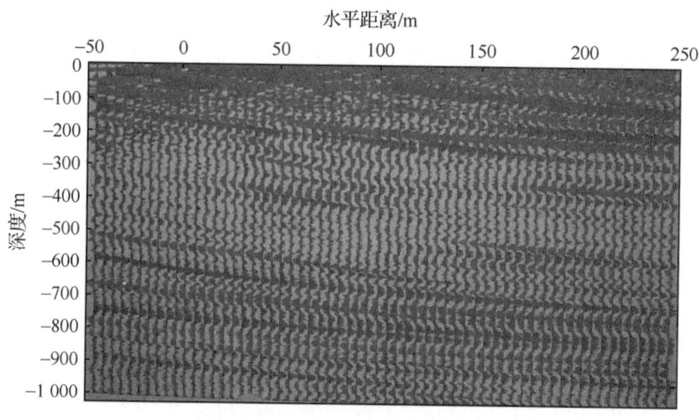

图6.98　测线1地震反射剖面

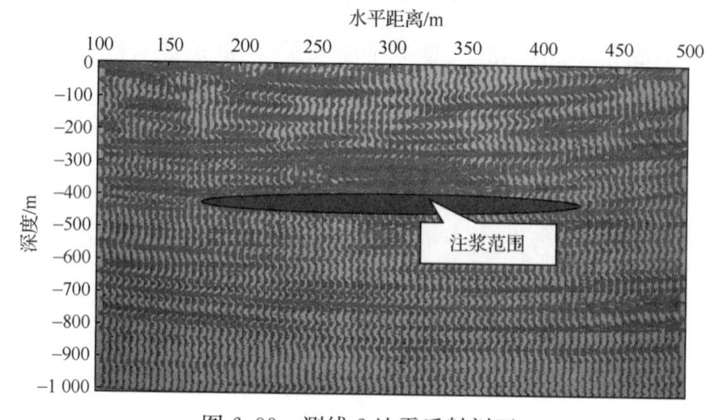

图6.99　测线2地震反射剖面

从这两条地震剖面可以得出如下结果:①南北向地层南高北低,倾角约为 22°,东西向地层总体上为水平层;②砾岩层上部和煤系地层以下反射较强,而砾岩互层与红层部位则反射相对较弱;③南北向的层面连续性较好,而东西向的层面连续性稍差;④煤系地层以下层面完整;⑤砾岩层并不完整,其内部层面数量很多而且起伏不平;⑥东西向剖面上,在地面变形较为严重的房屋所在的 175m 处可以明显看见砾岩层浅部存在一个层面不连续部位;⑦在南北剖面的红层及砾岩互层所在的深度上,在水平位置为 130m 附近可以看到南北两边的地层有较为明显的差异,北边地层比较稳定而南边地层比较凌乱;⑧测线 2 地震反射剖面垂深约为 480m 处可明显看出岩层离层范围及离层注浆充填后的情形,注浆以水平距离为 300m 处为中心,扩散范围约为 240m。

为进一步了解覆岩离层注浆充填情况,对注浆后的地层进行天然电磁辐射探测,测线为南北向(煤层倾向)和东西向(煤层走向),测点共 16 个,观测深度为 400～800m,探测结果如图 6.100 和图 6.101 所示。

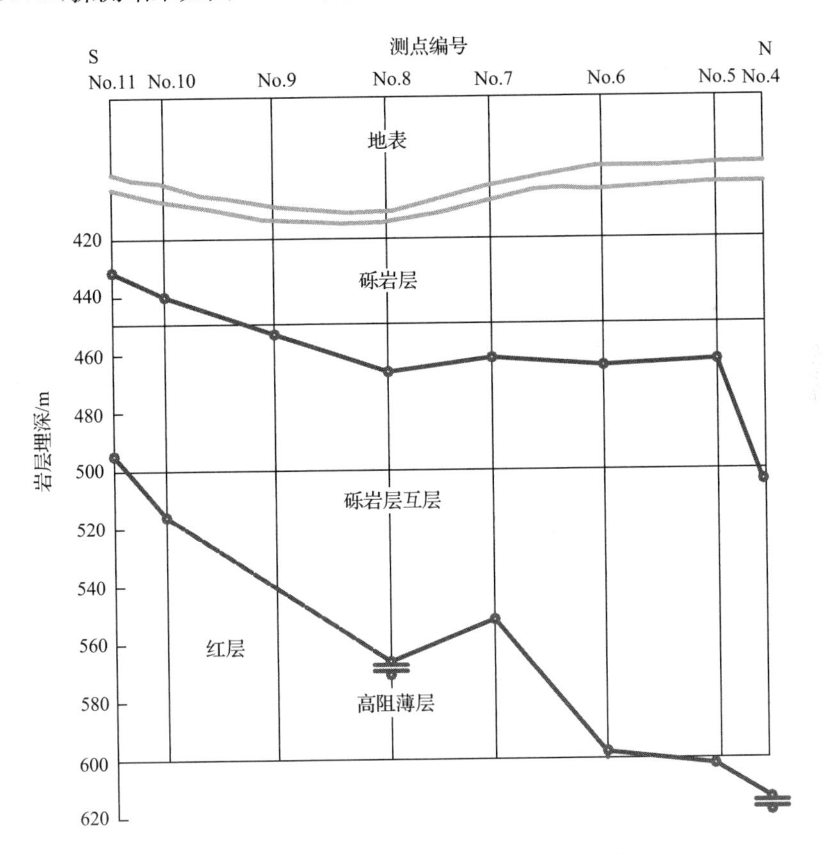

图 6.100　南北向天然电磁辐射测深探测结果

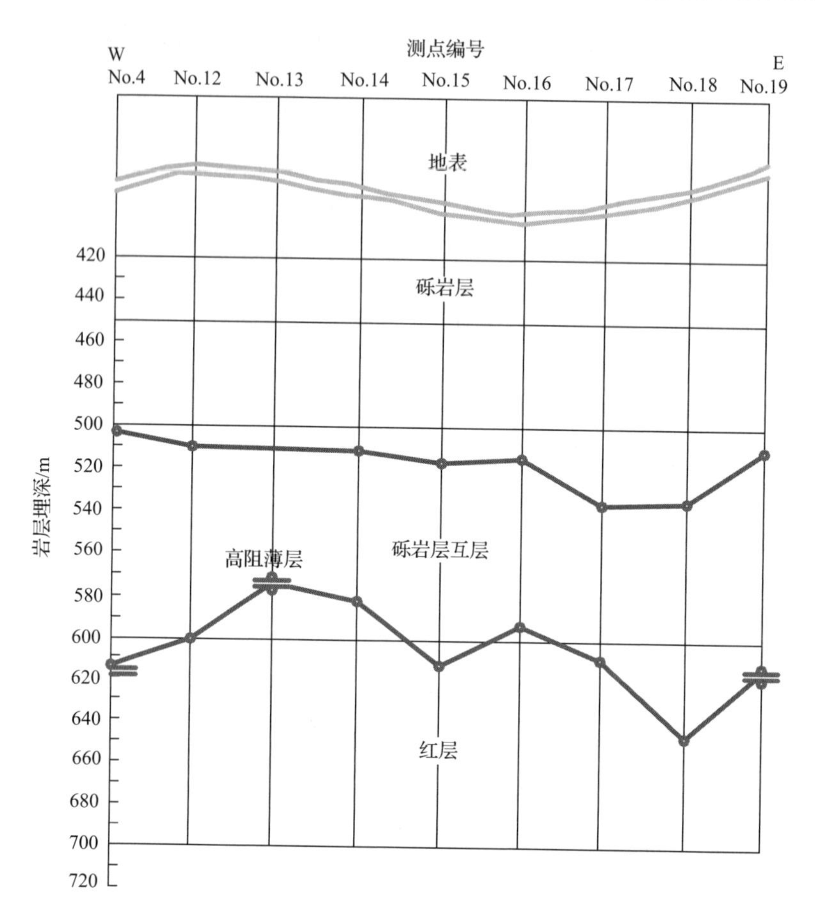

图 6.101　东西向天然电磁辐射探测结果

根据天然电磁辐射勘探结果，可以得出如下结论：①砾岩层下部层面较多且起伏不平，砾岩层面由南向北倾角约为 22°；②实施离层注浆充填时，在勘探的目标层未见大面积的离层空隙，但在局部范围内实测存在高阻薄层，厚度为 1～2m；③南北勘探线水平位置为 130m 南侧砾岩地层比较凌乱，而北侧地层比较稳定、完整，反映了北侧地层离层注浆充填效果是比较明显的。

2. 覆岩离层带注浆充填对地表变形控制效果

由于华丰煤矿的采面走向长倾向短，在开采下一个工作面时，其上一工作面的最大下沉点继续下沉，最大下沉点的位置也继续向下偏移，华丰煤矿不注浆开采条件下的下沉系数为 $q_0 = 0.61$。

1407 和 1408 工作面走向长 1 050m，倾向长 290m，实测倾向主断面最大下沉值为2 670mm，减去 1406 以上工作面影响下沉 410mm，得最大下沉值为 2 230mm，求得注浆条件下地表下沉系数 $q_1 = W/m \times \cos\alpha = 0.35$，减沉率[(0.61−0.35)/0.61]×100%=43%。

但随着 1609、1610 和 1409 工作面的开采，1407 和 1408 工作面的最大下沉点继续下沉到 3 170mm，1407 和 1408 工作面影响下沉为 2 760mm，求得下沉系数 $q_2 = 0.43$，减沉率[(0.61−0.43)/0.61]×100%=29%。

南梁父村南 7# 岩移观测点以北地表实测注浆开采影响的下沉量与预测的正常开采条件下的下沉量相比，减沉率为 37.7%～81%，见表 6.10。

表 6.10　南梁父村岩移观测值

倾向点号	7#	1#	A_3#	A_2#	A_1#
预计下沉量/m	2.150	1.460	1.040	0.763	0.380
实测下沉量/m	1.339	0.629	0.317	0.145	0.094
减沉率/%	37.7	57	70	81	75

地表下沉速度明显降低，各观测站地表最大下沉速度见表 6.11。1407 和 1408 工作面注浆开采实测最大下沉速度(2.37mm/d)，比正常开采减少 42%。

表 6.11　各观测站地表最大下沉速度

测站名称	1405	1406	2406	1407、1408
最大下沉速度/(mm/d)	4.05	4.09	4.14	2.37

4 煤开采计算地表最大下沉速度的经验公式如下。

正常开采：

$$V_{\max} = 6.266\,\frac{cmD\cos\alpha}{H_0}，单位为\ \mathrm{mm/d} \tag{6.10}$$

注浆开采：

$$V_{\max} = 4.02\,\frac{cmD\cos\alpha}{H_0}，单位为\ \mathrm{mm/d} \tag{6.11}$$

式中，H_0 为平均开采深度，单位为 m；c 为工作面推进速度，单位为 m/d。

注浆充填离层带开采地表下山方向主要影响范围明显变小，$\tan\beta=3.5$ 比正常开采($\tan\beta=2.5$)增大 40%。主要影响范围长度减少 107m。下山方向外边缘地表水平变形明显减弱，1407 和 1408 工作面开采后地面范围出现的斑裂现象明显减弱。

3. 高压充填对村庄的保护效果

地面钻孔离层带注浆充填控制地表沉陷的试验工程共注入浆液 189 万 m^3，减沉率达到 42.6%。－750m 水平一采区东段已安全采出南梁父村下压煤 352.30 万 t,村庄民房损坏基本控制在Ⅲ级破坏以下,虽然村庄于 2002 年进行重建,但整个工程的经济效益与社会效益是显著的。

对小河西村的影响早在 1409 工作面开采时就已产生,初期村内房屋出现轻微裂缝、门窗变形。1611、1612、1410、1411 工作面的开采,逐渐加大了对小河西村的影响,煤层开采后的地表移动变形及斑裂现象将使地表村庄房屋采动损害严重,影响村民居住和生产生活安全,同时矿井－1 100m 水平各区段开采都将影响小河西村。根据区域地质开采条件及地表移动变形的基本规律,结合村下压煤开采技术特点,开采时确定采用异地整村重建的方案来解决一采区小河西村庄下压煤开采问题。但由于矿井开采深度较大、开采煤层区段在村庄外侧上山方向,且影响村庄民房的范围是逐渐发展的,根据矿井接续要求,在实施异地整村重建方案的基础上,1410 工作面开采时,应用现有的注浆钻孔、注浆管路继续实施覆岩离层带注浆充填,以达到缓解地表移动变形、减少民房损害的目的,同时采取先安置村民再行采煤等安全技术措施,以保证村民房屋在异地整村重建前的居住安全。

1410 工作面实行注浆充填开采以来,小河西村房屋变形最大值减少到Ⅲ级左右,同时地表的最大下沉速度出现减缓,斑裂破坏程度有所减弱,相应村庄民房的受损程度减轻,为村庄实施整体搬迁赢得时间。

4. 高压充填对地面桥梁的保护效果

南梁父桥自 2007 年 1410 工作面开采以来,开始出现加速下沉现象,在 2009 年 1～9 月,该桥呈现整体下沉现象,而后一段时间桥上的测点下沉各异,桥面下沉出现不均衡现象,桥梁受到一定程度的损害。开采对南梁父桥的影响主要体现在桥梁的下沉上。华丰煤矿对该区域进行了加强注浆,并在推采期间加强对桥梁的巡视和观测,使得南梁父桥尚能维持一般农用车辆的通行,如图 6.102 所示。

图 6.102　南梁父桥近况

鲁里桥位于华丰井田的东北部，距矿井五水平（−1 100m）开采下限的地面投影距离约为330m，该桥始建于1988年，于1990年11月竣工通车，是柴汶河上连通泰安市与附近区县的重要桥梁。

桥面及引桥之上共设有观测点32个。在1410工作面未开采以前，鲁里桥由于受到1609、1610和1409工作面的轻微影响，主桥南端下沉约为40mm。2007年6月，在小河西村内，为了模拟鲁里桥与1410工作面的关系设置了一条倾向辅助观测线，该线在走向上东距鲁里桥1 000余米，南部测点与1410工作面下平巷相距350m，与1611工作面下平巷相距280m。根据观测资料分析，该模拟线北部测点最大下沉值平均为50mm（距1410工作面下平巷以北900m左右），中部测点最大下沉值平均为150mm（距1410工作面下平巷以北600m左右），南部测点最大下沉值为591mm。

鲁里桥自2007年11月重新抹面设点以来，主桥测点最大下沉量为26mm（主桥南部）。通过对2009年的观测情况进行分析，鲁里桥主桥测点每2个月左右，下沉量在2～3mm，测点就反弹一次，反弹量为1～3mm。鲁里桥主桥测点下沉量较小，应与其频繁地出现反弹现象有很大关系。鲁里桥受到的主要影响之一为主桥以南130m路西出现的斑裂和主桥以南20m处以西400m处的斑裂。两条斑裂均从河西村穿村而过又穿过故城河，一直沿煤层走向，向东北方向发展。另一重要原因是桥梁超载，现在桥上不时有超大型车辆通过，对于桥梁的安全运行带来极大危害。

一采区开采后，鲁里桥南部处于开采影响的主要变形区域内。为保护鲁里桥，控制相关区域地表变形，在1612、1411、1613和1412工作面继续实施离层注浆减沉技术的条件下，根据四个工作面的具体情况，于2010年3月开始在1412工作面东部靠近1411工作面位置（即在井田东部，鲁里桥以南）新布置3个注浆钻孔10-1、10-2和10-3。1410工作面地表预计最大下沉为1 800mm，而地表实际最大下沉为1 021mm，通过离层注浆，减沉率达到43.3%；1410工作面采后鲁里桥预计最大下沉为500mm，而实测最大下沉为221mm（位于鲁里桥南150m引桥观测点处），减沉率达到56%。

6.5　城市垃圾充填技术

6.5.1　城市垃圾现状

城市垃圾是人们在生产和生活中产生的综合废弃物，其处理直接关系到城市的形象、居民的身心健康及社会经济的可持续发展等一系列问题，防治城市垃圾污染是我国环境保护的一项重要工作。随着我国经济的高速发展，城市垃圾的产出量迅猛增长，已经成为制约经济发展的重要因素之一。据国家统计局发布的 2014 年年经济数据，2014 年年末，中国大陆总人口为 136 782 万，城镇人口占总人口比重为 54.77%，约 74 916 万人。若按照每人日产生活垃圾 1kg 计算，每天可生产约 75 万 t 生活垃圾，一年就是 2.7 亿 t。高速发展中的中国，正在遭遇“垃圾围城”之痛[1]。

1. 城市垃圾的分类

我国城市垃圾主要由厨余物、废纸、废塑料、废织物、废金属、废玻璃、陶瓷碎片、砖瓦渣土、粪便，以及废家具、废旧电器和庭园废物等组成。城市垃圾受消费水平、区域划分及气候反季节变化等多重因素影响。在经济发达、生活水平较高的城市，垃圾中塑料、纸张、纤维和食品废物等含量较高，其中食品垃圾占较大比例，我国部分城市生活垃圾组成见表 6.12。

表 6.12　国内部分城市生活垃圾组成表

城市	有机物/%					无机物/%			
	纸品	塑料橡胶	纤维	竹木	厨余	金属	玻璃陶瓷	灰砖	其他
北京	18.18	10.35	3.56	0.70	39.00	2.96	13.02	10.93	1.30
上海	8.00	12.00	2.80	0.89	70.00	0.12	4.00	2.19	—
南京	4.90	11.20	1.18	1.08	52.00	1.28	4.09	20.64	3.63
广州	4.80	14.10	3.60	2.80	63.00	3.90	4.00	3.80	—
深圳	7.91	13.70	2.80	5.18	58.00	1.20	3.20	8.00	0.01

城市垃圾大致可以分为工业废渣、建筑垃圾、生活垃圾及医疗垃圾等，如图 6.103 所示。

工业废渣是指工业生产过程排出的采矿废石、选矿尾矿、燃料废渣、冶炼及化工过程产生的废渣等。工业废渣不仅占用土地、破坏土壤、危害生物、淤塞河床、污染水质，还有不少废渣（特别是有机质的）是恶臭的来源，有些重金属废渣的危害还是潜在性的。

建筑垃圾是指建设、施工单位或个人对各类建（构）筑物进行建设、铺设或拆除及修缮过程中产生的渣土、碎石块、废砂浆、砖瓦碎块和混凝土块等混合物，具有数量大、组成成分种类多、性质复杂等特点，如不做任何处理直接运往建筑垃圾堆放场堆放，则一般需要经过十几年其才能够趋于稳定。然而，绝大部分建筑垃圾未经任何处理，便被施工单位运往郊外或乡村，露天堆放或填埋，耗用大量的征用土地费和垃圾清运费，同时清运和堆放过程中的遗撒和粉尘、灰砂飞扬等问题又造成严重的环境污染。废砂浆和混凝土块中含有大量水合硅酸钙和氢氧化钙使渗滤水呈强碱性，废石膏中含有大量的硫酸根离子在厌氧条件下会转化成硫酸氢，废纸板和

(a) 工业废渣　(b) 建筑垃圾

(c) 生活垃圾　(d) 医疗垃圾

图6.103　城市垃圾

废木材在厌氧条件下可溶出木质素和丹宁酸并分解成挥发性的有机酸,废金属料可使渗滤水中含有大量的重金属离子,从而污染身边的地下水、地表水、土壤和空气,受污染的地域还可扩大至比存放区更远的其他地方。据统计,每堆积10 000t的建筑垃圾约需要占用0.067hm^2的土地,进一步加剧我国人多地少的矛盾。随着我国经济的发展、城市建设规模的扩大及人们居住条件的提高,建筑垃圾的产量会越来越大,如不及时有效地处理和利用,建筑垃圾侵占土地的问题会变得更加严重。

生活垃圾包括废弃纸制品、废塑料、破布、各种纺织品、废橡胶、破皮革制品以及人们在买卖、储藏、加工、食用过程中所产生的垃圾。这类垃圾腐蚀性强、分解速度快,并会散发恶臭,严重污染环境。

2. 城市垃圾的危害

(1) 占用土地。据不完全统计,全国城市垃圾堆存累计侵占土地超过5亿平方米。

(2) 滋生病菌,危害人民健康。垃圾场是蚊、蝇、蟑螂和老鼠的繁殖地,同时垃圾中有许多致病微生物还可通过在垃圾场中生活的寄生虫和生物转移给人类。例如,哈尔滨市韩家洼子垃圾填埋场附近水中细菌超标4.3倍、大肠杆菌超标410倍。

(3) 污染土壤、水体和大气。垃圾堆放过程中,有机物分解产生多种酸性的代谢产物及水分，并且在雨水的淋滤作用下，垃圾中的病原微生物及被溶解的重金属也掺入渗滤液中，对垃圾场及其周围的土壤、地下水或地表水构成有机质、重金属和病原微生物三位一体的污染源，同时垃圾的焚烧和无序的堆放都会释放大量的有毒气体。

(4) 其他危害。垃圾的随意堆放有损市容市貌，影响城市景观，有些垃圾填埋厂因处理措施不当或管理不善易产生自燃或爆炸。

3. 城市垃圾处理现状

根据《2010年中国城市建设统计年鉴》，截至2009年年底，全国654座设市城市生活垃圾清运量为1.57亿t，集中处理量约为1.12亿t，集中处理率为71%。有各类生活垃圾场超过567座，其中城市生活垃圾填埋场447座，城市生活垃圾堆肥厂16座，城市生活垃圾焚烧厂93座，其他为一些综合处理厂，我国1979～2009年城市垃圾运量与无公害处理变化关系如图6.104所示。城市生活垃圾清运量在1979年仅为2 510万t，1990年为6 770万t，到了2009年就为1.57亿t，无害化处理从1990年的2.3%到2009年的71.3%。从总体上来说，清运垃圾只是城市垃圾总量的较小部分，大量的城市垃圾仍然得不到有效处理。

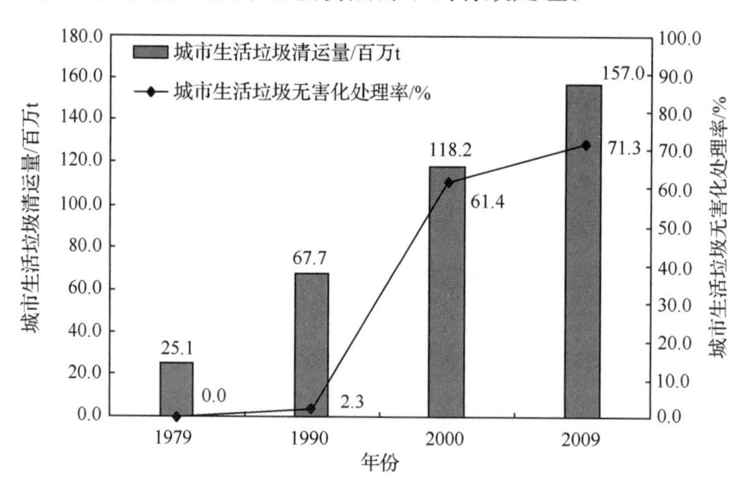

图6.104 垃圾运量与无公害处理

我国大、中型城市人口比较集中，经济比较发达，资源能源消耗量较大，因此在大、中型城市环境污染问题较为突出，其中城市垃圾污染就是十分严重的问题。据统计，我国每年产生的城市垃圾，其中80%～90%来自大、中型城市，而目前我国城市垃圾处理率仅为50%左右，比国际通用标准接轨的处理率低。一些城市由于受经济技术条件限制，对城市垃圾基本上不经任何处理，简单堆放在城外荒地荒滩或地坑、山沟等处，因此造成日趋严重的垃圾围城现象，甚至还造成对地下水和地面水域的污染,给城市的生存和持续发展带来严重威胁。造成我国城市垃圾处理滞后、严重污染环境的局面,既与垃圾处理的技术水平有关,也与人们对城市垃圾处理认识上的观念陈旧和城市垃圾处理未能产业化有关,更重要的是与落后的垃圾处理管理体制和不具备完整的城市垃圾处理政策支持体系有关,这些综合因素严重制约城市垃圾处理产业的快速发展,我国城市垃圾处理现状有以下特点。

(1) 技术落后、资金缺乏。一方面,在城市垃圾处理技术方面没有足够的投入,垃圾处理技术落后,虽然近几年我国城市垃圾处理技术有了一定的提高,但是其仍不能满足处理垃圾的需要;另一方面,缺乏社会化的投入机制,而我国政府的经济投入能力有限,难以全面解决城市垃圾所需的数额巨大的资金。

(2) 观念陈旧、经营方式不完善。过去人们片面地把垃圾处理看成政府向当地老百姓提供的一项公益性社会福利,由政府部门投资、建设、运行和管理。随着社会的发展进步,人们对生活质量要求不断提高,这种垃圾处理方式使政府在财政方面承受的压力越来越大,结果只能是能处理的处理,不能处理的运出城外堆放了事。

(3) 管理体制落后。我国承担垃圾处理的环卫单位从属于不同级别、不同区域的政府部门,因此极易造成相互之间难以协调,带来各部门在不同环节上的无序参与和竞争,导致垃圾收、储、运、处理及回收各个环节脱节,管理混乱、效率低。

(4) 处理方式单一,处理水平低。我国城市垃圾的主要处理方式是填埋,但是大部分填埋场不标准,极易造成二次污染。这种单一的处理方式使得垃圾无害化处理率极低,同时也使得垃圾中的有效资源得不到很好的回收利用,我国2001年和2009年对城市生活垃圾处理比例如图6.105所示。2001～2009年,在城市垃圾的处理中,堆放量由41.8%下降到28.7%,而填埋量则由51.8%上升到

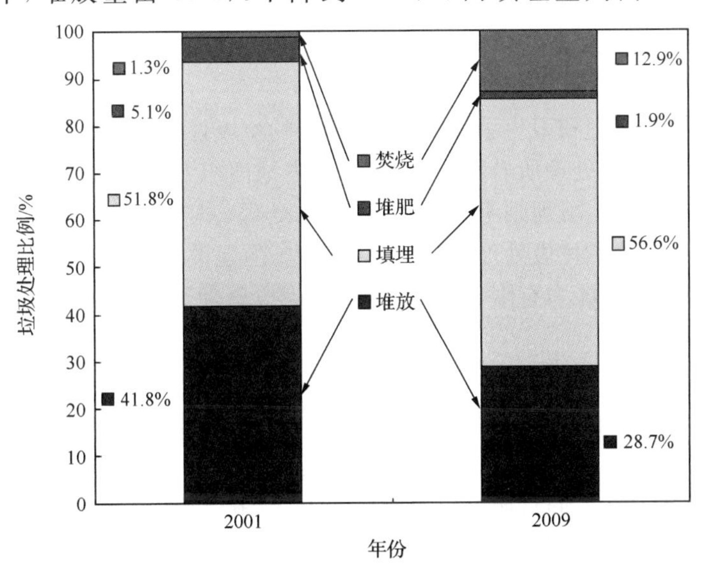

图6.105　2001年和2009年城市生活垃圾处理比例

56.6%，另外堆肥量有所减少，垃圾焚烧比例提高较大。

4. 城市垃圾处理和利用对策

1）控制垃圾产生量

我国城市垃圾管理采取的基本原则是减量化、资源化和无害化。为减少城市垃圾的产生量，《中华人民共和国固体废弃物污染环境防治法》要求，开展清洁生产，淘汰落后工艺、设备和产品。基于这一原则，1996 年 8 月颁布了《国务院关于环境保护若干问题的决定》，明确规定取缔、关闭或停产 15 种污染严重的企业。1999 年 1 月，国家经济贸易委员会发布了《淘汰落后生产能力、工艺和产品的目录》，在该目录中可以直接减少和避免危险废弃物产生的项目就有 26 项，涉及危险废弃物 18 种。目前，国家有关部门正在制定有关包装的法规和标准，通过规范包装材料的使用，以减少垃圾的产生。同时，还应逐步改革城市燃料结构，提高废品的回收率等。

2）鼓励城市垃圾综合利用

提高城市垃圾综合利用是减少城市垃圾产生量的关键所在。垃圾的分类收集是垃圾处理现代化的标志与前提之一，国家对城市垃圾综合利用实行包括减免税收在内的各项优惠政策，如规定利用工业废渣生产的产品减免产品税并在 5 年内免交所得税和调节税；用工业废渣做原料生产的建材产品免征增值税等。为避免城市垃圾的处理处置不当对环境造成新污染，国家已经制定或正在制定一系列规章制度和标准规范，以规范城市垃圾的收集、运输、贮存和处理秩序以及有关设施的设计、建造和运行的技术要求。

3）其他处理方式

（1）填埋技术。

填埋分简单填埋和卫生填埋。目前，我国的垃圾处理多以简单填埋为主，简单填埋操作简单，可以处理所有种类的垃圾，但占地面积大且会对周围的环境造成严重的二次污染。卫生填埋则考虑了防渗、污水处理、臭气处理及沼气处理等措施，在一定程度上解决了垃圾处理的二次污染问题，但建设投资大，运行费用高。由于用地紧张，填埋处理能力有限，服务期满后仍需投资建设新的填埋场，将进一步占用土地资源。

（2）焚烧技术。

焚烧处理是当前世界工业发达国家广泛采用的手段之一。它是一种将垃圾进行高温热化学处理的技术，也是垃圾实施热能利用资源化的一种形式。20 世纪 70 年代，能源危机引起人们对城市垃圾能量的关注，由于焚烧具有回收废物中能量的可能，于是焚烧技术得到进一步的广泛应用，而且气体净化技术的应用也使得焚烧产生的二次污染大大减轻，同时随着社会经济的发展和生活水平的提高，城市垃圾中的有机物含量逐渐增多,垃圾热值逐年上升,因此利用焚烧技术处理城市垃圾作为一种能源开发途径,日益受到人们的高度重视。目前,制约我国城市垃圾焚烧处理发展的主要原因是建设投资、城市垃圾特性及处理技术要求,其中建设投资是关键因素。

(3) 堆肥技术。

堆肥主要分好氧堆肥和厌氧堆肥。堆肥是一种有效的城市垃圾处理手段,其优点是占地面积小、投资少、有较好的经济和环境效益。对于发展中国家的城市来说,堆肥技术是一种很有发展前途的垃圾处理手段。

(4) 蠕虫技术。

利用养殖蚯蚓处理城市垃圾,其优点为无污染、投资少、见效快。由于蚯蚓的食量大,消化力强,故垃圾的处理率高。试验表明,每条蚯蚓可吞食的垃圾量为体重的2.8倍,100万条蚯蚓每个月处理垃圾为24～36t,蚯蚓粪是很好的有机肥料,蚯蚓还可以作为饲养动物的蛋白质来源之一。我国的台湾省及美国、日本、缅甸、印度等国家均利用此法处理垃圾。近年来,我国一些环境卫生科学研究所,也开展了利用养殖蚯蚓处理垃圾的研究。

6.5.2　城市垃圾充填关键技术问题

利用城市垃圾充填采空场的技术能否付诸实施,关键在于以下两个方面:一是技术是否可靠,二是有关各方关系的协调与利益是否均衡分配。目前,利用城市垃圾充填煤矿采空区控制地表沉降的研究大致可分为以下四个方向,见表6.13。

表6.13　城市垃圾充填煤矿采空区技术研究一览表

序号	研究方向	研究内容	研究目标
1	利用城市垃圾充填煤矿采空区关键技术研究	充填技术、工艺及相关设备	提出合理的工艺流程及研制相关设备
2	城市垃圾充填煤矿采空区中的安全监测及监控	充填场地稳定性评价与治理;沼气潜在资源的回收及渗滤液的防治等技术研究	解决安全检测手段与分析治理方法、实现潜在资源有效回收
3	利用城市垃圾充填煤矿采空区的经济技术可行性研究与工程示范	进行技术、经济的分析、评价与对比及小范围的工程示范	论证实施两结合工程综合环境治理和实现绿色希望工程产业化的可行性
4	进行两结合工程资金筹措与政策法规保障体系研究	进行资金的筹措方法及效益分析、政策法规体系建议方案和效果分析等	逐步完善资金支撑与政策法规保障体系

利用城市垃圾充填煤矿采空区控制地表沉陷的研究方向,在实际研究与应用

过程中面临着许多技术方面的问题，主要包括以下六个方面[45~50]：①垃圾的聚集、分类、包装与运卸；②充填工艺、系统的设计，设备的研究与开发；③城市垃圾固化关键理论和技术；④垃圾渗漏液处理、有害气体处理等技术；⑤垃圾充填采场的安全监测与监控；⑥垃圾充填的覆岩控制理论。

城市垃圾充填处理研究如图 6.106 所示。

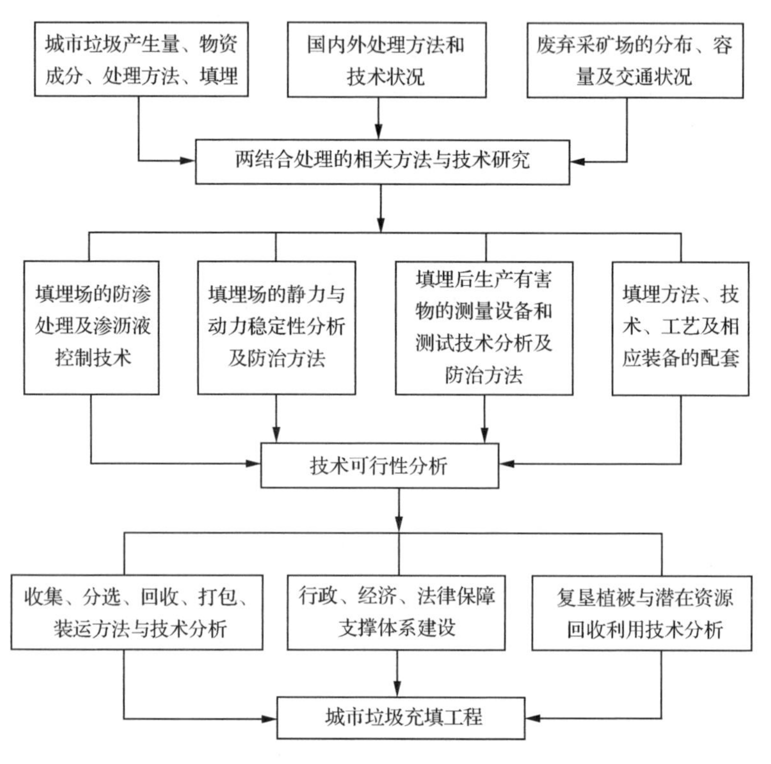

图 6.106　城市垃圾充填处理研究

6.5.3　城市垃圾装袋充填工艺

1. 装袋充填工艺及流程

首先对城市垃圾进行预处理，将垃圾收集、分拣（把有机部分进行堆肥或焚烧处理，将可回收利用的废品直接分拣利用）；其次将分拣后垃圾干燥、破碎、压缩、沥青固化，通过地面投料系统输送到井下储料仓中，经螺旋给料机给料、自动包装机打包、皮带输送及液压支架架后翻转装置把充填袋翻到采空区中，装袋充填工艺如图 6.107 所示。

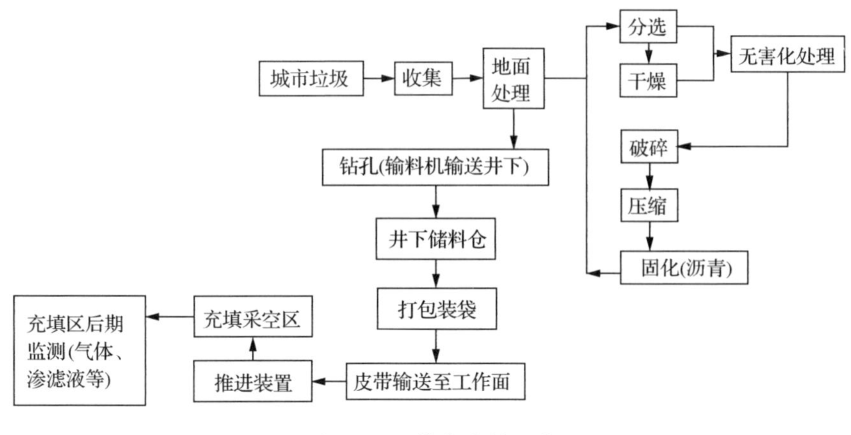

图 6.107　装袋充填工艺

2. 装袋充填系统组成

(1) 地面城市垃圾收集及存储。在地面建立城市垃圾收集及存储站。地面场地需修建城市垃圾运输道路、办公用房和配电室等配套设施。

(2) 城市垃圾无压投料输送系统。在地面垃圾存储场地施工专用钻孔，通过无压系统输送至井下垃圾仓。

(3) 井下城市垃圾存储系统。在轨道大巷施工城市垃圾存储硐室和联络巷，同时施工一个城市垃圾存储仓。

(4) 井下城市垃圾输送系统。存储仓内的城市垃圾通过螺旋给料机、自动包装机装袋，每袋重量为 50kg 左右，然后经平巷皮带将充填袋运至工作面综采充填支架后方悬挂的输送机上。

(5) 自动翻转系统。在综采充填支架后方悬挂刮板输送机，每个支架后方都有一个翻转装置，充填袋运至待充位置，经翻转装置将其翻至采空区。

目前，关于城市垃圾装袋充填煤矿采空区仍有亟待解决的关键技术问题。首先，如何在充填垃圾下井前，进行无害化处理，使其充填后不会对井下环境(水、气)产生二次污染；其次，垃圾本身性质决定其固化后的强度不足，如何与煤矸石等固体废弃物材料有效配比以增强其强度，也需要进一步研究；最后，该项工程涉及具体的充填、污染控制和潜在资源的回收，也涉及行政、法律及管理上的一系列问题，是一项复杂的系统工程。只有让城市垃圾处理部门和矿井企业提高积极性、协调统筹、科学一致，才可能把这项工程尽快应用实施。

6.6 充填法开采地表岩移参数及沉陷控制

通过对各充填矿区的大量岩移及现场实测，得到的充填法开采后地表岩移参数见表 6.14。

表 6.14 充填法开采地表岩移参数

煤矿名称	充填方式	开采深度/m	煤层厚度/m	q	b	$\tan\beta$	$\theta/(°)$	S
张庄煤矿	水砂矸石充填	<270	1.4	0.22	0.32	1.7	80	—
协庄煤矿	矸石风力充填	130	2.7	0.14	0.36	1.6	70	—
孙村煤矿	似膏体充填	175	2.0	0.23	0.25	2.0	83	0.04H
良庄煤矿	原生抛矸法	128	1.9	0.13	0.4	1.15	73	—
鄂庄煤矿	矸石胶结充填	480	1.6	0.17	0.19	1.8	81	0.05H
翟镇煤矿	综采矸石充填	386～490	1.6	0.30	0.28	1.85	61.3	0.036H
盛泉煤矿	原生抛矸法	<350	1.2	0.13	0.26	1.8	82.5	0.032H
华恒煤矿	矸石泵送充填	650	1.4	0.08	0.15	1.3	81.5	—
潘西煤矿	综采矸石充填	350	6.74	0.15	0.32	1.4	86	—
曹庄煤矿	似膏体充填	570	2.0	0.24	0.26	1.8	75	0.04H
岱庄煤矿	膏体充填	450	2.7	0.10	0.25	2.0	85	0.05H
埠村煤矿	高水充填	400	1.2	0.10	0.20	1.8	80	0.03H
田庄煤矿	超高水充填	200	1.2	0.30	0.28	1.5	75	0.04H

各类充填方式技术特点及控制效果见表 6.15。

表 6.15 各类充填方式特点及沉陷控制效果

充填方式	充填率	下沉系数	优点	缺点	适用条件
覆岩离层注浆充填技术	0.3～0.5	0.5～0.6	适应性强、成本较低、操作简单	离层位置、大小预计存在一定难度，减沉不理想	薄及中厚煤层
低压风力管道充填技术	0.6～0.8	0.3～0.4	对矸石粒径大小要求低，充填系统简单，降低了成本	劳动强度较高，充填效率较低	薄及中厚煤层
破碎矸石抛掷充填技术	0.4～0.6	0.5～0.7	系统简单、适应性强、便于大面积连续充填、机械化程度高	施工工序复杂，工序时间影响因素多	薄煤层
综合机械化自压式矸石充填技术	0.7～0.8	0.2～0.3	工艺简单，充填材料充足，实现了对固体废弃物的循环利用	工人技术要求较高	中厚煤层

续表

充填方式	充填率	下沉系数	优点	缺点	适用条件
似膏体自流充填技术	0.8～0.9	0.1～0.2	适用范围广，减排、减沉显著	输送浓度有限，离析分层严重，管道磨损严重，成本高	中厚煤层
膏体泵送充填技术	0.9～0.98	0.05～0.1	膏体浓度高，充实率高，膏体充填体早期强度要求高，压缩率低	初期设备投资较大，工艺复杂，充填效率不高，成本高	中厚煤层
高水(超高水)充填	0.8～0.9	0.3～0.5	充填接顶较好，降低了劳动强度，生产效率高	受地质条件影响较大，成本较高	薄煤层

参考文献

[1] 郭惟嘉，张新国，刘进晓，等. 煤矿充填开采技术. 北京：煤炭工业出版社，2013.

[2] 郭惟嘉，张新国，史俊伟，等. 煤矿充填法开采技术研究现状及应用前景. 山东科技大学学报(自然科学版)，2010，29(4)：24-29.

[3] 李希勇，郭惟嘉，阎卫玺，等. 新汶矿区充填开采地表移动规律研究. 北京：煤炭工业出版社，2013.

[4] 李法柱，曹忠，李秀山，等. 矸石膏体充填开采围岩演化规律研究. 北京：煤炭工业出版社，2012.

[5] 钱鸣高，许家林，缪协兴. 煤矿绿色开采技术. 中国矿业大学学报，2003，32(4)：343-348.

[6] 钱鸣高，许家林，缪协兴. 煤矿绿色开采技术的研究与实践. 能源技术与管理，2004，(4)：1-4.

[7] 周华强，侯朝炯，孙希奎，等. 固体废物膏体充填不迁村采煤. 中国矿业大学学报，2004，33(2)：154-158.

[8] 张吉雄. 矸石直接充填综采岩层移动控制及其应用研究. 徐州：中国矿业大学博士学位论文，2008.

[9] 莫技. 煤矸石似膏体自流充填绿色开采技术研究与实施. 煤炭工程，2010，(5)：47-49.

[10] 王新民，龚正国，张传恕，等. 似膏体自流充填工艺在孙村煤矿的应用. 矿业研究与开发，2007，28(2)：10-13.

[11] 李建杰，丁全录，佘海龙. 硫铝酸盐-铝酸盐水泥体系高水充填材料的研制试验. 煤炭学报，2012，37(1)：39-43.

[12] 孙希奎，王苇. 高水材料充填置换开采承压水上条带煤柱的理论研究. 煤炭学报，2011，36(6)：909-913.

[13] 颜志平，漆泰岳，张连信，等. 高水速凝材料及其泵送充填技术的研究. 煤炭学报，1997，22(3)：48-53.

[14] 杨宝贵，孙恒虎，单仁亮，等. 高水固结充填体的抗冲击特性. 煤炭学报，1999，24(5)：485-488.

[15] 周华强，侯朝炯，王承焕. 高水充填材料的研究与应用. 煤炭学报，1992，17(1)：25-36.

[16] 冯光明. 超高水充填材料及其充填开采技术研究与应用. 徐州：中国矿业大学博士学位论文，2009.

[17] 丁玉，冯光明，王成真. 超高水充填材料基本性能试验研究. 煤炭学报，2011，36(7)：1087-1092.

[18] 李风凯，冯光明，贾凯军，等. 陶一矿超高水材料充填开采试验研究. 煤炭工程，2011，(11)：63-66.

[19] 冯光明，王成真. 超高水材料采空区充填工艺系统与应用研究. 山东科技大学学报(自然科学版)，2011，30(2)：1-8.

[20] 冯光明，孙春东，王成真，等. 超高水材料采空区充填方法研究. 煤炭学报，2010，35(12)：1963-1968.

[21] 殷术明，冯光明，顾威龙，等. 城郊煤矿超高水材料充填系统设计研究与应用. 煤炭工程，2012，(4)：13-15.

[22] 冯光明，贾凯军，尚宝宝. 超高水充填材料在采矿工程中的应用与展望. 煤炭科学技术，2015，43(1)：5-9.

[23] 张新国,江兴元,江宁.田庄煤矿超高水材料充填开采技术的研究及应用.矿业研究与开发,2012,32(6):35-39.

[24] 胡华,孙恒虎.矿山充填工艺技术的发展及似膏体充填新技术.中国矿业,2001,10(6):48-50.

[25] 张新国.煤矿固体废弃物膏体充填关键技术研究.青岛:山东科技大学博士学位论文,2012.

[26] 张新国,江宁,江兴元,等.膏体充填开采条带煤柱充填体稳定性监测研究.煤炭科学技术,2013,41(2):13-15.

[27] 张新国,李秀山,张保良,等.壁后充填膏体监测技术与性能评价.辽宁工程技术大学学报(自然科学版),2013,32(3):293-296.

[28] 张新国,江兴元,江宁,等.岱庄煤矿矸石膏体充填模式研究与应用.中国矿业,2012,21(4):82-86.

[29] 张新国,王华玲,李杨杨,等.膏体充填材料性能影响因素试验研究.山东科技大学学报(自然科学版),2012,31(3):53-58.

[30] 王海龙,郭惟嘉,陈绍杰,等.煤矿充填膏体力学性质试验研究.矿业研究与开发,2012,32(4):8-10.

[31] 张新国,郭惟嘉,王恒,等.矸石膏体充填管道安全输送压力预警系统研制.煤炭学报,2012,37(S1):229-233.

[32] 张新国,白继文,王华玲.壁后充填膏体监测技术与膏体长期稳定性研究.山东科技大学学报(自然科学版),2012,31(6):42-45.

[33] 李向阳,张新国,曹忠,等.满管自流膏体充填管路清洗技术研究及应用.山东科技大学学报(自然科学版),2011,30(5):22-25.

[34] 王天刚,黄玉诚,李飞跃.在稳定流状态下似膏体料浆流变特性研究.有色矿山,2003,32(6):8-10.

[35] 胡华,孙恒虎,黄玉诚,等.似膏体黏弹塑性流变模型与流变方程研究.中国矿业大学学报,2003,32(2):119-122.

[36] 刘同有,周成浦,金铭良,等.充填采矿技术与应用.北京:冶金工业出版社,2001.

[37] 方理刚.膏体泵送特性及减阻试验.中国有色金属学报,2001,11(4):676-679.

[38] 郭惟嘉,毛仲玉.覆岩沉陷离层及工程控制.北京:地震出版社,1997.

[39] 郭惟嘉.覆岩沉陷离层及注浆充填减沉技术的研究.北京:中国矿业大学博士学位论文,1997.

[40] 郭惟嘉,徐方军.覆岩体内移动变形及离层特征.矿山测量,1998,(3):36-38.

[41] 郭惟嘉.覆岩离层注浆充填基本参数研究.煤炭学报,2000,25(6):602-606.

[42] 郭惟嘉.覆岩沉陷离层发育的解析特征.煤炭学报,2000,25(S):49-53.

[43] 朱学军.巨厚砾岩深井开采覆岩运动规律与冲击地压相关性研究.青岛:山东科技大学博士学位论文,2011.

[44] 朱学军,魏中举,赵铁鹏.离层注浆技术在冲击地压防治中的应用.中国矿业,2011,20(11):67-70.

[45] 刘音,陈军涛,刘进晓,等.建筑垃圾再生骨料膏体充填开采研究进展.山东科技大学学报(自然科学版),2012,31(6):52-56.

[46] 刘音,郭晓葭.城市垃圾充填煤矿采空区控制地表沉陷技术研究.山东科技大学学报(自然科学版),2010,29(4):30-34.

[47] 刘音,张海云,王其锋,等.建筑垃圾膏体充填材料对地下水水质影响研究.矿业研究与开发,2014,34(7):85-88.

[48] 刘音,路畅,张浩强,等.建筑垃圾再生微粉胶凝性的试验研究.中国粉体技术,2015,21(5):33-36.

[49] 张保良,刘音,张浩强,等.建筑垃圾再生骨料膏体充填环管试验.金属矿山,2014,(2):176-180.

[50] 张浩强,刘音,王其锋.城市建筑垃圾膏体充填性能研究.矿业研究与开发,2014,34(4):37-39.

第7章 采空区上方修建大型建筑物地基稳定性

随着国家经济建设的发展，煤炭资源开采规模的不断扩大和机械化水平的逐年提高，华东地区浅、中部煤炭资源将开采殆尽，广大矿区形成了越来越多的大面积采空区。经济社会繁荣的华东地区土地资源相对紧缺，许多大型建筑工程（如天然气管道、厂房、桥梁、大坝、高层楼房等）要拟建或穿越于采空区之上，其涉及的区域范围大，服务年限长，不仅关乎建筑工程的安全保障，而且对于矿区环境治理、土地利用及重大基础设施的建设和规划也具有十分重要的现实意义。由于老采空区特殊的地质环境，在其上方修建建筑物，特别是自重较大的高层建（构）筑物，很可能引起老采空区的“活化”，从而影响建（构）筑物的安全正常使用[1~10]。此外，煤层开采形成的采空区对地表的影响是一个漫长的过程，虽然在《建筑物、水体、铁路及主要巷道煤柱留设与压煤开采规程》中规定“连续6个月下沉值不超过30mm时，地表移动期便结束”[11]。然而事实上，地表沉陷并没有完全终止，它对小型建筑设施可能影响不大，但对大型建筑设施可能会产生较大影响甚至对其造成危害。地表移动延续时间的长短与覆岩性质、开采方法、开采深度和工作面推进速度等因素有关[12~15]。

7.1 采空区上建（构）筑物的地基基础特点

位于采空区上的建（构）筑物地基基础，与一般场地上的建（构）筑物相比，有以下特点。

(1) 建筑物的地基范围不同。一般建（构）筑物地基的深度为地基沉降计算影响深度，宽度为以应力扩散角向下扩散至地基沉降计算影响深度，而采空区上的建（构）筑物从开采矿物底板一定深度到地面都对建筑物有影响，其平面范围为地表移动盆地的大小。

(2) 建（构）筑物的沉降变形和移动不同。一般建（构）筑物其沉降变形主要是地基土的压缩和固结所致；而采空区上建（构）筑物，其沉降变形除受地基土本身的压缩和固结变形影响外，还会受采空区的变形和移动制约，并会在垂直方向发生下沉和扭曲，在水平方向上有水平移动、拉伸和压缩变形以及在地表平面内的剪切变形等。

(3) 地基中应力状态不同。一般建(构)筑物会在原自重应力场中形成因其重量产生的附加应力,而采空区上建(构)筑物除其自重引起的附加应力外,还存在由于采矿引起的附加应力及原构造应力场。

(4) 建(构)筑物沉降稳定所需的时间不同。一般建(构)筑物地基沉降稳定的时间为地基土的压缩和固结所需要的时间,而采空区上的建(构)筑物,地基稳定时间还受到地表沉陷所需的时间制约,地表沉陷是一个时间和空间过程,地表点的移动要经历初始期、活跃期和衰退期,即由开始移动到剧烈移动,再到停止移动的全过程。

(5) 设计方法和目的不同。为减少建(构)筑物所受采矿引起的附加应力,采空区上建筑物在设计时,应尽可能采用浅基础,减小地基土的强度,建筑物体型力求简单,建筑物刚度力求加强等。

7.2 采空区上建(构)筑物岩土工程勘察

7.2.1 岩土工程勘察等级的确定

拟建工程按照重要性划分为三个等级,见表 7.1。煤矿采空区场地及地基按照复杂程度划分为两个等级,见表 7.2 和表 7.3;当工程重要性、场地复杂程度和地基复杂程度等级中,有一项或多项为一级时,岩土工程勘察等级可定为甲级;除甲级以外的勘察项目,岩土工程勘察等级可定为乙级。

表 7.1 工程重要性等级

重要性等级	工程破坏的后果	工程规模及建筑类型
一级工程	很严重	1. 30 层以上或高度超过 100m 的超高层建筑 2. 体形复杂,层数相差超过 10 层的高低层连成一体的高层建筑 3. 高度超过 100m 的高耸构筑物或重要的高耸工业构筑物 4. 特别重要的或对地基变形有特殊要求的工业与民用建(构)筑物 5. 国务院明令保护的文物和纪念性建筑物 6. 位于边坡上或邻近边坡的高层建(构)筑物 7. 对原有工程影响较大的新建建筑 8. 位于复杂地质条件的二层及以上地下室的基坑工程
二级工程	严重	除甲级、丙级以外的工业与民用建(构)筑物
三级工程	不严重	荷载分布均匀的七层以下民用建筑及一般工业建筑物;次要的轻型建筑物

表 7.2　场地复杂程度

类别	地貌特征	不良地质	地质构造及地震作用	地表移动变形阶段	采深采厚比	煤层倾角、开采方式、规模及资料完整性	地下水
一级场地（复杂）	地貌单元类型多，地形起伏大，地形坡度一般大于 35°，相对高差大	地表移动盆地边缘，地表陷坑、塌陷、滑坡、崩塌及泥石流等不良地质作用发育	处于活动性断裂，对抗震危险地段	地表移动变形活跃期，地表变形强烈或活跃	≤30	急倾斜采空区；采用非正规开采方法开采；重复开采多层煤层；特厚矿层和倾角大于 55°的厚矿层露头地段；小窑采空区；资料缺乏、可靠性差	地下水位埋深浅，地下水丰富，对采空区稳定和工程安全影响大
二级场地（中等复杂）	地貌单元类型较多，地形起伏较小，地形坡度小于 35°，相对高差较小	地表移动盆地中部均匀下沉区，地表陷坑、塌陷、滑坡、崩塌及泥石流等不良地质作用一般发育	质构造作用较发育，对抗震不利地段	地表移动变形衰退期，地表变形较大或连续变形	>30	斜或水平（缓倾斜）采空区；采用正规开采方法开采单一煤层；资料丰富、可靠	地下水位埋深较大，对采空区稳定和工程安全影响较小

表 7.3　地基复杂程度

类别	岩土性状	特殊岩土
一级地基（复杂）	土种类多，成分复杂，很不均匀，起伏较大，需特殊处理；垮落断裂带层顶埋深小于 1.5 倍附加应力影响深度；采空区存在空洞	严重湿陷、膨胀、污染等特殊性岩土及其他情况复杂，需做专门处理的岩土
二级地基（中等复杂）	地层种类较多，变化较大，不均匀，性质变化较大，多为坚硬场地土或中硬场地土构成。垮落断裂带层顶埋深≥1.5 倍附加应力影响深度。采空区基本密实	除需专门处理以外的特殊岩土或无特殊性土

注：①表 7.2 及表 7.3 中，场地及地基复杂程度等级的确定从一级开始，向二级推定，以先满足的为准；②上述各种评价因素中满足其中一项即可。

采空区岩土工程勘察应根据基本建设程序分阶段进行，可分为可行性研究勘察、初步勘察、详细勘察和施工勘察。施工及运营过程中发生新采或复采时，应进行补勘。应充分收集区域及场地地质资料、矿产及其采掘资料、邻近场地工程勘察资料等，且应对收集到的资料的完整性、可靠性进行分析和验证。遵循“资料搜集、工程地质调查和测绘为主，物探与地表变形监测为辅，钻探验证，综合评价”的技术路线。

7.2.2　岩土工程勘察一般规定

在煤矿采空区场地进行岩土工程勘察时应查明下列 9 项内容，并应结合建(构)筑物的特点和设计要求，重点查明老采空区上覆岩层的稳定性，预测现采空区和未来采区的地表移动变形特征和规律，判定其作为工程场地的适宜性，并提出采空区治理和地基处理的相关建议。

(1) 采空区开采历史、开采现状及开采规划、开采方法、开采范围和深度。

(2) 采空区井巷分布、断面尺寸及相应的地表对应位置，采掘方式和顶板管理方法。

(3) 采空区覆岩“三带”高度及发育规律、岩性组合及其稳定性。

(4) 地下水的赋存类型、分布及其变化幅度，地下水对采空区稳定性的影响。

(5) 有害气体的类型、分布特征和危害程度。

(6) 地表移动盆地特征和变形大小(位置、形状、规模)及裂缝、塌陷分布特征。

(7) 采空区与建(构)筑物的位置关系、地面变形可能影响的范围和变化趋势。

(8) 断层对采空区移动变形的影响及活化的可能性。

(9) 地层岩性、区域地质构造及地震动参数等其他工程地质条件。

勘察阶段的划分应与设计阶段的要求相适应。对场地工程地质条件复杂、有特殊要求的工程，或施工期间需针对某一特定问题进行专项研究的工程，必要时应进行补充勘察或施工勘察。对工程规模较小且无特殊要求的工程、场地工程地质条件简单或有工程经验的地区，可合并勘察阶段。采空区场地拟建建(构)筑物岩土工程勘察勘探点布置、岩(土)和水试样采取及试验、原位测试项目及数量等尚应满足《岩土工程勘察规范》(GB50021)[16]和《煤矿采空区岩土工程勘察规范》(GB51044)[17]。

7.2.3　可行性研究勘察阶段

可行性研究阶段煤矿采空区岩土工程勘察应对场地的稳定性和工程建设的适宜性进行初步评价，为城市规划、场址选择、工程建设的可行性和方案设计提供依据。可行性研究勘察阶段应以资料搜集、采空区调查及工程地质测绘为主，必要时辅以适量的物探和钻探工作。可行性研究勘察应包括下列主要工作内容。

(1) 搜集拟建场地地形地质图、区域地质报告、区域水文地质报告、勘察区煤炭资源详查地质报告、精查报告、矿井地质报告以及交通、气象、地震等资料。

(2) 搜集拟建场地及其周边矿产分布、采掘及压覆资源情况、采空区分布及其要素特征、地表移动变形和建筑物变形观测资料,以及由于地表塌陷引起的其他不良地质作用等资料。

(3) 在充分搜集和分析已有资料的基础上,通过踏勘了解场地地层、构造、岩性、不良地质作用和地下水等工程地质条件。

(4) 搜集与调查采空区已有的勘察、设计、施工资料等,对其危害程度和发展趋势做出判断,并对场地的稳定性和工程建设的适宜性进行初步评价。

(5) 当拟建场地工程地质条件复杂,已有资料不能满足要求时,宜根据具体情况增加地面和井下调查,进行工程地质测绘和必要的勘探工作。

(6) 当有两个或以上拟选场地时,应进行比选分析。

可行性研究阶段勘察的调查范围应包括采空区及其变形影响范围,且距拟建场地周边不宜小于500m。

7.2.4　初步勘察阶段

初步勘察应对工程场地的稳定性和适宜性进行评价与分区,为确定采空区治理方案、建(构)筑物总平面布置及地基基础类型提供初步设计依据。初步勘察阶段应进一步搜集有关地质、采矿资料,以采空区专项调查、工程地质测绘和工程物探为主,辅以适当的钻探工作及简易水文地质观测试验,必要时进行地表变形观测。初步勘察应包括下列主要工作内容。

(1) 搜集拟建工程的有关文件、工程地质和岩土工程资料及工程场地范围的地形图。

(2) 在可研搜集资料的基础上,开展采空区专项调查,查明采空区分布、开采历史、计划、开采方法、开采边界、顶板管理方法、覆岩种类及其破坏类型和基本要素。

(3) 查明地质构造、地貌、地层岩性、工程地质条件及地下有害气体。

(4) 查明地下水类型、埋藏条件和补给来源等水文地质条件,了解地下水位动态和周期变化规律,必要时进行地下水长期动态观测。

(5) 分析计算采空区地表已完成的移动变形量及剩余移动变形量,对场地的稳定性及工程建设的适宜性做出明确的评价与分区。

(6) 对可能采取的采空区治理方案进行分析评价。

初步勘察工作应符合下列规定。

(1) 采空区专项调查及工程地质测绘范围应涵盖采空区及其变形影响范围,其调查、测绘内容应符合《煤矿采空区岩土工程勘察规范》(GB51044)[17]。

(2)工程物探方法应根据场地地形地质条件、采空区埋深、分布及其与周围介质的物性差异等综合确定，探测有效范围不应小于拟建场地范围，物探线不宜少于两条；对于资料缺乏、可靠性差的采空区场地，应选用两种物探方法且至少选择一种物探方法覆盖全部拟建工程场地；物探点点距应满足《城市工程地球物理探测规范》(CJJ 7)[18]的相关要求，解译深度应达到采空区底板以下 15～25m。

(3) 工程钻探勘探点的布置应根据搜集资料的完整性和可靠性及物探成果综合确定，主要用于物探成果验证和采空区特征探查。对于资料丰富、可靠的采空区场地，可有针对性地布置不少于三个验证孔；对于资料缺乏、可靠性差的采空区场地，应根据物探成果，对异常地段加密布置。钻探孔深度应达到有影响的开采矿层底板以下不少于 3m 并满足孔内物探需要；当有多层煤重复开采时，钻探孔深度应达到最下层矿层底板以下。钻探施工、取样及地质描述应符合《煤矿采空区岩土工程勘察规范》(GB51044)[17]的相关要求。

(4) 当拟建场地下伏新采空区时，应进行地表变形观测；当拟建场地下伏老采空区时，宜进行地表变形观测；观测范围、观测点平面布置及观测周期应符合《煤矿采空区岩土工程勘察规范》(GB51044)[17]的相关要求。

7.2.5　详细勘察阶段

详细勘察应为采空区治理、地基处理和地基基础设计提供详细的岩土工程资料及设计、施工所需的岩土参数。应以工程钻探为主，辅以必要的物探、变形观测及调查、测绘工作。详细勘察应包括下列主要工作内容。

(1) 搜集附有坐标和地形的建筑总平面图，场区的地面整平标高，建筑物的性质、规模、荷载和结构特点，以及建筑物的基础形式、埋置深度和地基允许变形等资料。

(2) 在初勘工作的基础上，进一步查明：①拟建场地范围及有影响地段内采空区分布、规模、历史及其他要素特征，“三带”分布及地表塌陷和移动变形特征；②采空区上覆岩、土体地层结构及岩性，地基岩(土)体物理力学指标及地基基础设计参数；③采空区充水情况及地下水类型、埋藏条件、补给来源及腐蚀性；④有毒、有害气体的类型、浓度及其对工程施工和建设的影响。

(3) 提供地基基础设计、施工所需的岩土工程参数和地基基础处理、采空区治理方案。

详细勘察的勘探工作应符合下列规定。

(1) 勘察范围宜为初勘阶段所确定的对拟建工程有影响的采空区范围，并考虑新采和复采的影响。

(2) 对于稳定性差、需进行处治的采空区场地，勘探点布置应结合采空区处置方法确定，钻探孔深度应达到开采矿层底板以下不小于 3m。

(3) 采空区专项调查及工程地质测绘应对初勘阶段确定的采空区范围进行核实,并对初、详勘阶段相隔时间段内采空区变化情况进行调查,其调查、测绘内容与初勘一致。

(4) 工程物探宜采用综合测井、跨孔物探、孔内电视和钻孔成像等方法。对于初勘后新采和复采的采空区,宜进行物探,物探要求与初勘一致。

(5) 地表变形监测宜沿用初勘阶段观测网,按周期持续观测,初勘后新采和复采的采空区,或当场地移位较大时,应重新布置观测网进行观测,观测要求与初勘一致。

7.2.6　施工勘察阶段

施工期间发生下列情况,需进行施工勘察。

(1) 因设计、施工需要进一步提供岩土工程资料。

(2) 施工期间采空区发生新采或复采。

(3) 基坑、基槽开挖后,岩土条件与勘察资料不符。

(4) 发现必须查明的其他异常情况。

(5) 在工程施工或使用期间,当地基土、边坡体和地下水等发生未曾预计的变化时,应进行监测,必要时应进行补充勘察。

施工勘察宜与现场检验和监测相结合进行,工作量应根据采空区地基设计和施工要求布置。

7.2.7　小窑采空区岩土工程勘察

对于采深小、地表变形剧烈且为非连续变形的小窑采空区,应通过搜集资料、调查访问、地质测绘、物探和钻探等工作,查明下列主要工作内容。

(1) 查明采空区和巷道的位置、大小、埋藏深度、开采时间、开采方式、回填塌落和充水等情况。

(2) 对于已垮落的小窑采空区,应查明历史上地表裂缝、陷坑位置、数量、形状、大小、深度、延伸方向及其与采空区和地质构造的关系;对于尚未垮落的小窑采空区,应预测其未来对地表的影响。

(3) 采空区周边地形条件、雨水汇流情况、附近的抽水和排水情况及其对采空区稳定性的影响。

(4) 调查采空区已有工程建设变形情况和防治措施的经验。

(5) 进行采空区场地稳定性及工程建设适宜性评价。

(6) 提供设计、施工所需的详细岩土工程参数;对建筑地基做出岩土工程评价,并对地基类型、基础形式、地基处理、基坑支护、工程降水和采空区防治等提出建议。

勘察范围应包括小窑采空区及其变形影响范围。物探宜采用电法、地震、地质雷达等综合物探方法,物探有效范围应包括拟建工程范围及有影响地段,解译深度应能达到采空区底板以下 15～25m。钻探应根据调查访问、地质测绘及物探成果资料，结合坑洞分布、走向、物探异常点及工程特点进行布置，当用于采空区资料验证时，验证线(点)应不少于 3 处；当用于探明采空区分布范围时，宜按复杂场地和复杂地基布置勘察工作；钻孔深度应钻至开采矿层底板以下不少于 3m。

7.2.8 采动边坡岩土工程勘察

采空区边坡勘察应查明老采空区上覆边坡的稳定性，预测新采空区和未来采区边坡移动变形的特征和规律以及其对边坡稳定性的影响和可能的失稳模式；当采动可能造成边坡失稳时必须开展专项勘察；对采空区边坡提出合理的治理措施与监测方案。采空区边坡工程勘察应查明下列内容。

(1) 地形地貌，地质构造，岩土类型、成因、分布及其工程特性，水文地质条件。

(2) 岩体风化程度和基本质量等级，主要结构面的类型、产状、延展情况、闭合程度、充填情况、充水情况、力学属性和组合关系，主要结构面统计及其与临空面关系。

(3) 地下采空区分布范围、深度、开采厚度、开采时间、开采方向、开采方法、顶板管理办法和覆岩破坏类型以及其分布特征、地表移动变形范围和规律及煤柱分布等各种采矿要素，以及其与边坡的空间、时间关系。

(4) 分析评价采空移动变形对边坡形态、主要结构面产状、岩土体强度和水文地质条件等的影响，对变形区进行划分。

(5) 岩土的物理力学性质和软弱结构面的抗剪强度。

(6) 采空区边坡破坏类型、分布、规模及稳定性等。

采空区边坡勘察范围应包括采空移动变形对边坡及坡脚稳定有影响的地段，并考虑新采和复采影响。宜采用工程地质调查与测绘、物探、钻探等方法，必要时可辅以坑探和槽探方法。对于边坡应进行监测，监测内容根据具体情况可包括边坡变形、地下水动态等。采空区边坡工程地质区(段)应根据边坡安全等级、地层岩性、地质构造、地形地貌、水文地质条件及采空区与边坡的相对关系等进行综合划分，每个区(段)至少应布置 1 条垂直于边坡走向的勘探线，各勘探线勘探点数量应不少于 3 个。当边坡工程地质条件复杂时，应加密布置。各勘探线至少应布置 1 个控制性勘探点，孔深进入采空区底板以下不少于 3m；一般性勘探点的深度应穿过最深潜在滑动面并进入稳定层不小于 5m，在坡脚附近的勘探孔应进入坡脚地形剖面最低点且进入支护结构基底以下不小于 3m。边坡主要岩土层和软弱层试样采取数量及试验项目应符合《建筑边坡工程技术规范》(GB50330)[19]的相关要求。抗剪强度指标应根据实测结果结合当地经验确定，并宜采用反分析法验证。对于永久边坡，尚应考虑采空移动变形对强度的影响。

采空区边坡稳定性评价，应在确定边坡破坏模式的基础上，采用工程地质类比法、图解分析法、极限平衡法和数值分析法进行综合评价，有条件时可进行模型试验。各区段条件不一致时，应分区段评价。当采动边坡坡脚作为拟建场地时，尚应评价坡脚鼓胀和隆起变形对其工程建设适宜性的影响。采空区边坡工程稳定安全系数见表 7.4，当边坡稳定性系数小于边坡稳定安全系数时应对边坡进行处理。

表 7.4　边坡稳定安全系数

边坡类型		一级	二级	三级
永久边坡	一般工况	1.35	1.30	1.25
	地震工况	1.20	1.15	1.10
临时边坡		1.25	1.20	1.15

注：①表 7.4 中地震工况的安全系数仅适用于塌滑区内无重要建（构）筑物的边坡；②对地质条件很复杂或破坏后果极严重的边坡工程，其稳定安全系数应适当提高。

7.3　采空区稳定性和适宜性分析与评价

采空区地基稳定性评价的关键因素之一就是要了解采空区地表到目前为止还有多少剩余移动变形量。一般采空区稳定性评价应包括以下几点：①采空区地表是否存在突发性塌陷的可能性，如存在则为不稳定，如不存在则为稳定；②采空区地表的剩余移动变形是否小于受护对象允许值，如小于则稳定，如大于则不稳定；③采空区地表塌陷是否会影响地基的承载力，如影响则需要做专项处理，如不影响则不做处理。

7.3.1　一般规定

应在采空区场地稳定性评价的基础上，根据建筑物重要性等级、结构特征和变形要求、采空区的类型和特征等，采用定性与定量相结合的方法，分析采空区对拟建各类工程的影响及危害程度，综合评价采空区场地的适宜性[16]。

各种类型采空区场地稳定性以及采空区对各类工程的影响及危害程度评价应根据采空区类型的不同而考虑不同的主控因素。

（1）全陷法顶板垮落充分的采空区，可以停采时间和地表变形为主控因素评价采空区场地稳定性，根据场地稳定性、地表残余变形、采深采厚比、覆盖层厚度、建筑物重要性和荷载影响深度等评价采空区对各类工程的影响及危害程度。

（2）非充分采动顶板垮落不充分的采空区，可以停采时间和地表变形特征、采深、顶板岩性和覆盖层厚度等为主控因素评价采空区场地稳定性，根据场地稳定性、地表残余变形特征、采深采厚比、建筑物重要性和荷载影响深度、采空区的密实状态及充水状态等评价采空区对各类工程的影响及危害程度。

(3) 单一巷道及巷采的采空区,可以顶板岩性、停采时间、煤柱安全性为主控因素评价采空区场地稳定性,根据采深、顶板岩性、建筑物重要性和荷载影响深度、采空区的密实状态及充水状态等评价采空区对各类工程的影响及危害程度。

(4) 条带及充填式的采空区,可以停采时间、地面变形为主控因素评价采空区场地稳定性,根据地表变形、采深、煤柱安全性、顶板岩性和覆盖层厚度等评价采空区对各类工程的影响及危害程度。

未经处理的基本适宜建设的场地和适宜性差、经过处理后可以建设的场地,宜被划分为对建筑抗震不利地段。

7.3.2　采空区场地稳定性评价

采空区场地稳定性评价,应根据采空区的类型考虑停采时间、地表移动变形特征和采空区充填密实状态以及充水情况、开采深度和覆盖土层厚度等,采用定性与定量评价相结合的方法进行综合评价,划分为稳定、相对稳定和不稳定三个等级。采空区场地稳定性评价方法主要包括开采条件判别法、地表移动变形判别法和煤(岩)柱稳定分析法等。

开采条件判别法应符合下列规定。

(1) 开采条件判别法适用于各种类型采空区场地稳定性的定性评价,对不规则、非充分采动等顶板垮落不充分的难以进行定量计算的采空区场地,可仅采用开采条件判别法进行定性评价。

(2) 开采条件判别法判别标准以工程类比和本区经验为主,综合各类评价因素综合判别。无类似经验时宜以采空区终采时间为主要因素并结合地面残余变形特征等因素参照表 7.5～表 7.7 进行综合判别。

表 7.5　采空区稳定时间

稳定状态	不稳定	相对稳定	稳定
采空区终采时间	<$2H$(天)或≤1 年	2～$3H$(天)且>1 年	>$3H$(天) 且>2 年

注:H 为采空区埋深。

表 7.6　浅层采空区顶板岩性及覆盖层厚度

评价因素	不稳定	相对稳定	稳定
顶板岩性	无坚硬岩层分布或为薄层或软硬岩层互层状分布	有厚层状坚硬岩层分布且 15.0m>层厚>5.0m	有厚层状坚硬岩层分布且层厚度≥15.0m
覆盖土层厚度/m	<5	5～30	>30

表 7.7　变形特征

评价因素	不稳定	相对稳定	稳定
地表变形特征	非连续变形	连续变形	连续变形
	抽冒或切冒型	盆地边缘区	盆地中间区
	地面有塌陷坑、台阶	地面倾斜、有地裂缝	地面无地裂缝、台阶、塌陷坑

地表移动变形判别法应符合下列规定。

(1) 地表移动变形判别法适用于顶板垮落充分规则开采的采空区场地的稳定性定量评价，对顶板垮落不充分、不规则开采的采空区场地稳定性也可以采用等效法等计算结果参照判别评价。

(2) 地表移动变形值宜以场地实际监测结果为判别依据。有成熟经验的地区也可采用经现场核实与验证后的地表变形预计法计算结果作为判别依据。稳定性评价应在综合判别分析场地的变形趋势和变形特征的基础上，一般可以研究区域内对建筑物有影响的变形最大值来判别场地的稳定性。

(3) 地表移动变形判别法判别标准，地面沉降速度为主要指标结合其他参数按照表 7.8 进行判别评价。

表 7.8　地表移动变形判别标准

评价因素		不稳定	相对稳定	稳定
判别指标	沉降速度	＞1.0mm/d	沉降速度＜1mm/d，但连续6个月累计下沉＞30mm	沉降速度＜1mm/d，且连续6个月累计下沉＜30mm
	倾斜	＞10mm/m	3～10mm/m	＜3mm/m
	地表曲率	＞0.6mm/m^2	0.2～0.6mm/m^2	＜0.2mm/m^2
	水平变形	＞6mm/m	2～6mm/m	＜2mm/m

煤(岩)柱稳定分析法应符合下列规定。

(1) 煤(岩)柱稳定分析法适用于穿巷、房柱及单一巷道等类型采空区场地的稳定性定量评价。

(2) 巷道(采空区)的空间形态、断面尺寸、埋藏深度、上覆岩层特征及其物理力学指标等计算参数，应通过实际勘察成果资料获得，或者通过本矿区的经验资料取值。

(3) 煤(岩)柱安全稳定性系数判别标准见表 7.9。

表 7.9　煤(岩)柱安全稳定性系数判别标准

稳定状态	不稳定	相对稳定	稳定
煤(岩)柱安全稳定性系数	＜1.2	1.2～2	＞2

下列地段宜划为不稳定区段。

(1)采空区垮落时,地表出现塌坑、台阶状开裂缝等非连续变形的地段。

(2)特厚煤层和倾角大于55°的厚煤层露头地段。

(3)由于地表移动和变形引起边坡失稳、山崖崩塌及坡脚隆起地段。

(4)地表覆盖层中分布有粉土、粉砂地层,且地下水径流强烈地段。

(5)对非充分采动顶板垮落不充分、采深小于150m,且存在大量抽取地下水的地段。

7.3.3 采空区对各类工程的影响及危害程度评价

采空区对各类工程的影响及危害程度评价,应在采空区场地稳定性评价的基础上,对地表移动持续时间、地表移动变形值大小、采深采厚比、建筑物荷载大小及影响深度、建筑物重要程度和变形要求、垮落充填密实程度及充水情况等因素进行综合评价,划分为危害大、危害中等和危害小三个等级。

采空区对各类工程的影响及危害程度评价方法包括定性评价和定量评价。定性评价可采用工程比拟法、采空区条件特征判别法和活化影响因素分析法等,参照表7.10进行综合判别评价;定量评价宜以地表残余移动变形预计法为主,结合荷载影响深度判别法、附加应力影响深度判别法和数值模拟法等,参照表7.11进行综合判别评价。

表7.10　采空区建(构)筑物地基稳定性评价表

评价因素	危害大	危害中等	危害小
采空区场地稳定性	不稳定	相对稳定	稳定
工程地质比拟法	地面、建(构)筑物开裂、塌陷,且处于发展、活跃阶段	地面、建(构)筑物开裂、塌陷,但已经稳定6个月以上且不再发展	地面、建(构)筑物无开裂;或有开裂、塌陷,但已经稳定2年以上且不再发展
采空区深度	采深<50m或深厚比<30	采深50～200m或深厚比30～60	采深>200m或深厚比>60
采空区的密实状态及充水状态	存在空洞,钻探过程中出现掉钻、孔口串风	基本密实,钻探过程中采空区部位大量漏水	密实,钻探过程中不漏水、微量漏水但返水或间断返水
地表变形特征及发展趋势	正在发生不连续变形	现阶段相对稳定,但存在发生不连续变形的可能	不会再发生不连续变形
活化因素	发生活化的可能性大,影响强烈	发生活化的可能性中等,影响一般	发生活化的可能性小,影响小

表 7.11　采空区对建(构)筑物影响程度定量评价参照表

评价因素		危害大	危害中等	危害小
荷载影响深度 H_0 和采空区深度 H		$H<H_0$	$H_0 \leqslant H \leqslant 1.5H_0$	$H>1.5H_0$
附加应力影响深度 H_Z 和垮落裂缝带深度 H_{lf}		$H_{lf}<H_Z$	$H_Z \leqslant H_{lf} \leqslant 1.5H_Z$	$H_{lf}>1.5H_Z$
地表残余变形	沉降量/mm	>200	100～200	<100
	倾斜/(mm/m)	>4	2～4	<2
	水平位移/(mm/m)	>6	2～6	<2
	地表曲率/(mm/m^2)	>0.6	0.2～0.6	<0.2

注：①采空区深度 H 是指采空区或巷道等的埋藏深度，对于条带开采和穿巷开采是指垮落拱顶的埋藏深度；②垮落裂缝带深度 H_{lf} 是指采空区垮落裂缝带的埋藏深度，一般宜通过勘探实测获得，理论计算方法为 H_{lf}＝采空区深度－垮落裂缝带高度。

1. 工程比拟法应符合的规定

(1) 工程比拟法适用于各种类型采空区对各类工程的影响及危害程度的定性评价。

(2) 应在对类似工程进行全面细致地调查的基础上进行比拟。类似工程应位于地质、采矿条件相同或相似的同一矿区或邻近矿区。

2. 采空区条件特征判别法应符合的规定

(1) 采空区条件特征判别法适用于各种类型采空区，对不规则和非充分采动等难以进行定量计算的采空区场地，可以只进行采空区条件特征判别法定性评价。

(2) 采空区条件特征判别主要从采空区稳定性、采空区深度、采深采厚比、地表变形特征及发展趋势和采空区的密实状态等方面进行。

3. 活化影响因素分析法应符合的规定

(1) 活化影响因素分析法适用于不稳定和相对稳定的采空区场地。

(2) 应评价地下水上升引起的浮托作用、煤(岩)柱软化作用等和地下水位下降引起垮落裂缝带压密以及潜蚀、虹吸作用等的影响；评价地下水径流引起岩土流失诱发地面塌陷的可能性。

(3) 应评价地震、地面振动荷载等引起松散垮落裂缝带再次压密诱发地面塌陷和不连续变形的可能性。

(4) 活化影响因素分析主要以定性分析评价为主，预测评价地表变形特征、发展趋势及其对工程的影响，有条件时可以采用数值模拟方法进行分析评价。

4. 地表残余移动变形预计法应符合的规定

（1）地表残余移动变形预计法适用于充分和规则开采顶板垮落充分的采空区的影响及危害的定量评价，对顶板垮落不充分的不规则开采采空区的影响及危害也可以采用等效法等计算结果参照判别评价。

（2）地表残余移动变形判别应根据预计的残余变形值，结合建(构)筑物的允许变形值及本区经验综合判别，一般宜符合表 7.11 的评价标准。

5. 荷载影响深度判别法应符合的规定

（1）荷载影响深度判别法主要针对穿巷、房柱及单一巷道等类型的采空区场地。

（2）对于荷载影响深度计算的荷载值和基础尺寸应和设计单位充分沟通后确定，暂无准确数据时，可根据类似工程经验数据考虑适当安全系数后按式(7.1)计算荷载的临界影响深度：

$$H_0=\frac{B\gamma+\sqrt{B^2\gamma^2+4B\gamma p_0\tan\varphi\tan^2\left(45°-\dfrac{\varphi}{2}\right)}}{2\gamma\tan\varphi\cdot\tan^2\left(45°-\dfrac{\varphi}{2}\right)} \tag{7.1}$$

式中，H_0 为临界深度，单位为 m；B 为巷道宽度，单位为 m；γ 为顶板以上岩层的重度，单位为 kg/m^3；φ 为顶板以上岩层的内摩擦角，单位为(°)，由岩样剪切试验求得；p_0 为基底附加应力。

（3）穿巷、房柱开采自然垮落拱高度宜以实际勘探结果为准。采用经验公式计算时，应有本矿区或相同地质条件的邻近矿区的实测资料验证，计算结果对拟建工程影响较大时必须进行钻探验证，验证的钻孔不宜少于两个。

（4）荷载影响深度判别应根据计算的影响深度和顶板岩性及本区经验综合判别，一般宜符合表 7.11 所示的综合判别评价标准。

6. 附加应力影响深度判别法应符合的规定

（1）附加应力影响深度判别法主要针对垮落裂缝带发育且密实程度差的浅层、中深层采空区场地。

（2）地基中附加应力的计算按照地基基础有关规范进行。分层计算基础地面以下平均附加应力或基础中心点的附加应力 σ_z，分层厚度不宜大于 5m，附加应力影响深度 H_z 计算深度至 $0.05\sigma_c$(σ_c 为地层自重应力)。

（3）附加应力影响判别应根据计算的影响深度和垮落裂缝带岩体完整程度、密实程度及本区经验进行综合判别，一般宜符合表7.11所示的综合判别评价标准。

7. 数值模拟法应符合的规定

（1）数值模拟法适用于复杂采空区场地对拟建工程的影响和危害规律及程度的定性评价，作为其他定性定量评价的补充和参考。

（2）数值模拟应在查明采空区特征和地质条件、工程地质条件的基础上，概化出能够反映客观条件的地质模型，再根据拟建工程的特点，建立力学模型。模型计算范围应超过对工程可能有影响的采空区范围且不宜小于100m；

（3）模拟用的计算参数可根据本场地实测指标确定，也可根据反分析和当地经验做合理的调整。数值模拟的结果未经验证不能用于预测评价。

7.3.4　采空区场地建设适宜性评价

采空区场地建设适宜性评价应根据场地稳定性和采空区对拟建工程的影响及危害程度做出综合评价，划分为适宜、基本适宜和适宜性差三个级别，见表7.12。

表7.12　采空区场地适宜性评价分级表

级别	分级说明
适宜	采空区场地已稳定，垮落裂缝带密实，工程建设对采空区稳定性影响小，可以忽略采空区残余变形对拟建工程的影响，无须进行采空区地基处理
基本适宜	采空区场地已相对稳定，垮落裂缝带基本密实，工程建设对采空区稳定性影响较小，采取结构措施可以控制采空区残余变形对拟建工程的影响，或虽须进行采空区地基处理但处理难度小且造价低
适宜性差	采空区场地不稳定，垮落裂缝带不密实，存在地面发生连续变形的可能，工程建设对采空区稳定性影响大或采空区残余变形对拟建工程的影响大，须进行采空区地基处理且处理难度大且造价高

对于稳定和相对稳定的采空区场地，低层和变形要求不高的多层建筑物（相关规范不做变形验算要求的建筑物），可采用工程比拟法等定性方法评价场地稳定性及采空区对各类工程的影响及危害程度，综合评价场地适宜性；其余情况，均应根据地表残余变形量和采空区的密实状态及充水状态等，采用定性方法和定量方法综合评价场地稳定性及采空区对各类工程的影响及危害程度，评价场地适宜性。

7.4　采空区地表剩余变形计算方法

采空区地表剩余沉陷可分为两个部分：①地表下沉还没有到达基本结束部分。由于各开采块段开采的时间不一致，有些已采块段目前对地表的影响还没有基本结束，即地表下沉量连续 6 个月大于 10mm。②考虑覆岩破坏形成的微小空间（岩块间、离层间等）经较长时间进一步密实产生的下沉量，也称残余下沉量。前者可用 Sulstowicz 的假说作为计算条件；而后者则可采用适当加大充分下沉系数的方法进行解决。在地表沉陷预计中以各块段开采起始年月为起点，以预计或建造建（构）筑物的日期为终点，计算出前期地表位移变形量。以加大下沉系数方法计算出全期地表位移变形量。最终利用图形数据差值法得出剩余位移变形量。

从统计的观点来看，可以将整个采区的开采分解为无穷多个无限小的开采单元。这样，整个采区开采对岩层及地表的影响就相当于这无穷多个单元开采对岩层及地表所造成的影响之和。在采空区足够大的情况下，岩层及地表将产生下沉。把单采区开采引起下沉的概率视为该点在单元开采影响下的下沉组分，就能得到表示 $P(x,y,z)$ 点的单元下沉为

$$W_c = P_z^2 \exp[-\pi(x^2+y^2)/r^2] \tag{7.2}$$

式中，W_c 为 $P(x,y,z)$ 点的单元下沉值；r 为主要影响半径；P_z 为概率。

则，单元下沉的体积为

$$A_c = \iint_D P_z^2 \exp[-\pi(x^2+y^2)/r^2]\mathrm{d}x\,\mathrm{d}y \tag{7.3}$$

Sulstowicz 假说的概率积分法预计公式考虑覆岩破坏形成的微小空间（岩块间、离层间、水砂充填体等）经进一步压实的微小下沉量，认为下沉盆地体积的增长率与开挖区未压密的体积成正比，即

$$\mathrm{d}A_c/\mathrm{d}t = c(1-A_c) \Leftrightarrow A_c = 1-\exp(-ct) \tag{7.4}$$

式中，c 为一系数，当 $t=0$ 时，$A_c=0$，当 $t\approx\infty$ 时，$A_c=1$；t 为开采时间。

将式(7.3)先代入式(7.4)中，而后代入式(7.2)中得单元下沉的最终表达式为

$$W_c = [1-\exp(-ct)]\exp[-\pi(x^2+y^2)/r^2]/r^2 \tag{7.5}$$

应用线性叠加原理，对于任意矩形开采引起的地表下沉表达式为

$$W(x,y,z) = W_{\max}\int_a^b\int_c^d \exp[-\pi(x^2+y^2)/r^2]/r^2\,\mathrm{d}x\mathrm{d}y \tag{7.6}$$

式中，$W_{\max}$ 为最大下沉值。

式(7.4)的主要参数 c 主要与覆岩的岩性和采深有关。在采深较浅、覆岩岩性较软、韧性较差的条件下，c=2.5～3.0；在采深较浅、覆岩岩性较硬、韧性较好的条件下，c=2.0～2.5；在采深较大、覆岩岩性较软、韧性较差的条件下，c=1.5～2.0；在采深较大、覆岩岩性较硬、韧性较好的条件下，c=1.0～1.5。参数 c 与下沉时间之间的变化关系如图 7.1 所示。

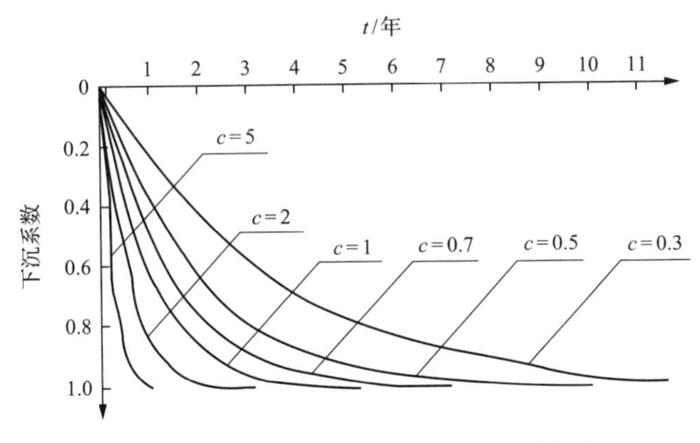

图 7.1　参数 c 与地表下沉时间之间的关系

7.5　采空区上建(构)筑物地基稳定技术措施

在老采空区上方建建筑物(特别是大型建筑物)后,在附加荷载和其他地质因素作用下采空区地表将产生沉降和变形。即使对地下采空区和采动破碎基岩采取一定加固处理措施,地表仍有一定的残余变形产生,会对建筑物产生不良影响,甚至对建筑物造成破坏。因此,必须在建筑物中采取适当的技术措施。

(1) 建(构)筑物形状力求简单、对称、等高;为避免不均匀沉降对建筑物产生变形差异,主要建筑物长轴需与原开采方向一致,即沿煤层走向布置。

(2) 化小受力单元,在工艺允许条件下,尽可能减轻荷载。结构设计时,适当调整柱、基设计,使荷载分布均匀;地基可采用置换式强夯处理,在减少地基下沉不均匀性的同时也提高地基承载力和稳定性。

(3) 设置变形缝,通过设置变形缝,将建筑物分成若干个彼此互不关联、长度较小、自成变形体系的独立单元,从而减小地基反力的不均匀性,增强建筑物抵抗地表变形的能力。变形缝必须从基础开始向上设置成一条通缝。变形缝一般设置于下列部位:建筑物平面形状不规则时,在转折部位设置;建筑物高低相差悬殊时,在高低变化处设置;建筑物荷载相差悬殊时,在荷载变化处设置;分期建设的建筑物,在交接部位设置;对于过长的建筑物,可以每隔 20m 左右设置。

(4) 设置地表变形缓冲沟,在位于地表压应变区域的建筑物的四周挖沟,将建筑物与四周地表分开,然后在沟中填满可压缩的材料,使得建筑物免受由地表压缩变形而产生的侧推力的影响。

(5) 采用抗变形整体基础,整体基础具有强度高、刚度大的特点,这些基础对建筑物抵抗地表变形比较有利。在一般建筑物中,基础形式由地耐力、上部荷载和上部结构形式等因素决定。而对于抗变形建筑物来讲,其基础形式的选择必须在考虑上述因素的同时考虑地表变形的不利影响，此时可以将基础做成箱形、筏形、柱下十字交叉条形钢筋混凝土基础等整体性好的基础形式。

(6) 提高建筑物整体结构的刚度和强度，为提高建筑物抵抗地表各种变形的能力，可以采取提高建筑物结构刚度和强度的措施。其方法主要有适当增加物件的有效面积、加设钢筋混凝土圈梁、构造柱，此外还可以适当增加物件的用钢量。

7.6 采空区上方修建大型建筑物地基稳定性分析

7.6.1 工程背景

山东蓝海领航电子商务产业园是山东省 2014 年省重点建设项目，项目总投资 43 亿元，占地面积 1391 亩(1 亩≈666.67m^2)，规划总建筑面积 110 万 m^2，将打造成山东省知名的电商基地，园区规划设计如图 7.2 所示。该产业园将作为济南市创建国家级电子商务示范基地的主要载体(全国拟建 50 家国家级示范基地)，打造成集电子商务云计算、数据支撑、在线支付、在线运营、互联网金融、网上商城、仓储物流及电子商务技术研发服务等完整产业链的电子商务集聚区，预计年销售收入 600 亿元，年税收 3.6 亿元。

图 7.2　山东蓝海领航电子商务产业园项目规划设计图

数据处理中心是电子商务产业园的“心脏”，尤其是在当今大数据智慧时代，数据处理中心对于山东蓝海领航电子商务产业园来说显得更为重要，因此数据处理中心 1#楼为项目一期主要建筑物，该楼位于整个园区 A 区(核心区)西部，具体坐标见表 7.13，其北距经十东路约 180m，西距建设用地边界约 40m。数据处理中心 1#楼东西长 84.84m，南北宽 59.64m，高 24.0m。楼层高、跨度大，为重要建筑物。

表 7.13　数据处理中心 1#楼拐点坐标

序号	X	Y
1	4 060 079.968 8	39 534 364.468 8
2	4 060 079.968 8	39 534 449.308 8
3	4 060 020.326 8	39 534 449.308 8
4	4 060 020.326 8	39 534 364.468 8

数据处理中心 1#楼坐落于原圣井煤矿采空区上方，地质条件复杂，根据《建筑地基基础设计规范》(GB 50007)[20]中规定的地基基础设计等级判断该处等级为甲级。数据处理中心 1#楼的安全运营对于山东蓝海领航电子商务产业园的正常运行至关重要，因此必须在数据中心 1#楼主体工程施工前对采空区稳定性进行评价分析，并进行适当处理。

7.6.2　工程地质情况分析

1. 圣井煤矿开采现状

自建矿至今，可开采煤层有 4 煤、7 煤、9 煤及 10-2 煤。各煤层开采情况如下。

(1) 4 煤层赋存于山西组中下部，遭受剥蚀严重，赋存标高＋35～＋65m，埋深为 35～70m，平均可采厚度为 0.42m，属于极不稳定的零星可采煤层。该煤层开采历史较长，1972 年勘查时已经存在古空区。据收集资料和物探解译及钻探验证分析，原济东煤田圣井煤矿 4 煤层采空区位于工作区东北部和西北部。煤层回采率约为 50%。

(2) 7 煤层位于太原组中部，平均可采厚度为 0.52m，可开采资源量主要位于工作区东部和南部，赋存标高＋25～－100m，煤层结构简单，属不稳定煤层。矿山开采期间未动用 7 煤层储量。

(3) 9 煤层位于太原组下部，平均可采厚度为 0.81m，属于大部可采的薄煤层。煤层结构简单，属较稳定煤层。煤层赋存标高＋10～－160m，埋深为 75～210m。据收集资料和物探解译分析，原济东煤田圣井煤矿 9 煤层采空区在建筑用地内分布广泛。煤层回采率约为 85%。

(4) 10-2 煤层位于太原组下部，平均可采厚度为 1.18m，属于大部可采的薄煤层。煤层结构简单，属较稳定煤层。煤层赋存标高－60～－220m，埋深为 70～235m。据收集资料和物探解译分析，原济东煤田圣井煤矿 10-2 煤层已经开拓，采空区在工作区内零星分布，主要位于西南部、东部和北部 9 号钻孔附近。煤层回采率约为 70%。

截至 2010 年年底，矿井累计采出煤炭资源 92.9 万 t，累计损失 11.4 万 t，累计动用资源储量 104.3 万 t，平均回采率为 89.1%，具体见表 7.14。

表 7.14　动用资源储量情况一览表

年份	动用量/万 t	采出量/万 t	损失量/万 t
2006 年年底以前	70.5	59.9	10.6
2007 年	4.3	4.1	0.2
2008 年	10.1	9.9	0.2
2009 年	9.6	9.4	0.2
2010 年	9.8	9.6	0.2
合计	104.3	92.9	11.4

2. 周边小煤井开采现状

1）原黄土崖煤井

原黄土崖煤井位于圣井井田的西北部。于 1983 年建井，开采 9 煤层，采动区位于 F4-1 和 F7-4 断层之间。1988 年，当 901 下山揭露北西走向断层带时发生底板徐灰突水，突水量高达 $200m^3/h$。虽然突水后采取了多种封堵措施，但堵水效果并不明显，致使矿井被迫关闭。矿井累计动用 9 煤层资源储量 6.7 万 t。目前，原黄土崖煤井开拓巷道及采空区内已充满积水。

2）原 3、4 煤层开采矿井

2001 年 9 月，章丘市圣井镇 1 号煤矿扩层开采 3 煤层。由于 3 煤层赋存面积很小，2001～2003 年已全部采完，累计动用煤层资源储量 15.6 万 t。原开拓开采系统除南罗南井设计为矿井后期风井现为水文观测井外，其他均已封闭。原开拓巷道及采空区内已充满积水。4 煤层开采煤井较多，在一期用地及周边地区分布有 9 口无名民采古井，主要是开采 4 煤层，古井目前均已废弃，工作区中部的古 1 井、东北部的古 2、古 3、古 4 井尚存废弃井口。另外，南罗南井、上庄煤矿也开采 4 煤层。据调查，古井采矿方法比较简陋，主要采用房柱式采煤法。

3）原 10-2 煤层开采井

章丘市圣井镇 1 号煤矿在 2002 年以前开采井田南部 10-2 煤层，采用立、斜井混合开拓方式，现已废弃封闭，累计动用 10-2 煤层资源储量 46.3 万 t。原开拓巷道及采空区内已充满积水。

3. 产业园区内煤炭开采情况

产业园区内 4 煤层已于 2003 年以前开采完毕，距今已经 10 年以上，4 煤采空区位于产业园北部及东部。

9 煤层采空区广布于产业园大部，分为东西两部分。西部采空区为黄土崖煤井开采，开采时间为2006年以前。东部采空区为圣井煤矿开采，开采时间为2007年至2013年年底，采空区范围分布较大。

10-2煤采空区零星分布，主要位于产业园的西南部、东部和北部9号钻孔附近，开采时间为2013年以前。

4. 数据处理中心1#楼区域煤炭开采情况

数据处理中心1#楼区域内4煤层已于2003年以前开采完毕，距今已经10年以上，4煤采空区位于数据处理中心1#楼的中部和东部，平均开采厚度为0.67m。9煤采空区在数据处理中心1#楼区域分布较少，分为东西两部分。西部采空区为黄土崖煤井开采，平均开采厚度为0.77m，开采时间为2006年以前，仅在数据处理中心1#楼西侧分布。东部采空区为圣井煤矿开采，平均开采厚度为1.09m，开采时间为2007年至2013年年底，仅在数据处理中心1#楼东侧分布。10-2煤采空区在数据处理中心1#楼区域内有分布，平均开采厚度为1.18m，位于该区域的南部。数据处理中心1#楼附近4煤、9煤和10-2煤采空区分布情况如图7.3所示。

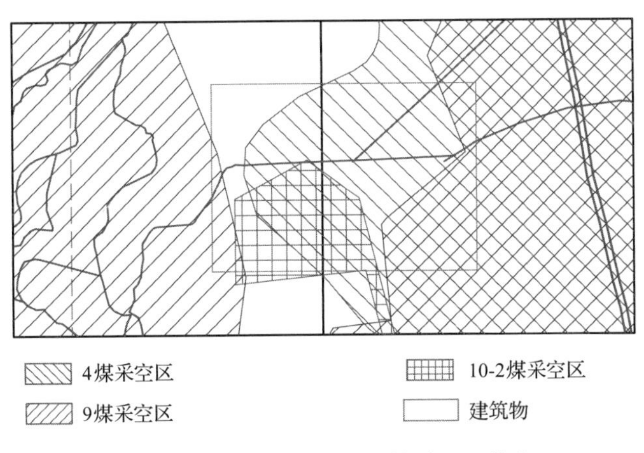

图7.3　数据处理中心1#楼采空区分布

7.6.3　建筑载荷影响深度分析

建筑物的建造使地层中原有的应力状态发生变化，从而引起地层变形，出现基础沉降[21~28]。建筑物荷载的影响深度随建筑荷载的增大而增大，一般地，当地基中建筑荷载产生的附加应力等于相应深度处地基层自重应力的20%时，即认为附加应力对该深度处地层产生的影响可忽略不计。但当其下方有高压缩性土或别的不稳定性因素时，如采空区垮落、断裂时，则应计算附加应力直至地基自重应力的10%位置处，方可认为附加应力对该深度处的地层影响很小，该深度即为建筑物荷载影响深度[29~35]。

数据中心 1#楼东西长 84.84m，南北宽 59.64m，基础设计采用“桩＋筏板”结构，为深基础。桩为端承桩，桩径为 800mm，桩间距为 8.4m，单桩载荷为 900t，共 108 根桩，设计将桩打至 4 煤层底板，埋深为 40m。

深基础底面积：

$$S = a \times b = (84.84 \times 59.64)\text{m}^2 = 5\ 059.9\text{m}^2 \tag{7.7}$$

式中，S 为深基础底面积，单位为 m^2；a 为数据中心 1#楼长度，大小为 84.84m；b 为数据中心 1#楼宽度，大小为 59.64m。

桩基总重量：

$$W = m \times g \times n = (900 \times 10 \times 108)\text{kN} = 972\ 000\text{kN} \tag{7.8}$$

式中，W 为桩基总重量，单位为 kN；m 为单桩载荷，大小为 900t；g 为重力加速度，大小为 10N/kg；n 为桩基数量。

基底平均附加应力：

$$p_0 = \frac{W}{S} = \frac{972\ 000}{5\ 059.9}\text{kN/m}^2 = 192.1\text{kN/m}^2 \tag{7.9}$$

基底处自重应力：

$$\sigma_0 = H_{土} \times \gamma_{土} + H_{岩} \times \gamma_{岩} = (10 \times 15 + 30 \times 25)\text{kN/m}^2 = 900\text{kN/m}^2 \tag{7.10}$$

式中，σ_0 为基底处自重应力，单位为 kN/m^2；$H_{土}$ 为地基中第四系表土层厚度，单位为 m；$H_{岩}$ 为地基中基岩厚度，单位为 m；$\gamma_{土}$ 为地基中第四系表土层容重，单位为 kN/m^3；$\gamma_{岩}$ 为地基中基岩容重，单位为 kN/m^3。

基底平均应力：

$$p = p_0 + \sigma_0 = (192.1 + 900)\text{kN/m}^2 = 1\ 092.1\text{kN/m}^2 \tag{7.11}$$

式中，p 为基底平均应力，单位为 kN/m^2。

地基附加应力随深度增加而减小，而地基中自重应力随深度增加而增大。地基附加应力等于地基自重应力的 10%位置处即为建筑载荷影响深度。数据中心 1#楼为矩形基础，则基底中心点垂线下不同深度处的地基附加应力：

$$\sigma_z = 4 \times K_c \times p_0 \tag{7.12}$$

式中，K_c 为附加应力系数。

建筑物载荷影响深度计算见表 7.15，经计算数据中心 1#楼建筑附加载荷影响深度为基底下 35m，则数据中心 1#楼基础的建筑载荷影响深度为 75.0m，如图 7.4 所示。

表 7.15　建筑物载荷影响深度计算表

序号	a/b	z/m	z/b	K_c	σ_z/(kN/m²)	地基自重应力的 10%/(kN/m²)
1	1.42	0	0	0.250 0	192.1	90.0
2	1.42	5	0.083 836	0.249 6	191.778 6	102.5
3	1.42	10	0.167 673	0.249 2	191.457 3	115.0
4	1.42	15	0.251 509	0.247 4	190.127 9	127.5
5	1.42	20	0.335 345	0.244 9	188.166 0	140.0
6	1.42	25	0.419 182	0.241 7	185.704 0	152.5
7	1.42	30	0.503 018	0.236 3	181.556 2	165.0
8	1.42	35	0.586 854	0.230 9	177.408 4	177.5

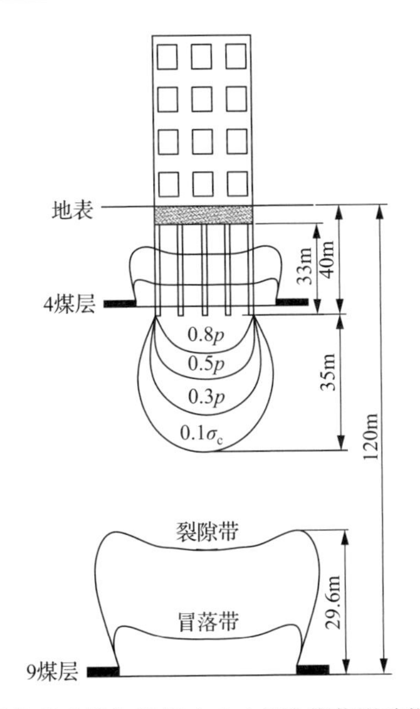

图 7.4　冒落裂隙带与数据中心 1#楼载荷影响深度关系图

冒落裂缝带高度与建筑物载荷影响深度之间存在以下三种情况。

(1) 建筑物载荷影响深度与冒落裂缝带顶界面之间有一定距离[图 7.5(a)]，这种情况不会影响冒落裂缝带的稳定性。

(2) 建筑物载荷影响深度与冒落裂缝带顶界面正好接触[图 7.5(b)]，这种情况为临界情况。

(3) 建筑物载荷影响深度进入冒落裂缝带内[图 7.5(c)]，这种情况下建筑物载荷会影响冒落裂缝带的稳定性，建筑物会受到较大不均匀沉降的影响。

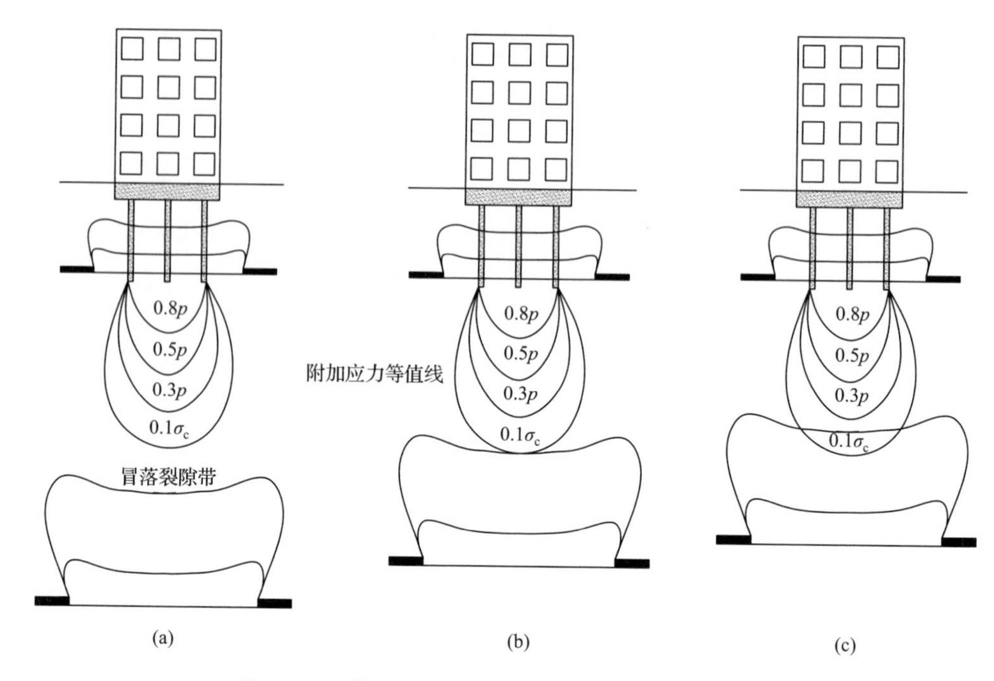

图 7.5　冒落裂缝带高度与建筑物载荷影响深度关系

建筑物影响范围内 9 煤层埋深最浅处为 120m，开采后冒落裂缝带最大发育高度为 29.6m，则数据中心 1#楼建筑载荷附加应力影响范围与下部 9 煤层采空区冒落裂缝带之间具有 15.4m 的安全距离，理论上 9 煤层采空区将不会影响上部建筑物的安全。但是考虑到数据中心 1#楼楼层高、跨度大，楼内设备重量大，且正好位于多煤层开采叠加区域，极易产生不均匀沉降，对建筑物的使用安全和寿命极为不利，因此对建筑物影响范围内的采空区进行全部治理是十分必要的。

7.6.4　采空区地层注浆加固补强

1. 注浆钻孔布设

注浆钻孔布设应先考虑浆液的扩散半径，一般为 10～20m，其与浆液的浓度、注浆压力和被充填空间的密实度等有关。同时，还应考虑地面允许沉降量的要求，以及区域建筑物保护等级和分布特征。为对数据中心 1#楼影响范围内的地层进行注浆加固，在地面东西向布设间距为 25m 的钻孔，在南北向布设间距为 20m 的钻孔，呈矩形布置；帷幕孔间距为 15m，如图 7.6 所示；为进一步提高建筑物的安全性能，在建筑物范围内对注浆钻孔进行加密布置，布置方式如图 7.7 所示。

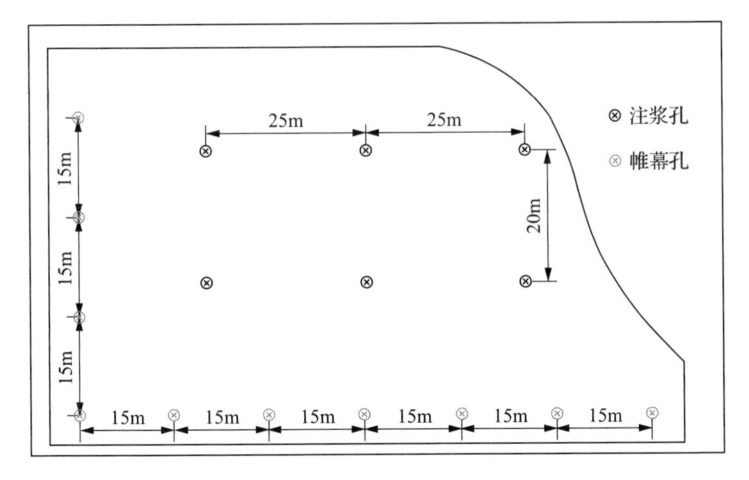

图 7.6　钻孔布置方式

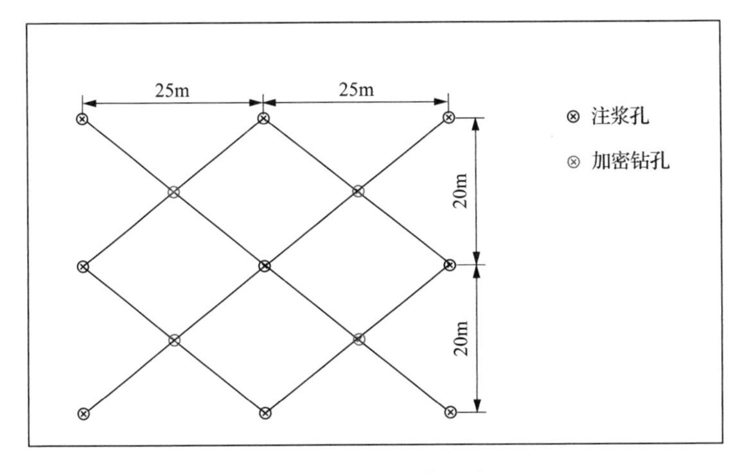

图 7.7　加密钻孔布置方式

2. 注浆孔结构

注浆孔开孔孔径不小于 Φ130mm，钻孔穿过松散层钻至完整基岩段 5m 后下套管，并用水泥砂浆固管护壁，孔口管固结后进行压水试验，其最大压力不低于 3MPa，保证不窜浆。之后再向下钻进不小于 Φ89mm 的钻孔，至所需充填的采空区底板以下的 2m 终孔。所有钻孔孔位偏差小于 1m，孔斜小于 1°。注浆孔结构如图 7.8 所示。

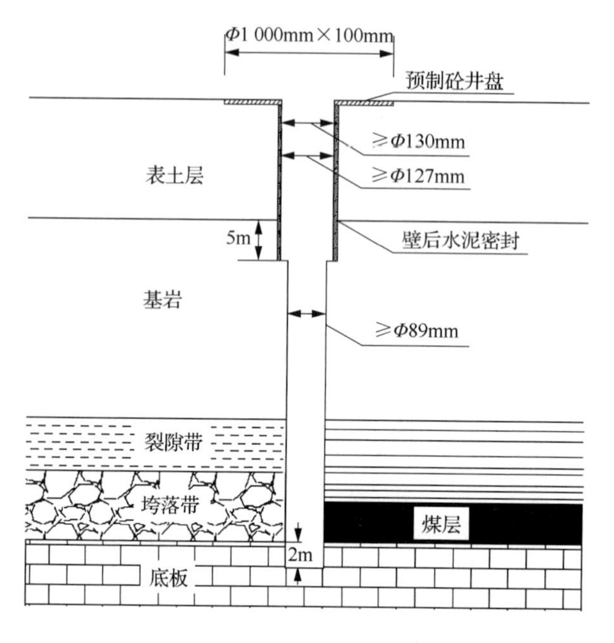

图 7.8　注浆孔结构图

3. 注浆材料

采空区注浆充填材料要求压缩系数小，并秉承“就地取材、经济、便宜”的原则，因此采用以电厂粉煤灰作为主要材料的浆液。当采空区内存在大的空洞时，可采用石屑进行填充。由于电厂粉煤灰黏结性不好，活性差，浆液中必须加一定比例的水泥，以提高充填体的强度和防止其震动液化，要求充填注浆 28 天后现场钻取的充填体单向抗压强度不低于 0.5MPa。

1) 充填材料选取

充填用的水泥为 32.5 普通硅酸盐水泥，电厂粉煤灰不低于《水工混凝土掺用粉煤灰技术规范》Ⅲ级标准[36]。充填骨料采用当地石料厂碎石屑，粒径为 Φ0.5～10mm。水玻璃模数为 2.4～3.0，浓度为 30～40°Bé。

2) 充填料浆配比

采空区充填料浆为水泥、粉煤灰混合浆。水泥与粉煤灰的质量比为 4∶6，注浆浆液采用先稀后稠的原则进行，水固比依次为 1.2∶1、1∶1 和 0.8∶1，采空区充水时，应使用较高的浓度比。对于浆液配比及浓度，可根据注浆结石体强度和浆液流动性等影响因素进行适当调整。

对于帷幕注浆孔和具有明显掉钻现象的注浆孔，为控制浆液扩散过远，节省材料消耗，应适量向浆液中添加骨料。

3）封孔料浆配比

数据中心1#楼保护等级较高，为保证建筑物的安全，特将注浆钻孔作为小桩基，增强对高层建筑物的支撑能力，因此封孔料浆采用水灰比为1∶2的纯水泥浆。

4. 制浆工艺

先将粉煤灰送入粉煤灰搅拌池加水进行第一次搅拌，流出后经过孔眼Φ3mm的筒箍或平面振动筛除碴，3mm以下粉煤灰浆液流入第二个搅拌池，加水泥进行第二次搅拌，搅拌好后流入储浆池，然后用注浆泵通过Φ50mm注浆管输送到钻孔内，制浆系统如图7.9所示。

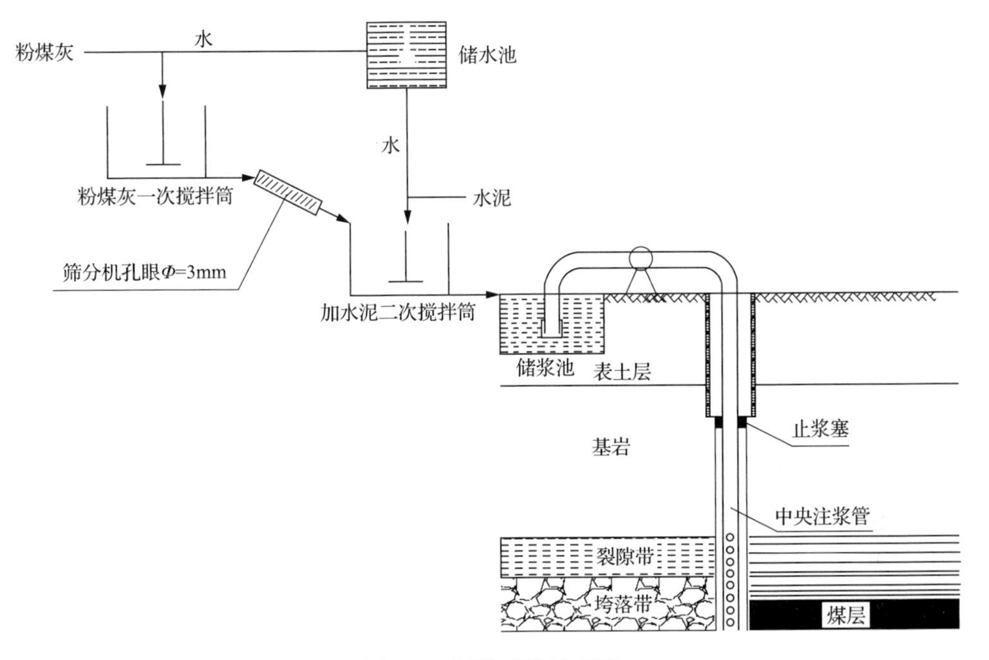

图7.9　制浆系统示意图

5. 注浆工艺及参数

注浆前应先注水冲洗钻孔，将受注段岩石裂缝、裂隙中的充填物带走，提高浆液扩散范围。洗孔的冲洗压力为注浆压力的80%，且不大于1MPa，冲洗时间为5～10min；当流量大于100L/min时，可停止冲洗并起拔洗孔装置；对于遇水易软化岩层的钻孔或钻孔施工过程中“掉钻”的钻孔可不进行洗孔。

注浆浆液采用先稀后稠的原则进行，注浆开始后，要定时观测泵的吸浆量和泵压，记录注浆过程中发生的各种现象，并根据实际情况及时调整注浆量和浆液浓度。

1）全孔注浆工艺

对于只有一层采空区分布的钻孔，采用全孔注浆工艺，即在受注采空区上部完整基岩段布设止浆塞；待其治理完毕后起拔止浆塞及注浆管。

2）下行式分段注浆工艺

采取打钻与注浆相结合的方式，钻孔先钻至 4 煤层底板进行注浆，注浆完成后，继续向下钻进，依次对 9 煤层和 10-2 煤层采空区进行注浆加固处理，其工艺流程如图 7.10 所示。

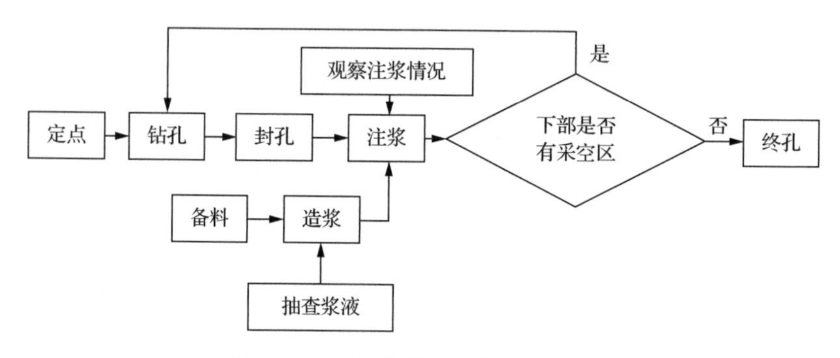

图 7.10　下行式分段注浆工艺流程图

3）上行式分段注浆工艺

对于揭露多层采空区的钻孔由下而上注浆（上行式注浆），如有 4 煤层和 9 煤层采空区重叠分布的区域，先对 9 煤层采空区注浆，注浆时在 9 煤层顶板上部完整基岩段布设止浆塞；待 9 煤层采空区治理完毕后起拔止浆塞及注浆管，再对 4 煤层采空区进行注浆，其工艺流程如图 7.11 所示。

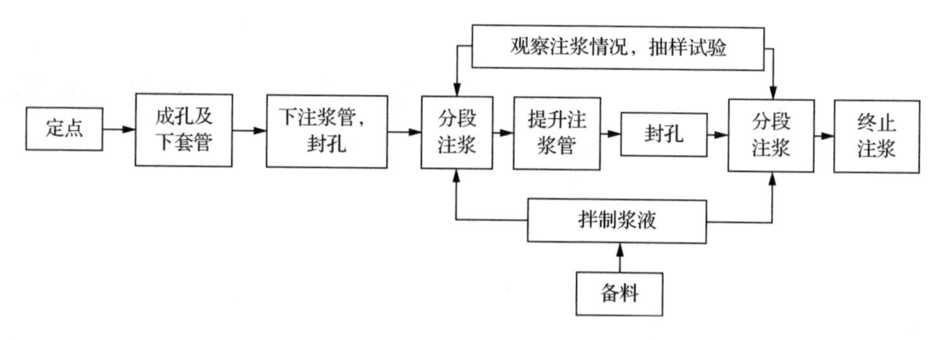

图 7.11　上行式分段注浆工艺流程图

4）骨料投放工艺

浆液在泥浆泵的作用下经供料管进入混凝土输送泵的料斗，皮带输送机将骨料输送至混凝土输送泵的料斗，浆液和骨料经混凝土输送泵自有搅拌装置搅拌均匀后，经混凝土输送泵管和管道输送至采空区，骨料投放工艺如图 7.12 所示。

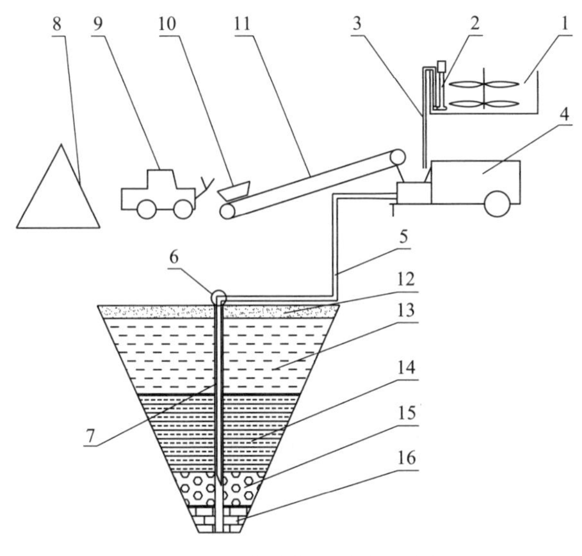

图 7.12　骨料投放工艺示意图

1. 浆液池；2. 泥浆泵；3. 供料管；4. 混凝土输送泵；5. 混凝土输送泵管；6. 变径；7. 钢管；8. 骨料；9. 装载机；10. 下料斗；11. 皮带输送机；12. 第四系；13. 完整基岩；14. 裂隙带；15. 冒落带；16. 底板

5）注浆顺序

注浆施工顺序选择先施工帷幕孔，后对中间孔进行注浆施工，且采取隔孔注浆。在帷幕孔注浆施工中，采用定量(控制每次注入量)、定时(每次注浆后要间歇一段时间)注浆方式，并加大速凝剂的用量，提高注浆效果，防止跑浆。在中间孔注浆施工时，加大注入量，少加或不加速凝剂，并采取短时间间歇注浆方法。

6）注浆压力

注浆压力是提供浆液在裂隙中流动、渗透等作用的动力，一般根据注浆层位的静水压力来计算注浆压力，根据数据中心 1# 楼影响范围内采空区的埋深及覆存特点，4 煤层采空区注浆处理时，帷幕孔孔口压力应达到 1MPa，注浆孔孔口压力应达到 1.5MPa；9 煤层和 10-2 煤层采空区注浆处理时，帷幕孔孔口压力应达到 2.5MPa，注浆孔孔口压力应达到 3MPa。各钻孔的注浆压力根据钻孔的实际深度进行适当调整。

7）注浆结束标准

对 4 煤层进行注浆时，当帷幕孔孔口压力达到 1MPa 且泵量小于 70L/min 时，持压 30min；当注浆孔孔口压力达到 1.5MPa 且泵量小于 30L/min 时，持压 30min。对 9 煤层和 10-2 煤层进行注浆时，当帷幕孔孔口压力达到 2.5MPa 且泵量小于 30L/min 时，持压 30min；当注浆孔孔口压力达到 3.0MPa 且泵量小于 30L/min 时，持压 30min。

6. 数据中心 1#楼影响范围内注浆情况

数据处理中心 1#楼及周边 40m 范围内共布置钻孔 140 个，共注入浆液 18 227.05m³，其中 4 煤层采空区注入 4 298.45m³，9 煤层、10-2 煤层采空区注入 13 928.60m³。现场注浆设备如图 7.13 所示，注浆孔注浆如图 7.14 所示。

图 7.13　现场注浆设备

图 7.14　注浆孔注浆

7.6.5　采空区地层注浆加固效果检测

1. 钻孔检测结果

注浆施工完成 3 个月后对数据处理中心 1#楼范围内进行钻孔检测，获取的结石体如图 7.15 所示。

图7.15　检测孔结石体

同时，在检测孔施工过程中对钻孔冲洗液漏失和落钻等情况进行统计，部分检测孔钻探情况见表7.16。结果表明：采空区层位未发生落钻，水位多高于9煤层采空区埋深，说明注浆后地层中不存在较大空洞；冲洗液漏失较明显，说明地层微小裂隙注浆效果较差，结石体钻取情况良好。此外，还对钻孔内获取的结石体进行了饱水无侧限抗压强度测定，测定结果见表7.17，抗压强度为2.5～10.3MPa，强度相对较高。

表7.16　部分检测孔钻探情况

钻孔编号	检测情况				情况描述
	冲洗液漏失	落钻	水位	结石体位置	
JC1	39.6～41.2m漏失严重、不返水随后恢复正常 101～102m漏失严重、不返水随后恢复正常 112～114m漏失严重、不返水随后恢复正常	无	108.6m	未取出	4煤层位岩芯连续、孔壁完整，且未出现掉钻，返水正常 9煤层位进尺快，未出现掉钻
JC5	80.6m后全程不返水	无	123m	24.7～24.82m 24.85～25.1m	4煤层位未掉钻、返水正常，见柱状结石体 9煤层位进尺正常，未掉钻
JC9	113.0m处冲洗液从孔口瞬间消失，此后未返水	无	114.3m	116.2～116.4m	4煤层位未掉钻、返水正常，岩芯完整 9煤层位未掉钻、不返水、有结石体，部分岩芯破碎

续表

钻孔编号	检测情况				情况描述
	冲洗液漏失	落钻	水位	结石体位置	
JC10	118.2m处冲洗液从孔口瞬间消失，此后未返水	无	102.2m	122.6～122.9m	未见4煤层 9煤层位未掉钻、不返水、有结石体，部分岩芯破碎 未见10-2煤层采空区
JC11	86.7m处冲洗液从孔口缓慢下降，此后未返水	无	103.5m	119.6～119.9m	未见4煤层 9煤层位未掉钻、不返水、有结石体，结石体上部岩芯破碎
JC12	31.5m处冲洗液从孔口缓慢下降，此后未返水 （工程勘查时在该处发现存在离层、裂隙，岩芯破碎）	无	94.7m	125.1～125.4m	未见4煤层 9煤层位未掉钻、不返水、有结石体，结石体上部岩芯破碎

表7.17　结石体饱水无侧限抗压强度汇总表

钻孔编号	取样深度/m	岩样高度/mm	直径/mm	抗压强度/MPa	平均强度/MPa
JC5	24.70～24.82	100	59.0	8.3	8.9
	24.85～24.95	100	59.0	8.0	
	24.95～25.10	100	59.0	10.3	
JC9	115.8～116.0	100	66.0	10.2	7.5
		100	66.0	5.7	
		100	66.0	6.5	
JC10	122.6～122.9	100	66.0	3.2	4.8
		100	66.0	6.3	
		100	66.0	4.9	
JC11	119.6～119.9	100	66.0	3.2	3.5
		100	66.0	3.7	
		100	66.0	3.7	
JC12	125.1～125.4	100	66.0	2.5	3.0
		100	66.0	3.7	
		100	66.0	2.8	

2. 压浆检测结果

对数据处理中心1#楼范围内的检测孔进行压浆检测，获取各层采空区的孔口压力及压浆量，对单孔压浆量超过灌注时单孔平均灌注量(4煤层采空区58.09m^3，9煤层采空区120.07m^3)的钻孔进行统计分析，具体结果见表7.18。压浆检测结果表明：注浆效果整体较好，但局部位置因前期勘探或建筑物位置调整等问题而导致注浆效果较差，这些区域后期还需进行加密注浆。

表7.18　压浆检测结果

钻孔编号	压浆位置	注浆压力/MPa	压浆量/m^3	占单孔灌注量比例/%	现场情况	注浆效果评价
JC1	4煤层采空区	0.6	1.11	1.91	工勘孔冒浆	较好
	9煤层采空区	1.4	2.97	2.47	—	较好
JC5	4煤层采空区	0.5	1.45	2.50	工勘孔冒浆	较好
	9煤层采空区	1.2	63.11	50.88	—	较差，原因：孔位东北侧为料场，尚未进行注浆治理
JC9	4煤层采空区	0.3	8.86	15.25	工勘孔冒浆	较差，后期还应对此处进行加密注浆处理
	9煤层采空区	1.0	69.37	57.77	—	
JC10	9煤层采空区	0.3	11.14	9.49	—	较差，原因：前期勘探界定为未开采区域，因而未布置注浆孔，但实际施工中发现该处为9煤层采空区，注浆密度不够，后期应对此处进行加密注浆
JC11	9煤层采空区	2.3	39.34	32.76	孔口南侧地面冒浆	较差，原因：设计之初，该处为非重点治理区域，钻孔密度不够，建筑物位置调整后，需对此处进行加密注浆
JC12	9煤层采空区	3.2	4.6	3.83	—	较好
JC13	4煤层采空区	1.2	3.14	5.40	—	较好
	9煤层采空区	3.4	15.33	12.77	—	较差，原因：前期勘探界定为未开采区域，因而未布置注浆孔，但实际施工中发现该处为9煤层采空区，注浆密度不够，后期应对此处进行加密注浆

3. 孔内电视检测结果

在检测孔施工完毕且孔内岩粉沉积完毕后，采用井下电视对孔壁完整程度、裂隙和采空区填充情况进行观测，观测现场如图 7.16 所示。各检测孔 4 煤层和 9 煤层冒落裂隙带范围内井下电视观测情况见表 7.19，典型的钻孔电视观测结果如图 7.17 所示。孔内电视检测结果表明：注浆后虽然岩层仍存在一些横向或竖向裂隙，但大的空洞已经不存在，注浆效果较明显。

图 7.16 井下电视观测现场图

表 7.19 孔内电视观测情况统计表

钻孔编号	观测区域	钻孔深度/m	钻孔描述
JC1	4 煤层采动范围	34.26	存在横向裂隙
	9 煤层采动范围	50.00～72.00	岩层完整
		73.90	岩石破碎，但未见空洞
		80.64	岩石破碎，有较大的横向裂隙
		82.10～86.25	岩石破碎，孔壁不完整
		97.80～101.21	岩石完整，但存在横向裂隙
		101.85	岩石完整，存在竖向裂隙
JC5	9 煤层采动范围	38.8～42.3	岩石破碎，孔壁不完整
		42.4～45.32	岩石完整
		45.33	岩石破碎，孔壁粗糙
		45.34～49.44	岩石完整
		49.45	岩石破碎，有横向大裂隙
		49.46～70.58	岩石完整，孔壁光滑

续表

钻孔编号	观测区域	钻孔深度/m	钻孔描述
JC5	9煤层采动范围	70.59	岩石破碎，孔径变大
		70.60～75.40	岩石完整，孔壁光滑
		75.41～75.95	孔壁完整，有竖向裂隙
		75.96～79.67	岩石完整，孔壁光滑
		79.68	有横向裂隙
		81.11	岩石破碎，孔径变大
		81.12～86.08	岩石完整，孔壁光滑，局部有横向裂隙
		86.09	孔壁完整，具有竖向裂隙
		86.10～99.11	岩石完整，孔壁光滑
		99.12～100.07	成孔较好，但孔壁粗糙
		101.33	具有横向大裂隙
		101.34～104.64	成孔较好，但孔壁粗糙
		104.65～122.47	孔壁光滑，偶见竖向裂隙
		122.48	成孔差，孔壁粗糙
		135.49	该处有离层
JC9	4煤层采动范围	9.32～24.17	成孔完整，孔壁粗糙
		24.18	有横向裂隙
		24.19～34.02	成孔完整，孔壁粗糙
		34.03	有横向裂隙
	9煤层采动范围	34.04～48.23	岩石完整，孔壁光滑，偶见竖向裂隙
		48.24～49.25	成孔，岩石破碎
		49.26～56.65	岩石完整，孔壁光滑
		56.66～58.47	成孔完整，孔壁粗糙
		59.60～60.46	成孔完整，孔壁粗糙
		60.47～67.33	岩石完整，孔壁光滑
		67.34	岩石破碎
		67.35～74.45	岩石完整，孔壁光滑
		74.46	成孔完整，有竖向裂隙
		75.97～78.52	成孔，孔壁粗糙
		79.40	塌孔
JC10	自40m开始，因地下水大致使镜头无法看清钻孔情况		

续表

钻孔编号	观测区域	钻孔深度/m	钻孔描述
JC12	9煤层采动范围	68.29	岩石破碎，孔径变大
		68.30～70.22	岩石完整，孔壁光滑
		70.23	岩石破碎
		70.24～83.26	岩石完整，孔壁光滑
		83.27～88.00	成孔，孔壁粗糙，局部破碎
		88.01～116.7	岩石完整，孔壁光滑，具有竖向或横向裂隙
JC13	4煤层采动范围	24.47	岩石破碎
		24.60～34.07	成孔，孔壁粗糙
		34.08～35.37	岩石破碎，局部具有离层
	9煤层采动范围	35.38～47.84	成孔，孔壁粗糙
		47.85	岩石破碎
		47.86～52.45	岩石完整，孔壁粗糙
		52.46～54.20	岩石破碎

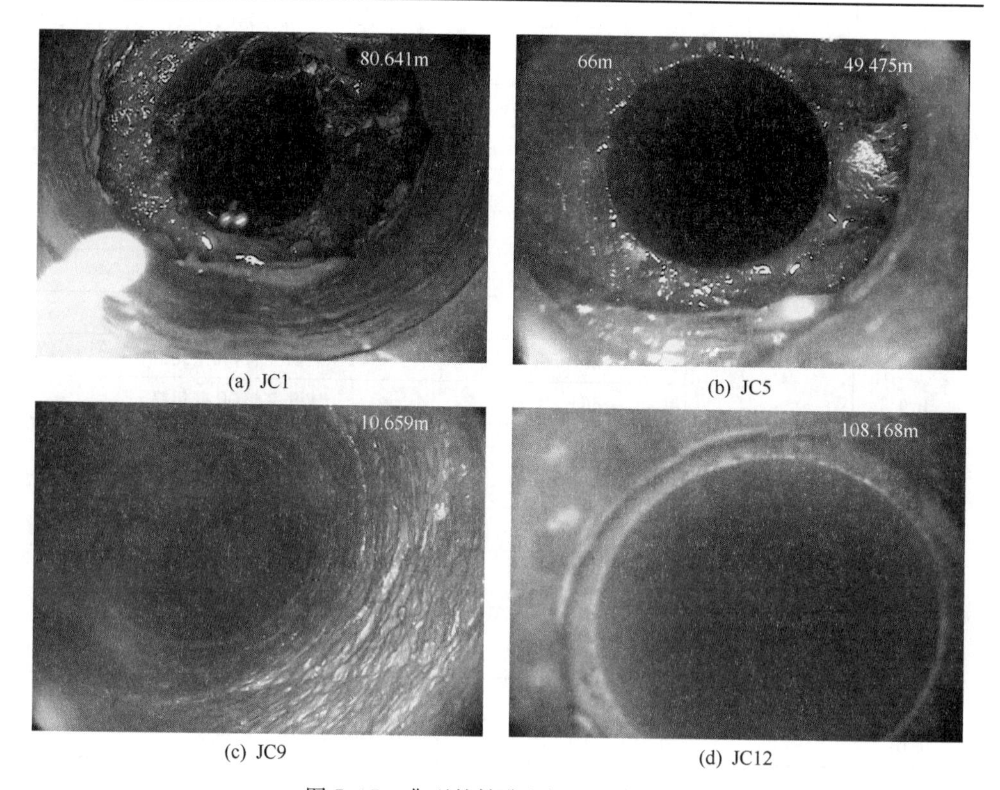

(a) JC1　(b) JC5　(c) JC9　(d) JC12

图 7.17　典型的钻孔电视观测结果图

参考文献

[1] 郭惟嘉，王勇义. 采空区上方修建大型建筑物地基稳定性评价. 岩土力学，2004，25(S)：57-59.

[2] 钱自卫，吴慧蕾，姜振泉. 老采空区高层建筑物地基稳定性综合评价. 湖南科技大学学报(自然科学版)，2011，26(1)：58-62.

[3] 郭广礼，邓喀中，常江. 采空区上方建大型建筑物的地基沉降研究. 中国矿业大学学报，1996，25(2)：54-57.

[4] 王录合，李亮，王新军，等. 开采沉陷区建设大型建筑群理论与实践. 徐州：中国矿业大学出版社，2009.

[5] 孙占法. 老采空区埋深对其上方建筑地基稳定性影响的数值模拟研究. 太原：太原理工大学硕士学位论文，2005.

[6] 高峰. 采空区地基沉降对多层砌体结构房屋影响的研究. 青岛：山东科技大学硕士学位论文，2008.

[7] 张永波. 老采空区建筑地基稳定性及其变形破坏规律的研究. 太原：太原理工大学硕士学位论文，2005.

[8] 王永申，姜升，杨凌，等. 煤矿采空区建筑地基应考虑的一些基本条件. 矿山测量，2006，(2)：75-78.

[9] 贺丽萍，于永江. 采空区建筑物地基稳定性影响因素分析. 辽宁工程技术大学学报(自然科学版)，2011，30(6)：814-817.

[10] 郭广礼，邓喀中，汪汉玉，等. 采空区上方地基失稳机理和处理措施研究. 矿山压力与顶板管理，2000，(3)：39-42.

[11] 国家煤炭工业局. 建筑物、水体、铁路及主要巷道煤柱留设与压煤开采规程. 北京：煤炭工业出版社，2000.

[12] 郭惟嘉，刘伟韬，张文泉. 矿井特殊开采. 北京：煤炭工业出版社，2008.

[13] 郭广礼，邓喀中，谭志祥，等. 深部老采区残余沉降预计方法及其应用. 辽宁工程技术大学学报(自然科学版)，2002，21(1)：1-3.

[14] 王正帅，邓喀中. 老采空区地表残余变形分析与建筑地基稳定性评价. 煤炭科学技术，2015，43(10)：133-137.

[15] 王正帅. 老采空区残余沉降非线性预测理论及应用研究. 徐州：中国矿业大学博士学位论文，2011.

[16] 中华人民共和国住房和城乡建设部. 岩土工程勘察规范. 北京：中国建筑工业出版社，2009.

[17] 中华人民共和国住房和城乡建设部. 煤矿采空区岩土工程勘察规范. 北京：中国计划出版社，2015.

[18] 中华人民共和国住房和城乡建设部. 城市工程地球物理探测规范. 北京：中国建筑工业出版社，2007.

[19] 中华人民共和国住房和城乡建设部. 建筑边坡工程技术规范. 北京：中国建筑工业出版社，2014.

[20] 中华人民共和国住房和城乡建设部. 建筑地基基础设计规范. 北京：中国建筑工业出版社，2011.

[21] 毕作文，张振文，徐晓平. 建筑载荷下采空区地基变形有限元分析. 辽宁工程技术大学(自然科学版)，2009，28(S)：62-64.

[22] 张俊英. 采空区地表建筑地基稳定性模糊综合评价方法. 北京科技大学学报，2009，31(11)：1368-1372.

[23] 张俊英. 采空区地基评价与处理技术. 矿山测量，2001，(2)：48-49.

[24] 马春艳. 荆各庄矿塌陷区建筑地基稳定性研究. 焦作：河南理工大学硕士学位论文，2011.

[25] 张长敏，祁丽华，慎乃齐. 采空区建筑地基稳定性评价研究. 湖南科技大学学报(自然科学版)，2006，21(4)：47-50.

[26] 尤冰. 老采空区建筑物地基稳定性评价. 长春：吉林大学硕士学位论文，2012.

[27] 胡炳南. 采空区地基稳定性研究及其技术对策. 煤炭工程，2010，(11)：13-15.
[28] 刘秀英. 采空区建筑地基稳定性分析的相似模拟试验研究. 太原：太原理工大学硕士学位论文，2004.
[29] 郭广礼，张国信，刘丙方. 地面荷载对地下采空区的临界扰动深度及其影响. 矿山压力与顶板管理，2004，(1)：72-73.
[30] 谭志祥，邓喀中. 采动区建筑物附加地基反力变化规律研究. 煤炭学报，2007，32(9)：907-911.
[31] 张俊英，蔡美峰，张青. 采空区地表新增荷载后地基应力的分布规律研究. 岩土工程学报，2010，32(7)：1096-1100.
[32] 滕永海，张俊英. 老采空区地基稳定性评价. 煤炭学报，1997，22(5)：504-508.
[33] 郭广礼. 老采空区上方建筑地基变形机理及其控制. 徐州：中国矿业大学出版社，2001.
[34] 熊彩霞，梁恒昌，马金荣，等. 煤矿采空区建筑场地地基适宜性分析. 采矿与安全工程学报，2010，27(1)：100-105.
[35] 邹友峰，柴华彬. 建筑荷载作用下采空区顶板岩梁稳定性分析. 煤炭学报，2014，39(8)：1473-1477.
[36] 中华人民共和国国家发展和改革委员会. 水工混凝土掺用粉煤灰技术规范. 北京：中国电力出版社，2007.

第 8 章　水体上(下)压煤开采试验研究

8.1　岩体节理裂隙应力-渗流耦合试验研究

采掘活动打破了原始地应力场的平衡状态，导致岩层、含水层等介质的应力状态发生变化，引起地下水等流体介质的赋存和运移状态发生相应变化，以致影响渗流场的变化；反过来渗流引起动静水压力变化和水的渗透作用，又影响着岩石介质的应力状态，而介质产生的断裂扩张又反过来影响渗流特征，这种相互影响称之为应力-渗流耦合。在此过程中，应力变化对水的运移起到促进作用，使介质断裂、裂隙进一步扩容，断裂面、破碎带物质发生"软化"而产生弱化效应，降低岩石间的摩擦系数，为断裂扩展、岩石透水性增大引发突水创造了有利条件。

大量工程实例表明：80%的矿井突水事故是断层等结构面因采动活化而导致地下水渗流突变引起的。在煤层隔水层岩体中一般都存在不同程度发育的节理、弱面和断层等结构面，它们的渗透和变形模量都远大于岩石基质。在深部高水压和高应力条件下，其渗透特性会体现出与浅部较大的差异性。因此，研究深部工程岩体中复杂的渗流状态非常必要，而单裂隙面的渗流特性是裂隙岩体渗流研究的基础性课题。

8.1.1　岩体节理裂隙特征及应力-渗流耦合本构模型

1. 岩体节理裂隙几何特征

节理开度和粗糙性是描述渗透节理结构面几何特征的两个最基本参数，它们对节理结构面的渗流特性和力学特性都具有重要影响[1]。

1) 节理开度

根据确定方法的不同通常可以有以下三种定义方法。

(1) 几何上测量得到的力学开度，又称均值开度。设节理面的尺寸为 $L_x \times L_y$，则均值开度定义为

$$\bar{E} = \frac{1}{L_x L_y} \int_0^{L_x} \int_0^{L_y} E(x, y) \mathrm{d}x \mathrm{d}y \tag{8.1}$$

(2) 最大力学开度($E_{\max}$)是指处于初始零应力状态裂隙在压力作用下的最大闭合值。

（3）水力等效开度是为了将立方定律应用于实际裂隙而提出的概念，是将试验所得裂隙渗流量代入立方定律反求得到的。通过室内的渗流试验或现场钻孔泵压试验，测出给定水力梯度时透过裂隙的流量 Q，应用立方定律反求水力等效开度：

$$e=\left(\frac{Q}{i}\frac{12\nu}{gw}\right)^{1/3} \tag{8.2}$$

式中，e 为水力开度；Q 为透过裂隙的流量；i 为水力梯度；v 为流体的运动黏度系数（20℃纯水的运动黏度系数为 $1\times10^{-6}\,m^2/s$）；g 为重力加速度；w 为平行板间流动区域的宽度。

对于光滑平行板裂隙，这三种开度值是相同的，而对于实际粗糙裂隙，它们通常是不等的。在加卸载过程中，由于节理壁摩擦和节理面曲折弯曲，实际不规则节理裂隙的力学开度 E 比理想的平行板裂隙的水力开度 e 要大，也就是说在相同的水力传导能力条件下，平滑裂隙比粗糙裂隙具有更小的开度[2]。

2）粗糙性

节理粗糙性直接影响岩石的剪切强度和渗流特性。节理面粗糙度定义为节理表面相对于参考平面的波度和波状起伏。目前，描述结构面粗糙性的方法主要有凸起高度表征法、节理粗糙度系数(joint roughness coefficient，JRC)表征法和分数维表征法。

（1）凸起高度表征法。

凸起高度表征法是直接以裂隙表面的凸起高度函数 $h(z,y)$ 或凸起高度的概率密度函数 $n(h)$ 来描述裂隙表面的粗糙性，这一方法需精确测量裂隙上每一测点的凸起高度，对于一个已知的裂隙面是可行的，但不适于实际工程的应用。

（2）JRC 表征法。

JRC 是工程中用来描述裂隙面粗糙性的一个重要参数，在裂隙的隙宽、剪切强度、抗压强度和水力特性等参数的经验公式中都直接包含 JRC。Barton[3] 最先引入 JRC 来描述节理粗糙度，JRC 值一般在 0～20 变化，如图 8.1 所示。节理面越粗糙，JRC 值越大，理想平滑的节理面，JRC 值可为 0。由于节理间凸起的影响，对于同类型的岩石节理，粗糙的岩石节理比光滑的岩石节理拥有更高的节理摩擦角。

Tse 和 Cruden[4] 应用经验关系来计算典型裂隙的粗糙度系数为

$$\mathrm{JRC}=32.2+32.47\lg Z^{*} \tag{8.3}$$

$$Z^{*}=\left[1/MD_x^2\sum_{i=1}^{M}(y_{i+1}-y_i)\right]^{1/2} \tag{8.4}$$

式中，M 为测量粗糙度高度的区间数；D_x 为粗糙度测量的样本区间长度；y_i 为第

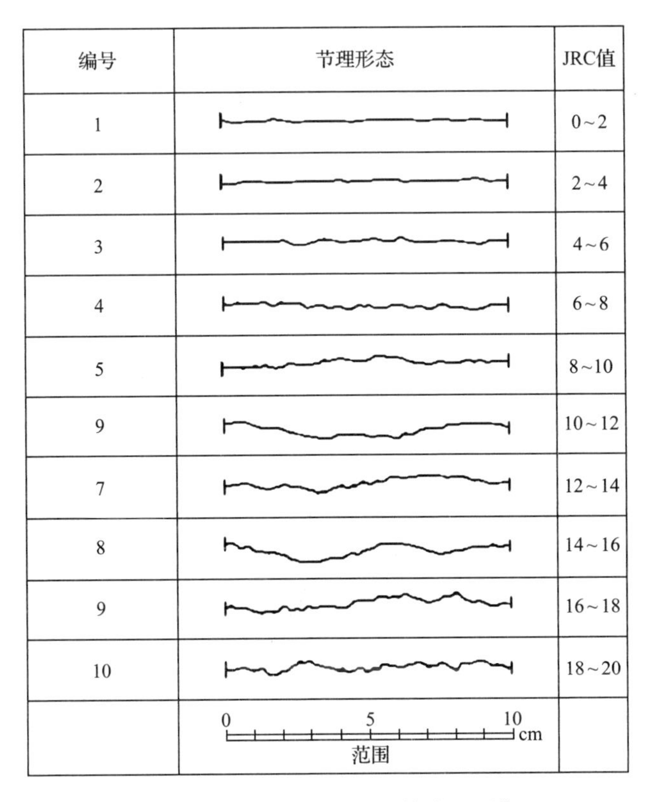

图 8.1　Barton 节理 JRC 值分级图像

i 点的粗糙高度。

（3）分数维表征法。

分数维表征法是一种新型裂隙面粗糙性表征方法。由于光滑的裂隙面为二维，极端粗糙裂隙面则接近三维，因此实际粗糙面的维数应在 2～3。所以，可采用分维数的大小来表征裂隙面的粗糙程度，裂隙剖面的粗糙程度可以表达为具有有限组成元素的分数维结构。

谢和平[5]基于广义 Koch 曲线生成元的分形模型，指出对于节理的分形维数 D 在 1.002 1～1.069 4 的粗糙裂隙而言，JRC 可用以下经验公式来确定：

$$\text{JRC} = 85.2671\,(D-1)^{0.5679} \tag{8.5}$$

日本学者 Wakabayashi 和 Fukushige[6]研究了 JRC 与分数维及其抗剪强度的关系，得到了比较理想的结果，提出以下经验统计关系：

$$\text{JRC} = \left(\frac{D-1}{4.413\times10^{-5}}\right)^{1/2} \tag{8.6}$$

周创兵和熊文林[7]对各种经验关系式做了进一步的回归分析，得到

$$\text{JRC} = 479.369\,(D-1)^{1.0566} \tag{8.7}$$

由此可见，粗糙裂隙面的分数维表征法既解决了粗糙性的描述问题，又解决了JRC的定量问题，是一种较为理想和有应用前景的方法。但就目前而言，该方法主要集中应用于裂隙剖面的粗糙性描述上，如何将分数维应用于沿两个方向都变化的整个裂隙面粗糙性的定量描述上，还有待进一步研究。

2. 裂隙岩体渗流特征

(1) 应力环境对渗流场影响显著。裂隙岩体在荷载作用下引发的岩体变形主要体现为裂隙变形，而渗流量与裂隙张开度的高次方成正比，较小的裂隙变形会引起较大的渗透系数和渗流量改变，渗流体积力也会发生重大改变，从而反过来影响岩体的应力场。

(2) 渗透性分布呈现高度非线性。岩体中相近两个点的渗透性差别很大，以钻孔压水试验为例，同一钻孔不同孔段的单位吸水率之间可能相差几个量级，因此少数的野外试验往往难以获得有代表性的参数。

(3) 渗透性具有明显的各向异性。裂隙在岩体中表现为定向性很强的平面状分布空隙，在其中流动的水流必然也有明显的定向性，若是等效成多孔介质则具有明显的各向异性特征。

(4) 岩体渗透系数的影响因素复杂，影响因子难以确定。裂隙的粗糙度、吻合度、渗径起伏度，是否有充填物及其材料特性、连通性，还有裂隙的倾向倾角及其分布、张扭性或压扭性、裂隙间的连通度，以及水流流态等众多因素对渗透系数影响异常复杂。另外，上述众多因素的影响具有较强的随机性，其影响程度很难确定。

(5) 表征单元体大尺度性。表征单元体是判定裂隙岩体是否可作为等效连续介质的标准，若裂隙岩体存在表征单元体，且尺度远小于研究区域尺度，则裂隙岩体可作为等效连续介质处理[8]。与孔隙介质不同的是，裂隙在岩体中所占的体积极小，表征单元体的尺度通常在几十米至上百米，有时甚至不存在，所以只能作为非连续介质来处理。

3. 裂隙岩体应力-渗流耦合本构模型

当裂隙岩体处于应力-渗流耦合作用下时，岩体裂隙的起裂、扩展、贯通及分支裂纹的产生等一系列劣化趋势将有所加剧。经大量地应力现场监测结果表明，深埋地下的裂隙岩体大都处于三向受压状态，而岩体内裂隙往往处于压剪应力状态。由于采掘活动对岩体的卸荷作用，局部范围内岩体裂隙往往处于拉剪应力状态，因此研究应力-渗流共同作用下裂隙岩体断裂损伤本构模型，应从压剪和拉剪应力状态入手。

对于裂隙岩体,Barton 等[9]用能量等效原理推导了平面应变条件下节理岩体的损伤本构关系;李术才等[10,11]和唐春安等[12]采用几何损伤理论推导了节理岩体的损伤断裂本构关系;江涛[13]基于自洽场理论推导了岩体的弹塑性损伤断裂本构关系。杨延毅[14]在建立裂隙岩体断裂损伤模型的基础上,根据 Betti 能量互易定理推导了应力-渗流耦合作用下裂隙岩体的初始等效损伤柔度张量,分别建立了裂隙岩体二维和三维的能量损伤本构模型。采用无损伤岩体的弹性柔度张量 $\boldsymbol{C}^0$ 与裂隙岩体的等效损伤柔度张量 $\boldsymbol{C}^{0-d}$ 来定义损伤张量:

$$\boldsymbol{D} = \boldsymbol{I} - (\boldsymbol{C}^{0-d})^{-1} : \boldsymbol{C}^0 \tag{8.8}$$

式中,$\boldsymbol{I}$ 为四阶单位张量;$\boldsymbol{D}$ 为损伤张量,是描述三维各向异性岩体损伤的非对称四阶损伤张量;$\boldsymbol{C}^{0-d}$ 为节理岩体的等效柔度张量;$\boldsymbol{C}^0$ 为完整岩块的柔度张量。

裂隙岩体张量表达形式为

$$\boldsymbol{C}_{ijkl}^0 = \frac{1+\nu_0}{E_0}\delta_{ik}\delta_{jl} - \frac{\nu_0}{E_0}\delta_{ij}\delta_{kl} \tag{8.9}$$

式中,$\boldsymbol{C}_{ijkl}^0$ 为无损材料的深控柔度张量或分量;E_0 为岩块的弹性模量;ν_0 为岩块的泊松比;δ_{ik},δ_{jl},δ_{ij},δ_{kl} 为克罗内克尔(Kronecker) 常数可以取值为 1 或 0。

基于应变能等效原理的压剪应力状态下裂隙岩体的等效损伤柔度矩阵的参数为

$$\begin{cases} [\boldsymbol{C}^d] = \begin{bmatrix} 0 & 0 & 0 \\ 0 & \dfrac{aC_n(1-R)}{K_n \cdot 2bd} - RC_{22}^0 & 0 \\ 0 & 0 & \dfrac{aC_s}{K_s \cdot 2bd} \end{bmatrix} \text{(二维情况)} \\ [\boldsymbol{C}^d] = \begin{bmatrix} 0 & 0 & 0 & 0 & 0 & 0 \\ 0 & 0 & 0 & 0 & 0 & 0 \\ 0 & 0 & \dfrac{S_0 C_n(1-R)}{K_n \cdot 2b_1 d_2} - RC_{33}^0 & 0 & 0 & 0 \\ 0 & 0 & 0 & 0 & 0 & 0 \\ 0 & 0 & 0 & 0 & \dfrac{S_0}{b_1 b_2 d} \cdot \dfrac{C_s}{K_s} & 0 \\ 0 & 0 & 0 & 0 & 0 & \dfrac{S_0}{b_1 b_2 d} \cdot \dfrac{C_s}{K_s} \end{bmatrix} \text{(三维情况)} \end{cases} \tag{8.10}$$

式中,C_n 为岩体裂隙的传压系数;C_s 为传剪系数;K_n 为法向刚度;K_s 为剪切刚度;

$2a$ 为裂隙长；$2d$ 为单元体长；$2b$ 为单元体宽；R 为裂隙岩体抗拉强度。

基于应变能等效原理的拉剪应力状态下裂隙岩体的等效损伤柔度矩阵的参数为

$$\begin{cases} [\boldsymbol{C}^d]=\begin{bmatrix} 0 & 0 & 0 \\ 0 & \dfrac{aC_n(1+R)}{K_n\cdot 2bd}+RC_{22}^0 & 0 \\ 0 & 0 & \dfrac{aC_s}{K_s\cdot 2bd} \end{bmatrix}（二维情况） \\ [\boldsymbol{C}^d]=\begin{bmatrix} 0 & 0 & 0 & 0 & 0 & 0 \\ 0 & 0 & 0 & 0 & 0 & 0 \\ 0 & 0 & \dfrac{S_0C_n(1+R)}{K_n\cdot 2b_1d_2}+RC_{33}^0 & 0 & 0 & 0 \\ 0 & 0 & 0 & 0 & 0 & 0 \\ 0 & 0 & 0 & 0 & \dfrac{S_0}{b_1b_2d}\cdot\dfrac{C_s}{K_s} & 0 \\ 0 & 0 & 0 & 0 & 0 & \dfrac{S_0}{b_1b_2d}\cdot\dfrac{C_s}{K_s} \end{bmatrix}（三维情况） \end{cases} \tag{8.11}$$

基于裂纹体应变能的张开型含水裂隙岩体考虑渗透水压力的附加柔度张量：

$$\begin{cases} \boldsymbol{C}_{ijkl}^d=\boldsymbol{n}_j^{(i)}\boldsymbol{n}_k^{(i)}\boldsymbol{n}_s^{(i)}\boldsymbol{n}_l^{(i)}-\dfrac{1}{2}R(\boldsymbol{n}_j^{(i)}\boldsymbol{n}_k^{(i)}\delta_{sl}+\boldsymbol{n}_s^{(i)}\boldsymbol{n}_l^{(i)}\delta_{jk})+\dfrac{1}{4}R^2\delta_{kj}\delta_{ls}+\delta_{kl}\boldsymbol{n}_j^{(i)}\boldsymbol{n}_s^{(i)} \\ \qquad -\boldsymbol{n}_j^{(i)}\boldsymbol{n}_k^{(i)}\boldsymbol{n}_s^{(i)}\boldsymbol{n}_l^{(i)}（二维情况） \\ \boldsymbol{C}_{ijkl}^d=\displaystyle\sum_{i=1}^{n}\left\{l^{(i)3}\rho_v^{(i)}\left[2A_1\boldsymbol{n}_j^{(i)}\boldsymbol{n}_k^{(i)}\boldsymbol{n}_s^{(i)}\boldsymbol{n}_l^{(i)}+\dfrac{A_2}{2}\left(\delta_{kl}\boldsymbol{n}_j^{(i)}\boldsymbol{n}_s^{(i)}+\delta_{kj}\boldsymbol{n}_l^{(i)}\boldsymbol{n}_s^{(i)}+\delta_{jl}\boldsymbol{n}_k^{(i)}\boldsymbol{n}_s^{(i)}\right.\right.\right. \\ \qquad \left.\left.\left.+\delta_{ks}\boldsymbol{n}_j^{(i)}\boldsymbol{n}_l^{(i)}-4\boldsymbol{n}_j^{(i)}\boldsymbol{n}_k^{(i)}\boldsymbol{n}_s^{(i)}\boldsymbol{n}_l^{(i)}\right)\right]\right\} \\ \qquad +\displaystyle\sum_{i=1}^{n}\left\{l^{(i)3}\rho_v^{(i)}A_1\left[-\dfrac{2}{3}R(\boldsymbol{n}_j^{(i)}\boldsymbol{n}_k^{(i)}\delta_{sl}+\boldsymbol{n}_s^{(i)}\boldsymbol{n}_l^{(i)}\delta_{jk})+\dfrac{1}{9}R^2\delta_{kj}\delta_{ls}\right]\right\}（三维情况） \end{cases} \tag{8.12}$$

式中，$\boldsymbol{n}_j$，$\boldsymbol{n}_k$，$\boldsymbol{n}_s$，$\boldsymbol{n}_l$ 分别表示单位法向向量；δ_{sl}，δ_{jk}，δ_{kj}，δ_{ls}，δ_{kl}，δ_{jl}，δ_{ks} 分别表示克罗内克尔常数，可以取值为 1 或 0；ρ_v 为岩体的裂隙体密度；A_1 和 A_2 为与裂隙形状及相互干扰有关的无量纲因子。

基于裂纹体应变能的张开型含水裂隙岩体部分闭合后考虑渗透水压力的附加

柔度张量：

$$
\begin{cases}
\boldsymbol{C}^{d}_{ijkl}=(1-C^{(i)}_{n})^{2}\boldsymbol{n}^{(i)}_{j}\boldsymbol{n}^{(i)}_{k}\boldsymbol{n}^{(i)}_{s}\boldsymbol{n}^{(i)}_{l}-\dfrac{1}{2}(1-C^{(i)}_{n})\beta^{(i)}R(\boldsymbol{n}^{(i)}_{j}\boldsymbol{n}^{(i)}_{k}\delta_{sl}+\boldsymbol{n}^{(i)}_{s}\boldsymbol{n}^{(i)}_{l}\delta_{jk}) \\
\quad +\dfrac{1}{4}(\beta^{(i)}R)^{2}\delta_{kj}\delta_{ls}+(1-C^{(i)}_{s})^{2}(\delta_{kl}\boldsymbol{n}^{(i)}_{j}\boldsymbol{n}^{(i)}_{s}-\boldsymbol{n}^{(i)}_{j}\boldsymbol{n}^{(i)}_{k}\boldsymbol{n}^{(i)}_{s}\boldsymbol{n}^{(i)}_{l})\text{(二维情况)} \\
\boldsymbol{C}^{d}_{ijkl}=\sum_{i=1}^{n}\Big\{l^{(i)3}\rho^{(i)}_{v}\Big[2(1-C^{(i)}_{n})^{2}A_{1}\boldsymbol{n}^{(i)}_{j}\boldsymbol{n}^{(i)}_{k}\boldsymbol{n}^{(i)}_{s}\boldsymbol{n}^{(i)}_{l}+\dfrac{A_{2}(1-C^{(i)}_{s})^{2}}{2} \\
\quad (\delta_{kl}\boldsymbol{n}^{(i)}_{j}\boldsymbol{n}^{(i)}_{s}+\delta_{kj}\boldsymbol{n}^{(i)}_{l}\boldsymbol{n}^{(i)}_{s}+\delta_{jl}\boldsymbol{n}^{(i)}_{k}\boldsymbol{n}^{(i)}_{s}+\delta_{ks}\boldsymbol{n}^{(i)}_{j}\boldsymbol{n}^{(i)}_{l}-4\boldsymbol{n}^{(i)}_{j}\boldsymbol{n}^{(i)}_{k}\boldsymbol{n}^{(i)}_{s}\boldsymbol{n}^{(i)}_{l})\Big]\Big\} \\
\quad +\sum_{i=1}^{n}\Big\{l^{(i)3}\rho^{(i)}_{v}A_{1}\Big[-\dfrac{2}{3}(1-C^{(i)}_{n})^{2}\beta^{(i)}R(\boldsymbol{n}^{(i)}_{j}\boldsymbol{n}^{(i)}_{k}\delta_{sl}+\boldsymbol{n}^{(i)}_{s}\boldsymbol{n}^{(i)}_{l}\delta_{jk}) \\
\quad +\dfrac{2}{9}(\beta^{(i)}R)^{2}\delta_{kj}\delta_{ls}\Big]\Big\}\text{(三维情况)}
\end{cases}
\tag{8.13}
$$

式中，β 为裂隙面与 $\boldsymbol{\sigma}_3$（最小主应力）的夹角；S_0 为椭圆裂隙面积。

压剪应力作用下裂隙岩体由裂隙扩展产生的损伤演化柔度张量为

$$
\boldsymbol{C}^{kz}_{ijkl}=
\begin{cases}
\dfrac{1}{E_0}\sum_{i=1}^{n}\Big\{\rho^{(i)}_{v}a^{(i)2}\Big[M^{(i)}_{1}\boldsymbol{n}^{(i)}_{i}\boldsymbol{n}^{(i)}_{j}\boldsymbol{n}^{(i)}_{k}\boldsymbol{n}^{(i)}_{l}+M^{(i)}_{2}\Big(\boldsymbol{n}^{(i)}_{i}\boldsymbol{n}^{(i)}_{l}\delta_{kj}+\boldsymbol{n}^{(i)}_{i}\boldsymbol{n}^{(i)}_{l}\delta_{ki} \\
+\boldsymbol{n}^{(i)}_{i}\boldsymbol{n}^{(i)}_{l}\delta_{lj}+\boldsymbol{n}^{(i)}_{i}\boldsymbol{n}^{(i)}_{l}\delta_{il}\Big)-\dfrac{M^{(i)}_{3}}{3}R\delta_{ij}\delta_{kl}\Big]\Big\}(\boldsymbol{\sigma}_{\mathrm{n}}\leqslant\boldsymbol{\sigma}^{e}_{1}) \\
\dfrac{1}{E_0}\sum_{i=1}^{n}\Big\{\rho^{(i)}_{v}a^{(i)2}\Big[M^{(i)}_{1}\boldsymbol{n}^{(i)}_{i}\boldsymbol{n}^{(i)}_{j}\boldsymbol{n}^{(i)}_{k}\boldsymbol{n}^{(i)}_{l}+M^{(i)}_{2}\Big(\boldsymbol{n}^{(i)}_{i}\boldsymbol{n}^{(i)}_{l}\delta_{kj}+\boldsymbol{n}^{(i)}_{i}\boldsymbol{n}^{(i)}_{l}\delta_{ki} \\
+\boldsymbol{n}^{(i)}_{i}\boldsymbol{n}^{(i)}_{l}\delta_{lj}+\boldsymbol{n}^{(i)}_{i}\boldsymbol{n}^{(i)}_{l}\delta_{il}\Big)-\dfrac{M^{(i)}_{3}}{3}\beta R\delta_{ij}\delta_{kl}\Big]\Big\}(\boldsymbol{\sigma}_{\mathrm{n}}\leqslant\boldsymbol{\sigma}^{e}_{1})
\end{cases}
\tag{8.14}
$$

式中，E_0 为岩块的弹性模量；M_1，M_2 和 M_3 为与岩体远场应力，裂纹的断裂韧度和裂隙面的特性等有关的系数。

拉剪应力作用下裂隙岩体的损伤演化柔度张量为

$$
\boldsymbol{C}^{kz}_{ijkl}=\boldsymbol{C}^{d}_{ijkl}(a)+\Delta\boldsymbol{C}^{d}_{ijkl}(a'-a)
\tag{8.15}
$$

式中，a' 为裂隙扩展后的长度。

根据式(8.10)～式(8.15)，由广义胡克定律得出应力-渗流耦合作用下裂隙岩体本构关系：

$$
\varepsilon_{ij}=\boldsymbol{C}_{ijkl}\sigma_{kl}
\tag{8.16}
$$

或

$$\sigma_{ij} = \boldsymbol{E}_{ijkl}\varepsilon_{kl} = (\boldsymbol{C}_{ijkl})^{-1}\varepsilon_{kl} \tag{8.17}$$

式中，ε_{ij} 为应变变化率；$\boldsymbol{C}_{ijkl}$ 为考虑渗透压力的裂隙岩体弹塑性损伤刚度张量；ε_{kl} 为应力变化率；E_{ijkl} 为无损岩体的弹性刚度张量。

岩体系统中的应力场影响岩体裂隙的隙宽、裂隙面方位及裂隙长度，而隙宽、隙长、隙方位又是渗透张量的函数，而隙长、隙方位又影响到本构方程，即影响到损伤张量。

8.1.2 压剪-渗流耦合试验方案

岩体中一般存在不同程度发育的节理，由于带节理岩石的渗透系数是完整岩石的几倍甚至是几十倍，使得地下水主要沿节理面流动，节理的闭合和剪胀共同组成节理的变形，改变节理岩体的渗透性。煤层开采破坏了岩体的应力状态，引起应力重新分布，在支承压力的作用下，岩层中原岩裂隙结构面产生不同程度的扩张、延展，新裂隙的产生、张开及断层带、断层带附近的岩体中裂隙的“活化”，一旦底板产生的裂隙结构面具有连通性，且与承压含水层相接，便形成突水通道，高承压水便由含水层沿此通道进入工作面，导致渗流失稳，进而发生突水灾变[15,16]。

岩石节理面法向变形主要表现在节理面的闭合和剪胀上，节理面的法向变形会对节理的渗透特性产生影响。节理面沿着粗糙和起伏表面做切向滑动时产生的法向膨胀被称为剪胀，它影响着节理岩体的渗透性。由于深埋地下的岩体裂隙往往处于压剪应力状态，因此试验室对岩石节理裂隙进行压剪条件下的渗流耦合特性试验，通过研究在恒定法向荷载(constant normal load，CNL)和恒定法向刚度(constant normal stiffness，CNS)边界条件下，法向应力、节理表面粗糙度及渗透水压对试件应力、位移和渗流特性的影响，分析剪切应力、法向位移、节理水力开度及透过率在剪切过程中随剪切位移变化的规律性；研究岩石节理裂隙在发生剪切变形时的剪胀特性，分析节理剪切变形对渗流特性的影响，为研究矿井突水形成过程中的突水孕育段、突水萌生段和突水爆发段的演化特征以及揭示深部开采节理岩体由损伤渐进扩展到突变断裂的突水机理提供试验基础。

近几年来，常法向刚度试验越来越受到专家学者的重视，尤其是在深部地下岩体结构工程问题中，岩石节理发生的表面损伤剪胀和表面变形，会引起围压的变化，而围压又会影响节理的法向应力变化。所以，这种加载方式比恒定法向应力和恒定法向位移的剪切试验更能反映真实世界中连续块体的位移情况，岩石节理剪切试验的三种类型如图 8.2 所示。

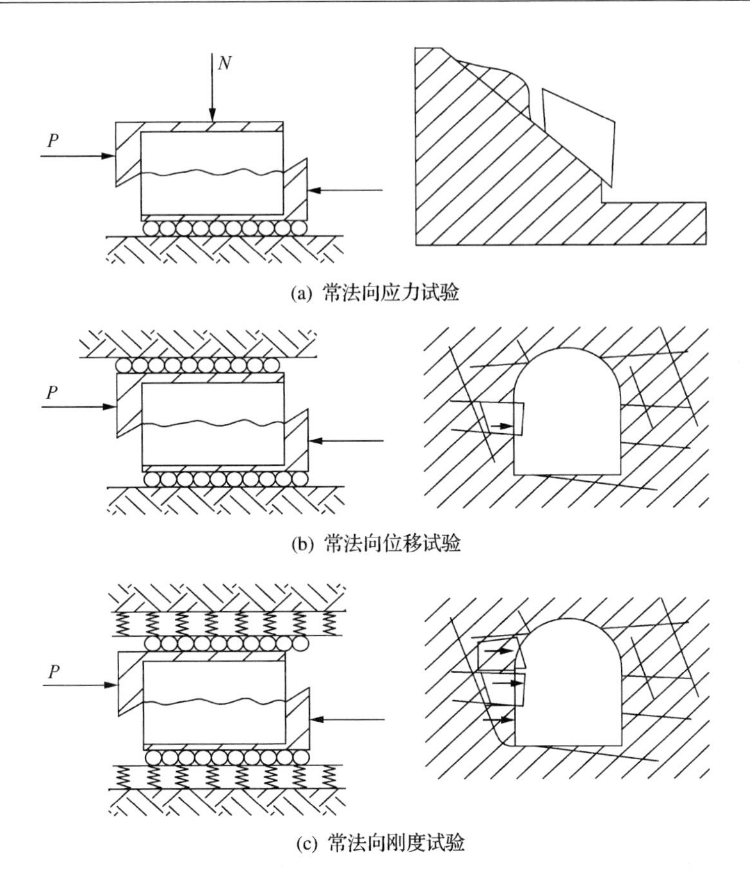

(a) 常法向应力试验

(b) 常法向位移试验

(c) 常法向刚度试验

图 8.2　岩石节理剪切试验类型

试验在自主研发的岩石应力-渗流耦合真三轴试验系统上进行。为研究粗糙度对节理渗流性质的影响,根据 Barton 节理 JRC 值分级图像标准,选取三种 JRC 值的节理试件来研究比较平滑、粗糙和很粗糙的断裂节理表面,分别标记为 S1、S2 和 S3,如图 8.3 所示。三组断裂节理试件吻合较好,初始的接触比几乎达到 100%。

(a) 比较平滑的断裂节理试件S1

(b) 粗糙的断裂节理试件S2

(c) 很粗糙的断裂节理试件S3

图 8.3　断裂节理试件

以三组节理试件为原型，各复制出六组树脂混凝土制成的节理试件进行节理的压剪渗流耦合试验，试验边界条件见表 8.1，复制的节理粗糙面试样如图 8.4 所示。

表 8.1　试验边界条件

试件编号	试件		JRC	边界条件		
				初始法向应力 /MPa	法向刚度 /(GPa/m)	渗透压力 /MPa
S1	CNL	S1_1	2～4	5.0	—	3.0
		S1_2		10.0	—	3.0
		S1_3		15.0	—	3.0
	CNS	S1_4		5.0	5.0	3.0
		S1_5		10.0	5.0	3.0
		S1_6		15.0	5.0	3.0

续表

试件编号	试件		JRC	边界条件		
				初始法向应力/MPa	法向刚度/(GPa/m)	渗透压力/MPa
S2	CNL	S2_1	10～12	5.0	—	1.0
		S2_2		10.0	—	2.0
		S2_3		15.0	—	3.0
	CNS	S2_4		5.0	5.0	1.0
		S2_5		10.0	5.0	2.0
		S2_6		15.0	5.0	3.0
S3	CNL	S3_1	16～18	15.0	—	1.0
		S3_2		15.0	—	2.0
		S3_3		15.0	—	3.0
	CNS	S3_4		15.0	5.0	1.0
		S3_5		15.0	5.0	2.0
		S3_6		15.0	5.0	3.0

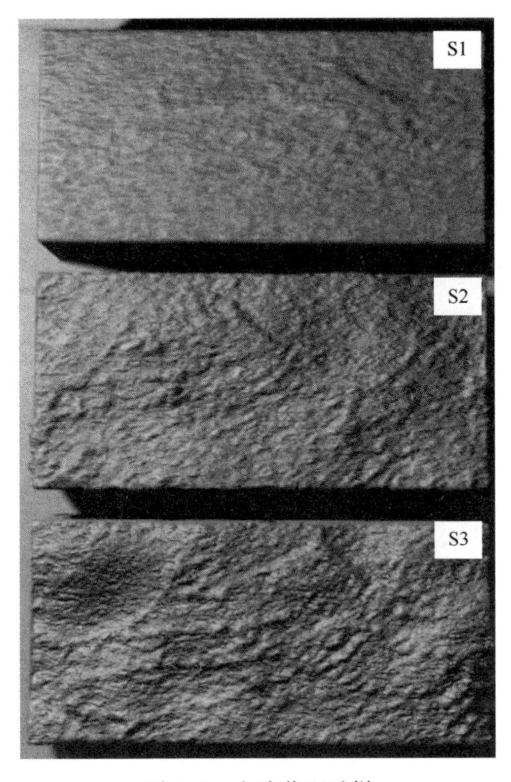

图 8.4　人造节理试样

人造节理试样的尺寸均为长×宽×高＝200mm×100mm×100mm，采用特殊的树脂混凝土制成，其力学特性见表 8.2。

表 8.2　试件的物理力学参数

密度/(kg/m³)	抗压强度/MPa	弹性模量/GPa	泊松比	抗拉强度/MPa	内聚力/MPa	内摩擦角/(°)
2 506	28.19	29.27	0.24	2.56	19.3	57

8.1.3　压剪-渗流耦合试验结果与分析

1. 应力和位移试验

试验中节理试件 S1 在不同边界条件下的力学变形性质随剪切位移增加的相关变化曲线如图 8.5～图 8.7 所示。

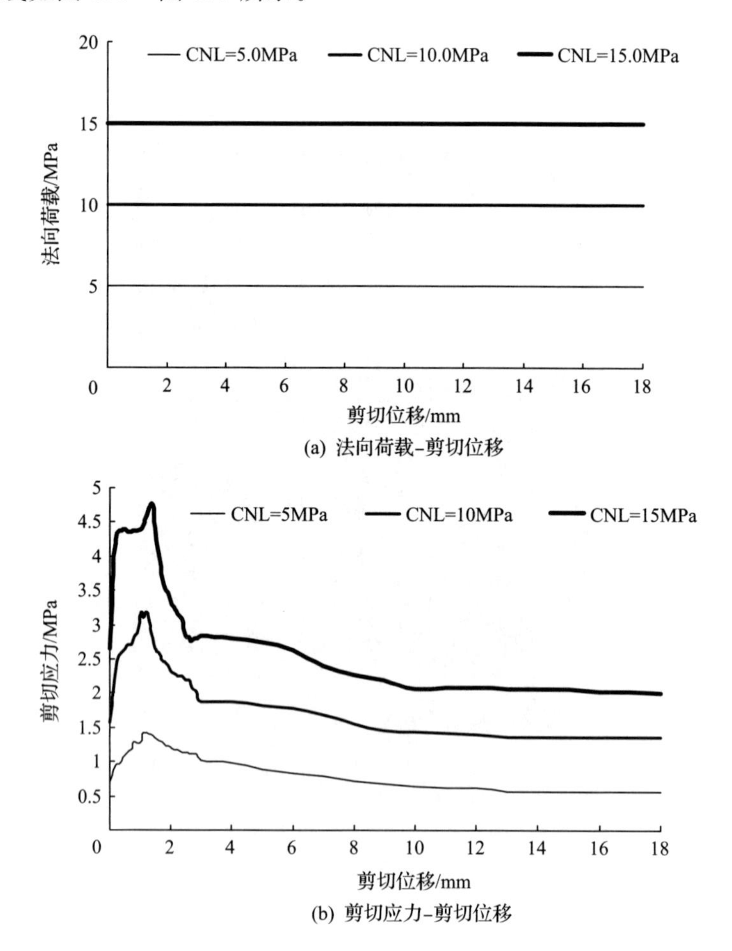

(a) 法向荷载-剪切位移

(b) 剪切应力-剪切位移

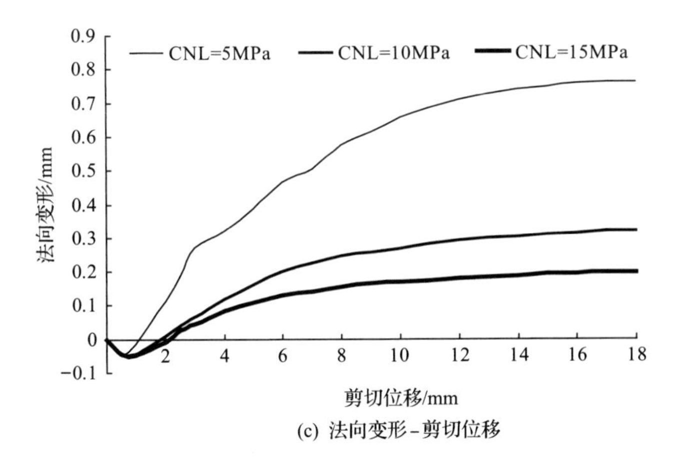

(c) 法向变形-剪切位移

图8.5　试件S1恒定法向荷载边界条件下试验结果

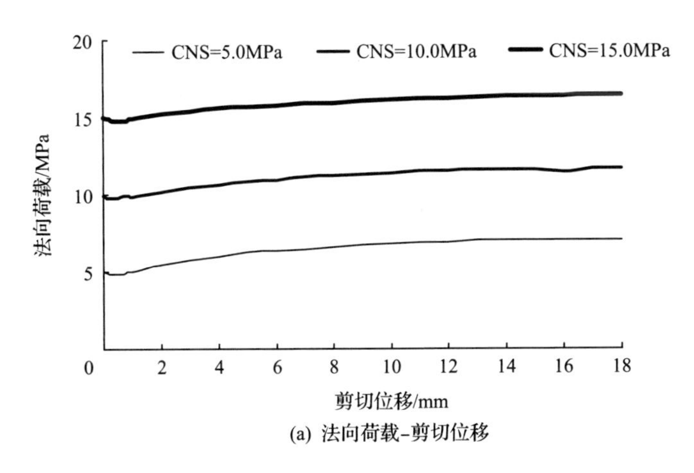

(a) 法向荷载-剪切位移

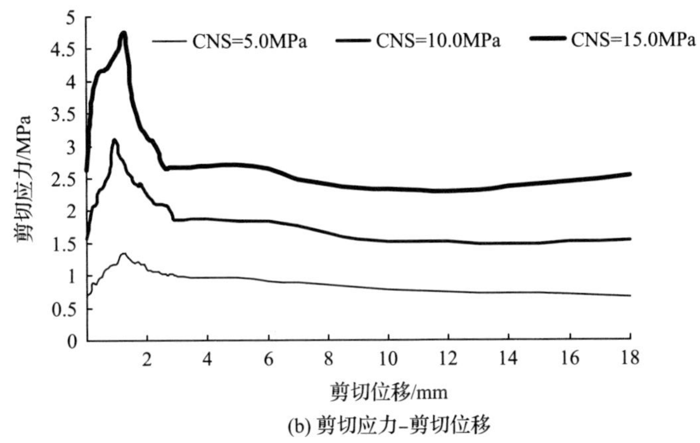

(b) 剪切应力-剪切位移

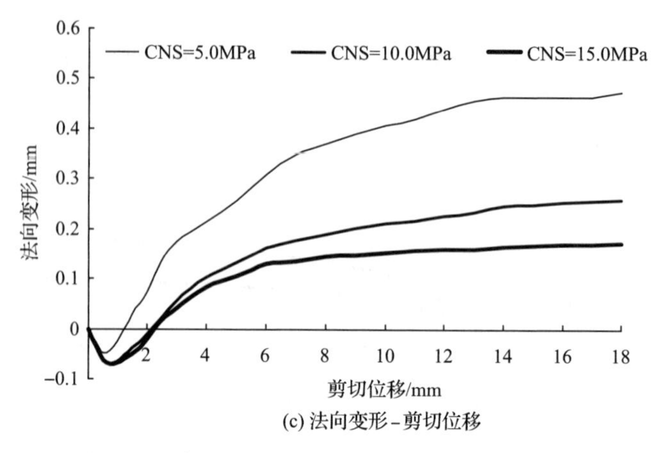

(c) 法向变形-剪切位移

图 8.6　试件 S1 恒定法向刚度边界条件下试验结果

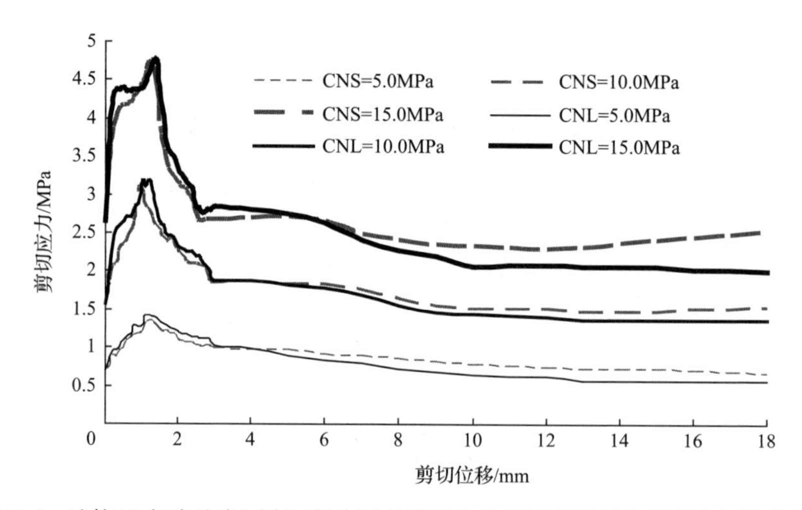

图 8.7　试件 S1 恒定法向刚度和恒定法向荷载边界条件下剪切应力试验结果对比图

在 CNL 加载条件下，法向荷载随剪切位移增加保持恒定，从而验证了试验设备在 CNL 边界条件下法向荷载稳压的准确性和可靠性。在 CNS 边界条件下，随剪切位移的持续增加，法向荷载变化分两个阶段，第一阶段当试件发生负膨胀现象时，试件法向荷载略低于初始法向应力，此阶段处于剪切最初阶段；第二阶段，随剪切位移的继续增加，法向荷载以近似曲线关系缓慢递增。

在 CNL 和 CNS 两种边界条件下，法向荷载越大，剪切应力越大，剪切应力变化幅度越明显，试验达到剪切应力峰值时的剪切位移越大。剪切应力随剪切位移增大可分为四个阶段，第一阶段在剪切位移约为 1.5mm 范围内，剪切应力以近似线性关系陡增并很快增加到峰值；第二阶段随剪切位移的继续增加，剪切应力在 1.5～3.4mm 以较快的幅度降低；第三阶段剪切应力缓慢减小，剪切位移在 3.4～

10.7mm;第四阶段为较稳定残余剪切应力阶段,即剪切位移在10.7mm以后。如图8.7所示,试件S1在CNS边界条件下剪切应力在试件负膨胀阶段要比CNL边界条件下的值略低,出现峰值剪切应力对应的剪切位移也比CNL边界条件下小;而试件在接近残余剪切应力时,两条剪切应力曲线相交。此后随剪切位移增加,试件的剪切应力在CNS边界条件下会比CNL边界条件下稍大。

法向位移变化是节理岩体试件进行剪切-渗流耦合试验的一个重要特性。试验中试件法向位移分为负膨胀和膨胀两个阶段。初始短暂负膨胀现象的出现是因为节理试件具有良好的匹配性能,是由剪切试验前作用在试件上的法向荷载引起试件固结压实和收缩而导致的。在剪切过程中法向位移明显升高的过程,被称为剪胀现象。从法向位移-剪切位移曲线可以看出,随剪切位移增加,CNS和CNL试验均发生了剪胀。由于法向应力增加,CNS的剪胀率出现大幅减少,法向荷载越大其法向位移越小,说明法向荷载对法向位移具有抑制作用。

试件S1、S2和S3在初始法向应力为15.0MPa、渗透压力为3MPa条件下的力学特性随剪切位移增加而产生的变化如图8.8~图8.10所示。

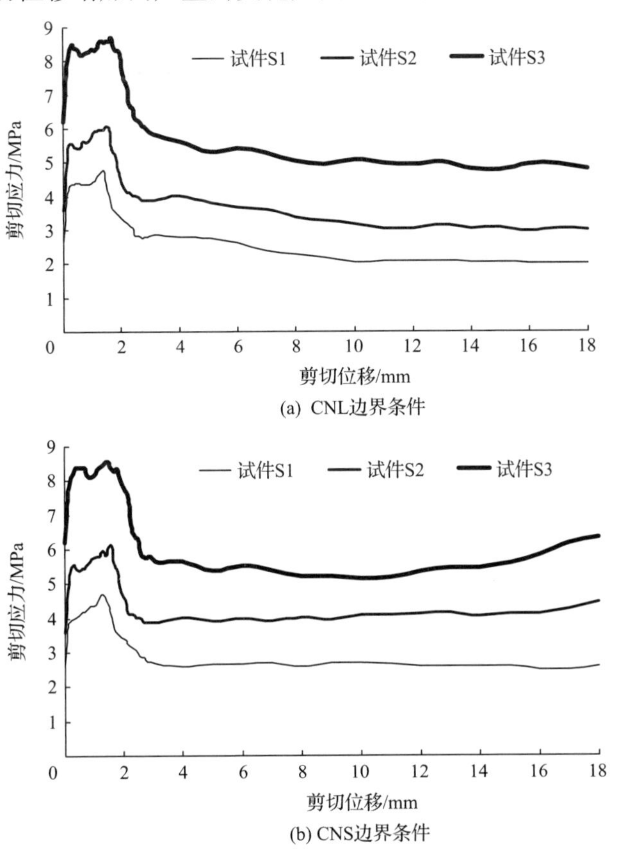

图8.8 CNL和CNS边界条件下剪切应力试验结果

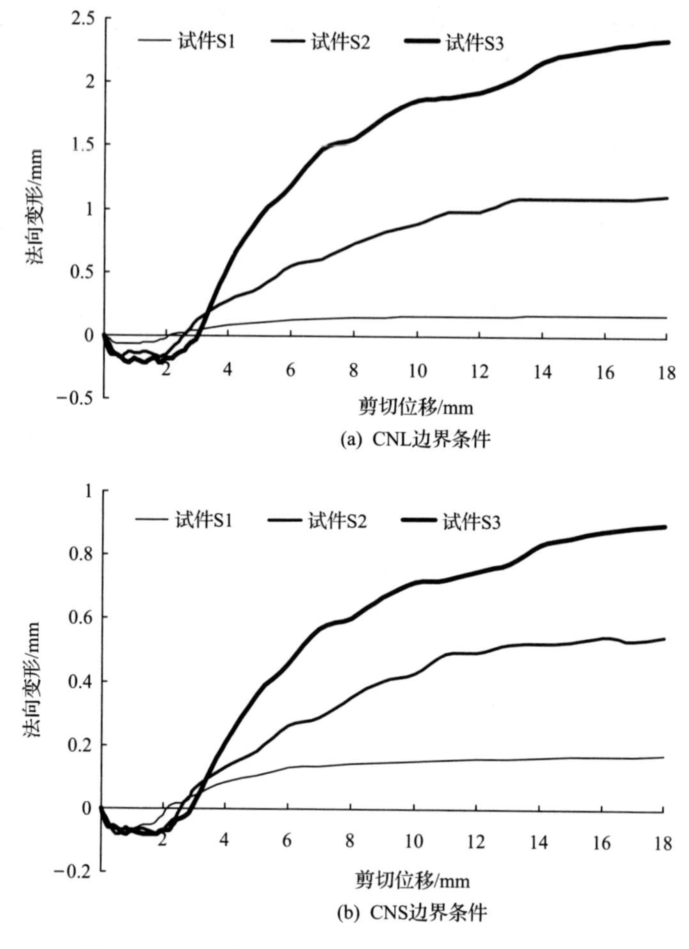

图 8.9 CNL 和 CNS 边界条件下法向变形试验结果

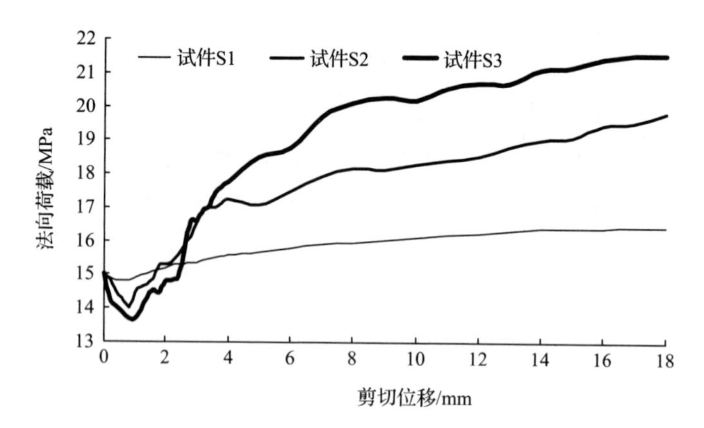

图 8.10 CNS 边界条件下法向荷载试验结果

CNS边界条件下节理粗糙度对试件的法向荷载影响显著，试件越粗糙，法向荷载越大，法向荷载-剪切位移曲线越不平滑，法向荷载增加量越大。

节理粗糙度对剪切应力影响显著，试件越光滑剪切应力越小，剪切应力-剪切位移曲线越平滑，总体上CNL边界条件下比CNS边界条件下要平滑一些，节理越粗糙，剪切应力变化明显的范围越大。在CNL边界条件下，试件S3(JRC值为16～18)在剪切位移为10.9mm的范围内剪切应力变化明显，试件S2(JRC值为10～12)在剪切位移为7.1mm的范围内剪切应力变化明显，试件S1(JRC值为2～4)在剪切位移为3.4mm的范围内剪切应力变化明显。在CNS边界条件下，剪切位移在11～14mm以后剪切应力有上升趋势。

由图8.10可知：节理粗糙度对试件的法向变形影响也很显著，试件越粗糙其法向位移就越大，剪胀现象越明显。法向位移在CNS边界条件下比CNL边界条件下要明显小，而且试件越粗糙，其法向位移相对减小的就越多。

试件S3在初始法向应力为15.0MPa，渗透压力分别为1.0MPa、2.0MPa和3.0MPa条件下力学特性随剪切位移增加而产生的变化如图8.11和图8.12所示。

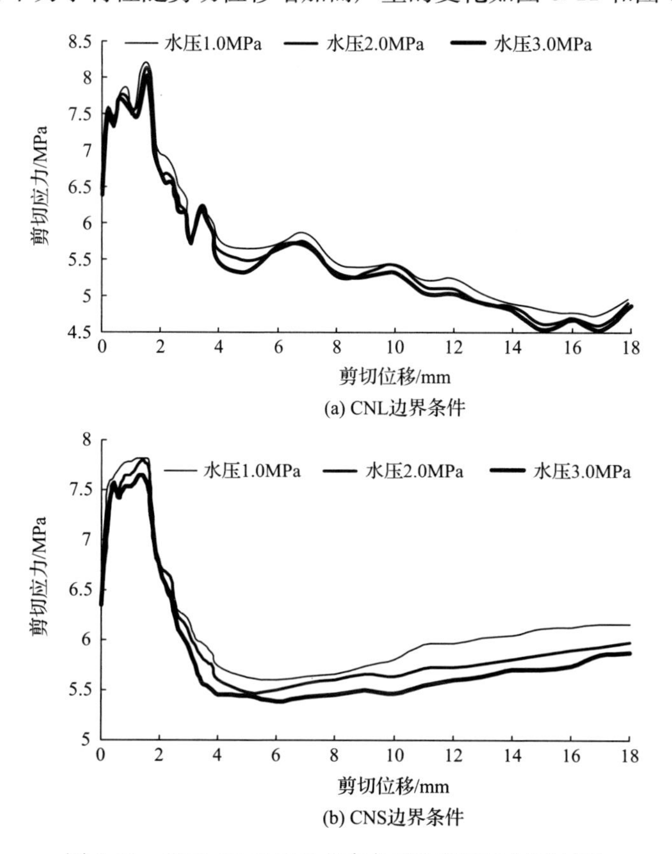

图8.11　CNL和CNS边界条件下剪切应力试验结果

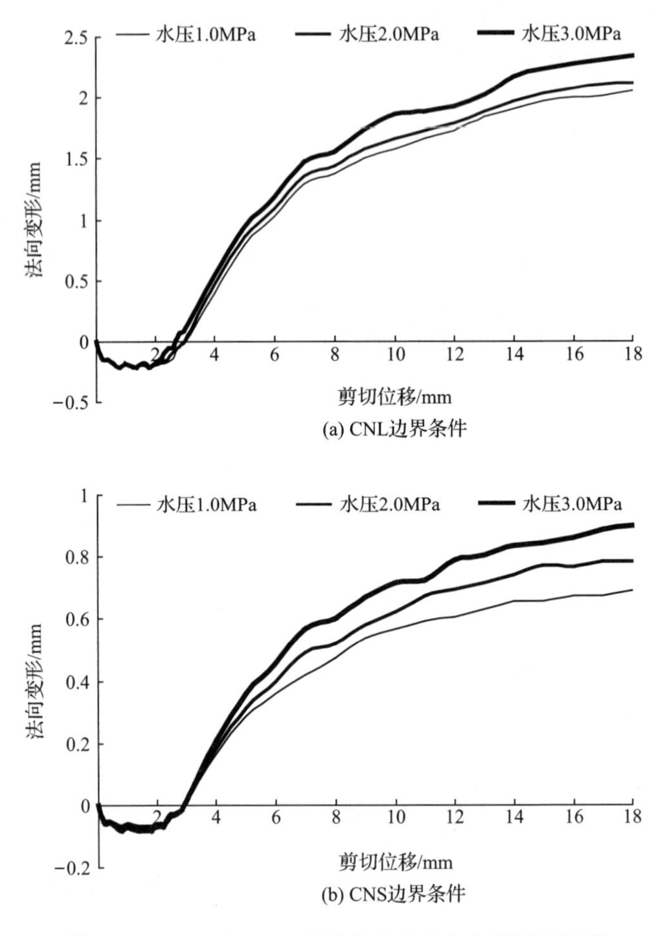

图 8.12　CNL 和 CNS 边界条件下法向变形试验结果

剪切应力与渗透水压力密切相关，渗透水压力越大，剪切应力越小。剪切应力-位移变化曲线的趋势较一致，说明剪切位移越大剪切应力受渗透水压力影响越明显。在 CNL 边界条件下，剪切应力随剪切位移增大是一个减小的过程；在 CNS 边界条件下，剪切应力随剪切位移增大是一个先减小后缓慢增加的过程。

渗透水压力越大，试件法向位移越大，因此渗透水压是有利于试件剪胀的因素。剪切位移越大，法向变形受渗透水压力影响越明显。在 CNL 和 CNS 两种边界条件下试件都发生了剪胀，但 CNL 的法向变形比 CNS 的大。

在岩体节理压剪-渗流耦合试验中，法向应力和法向刚度是通常的边界条件，和剪切位移一起，被用来分析剪切行为和法向行为的耦合性质，用来解释发生在自然岩体内的剪切过程。法向应力、渗透水压和节理试件表面粗糙度是影响岩体节理压剪-渗流耦合特性的三个重要因素。

随剪切过程进行,剪切应力随剪切位移增大可分为四个阶段,如图 8.13 所示。

(1) 节理面上主要凸起被破坏,同时也有大部分凸起没有被破坏,但是几乎没有产生凸起壁泥,试件达到峰值剪切应力。

(2) 余下的凸起被逐步地破坏,并产生较多的凸起壁泥,接触比随之增加,剪切应力开始迅速降低。

(3) 随着水对岩石强度变化的缓慢影响,节理面上被破坏的凸起增多,范围增大,但破坏程度较弱。

(4) 剪切应力开始缓慢降低,并最终保持在一个较低的水平。

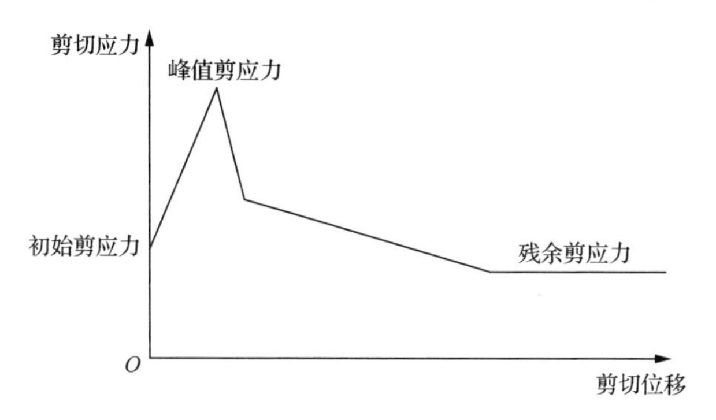

图 8.13　试验剪切过程中剪切应力变化

岩体节理、断层等结构面发生剪切活化的充分条件是,其所受剪应力大于等于初始剪切应力,这个初始剪切应力被称为剪切拟启动剪应力。如果所受剪应力始终在图 8.13 剪切应力-位移曲线之上,剪切过程将持续进行,岩体节理、断层等结构面的抗剪能力随剪切位移的变化是动态的。一般情况下,节理的残余剪应力小于剪切拟启动剪应力。结构面发生剪切活化的充分条件为

$$\tau \geqslant \tau_i \tag{8.18}$$

式中,τ_i 为结构面的动态抗剪能力。

在试验中,试件法向位移分为负膨胀和剪胀两个阶段。

在 CNL 边界条件下,法向荷载随剪切位移增加保持恒定。在 CNS 边界条件下,法向荷载分两个阶段,第一阶段:剪切位移在 1mm 以内,试件法向荷载略低于初始法向应力。第二阶段:法向荷载以近似曲线关系缓慢递增。

岩体节理表面粗糙度越大,其表面凸起越多,凸起的排列越不规则,随机性越强。其中,试件 S1 比较平滑,其表面几乎没有太大的凸起;试件 S2 的表面存有少量的较大凸起和小凸起;试件 S3 的表面存有较多大的凸起和不规则排列的小凸起,形成比较复杂的表面几何形状。试验发现:岩体节理表面粗糙度对试件的剪切

行为和法向行为有显著影响。试件越粗糙，在相同剪切位移时，节理表面接触比越小，法向位移越大，剪胀越明显，剪应力也越大，体现在剪切应力-位移曲线上就越不平滑。在CNS边界条件下节理越粗糙，剪切应力增加幅度越大，试件的剪切应力变化明显的范围就越大。试件越粗糙，其所获得的法向位移就越大，CNS边界条件下的法向位移比CNL边界条件下的位移要明显小，而且试件越粗糙，其法向位移减小越多。CNS边界条件下，试件越粗糙，法向荷载越大，法向荷载-剪切位移曲线越不平滑，法向荷载增量越大。

随着矿井向深部发展的步伐不断加快，深部岩体承受的地应力和孔隙水压越来越大。而不同裂隙水压对岩石强度变化影响非常大，裂隙水压越大，岩体强度下降越明显。试验表明：试件的剪切行为和法向行为与渗透水压密切相关。随剪切位移增加，渗透水压的影响程度加剧，但剪切应力和法向位移随剪切位移变化趋势较一致。渗透水压越大，剪切应力越小，法向位移越大，因此渗透水压是有利于试件剪胀的因素。

2. 节理水力开度试验结果与分析

根据试验数据，应用式(8.2)来反求各种边界条件下试件的等效水力开度。试件S1的等效水力开度值在不同边界条件下随剪切位移的变化趋势如图8.14和图8.15所示。

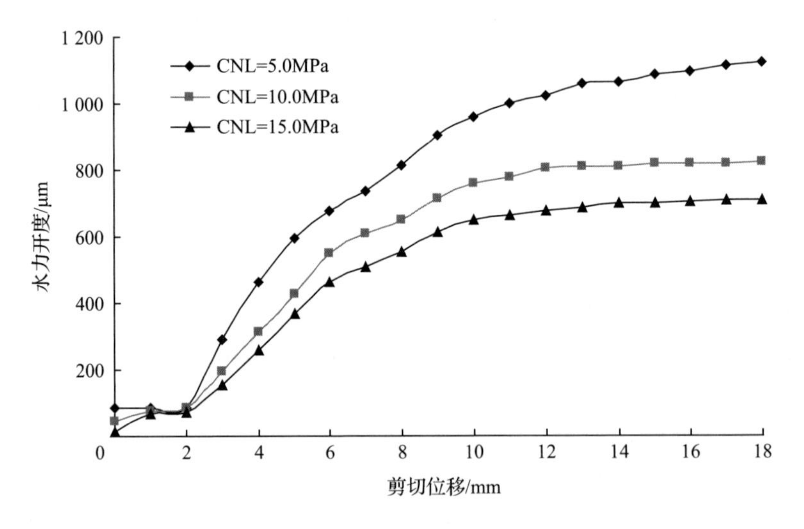

图8.14　CNL条件下试件S1在剪切过程中的水力开度变化

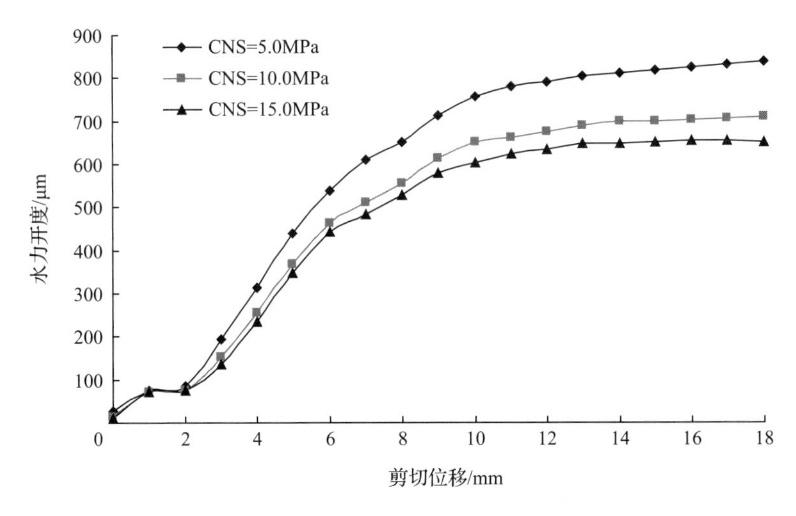

图 8.15　CNS 条件下试件 S1 在剪切过程中的水力开度变化

可以看出,在试件发生剪胀现象阶段,其水力开度变化可分为三个阶段。第一阶段,剪切位移小于 6mm,节理水力开度变化较大,增加较快;第二阶段,剪切位移在 8～12mm,随剪切位移的增加,剪胀幅度减小,节理水力开度增大幅度减缓;第三阶段,剪切位移超过 12mm 以后,节理水力开度变化趋于平缓,并最终保持在残余水力开度值。另外,CNL 边界条件下的等效水力开度值比 CNS 边界条件下大。

试件 S1、S2 和 S3 的等效水力开度值在不同边界条件下随剪切位移的变化趋势如图 8.16 和图 8.17 所示。试验初始法向应力为 15.0MPa,渗透水压为 3.0MPa。

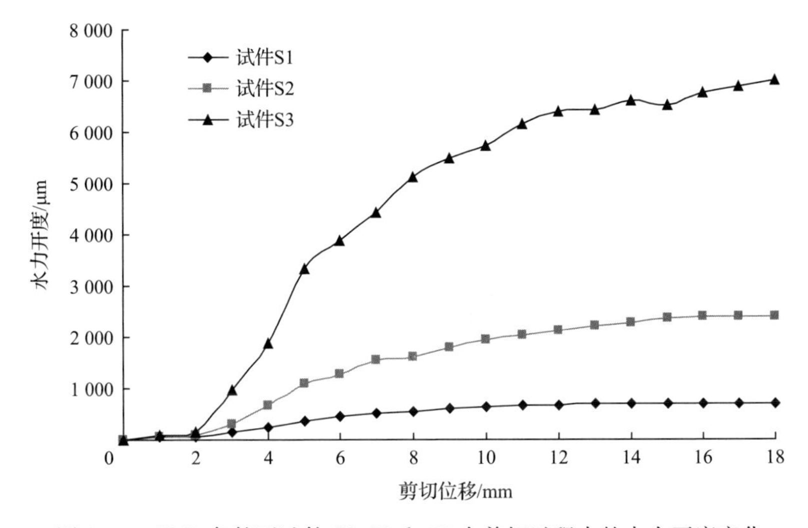

图 8.16　CNL 条件下试件 S1、S2 和 S3 在剪切过程中的水力开度变化

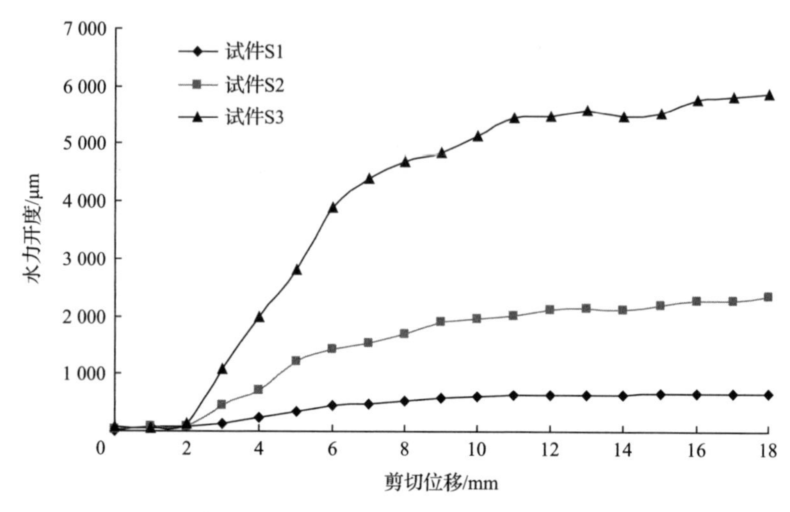

图 8.17　CNS 条件下试件 S1、S2 和 S3 在剪切过程中的水力开度变化

在压剪-渗流耦合试验中，节理试件表面粗糙度对试件等效水力开度值影响显著。在不同的边界条件下，试件节理裂隙在发生剪切位移时均发生剪胀，水力开度随剪切变形的增大而增加；试件节理表面越粗糙，其等效水力开度值越大，因不规律的裂隙表面几何形状引起的渗流场变化就越为复杂。在 CNL 和 CNS 两种边界条件下，CNL 边界条件下的等效水力开度值比 CNS 边界条件下的值大。

试验中节理试件 S3 的等效水力开度值在不同渗透水压力条件下随剪切位移的变化如图 8.18 和图 8.19 所示。试验的初始法向应力为 15.0MPa，渗透水压分别为 1.0MPa、2.0MPa 和 3.0MPa。

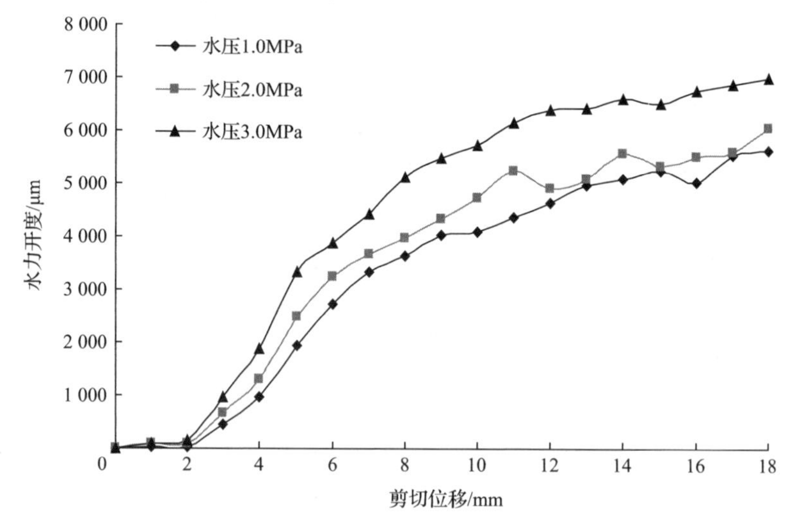

图 8.18　CNL 和不同渗透水压条件下试件 S3 在剪切过程中的水力开度变化

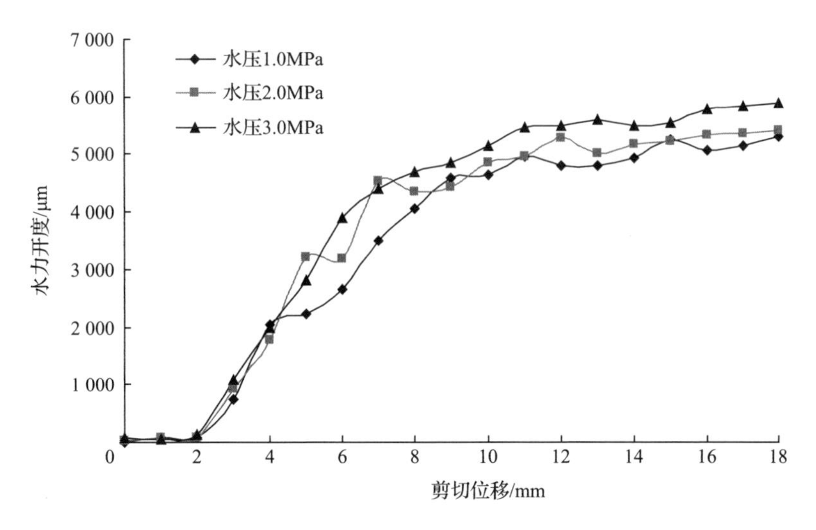

图 8.19 CNS 和不同渗透水压条件下试件 S3 剪切过程中的水力开度变化

在压剪-渗流耦合试验中,随渗透水压增大,渗透水压对试件等效水力开度值影响增大;渗透水压越大,试件节理裂隙的等效水力开度越大。但等效水力开度并不随渗透水压呈线性增加。例如,在渗透水压为 3.0MPa 条件下,其残余水力开度值是 1.0MPa 的 1.81 倍;在渗透水压为 2.0MPa 条件下,其残余水力开度值是 1.0MPa 的 1.27 倍。这是由于岩体节理裂隙的渗流特性是受不连续面形态、水力梯度、应力环境和岩体力学性质等多种因素共同影响的,而不是单单受某一种因素的影响,尤其是在高水压、高应力的环境下,其渗流场变化更为复杂。

节理表面粗糙度不同、法向应力的大小不同及渗透水压的大小不同,使得等效节理水力开度变化的程度也大不相同,但它们都是不断地从小变大的过程,而且试件的等效水力开度值在很小的剪切位移内都以数量级的幅度迅速攀升,而在试件负膨胀产生阶段,其水力开度值极低。试验表明:法向荷载越大,试件的水力开度值越小,这是因为较高的法向应力将抑制剪切过程中的法向膨胀。同时渗透水压越大,节理表面越粗糙,试件节理裂隙的等效水力开度就越大。

3. 透过率试验结果与分析

透过率和剪切位移的关系是耦合性质试验研究的重点,透过率的计算公式为

$$T=\frac{Q}{wi} \tag{8.19}$$

式中,T 为透过率。

试件 S1 的透过率在不同边界条件下随剪切位移的变化如图 8.20 和图 8.21 所示。试验结果表明,法向荷载越高,透过率值越小。在恒定法向刚度和恒定法向荷载两种边界条件下,节理试件的透过率变化较为一致,并最终稳定在相同的数量级范围内,而在 CNS 边界条件下,透过率相对小一些。

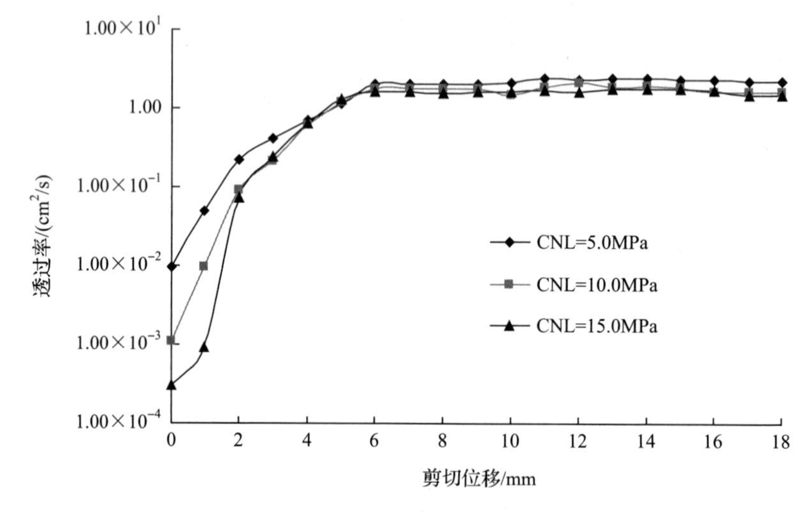

图 8.20　CNL 条件下试件 S1 剪切过程中的透过率变化

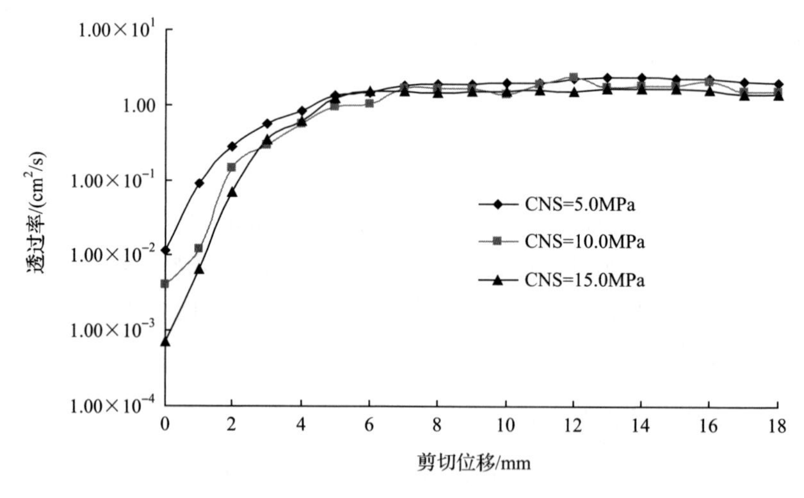

图 8.21　CNS 条件下试件 S1 剪切过程中的透过率变化

试件 S1、S2 和 S3 的透过率在不同边界条件下随剪切位移的变化如图 8.22 和图 8.23 所示。

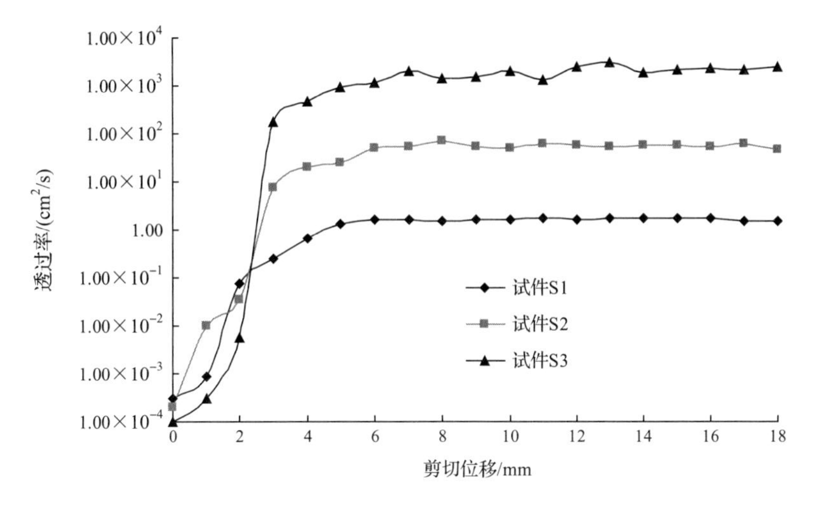

图 8.22　CNL 条件下 S1、S2 和 S3 在剪切过程中的透过率变化

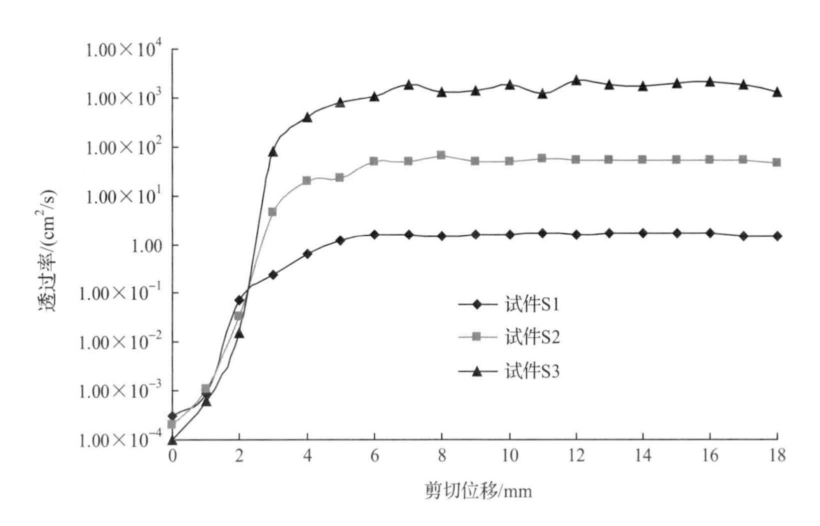

图 8.23　CNS 荷载条件下 S1、S2 和 S3 在剪切过程中的透过率变化

试验结果表明:试件节理表面粗糙度对透过率的影响非常显著,试件节理表面越粗糙,透过率值越高。在剪切试验后期,试件 S3 的透过率同试件 S1 的透过率差 3 个数量级。在 CNS 和 CNL 两种边界条件下,节理试件的透过率变化较为一致,在相同初始法向应力条件下,CNS 边界条件的透过率要相对小一些。

试件 S3 的透过率在不同渗透水压条件下随剪切位移的变化如图 8.24 和图 8.25 所示。试验初始法向应力为 15.0MPa,渗透水压分别为 1.0MPa、2.0MPa 和 3.0MPa。试验结果表明,渗透水压越大,透过率值越高,透过率随剪切位移波动越明显。在相同初始法向应力条件下,CNS边界条件的透过率要相对小一些。

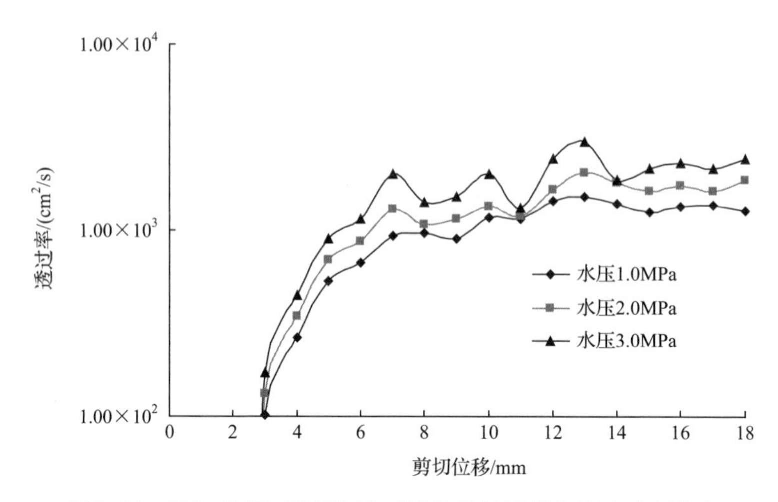

图 8.24　CNL条件下渗透压力对试件剪切过程中的透过率影响

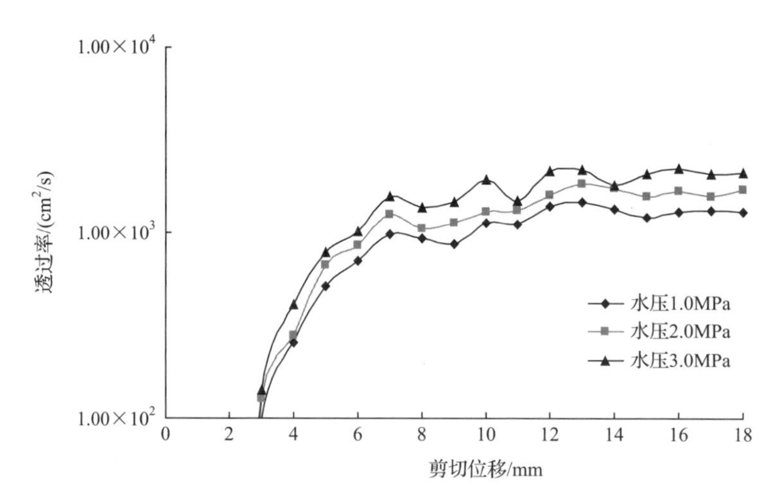

图 8.25　CNS条件下渗透压力对试件剪切过程中的透过率影响

透过率同等效水力开度一样表现出三个阶段的变化。第一阶段,在刚开始剪胀时,透过率以数量级的幅度迅速攀升;第二阶段,透过率以一个较小的速率继续升高;第三阶段,节理的透过率比较稳定,几乎不再发生变化或变化很小。在试件负膨胀阶段,由于其水力开度值极低,所以透过率极小。同时在试件透过率增大阶段,节理表面越粗糙,透过率上升速率就越大,透过率较稳定阶段会更早出现,这是因为在相同的应力环境下,粗糙的节理将产生较大的法向位移,也将获得更高的渗透率。

比较试验结果还可以发现:在剪切过程中,由于节理表面凸起的损伤而导致峰值剪切应力拐点比透过率的拐点通常出现的要早些,而且渗透水压力越大,透过率值越高。综上所述,在试验剪切过程中,随着剪切位移的发生,渗透性呈现三阶段的变化趋势,如图8.26所示。

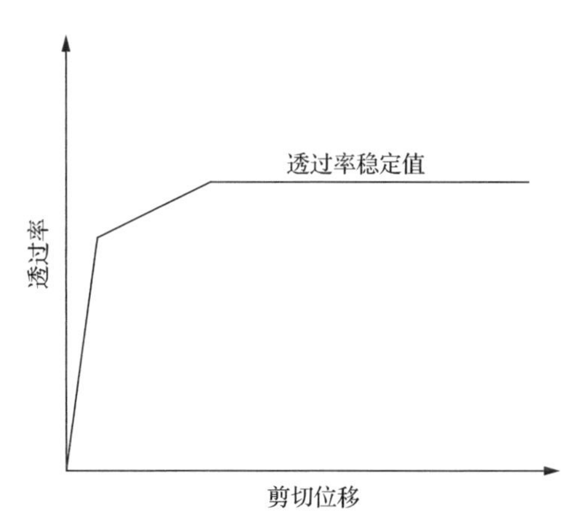

图8.26　试验剪切过程中透过率变化示意图

8.2　流固耦合岩层相似模拟材料研制

8.2.1　流固耦合相似理论

流固耦合模拟材料要满足渗透性相似,则应符合流固耦合相似理论[17~22]。采用均质连续介质的流固耦合数学模型推导出适合的流固耦合相似理论:

$$C_G \frac{C_u}{C_l^2} = C_\lambda \frac{C_e}{C_l} = C_G \frac{C_e}{C_l} = C_\gamma = C_\rho \frac{C_u}{C_t^2} \tag{8.20}$$

式中,C_l 为几何(模型尺寸)相似比常数;C_G 为剪切弹性模量相似比常数;C_u 为位移相似比常数;C_λ 为拉梅常数相似比常数;C_e 为体积应变相似比常数;C_γ 为容重相似比常数;C_ρ 为密度相似比常数;C_t 为时间相似比常数。

考虑试验采用的相似模拟材料为均匀连续介质,故模拟材料三个坐标方向的渗透系数可设为 $K_x = K_y = K_z = K$,引入如下函数:

$$\begin{cases} K_p = C_K K_m \\ S_p = C_s S_m \\ Q_p = C_Q Q_m \\ x_p = C_y x_m,\ y_p = C_y y_m,\ z_p = C_z z_m \end{cases} \tag{8.21}$$

式中,C_K 为渗透系数相似比常数;K_p 为原型的渗透系数;K_m 为模型的渗透系数;

C_s 为贮水系数相似比常数；S_p 为原型的贮水系数；S_m 为模型的贮水系数；C_Q 为渗水量相似比常数；Q_p 为原型的渗水量；Q_m 为模型的渗水量；C_x、C_y、C_z 为 x、y、z 方向模型尺寸相似比常数。

将式(8.21)代入三维均质渗流方程并与原型相比得出：

$$\frac{C_K C_{p_a}}{C_x^2} = \frac{C_K C_{p_a}}{C_y^2} = \frac{C_K C_{p_a}}{C_z{}^2} = \frac{C_s C_{p_a}}{C_t} = \frac{C_s}{C_t} = C_w \tag{8.22}$$

式中，C_{p_a} 为水压力相似比常数；C_w 为源汇项相似比常数。

依据相似定理可知材料变形后具有几何相似，即 $C_e = 1$，则有 $C_u = C_l$；亦可以进一步推导出 $C_G = C_E = C_\gamma C_l$，$C_\sigma = C_\gamma C_l$（C_E 为弹性模量相似比系数；C_σ 为应力相似比系数）；时间相似得 $C_G C_u / C_l^2 = C_\rho C_u / C_t^2$，则有 $C_t = \sqrt{C_l}$。

由式(8.22)可知 $C_{p_a} = C_\lambda C_l$，$C_t = \sqrt{C_l}$，$C_x = C_y = C_z = C_l$；则有，源汇项相似$C_w = 1/\sqrt{C_l}$；贮水系数相似 $C_s = 1/(C_\gamma \sqrt{C_l})$；进一步推导渗透系数相似，$C_K C_P / C_x^2 = C_w$（$C_P$ 为水压相似比系数），而 $C_w = 1/\sqrt{C_l}$，$C_x = C_l$，则可推得 $C_K = \sqrt{C_l}/C_\lambda$。

根据上述相似模拟理论及相关参数变量公式，便可有效开展流固耦合相似模拟材料的研制工作。

8.2.2　流固耦合岩层相似模拟材料的选择与制作

1. 相似材料原料的选择

流固耦合相似材料须同时满足固体变形和渗透性相似两个条件，以往研究的重点大多在于材料非亲水性能而忽略了亲水后的强度变化及与原岩渗透性相似的问题。依据流固耦合相似理论和大量配比试验选择使用凡士林等成分研制出基本满足相似材料模拟试验的流固耦合岩层相似模拟材料。图 8.27(a)为相似材料试件单轴抗压强度测试，图 8.27(b)为相似材料试件渗透系数测试，图 8.28 为相似材料非亲水性测试。

(a) 抗压强度测试

(b) 渗透系数测试

图 8.27　力学试验中的模型试件

图 8.28　相似材料非亲水性测试

1) 骨料

选择粒径为 0.4～0.6mm 的河砂和轻质碳酸钙作为骨料。在一定范围之内，河砂粒径越大其相对表面积越大，与胶结剂的胶结能力越大，相似材料遇水后不易发生崩解。碳酸钙在有机的胶结物质中能将材料中的河砂等颗粒胶结在一起形成微团粒，从而形成团聚体，增加相似材料的凝聚力。

2) 胶结剂

选用石蜡和凡士林做胶结剂。石蜡在受热的情况下具有较好的塑性，且其含量的多少对材料的抗压强度和弹性模量数值的影响具有可控性。凡士林在自然状态下黏附性好而且具有较好的防水性，与石蜡组合使用能够改变相似材料塑性变形特性，进而扩大相似材料应用范围。

3) 调节剂

调节剂选用的是抗磨液压油。液压油具有较好的黏性和封闭性，可以促进石蜡和凡士林的充分融合。

2. 相似材料的制作

流固耦合相似材料试件的制作过程如图 8.29 所示，主要包含以下步骤。

(1) 按照试验配比，称量好试件配制所需的骨料和胶结料。

(2) 将骨料(沙和碳酸钙)放入搅拌器中进行搅拌至均匀，而后放入水浴锅中进行加热处理。

(3) 将胶结料(石蜡、凡士林)放入器皿中进行水浴加热，水浴温度控制在 60℃～80℃(避免温度过高导致石蜡和凡士林挥发、冒烟)，直至凡士林和石蜡融化成液体。

(4) 将骨料、胶结料和液压油倒入搅拌锅，快速搅拌至均匀。

(5) 把搅拌均匀的相似材料迅速分层装入双开模具，并不断压实，尽量保证每个试件的压实力相同或相近。

(6) 对试件脱模后放置室温下养护,并对其进行编号等待试验。

(a)　(b)　(c)　(d)　(e)　(f)

图 8.29　试件制作过程

8.2.3　流固耦合岩层相似材料配比设计及参数测试

1. 流固耦合相似材料配比设计

根据流固耦合相似理论及试验的要求,确定以石蜡、凡士林为胶结剂,河砂、碳酸钙为骨料,液压油作为调节剂制备相似材料试件。试验采用单因素试验方法对相似材料进行配比,经过大量的配比试验,初步确定 S1～S9 共 9 组试验方案,见表 8.3。试验过程中严格控制各组分的质量配比,并保持制模温度为 60～80℃,防止较高温度破坏石蜡和凡士林的性质,温度过低导致石蜡冷凝,影响相似材料的均匀度。

表 8.3　相似材料配比方案

方案编号 SX	相似材料质量比(砂子∶石蜡∶碳酸钙∶凡士林∶液压油)	试样编号
S1	15∶0.6∶1∶2.2∶0.5	S11～S16
S2	15∶0.6∶2∶1.1∶1	S21～S26
S3	10∶1.2∶0.7∶1.2∶1	S31～S36
S4	10∶1.5∶0.7∶1.5∶1	S41～S46
S5	15∶0.6∶0.7∶1.2∶0.5	S51～S56
S6	16∶0.8∶0.5∶1.4∶1	S61～S66
S7	12∶0.8∶0.8∶1.2∶0.5	S71～S76
S8	18∶0.8∶0.8∶1.6∶1.2	S81～S86
S9	20∶1.2∶0.8∶2.0∶1.6	S91～S96

2. 流固耦合相似材料参数测试

1) 亲水性能测试

将编号为 SX1～SX4 的试样分别做自然晾干 24h 和浸水 1 天、2 天、3 天处理后再进行单轴压缩试验,试件典型破坏形态如图 8.30 所示。

图 8.30　相似材料单轴压缩试件破坏形态

由于水分子的侵入削弱了材料间的联系,使得当对岩石施加载荷时,岩石的内部孔隙和裂缝水压力增大,导致岩石变形特征发生改变。不同配比的试件在自然和浸泡 1 天状态下的抗压强度和弹性模量对比见表 8.4。试验结果表明:以河砂和碳酸钙为骨料,石蜡和凡士林为胶结剂,液压油为调节剂,不同配比相似材料自然晾干情况下单轴抗压强度为 0.23～0.66MPa,浸水 1 天情况下单轴抗压强度为 0.16～0.58MPa,且相似材料在水中未发生崩解现象,浸水后试件的抗压强度能达到未浸水强度的 85%以上。

表 8.4　部分试件单轴抗压强度和弹性模量

试件编号（自然状态）	单轴抗压强度/Mpa	弹性模量/MPa	试件编号（浸水1天）	单轴抗压强度/MPa	弹性模量/MPa
S11	0.66	230.33	S12	0.58	101.87
S21	0.57	96.73	S22	0.56	65.53
S31	0.56	164.56	S32	0.55	106.43
S41	0.32	49.66	S42	0.29	19.87
S51	0.47	39.67	S52	0.37	22.00
S61	0.49	33.22	S62	0.45	21.42
S71	0.44	88.76	S72	0.36	44.91
S81	0.23	37.43	S82	0.16	21.51
S91	0.29	48.21	S92	0.21	37.30

2）渗透系数

采用伺服刚性试验机等传统岩石试验机进行相似材料渗透系数测量较困难，一是因为相似材料抗压强度一般较低，试验过程中试件极易破坏，同时材料损伤掉落的粉末将会堵塞试验机的出水通道从而无法实现精确测量；二是制作的试样与测量仪器器壁不能紧密贴合形成透水通道，当围压较小时水通过侧壁流出而不透过材料流出。为减少仪器误差对试验结果造成的影响，考虑将试件置于模具中直接进行测量，测量原理及测量仪器如图 8.31 所示。

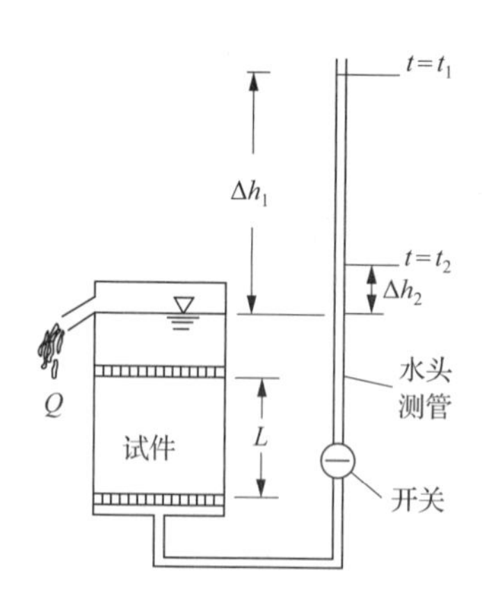

(a) 渗透系数测量原理图

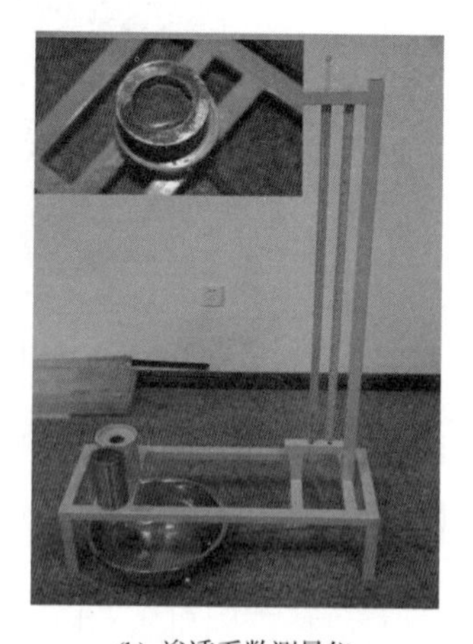

(b) 渗透系数测量仪

图 8.31　渗透系数测量原理图和测量仪

达西定律渗透力学计算公式为

$$K = \frac{aL}{At}\ln\frac{\Delta h_1}{\Delta h_2} \tag{8.23}$$

式中，K 为渗透系数，单位为 cm/s；a 为玻璃管断面积，单位为 mm^2；A 为试样断面积，单位为 mm^2；L 为试样长度，单位为 mm^2；Δh_1 为起始水头差；Δh_2 为时间 t 后终了水头差。

流固耦合相似材料渗透系数测量结果表明：不同配比相似材料试件的渗透系数为 $1.68\times10^{-7}\sim4.55\times10^{-4}$ cm/s，部分试件的渗透系数见表 8.5。

表 8.5　部分试件的渗透系数

试件编号	渗透系数/(cm/s)	试件编号	渗透系数/(cm/s)
S15	6.56×10^{-5}	S55	6.31×10^{-5}
S25	3.25×10^{-4}	S65	5.27×10^{-5}
S35	4.22×10^{-5}	S75	4.55×10^{-4}
S45	3.56×10^{-5}	S85	1.68×10^{-7}

8.2.4　流固耦合岩层相似材料性能的影响因素分析

通过对不同配比试件性质研究得出以下规律。

(1) 碳酸钙、凡士林和石蜡总量所占比重对试件的抗压强度和弹性模量的影响曲线如图 8.32 和图 8.33 所示。在一定范围内，碳酸钙所占比重越大，材料的抗压强度越大而弹性模量随之减小，即发生弹性变形的应力也越大。

随凡士林所占比重的增加，材料抗压强度和弹性模量的变化趋势相同。在一定范围内，凡士林含量越高，试件的强度和弹性模量越高，凡士林占总量的 3%以上，抗压强度和弹性模量相继降低。石蜡含量越高，试件胶结越密实，抗压强度和弹性模量越大，在石蜡占总量的 7.5%以上，抗压强度和弹性模量增幅变小。

(2)材料质量比对相似材料渗透系数的影响如图 8.34 所示。作为胶结剂的石蜡和凡士林的含量对材料渗透性影响范围大，其含量越高，材料渗透系数越小，当含量为 6%～7%时试件的渗透系数为 $10^{-4}\sim10^{-5}$ cm/s。碳酸钙含量对材料渗透性能影响较小，碳酸钙含量越高，材料透水性能越差。

(3)流固耦合相似材料抗压强度变化在 0.16～0.66MPa，弹性模量变化在 40～200MPa，渗透系数为 $1.68\times10^{-7}\sim4.55\times10^{-4}$ cm/s。配制的流固耦合材料对矿井深部开采中高强度和中高渗透岩体的模拟试验具有较好的适应性。材料骨料所占比重决定抗压强度和弹性模量的大小，胶结剂能提高材料的密实度，其比重越高，非亲水效果越好，渗透系数越小。

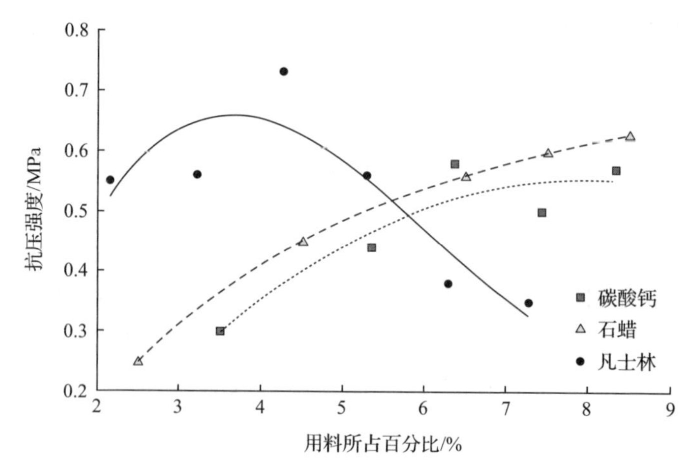

图 8.32 抗压强度与用料所占百分比的关系

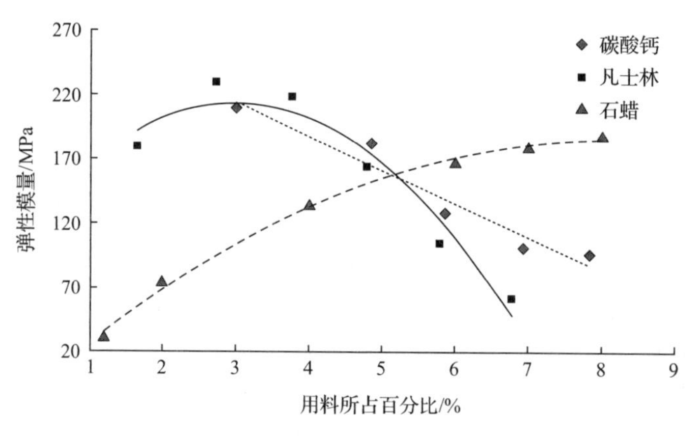

图 8.33 弹性模量与用料所占百分比关系

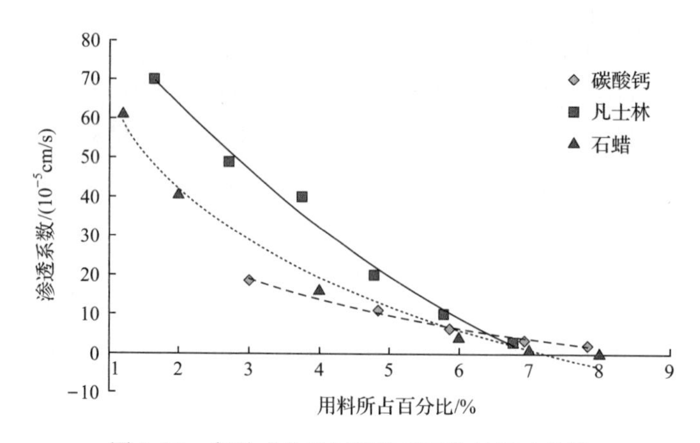

图 8.34 各种成分对材料渗透系数的影响曲线

8.3　深部高水压底板突水通道形成与演化规律试验研究

8.3.1　深部高水压底板突水模式及机理

依据底板突水特点，从不同角度对底板突水类型进行归纳。具有代表性的有：按突水与断层的关系划分，按突水量大小、突水动态特征、含水层性质和采掘关系划分，按采动影响划分，按突水发生部位和突水形式划分和按采场覆岩开采过程中的运动结构特征划分等。在深部采场，因开采和高承压水引起的采场围岩应力场和裂隙场变化所形成的导水通道是导通底板寒灰、奥灰水、陷落柱和断层水的根源。导水通道、水源和采动是采场底板突水的必要条件，三者缺一不可[23～36]。

对于特定采场，导水通道能否形成是突水与否的关键。根据深部采场底板突水形成条件的要求，结合深部采场高地应力、高岩溶水压和强开采扰动的开采条件，建立深部底板承压突水地质结构力学模型，揭示深部复杂地质条件下高地应力、高水压耦合作用的突水机理，如图 8.35 所示。

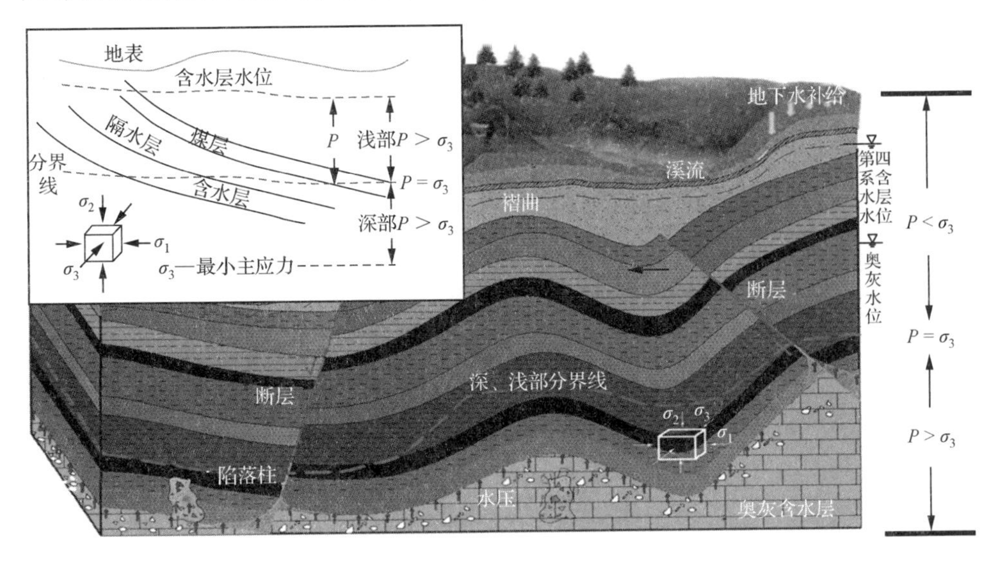

图 8.35　深部底板承压突水地质结构力学模型

深部底板突水问题，不单只是水文地质问题，也是采矿工程中在特定的地质结构、地下水、地壳应力场及采掘工程综合影响下所发生的一种特殊的岩体水力学问题。依据建立的深部底板承压突水地质结构力学模型，以导水通道的形成为判据，提出三大类突水模式，即原生通道型、断裂滑剪型和散面裂隙扩展型，如图 8.36 所示。

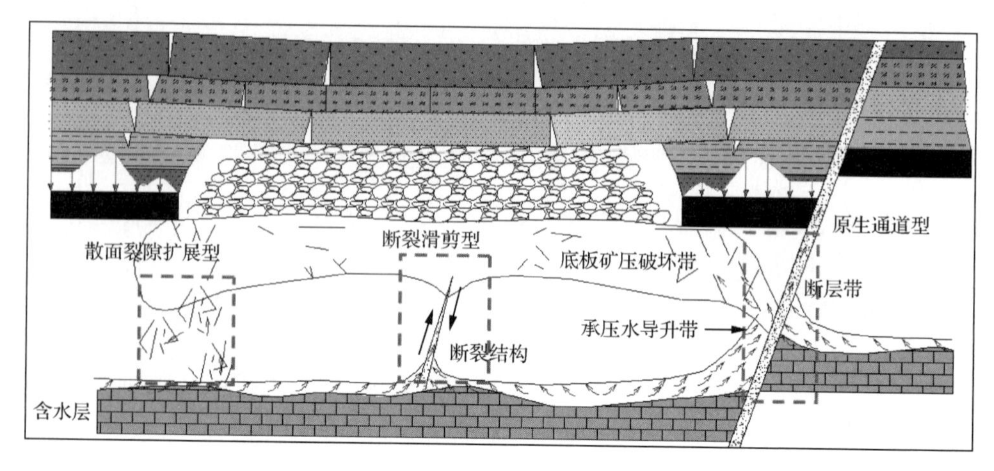

图 8.36 深部开采底板高承压突水模式

1. 原生通道型突水模式

受地质构造(断层、褶皱、岩溶陷落柱)的影响,含导水通道切穿煤系地层,在采场支承压力的作用下将极易导致断裂剪切滑动及其派生节理的扩展与含水层(体)导通。当由构造和裂隙形成的导水通道处于拉剪应力状态时,导水通道是张开性的,很容易造成采动沟通型突水;当由构造和裂隙形成的导水通道处于压剪应力状态时,导水通道是闭合性的,在高应力和高承压水联合作用下,断层带物质被逐渐弱化,其水力开度和透过率增大,则容易造成构造和裂隙采动导通型突水。原生通道突水模式如图 8.37 所示。

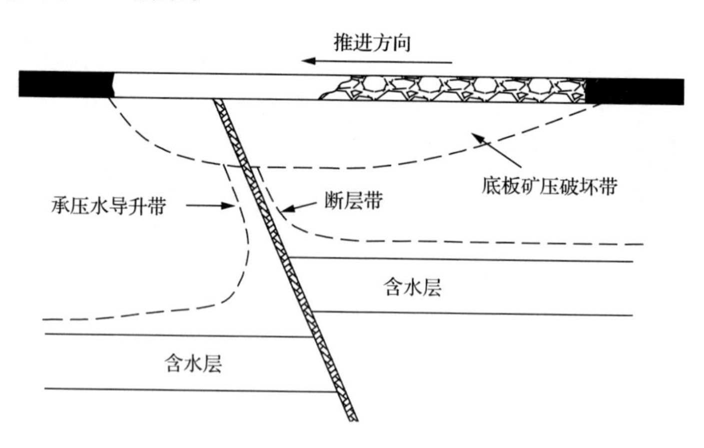

图 8.37 原生通道型突水模式

2. 断裂滑剪型突水模式

(1) 当底板隔水层较薄,煤层开采后,在采空区内底板隔水层就形成四周固支的薄形板,在采动应力、水压力和原岩应力的联合作用下,底板形成OX型整体破坏,以底鼓、剪切及张裂形式导致突水,薄隔水层破坏形式如图8.38所示。

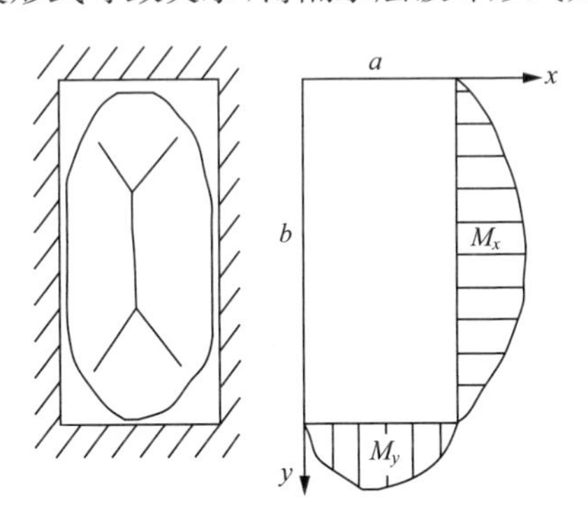

图8.38　薄隔水层整体破坏形式

(2) 如果煤层底板隔水层厚度较大且完整,则开采后会在底板岩层中形成一定深度的破坏带,采深越大,破坏带深度越大,其底板岩层有效隔水层厚度越小。而有效隔水层可能会由若干岩层组成,各岩层由于其分层特性和所处采动岩体位置不同,其隔水性能也是不同的,水最终需要穿透的那部分岩层或最终被阻隔住的岩层被称为隔水关键层。在这些岩层保持结构稳定时,它们可以有效地隔水。当这些岩层发生破断后,破碎岩体渗流特性发生突变,就发生突水。因此,完整较厚采场底板是否突水取决于关键层能否取得平衡。在深部采场巨大的矿山压力、高承压水压和原岩应力的共同作用下,底板隔水层就可能发生失稳破断,导致底板全部或相当部分的岩层产生整体破坏断裂而与采动裂隙贯通,形成突水通道导致突水,隔水层如图8.39所示。

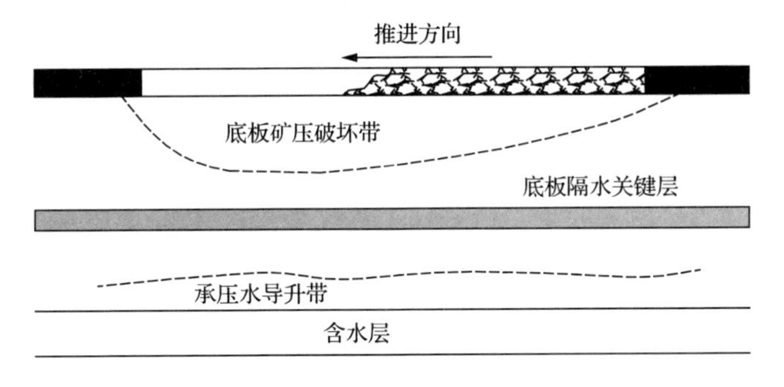

图8.39　底板隔水关键层

3. 散面裂隙扩展型突水模式

1）采动水压裂隙贯穿连通型

节理裂隙破坏了底板隔水层的完整性，降低了底板隔水层的强度，缩短了煤层与含水层的间距，有效地减小了底板隔水层的厚度，导致底板隔水层整体隔水能力削弱，从而极易导致突水事故的发生。

由于底板整体受到下部承压水的作用，在采空区底板以下一定距离，由下向上出现若干垂直原位张裂隙。当断续节理裂隙带存在并将地下水导通到一定高度时，在水压力的作用下，渗水软化作用降低岩体有效应力和内聚力。裂缝形成后，只要有能使裂缝张开并延伸的压力，那么裂缝就会沿着阻力最小的方向延伸，地下水沿裂隙软弱带总体向上发展。同时，在承压水的压裂扩容作用下，小裂隙不断扩大，在主要裂隙周围出现翼状裂隙，裂隙组数逐渐增多，形成局部化剪切裂隙带。由于承压水的渗水软化和压裂扩容的互相作用、互相促进，使底板岩层破坏裂隙沿最薄弱方向进一步扩展，并可能与周围裂隙带逐步沟通，形成更大范围的破坏带，并最终与底板矿压破坏带连通，发生底板岩体水压裂现象，形成突水通道并导致较大型的突水，采动水压裂隙贯穿连通型突水模式如图 8.40 所示。

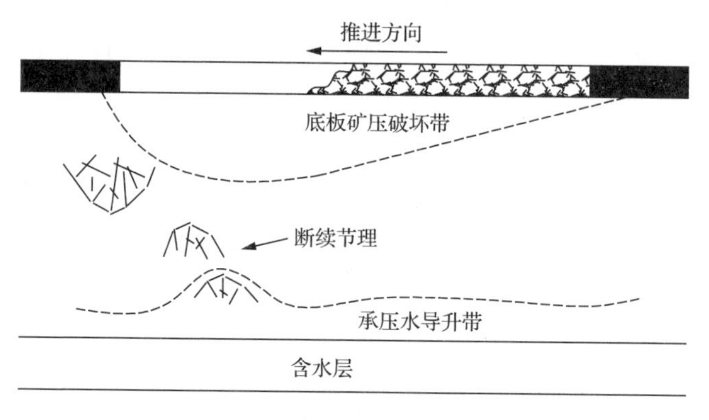

图 8.40　采动水压裂隙贯穿连通型突水模式

2）采动小断层活化型

小断层是平面分布不大、垂向距离有限的小型地质构造，煤层中各岩层对小断层的影响为越靠近煤层，其影响越明显，越远离煤层其影响越小。实测资料表明：断层带底板导水裂隙带高度是正常岩层的 2 倍左右。在矿压和含水层水压作用下，小断层会活化成为导水通道，当此通道与采动裂隙贯通时，将会诱发工作面突水。采动小断层活化型突水模式如图 8.41 所示。

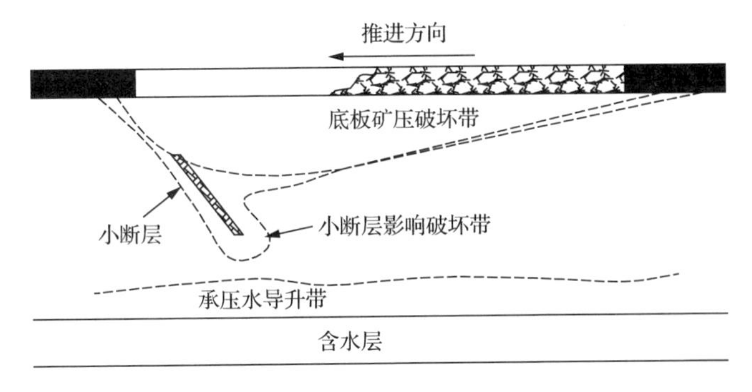

图 8.41　采动小断层活化型突水模式

采掘活动打破了采场的稳定状态,形成通道导通底板高承压含水层或导水构造裂隙,进而引发突水。但由于地质条件的差异和采掘活动的程度不同使得通道的产生原因和导通程度也不尽相同,这也使得底板突水发生形式及机制存在差异,因此试图用一种或几种机理来解释所有突水是不科学的,也是不现实的。对于某一次具体突水过程来讲,到底产生哪种机制的突水,要看哪种“机制”先达到其“极限”,有的突水甚至是多种机制共同作用的“混合机制”。

8.3.2　高水压断裂滑剪型底板突水物理模拟试验研究

高水压断裂滑剪型底板突水通道形成与演化物理模拟试验主要考虑高压水源对底板岩层的破坏作用,所以要特别注意流固耦合模拟的相似关系。模型中采用的相似材料不仅需要满足形变和渗透性要求,还需要明确物理模型的相似对应关系。以济北矿区某深井煤矿为原型,建立物理试验模型,如图 8.42 所示。

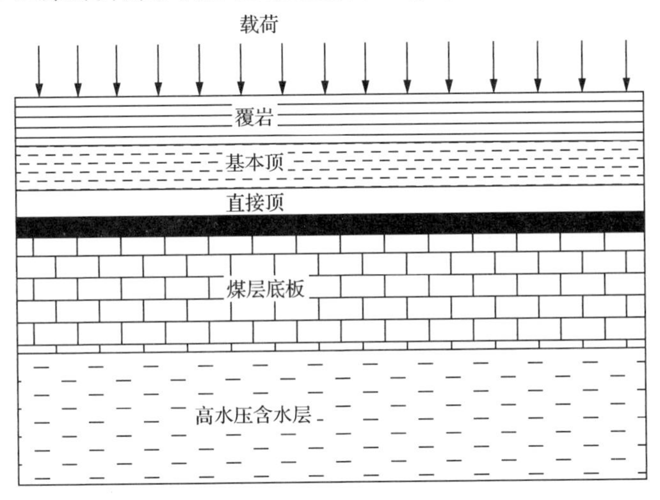

图 8.42　断裂滑剪型底板突水物理模拟试验模型

确定的模型几何比例尺寸 α 为 1∶200，几何相似系数 α_L =1∶200，时间相似系数 α_t =1∶14.1，容重相似系数 α_γ =1∶1.5，弹性模量相似系数 α_E =1∶300，单向抗压强度相似系数和应力相似系数为 $\alpha_{\sigma e}$ =300，渗透系数相似比 α_K =1∶14.1。

根据矿井实际开采情况，考虑两侧边界煤柱的宽度，同时结合力学分析，底板破坏推进最小距离为$(60\times\sqrt{1.2})$m＝65.7m，则设计模型工作面推进长度为80m；另外，考虑边界煤柱的影响，设计试验模型尺寸长×高×深＝900mm×800mm×500mm。由于模型铺设的高度为0.8m，去掉底板厚度和煤层厚度，相当于模拟840m厚的覆岩层，那么对于平均采深为1 200m的矿井采场来讲，还有360m的覆岩荷载需要通过施加外部垂直载荷来替代。按照实际矿井煤系地层上覆岩层平均容重为25kN/m^3进行计算，则模型上部需要施加的覆岩载荷为9MPa，模型在垂直方向上应加载荷为0.03MPa。根据围岩特征，深部矿井岩石水平地应力甚至高于垂直应力，考虑模型材料各向同性和无构造影响，则模型水平方向施加载荷为0.1MPa。此外，根据承压水水压，计算出模拟需要施加的水压为0.05MPa。

结合矿区地质水文条件及试验相关要求，模型自上而下岩层性质分别为覆岩层为砂岩、直接顶为泥岩和底板为灰岩。底板岩层采用研制的流固耦合相似模拟材料，顶板岩层不涉及流固耦合问题，采用砂子、碳酸钙、石膏配比而成相应的上覆岩层模拟材料，各分层间铺撒云母粉分隔，具体参数见表8.6。

表8.6　岩层参数及材料配比

岩层＼参数	单轴抗压强度/MPa	弹性模量/GPa	泊松比	容重/(kg/m^3)	渗透系数/(cm/s)	材料配比	铺设厚度/cm
覆岩层	75	34	0.35	2 650	—	8∶6∶4	32
直接顶	22	23	0.25	1 800	—	9∶7∶3	10
煤层	18	5.0	0.25	1 300	—	9∶8∶2	8
隔水层	56	30	0.3	2 250	5.6×10^{-6}	18∶0.8∶0.8∶1.6∶1.2	30

注：覆岩层、直接顶和煤层相似材料配比为砂子∶碳酸钙∶石膏，第1位数字代表砂胶比，第2和第3位数字代表胶结材料中两种胶结物的比例关系，第2位数字为第一种胶结材料——碳酸钙，第3位数字为第二种胶结材料——石膏；隔水层相似材料为流固耦合相似模拟材料，配比为砂子∶石蜡∶碳酸钙∶凡士林∶液压油，5位数字分别代表5种材料之间的质量比。

将深井采动煤层底板突水相似模拟试验台调试完毕后，即可对相似物理模型进行制作。模型采用人工夯实填筑法制作完成，具体流程如下。

(1) 按照相应模拟材料配比要求，进行选材、加工试件和测试性能要求。

(2) 根据试验要求,配置相似模拟材料。

(3) 对试验台部分部位封打密封胶,并在前后有机玻璃板等处涂抹润滑油以减少摩擦。

(4) 根据试验需要,在模型底板岩层布设压力传感器,布点如图 8.43 所示。

(5) 按照各分层尺寸自下而上进行材料铺设。

(6) 对各岩层间铺撒云母粉,并夯实各层相似模拟材料。

(7) 相似模拟材料铺设完毕后,施加外部载荷,对模型进行压实,提高密实度。

(8) 将模型放置 3～5 天,进行室温养护。

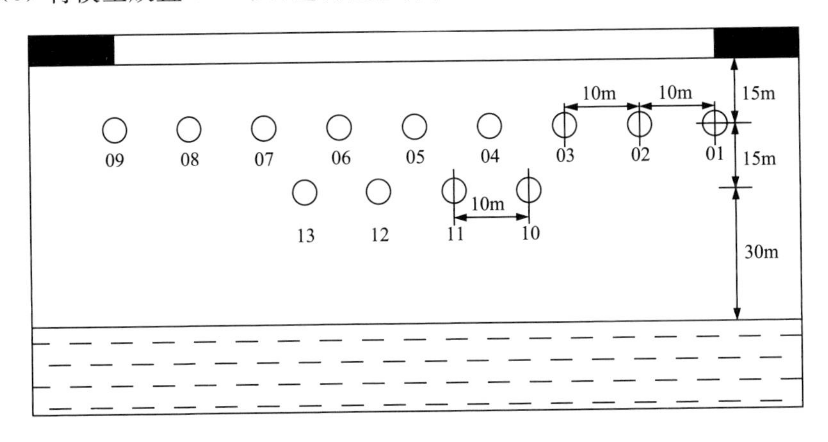

图 8.43　底板应力测点布置

待模型完全干燥、定型后,拆除试验盒前面煤层处有机玻璃挡板。在模型开挖之前,对纵向、横向的载荷进行稳步施加,防止模型急剧受力变形、破坏;载荷施加完毕并放置 0.5 天稳定后,开始施加预置水压,同样采取稳步施压的方法,避免底板动力性损伤破坏。载荷和水压到达预置数据后,保持稳定,加载情况如图 8.44 所示。所有预置应力、载荷施加完毕后,放置模型 1 天,而后进行模拟开采。

在加载水压后,采集系统所测得的水压力变化并不是均匀的,模型中部传感器个别点显示水压力存在跳跃性,而后逐渐趋于平稳,如图 8.45 所示,同时可观察到模型底部有承压水导升现象,如图 8.46 所示。此时,模型中的岩体没有受到开采活动的影响,可认为处于原岩应力平衡状态。煤层底板岩层上部受到煤层及覆岩的自重载荷,通过加载水压,煤层底板下部岩层一些裂隙或弱面在水压作用下将发生扩展,造成承压水进入其中,形成承压水原始导升带,但此高度很小。

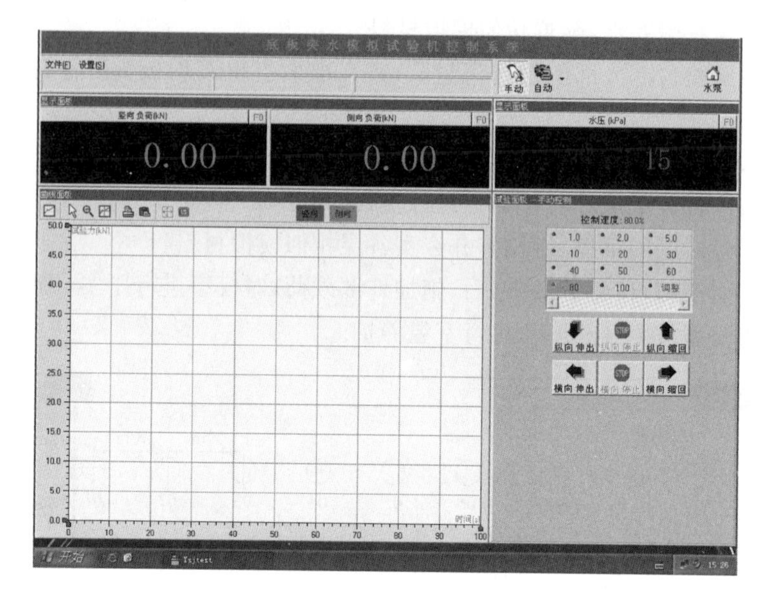

图 8.44 载荷和水压加载

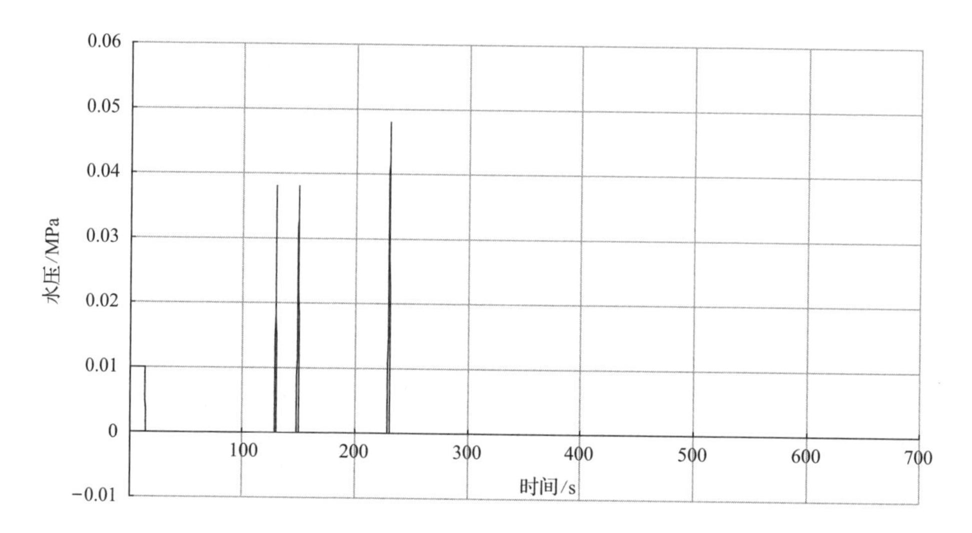

图 8.45 水压加载-稳定曲线图

考虑边界条件，将开切眼位置设于距右侧边界 10cm 处，采用走向长壁垮落法开采，一次采全高，每次推进 5cm，设计共计开采 16 次，停采线距左侧边界 40cm 处。

当工作面推进 10m 后，压力传感器 01#、02#测点应力变化如图 8.47 所示，开切眼下方水压测点变化如图 8.48 所示。开切眼前、后两侧煤层下方底板岩体应力增高，同时水压力也在此区域出现波动，其他位置未有明显变化。这是由于煤层开

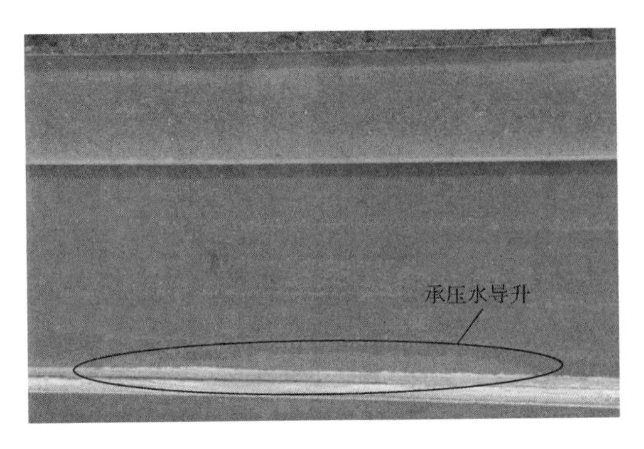

图 8.46　承压水原始导升

采以后,煤层底板应力重新分布,在两边煤壁前、后支承压力的作用下造成底板应力集中,在开切眼附近形成压力升高区。由于采矿活动的影响,打破了原有的应力平衡,高承压水对底板岩体也产生相应的托顶作用,一定情况下,会对底板下界面岩体产生损伤,导致原有裂隙的扩展和发育。

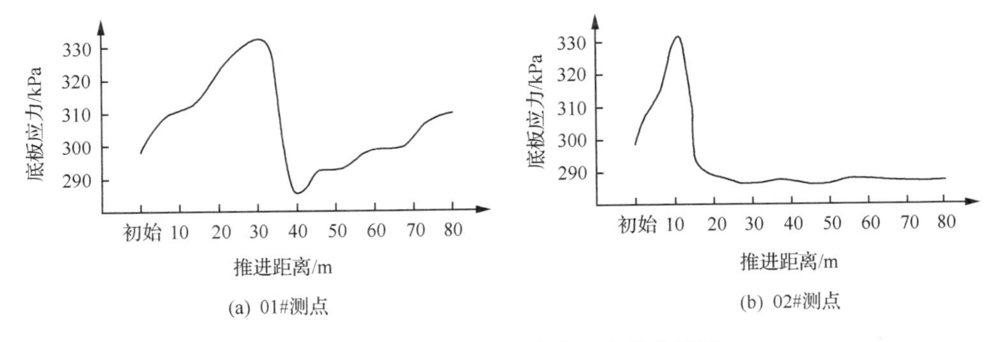

图 8.47　01#和 02#测点应力变化曲线图

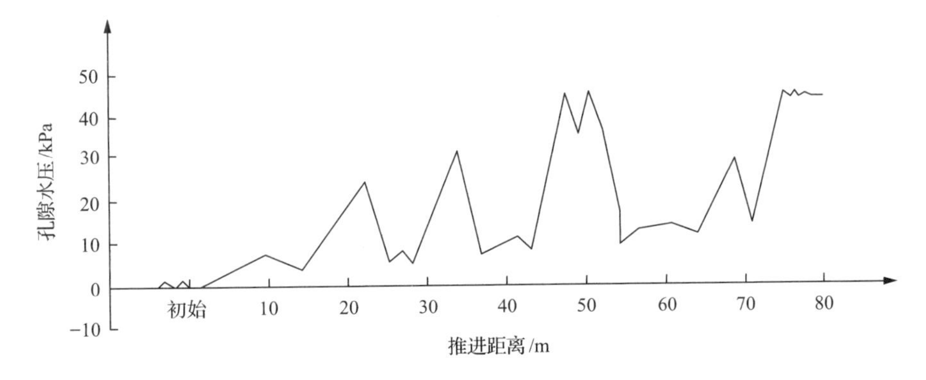

图 8.48　开切眼下方水压变化曲线图

当工作面由 10m 推进至 30m 时，底板应力与水压未出现急剧变化，压力传感器 10#和 11#监测到的数据如图 8.49 所示，开切眼前方 22m 处底板水压变化曲线如图 8.50 所示。结合图 8.47 中 01#和 02#测点应力变化情况可以看出，开切眼处底板应力继续增大，02#测点在工作面推过后，应力开始由大变小，同时 03#测点当工作面推进时，应力开始增大；工作面推进至 22m 左右时，10#测点应力开始增大。在采空区内，35#～38#水压传感器数值有所减小，但其他测点水压变化不大。监测结果表明：底板应力升高区随着工作面向前推进，也不断前移，同时采空区底板应力开始减小，出现卸压现象。

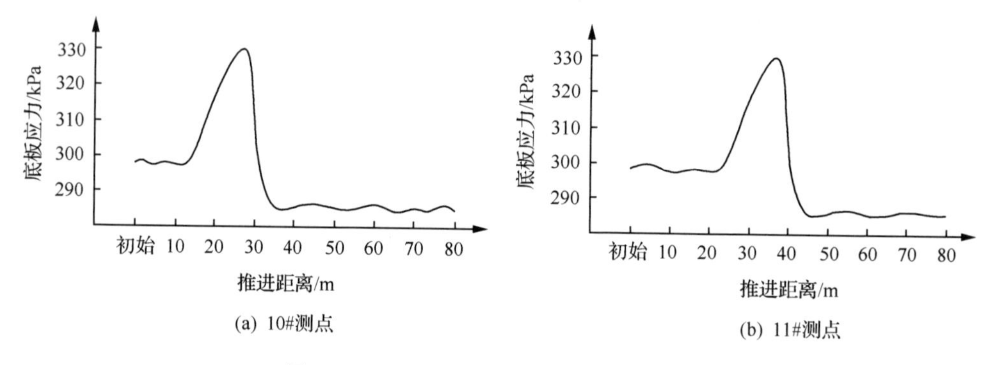

(a) 10#测点 (b) 11#测点

图 8.49 10#和 11#测点应力变化曲线图

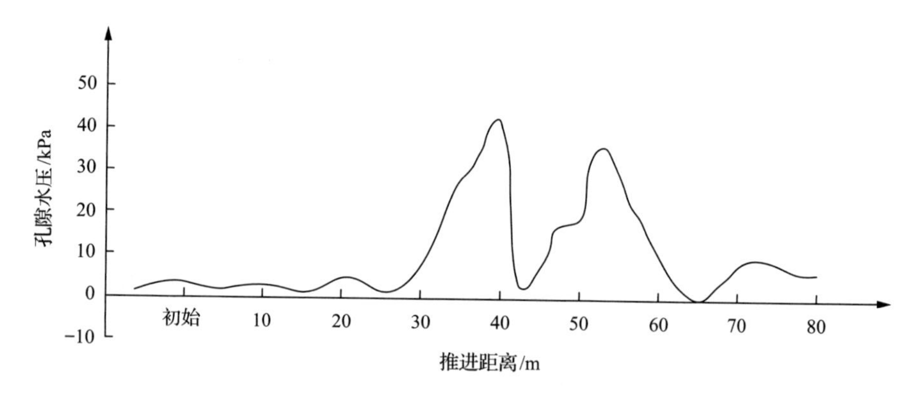

图 8.50 开切眼前方 22m 处底板水压变化曲线图

从试验模型外部可以看到，采场顶板出现裂隙，直接顶有明显下沉，在工作面推进至 29m 时，顶板有断裂趋势；采场直接底板较为完整，中部存在稍微升高趋势；底板与承压水接触面未产生明显裂隙，承压水渗透导升线有所升高。当工作面推进至 32m 时，顶板出现初次垮落，如图 8.51 所示。01#测点压力进一步增大，11#测点应力值开始增大，10#测点的应力呈减小趋势；随着工作面继续向前推进，至 40m 左右时，顶板出现离层现象。

图 8.51　顶板离层

当工作面推进至 43m 时，基本顶垮落，开切眼处底板应力继续增大。底板水压波动剧烈，50～60#水压传感器布设区域水压急剧下降，如图 8.52 所示。在开切眼附近下方底板岩层下界面出现裂隙，并逐渐向左右延伸。

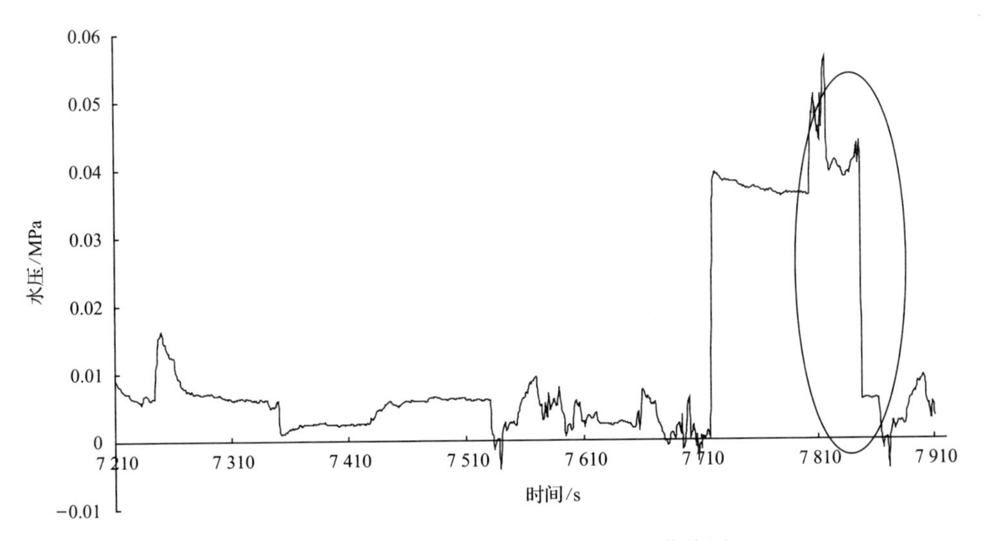

图 8.52　50～60#水压传感器水压变化曲线图

当工作面推进至 52m 时，在模型煤壁下方底板岩层下界面出现另一条裂隙，如图 8.53 所示。开切眼处的裂隙水平延伸，开始向上发展，与水平方向夹角成 52°左右。

当工作面推进至 59m 左右时，模型底板下方裂隙向上开裂距离较大，右侧裂隙已升高至底板下方大约 30m 处。左侧裂隙向上延伸至与水平方向夹角成 60°左右，上方位置开裂角度大于下面起裂处。同时，两个裂隙在最下方从起裂位置均向中间延伸。

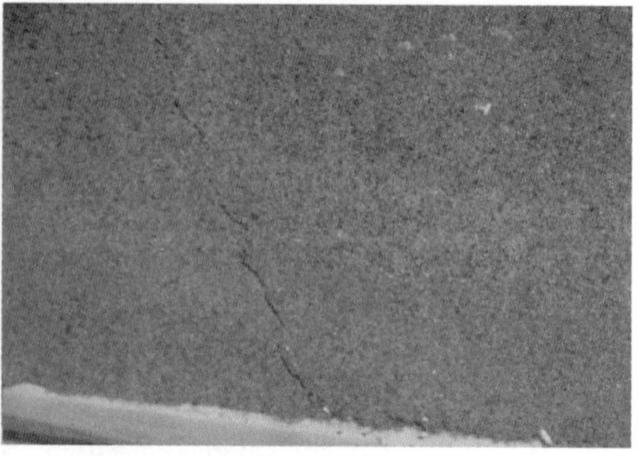

图 8.53　底板裂隙

当工作面推进至 65m 处时，底板右侧裂隙上方开始在水平方向上向左侧延伸，但延伸裂隙开裂度较小，如图 8.54 所示。同时，从模型背面观察，在煤层开切眼下方底板与承压水接触位置也出现一条裂隙，沿 58°角斜向上发展；并且在采空区开切眼和工作面煤壁位置，底板出现明显向下的裂隙，如图 8.55 所示。

图 8.54　右侧裂隙水平发育图

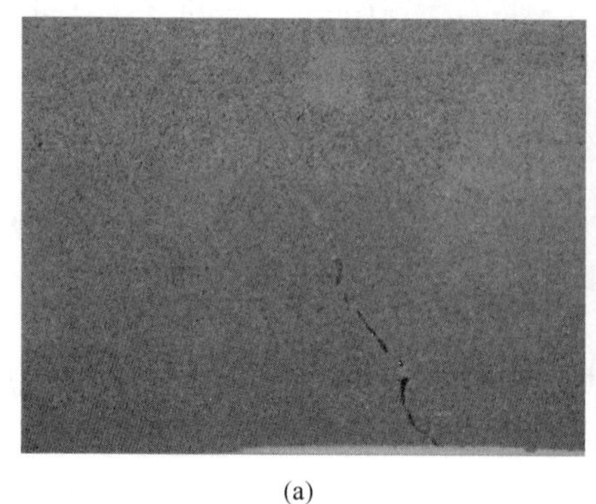

(a)

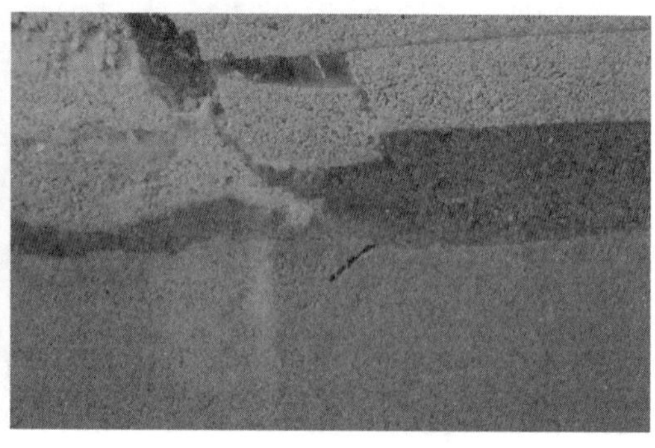

(b)

图 8.55　模型背面裂隙发育

在工作面推进过程中,底板应力升高区逐渐随工作面向前移动,影响范围也逐渐变大并向深部延伸;采空区底板逐渐由应力集中变为卸压状态,且小于原始应力状态;采空区底板中部受到拉张作用,产生变形,且逐渐增大,说明此位置在采矿活动影响下容易产生拉破坏。随着工作面推进,顶板发生垮落,并产生初次来压,开切眼附近底板区域出现应力集中现象。

当工作面推进到一定程度时,由于控顶距过大,承压水对底板岩层产生破坏作用,形成裂隙,并向上延伸;裂隙向上延伸角度为50°～60°,而非垂直方向,底板隔水层在高水压作用下先产生拉性破坏,而后在拉张和剪切共同作用下,裂隙进一步向上发展。在采矿活动影响下,采场底板逐渐向下产生破坏,开切眼附近裂隙发育较为明显。通过物理模拟试验发现,一定条件下,承压水递进导升的高度将大于底板破坏的深度。

当工作面推进至68m处时,采场出现周期来压,顶板再次垮落,如图8.56所示。此时,底板应力曲线波动相对较小,分析11测点和12测点应力变化规律并与13测点应力最大值进行比较,可推知前期工作面推进后底板破坏深度已达到最大,将不再向下发展,但水平方向在破坏带内仍不断有裂隙的导通与扩展。

图8.56　顶板周期来压

当工作面推进至70m处时,从模型正面观察,采场底板下界面右侧裂隙向上发展至煤层底板下方20m处,并有进一步向上发展的趋势,如图8.57所示。左侧裂隙也向上导升至煤层底板下方25m左右。两裂隙在底板岩层下界面形成导通。同时,采空区中部附近下方18m处底板岩体出现明显的层向裂隙,并有延伸扩大趋势。

工作面从68m推进到71m过程中,传感器测点60～70#区域水压上下波动剧烈,如图8.58所示,水量增大,可知采空区底板中部区域在承压水作用下,破坏较为严重,裂隙增多,并不断扩展、导通。此时,由于承压水导升及底板破坏程度的进一步加大,底板采动裂隙即将与承压水导升破坏裂隙沟通,形成突水通道。

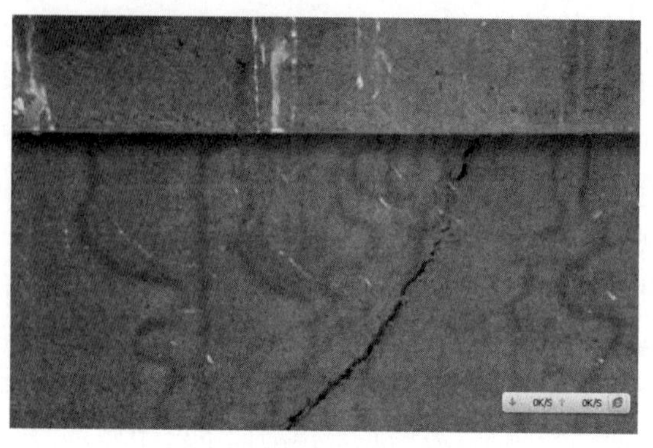

图 8.57　底板裂隙演化

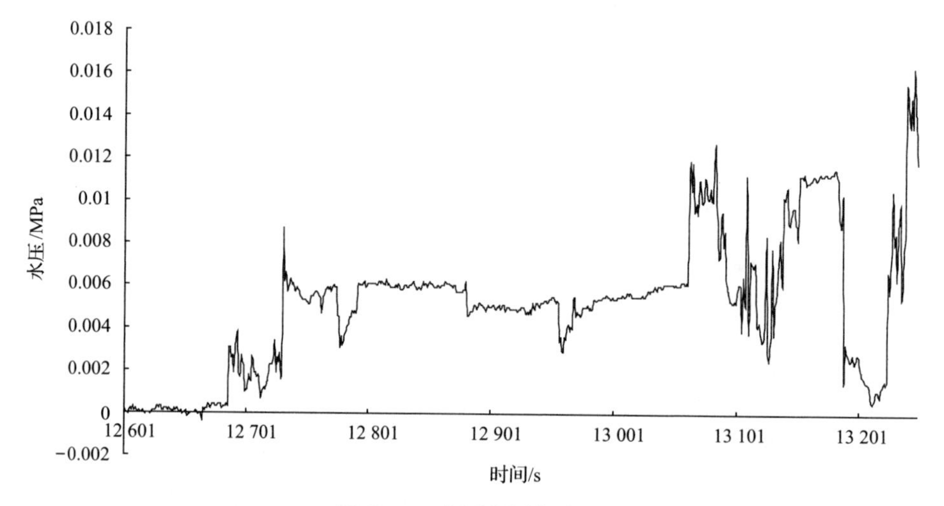

图 8.58　水压监测曲线图

当工作面推进至 72m 处时，在工作面后方 30m 左右采空区中部，先出现突水点，并不断涌水，如图 8.59 所示。

图 8.59　底板发生突水

工作面继续向前推进，水压监测显示，中间区域测点持续处于减压状态，两侧煤壁下方测点水压急剧减小，突水点处的涌水量进一步增大。此时，从模型背面观察，开切眼下部底板裂隙从底板下方 38m 处不再沿斜向上发展，而是垂直向上发展，形成突水通道，在开切眼处发生突水。同时该裂隙在采场底板下方 18m 附近破坏剧烈，向右上方沿大约 30°方向产生裂隙，并发育至采空区，形成承压水导升的新裂隙通道，如图 8.60 所示。

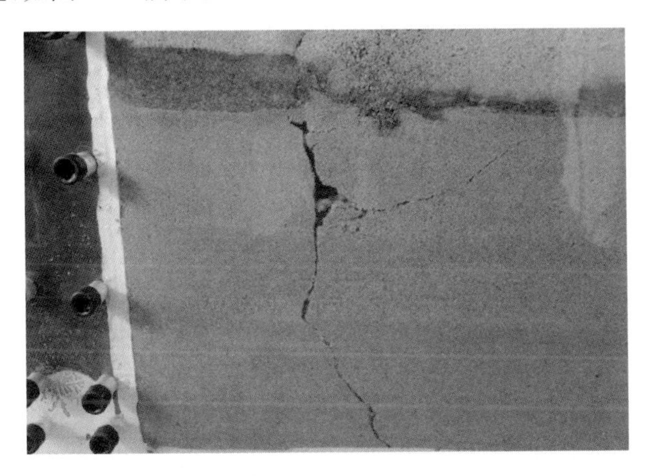

图 8.60　开切眼处突水通道形成

随着突水通道的不断扩展和突水点的不断增加，采场突水量进一步加大，最终形成突水灾害，如图 8.61 所示。

(a)

(b)

图 8.61　底板突水灾害

8.3.3 高水压断裂滑剪型底板突水数值模拟试验研究

高水压底板突水通道形成数值模拟试验主要研究在不同水压情况下，随着工作面的推进，底板逐渐破坏并导致突水的过程和底板隔水层岩性不同时对整个过程的影响。结合现场的实际条件，根据对称原理，模拟时取整个采场的四分之一进行研究。如图 8.62 所示。

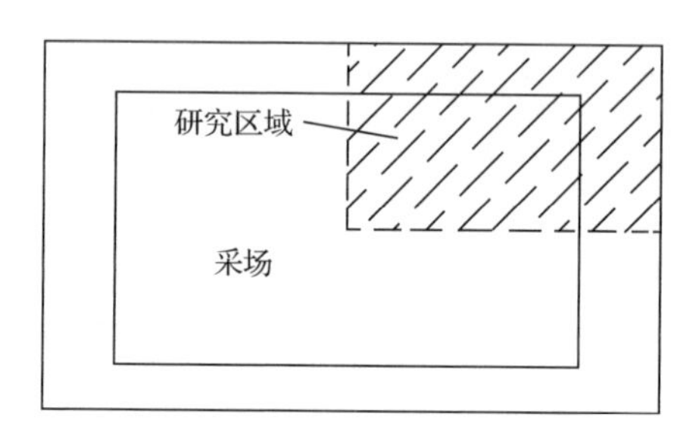

图 8.62 研究区域

在充分考虑采场地质赋存条件，现场实测参数的基础上，对研究区域的情况适当简化，建立三维模型如图 8.63 所示。模型从下往上建，底面为 XY 平面，X 轴水平向右，Y 轴向里，Z 轴竖直向上，模型长 80m，宽 70m，高 105m，模型共划分为 37 632 个单元体，41 151 个节点。模型侧面约束水平方向上的位移，模型的底面固定，模型的顶面施加均布荷载模拟其上覆岩层的重力。模拟煤层埋深为 1 200m，施加于模型上的均布荷载的大小为 29.25MPa。

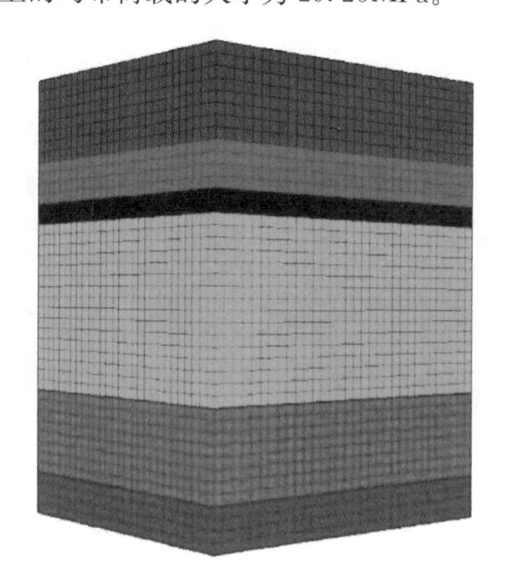

图 8.63 数值模拟模型图

模拟采用 Mohr-Coulomb 屈服准则,共设计三种模拟方案。模拟中煤层和各岩层的力学参数见表 8.7。

表 8.7　数值模拟各岩层参数

岩层名称	岩层厚度/m	抗拉强度/MPa	弹性模量/GPa	泊松比	内聚力/MPa	摩擦角/(°)	容重/(kg/m³)
砂岩	20	8.8	34	0.35	6.4	39	2 650
粉砂岩	10	3.0	23	0.25	5.0	20	1 800
煤层	5	1.5	5.0	0.25	2.1	15	1 300
隔水层 1	40	3.2	30	0.3	4.3	39	2 250
隔水层 2	40	6.4	50	0.18	5.8	46	2 250
含水层	20	4.1	15	0.28	3.5	41	2 100
细粒砂岩	10	5.0	30	0.24	4.4	42	2 700

方案一:当含水层水压为 6MPa,隔水层强度较小(取表 8.7 中隔水层 1 的参数)时,煤层每次开采 5m,一直推进 60m,模拟整个开采过程中底板隔水层塑性区的变化。

方案二:当含水层水压为 12MPa,隔水层强度较小(取表 8.7 中隔水层 1 的参数)时,煤层每次开采 5m,一直推进 60m,模拟整个开采过程中底板隔水层塑性区的变化。

方案三:当含水层水压为 12MPa,隔水层强度较大(取表 8.7 中隔水层 2 的参数)时,煤层每次开采 5m,一直推进 60m,模拟整个开采过程中底板隔水层塑性区的变化。

1. 方案一数值模拟结果

方案一数值模拟中煤层一次采全高,每次开挖 5m,瞬时完成。在工作面推进的过程中,底板隔水层破坏,裂隙发育的整个过程如图 8.64 所示。

随着煤层的开采,底板岩层逐渐被破坏,裂隙不断发育,但裂隙的扩展并不是无限制的,当工作面推进到 55m 时,底板岩层的裂隙带高度达 15m,工作面继续推进,裂隙带高度维持在 15m 左右,不再向下扩展。煤层底板下方是含水层,水压为 6MPa,在工作面开采动压影响和承压水的双重作用下,当工作面推进到 15m 时,含水层上方的岩层(隔水层)开始出现裂隙。隔水层下部的裂隙出现后,工作面开采产生的动压持续作用于底板隔水岩层,再加上水压的作用,隔水层下部的裂隙不断向上扩展。当工作面推进到 60m 时,隔水层下部裂隙扩展的高度达 15m。

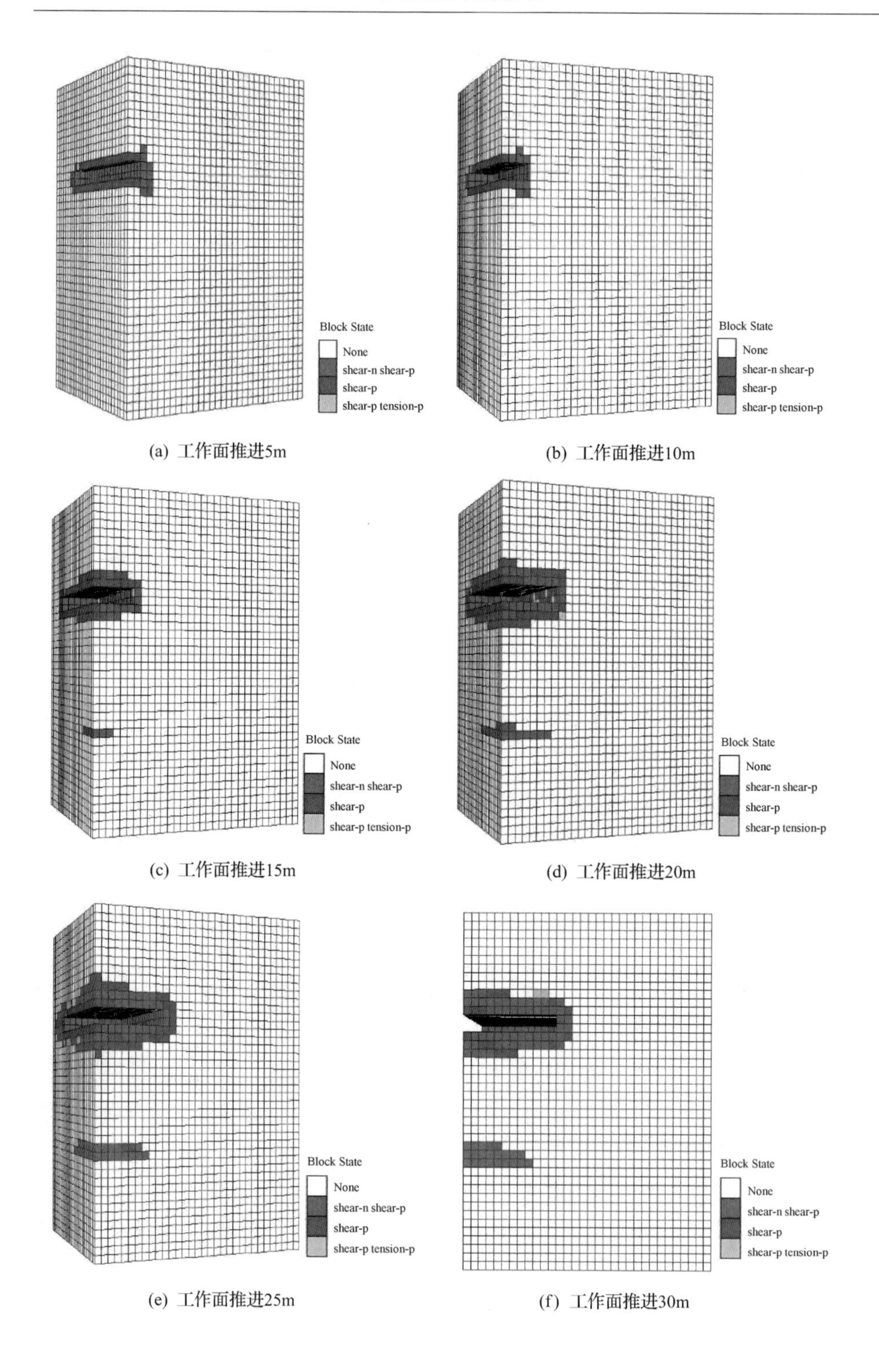

(a) 工作面推进5m

(b) 工作面推进10m

(c) 工作面推进15m

(d) 工作面推进20m

(e) 工作面推进25m

(f) 工作面推进30m

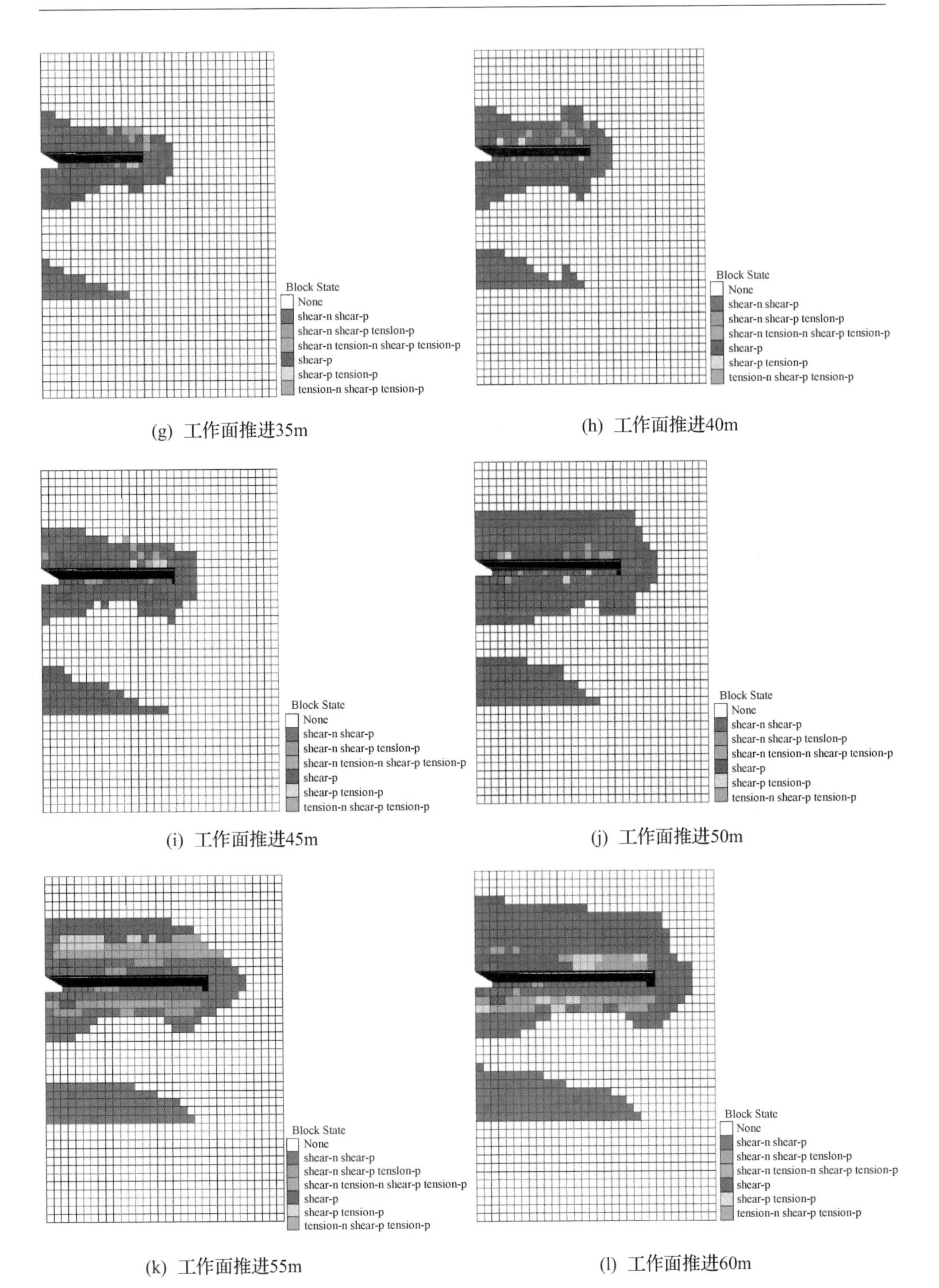

图 8.64　水压为 6MPa,隔水层强度较小时底板破坏过程

2. 方案二数值模拟结果

方案二数值模拟条件与方案一基本相同，仅将水压力变为 12MPa。在工作面推进的过程中，底板隔水层破坏，裂隙发育的整个过程如图 8.65 所示。

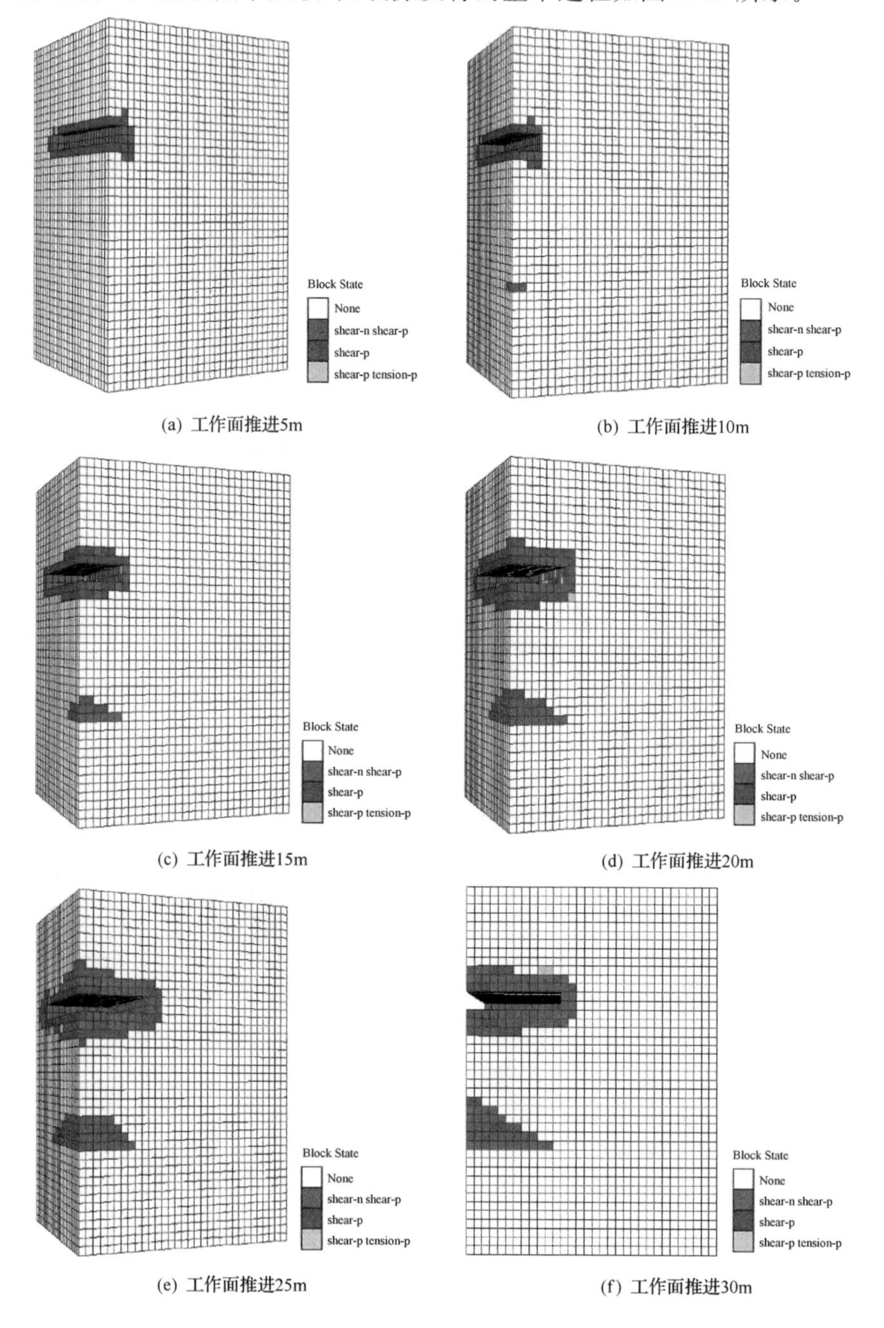

(a) 工作面推进5m (b) 工作面推进10m

(c) 工作面推进15m (d) 工作面推进20m

(e) 工作面推进25m (f) 工作面推进30m

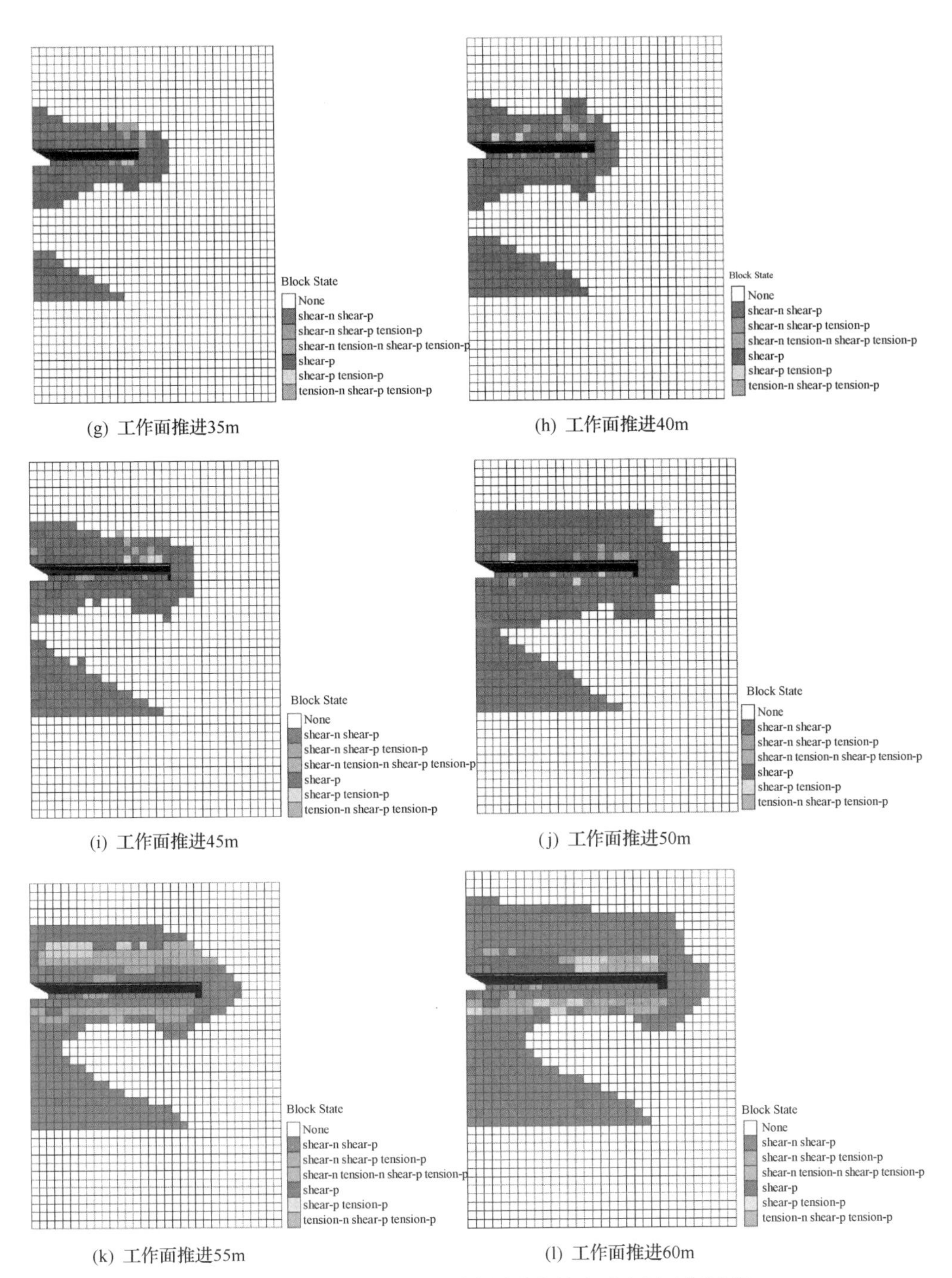

(g) 工作面推进35m　(h) 工作面推进40m

(i) 工作面推进45m　(j) 工作面推进50m

(k) 工作面推进55m　(l) 工作面推进60m

图 8.65　水压为 12MPa,隔水层强度较小时底板破坏过程

当含水层的水压增大到 12MPa 时，工作面推进 10m，隔水层底部就出现少量裂隙。这说明在同样的开采条件下，当含水层的水压增大时，隔水层的防水能力相应地减弱。当工作面推进 50m 时，煤层开采对底板隔水层上部破坏产生的裂隙与水压力对隔水层下部破坏产生的裂隙相贯通，煤层底板开始突水。这说明煤层开采时，下部承压水压力越大，底板突水的危险性越高，底板隔水层的塑性区随着煤层的继续推进而变大。如果突水发生后，工作面继续向前推进，则在工作面开采动压的影响下，突水将增大。

3. 方案三数值模拟结果

方案三数值模拟条件与方案二基本相同，仅将隔水层 1 的参数改为隔水层 2 的参数，模拟的其他条件均不变。在工作面推进过程中，底板隔水层破坏，裂隙发育的整个过程如图 8.66 所示。

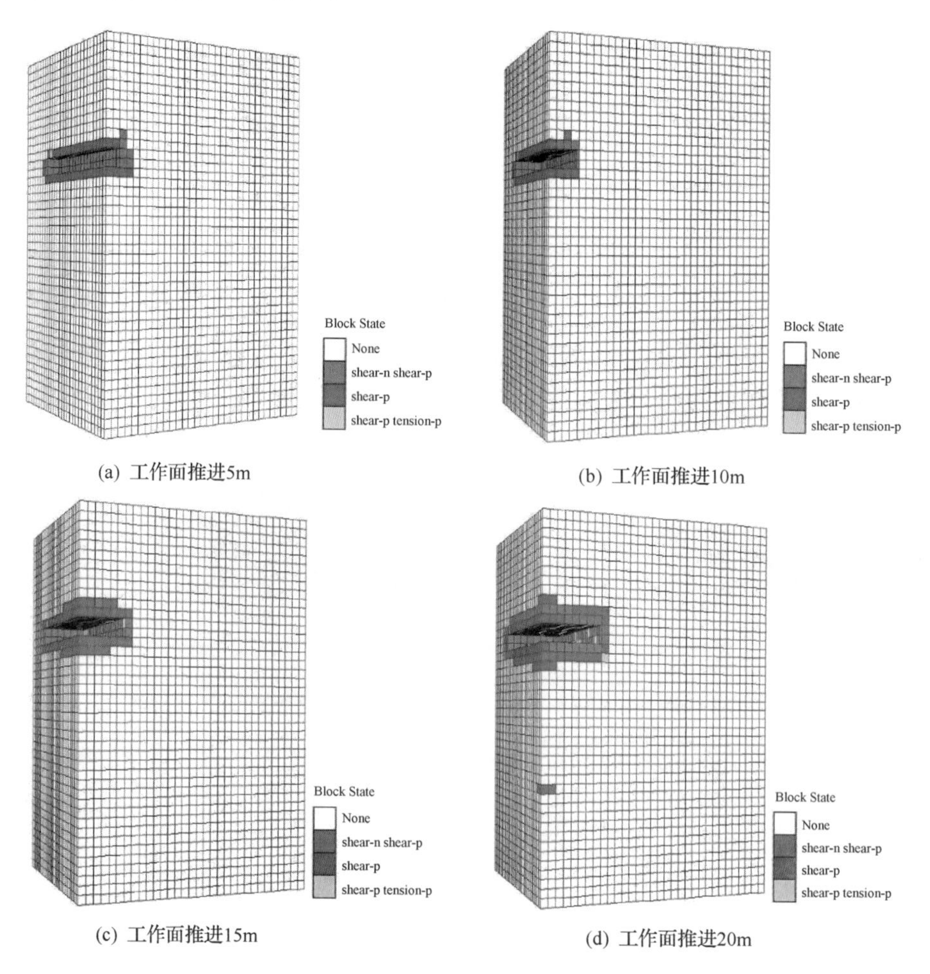

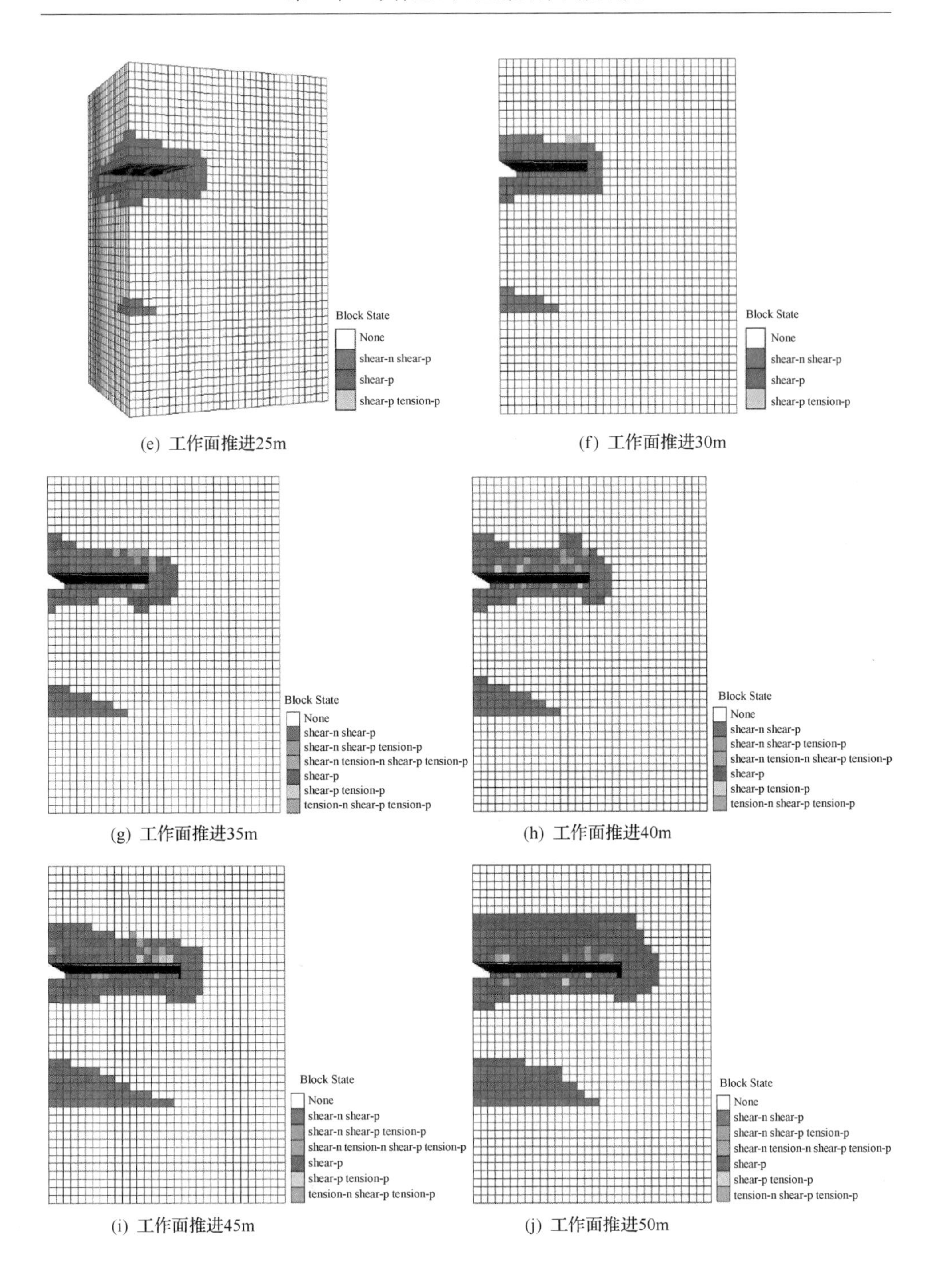

(e) 工作面推进25m

(f) 工作面推进30m

(g) 工作面推进35m

(h) 工作面推进40m

(i) 工作面推进45m

(j) 工作面推进50m

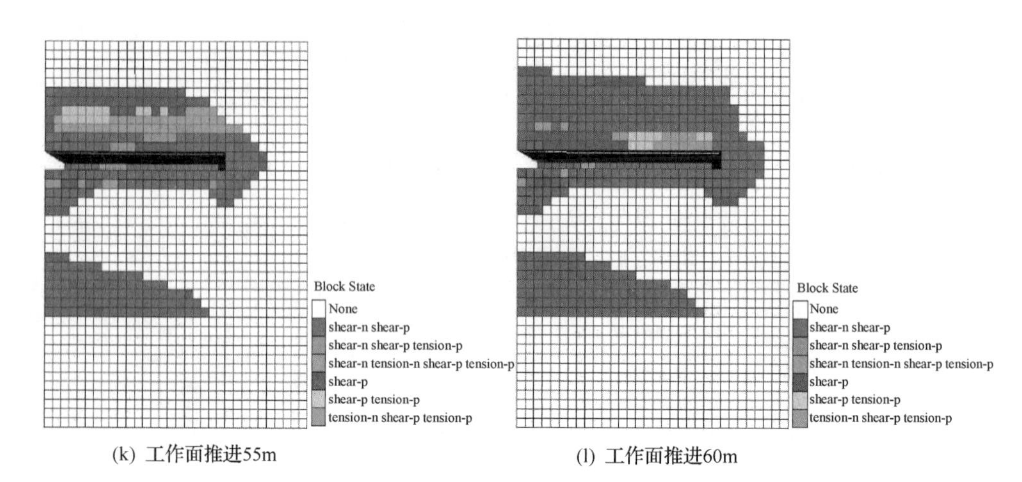

图 8.66　水压为 12MPa，隔水层强度较大时底板破坏过程

同样是在 12MPa 的水压作用下，如果底板隔水层强度大，则底板隔水层下部出现裂隙的情况比底板隔水层强度较小时晚。底板隔水层强度增大后，煤层开采破坏产生的裂隙带高度与含水层承压水作用下产生的裂隙带高度都有所减小，隔水层上部裂隙带高度为 10m，下部裂隙带高度为 17.5m，两裂隙带之间还有 12.5m 厚的完整岩层。隔水层上下裂隙带没有贯通，故不会有突水灾害发生。因此，在承压水上采煤时，采取有效措施增加底板的强度可以降低发生底板突水的风险。

8.3.4　高水压原生通道型底板突水物理模拟试验研究

高水压原生通道型底板突水物理模拟试验与高水压断裂滑剪型底板突水物理模拟试验的工程背景相同，都是以济北矿区某深井煤矿为原型。不同之处在于，模型中煤层底板左下方添加一落差为 2m 的隐伏断层，模型右侧添加一落差为 5m 的较大断层，具体设计如图 8.67 所示。

在模型中煤层底板下方 3.4cm 处布置 4 个压力传感器，两两之间相距 15cm；在断层两侧距断层边缘 2cm 处各布置 2 个压力传感器。模型铺设完成后养护一周，再施加外部垂直载荷、水平载荷和水压后，即可开始煤层的开采工作。载荷和水压到达预置数据后，保持稳定。试验留设 5cm 的边界煤柱以减少边界效应对煤层开采及顶底板岩层运动的影响。每次开采 5cm，时间间隔为 4h，采高为 2cm，共计模拟回采 13 次，总长度为 65cm，大断层附近留设 10cm 的断层保护煤柱。

在加载水压后，水压显示出现部分波动而后逐渐趋于平稳，这表明断层和底板岩层内部存在一些裂隙或弱面，造成承压水进入其中并产生波动。开采开始前，可观察到模型底部有承压水导升痕迹，在断层附近承压水导生高度大约为 6cm，远离

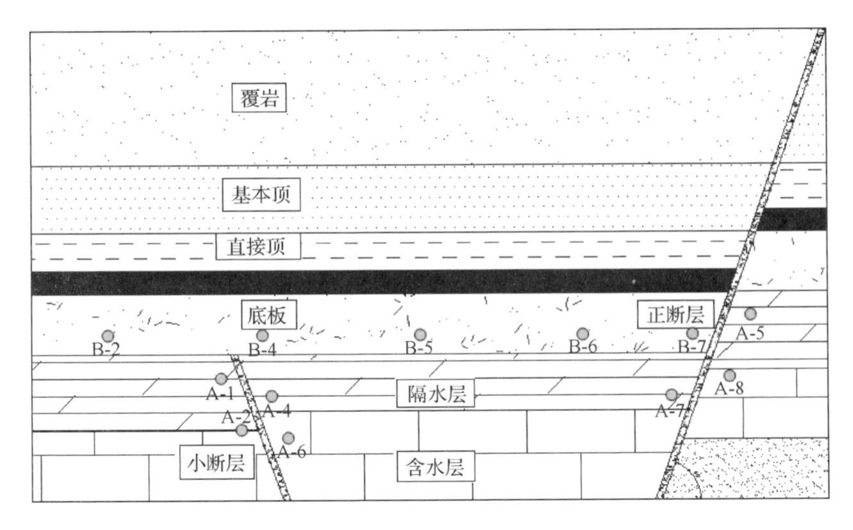

图 8.67　原生通道型底板突水物理模拟试验模型

断层时承压水导生高度大约为 3cm，承压水导升带分布示意图如图 8.68 所示。此时，模型中的岩体没有受到开采活动的影响，可认为是处于原岩应力平衡状态。

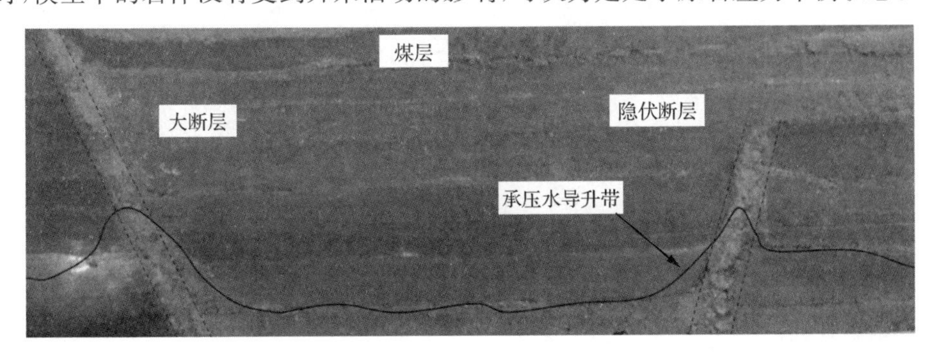

图 8.68　承压水导升带分布示意图

当工作面推进至 20m 时，顶板发生初次来压，隐伏断层受承压水的影响，内部原有的细小裂隙扩展并发生贯通，如图 8.69 所示，透过有机玻璃板可清晰地看出，开挖 20m 后断层围岩裂隙被染色且范围相比开采前增大。断层附近岩体因应力集中产生羽状排列的张剪节理，节理的产状不稳定，断层岩体由黏结状态变为断开状态，渗透性大大增强，极容易发生活化突水。

当工作面开采至 25m 时，顶板出现第一次周期来压，承压水导升高度与隐伏断层的最高处相平，隐伏断层底部裂隙宽度达到最大值。当工作面开采至 30m 时，在隐伏断层正上方底板存在明显的裂隙贯通区和较为明显的横竖向裂隙，直接顶出现垮落现象。工作面从距开采切眼 25m 推采到距开采切眼 35m 过程中隐伏

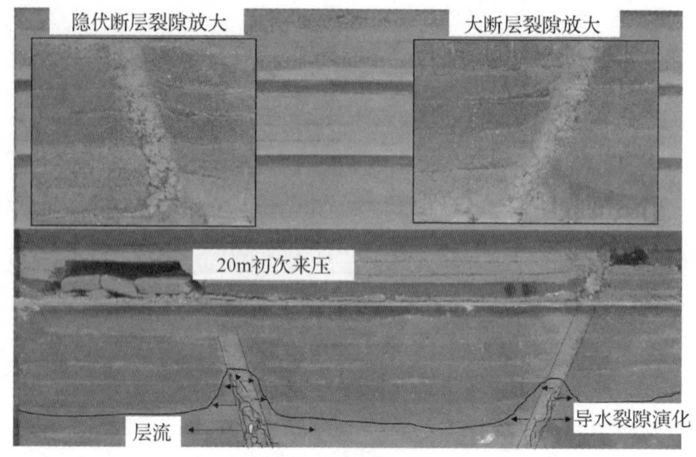

(a) 模型水压分布图

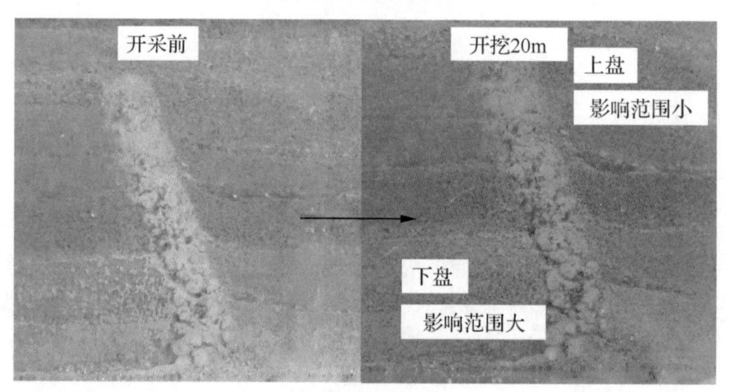

(b) 隐伏断层演化对比图

图 8.69　工作面开采 20m 隐伏断层裂隙演化

断层裂隙演化如图 8.70 所示。

在工作面从距开采切眼 20m 推采到距开采切眼 35m 过程中，隐伏断层应力变化实测曲线如图 8.71 所示。断层上、下盘应力变化趋势不同，下盘应力卸载量远大于上盘，靠近采空区的压力传感器相对于靠近承压水的压力传感器变化具有滞后性，A-2 监测应力增量逐渐增大，A-1 基本保持不变，A-4 与 A-6 监测应力均减小且变化趋势相同。承压水的层流成为应力卸载的主要影响因素，且对下盘的影响大于上盘。

当工作面推进至 40m 处时，在工作面后方 20m 左右采空区中部，即隐伏断层正上方，先出现较小的突水点，并不断涌水，隐伏断层上方底板部分砂石随水流出，如图 8.72 所示。随着突水通道不断扩大，突水点不断增加，采场突水量进一步加大，将顶板垮落岩石冲出，最终演化成突水灾害。此时，突水通道附近的各监测点

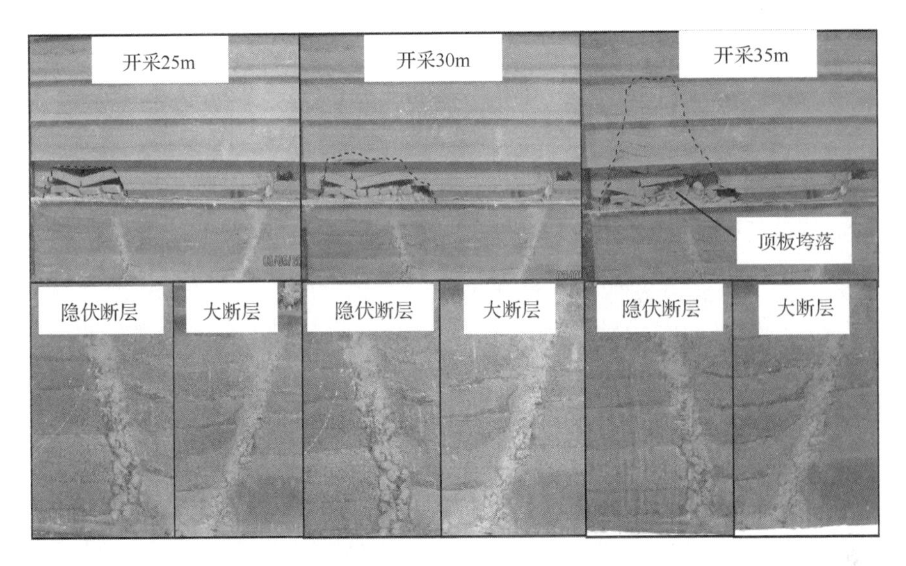

图8.70 工作面开采25～35m隐伏断层裂隙演化

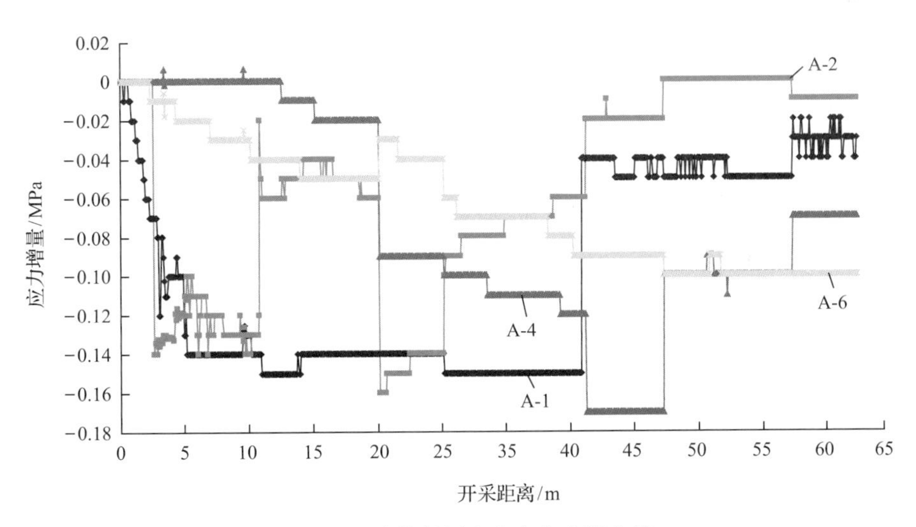

图8.71 隐伏断层应力变化实测曲线

数据发生剧烈波动,断层下盘压力传感器处于加载状态,急剧增大,上盘传感器处于卸载状态,卸载速度平缓,上、下盘应力存在不同的变化趋势。监测数据表明,突水发生之前耦合作用下开采扰动对下盘岩层的影响大于上盘岩层,且上盘岩层受力变化相对下盘具有滞后性。

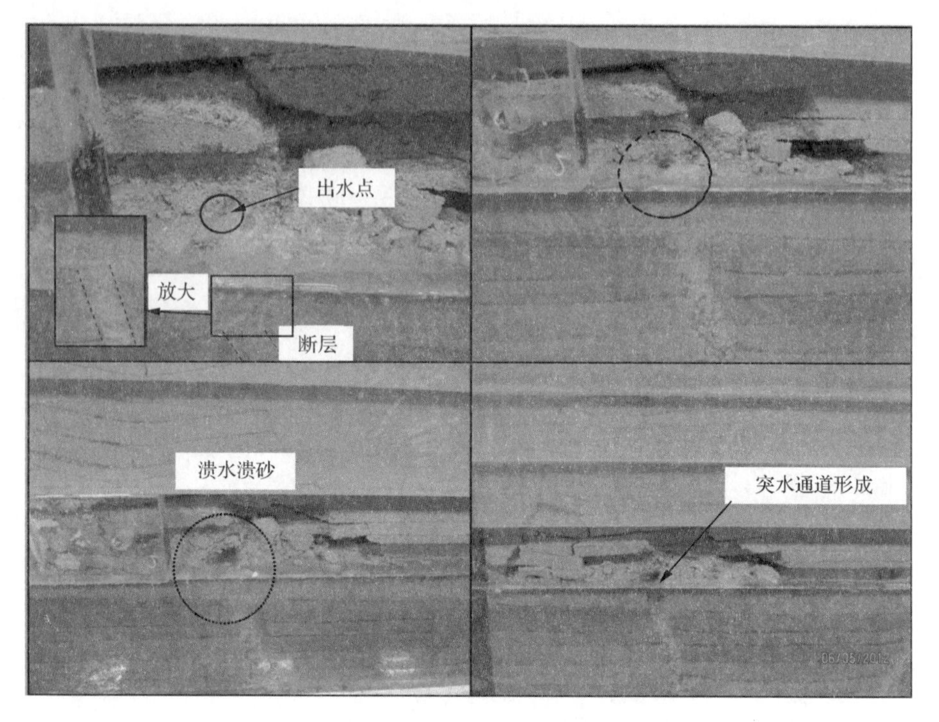

图 8.72　突水通道形成

8.3.5　高水压原生通道型底板突水数值模拟试验研究

1. 数值模型建立

1）坐标系及计算范围

采用 COMSOL Multiphysics 数值软件对高水压原生通道型底板突水进行模拟研究。对计算模型中的坐标系做如下规定：垂直煤层回采方向为 x 轴，平行煤层回采方向为 y 轴，正方向向上。计算模型沿 x 方向长度为 90m，沿 y 方向为 73.6m，模拟的现场煤层采深为 850m，厚度为 2m，底板厚度为 22m，含水层水压为 3.28MPa，工作面有一条倾角为 70°，落差为 5m 的断层。按照原型矿井煤系地层上覆岩层的平均容重为 25kN/m^3 进行计算，则需要模型上部施加的覆岩载荷为

$$\sigma_z = \gamma H = 19.6\text{MPa} \tag{8.24}$$

2）边界条件

通过 COMSOL Multiphysics 的交互建模环境，模型集成化图形环境可以确保模型边界有效的数据转化，其中对称边界的设置不仅增加了运算的效率更增加了运算的准确性。因此，其边界条件为在模型 x 方向侧面加法向滚轴约束。模型的

顶部施加边界载荷,底部施加固定约束。选用的岩层物理力学参数见表 8.8。

表 8.8 岩层物理力学参数表

层位	岩性	弹性模量/MPa	抗压强度/MPa	泊松比	内聚力/MPa	密度/(kg/m³)	内摩擦角/(°)	渗透系数/(cm/s)
顶板	粉砂岩	8 500	40	0.24	27	2 600	38	3.21×10^{-2}
	砾岩	8 000	35	0.23	22	2 500	36	3.21×10^{-2}
	泥岩	12 000	20	0.25	30	2 400	35	5.46×10^{-2}
	灰岩	9 000	50	0.20	20	2 300	32	1.5×10^{-2}
煤	煤	2 300	14	0.33	18	2 400	30	2.45×10^{-1}
底板	粉砂岩	8 500	40	0.24	27	2 600	38	3.21×10^{-2}
	泥岩	12 000	20	0.25	30	2 400	35	5.46×10^{-2}
	粉砂岩	8 500	40	0.24	27	2 600	38	3.21×10^{-2}
	泥岩	12 000	20	0.25	30	2 400	35	5.46×10^{-2}
	粉砂岩	8 500	40	0.24	27	2 600	38	3.21×10^{-2}
	粉砂岩	8 500	40	0.24	27	2 600	38	3.21×10^{-2}
断层	断层	2 000	5	0.35	15	1 800	30	6.72

3) 模型建立及网格划分

根据现场地质岩层分布情况,模型按比例 1∶1 建立,模型共由多种不同的岩层构成,划分网格时尽可能在煤层开采范围内使网格尺寸足够小,并且形状规则,不出现畸形单元。模型边界条件如图 8.73 所示,数值计算模型网格如图 8.74 所示。

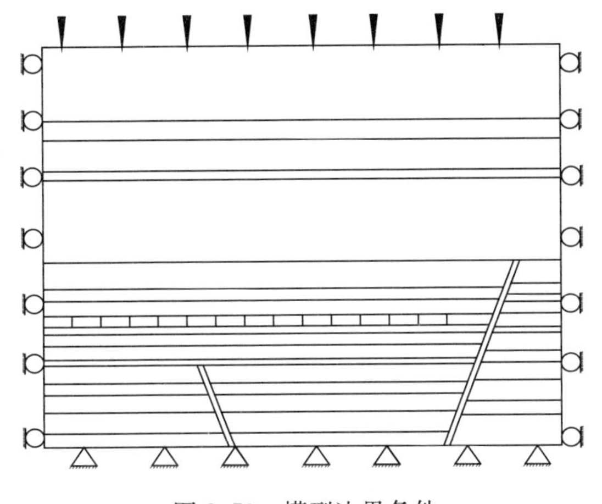

图 8.73 模型边界条件

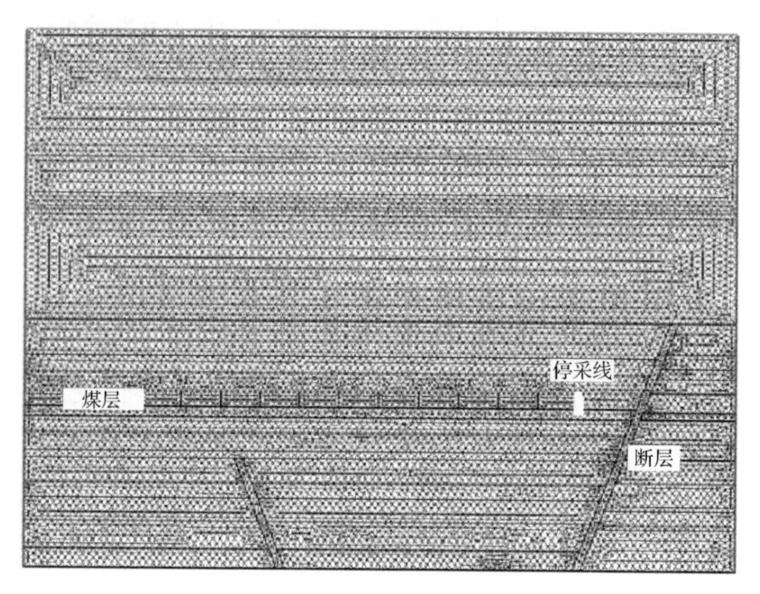

图 8.74　数值计算模型网格图

2. 数值计算结果分析

1）应力场变化特征

开挖过程中采空区及断层附近围岩应力场云图如图 8.75 所示，在不同的开挖步距下采空区围岩应力分布情况存在不同的分布形式，尤其是在隐伏断层附近的围岩，应力集中现象更为明显。数值模拟结果具体表现为以下几个方面。

(1) 工作面开采后，原有的应力平衡被破坏，部分围岩区域产生应力集中现象，工作面推进 15m 时，出现初次来压，这与物理模拟相近。开挖后采空区附近应力卸载，两端工作面和开切眼处应力集中，呈现对称“蝴蝶状分布”，如图 8.75(a)所示，隐伏断层上方与工作面下方区域的底板岩层出现宽度为 3m 的应力集中区域，发生高应力区域“应力贯通”现象。此时，隐伏断层中上部出现的应力集中超过底板围岩。

(2) 工作面推进至 20m 位置处时，工作面区域附近应力集中现象更加明显，同时断层岩石受到的应力达到其最大屈服强度，断层所在范围内均有较大的应力集中，如图 8.75(b)所示。此时，工作面位于断层上方，断层受开采扰动达到最大值，结合物理模拟试验结果，该推进距离没有发生突水。因此，认定该阶段为断层突水裂隙萌生阶段，此阶段成为后期突水裂隙产生的关键。

(3) 图 8.75(c)为工作面推过隐伏断层，由图 8.75(c)中采空区下部的应力卸载区可以看到，隐伏断层原有集聚的应力得到释放，该时间段内断层岩石内部的应力远小于底板围岩应力，说明受集中力的作用后，断层内产生裂隙，岩石的整体结

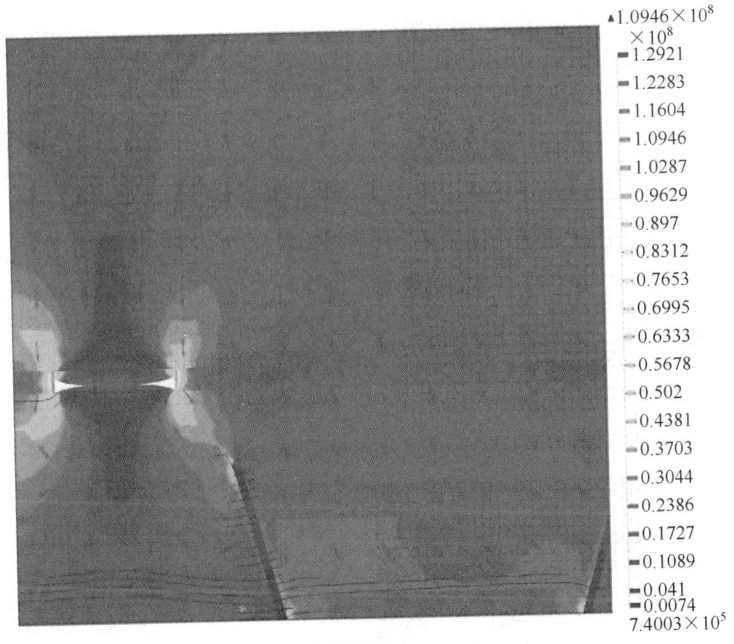

(a) 工作面推进15m

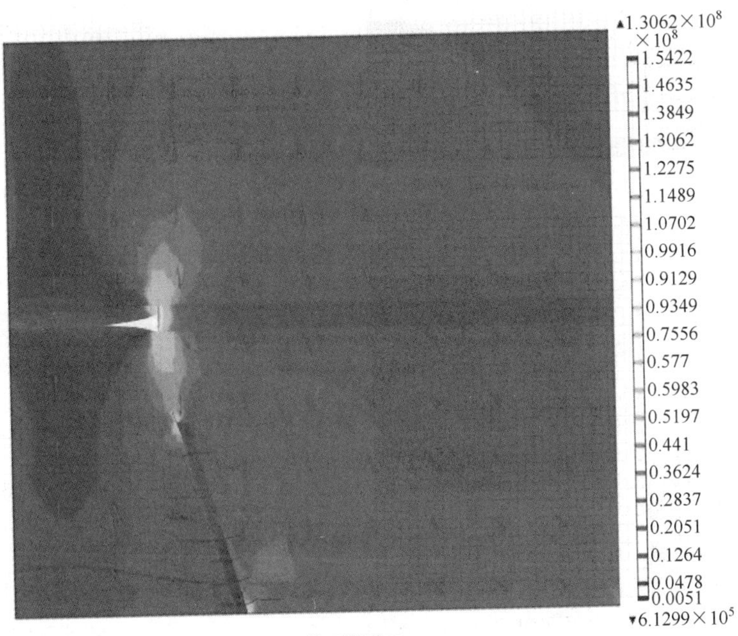

(b) 工作面推进20m

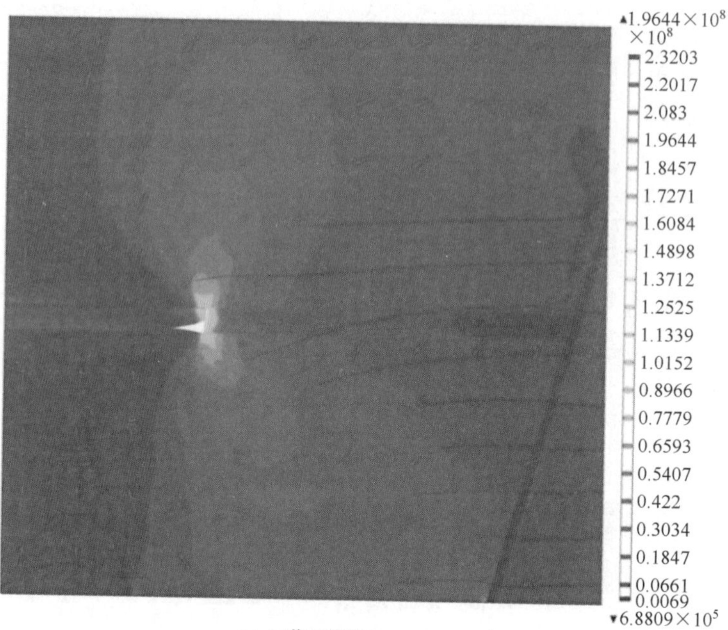

(c) 工作面推进35m

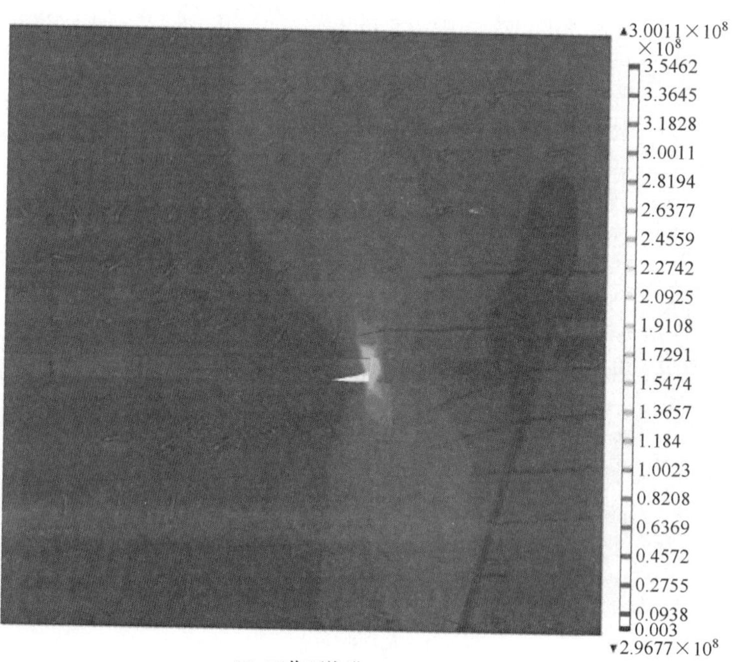

(d) 工作面推进55m

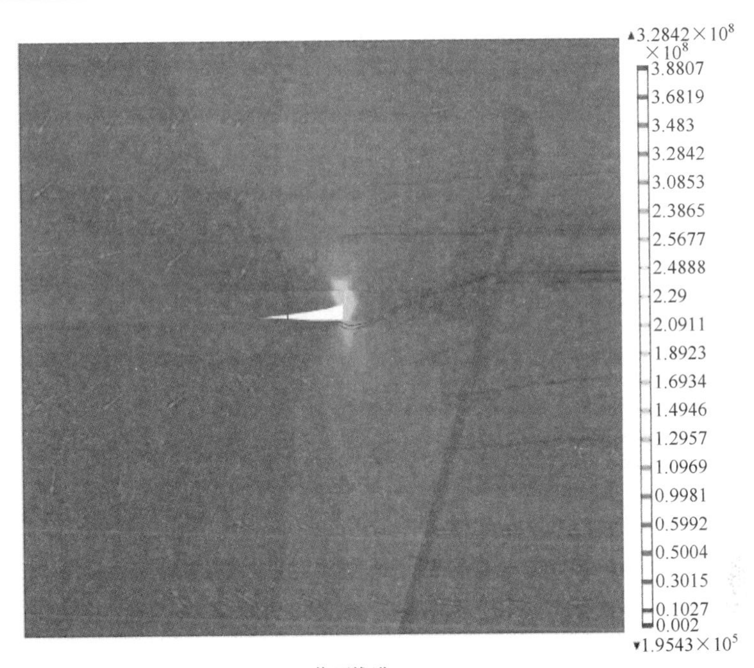

(e) 工作面推进60m

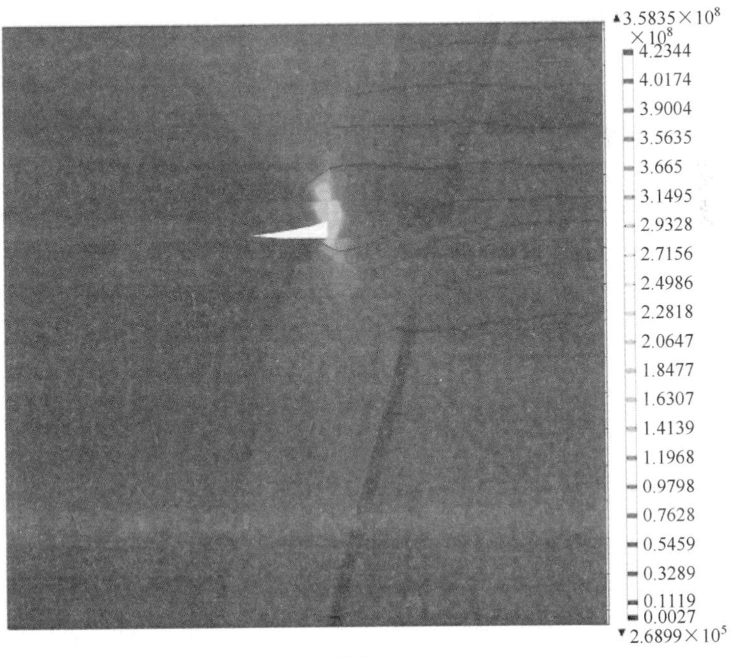

(f) 工作面推进65m

图 8.75　开挖过程应力场云图

构发生破坏，该阶段突水通道的形成与应力集中无关，承压水在裂隙内的冲刷及流动成为突水通道进一步扩展的关键原因。

(4) 图 8.75(d)、图 8.75(e)和图 8.75(f)分别为工作面开采扰动对大断层应力分布的影响。通过将其与隐伏断层附近的应力变化对比可知，大断层应力集中现象远远小于隐伏断层。底板围岩与断层岩石应力集中区域几乎重合，并没有形成明显的"应力贯通"现象，断层岩石没有达到塑性变形阶段，岩石具有更为明显的弹性变形特性。图 8.75 中大断层附近应力黑线沿断层倾向方向均匀分布，没有受到煤层开采的影响。但是开挖至 65m 处时，工作面下方应力集中区域与大断层集中区域接近贯通，由于受到断层保护煤柱的影响，并未造成大断层的活化突水。

2) 位移场变化特征

开挖过程中采空区及断层附近围岩位移场云图如图 8.76 所示，图 8.76 中颜色越深的位置代表总位移量(x,y,z 三个方向位移量之和)越小，颜色越淡代表总位移量越大。在不同的开挖步距下围岩各处的总位移量不同，由于底板岩层具有不同的物理力学性质，层与层之间位移产生明显的梯度不连续变化，尤其是在断层附近的岩石，产生的位移最大。数值模拟结果具体表现为以下几个方面。

(1) 工作面推进 15m 时，靠近采空区的顶底板岩层发生较大位移，底板位移影响深度达到 10 倍的采高，底板破坏区域呈现"马鞍状"，在开切眼处及工作面下方底板的破坏深度达到最大值，如图 8.76(a)所示。对比工作面推进 20m 时的情况，断层位移达到最大值，断层附近岩石存在明显的淡色区域，结合应力开采云图可知，该阶段内断层与工作面发生应力集中贯通，区域岩层应变激增。

(2) 图 8.76(c)为工作面推过隐伏断层，断层已发生活化，断层上部位移总量大于下部位移总量，其上下的分界线与承压水导升的位置基本相符。结合物理模拟试验结果，在工作面开挖 35～40m 后底板出现突水点，断层活化至突水经历了应力集中—卸载活化—裂隙扩展—突水通道形成。

(3) 由于受保护煤柱的影响，大断层处没有形成较大范围的位移突变，仅大断层的中部受采空区底板破坏带的影响而产生部分形变，但是上下部分并未发生明显的变化。断层保护煤柱的布置对断层突水的发生起到了较好的抑制作用。

隐伏断层倾向方向位移变化趋势如图 8.77 所示。横坐标为 152m 处为远离采空区的位置，监测数据间隔为开挖 5m 的步距。工作面开挖 15m 和 20m 后，断层并未产生明显的形变，工作面开挖 25～45m 过程中，形变量逐渐变大，且随着开采步距的增加形变速度也随之增加，且在 45m 处达到最大值，断层顶端最大位移为 0.6m，沿倾向方向逐渐减小。工作面开挖超过 45m 以后，断层逐渐恢复到原有的形变量。这表明隐伏断层的突水具有一定的滞后性，突水发生在断层形变量为最大值的时刻，而并非应力最大值的时刻。

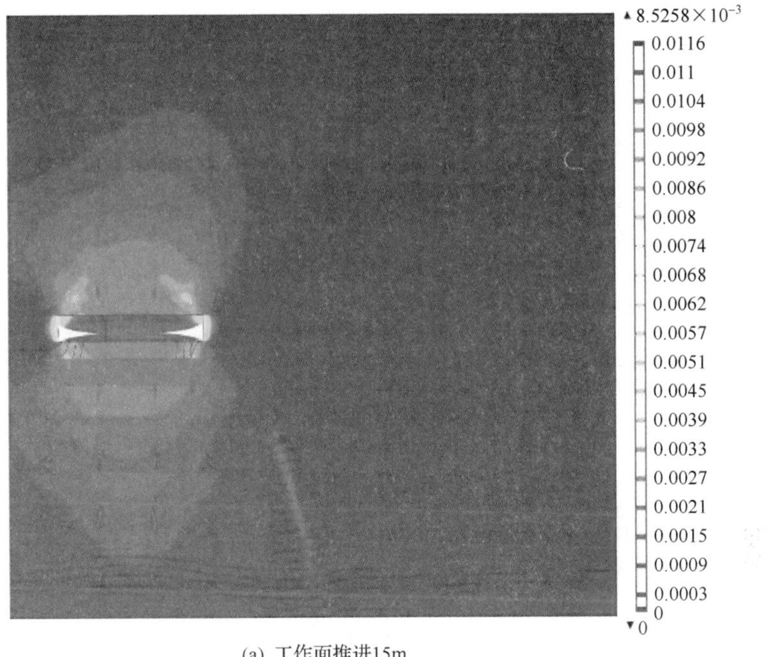

(a) 工作面推进15m

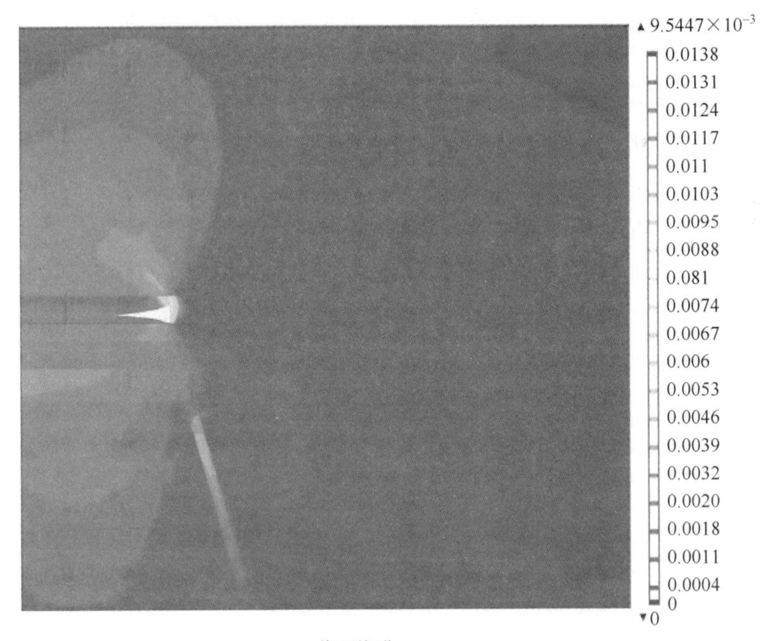

(b) 工作面推进20m

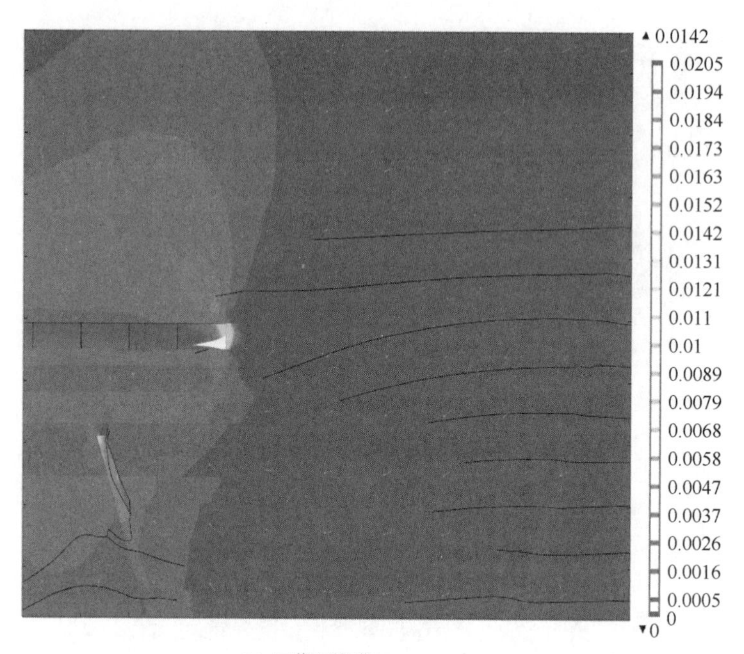

(c) 工作面推进35m

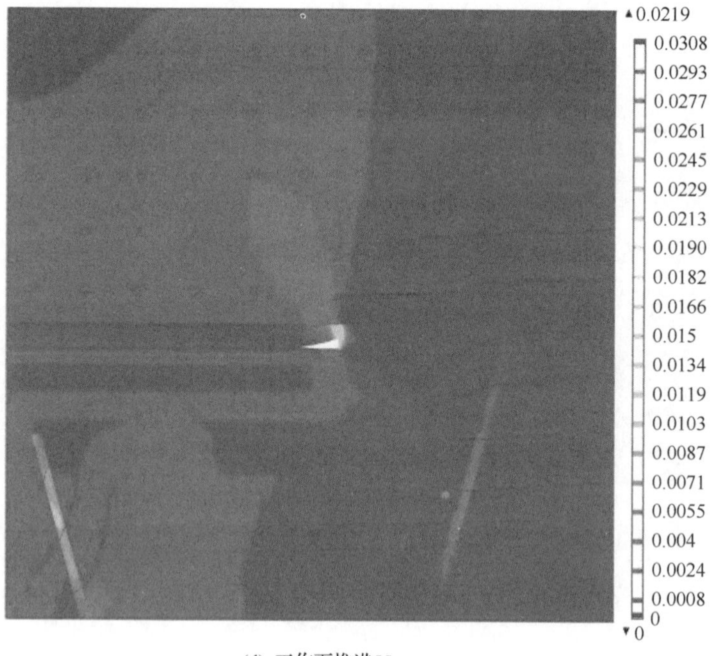

(d) 工作面推进55m

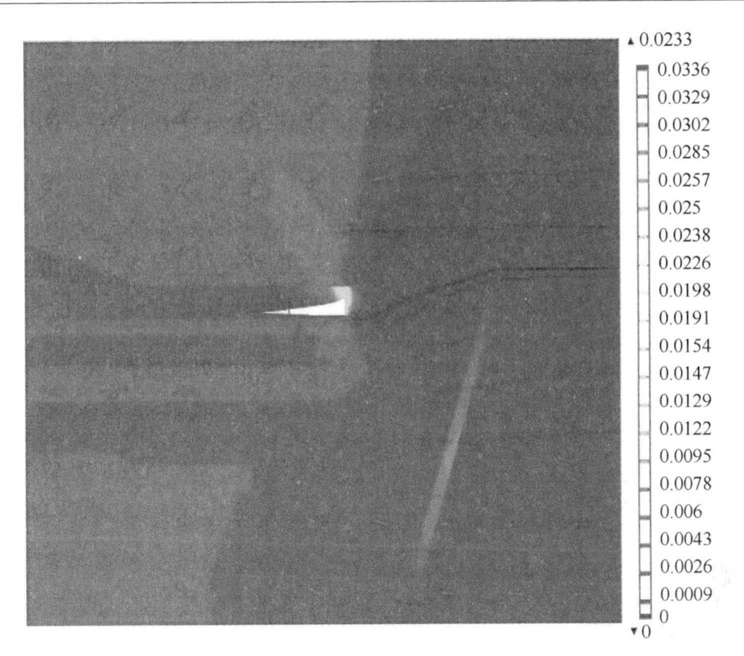

(e) 工作面推进60m

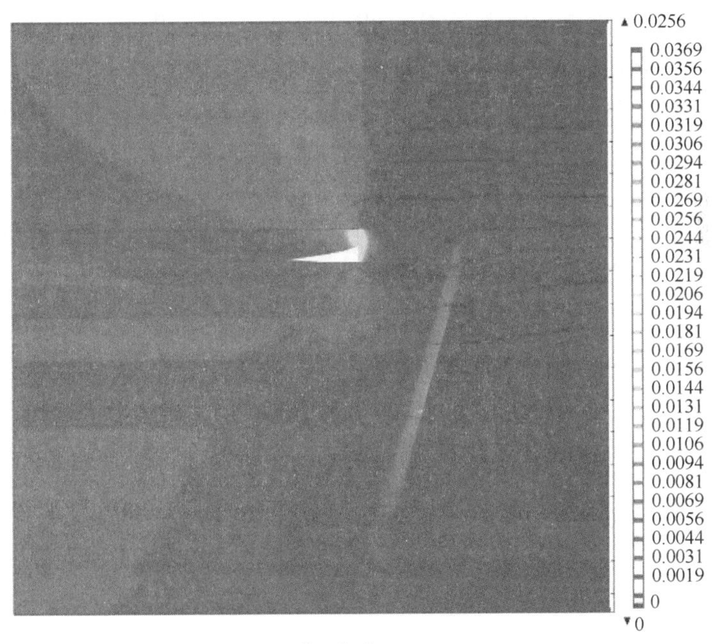

(f) 工作面推进65m

图 8.76　开挖过程位移场云图

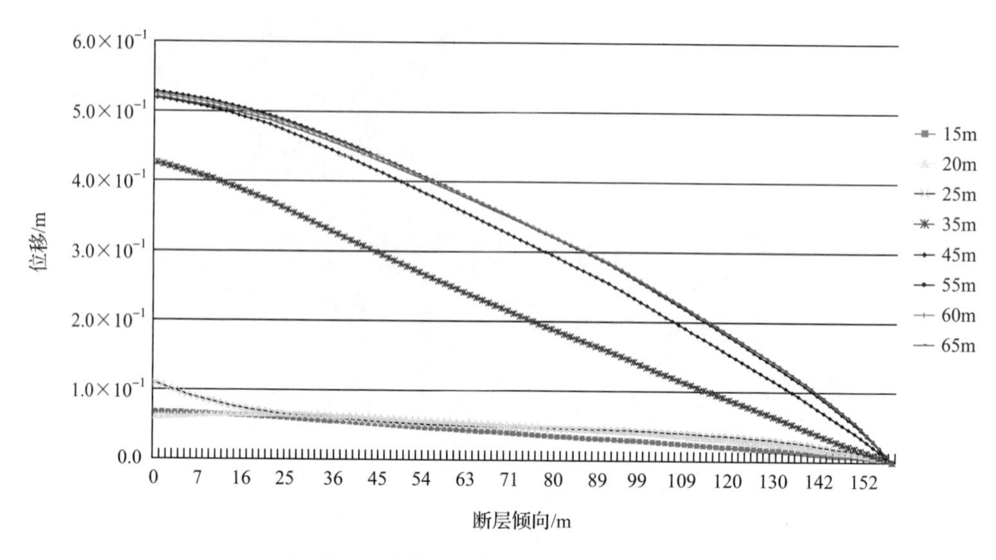

图 8.77 隐伏断层倾向方向位移变化趋势

3）水流速度场与应力场分析

工作面开挖 15～65m 过程中，水流压力场与速度场云图如图 8.78 所示。模型利用空隙水压力流进行模拟，采空区设计为出水部位，图 8.78 中颜色较深处表示水压力较大的区域，深色表示水压力较低的区域。黑色箭头表示在该开采步距内水流的方向及流速的大小。通过对开挖过程中水流压力场和速度场进行分析可以得出以下结果。

(1) 断层对承压水的导升起重要作用。断层内部的水流速远大于底板岩层，较符合微裂隙水流分布。断层的上下盘对承压水有着不同的导升作用，断层下盘裂隙流影响范围大于上盘岩层。

(2) 随着工作面的推进，底板水流速度逐渐增大，断层区域增加明显；当工作面推进至 35m 处时断层处水流速达到最大值，随工作面的推进，流速不再发生明显变化；大断层距工作面 50m 处水压及流速产生较为明显的变化，并随与工作面距离的拉近，变化逐渐明显，工作面推进至 65m 处时，水流速达到最大值且不再发生变化。

(3) 底板岩层之间存在较为明显的横向水流流动，在隐伏断层附近由于底板岩层物理力学性质的不同，造成部分水在岩层间发生流动。

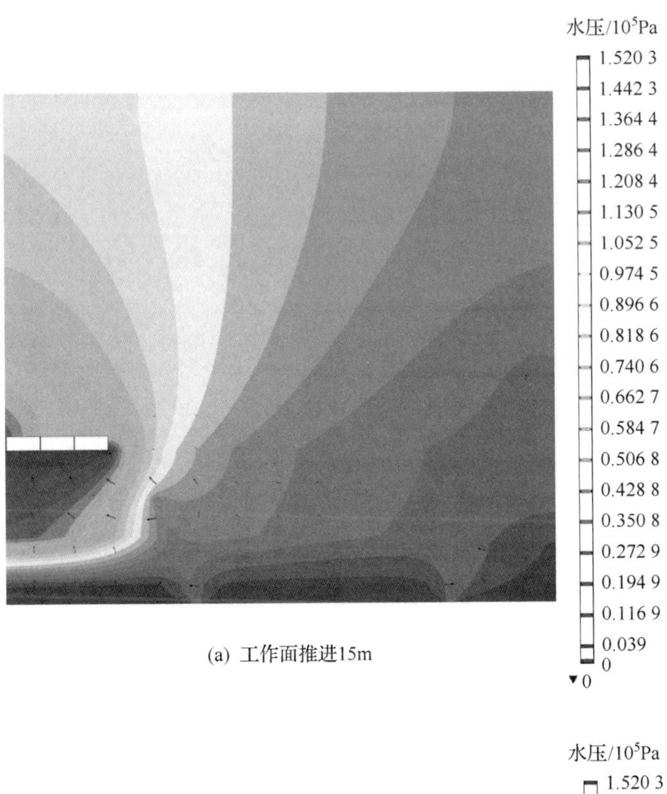

(a) 工作面推进15m

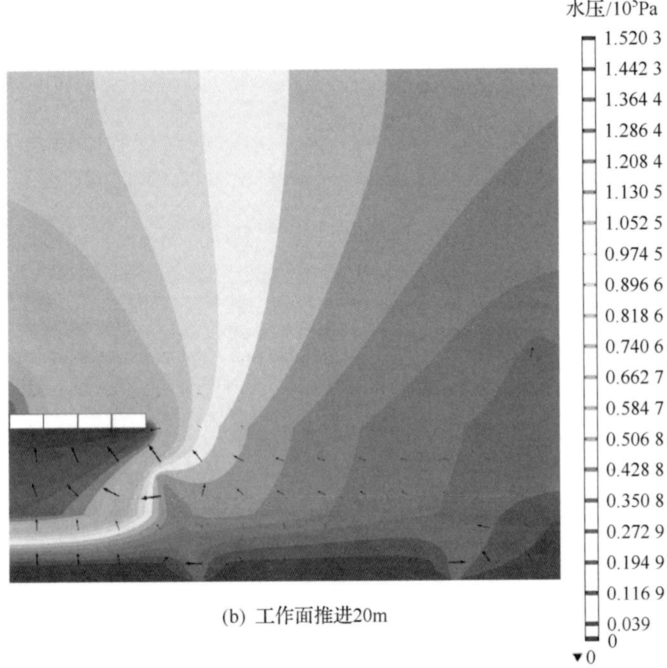

(b) 工作面推进20m

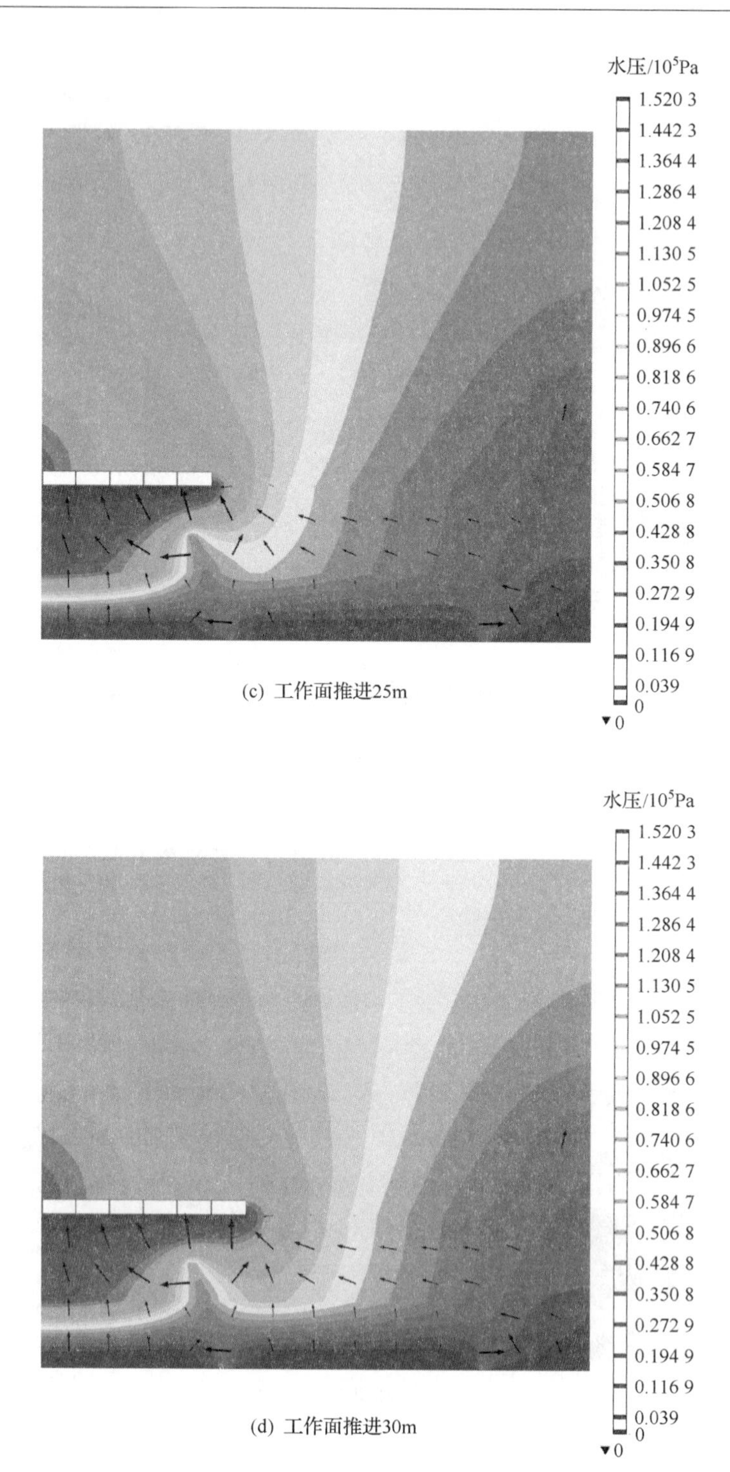

(c) 工作面推进25m

(d) 工作面推进30m

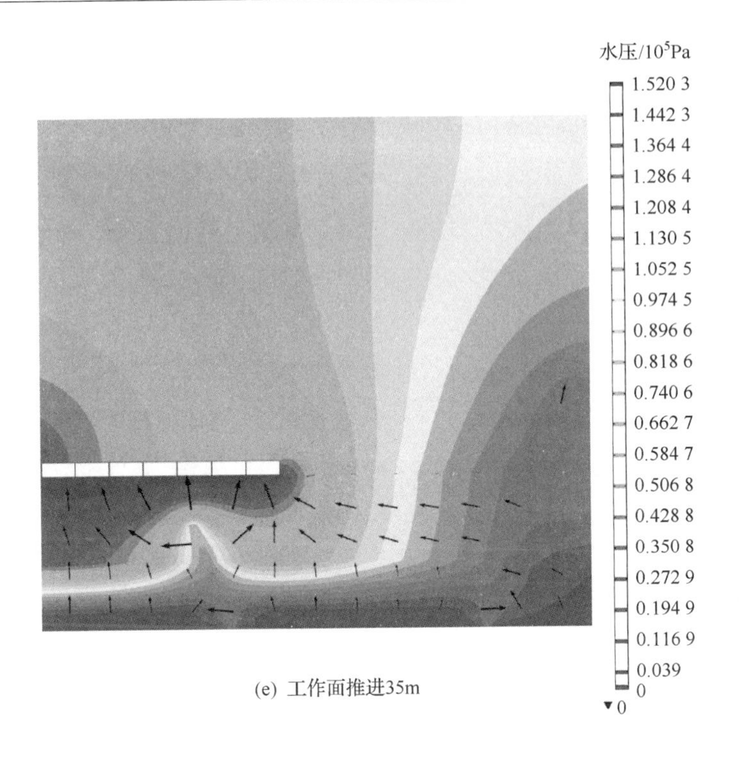

(e) 工作面推进35m

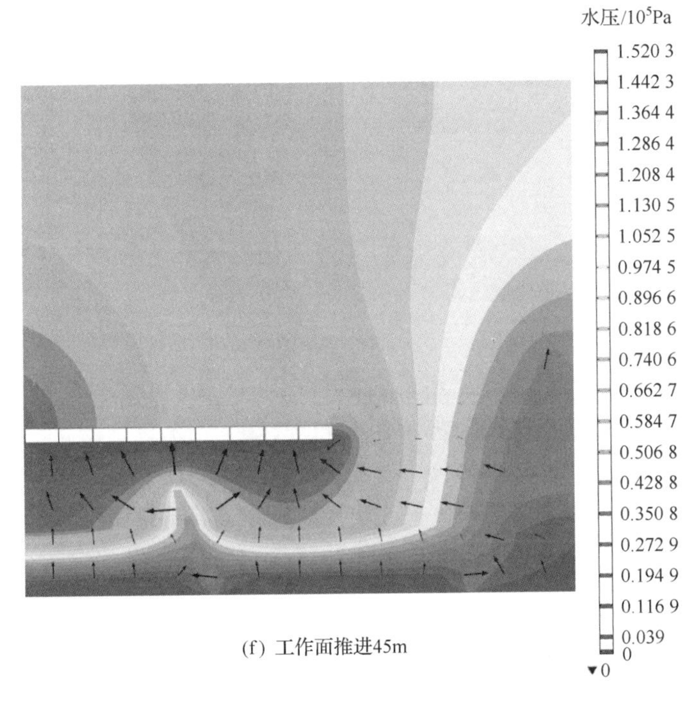

(f) 工作面推进45m

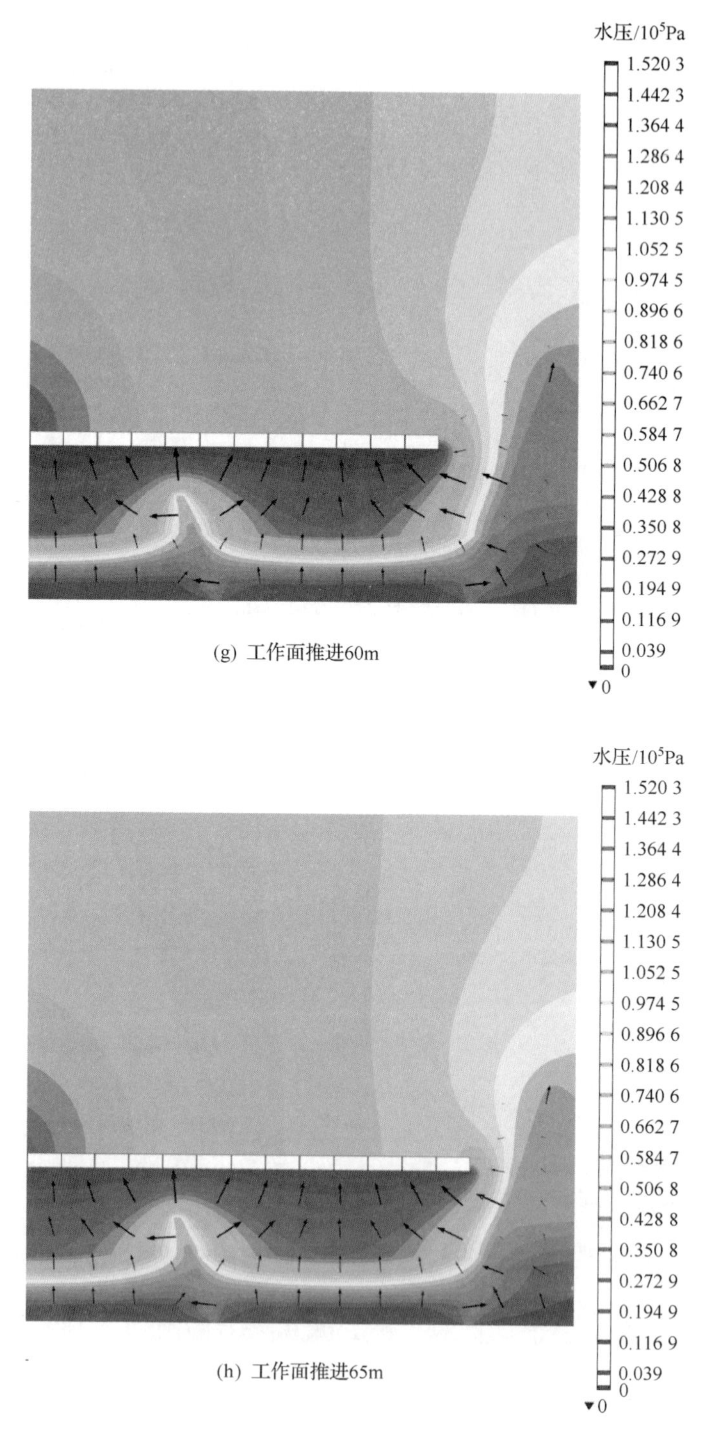

图 8.78　工作面开挖过程水流压力场与速度场云图

8.4　采动覆岩涌水溃砂模拟试验研究

8.4.1　采动覆岩涌水溃砂机理及条件

涌水溃砂是指近松散层采掘时含砂量较高的水砂混合流体溃入井下工作面，并造成财产损失或人员伤亡的一种矿井地质灾害[37～43]。采动覆岩涌水溃砂发生的条件和机理复杂，与煤层上覆含水层的规模和性质、覆岩岩性和破坏形式、煤层开采厚度和开采方式等因素有关。

采动引起的覆岩变形破坏特征是涌水溃砂灾害研究的基础。采动覆岩变形破坏造成的工作面涌水溃砂通道主要有三种形式，即直接采动破坏型、采动破坏与断层导通型和导水裂隙带渗透破坏型，如图 8.79 所示。

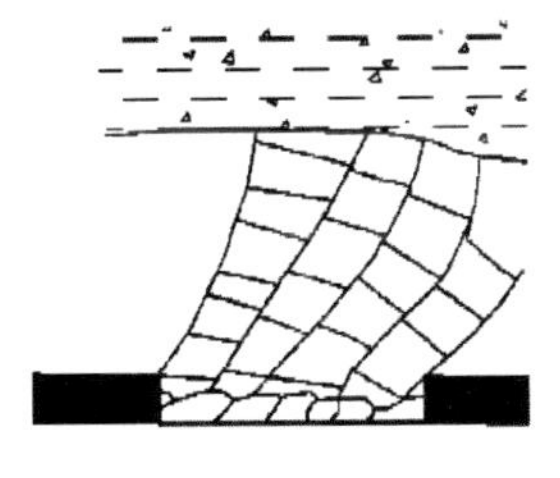

(a) 直接采动破坏

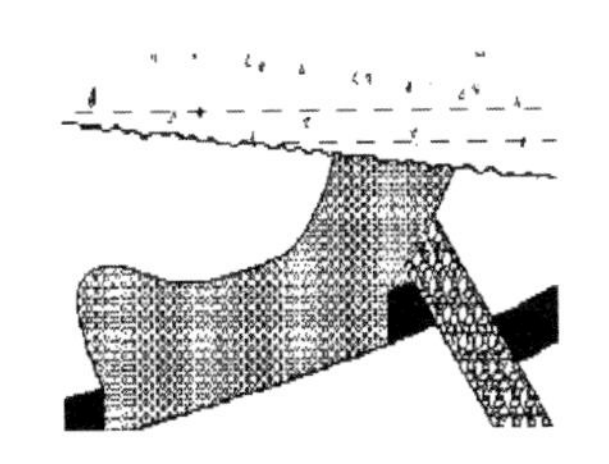

(b) 采动破坏与断层导通

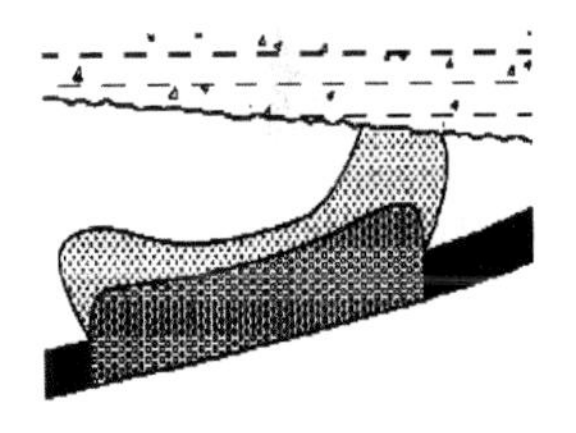

(c) 导水裂隙带渗透破坏

图 8.79　采动覆岩涌水溃砂通道形式

综合分析涌水溃砂灾害的水文、地质及人为条件，采动覆岩涌水溃砂灾害的发生必须具备以下四个条件：①富含潜水的松散砂层或富含潜水层下存在松散砂层；②潜水层有较大的静水压力，水流动时具有较强的携砂能力；③煤层顶板基岩薄，煤层开采垮落时出现贯通的涌水溃砂通道；④存在容纳水沙充填的空间，即煤层开采形成的采空区或巷道。

8.4.2　采动覆岩涌水溃砂灾害模拟试验设计

厚度大、埋深浅、基岩薄、上覆厚松散砂层是西部地区煤炭典型的赋存特征。此类煤层开采诱发的覆岩运动程度强烈、波及范围较广，上覆岩层难以形成较稳定的支撑结构，覆岩裂隙发育充分，采动裂缝甚至可直达地表，形成较大规模的地裂缝和台阶下沉，若上覆厚松散砂层富水性较好，则含砂量较高的水砂混合物会溃入井下工作面，造成财产损失甚至人员伤亡，给矿井的安全生产带来很大威胁。以西部地区煤炭赋存地层为工程背景，采用采动覆岩涌水溃砂灾害模拟试验系统，利用研制的低强度非亲水材料对煤系地层进行模拟铺设，并对其进行模拟开采，可较好地再现工作面涌水溃砂灾害孕育、发展及发生的全过程。

1. 模拟试验参数确定

试验在自主研发的采动覆岩涌水溃砂模拟试验系统上进行。模型采用 1∶200 的几何相似比，模型试验尺寸为长×宽×高＝1 200mm×610mm×400mm。模拟工作面走向长度为 2 400mm，相当于实际工作面走向长度为 240m；模拟工作面倾向长度为 400mm，相当于实际工作面倾向长度为 80m；模拟工作面采高为 30mm，相当于实际采高为 6m；模拟自煤层顶板至地表共计 26 个岩层和 1 个松散富水砂层，岩层高度为 600mm，松散层高度为 10mm，高度总计为 610mm，相当于实际地层厚度 122m。松散层用粒径为 40～60 目的彩砂进行模拟，通过对出水口处彩沙残留物的追踪，便可对涌水溃砂灾害的发生进行辨识。模型内每隔 2min 匀速抽出一个抽板，每隔 30min 开采一次，相当于回采工作面每天推进约 20m。为了消除试验模型的边界效应，走向方向上两边各留一块 73mm×400mm 的抽板，试验过程中不对其进行操作，相当于两边各留约 15m 的边界煤柱，整个模型共计开采 10 次。

2. 相似材料配比选择

传统相似材料模型铺设选用的材料大部分为沙子、碳酸钙和石膏等，此类材料铺设而成的模型遇水后强度变化很大，极易崩解，考虑到涌水溃砂灾害模拟试验的特殊性，应选用非亲水材料模拟岩层，因而确定本试验的材料选用沙子、石蜡、凡士林和液压油，按照容重相似系数为 1.5，算得应力相似系数＝几何相似系数×容重相似系数＝300。

相似材料强度的调整主要通过调整石蜡或凡士林的含量，液压油只起到调和剂的作用，本次试验的材料配比仅对凡士林含量进行了调整，配比试验结果如图 8.80 所示，凡士林含量与相似材料强度近似呈线性关系，拟合度较好；不同配比的相似材料抗压强度位于 0.072～0.138MPa，分布范围相对较大，基本可以满足模拟试验的需求。西部地区地层组合岩性主要有松散砂层、风化砂岩、砂岩、粉砂岩、砂质泥岩、炭质泥岩和砂岩互层，不同岩石单轴抗压强度及相似材料配比选择见表 8.9。

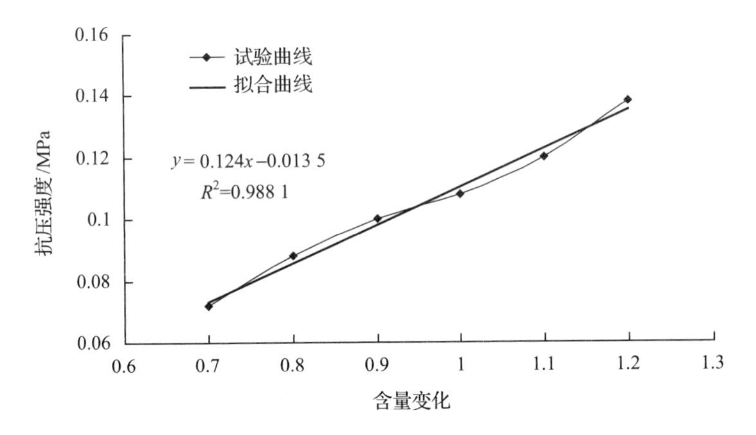

图8.80　凡士林含量对相似材料强度的影响曲线

表8.9　覆岩抗压强度及相似材料配比

岩性	抗压强度/MPa	配比(沙子∶石蜡∶凡士林∶液压油)	相似材料抗压强度/MPa
松散层	—	—	—
风化砂岩	23.6	40∶1∶0.8∶1	0.087
砂岩	42.3	40∶1∶1.2∶1	0.140
粉砂岩	36.5	40∶1∶1.1∶1	0.123
砂质泥岩	21.1	40∶1∶0.7∶1	0.070
炭质泥岩	22.3	40∶1∶0.7∶1	0.074
中砂岩	31.7	40∶1∶1∶1	0.106

3. 试验模型制作及传感器布设

试验模型铺设之前,将煤层模拟抽板复位,并将要铺设的传感器经安装槽导入试验舱。将每一层计量好的相似材料中的沙子倒入炒锅中加热至约80℃,石蜡、凡士林和液压油混合物倒入多功能导热锅中水浴至完全融化成液体,再将两者快速搅拌均匀后倒入试验舱内进行铺设。相邻岩层之间采用云母粉作为自然分层界限。模型材料铺设时间不宜过长,以防止在铺设过程中材料凝固,从而影响相似材料的力学特性。

在试验模型内共布设10个土压力传感器,用于监测工作面开采过程中围岩支承压力动态分布形态,布设位置如图8.81所示。

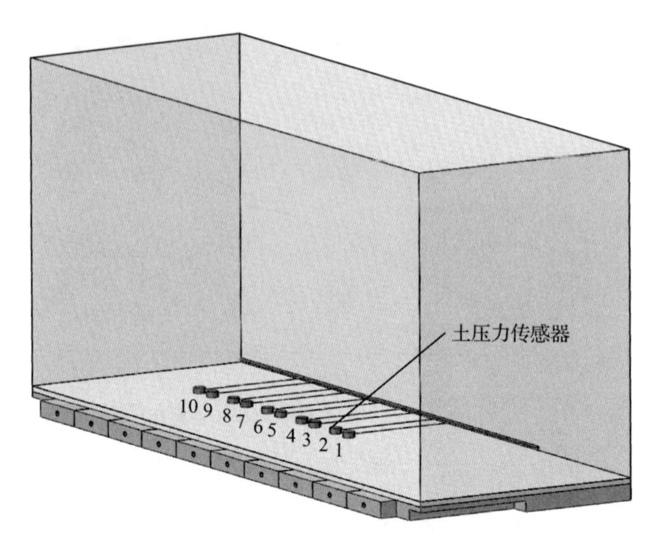

图 8.81 传感器布设位置示意图

8.4.3 涌水溃砂过程模拟及结果分析

1. 涌水溃砂过程模拟

试验采用位移应力双控伺服系统中的位移控制模式，使试验舱施力压头与试验材料之间留有 5cm 的间隙，而后启动水压水量双控伺服系统中的水压控制模式，使水仓内水压维持在 0.2MPa，并保持恒定，此时施加于相似材料上方的力由水压提供，为柔性加载力，此时便可开始模拟工作面的开采。回采过程中，利用模拟采煤装置，每隔 2min 匀速抽出一个抽板，每隔 30min 开采一次，相当于回采工作面每天推进约 20m。在整个开采过程中，从试验舱透明的前挡板可以对覆岩变形破坏、裂隙发育扩展和水砂通道形成进行宏观监测；通过土压力传感器对覆岩支承压力进行连续采集；通过试验控制系统对水压和水流量等参数进行实时采集。工作面的模拟开采如图 8.82 所示。

2. 试验结果分析

1）覆岩变形破坏及裂隙扩展规律分析

试验中基本顶初次来压步距约为 38m，周期来压步距约为 20m。基本顶初次来压后，随着工作面继续推进，覆岩纵向裂隙逐渐向上发育，直至贯穿整个基岩层导通上覆松散层，采空区上部至地表之间覆岩呈整体下沉状，如图 8.83 所示。值得说明的是，在第一次周期来压和第三次周期来压后，顶板岩梁出现明显的超前断裂现象，如图 8.83 所示。

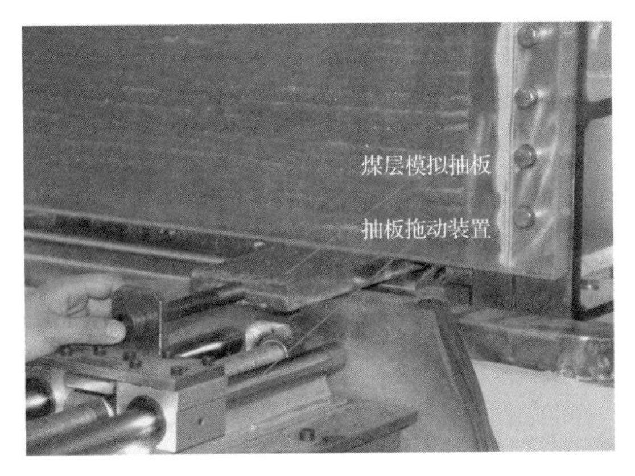

图 8.82　工作面模拟开采

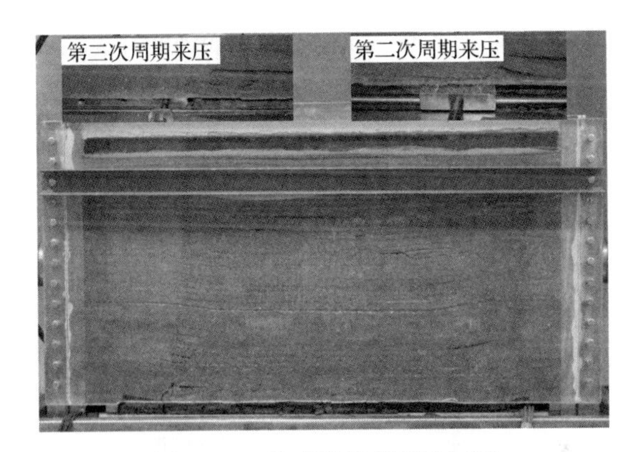

图 8.83　采动覆岩变形破坏图

2) 支承压力分布规律分析

工作面回采过程中,2#和 4#土压力传感器监测到的应力变化如图 8.84 所

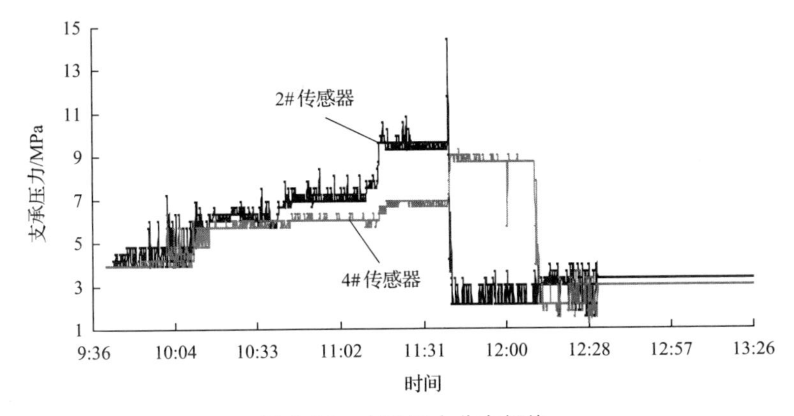

图 8.84　支承压力分布规律

示。回采工作面前后方支承压力的分布可以分为四个区域,即工作面前方的原岩应力区、应力增高区和工作面后方的应力降低区、应力稳定区。

3) 水压变化与水砂突涌的关系

在覆岩纵向裂隙贯穿整个基岩层导通上覆松散层之前,水仓内水压能维持在0.2MPa且动态恒定,但其出现了一定的渗水,水压水量控制系统中水泵有一定的泵送量,这一情况随着工作面的推进越发明显。当工作面推进至180m时,水泵突然加速,涌水量突然增至极值150L/h,水压迅速降至0MPa,少量彩砂随涌水进入覆岩裂隙并随水流流出,表明涌水溃砂事故发生。水压和水量变化如图8.85所示。

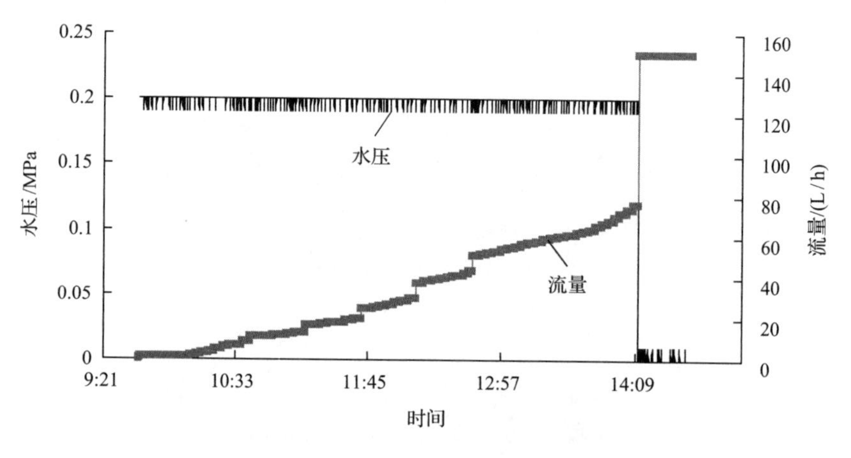

图8.85　水压和水量变化曲线

8.5　矿井底板水害防治技术及其应用

对于矿井底板突水的治理一般采用"探、疏、堵"等综合治理方法[44~51]。"探"就是指用电法及瞬变电磁物探方法查明富水区,即找出承压水导高带发育较高的区域;"疏"就是指通过专门的技术措施进行超前预疏干或疏水降压;"堵"就是指通过预注低渗透浆液或骨料进入含水层,并使之与围岩固结成不透水的整体而起到堵塞过水通道的矿井防治水技术。另外,改革采煤方法也可减少矿压对底板的破坏,减小底板突水的可能。如图8.86所示,改革采煤方法主要包括优化开拓开采布置、控制工作面斜长、柔性充填开采、坚硬顶板强制放顶及实施无煤柱开采等。

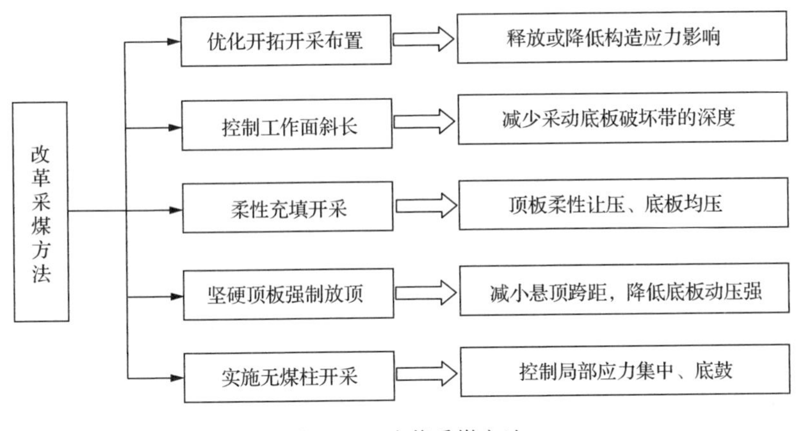

图8.86　改革采煤方法

8.5.1　柔性充填防治矿井水害

柔性充填防治矿井水害技术是指通过采用低强度材料充填采空区，实现顶板柔性让压和底板均压来防治矿井水害。由于充填体变形远比原岩大，因此充填体能够在维护围岩系统结构体系的情况下缓慢让压，使其围岩地压能够得到一定的释放(限制能量释放的速度)；同时，充填体施压于围岩，对围岩起到一种柔性支护的作用，即充填在达到屈服点之前，具有弹性支撑作用，过屈服点之后，则具有让压支撑的作用。

一般条件下，采场充填体的效果取决于两个方面：一是围岩与充填体所构成的组合结构形式；二是充填体与围岩的力学与变形特性之比。对于不同的矿体组合形态、围岩体结构类型及采矿顺序，这两个方面将起到不同的作用。

1. 充填体的支护作用

对于充填体的支护作用，有以下三种类型。

1) 表面支护作用

通过对采场边界关键块体的位移施加运动约束，充填体可以防止在低应力条件下近采场在空间上的渐进破坏。

2) 局部支护作用

由临近的采矿活动引起的采场帮壁岩体的准连续性刚体位移，使得充填体发挥被动抗体作用。作用在充填体与岩体交界面上的支护压力允许在采场周边产生很高的局部应力梯度。

3) 总体支护作用

如果充填体受到适当的约束，那么它在矿山结构中可以起到一种总体支护构件的作用。也就是说，在岩体和充填体之间交界面上采矿所诱导的位移将引起充填体的变形，而这类变形又导致整个矿山近场区域中应力状态的降低。

2. 充填体与系统的协同作用

充填体与系统的协同作用主要体现在以下三个方面。

1）应力转移和吸收作用

充填体进入采空区，最初是不受力的，随着充填体强度的提高，其具备了吸收应力和转移应力的能力，成为系统支撑结构的一部分，参与地层的自组织系统和活动。

2）应力隔离作用

充填体可以起到屏障的作用，对水平应力和垂直应力进行隔离，从而改善围岩的应力环境，维护上覆岩层和底板的稳定。

3）系统协同作用

充填体充入采空区后，由于充填体、围岩、地应力和开挖等共同作用，尤其是开挖系统的自组织功能，使围岩变形得到控制，围岩能量耗散速度得到减缓，采场结构和围岩破坏的发展得到控制，特别是无阻挡的自由破坏得到控制。

3. 充填体的填充功能

1）保持围岩的完整性

围岩由于断层、节理和裂隙切割成结构体，采场形成临空面，使得顶板冒落和底鼓成为可能，充填体的最重要作用是在临空面和采场之间提供一种连接。充填将延缓且最终阻止岩块的移动趋势，从而提高顶底板围岩的自身承载能力。在不充填的状况下，将产生顶板冒落和底鼓，连锁的冒落和底鼓最终将导致底板突水，且充填后充填料中的细料进入岩块周围的开口节理和裂隙中，这有助于保持顶底板的稳定。

2）减轻矿山压力波的危害

充填将在来压情况下提供最有意义的连接功能。在没有充填物的情况下，矿山压力引起的压缩冲击波将在采空区由顶板和底板表面产生拉应力，且趋于将孤立的底板或顶板“切断”。但是，充填后与岩石接触的充填料，使冲击波在岩石与充填体界面处部分反射，因此降低了“切断”作用，此外充填体将阻止采场岩块的位移。在动态短时荷载条件下，充填体能起到硬质充填料的作用。

3）作为节理与裂隙中的填充物

充填时，细料将进入底板与顶板的裂隙和节理中。此外，充填料与岩石之间的接触将防止在工作面推进时底板遭受曲率逆转期间节理中出现的任何原生细料跑出，从而限制底板松动，提高底板稳定性。

8.5.2 截流注浆防治矿井水害

截流注浆防治矿井水害技术是指通过专门的设备和工程，根据具体的矿井水文地质条件和水害类型与特点，将预先研究配置成的低渗透浆液或骨料注入含水层、隔水层中的空隙、断裂破碎带、喀斯特陷落柱及突水井巷等，并使之与围岩固结成不透水的、具有一定强度的整体而起到堵塞过水通道、充填导水空隙、降低受注岩体的渗透性、增大岩体强度和隔水作用的一种矿井水害防治技术方法。该技术可广泛应用于封堵井下突水点，以恢复被淹矿井，以及阻截水源含水层对矿井充水的补给。另外，其还可变含水层为隔水层，增加煤层顶底板有效隔水层的厚度；隔断连接充水水源与矿井之间的导水通道，以避免矿井发生突发性水灾。

1. 封堵导水通道

所谓导水通道一般是指连接矿井充水水源和矿井采掘空间的过水途径。封堵导水通道就是利用注浆工程切断这种过水途径而达到预防或治理矿井水害的目的。因此，注浆封堵导水通道可分为突水前预注浆封堵和突水后水害治理封堵两大方面。

对于通过各种勘探手段已经查明的有可能发生突水事故并能给矿井带来安全威胁的导水通道，应在采掘工程揭露或发生突水之前进行注浆封堵或注浆改造，从而预防突水事故的发生。封堵煤层底板陷落柱突水原理如图 8.87 所示。

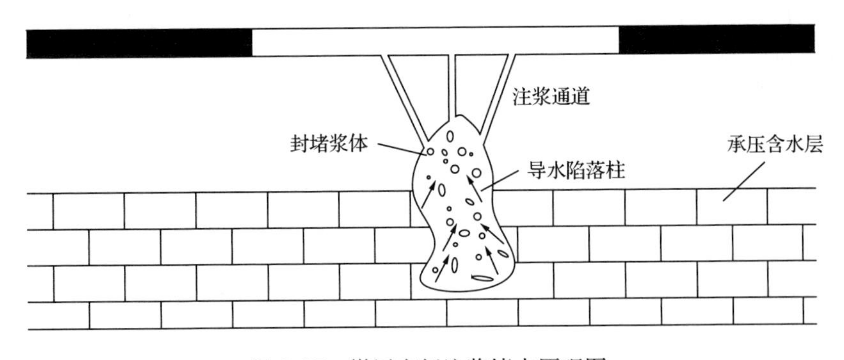

图 8.87　煤层底板注浆堵水原理图

2. 改造含水层为隔水层

华北型煤田典型的水文地质结构是：煤层底板之下发育有数层太原群或石炭纪薄层灰岩含水层，而在该组含水层之下又有巨厚的奥陶系灰岩含水层。尽管薄层灰岩水不会对矿井生产带来灾害性水患威胁，但其破坏了煤层底板隔水层的连续性。尽管奥陶系灰岩含水层距煤层较远，但其高压水可通过薄层灰岩逐级导入矿井。为了防治奥陶系灰岩水突入矿井，需对采空区灰岩进行注浆改造，变薄层灰岩含水层为隔水层，实现煤层底板隔水层的连续性和整体性，以提高对奥陶系高压灰岩水的阻抗能力。采用变含水层为隔水层技术可有效加厚、加固煤层底板隔水层，增加其抗变形强度。为安全开采煤层创造有利条件。含水层改造井下施工如图 8.88 所示。

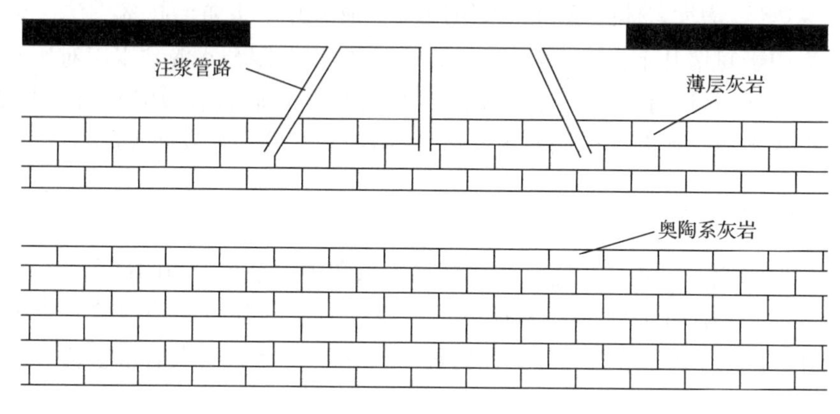

图 8.88　注浆改造煤层底板含水层

3. 提高隔水层的阻水性

由于构造及矿山压力的影响，煤层与含水层之间的隔水层常存在区域性或局部性裂隙破碎带，其减弱了隔水层的阻水性能。当工作面在回采时遭遇到这些薄弱区段时，常常会发生突水事故。为此，在工作面回采之前，应对已经探知或分析预测的隔水层带进行注浆改造，以充填和加固方式增加隔水层的整体性能，提高其防突水能力和阻抗水压的能力，避免工作面在回采过程中发生突水事故。加固隔水层的原理如图 8.89 所示。

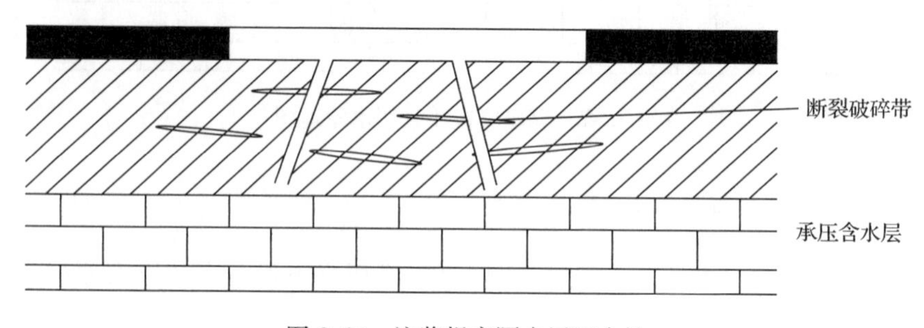

图 8.89　注浆提高隔水层阻水性

8.5.3　疏水降压防治矿井水害

疏水降压防治矿井水害技术是指对威胁矿井安全的主要充水含水层，通过专门的工程和技术措施，在人工受控的条件下进行超前预疏干或疏降水压，进而减少或消除其在矿山建设和生产过程中对矿井安全的威胁。其可划分为疏干和疏水降压两部分，疏干是指通过疏水将含水层中的水位降低到预先设计的安全标高之下，从而减轻或消除矿井在开拓和生产过程中含水层水在水压力的作用下破坏其上下隔水层而涌入矿井灾害的发生。疏水降压一般分为预先疏降和并行疏降两个阶段。预先疏降是疏水降压的第一阶段，在矿井水文地质条件复杂，水文地质尚不清楚的条件下，实施预先疏降不但可以为矿井的随后生产创造安全的水文地质环境，同时还可兼顾水文地质条件试验与探查任务，并为并行疏降工程的设计提供重要的水文地质参数。实施预先疏水降压的主要思路是：采用一定的疏放水的井巷工程，预先对影响或威胁矿井安全生产的充水岩层进行疏放，使其地下水位降低至生产区域以下，从而达到消除矿井水害隐患，避免淹井事故发生的目的。

1．地表疏干

地表疏干是指在地面构筑疏水工程和疏水设施。地表疏干常用于煤层埋藏较浅，含水岩层渗透性较强的条件，其实质是从地面钻出一系列的疏干孔，钻至需要疏干的含水层，从疏干孔中把地下水抽排到地面，形成一个能够满足要求的疏干降落漏斗，为安全开采创造有利条件，其优点是经济安全、施工方便、建设速度快且容易调控和管理。常见的地表疏干模式如图 8.90 所示。

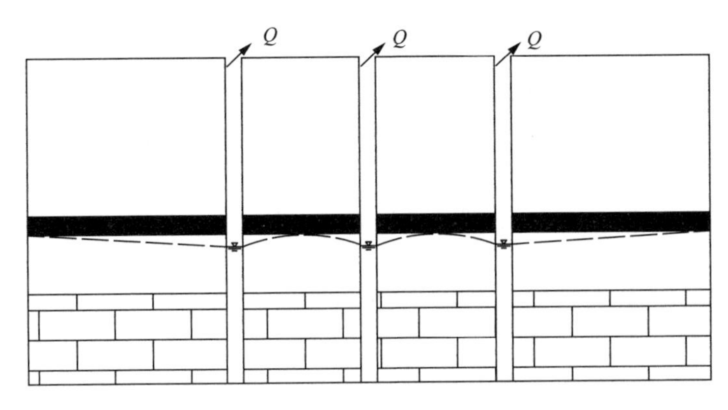

图 8.90　地表疏降煤层底板含水量

地表疏干孔的布置，主要根据矿井水文地质条件及开采设计要求确定。疏干孔的孔位以生产采区为中心，既可呈环形孔排布置，也可呈直线形孔排布置，或采用多种形式相结合的布置方法。直线形孔排适用于含水层地下水为单侧向补给的矿井,疏干孔布置在垂直地下水流向的进水一侧。环形孔排则适用于疏降目标含水层在水平方向延展较远,地下水以辐射状从含水层的各个方向补给矿井的条件。这两种方式的钻孔布置如图 8.91 和图 8.92 所示。

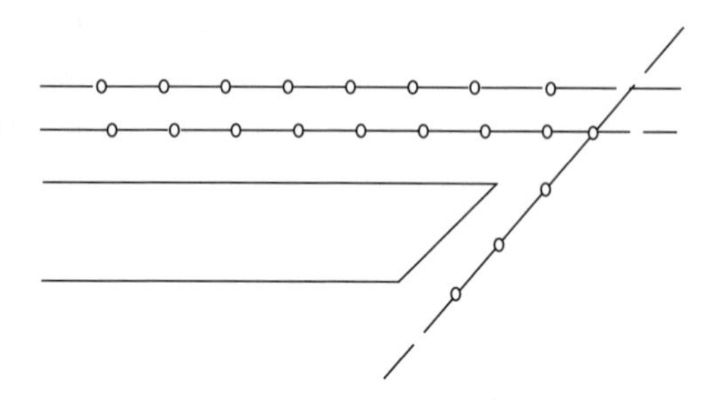

图 8.91 地表疏降水线状布置图

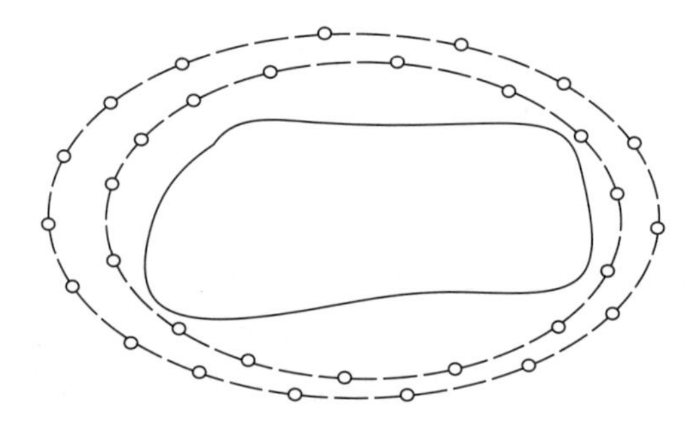

图 8.92 地表疏降水环状布置图

2. 井下疏干

利用专门穿层石门或开拓井巷及井下多方位钻孔直接揭露充水岩层或富水带,将含水层中的水有控制地导入矿井,然后利用专门的井下排水系统将水排至地面而进行的疏排水工作被称为井下疏干。特别是含水层埋藏较深或地下水位较深的矿井,地表疏干不经济或无条件进行时,更宜采用井下疏干方式。

1) 石门疏水

疏水石门通常布置在开采水平的中心区域,当石门穿过所需要疏水的含水层时,为充分地利用石门的多功能性,可不对含水层进行注浆改造而使含水层通过石门穿过段直接流入石门而达到集中疏水的目的。直接利用石门疏水时,一定要分析含水层的水文地质,确保石门穿过段直接流入石门的水量处于受控状态,避免瞬间水量过大而造成水害事故。石门疏水的典型模式如图 8.93 所示。

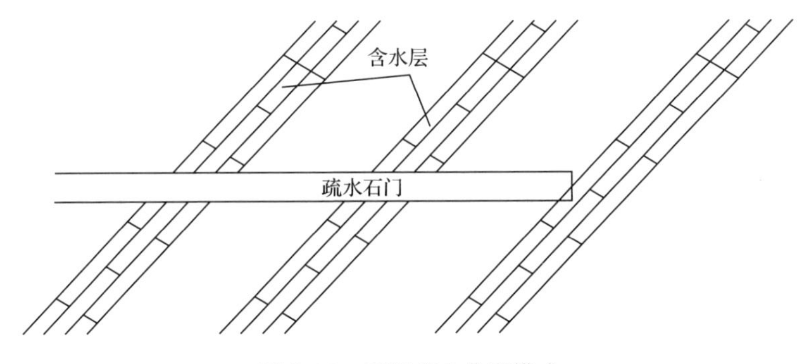

图 8.93　石门疏水典型模式

2）井巷疏水

井巷疏水就是指在矿井开拓及工作面准备过程中，直接利用掘进于含水层中的井巷进行预先疏水或并行疏水，井巷疏水主要针对自身含水层或直接充水含水层。在采用井巷疏水时，必须认真分析水文地质条件，在必要的条件下，在井巷进入含水层之前，需要配合其他疏水方式进行预疏水，以确保井巷掘进的安全性。井巷疏水的典型模式如图 8.94 所示。

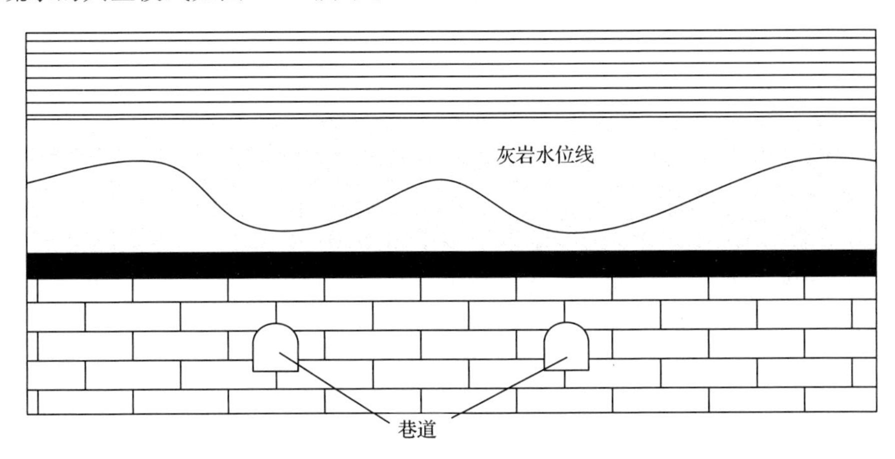

图 8.94　井巷疏水的典型模式

3）底板钻孔疏水

含水层位于开采煤层直接底板之下，且在开采煤层与含水层之间存在不足以保护底板含水层高压水进入矿井的隔水保护层时，在工作面回采之前，利用井下巷道作为施工场地，向底板含水层钻出垂直或近垂直的钻孔，以达到疏放底板水使含水层的水压降至安全水头以下的目的。底板钻孔疏水典型模式如图 8.95 所示。

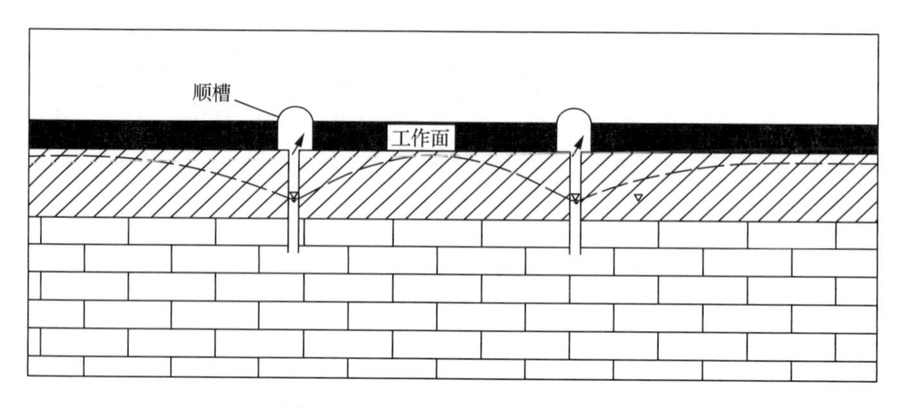

图 8.95　底板钻孔疏水典型模式

8.5.4　底板水害防治实践

根据葛亭煤矿水文地质条件及临近矿井的承压水上开采的生产实际，葛亭煤矿开采 1160 采区的 16 煤层和 17 煤层主要受到十$_下$灰顶板水、十三灰裂隙涌水和奥灰承压水突水影响，存在着突水的危险。因此，必须制定切实可行的防治水方案方能实现矿井的安全生产。

1. 16 煤层和 17 煤层开采防治水方案

根据葛亭煤矿水文地质条件，对各种方案进行对比分析，确定符合葛亭煤矿实际情况的防治水方案。

1) 条带开采(包括减少工作面斜长)可行性分析

条带开采及减少工作面斜长均以减少开采对底板的破坏程度为目的，提高底板有效隔水层厚度从而达到安全开采的目的。

在中硬岩体中，根据大量的数值计算分析并对照现场实测结果，得出四种采煤方法下的煤层底板破坏深度值分别为斜长 80～100m 的长壁面开采时的煤层底板破坏深度为 10～17m；斜长 50m 的短壁面开采时的煤层底板破坏深度为 3.5～7.0m；20m 条带开采时的煤层底板破坏深度为 2.5～3.0m；15m 的房柱式开采时的煤层底板破坏深度为 3～5m。

从以上分析可以看出，条带开采对底板破坏程度较轻，底板破坏深度仅为 2.5～7.0m，下面按条带开采情况对深部煤层进行安全性评价。

采用条带开采方法，底板破坏深度明显降低，根据以上分析，计算得到 17 煤层采用采 40m 留 40m 保护煤柱条带开采，各钻孔突水系数见表 8.10。

表 8.10　16 煤层和 17 煤层采用工作面斜长 40m 时奥灰突水系数

孔号	16 煤至奥灰间距/m	17 煤至奥灰间距/m	16 煤底板破坏深度/m	17 煤底板破坏深度/m	水压/MPa	16 煤突水系数/(MPa/m)	17 煤突水系数/(MPa/m)
N6-1	56.3	45.79	3.40	3.49	4.11	0.078	0.097
N7-11	64.18	52.97	2.28	2.37	2.84	0.046	0.056
N7-12	58.14	47.7	2.30	2.39	2.81	0.050	0.062
N5-4	55.32	42.92	2.50	2.61	3.02	0.057	0.075
TN8-1	43.55	40.23	3.03	3.06	3.50	0.086	0.094
N9-8	77	67.49	2.53	2.61	3.25	0.044	0.050
O_{xf2}	—	53	2.89	2.97	3.58	—	0.072
O_{xf3}	72.51	61.11	2.93	3.01	3.60	—	0.062
O_{xf4}	—	66.91	2.85	2.93	3.51	—	0.055
O_{xf5}	—	57.34	2.93	3.01	3.58	—	0.066
O_{xg2}	—	56.47	3.99	4.07	4.68	—	0.089
$O_{sh\,I}$	—	40.3	2.44	2.52	2.69	—	0.071
$O_{sh\,V}$	66.9	54.74	2.38	2.47	2.89	0.045	0.055
$L_{10\text{-}I}$	60.31	49.9	2.80	2.88	3.15	0.055	0.067
$L_{10\text{-}III}$	72.01	6016	2.42	2.51	3.07	0.044	0.053

注：表中突水系数按奥灰水位＋35m 计算。

采用条带法开采后，16 煤层的突水系数在 0.044～0.086MPa/m，钻孔 N6-1 由 0.093MPa/m 降到 0.078MPa/m，钻孔 N8-1 由 0.111MPa/m 降到 0.086MP/m；17 煤层的突水系数在 0.050～0.097MPa/m。采用条带开采后，减少了由采动引起的底板破坏深度，相应的底板隔水带厚度增加，对防治底板突水起到一定的效果。但从突水系数上来分析，局部仍受到奥灰突水的威胁，难以正常开采，仅靠采用特殊开采方法(条带开采)是不能保证矿井 1160 采区整个采区安全开采的，所以应采取其他防治水措施(如底板注浆加固、疏水降压等)，以确保矿井的安全生产。

2) 疏干和疏水降压可行性分析

疏水降压可以保证深部煤层的安全开采，但疏水降压开采是有条件的，只有在水文地质单元较小(主要以静储量为主)，水源补给量较少的情况下才能有效。疏水降压一般与截留注浆结合进行。

根据我国类似条件矿区的经验，将放水试验过程中降深与涌水量的比值关系作为疏降可行性的判别标准：

$$S_0' = S/Q \tag{8.25}$$

式中，S 为主要控放范围内的水位降深，单位为 m；Q 为主要控放范围内的涌水量，单位为 m^3/min。

判别标准为，Ⅰ：$S_0'>10m$ 补给较弱，易疏降；Ⅱ：$3m<S_0'<10m$ 补给较强，可以疏降；Ⅲ：$S_0'<3m$，补给很强，不宜直接疏降。

可利用放水试验中几个水量相对大的放水孔的降深与涌水量，进行下组煤1160采区奥灰疏水降压可行性评价。

(1) 1160皮带上山中部 O_{xf1}(放水)放水量为 $20.95m^3/h$，水位降深为 9.49m，则

$$S_0'=\frac{S}{Q}=\frac{209.10}{20.95}=9.981<10$$

(2) 1160轨道上山浅部 O_{xf3}(放水)放水量为 $36.03m^3/h$，水位降深为 15.3m 则

$$S_0'=\frac{S}{Q}=\frac{15.30}{36.03}=0.425<3$$

O_{xf4}(放水)放水量为 $32.69m^3/h$，水位降深为 115.77m 则

$$S_0'=\frac{S}{Q}=\frac{115.77}{32.69}=3.541<10$$

(3) 11601轨道中部 O_{xf5}(放水)放水量为 $21.96m^3/h$，水位降深为 251.94m，则

$$S_0'=\frac{S}{Q}=\frac{251.94}{21.96}=11.473>10$$

为了能更好、更全面地评价下组煤1160采区奥灰疏降可行性，利用以前和补勘时抽水试验的资料，分别计算降深与抽水量的比值，结果如下所示。

(4) N7-11抽水量为 $16.542m^3/h$，水位降深为 37.74m，则

$$S_0'=\frac{S}{Q}=\frac{37.74}{16.542}=2.281<3$$

(5) N7-12抽水量为 $36.306m^3/h$，水位降深为 27.46m，则

$$S_0'=\frac{S}{Q}=\frac{27.46}{36.306}=0.756<3$$

(6) N6-1抽水量为 $21.9492m^3/h$，水位降深为 23.28m，则

$$S_0'=\frac{S}{Q}=\frac{23.28}{21.9492}=1.06<3$$

(7) N6-2抽水量为 $5.3748m^3/h$，水位降深为 49.86m，则

$$S_0'=\frac{S}{Q}=\frac{49.86}{5.3748}=9.277<10$$

(8) $O_{sh\,Ⅰ}$ 抽水量为 2.047 68m³/h,水位降深为 70.36m,则

$$S_0' = \frac{S}{Q} = \frac{70.36}{2.047\ 68} = 34.361 > 10$$

(9) $O_{sh\,Ⅴ}$ 抽水量为 5.416 92m³/h,水位降深为 37.33m,则

$$S_0' = \frac{S}{Q} = \frac{37.33}{5.416\ 92} = 6.891 < 10$$

(10) $L_{10\text{-}Ⅰ}$ 抽水量为 6.779 88m³/h,水位降深为 21.82m,则

$$S_0' = \frac{S}{Q} = \frac{21.82}{6.779\ 88} = 3.218 < 10$$

(11) $L_{10\text{-}Ⅲ}$ 抽水量为 3.700 08m³/h,水位降深为 61.93m,则

$$S_0' = \frac{S}{Q} = \frac{61.93}{3.700\ 08} = 16.737 > 10$$

通过以上计算可以发现浅部 N7-11 孔、N7-12 孔和 O_{xf3} 孔的降深和抽水量的比值小于 3,虽然 N7-11 孔和 N7-12 孔由于靠近奥灰补给区、补给较好、直接疏降难度较大,但该地段 16 煤和 17 煤奥灰突水系数在突水临界值 0.06MPa/m 以下,对带压开采来说不涉及疏降问题;除深部 N6-1 降深和抽水量的比值小于 3 外,其余孔比值都满足可疏降要求。虽然从疏降的技术上具有可行性,但由于奥灰富水的不均一性,目前的资料主要取决于物探资料,奥灰的富水性未充分揭露,疏放奥灰水难度大,其矿井排水及人力费用高,矿井投入高。鉴于以上分析,在 1160 采区东部埋深较大区域,设计采用局部疏水降压方法。

3) 底板注浆改造可行性分析

葛亭煤矿 16 煤层和 17 煤层开采主要受到下部十三灰和奥灰水的威胁,在局部区域二者存在水力联系成为一个含水层,由于太原组灰岩水均为薄层灰岩,厚度在 0.32～4.51m,平均值为 2.62m,因此实行隔水层的注浆改造是可行的。奥灰岩层厚度大,难以通过注浆方式改造成阻水层,但其顶界面富水性较弱,裂隙相对较少,注浆材料在高压下填充奥灰顶界面裂隙,改造奥灰顶界面隔水性。

4) 底板灰岩含水层置换注浆可行性分析

向地层灰岩含水层置换注浆的主要作用:一是浆液沿十三灰含水层裂隙扩散、结石,最终充填浆液把含水层的水置换出来,使之不含水或弱含水;二是浆液在注浆压力作用下,沿着奥灰水补给十三灰的通道运移、扩散、结石和充填隔水层的导水裂隙,胶结强化底板,防止奥灰突水,底板灰岩含水层置换注浆可结合底板加固同时进行。

5）防治水方案的选择

由以上分析可知，葛亭煤矿 1160 采区防治水措施为十$_{下}$灰疏干，十三灰置换注浆，对裂隙发育地带采用底板加固，局部采用截留注浆和疏水降压，切断对含水层的补给通道，降低奥灰水位，以保证矿井安全生产。

由表 8.10 可知，1160 采区 16 煤层开采，其突水系数值小于 0.06MPa/m 的区域为安全区域，对于突水系数值在 0.06MPa/m$<P<$0.08MPa/m（P 为突水系数，即煤矿底板单位隔水层厚度所承受的水压力）的区域为过渡区域。1160 采区的 16 煤层开采突水系数值在 0.08MPa/m 以下，所以设计带压条带开采 16 煤层。

17 煤层的开采，在 1160 采区西南部，其突水系数值在 0.06MPa/m 以下区域为安全区域，突水系数值在 0.06MPa/m$<P<$0.08MPa/m 的区域为过渡区域，突水系数值在 0.08MPa/m$<P<$0.1MPa/m 的区域为相对安全区域，突水系数值 $P>$0.1MPa/m 的区域为危险区域。安全和过渡区域设计采用带压条带开采；对于相对安全区域，在条带开采条件下，采用电法勘探，对十三灰和奥灰进行勘探，根据勘探成果，对底板异常带（构造带）进行预注浆加固，提高底板岩层抵抗突水的能力；对于危险区在采取以上措施的基础上，在上下平巷布置放水孔，降低奥灰承压水水位，保证降到安全开采水平以下，以确保矿井安全生产。

2. 1160 采区条带开采方案

目前，采用特殊开采方法减少煤层采动对地面建筑物和底板破坏深度的影响，主要方法有条带采煤法、房柱式采煤法和充填采煤法等。葛亭煤矿 1160 采区 16 煤层和 17 煤层为薄煤层，煤层平均厚度分别为 1.23m 和 0.97m，为较稳定可采煤层，煤层倾角为 4°～15°，平均为 9°，为近水平煤层。为实现安全、经济合理的开采，葛亭煤矿 1160 采区采用走向条带采煤法。

1）煤柱采出宽度 b

采宽 b 的大小与煤层开采深度、顶板覆岩岩性、初期来压及周期来压步距有关，由于需要同时考虑保护地表建（构）筑物，根据煤层的实际地质采矿条件以及对基岩厚度与地表移动关系的实际分析，选取不同煤层条带法开采工作面的采出宽度如下所示。

（1）16 煤层，基岩厚度为 30m 以下区域，条带采出宽度为 30m，基岩厚度为 30m 以上区域，条带采出宽度为 40m。

（2）17 煤层，对应 16 煤层条带采出宽度为 30m 和 40m 区域，采出宽度分别为 30m 和 40m。

2）煤柱留设宽度 a

条带法开采煤柱留设宽度 a 的尺寸应起到长期有效支撑上覆岩层的作用，根据葛亭煤矿 1160 采区的地质采矿条件,a 应同时满足式(8.26)～式(8.29)。

$$a = 6.56mH \times 10^{-3} + \frac{b}{3} - \frac{b^2}{3.6H} \tag{8.26}$$

$$\frac{a}{m} \geqslant 5 \tag{8.27}$$

$$a \geqslant 0.01\mathrm{mH} + 8.4 \tag{8.28}$$

$$q = \frac{a}{a+b} \times 100\% \leqslant 70\% \tag{8.29}$$

式中,q 为工作面回采率,单位为%。

通过以上计算可以确定:①16 煤层,基岩厚度为 30m 以下区域,条带留设煤柱宽度为 30m,基岩厚度为 30m 以上区域条带煤柱留设宽度为 40m;②17 煤层,对应 16 煤层条带留设煤柱宽度为 30m 和 40m 区域,分别留设宽度为 30m 和 40m;③煤柱承压安全系数 K 在进行条带开采时,为保证煤柱有足够的强度,其安全系数必须大于 1,在煤柱三向受力状态下一般取 $K=1.6$～2.2,可保证煤柱有长期的支撑稳定性。煤柱承压安全系数为煤柱能承受的极限荷载与煤柱实际承受的荷载之比,根据条带开采的采留设计,即

$$K = \frac{4\gamma H(a - 4.92mH \times 10^{-3})}{\gamma[Ha + 0.5b(2H - b/0.6)]} = 1.87 \tag{8.30}$$

所以,1160 采区采留比设计满足条带开采法的煤柱稳定性要求。

3) 条带开采采宽和留宽数值模拟

为验证葛亭煤矿 1160 采区条带开采采宽和留宽的合理性,对条带开采后底板垂直应力进行数值模拟研究,如图 8.96 和图 8.97 所示。经过分析比较,可以看出:随着采宽和留宽的逐渐增大,底板受采动影响的区域越大,对底板的保护越不利。所以,应根据底板基岩厚度距含水层的距离正确选则采留比。

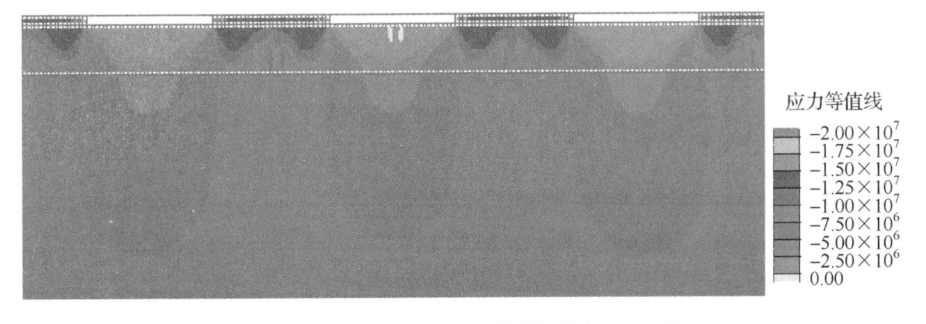

图 8.96　条带开采底板垂直应力图(采宽 30m,留宽 30m)

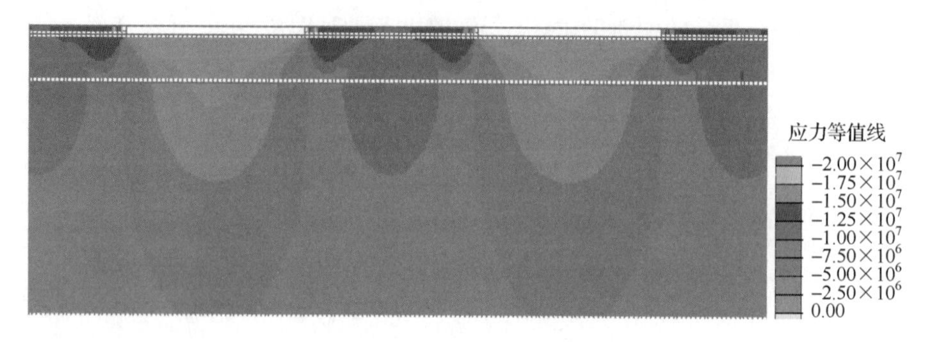

图 8.97　条带开采底板垂直应力图(采宽 40m,留宽 40m)

3. 1160 采区底板注浆

1) 注浆材料的选取

注浆材料可以有多种选择,葛亭煤矿选用 425 号普通硅酸盐水泥和淄博生产的袋装膨润土为注浆材料。

2)钻孔的设计与施工

(1) 注浆孔的设计原则。

根据淄矿集团济北矿区注浆经验,浆液扩散半径与静水压力、注浆压力及浆液浓度等有关。在注浆压力大于静水压力的情况下,浆液扩散半径为 20～30m。设计在上下平巷中每隔 60m 布置一个注浆孔,注浆孔布置如图 8.98 所示。

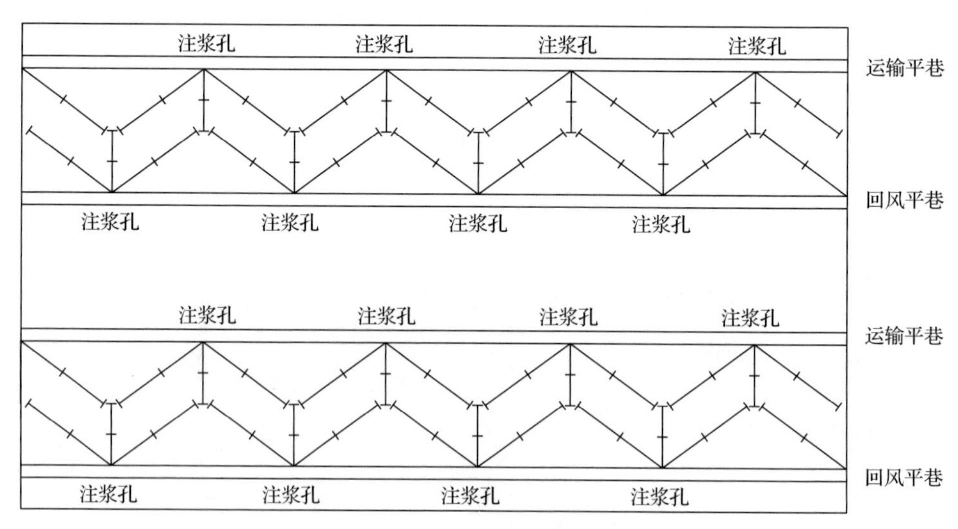

图 8.98　注浆孔布置图

注浆孔以斜孔为主,使钻孔揭露断层破碎带尺寸尽量长,斜长与垂厚之比为

2∶1～3∶1。这样可以使注浆面积及效果得到更大保证。钻孔设计方向尽量和断层构造的发育方向斜交,以尽可能多地穿过裂隙和破碎带。将断层的交叉、拐弯和工作面切眼附近区域作为重点布孔地段。

布置一定量的检查孔,其数量占注浆孔总数的20%。检查孔一般布置在钻孔稀疏和构造薄弱带内,其作用如下:①可以用来检查注浆改造的效果;②可起到补充注浆的作用;③在工作面初采阶段可开启孔口截门,起到泄水降压的作用,防止承压水破坏隔水层后从工作面底板涌出。

(2) 注浆孔的结构与施工。

1160采区17煤层底板注浆下两级套管,第一级孔口管长为20～25m,其长度以过该层煤底板十三灰为宜,第二级套管长度为50～60m,其长度以进入该层煤底板奥灰顶界面5m左右为宜,在第二级套管上安设截门,截门的最大抗压能力不小于最大注浆压力。注浆孔施工过程中,同时做好简易水文地质观测。主要内容是:初见涌水量及涌水量的变化情况;初次和最大涌水量的大小、位置、深度及水压;见奥灰及穿过十三灰的深度、水量。奥灰段及断层带全取岩芯并进行描述,以便于对奥灰富水性进行研究,确定注浆参数。

3) 注浆工艺

(1) 注浆系统:利用井下移动注浆站进行注浆。

(2) 注浆方式:注浆改造以最大范围扩散、最大限度充填为目的,所以一般采用连续注浆;发现巷道跑浆时采用间歇式注浆,间歇时间为4～8h。

(3) 泵量要求:根据钻孔揭露的岩溶裂隙发育程度、涌水量大小、终孔位置的水压确定泵压及泵量。当裂隙发育时,采用全泵量;当裂隙发育较差或泵压大于0.5MPa时,用中泵量;结束封孔时用小泵量,泵送量为40L/min,且孔口压力达到水压的2～3倍后持续一定时间即可停止注浆。

4. 1160采区防水闸门

采区水文地质资料复杂,奥灰岩溶裂隙水量大,有突水淹井的危险。所以,有必要设置防水闸门硐室,以达到安全开采的目的。

根据井巷顶底板岩性特征,防水闸门设在1160轨道大巷及运输大巷中,从煤仓起230m平路段。此处岩性为砂岩,无渗漏现象,无节理发育。有利于防水闸门硐室的稳定。

5. 预防突水的安全技术与措施

对于葛亭煤矿1160采区16煤层和17煤层安全区、过渡区采用带压条带开采,相对安全区域采用底板预注浆加固底板;对于17煤层危险区的奥灰进行疏水降压,降低承压水含水层水位。

尽管采用以上防治水措施，但由于地层情况的复杂性，以及岩体力学参数掌握的可靠程度等因素的影响，在实际开采中，除按有关规程中应采取的各种安全技术措施外，还应着重注意以下安全技术措施的落实，确保井下回采安全。

(1) 进行试采。根据 1160 采区的 16 煤层和 17 煤层的赋存情况、顶底板岩性等，选取较为有利的地点，对一个回采工作面进行试采，并在实际开采过程中，对开采引起的底板破坏深度进行观测和探测，获取实测数据，以指导下一步的回采工作。

(2) 增大矿井排水能力。适当增大矿井排水能力是确保安全生产的首要技术措施，矿井排水能力一般应满足最大涌水量要求。

(3) 设置防水闸门。防水闸门是用来预防井下突然涌水威胁矿井安全而设置的一种特殊闸门，它在正常情况下应不妨碍运输、通风和排水，如若井下发生水害，可及时关闭闸门，控制水流，把水害限制在一定范围内，起到保证其他采区安全生产的目的。

(4) 根据地面、井下水文补充勘探得知：十三灰富水性极差，对开采下组煤威胁不大；十三灰至奥灰间岩性主要为杂色泥岩和铝质泥岩，正常地段可阻隔奥灰与十三灰之间的水力联系，但在变薄区，尤其是在断层构造部位，奥灰岩溶裂隙较发育，应引起高度重视。

(5) 底板注浆和奥灰水疏降是 1160 采区 16 煤层和 17 煤层能够安全生产的关键，因此在底板注浆和奥灰水疏降过程中，应加强奥灰水位的观测工作，随时掌握底板注浆和疏水降压所达到的效果，并根据底板注浆和疏水降压情况，修改底板注浆(调整注浆孔终孔深度和钻孔数目)和疏水降压的方案(如增加疏水降压的钻孔数等措施)，防止奥灰突水，确保矿井安全生产。

(6) 煤层开采前后和开采过程中，应尽可能地对开采区域煤层底板赋存情况进行必要的探测，摸清煤层至十三灰和奥陶系石灰岩之间的间距及十三灰和奥陶系石灰岩水的原始导升高度，掌握煤层底板的有效隔水层厚度，弥补资料的不足，及时调整回采方案。

(7) 为减少采动对底板的破坏作用，增加底板阻抗水能力，开采过程中应加快推进速度，使剪切带没有充分的时间发展、延深和破坏。

(8) 要合理留设断层防水煤柱，严禁超限开采。

(9) 结合防止底板突水和保护地表建(构)筑物的要求，应加强矿压观测特别是条带开采条件下的矿压研究工作，以便优化或调整条带开采方案。

(10) 应制定专门的开采作业规程，并成立专门队伍加强对 16 煤层和 17 煤层采煤的领导，同时要加强工人的安全性教育，特别是在危险区开采或钻探强水源时，要先做好充分准备，设置避灾路线或其他防水设施以防不测。

参考文献

[1] Olssona R, Barton N. An improved model for hydromechanical coupling during shearing of rock joints. International Journal of Rock Mechanics and Mining Sciences, 2001, 38(3): 317-329.

[2] 蒋宇静，李博，王刚，等. 岩石裂隙渗流特性试验研究的新进展. 岩石力学与工程学报，2008，27(12)：2377-2386.

[3] Barton N. Review of a new shear-strength criterion for rock joints. Engineering Geology, 1973, 7(4): 287-332.

[4] Tse R, Cruden D M. Estimating joint roughness coefficients. International Journal of Rock Mechanics and Mining Sciences, 1979, 16(5): 303-307.

[5] 谢和平. 岩石节理的分形描述. 岩土工程学报，1995，17(1)：18-23.

[6] Wakabayshi N, Fukushige I. Experimental study on the relation between fractal and shear strength// Proc of Int symp for Fractured and Jointed Rock. Berkeley, 1992: 101-110.

[7] 周创兵，熊文林. 不连续面的分形维数及其在渗流分析中的应用. 水文地质工程地质，1996，(6)：1-4.

[8] 朱珍德，郭海庆. 裂隙岩体水力学基础. 北京：科学出版社，2007.

[9] Barton N, Bandis S, Bakhtar K. Strength, deformation and conductivity coupling of rock joints. International Journal of Rock Mechanics and Mining Sciences and Geomechanics Abstracts, 1985, 22(3): 121-140.

[10] 李术才. 加锚断续节理岩体断裂损伤模型及其应用. 武汉：中国科学院武汉岩土力学研究所博士学位论文，1996.

[11] 李术才，朱维申. 加锚节理岩体断裂损伤模型及其应用. 水利学报，1998，(8)：52-56.

[12] 唐春安，杨天鸿，李连崇，等. 孔隙水压力对岩石裂纹扩展影响的数值模拟. 岩土力学，2003，24(S)：17-20.

[13] 江涛. 基于细观力学的脆性岩石损伤-渗流耦合本构模型研究. 南京：河海大学博士学位论文，2006.

[14] 杨延毅. 节理裂隙岩体损伤-断裂力学模型及其在岩体工程中的应用. 北京：清华大学博士学位论文，1990.

[15] 尹立明. 深部煤层开采底板突水机理基础试验研究. 青岛：山东科技大学博士学位论文，2011.

[16] 尹立明，郭惟嘉，陈军涛. 岩石应力-渗流耦合真三轴试验系统的研制与应用. 岩石力学与工程学报，2014，33(S1)：2820-2826.

[17] 李术才，周毅，李利平，等. 地下工程流-固耦合模型试验新型相似材料的研制及应用. 岩石力学与工程学报，2012，31(6)：1128-1137.

[18] 李树忱，冯现大，李术才，等. 新型固流耦合相似材料的研制及其应用. 岩石力学与工程学报，2010，29(2)：281-288.

[19] 张强勇，李术才，郭小红，等. 铁晶砂胶结新型岩土相似材料的研制及其应用. 岩土力学，2008，29(8)：2126-2130.

[20] 胡耀青，赵阳升，杨栋. 三维固流耦合相似模拟理论与方法. 辽宁工程技术大学学报(自然科学版)，2007，26(2)：204-206.

[21] 张杰，侯忠杰. 固-液耦合试验材料的研究. 岩石力学与工程学报，2004，23(18)：3157-3161.

[22] 黄庆享，张文忠，侯志成. 流固耦合试验隔水层相似材料的研究. 岩石力学与工程学报，2010，29(S1)：2813-2818.

[23] 许学汉. 煤矿突水预测预报研究. 北京：地质出版社，1991.

[24] 王作宇，刘鸿泉. 承压水上采煤. 北京：煤炭工业出版社，1993.
[25] 张金才，张玉卓，刘天泉. 岩体渗流与煤层底板突水. 北京：地质出版社，1997.
[26] 刘伟韬，武强. 深部开采断裂滞后突水机理及数值仿真技术. 北京：煤炭工业出版社，2010.
[27] 于小鸽. 采场损伤底板破坏深度研究. 青岛：山东科技大学博士学位论文，2011.
[28] 赵阳升，胡耀青. 承压水上采煤理论与技术. 北京：煤炭工业出版社，2004.
[29] 施龙青，韩进. 底板突水机制及预测预报. 徐州：中国矿业大学出版社，2004.
[30] 王连国. 煤层底板突水非线性动力学特征研究. 泰安：山东科技大学博士学位论文，2000.
[31] 高延法，施龙青，娄华君. 底板突水规律与突水优势面. 徐州：中国矿业大学出版社，1999.
[32] 王连国，宋杨. 底板突水煤层的突变学特征. 中国安全科学学报，1999，9(5)：10-13.
[33] 施龙青，韩进. 开采煤层底板“四带”划分理论与实践. 中国矿业大学学报，2005，42(1)：16-23.
[34] 黎良杰，钱鸣高. 底板岩体结构稳定性与底板突水关系的研究. 中国矿业大学学报，1995，24(4)：18-23.
[35] 黎良杰，钱鸣高. 断层突水机理分析. 煤炭学报，1996，21(2)：119-123.
[36] 张士川，郭惟嘉，孙文斌，等. 高水压底板突水通道形成与演化过程. 山东科技大学学报(自然科学版)，2015，34(2)：25-29.
[37] 梁燕，谭周地，李广杰. 弱胶结砂层突水、涌砂模拟试验研究. 西安公路交通大学学报，1996，16(1)：19-22.
[38] 隋旺华，蔡光桃，董青红. 近松散层采煤覆岩采动裂缝水砂突涌临界水力坡度试验. 岩石力学与工程学报，2007，26(10)：2084-2091.
[39] 隋旺华，董青红. 近松散层开采孔隙水压力变化及其对水砂突涌的前兆意义. 岩石力学与工程学报，2008，27(9)：1908-1916.
[40] 杨伟峰. 薄基岩采动破断及其诱发水砂混合流运移特征. 徐州：中国矿业大学博士学位论文，2009.
[41] 杨伟峰，隋旺华，吉育兵，等. 薄基岩采动裂缝水砂流运移过程的模拟试验. 煤炭学报，2012，37(1)：141-146.
[42] 伍永平，卢明师. 浅埋采场溃沙发生条件分析. 矿山压力与顶板管理，2004，(3)：57,58.
[43] 张杰，侯忠杰. 浅埋煤层开采中的溃沙灾害研究. 湖南科技大学学报(自然科学版)，2005，20(3)：15-18.
[44] 李松营. 陕渑煤田顶底板水害评价与防治对策研究. 北京：中国矿业大学博士学位论文，2014.
[45] 任仰辉. 复杂条件下底板采动效应特征及水害综合防治技术研究. 泰安：山东科技大学硕士学位论文，2009.
[46] 牛建立. 煤层底板采动岩水耦合作用与高承压水体上安全开采技术研究. 西安：煤炭科学研究总院西安研究院博士学位论文，2008.
[47] 董书宁，靳德武，冯宏. 煤矿防治水实用技术及装备. 煤炭科学技术，2008，36(3)：8-11.
[48] 高延法，章延平，张慧敏，等. 底板突水危险性评价专家系统及应用研究. 岩石力学与工程学报，2009，28(2)：253-258.
[49] 张文泉，刘伟韬，张红日，等. 煤层底板岩层阻水能力及其影响因素的研究. 岩土力学，1998，19(4)：31-35.
[50] 彭苏萍，王金安. 承压水体上安全采煤. 北京：煤炭工业出版社，2001.
[51] 虎维岳，尹尚先. 采煤工作面底板突水灾害发生的采掘扰动力学机制. 岩石力学与工程学报，2010，29(S1)：3344-3349.